Springer

电子信息前沿技术丛书

ANALOG
DESIGN ESSENTIALS

模拟集成电路
设计精粹

［比］桑森（Willy M. C. Sansen）/ 著

陈莹梅 / 译 ◎ 王志功 / 审校

清华大学出版社

北 京

北京市版权局著作权合同登记号 图字:01－2020－6556

First published in English under the title
Analog Design Essentials
by Willy M. C. Sansen
Copyright © Springer-Verlag US，2006
This edition has been translated and published under licence from
Springer Science＋Business Media，LLC，part of Springer Nature.

图书在版编目(CIP)数据

模拟集成电路设计精粹/(比)桑森(Willy M. C. Sansen)著;陈莹梅译.—北京:清华大学出版社,
2021.1(2024.9 重印)
(电子信息前沿技术丛书)
书名原文:Analog Design Essentials
ISBN 978-7-302-55882-8

Ⅰ.①模…　Ⅱ.①桑…②陈…　Ⅲ.①模拟集成电路—电路设计　Ⅳ.①TN431.102

中国版本图书馆 CIP 数据核字(2020)第 109158 号

责任编辑:文　怡
封面设计:王昭红
责任校对:梁　毅
责任印制:宋　林

出版发行:清华大学出版社
　　　　网　　　址:https://www.tup.com.cn,https://www.wqxuetang.com
　　　　地　　　址:北京清华大学学研大厦 A 座　　　　邮　　编:100084
　　　　社 总 机:010-83470000　　　　　　　　　　　邮　　购:010-62786544
　　　　投稿与读者服务:010-62776969,c-service@tup.tsinghua.edu.cn
　　　　质量反馈:010-62772015,zhiliang@tup.tsinghua.edu.cn
　　　　课件下载:https://www.tup.com.cn,010-83470236
印　装　者:三河市龙大印装有限公司
经　　　销:全国新华书店
开　　　本:185mm×260mm　　印　张:36　　　　　字　　数:867 千字
版　　　次:2021 年 1 月第 1 版　　　　　　　　　　印　　次:2024 年 9 月第 6 次印刷
印　　　数:12001～14000
定　　　价:168.00 元

产品编号:085787-01

修订版译序

《模拟集成电路设计精粹》一书自 2008 年翻译出版以来,受到了集成电路设计领域广大师生和工程技术人员的欢迎。这也对我们的翻译和出版工作提出了更高的要求,即翻译更精炼准确,配套更具体全面,以不辜负读者寄予的厚望。

修订版主要借助当前迅速发展的移动互联网和多媒体技术,实现平面文字和图像视听相结合的一体式阅读。针对书中部分关键的重点和难点知识,配以二维码扫描阅读,补充相应的公式推导和视频讲解,以丰富本书幻灯片形式的教学内容。同时,还对第一版的疏漏进行了修订,对部分翻译文字进行了润色,使得语句表达更明晰通顺。

除了增补二维码扫描阅读功能外,本书还配套有教学课件,其中包括了全书 1468 张彩色幻灯片,便于课堂教学和课外自学。

本书可作为电子信息类(如电子工程、微电子和集成电路设计等)专业高年级本科生和研究生的教材,也可作为集成电路设计领域工程技术人员的参考用书。

在本书修订过程中,清华大学出版社文怡编辑等给予了大力支持,在此表示衷心的感谢。多年来,广大读者和兄弟院校教师对本书提出的批评和建议,对我们有很大的帮助和促进,在此对以上各方人士表示衷心感谢! 并恳请读者对本书继续批评和指正。

译者

2020 年 12 月于东南大学

教学课件

译 者 序

《模拟集成电路设计精粹》是一本将集成电路设计中的基础概念和工程设计恰当结合的教材。译者于 2006 年年初在比利时 IMEC 有幸聆听了该书的作者 Sansen 教授以此书为教材的课程,当时就萌生了将此书翻译成中文的想法。

本书的主要特点在于作者首先对模拟集成电路的设计技术进行了分析,同时还注重了对各种电路技术的类比和总结,注重双极型电路和 CMOS 电路的类比,最后给出了许多结合当前集成电路设计方向的实例,如低电源电压设计问题、提高增益的几种电路技术、容性噪声匹配等。这些内容均是其他模拟集成电路设计教材中不多见的,这样的安排使得读者在学习电路设计理论时,既有助于加深对概念的理解,又可以将理论直接应用到工程设计中,使电路理论变得更加直观生动。

在教学和学习实践中,大家都有这样的体会:一些重要概念的含义并不是一目了然的,对概念的理解也不是一次就能完成的,简单的介绍只能使读者停留在对概念的表面理解上,一旦应用起来常常觉得无所适从。本书的一个重要特点就是,作者对于一些重要概念的介绍比较详细,并贯穿全书的始终。这样学完本书之后,读者将会发现许多重要概念经过本书的反复应用,已经熟记在心了。

全书由陈莹梅翻译,王志功审校。东南大学射频与光电集成电路研究所的夏峻、蔡水成、郭雪峰和彭艳军等研究生也参加了本书的翻译工作,在此对他们表示衷心的感谢。清华大学出版社在组织出版和编辑工作中给予了很大的支持,在此一并表示感谢。

由于译者水平有限,书中难免有不妥和错误之处,敬请读者给予批评和指正。

译 者
于东南大学射频与光电集成电路研究所

中文版前言

　　本书是为了给试图深入理解模拟集成电路设计的人员提供知识上的帮助,它不是电子学方面的入门课程但是却是一门基础课程,目的是初步理解并深入研究模拟集成电路设计。

　　本书包括所有基本电路模块的内容:运算放大器、滤波器、ADC 和 DAC,以及一些 RF 电路模块。

　　书中的上述内容基于作者在世界范围内教学经验的总结,其中也包括中国,因此作者全力支持该中译本的出版工作。

　　本书的幻灯片均由作者本人所绘。这些幻灯片均可以复制,因此可以很方便地应用到教学中,而且所有的幻灯片在本书配套资源中也以彩图的形式给出。

　　期望这种新的幻灯片格式能够帮助读者更有效地进行模拟集成电路设计的研究与教学工作。

Willy M. C. Sansen

目　　录

第 1 章 MOST 与双极型晶体管的比较

011　模拟电路设计是艺术性与科学性的结合。

　　之所以称为艺术,是因为设计时要在必须的指标和可以忽略的指标间寻求适当的折中,而这需要创造力。

　　之所以称为科学,是因为需要一定的设计水平和设计方法来指导设计,就必然需要更深入地进行设计时的折中。

　　本书指引读者进入这个精彩的艺术与科学的世界,它将指导初学者学习模拟电路设计的各个方面,这是了解电路设计艺术性与科学性的基础。

　　教别人是最好的学习,本书配备资源中包含了所有的幻灯片,PDF 文档中也有一些笔记性的注释帮助理解。要求读者能够为后面的设计者讲解本课程的各部分,这就是本书始终贯彻的培养科学性与艺术性电路设计人才的方法。

　　所有的设计都是关于电路的,而所有的电路都包括晶体管,器件的各种模型又是分析电路特性所必需的。可以采用 CAD 工具,包括 SPICE、ELDO、SPECTRE 等来分析电路。本书不断地采用了在实际设计中所采用的反馈闭环式设计。

012　对于模拟集成电路的设计,需要用各种简单的表达式来分析电路的性能。所以简单的模型是必需的,就是说必须用尽可能少的公式来表示每一个晶体管的小信号工作方式,这样就可以用唯一恰当的方式来描述电路的性能,这种方式的主要优点是可以用简单的公式来表示器件尺寸和电流。通常也惯于用传统的仿真工具如 SPICE 和 ELDO 来仿真电路性能。

　　相比于简单的公式,仿真工具中采用的各种模型都是非常精确和复杂的,它是仿真中验证电路性能的必备模型,而前述的使用简单公式进行的设计是整个设计环节的第一步。使用仿真工具的目的就是根据所要求的电路指标确定晶体管的电流和尺寸。

　　尽管最早使用的是双极型晶体管,但是我们要从 MOST 器件开始研究,因为现在 MOST 的集成度远远超过了双极型晶体管的集成度。

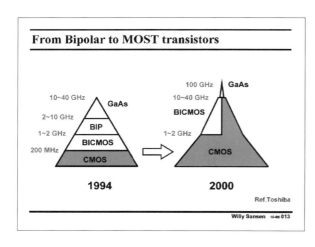

013 　实际上以前的 CMOS 器件是用来设计逻辑电路的,因为其集成度高。而大部分的高频应用中,双极型技术占了主导地位。所以最初的大多数模拟功能是用双极型技术实现的。而最高频的电路采用了有别于硅材料的 GaAs 工艺和 InP 工艺制作,这两种工艺相当昂贵而且是应用于最高频的电路。

　　随着 CMOS 晶体管沟道长度的不断减小,到 2004 年,$0.13\mu\text{m}$ 已经成为标准工艺,并且 90nm 工艺也已经在论文中发表(见 ISSCC)。这样不断减小的沟道长度带来器件工作速度的不断提高,从而 CMOS 器件能够在更高的频率上获得增益。

　　正如本幻灯片所示,现在能够在 10GHz 延伸到 40GHz 的很宽的频率范围内将 CMOS 工艺和双极型工艺进行性能比较。在这段频率范围内,一个很显然的问题就是在合理的成本下,哪一种工艺更能满足系统和电路的要求。BiCMOS 工艺是一种比标准的 CMOS 工艺更昂贵的工艺,带来的一个问题是性能上的提高是否能够补偿成本的增加。

014 　SIA 曲线图曾经预测过不断减小的沟道尺寸,通过对以前工艺进步的推理,预测出将来几年器件沟道长度的变化。

　　显然沟道长度减小的速度,明显快于预测的 STA 曲线。举一个例子,预测于 2007 年才产生 90nm 工艺,但是在 2003 年就已经有公司提供了,这种工艺预期可以将 500 万个晶体管集成到一个芯片上,而现在(2007 年)的微处理器和存储器上晶体管的数目是上述的两倍。另外,预测时钟频率可以达到 1GHz,而现在(2007 年)高端计算机的时钟频率已经超过了 3GHz。

The SIA roadmap

Year	Lmin μm	Bits/chip Gb/chip	Trans/chip millions/chip	Clock MHz	Wiring
1995	0.35	0.064	4	300	4 - 5
1998	0.25	0.256	7	450	5
2001	0.18	1	13	600	5 - 6
2004	0.13	4	25	800	6
2007	0.09	16	50	1000	6 - 7
2010	0.065	64	90	1100	7 - 8

2003

Semiconductor Industry Association

Willy Sansen 10-6s 014

(译者注:表格年代比较久,已不是最新数据,如现阶段器件沟道长度已经可以减小到 3nm)

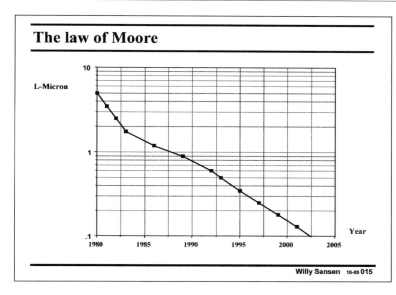

The law of Moore

Willy Sansen　10-05 015

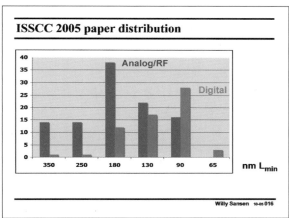

ISSCC 2005 paper distribution

Willy Sansen　10-05 016

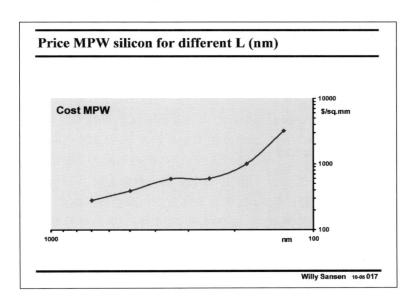

Price MPW silicon for different L (nm)

Willy Sansen　10-05 017

015　摩尔曲线也预测过这种不断减小的沟道长度。这是一个沟道长度随时间变化的草图，是 SIA 曲线的图表表示。而实际上在 2003 年就可以实现 90nm 的工艺了。

这条曲线的斜率并不是同一的，20 世纪 80 年代早期斜率比较高，随着经济的衰退，斜率有小幅的下降。另外由于制造设备和掩膜制作成本的指数级增长，也一定程度上滞后了新工艺的产生。

016　现在使用最多的工艺其沟道长度是多少呢？

要知道这个答案，可以参考 IEEE ISSCC 会议（2005 年 2 月在旧金山举行）的论文，论文涉及两个领域：数字电路及模拟/RF 电路。

图中清楚地表明，数字电路使用最多的是 90nm 工艺，而模拟/RF 电路使用最多的是 180nm 工艺，工艺落后了两代。

017　实际上，如果流片数量较小且沟道长度较短，硅代工厂的成本就很高。可以用多项目晶圆计划与沟道长度的比较来清晰地理解制造成本。在一次多项目晶圆流片中，多个设计单位将芯片排列在一块掩膜上，进行一次流片，这样成本就被参与流片的设计单位分摊了。这是许多高校和无生产线设计中心降低芯片成本的方法。

以 $/mm² 为单位计算制造成本,采用 $0.18\mu m$ 工艺时成本还是比较适当的,但 $0.13\mu m$ 的制造成本就急剧上升,许多高校不能再享受低廉的流片费用了。

可以很容易地外推出 90nm 和 65nm 工艺的制造成本,可以很清楚地看出,这是即将到来的一次价格转折。

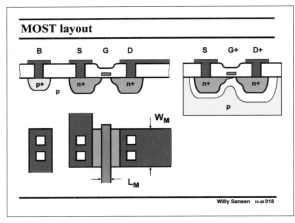

018　现在近距离研究一下 MOST 器件,哪些是主要的参数,哪些是手工分析中采用的最简单的描述器件工作的公式。

图示为 MOST 器件的剖面图和版图,左边的图没有加偏置,右边的图加了偏置,电压加在栅极和漏极。

MOST 的主要尺寸是长度和宽度,二者决定了掩膜上的器件尺寸。实际上因为向四周扩散和经过多次工艺步骤,芯片上制作出来的尺寸相对要小一些。此版图表示的 W/L 宽长比约为 5。

加正的栅压(V_{GS})会在栅氧化层下面感应出带负电的反型层,将源端和漏端两个孤立的 n+ 区连接起来,形成一个能够导电的沟道,这样源漏之间等效为一个电阻。

在漏源之间加正电压(V_{DS}),形成从漏端到源端的电流(或者说电子从源端到漏端),此电流称为 I_{DS}。所以,导电沟道不再是均匀的了,源端的导电性能要好于漏端,漏端的沟道甚至有可能消失。但是电子还是源源不断地从源端运动到漏端,因为它们在沟道中获得了足够的速度。

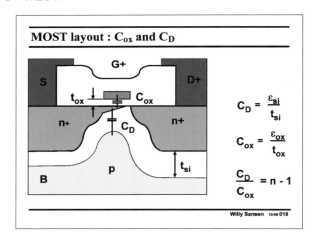

019　当 V_{DS} 很高时,漏端沟道有可能消失。

源、漏两个 n+ 区和沟道区被绝缘层包围。在一个 PN 结中,P 区和 N 区是通过耗尽区相互隔离的,这个区域是电子和空穴的耗尽区域,是不导电的绝缘体,就像氧化物绝缘层一样。

栅氧化层的厚度是 t_{ox},耗尽层的厚度是 t_{si},二者分别产生电容 C_{ox} 和 C_D,单位是 F/cm^2。如下一幻灯片中的详细计算所示,一般情况下 C_D 是 C_{ox} 的三分之一,二者的比率是 n−1。

沟道层通过 C_{ox} 耦合到栅极,通过 C_D 耦合到体区,这点非常重要。改变栅极电压,就能改变沟道的导电能力,从而改变 I_{DS} 的大小。同样地,改变体电压,也能改变沟道的导电能力,从而改变 I_{DS} 的大小。MOST 通过栅极进行工作,而 JFET 通过体区进行工作。实际上,JFET 就是一种由结电容控制电流的场效应管。

因此,所有的 MOST 器件都可以看作是 MOST 和 JFET 的并联结构。通常只讨论

MOST 的情况,而称 JFET 的存在为体效应,将其看作一种寄生效应。

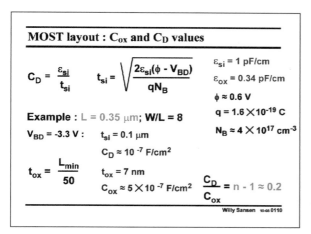

0110　有两个因素与耗尽层的宽度相关,一个是大面积区域的掺杂浓度 N_B,另一个是施加在耗尽层上的电压 V_{BD}。如图中公式所示,一方面,结两边的掺杂浓度越高,耗尽层的宽度就越窄;另一方面,加在耗尽层上的电压 ϕ 越高,耗尽层就越宽。

相关参数包括硅的介电常数 ε_{si},结的内建电势 φ,电荷常数 q,体掺杂浓度 N_B,具体数值在幻灯片中给出。

举一个 $0.35\mu m$ 工艺的例子,漏-体电压 V_{BD} 感应出一个 $0.1\mu m$ 宽度的耗尽层,这大约是栅氧化层厚度的 14 倍,这与硅的介电常数是栅氧化层介电常数的 3 倍多的情况有点偏差,相比栅氧化层,硅形成电容的能力要强 3 倍。硅电容是电压的函数,因此是非线性电容,而栅氧化层电容是线性电容。

比率 $n-1$ 约等于 0.2,n 的值一般为 $1.2\sim1.5$,取决于 t_{si} 的值。参数 n 因为与偏置电压相关,所以一直没有精确的数值。

必须要注意的是所有电容都是 F/cm^2 量级的,如果栅极的面积 WL 为 $5\times0.35\times0.35mm^2$,则总的栅电容是 $C_{ox}WL\approx5fF$,是一个很小的数值。

0111　衬底掺杂浓度 N_B 在 nMOST 和在 pMOST 中是不一样的。一般 nMOST 器件直接制作在 P 型衬底上,因此芯片上的所有 nMOST 共用一个衬底。

pMOST 晶体管是 p 型沟道导电,所以要制作在 n 型衬底上或者是 n 阱中,要求其掺杂浓度远高于共同的 p 衬底。这样的缺点是 pMOST 的体掺杂高于 nMOST 的体掺杂,所以 pMOST 的 C_D 与 n 的值要高一些。这样做的优点是 pMOST 的体区可以与共同的衬底隔离,其体区可以用来独立控制晶体管的电流 I_{DS},这种 pMOST 就有两个可以独立驱动的栅极,顶部栅极和底部栅极。

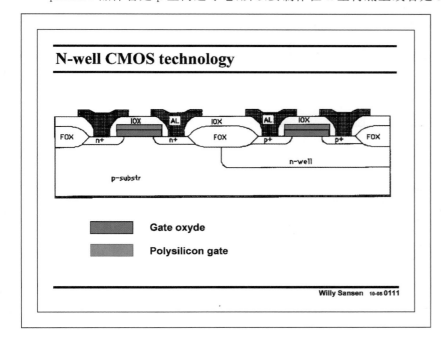

几乎所有的工艺都是 n 阱 CMOS 工艺, 尽管也有一些 p 阱工艺。

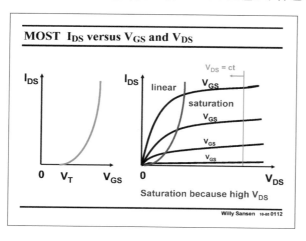

0112 正的栅极电压 V_{GS} 产生的反型层(或者称为沟道)将源端和漏端连接起来, 而正的漏极电压 V_{DS} 产生了从漏极流向源极的电流 I_{DS}。我们要得出这个电流的简单表达式, 以便于电路设计。

I_{DS} 相对于 V_{GS} 的波形如图的左边所示, 随着 V_{GS} 大于 V_T, I_{DS} 急剧上升, 其中 V_T 称为阈值电压。当 V_{GS} 比较大时, 电流呈非线性增长。V_{GS} 超过 V_T 的部分是 $V_{GS}-V_T$, 这是下面电路设计中最重要的设计参数。

在右图 I_{DS} 相对于 V_{DS} 的波形中, V_{DS} 取值很小时, 电流线性上升; 这时器件像是一个电阻, 这个区域称为线性区。

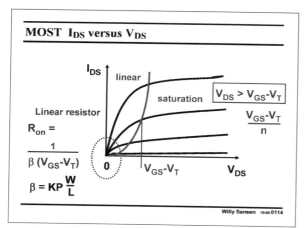

V_{DS} 取值较大时, 电流将不再上升而是成平行线接近于常数, 可看成是电流饱和了, 此区域称为饱和区。图中给出了四种 V_{GS} 值时的电流曲线。

线性区和饱和区被一条 $V_{DS}=V_{GS}-V_T$ 的抛物线分开来, 下面首先研究一下线性区。

0113 在很多应用场合, MOST 只是用于简单的开关。漏源电压 V_{DS} 取值很小, MOST 工作在线性区(也称为欧姆区)。在这个区域, MOST 晶体管实际上是一个小电阻, 提供了线性的伏安特性。此时沟道两端即源端和漏端有相同的导电能力。

接下来研究一下这个电阻的精确阻值是多少。

0114 对于很小的 V_{DS}, 看一下图中的左下角, I_{DS}-V_{DS} 曲线其实是线性的, MOST 工作特性表现为电阻。

在本幻灯片中给出了电阻的阻值 R_{on}, 其中除了尺寸参数 W、L 外, 还有工艺参数 KP。

这个参数 KP 是属于特定的 CMOS 工艺的, 下一张幻灯片中将介绍到它的

单位是 A/V^2。

当 V_{DS} 电压较大时,晶体管表现出非线性。与饱和区相交的值是 $V_{GS}-V_T$,或者是更精确的 $V_{DS}=(V_{GS}-V_T)/n$,但我们还是舍去作为安全系数存在的 n。从现在开始,假定 $V_{DS}>(V_{GS}-V_T)$ 时,晶体管工作在饱和区。

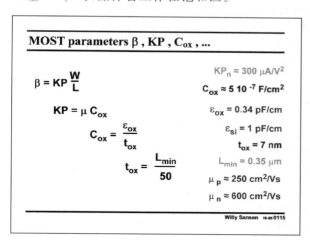

0115　为了表述方便,需要仔细地研究角上的线性区电阻。如本幻灯片所示,也需要一个 KP 的简单近似。因子 β(希腊文 beta)中包括参数 KP 和电阻尺寸 W、L。

准确地说,KP 包括栅氧层电容 C_{ox} 和电子迁移率 μ(希腊文 mu)。参数 μ 表示电子在电场(V/cm)中能够达到的速度(cm/s),单位是 cm^2/Vs,电子的速度大约是空穴的两倍。

本幻灯片中给出了标准 $0.35\mu m$ CMOS 工艺的器件参数。

注意到栅氧化层的厚度大约是 L/50,这已在过去几十年的大多数标准 CMOS 工艺中得到了验证。

凭经验来说,使用 $0.35\mu m$ CMOS 工艺制作的 W/L＝1 方块晶体管,在 $V_{GS}-V_T=1V$ 的驱动电压下,其电阻阻值约为 $3.4k\Omega$。

对于深亚微米 CMOS 工艺,因为 C_{ox} 的影响,KP 值会稍大一些,所以这种方块晶体管电阻值会下降。

0116　对于 4pF 的电容,如果要获得 0.5ns 的时间常数,需要 125Ω 的开关电阻。

进一步来讲,电阻值取决于 $V_{GS}-V_T$ 的值。实际上,开关刚开始导通时,输出电压仍然是 0V,此时 $V_{GS}-V_T=2V$。在开关转换完成后,输出电压上升到 0.6V,与输入电压的值同样大小。$V_{GS}-V_T$ 减小了 0.6V,变为 $V_{GS}-V_T=1.4V$,平均值是 $V_{GS}-V_T=1.7V$。

当晶体管尺寸 W/L＝1 时,导通电阻约为 $2k\Omega$($KP=300\mu A/V^2$),是我们所需要阻值的 8 倍,所以我们取晶体管尺寸为 W/L＝8。(应该为 16,译者注)

值得注意的是,在传输大的输入电压时存在着困难。当 $v_{OUT}=v_{IN}=2V$ 时,V_{GS} 就变成了 0,开关再也不能导通了,从而晶体管的阻值为无穷大。

还要注意的是,还没有考虑衬底偏置效应的影响。实际上 V_{BS} 不为 0,约为 0.6V。如下所示,寄生的 JFET 就会产生作用。

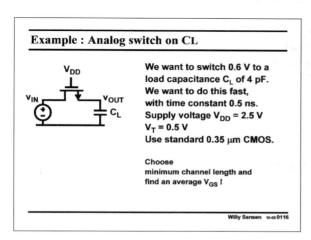

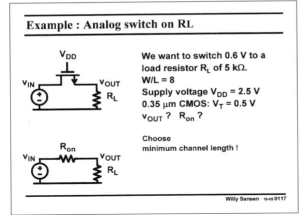

Example : Analog switch on RL

V_{DD}

v_{IN}　　　　　v_{OUT}

R_L

We want to switch 0.6 V to a
load resistor R_L of 5 kΩ.
W/L = 8
Supply voltage V_{DD} = 2.5 V
0.35 μm CMOS: V_T = 0.5 V
v_{OUT} ?　R_{on} ?

R_{on}

v_{IN}　　　　　v_{OUT}

R_L

Choose
minimum channel length !

Willy Sansen　10-05 0117

Body effect - Parasitic JFET

$$V_T = V_{T0} + \gamma \left[\sqrt{|2\Phi_F| + V_{BS}} - \sqrt{|2\Phi_F|} \right]$$

$$n = \frac{\gamma}{\sqrt{|2\Phi_F| + V_{BS}}} = 1 + \frac{C_D}{C_{ox}}$$

$|2\Phi_F| \approx 0.6$ V

n ≈ 1.2 … 1.5

$\gamma \approx 0.5 ...0.8$ V$^{1/2}$

Reverse v_{BS} increases |V_T| and decreases |i_{DS}| !!!

n = 1/κ　subthreshold gate coupling coeff. Tsividis

Willy Sansen　10-06 0118

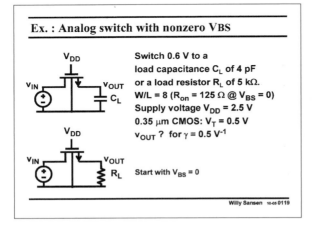

Ex. : Analog switch with nonzero VBS

V_{DD}

v_{IN}　　　　　v_{OUT}

C_L

Switch 0.6 V to a
load capacitance C_L of 4 pF
or a load resistor R_L of 5 kΩ.
W/L = 8 (R_{on} = 125 Ω @ V_{BS} = 0)
Supply voltage V_{DD} = 2.5 V
0.35 μm CMOS: V_T = 0.5 V
v_{OUT} ?　for γ = 0.5 V^{-1}

V_{DD}

v_{IN}　　　　　v_{OUT}

R_L

Start with V_{BS} = 0

Willy Sansen　10-05 0119

0117　对于晶体管 W/L＝8，KP＝300μA/V²，则 KP×W/L＝2.4×10⁻³S。将晶体管看成阻值为 R_{on} 的电阻，将 R_{on} 用其表达式来表示，通过迭代，得到 R_{on} 的值为 216Ω，输出电压为 0.575V。

要注意并没有考虑衬底效应，实际上，V_{BS} 并不为 0，约为 0.575V，JFET 将产生作用。

0118　漏源电流 I_{DS} 和沟道电阻 R_{on} 与 V_{GS} 的关系有明确的公式，但是与 V_{BS} 的关系没有明确。实际上，V_{BS} 的影响是包含在阈值电压 V_T 中的。

随着 V_{BS} 的增大，沟道下方的耗尽层宽度增大，阈值电压 V_T 增大，pn 结上施加更多的反偏电压，则 V_T 上升，电流下降。对于零 V_{BS}，V_T 恒等于 V_{T0}。

参数 γ(希腊文 gamma) 与结耗尽层相关，与参数 n 相关。实际上，参数 γ 取决于使用的工艺（比如衬底掺杂浓度 N_B），与电压无关。但是参数 n 的分母表明其是与电压相关的。

同时，给出了 0.7μm CMOS 工艺的其他参数的近似值。

0119　对于晶体管 W/L＝8，KP＝300μA/V²，则 KP×W/L＝2.4×10⁻³。将晶体管看成阻值为 R_{on} 的电阻，经过一次迭代将 R_{on} 用其表达式来表示，现在 V_T 取决于输出电压。这样计算出的电阻 R_{on} 稍大，是 291Ω，而不是 216Ω。

同样地，输出电压也有一点降低，是 0.567V，而不是 0.575V。时间常数是电阻 291Ω 和电容 4pF 的乘积。

0120　在大多数应用中，MOST 器件被用作放大器。这就要求 V_{DS} 大于 $V_{DS} - V_T$，它的跨导比低 V_{DS} 时的要大一些，这时 MOST 可以用来提供增益。

$V_{GS} - V_T$ 的值决定了 MOST 的工作区间。在中等电流情况下，MOST 工作在强反型区，是最常用的工作区间。

在小电流情况下，MOST 截止于弱反型区，这时通常应用于轻便和低功耗的场合。

如果将 MOST 偏置于尽可能高的跨导区（如 RF 应用和低噪声应用），电流密度将增大。由于电子的速度达到饱和，NMOST 的跨导将受到限制，这时需要借助另一个模型进行分析。

这样，我们已经讨论了三个工作区域。

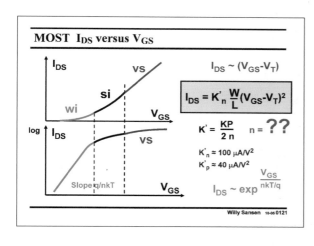

0121　在大多数情况下，如果一直保持 $V_{DS} > V_{GS} - V_T$，MOST 就工作在饱和区。可以得到上图中的 I_{DS}-V_{GS} 曲线。仔细观察会发现，该曲线有不同的区域。中间的区域称为强反型区，或称为平方律区，因为电流的表达式包含因子 $(V_{GS} - V_T)^2$。

在晶体管为低电流时可以得到弱反型区，或称为指数区，因为电流表达式中包含有 V_{GS} 的指数因子，如果作 $\log(I_{DS})$ 的曲线，该区域呈现出线性关系。

电流更大时，I_{DS}-V_{GS} 曲线因为一些物理效应呈现出线性关系，最重要的效应是速度饱和：此时所有的电子达到了它们的极限速度 V_{sat}。

大多数晶体管被偏置在强反型区，因为这样可以在电流效率和电路速度之间达到一个很好的折中，这将在后面进行解释。在该区域，电流的表达式仅仅与 $(V_{GS} - V_T)^2$ 呈比例，但是包含了一个工艺参数 K'。

该参数 K' 和线性区的参数 KP 以比例因子 2n 相关（$K' = KP/2n$），所以它总是小于 KP。目前 K' 并没有明确的解释，因为 KP 中的迁移率参数不清楚，尤其是 n 不清楚。因为 n 与偏置电压相关，所以 K' 也与偏置电压相关。

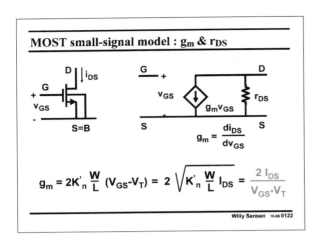

0122 现在采用一个 nMOST 制作一个放大器。

假定晶体管被偏置于一个直流电流 I_{DS}，给它加上一个小信号输入电压 V_{GS} 后，下面要求小信号电流或者 AC 电流的值。

如图中的表达式所示，要求得晶体管的跨导 g_m，也就是要推导漏极电流和栅源电压的关系。

如果将 $V_{GS} - V_T$ 用电流代替，会得到 g_m 的第二个表达式。

最后，如果将 W/L 用电流代替，会得到 g_m 的第三个表达式。

最后一个表达式是我们最熟悉的，它不含有任何如 K' 之类的工艺参数，也是最精确的一个表达式，在此特别强调最后一个表达式。

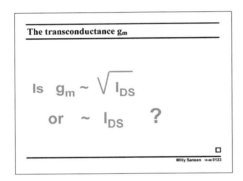

0123 将 g_m 写成三个表达式会造成一些困惑。那就是 g_m 到底是与电流的平方根呈正比，还是与电流本身呈正比？从表达式来看，二者皆有可能。

如果兼顾表达式中其他的参数，问题就会得到解决。在测试过程中，晶体管的尺寸 W/L 显然是固定的，所以采用中间的表达式，g_m 与电流的平方根呈正比。将偏置电流加倍，g_m 会增大 41%。

但是，在设计过程中，设计者将固定 $V_{GS} - V_T$ 的值，例如将其定为 0.2V。这样 g_m 就只与电流 I_{DS} 相关了。将偏置电流加倍，g_m 也会增大一倍。

0124 MOST 管的小信号模型中也含有一个有限的输出电阻 r_{DS}。实际上 i_{DS}-V_{DS} 曲线在饱和区并不是很平坦，因此表现出一个有限值的输出电阻，将其表示为 r_{DS} 或 r_o。

为了表达出电流随着电压的升高而有所上升，公式中加入另外一个参数 λ。但是 λ 不是一个常数，它与沟道长度相关。因此，通常使用另外一个参数 V_E，它在某种确定的工艺下是一个常数。nMOST 和 pMOST 有不同的 V_E 值，它的单位是 $V/\mu m$。

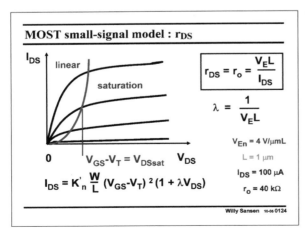

可以简单地表示出输出电阻,下面给出一个例子。

在仿真器(如 SPICE)使用的模型中,输出电阻可以用一些参数来表示。这个基于参数 V_E 的模型,是最简单的一个模型,它只能用来进行手工计算,并且精度有限。

参数 V_E 是我们采用的第四个工艺参数,现在已采用的有 n、V_T、KP 和 V_E。

设计参数目前有 L 和 $V_{GS} - V_T$。

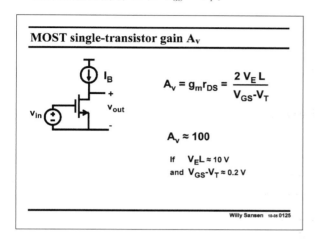

0125　现在来研究一个偏置电流为 I_B 的单管放大器能提供多大的增益。

电压增益可以简单地表示为 $g_m r_{DS}$ 或者如本幻灯片中的表达式。注意到可以消去电流项,因为 g_m 和 r_{DS} 这两个参数均与电流相关。

很明显,如果要获得大的增益,需要选择一个大的沟道长度,通常要比工艺提供的最小长度大得多。同样也需要选择一个尽可能小的 $V_{GS} - V_T$ 值,一个合适的值为 0.2V,后面会给出选择 0.2V 的理由。

要得到一个 100 倍的电压增益,需要选择相对大的沟道长度。如果由于某种原因(如电路速度),需要选择最小的沟道长度,那么就要采用电路技术来增加增益。例如,共源共栅结构、增益提高技术、电流缺乏技术、自举技术等。

深亚微米 CMOS 工艺只能提供很小的增益,就需要采用所有可能的电路技术来提高增益。

最后,注意到这样的放大器,当输入电压减小时输出电压增加(正如大多数放大器都是反相的)。这就是为什么有时增益表达式前面加了一个负号。

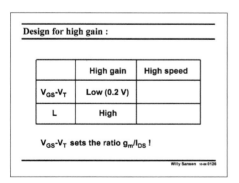

0126　对于信号通路中的每一个晶体管,在设计中要独立地选择它的两个参数的值,这两个参数是 L 和 $V_{GS} - V_T$。简单的单管放大器的 L 很大,同时 $V_{GS} - V_T$ 又很小,这样就可以提供一个大的增益。这种方案可以用在要求高增益、低噪声、低失调的场合,如运算放大器中。

用表达式不能确定这些参数的值,需要在设计之初就进行确定。

但是如果追求高速度,得到的结论截然相反。为了提高电路速度,信号通路中的晶体管要有一个小的 L 和一个大的 $V_{GS} - V_T$。这点适用于所有的射频电路,如低噪声放大器(LNA)、压控振荡器(VCO)、混频器等。

这个矛盾是模拟 CMOS 电路设计中的一个最基本的矛盾,归根到底是增益和速度的矛盾。

最后注意到 $V_{GS} - V_T$ 的值也就是 g_m/I_{DS} 的比率。但是,需要先观察一下弱反型区,选择 $V_{GS} - V_T$ 的值和选择 g_m/I_{DS} 的值最终都是一样的。

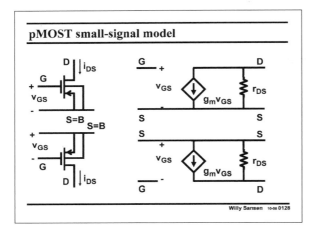

0127 在多级放大器设计中没有必要将某一级的增益设定为比另一级的高。这样每级放大器的增益就均分为 21.5，因为 $21.5 \times 21.5 \times 21.5 \approx 10000$，所以 $V_E L$ 的乘积应该为 2.15V。

对于该工艺可算出沟道长度 $L \approx 0.5 \mu m$。如果采用最小沟道长度 65nm，则增益仅仅为 2.6!!

深亚微米 CMOS 工艺只能提供很低的电压增益!!

0128 pMOST 和 nMOST 的小信号模型相同。对于相同的偏置电流，它们提供相同的跨导 g_m。输出电阻可能有所不同，它在某种程度上依赖于参数 V_E 的值。

但是，在表达这个小信号模型时要注意，通常一个 nMOST 器件需要一个正的 V_{DS}，而一个 pMOST 器件需要一个负的 V_{DS}。这就是 pMOST 通常被倒着画的原因，即将其源极画在上面。现在一般只使用正电源，pMOST 也通常被倒着画。

因此需要注意一下怎样标注符号和电流的方向，正确的标注如本幻灯片所示。

0129 n 阱 CMOS 工艺中的 pMOST 器件也可以从体端驱动，体端就代替栅极成了另一个输入端。这就存在着沟道-体端 pn 结被正向偏置的危险，必须避免这种情况，就需要加上额外的保护电路。

考虑体端的输入电压时，需要引入另外一个称为 g_{mb} 的跨导。g_{mb} 的值与沟道-体端结电容呈正比，就像 g_m 与栅氧化电容呈正比一样。换言之，跨导的比率和其控制的电容比率相

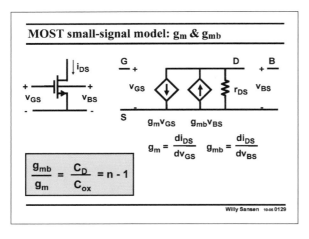

同，等于 $n-1$。这是一个很有用的关系，但是它不能提供一个精确的值，因为 n 取决于某些偏置电压。

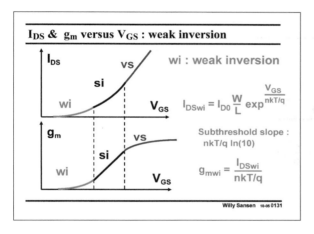

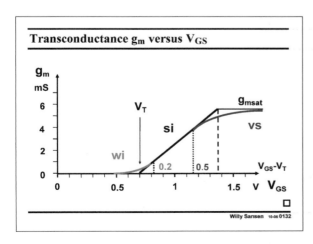

0130　低电流时 MOST 工作在弱反型区,说明沟道电导率很小。实际上此时沟道已经不存在了,沟道消失了。

流过沟道的漂移电流,现在变成了扩散电流(Ref. Tsividis),这样模型就变得截然不同。模型的表达式是指数特性的,而不是平方率特性的。

更重要的是,要知道在什么区域弱反型区会逐渐代替强反型区。实际上这个区域很宽,它也称为中等-反型区。对于设计者来说,知道两个区域转变时 $V_{GS}-V_T$ 的值,特别是电流的大小很重要,因此要特别关注这个转变点。

0131　既然我们已经知道了如何来描述一个处在中间电流区(强反型区)的 MOST 管,下面要重点研究低电流区(弱反型区)和大电流区(速度饱和区)的晶体管,特别希望找出在这些区域转变时的 V_{GS} 的临界值。

在低电流时得到了弱反型区,也称为亚阈值区,因为大多数情况下它的输入电压低于 V_T。它也称为指数区,因为其电流-电压特性呈指数关系。

比例系数是 nkT/q,它很接近于双极型晶体管的系数 kT/q。k 是玻耳兹曼常数,q 是电子的电量,所以在室温下(300K 或 27℃),kT/q 约为 26mV。与双极型器件的区别还是前面提及的 n,n 取决于偏置电压,其值并不精确,这是与双极型器件相比时,MOST 具有的一个不利的因素。

在弱反型区中,跨导仍然是从与 V_{GS} 相关的指数特性的电流推导而来。同样,MOST 的 g_m 与双极型器件的 g_m 相比,唯一的区别还是 n,这个 n 现在已经很小。

0132　通常使用多大的 V_{GS} 值?在高端,不让器件进入大电流区或速度饱和区,要远离速度饱和区的转变点。后面会计算该转变点 $V_{GS}-V_T$ 的近似值,当前(2007 年)的工艺大约是 0.5V。

在低电流端时,也不想使用弱反型区。因为此区域中电流和跨导的绝对值变得很小,这时噪声就会很大,另外得到的电路速度也很低。在某些情况下可能会允许低信噪比和低速度,如生物学应用和医学探头。在其他大部分的应用中,需要更好的信噪比、更高的速度,这时希望器件工作在接近弱反型区的地方,但不是在弱反型区里面,典型的 $V_{GS} - V_T$ 值为 $0.15 \sim 0.2V$。

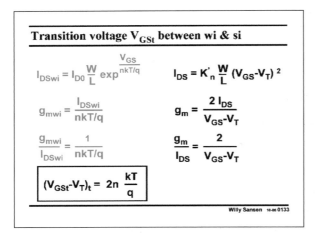

下面给出这样设计的原因。

0133 现在要找出中等电流区和低电流区之间的转变点,给这个转变点的 V_{GS} 命名为 V_{GSt}。

可以通过令强反型区和弱反型区的电流表达式和电流的导数(跨导)的表达式相等来求出两区的转变点。

实际上,令 g_m/I_{DS} 相等,可以得到 $V_{GSt} - V_T$ 转变点的值,它就是 $2nkT/q$。

因为 n 不确定,就不能得到 $V_{GSt} - V_T$ 的准确值,可以采用一个近似值 $70 \sim 80mV$。这就意味着晶体管在 V_{GS} 值为 $V_T + 70mV$ 时从弱反型区进入了强反型区。对于一个 $0.6V$ 的 V_T,这个 V_{GS} 的值约为 $0.67V$。

0134 比 V_{GSt} 绝对值的大小更重要的是 V_{GSt} 与沟道长度无关这一特性。所以,这个 $2nkT/q$ 的值在将来的 CMOS 工艺中也不会改变。因此在未来很长一段时间里都可以一直选用 $V_{GS} \approx 0.2V$,以保证晶体管不在弱反型区。这是一个非常好的展望!

转变点的电流很容易计算。将平方律区电流表达式中的 V_{GS} 用 V_{GSt} 代替就可以得到 I_{DSt},这就是转变点电流。

显然转变点电流与 W/L 相关,对于 $W/L = 10$,电流会达到 μA 级,nA 级的电流只有在弱反型区才能得到。

0135 使用电流的对数坐标可以更好地表现两个模型是如何关联的。

弱反型区(wi)的指数关系在对数坐标中就变成了一条直线,强反型区的平方律特性变得非线性,当 $V_{GS} = V_T$ 时,变成了负无穷大。

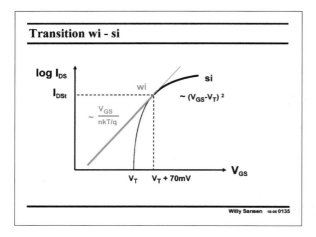

　　两条曲线在转变点 $V_{GSt} \approx V_T + 70mV$ 处相交,在该点晶体管电流从弱反型区的曲线跳到了强反型区的曲线上。

　　即使两条曲线不是很吻合,这样晶体管不得不从一条曲线"跳"到另一条曲线,它仍然是对过渡区的一个非常精确的描述。

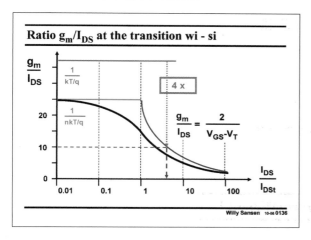

0136　在画 g_m/I_{DS} 曲线时这个过渡区很明显。这个 g_m/I_{DS} 几乎和 g_m 本身同等重要,因为它解释了什么是 MOST 的电流效率。

　　用 I_{DSt} 对电流进行归一化,画出这个 g_m/I_{DS} 对电流的图。对于单位 I_{DS}/I_{DSt},两个模型提供了同样的 g_m/I_{DS} 比率。

　　在低电流时,这个比率是一个常数 $1/(nkT/q)$,其值约为 $1/40mV$ 或者 $25V^{-1}$。它总是小于双极型晶体管,后者对应的值为 $1/26mV$ 或者 $38V^{-1}$ 或者 $40V^{-1}$。

　　在大电流时,g_m/I_{DS} 减小,因为它与 $V_{GS} - V_T$ 呈反比。例如,在 $V_{GS} - V_T = 0.2V$ 时,这个 g_m/I_{DS} 比率为 10。后面会给出更精确的计算。

　　现在已经很清楚,同样的电流下,MOST 器件比双极型器件提供了更小的跨导。这个比例因子约为 4。换言之,对于同样的跨导,双极型器件只消耗了 MOST 器件四分之一的电流,便携式设备如果采用双极型器件将消耗更小的电流。

　　最后注意到,真正的 MOST 不完全遵循上述两个模型:它在两个模型间需要通过平滑的曲线过渡,后面会进行解释。

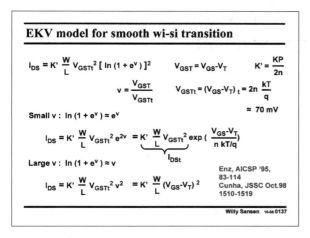

0137　可以用本幻灯片中的 EKV 模型[Enz]很好地表达出在弱反型区和强反型区平滑过渡的曲线。该模型表达式对一个指数函数先取自然对数,再进行平方。其变量是 v,它是 $V_{GS} - V_T$ 对 V_{GSt}(简单地就是 $2nkT/q$)归一化得到的。其中包含了一个因子 n,n 与某些偏置电压相关,偏置电压为 $70 \sim 80mV$。

　　在弱反型区,或者 v 比较小时,对数函数可以展开为多项式,并且第一项是主要分量。指数函数通常出现在弱反型区,亚阈值斜率是 nkT/q。同样,在 $V_{GS} = V_T$ 或者 $V_{GS} - V_T$ 等于零时的电流称为 I_{DSt},如前所述它称为转变点电流。

　　在强反型区,或者 v 比较大时,对数函数和指数函数相互抵消,v 被还原出来,于是就形成了 MOST 在强反型区的电流-电压特性的平方律表达式。

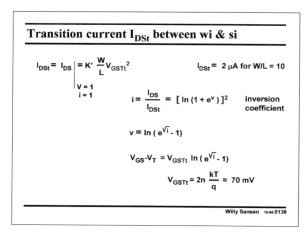

0138　转变点电流 I_{DSt} 是两个 MOST 模型相交处的电流,在该处电流相等,跨导也相等。这个电流 I_{DSt} 可以用来将 I_{DS} 归一化。I_{DS}/I_{DSt} 用 i 来表示,并且称为反型系数(inversion coefficient)。对于 W/L＝10 的 nMOST,电流 I_{DSt} 约为 $2\mu A$。也就是每单位 W/L 对应的 I_{DSt} 为 $0.2\mu A$,此时 i＝1,v＝0.54。如果 V_{GSt} 为 70mV,那么 $V_{GS}-V_T$ 约为 38mV。

归一化的电压 v,或者是电压 $V_{GS}-V_T$ 现在可以很容易地用反型系数 i 来描述,下面给出该关系曲线。

0139　该曲线说明了 MOST 的驱动电压 $V_{GS}-V_T$ 与它的归一化电流的关系。该关系式中晶体管的尺寸被转变点电流所代替,即 $V_{GS}-V_T$ 与晶体管尺寸无关。

另外,图中很容易得出弱反型区转变点的情况。如果电流比较大($i>$10),很明显晶体管工作在强反型区,此时 $V_{GS}-V_T$ 大于 0.2V,对应的反型系数大于 8。对于每单位 W/L 的 nMOST,电流

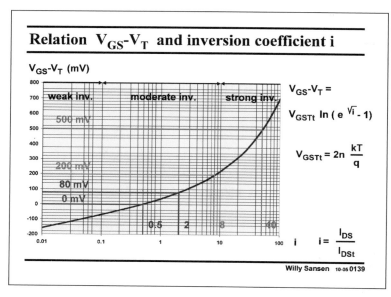

为 $1.6\mu A$。如果 $V_{GS}-V_T$ 为 0.5V,电流值要乘以 5。

如果电流比较小($i<0.1$),很明显晶体管工作在弱反型区,因为使用了半对数坐标,特性曲线为直线。

区域($0.1<i<10$)被称为中间反型区,它在两种区域中平滑过渡。

在 $V_{GS}-V_T=0V$ 时是一个有趣的点。在该点输入电压 V_{GS} 等于阈值电压 V_T。此时电流 I_{DS} 为转变点电流 I_{DSt} 的一半,每单位 W/L 对应大约 $0.1\mu A$。这就是一个很常用的测量 V_T 的方法,也就是对于每单位 W/L, I_{DS} 约为 $0.1\mu A$ 时,对应的 V_{GS} 的值即为 V_T。

另外一个有趣的点出现在 $V_{GS}-V_T=80mV$ 时,这是从弱反型区到强反型区真正的转变点,该点的电流大约是 I_{DSt} 的 2 倍。

0140　现在可以很容易地通过电流来推导出跨导。比率 g_m/I_{DS} 通过 nkT/q 归一化后表示为 GM。可以得到强反型区($i>10$)和弱反型区($i<0.1$)时 GM 的近似解。

下一张幻灯片中给出完整的描述。

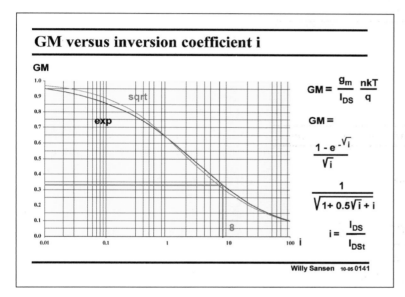

Transconductance g_m between wi & si

$$i = \frac{I_{DS}}{I_{DSt}} = [\ln(1+e^v)]^2 \qquad g_m \approx \dots$$

$$GM = \frac{g_m}{I_{DS}}\frac{nkT}{q} = \frac{1-e^{-\sqrt{i}}}{\sqrt{i}} \qquad \text{Large } i : GM = \frac{1}{\sqrt{i}}$$

$$\text{Small } i : GM = 1 - \frac{\sqrt{i}}{2}$$

Alternative approximation :

$$GM = \frac{1}{\sqrt{1+0.5\sqrt{i}+i}} \qquad \text{Large } i : GM = \frac{1}{\sqrt{i}}$$

$$\text{Small } i : GM = 1 - \frac{\sqrt{i}}{4}$$

Willy Sansen　10-05 0140

有时要使用本幻灯片中提供的另一种函数来描述转变区域,该函数更接近于测量值。它包含平方根,而不是指数项。对于强反型区,提供的近似程度相同。但是,对于弱反型区有些偏小。

GM versus inversion coefficient i

GM

sqrt

exp

8

$$GM = \frac{g_m}{I_{DS}}\frac{nkT}{q}$$

$$GM =$$

$$\frac{1-e^{-\sqrt{i}}}{\sqrt{i}}$$

$$\frac{1}{\sqrt{1+0.5\sqrt{i}+i}}$$

$$i = \frac{I_{DS}}{I_{DSt}}$$

Willy Sansen　10-05 0141

0141　本张幻灯片给出了两种模型的归一化的跨导/电流比率对应于反型系数的曲线。二者在 $i=1$ 时都经过同样的点,两种模型差别很小。这就是为什么继续使用带有指数项的表达式的原因。

注意到在反型系数为 8 时,$V_{GS}-V_T=0.2V$,归一化的 GM 为弱反型时最大值的 1/3。对应的 g_m/I_{DS} 约为 4.2V^{-1},这几乎为双极型晶体管的 1/10。为了增大该比率,必须选择一个更小的 $V_{GS}-V_T$。对于 $V_{GS}-V_T=0.15V$,g_m/I_{DS} 就变成了 5.4V^{-1};$V_{GS}-V_T=0.1V$ 可以让 g_m/I_{DS} 接近于 7V^{-1}。

注意到当 $V_{GS}-V_T$ 约为 0.2V 时,g_m/I_{DS} 为 4.2V^{-1},而在强反型区时表达式 $2/(V_{GS}-V_T)$ 所预测的值为 10V^{-1},还不到其一半。

在高跨导和大电流之间的一个很好的折中就是将 $V_{GS}-V_T$ 的值取为 0.2V 左右,后面的很多设计中都会使用这一值。

0142　大电流时 MOST 又改变了工作区,进入速度饱和区。大部分的电子以最大的速度流过沟道,结果电流随着驱动电压线性增加,而跨导相对平稳。

　　同样我们需要另一个不同的模型,特别希望找到强反型区和速度饱和区的转变点,下面将进行阐述。

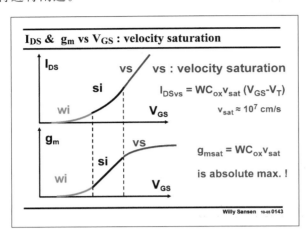

工艺参数 C_{ox} 与物理参数 v_{sat} 相关。

　　但是注意到 g_{msat} 与 V_{GS} 不再相关,g_{msat} 为一个常数,因此模拟设计中一般不将晶体管工作在这一区域,因为跨导不再增加,但是此时消耗的电流却继续增加。这就是一般将 V_{GS} 的最高值取在中等电流区,接近于速度饱和区的原因。

0143　大电流时,一些原因使得电流 I_{DS} 对于 V_{GS} 的曲线变得更加线性。其中最重要的一个原因是速度饱和,因为沟道电场很强,所有的电子都以最大的速度运动,这个速度是电子在沟道中互相碰撞的结果,它的平均值大概是 10^7 cm/s。

　　最终的电流 I_{DS} 相对于 V_{GS} 的表达式是线性的,跨导 g_m 表达式的推导就变得非常简单了。表达式中并不包括沟道长度! 这是 MOST 能够获得的最大跨导。g_{msat}/W 的比率只与工艺水平,转变点的值约为 0.5V。现在,$V_{GS}-V_T$ 的典型值在低端约为 $0.15\sim0.2$V,在高端约

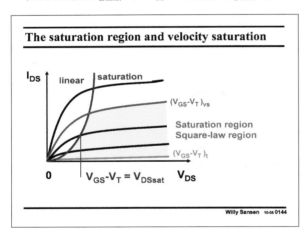

0144　区分饱和与速度饱和很重要。

　　当晶体管的 V_{DS} 足够大,或者 V_{DS} 大于 V_{DSsat}($V_{DSsat}=V_{GS}-V_T$)时,MOST 处在饱和状态。饱和区和线性区的划分形成了一个抛物线,抛物线右边的任何一个点都工作在晶体管的饱和区。

　　低电流时对应着弱反型区,而最大的电流对应着速度饱和区,晶体管工作在饱和状态且处在速度饱和区。

　　阴影部分的中间电流区对应着平方律模型的区域,晶体管工作在饱和状态且在平方律区域。

0145　记住永远不要进入大电流区或者速度饱和区,设计中应该远离速度饱和区的转变点,现在就来计算这个转变点的值。目前的工艺水平,转变点的值约为 0.5V。现在,$V_{GS}-V_T$ 的典型值在低端约为 $0.15\sim0.2$V,在高端约

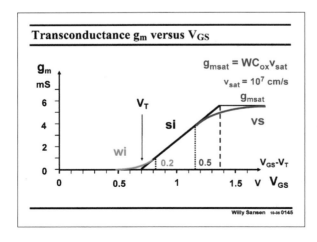

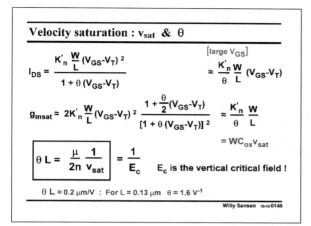

为 0.5V。下面解释原因。

0146　由于速度饱和而引起的电流线性化和跨导的减小都能通过参数 θ 来描述。正如本幻灯片所示,强反型区电流表达式的分母中引入了一项,当 $V_{GS} - V_T$ 较大时,1 被忽略,最后电流表达式变成了右边所示 V_{GS} 的线性表达式。

参数 θ 有一个优点,它集中了所有引起电流线性化的物理现象,其中有一个就是垂直电场 E_c 通过氧化层的效应,θ 一般是被设计者而不是工艺人员所采用。

速度饱和时的跨导 g_{msat} 可以通过对电流再次求导得到,对于大的 $V_{GS} - V_T$,得到了 g_{msat} 的一个简单表达式。很显然,这个值一定等于 v_{sat} 时 g_{msat} 的原始表达式。

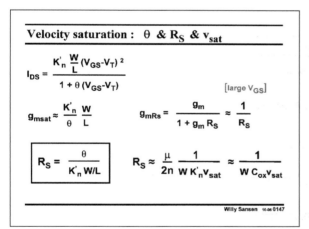

将两个 g_{msat} 表达式等价,最后表明参数 θ 与沟道长度相关。L 越小,θ 越大,取决于工艺,在纳米 CMOS 中,θ 的值很大。

0147　有第三种方法可以对由于速度饱和而引起的电流线性化和跨导的减小进行建模,方法是在源级简单地插入一个小的串联电阻 R_S。

因此,跨导 g_m 减小了 $1 + g_m R_S$ 倍。

对于大的 $V_{GS} - V_T$,或对于一个大的 g_m 值,$g_m R_S$ 简化为 $1/R_S$,将这个 g_m 的等式与带 θ 的 g_m 的等式相等,推导出了 θ 与 R_S 的关系。很容易看出,R_S 的值与 MOST 管的尺寸和 K' 相关。

也很容易得到 v_{sat} 与 R_S 之间的关系,在最下方表达式中将参数 θ 代入,产生一个新的表达式,表达式中只包含晶体管的宽度 W 和一些工艺参数,这是一个普遍应用的公式。

0148　为了得到转变点的驱动电压 $(V_{GS} - V_T) = V_{GSTvs}$,让速度饱和时的跨导 g_{msat} 的表达式等于强反型区时的表达式。得到 V_{GSTvs} 的值,为很简单的 $1/θ$,如前面幻灯片所示,可以表

示为 $2nLv_{sat}/\mu$。

V_{GSTvs} 的典型值为 $5LV$，L 的单位为 μm。很显然，转变点电压 V_{GSTvs} 并不是固定不变的，它随着沟道长度的减小而减小。对于 $0.13\mu mCMOS$ 工艺，它约为 $0.62V$，随着时间的推移也很快会变为 $0.2V$。

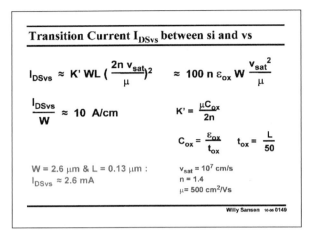

参数 θ 和转变点电压的倒数 $1/V_{GSTvs}$ 被称为速度饱和系数，尽管它还包括其他一些与高电场强度有关的因素。

0149 很容易由转变点电压 V_{GSTvs} 得到转变点电流 I_{DSvs}，I_{DSvs} 表达式中包含 W、L 和一些工艺参数。

K' 中包含 C_{ox}，C_{ox} 取决于氧化层的厚度 t_{ox}，t_{ox} 的值约为 $L/50$。假设采用最小的沟道长度 L，I_{DSvs} 的表达式可进一步简化，可以清楚地显示出工艺和晶体管宽度 W 的影响。

对于 nMOST，代入工艺参数 $n=1.4$，$\mu=500cm^2/Vs$，得到一个非常简单的转变点电流密度 I_{DSvs}/W 的表达式。显然它的值也取决于所用的尺寸，实际上它的最小值也与 L 有关。

0150 在两个区中都可以很容易地得到跨导 g_m 的值。g_{msat} 是速度饱和区的跨导，而 $g_{mK'}$ 是强反型区的跨导。本幻灯片中给出了它们的表达式，再一次代入工艺参数得出两个只包含 W、L 参数的跨导公式。把两个跨导并联可以得到包含两个区的总跨导 g_m 的表达式，总的跨导 g_m 一般都是小于最小的那个跨导。

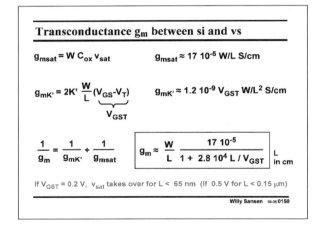

用这个方法，得到包含 W、L 和 $V_{GS}-V_T$ 的总跨导的表达式，这个表达式可以用来优化高速电路和运算放大器电路。

如下一张幻灯片所示，对于一个确定的 $V_{GS}-V_T$，很容易绘出总的跨导相对于沟道长度 L 的图形。

0151 对于一个确定的 $V_{GS}-V_T$，很容易绘出总的跨导相对于沟道长度 L 的图形，图中分别绘出两个跨导的曲线。

蓝色的是速度饱和区的跨导曲线。黑色的是强反型区 $V_{GST}=0.2V$ 时的跨导曲线，红色的是 $V_{GST}=0.5V$ 时的跨导曲线。对于 $V_{GST}=0.2V$，与速度饱和区的交点大约是 $65nm$ 的沟道长度。这意味着，对于 $0.13\mu m$ 和 $0.18\mu m$ 工艺的模拟设计，仍能采用强反型区的模型，小的 θ 因子足够给出精确的跨导值。

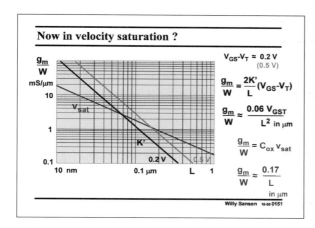

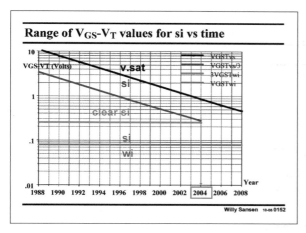

尽管如此,在高频应用中,即 $V_{GST} = 0.5V$ 或更高时,与速度饱和区的交点大约是 $0.15\mu m$。因此 90nm 工艺的晶体管主要工作在速度饱和区。参数 θ 变得非常大,当然不能忽略。

0152　正如本章开头的摩尔定律曲线所示,沟道长度不断变得越来越小,我们可以对未来的工艺进行预测。

对于每一个不同的沟道长度,可以估算强反型区和速度饱和区之间的转变点电压 V_{GSTvs},如顶端的黑线所示,它随着沟道长度 L 递减。

为了远离速度饱和区,取 V_{GST} 的 1/3 或电流 I_{DS} 的 1/10 为安全范围,这是一条蓝线。很明显它也是随着沟道长度或者时间而递减。

另一方面,弱反型区和强反型区之间的转变点电压 V_{GST} 与沟道长度不相关,如绿线所示,其值一般为 70 ～ 80mV。为了远离转变点的区域,也取 V_{GST} 的 1/3 或电流的 1/10 为安全范围,这是一条红线。

因此,在红线和蓝线之间的区域就是 V_{GST} 的范围,在这个范围中,很容易验证出平方律特性。可以清晰地看出,这个区域在 2004 年就已经消失。

换言之,在未来,MOST 的模型不仅是一个平方律模型的外推,而且也与指数与线性曲线相关,正如双极型模型一样!

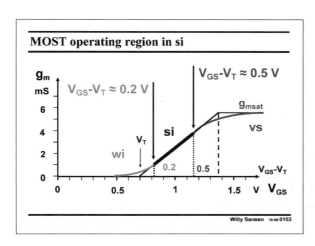

0153　结果对电流和跨导的预测不再准确。

实际上,在平方律区域内,大约 $V_{GS} - V_T = 0.2V$,参数 K' 包含迁移率和因子 n,这两个参数实际上是不准确的。

进一步对于较低的 $V_{GS} - V_T$ 值,由于靠弱反型区太近,模型变得相当复杂。

在 $V_{GS} - V_T$ 范围的另一端,速度饱和区移动得越来越近,需要另一个复杂的模型。

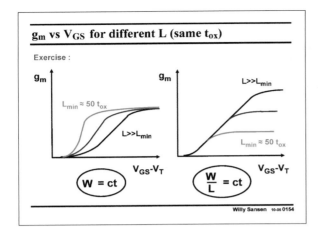

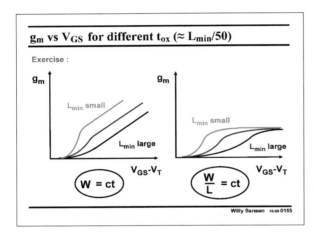

现在这种情况使用简单的模型进行手工计算将变得非常困难。唯一方便的就是对于高增益应用取 $V_{GS}-V_T=0.2V$，对于高频应用取值大一点（$V_{GS}-V_T=0.5V$），在所有其他的应用区域，必须使用精确的模型，而精确的模型只能从工艺线获得。

0154　作为一个总结，试着去理解一些重要参数是如何随着驱动电压 $V_{GS}-V_T$ 而变化的。作为练习只给出一些结论。

在图中的两种情况下，我们改变驱动电压 $V_{GS}-V_T$，试图得出跨导 g_m 是如何变化的。两种情况都是采用相同的工艺（氧化层厚度不变和最小的沟道长度）。图左保持 W 不变，而图右保持 W/L 不变。很明显，工作点从弱反型区经过强反型区向速度饱和区移动。

0155　如果从一种工艺变到另一种工艺，可以得到相似的曲线。这就回答了如果将一个放大器从一种工艺换成另一种工艺，在不改变版图时，它的性能会发生怎样的变化，跨导会如何改变它的高频性能等问题。

同样，工作点从弱反型区经过强反型区向速度饱和区移动。

这种分析有助于深入了解几个工作区和基本的设计参数（如跨导）之间的关系。

0156　图示的表格来源于参考资料。水平方向给出电流 I_{DS}、跨导 g_m 和 g_m/I_{DS} 的比率这几种参数，表格中给出在弱反型区、强反型区和速度饱和区的表达式。进一步，转变点或者交叉点的

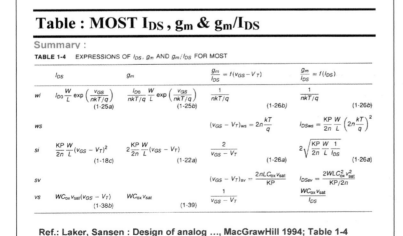

Table : MOST I_{DS} , g_m & g_m/I_{DS}

Summary :

TABLE 1-4　EXPRESSIONS OF I_{DS}, g_m AND g_m/I_{DS} FOR MOST

	I_{DS}	g_m	$\dfrac{g_m}{I_{DS}} = f(v_{GS} - V_T)$	$\dfrac{g_m}{I_{DS}} = f(I_{DS})$
wi	$I_{D0} \dfrac{W}{L} \exp\left(\dfrac{v_{GS}}{nkT/q}\right)$ (1-25a)	$\dfrac{I_{D0}}{nkT/q} \dfrac{W}{L} \exp\left(\dfrac{v_{GS}}{nkT/q}\right)$ (1-25b)	$\dfrac{1}{nkT/q}$ (1-26b)	$\dfrac{1}{nkT/q}$ (1-26b)
ws			$(v_{GS}-V_T)_{ws} = 2n\dfrac{kT}{q}$	$I_{DSws} = \dfrac{KP}{2n}\dfrac{W}{L}\left(2n\dfrac{kT}{q}\right)^2$
si	$\dfrac{KP}{2n}\dfrac{W}{L}(v_{GS}-V_T)^2$ (1-18c)	$2\dfrac{KP}{2n}\dfrac{W}{L}(v_{GS}-V_T)$ (1-22a)	$\dfrac{2}{v_{GS}-V_T}$ (1-26a)	$2\sqrt{\dfrac{KP}{2n}\dfrac{W}{L}\dfrac{1}{I_{DS}}}$ (1-26a)
sv			$(v_{GS}-V_T)_{sv} = \dfrac{2nLC_{ox}v_{sat}}{KP}$	$I_{DSsv} = \dfrac{2WLC_{ox}^2 v_{sat}^2}{KP/2n}$
vs	$WC_{ox}v_{sat}(v_{GS}-V_T)$ (1-38b)	$WC_{ox}v_{sat}$ (1-39)	$\dfrac{1}{v_{GS}-V_T}$	$\dfrac{WC_{ox}v_{sat}}{I_{DS}}$

Ref.: Laker, Sansen : Design of analog ..., MacGrawHill 1994; Table 1-4

Willy Sansen　10-05 0156

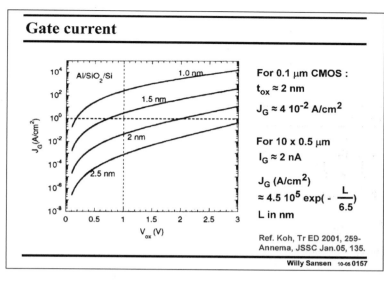

Gate current

Al/SiO$_2$/Si

For 0.1 μm CMOS :

$t_{ox} \approx 2$ nm

$J_G \approx 4\ 10^{-2}$ A/cm^2

For 10 x 0.5 μm

$I_G \approx 2$ nA

J_G (A/cm^2)

$\approx 4.5\ 10^5 \exp(-\dfrac{L}{6.5})$

L in nm

Ref. Koh, Tr ED 2001, 259-
Annema, JSSC Jan.05, 135.

Willy Sansen　10-05 0157

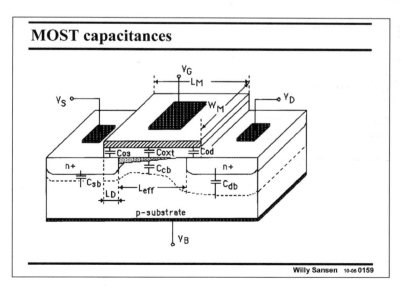

Table of contents

Willy Sansen　10-05 0158

MOST capacitances

Willy Sansen　10-05 0159

值在弱反型区与强反型区之间用 ws 来表示,在强反型区和速度饱和区之间用 sv 来表示。

0157　最后分析 MOST 模型,在研究电容之前,必须关注栅极电流。薄氧化层会产生栅极漏电流,这是氧化层隧道效应的结果,因此漏栅电流正比于栅极面积。

正如本幻灯片所示,随着氧化层的越来越薄,栅漏电流呈指数增大。对于 1V 的氧化层电压,本幻灯片给出许多近似数值。对于低于 90nm 的 CMOS 工艺,显然能看出其电流不能忽略,该电流像双极型晶体管的基极电流一样。当 MOST 关断后,栅漏电流仍然流动,这与双极型晶体管情况不同。

0158　在高频段电容会产生作用。首先,定义 MOST 器件中所有可能存在的电容,其次把它们放在一起作为端口电容进行研究。

最后,研究参数 f$_T$,它是一个高频限制频率。超过该频率点 MOST 就不能提供增益。再试图得到 f$_T$ 在所有三个区:弱反型区、强反型区和速度饱和区的表达式。

0159　剖面图中显示了一些最重要的电容。

栅氧化层电容 C$_{oxt}$ 是最重要的一个,因为它决定了晶体管的电流。总氧化层电容 C$_{oxt}$ 等于 WLC$_{ox}$,总氧化层电容与栅极和源极相交叠,就分别产生了交叠电容 Cos 和 Cod。

沟道相对于衬底存在着一个耗尽层电容或者是结电容 C_{cb}，它的值取决于加在上面的电压。源极、漏极也有相对于衬底的耗尽层电容 C_{sb} 和 C_{db}。

图中详细地描述了上述所有的电容。

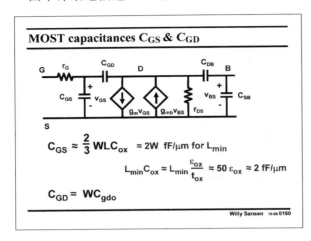

0160 栅源电容 C_{GS} 包括栅氧化层电容 C_{oxt} 和栅源交叠电容 C_{gso}，通常只取 C_{oxt} 的值。由于 C_{oxt} 估值有时偏高或者偏低，所以 C_{GS} 有一个较好的平均值。

它的估值偏高，是因为栅源电容 C_{GS} 实际上只有 C_{oxt} 的 2/3 左右[Ref. Tsividis]。实际上，沟道在漏端已经消失，电场计算表明 C_{oxt} 按 2/3 比例因子估算是正确的。

栅源电容 C_{GS} 估值也偏低，因为它必须包括栅源交叠电容 C_{gso}，通常交叠电容是 C_{oxt} 的 20%～25%。

取 $C_{oxt}=WLC_{ox}$ 是一个比较好的估算值，显然，CAD 模型已经为这些电容提供了更加精确的值。这些简单的表达式用于手工计算已经足够了。

如果采用最小的沟道长度 L_{min}，C_{GS} 可以很容易地估值为 2W fF，其中 W 的单位为微米。实际上，标准 CMOS 工艺的氧化层厚度 t_{ox} 非常接近于 L/50，因而 C_{GS} 的表达式简化为 2W。这表明，至少在采用最小沟道长度时，MOST 的输入电容 C_{GS} 仅仅取决于它的宽度。

常用这一经验法则来计算运算放大器中的寄生电容（如第 6 章所示）。

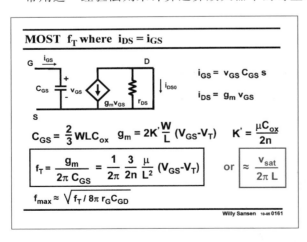

0161 参数 f_T 是输出电流 i_{DS} 等于输入电流 i_{GS} 时对应的频率点的值，它由 C_{GS} 和 g_m 的时间常数来决定。

这一参数是仅仅考虑本征晶体管参数时，晶体管高频特性的一个优值。

在 f_T 的表达式中代入 C_{GS} 和 g_m 的表达式，发现这个频率 f_T 与 $V_{GS}-V_T$ 呈正比，与 L^2 呈反比。确实，减小沟道长度可以产生更好的高频性能。

然而在速度饱和区，电子通过沟道的时间是 L/v_{sat}，在速度饱和区的频率 f_T 就是 $v_{sat}/2\pi L$，这是 MOST 能够达到的最高频率，显然它是在大的 $V_{GS}-V_T$ 时才能获得的 f_T 值。它不是随着 L^2 的减小而增大，而仅仅是随着 L 的减小而增大。

还有一个参数是最大振荡频率 f_{max}，它包含一些外部参数。它很显然与 f_T 有关，包含一些（如栅极串联电阻 r_G 和栅漏电容 C_{GD} 等）参数。f_{max} 可能比 f_T 高，也可能比 f_T 低。

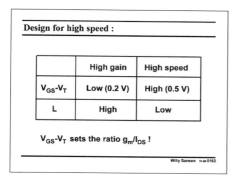

Design for high speed :

	High gain	High speed
$V_{GS}-V_T$	Low (0.2 V)	High (0.5 V)
L	High	Low

$V_{GS}-V_T$ sets the ratio g_m/I_{DS} !

Willy Sansen 10-05 0162

0162　很显然,对于高频设计,就需要一个高的 $V_{GS}-V_T$ 和最小的沟道长度。这与获得高增益的要求是相反的(以及后面的低噪声和低失调的要求等)是相反的。

这可能是模拟 CMOS 设计中最基本的一种折中方法。高增益器件如运算放大器的输入端必须设计成小的 $V_{GS}-V_T$ 和大的沟道长度,而在高频设计中,如 VCO 和 LNA 的设计中,设计方法恰恰相反。

记住,设定 $V_{GS}-V_T$ 的值与设定 g_m/I_{DS} 的比率或设定反型系数 $i=I_{DS}/I_{DSt}$ 是相同的。

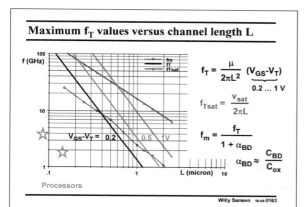

Maximum f_T values versus channel length L

$$f_T = \frac{\mu}{2\pi L^2}\underbrace{(V_{GS}-V_T)}_{0.2\ldots 1\text{ V}}$$

$$f_{Tsat} = \frac{v_{sat}}{2\pi L}$$

$$f_m = \frac{f_T}{1+\alpha_{BD}}$$

$$\alpha_{BD} \approx \frac{C_{BD}}{C_{ox}}$$

$V_{GS}-V_T = 0.2 \quad 0.5 \quad 1\text{V}$

Processors

Willy Sansen 10-05 0163

0163　正如本幻灯片所示,对于一个确定的 $V_{GS}-V_T$,很容易画出频率 f_T 与沟道长度 L 的关系曲线。对于速度饱和区,它与 $V_{GS}-V_T$ 不相关,但是斜率较小。

速度饱和区的频率 f_T 曲线是蓝色的,在强反型区中,$V_{GST}=0.2V$ 时是黑色的,$V_{GST}=0.5V$ 时是红色的,$V_{GST}=1V$ 时是紫红色的。

本幻灯片中很明显地看出 f_T 值很容易达到 100GHz,至少对于沟道长度低于 $0.13\mu m$ 的 CMOS 工艺是这样的。根据这种工艺,即使 $V_{GS}-V_T$ 仅仅为 0.2V 时也可能工作在速度饱和区。对于 $V_{GST}=0.2V$,交叉点的值在低于 90nm 沟道长度的地方。而对于高频应用,当 $V_{GST}=0.5V$ 或更高时,交叉点对应的 L 值约为 $0.25\mu m$。

为了便于手工计算,需要一个 f_T 的模型,它能覆盖强反型区和速度饱和区,下面将给出这个模型。

也注意到图中 VCO 和 LNA 的实际最高频率,它是一个标记为 f_{max} 的曲线,大约是 $1/5\ f_T$。也标出了当前一些微处理器的时钟频率,大约是 $\frac{1}{100}f_T$。

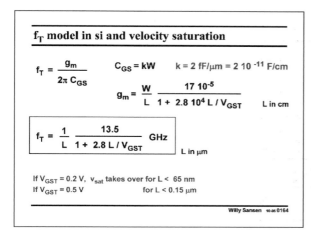

f_T model in si and velocity saturation

$$f_T = \frac{g_m}{2\pi C_{GS}}$$

$C_{GS} = kW \qquad k = 2\text{ fF}/\mu m = 2\ 10^{-11}\text{ F/cm}$

$$g_m = \frac{W}{L}\cdot\frac{17\ 10^{-5}}{1+2.8\ 10^4\ L/V_{GST}} \qquad \text{L in cm}$$

$$f_T = \frac{1}{L}\cdot\frac{13.5}{1+2.8\ L/V_{GST}}\text{ GHz} \qquad \text{L in } \mu m$$

If $V_{GST} = 0.2$ V, v_{sat} takes over for L < 65 nm
If $V_{GST} = 0.5$ V　　　　　for L < 0.15 μm

Willy Sansen 10-05 0164

0164　可以通过代入跨导 g_m 的表达式来获得包括强反型区和速度饱和区的 f_T 的简单模型,其中跨导的表达式包括两个区,C_{GS} 也可以用 2W 代入。

这个 f_T 的结果表达式是预测高频性能的一个很有用的工具,在后面章节中,可以用该公式来预测上限频率。

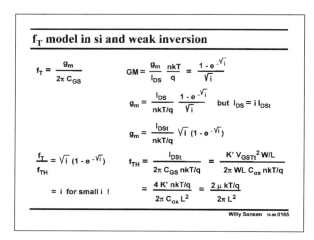

显然,对于给定的 $V_{GS}-V_T$,转变点沟道长度 L 的值与跨导 g_m 的情况相同。对于 $V_{GS}-V_T=0.2V$,沟道长度低于 65nm 时晶体管工作在速度饱和区。

0165 在低电流时,跨导 g_m 的绝对值较低,产生的 f_T 也低,问题是工作在弱反型区的 MOST 实际上能够获得多大的 f_T?

覆盖弱/强两个反型区的一个 f_T 的简单模型能够通过再次代入跨导 g_m 来获得,其中跨导 g_m 的表达式覆盖这两个区。

在高电流下(由于没有考虑速度饱和效应,这个模型实际上并不有效)能达到 f_T 的最大值,是 $\sqrt{i}f_{TH}$。正如对反型系数的曲线所描述的,电流(或反型系数)越小,f_T 越小。

实际上 i 值较小时,f_T 等于 if_{TH}。

注意到参考频率 f_{TH} 与 L^{-2} 呈比例,在现代的工艺中该 f_{TH} 值已经具有较大的优势。

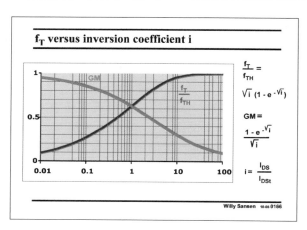

0166 参数 $GM(g_m/I_{DS}$ 对 nKT/q 的归一化)和参数 $f_T(f_{TH}$ 归一化)对反型系数 i 的曲线如图所示。在弱反型区 g_m/I_{DS} 比率较高,但是 f_T 较低。该曲线较好地反映了增益和速度的折中。

然而,在非常弱的反型区(i=0.01),f_T 的值降到了原来的 10%。如果采用 130nm 沟道长度的晶体管,f_T 原值约为 100GHz,实际达到的 f_T 仍然能达到 10GHz。

换言之,采用纳米 CMOS 工艺,在弱反型区仍然有可能获得适当的高频性能。

0167 作为练习来验证 f_T 是否随着电流的变化而变化。

将 $V_{GS}-V_T$ 用晶体管的宽度 W 和长度 L 来代替,可以得到许多不同的表达式。最重要的可能是最后一个表达式,假定其他参数是确定的,就能够解出答案。

当然,如果 $V_{GS}-V_T$ 是固定的,那么频率 f_T 随着电流而增大。如果 $V_{GS}-V_T$ 减小,f_T 可以不随着电流而变化的。其

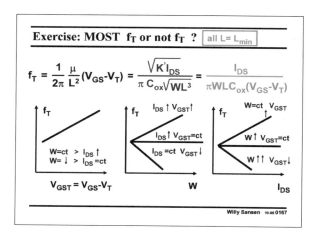

至有可能以某种方式减小 $V_{GS}-V_T$,使得 f_T 随着电流的增加而降小。

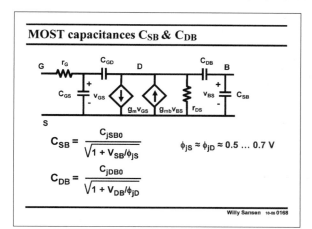

曾经得出这样的结论,在 MOST 中永远无法得到某个参数是如何随着其他参数而变化的,其他的参数必须是固定不变的才行。其实,一个 MOST 有两个自由度,通常 $V_{GS}-V_T$(或者反型系数)和 L 由设计者选择,然后再设置其他参数。

0168　在两个岛区,源端和漏端都存在着相对于体端(或者衬底)的结电容。该电容已加在本幻灯片的小信号电路图中。

当反向偏置时,结电容通常都与电压的平方根相关。

最重要的电容显然是漏-体电容 C_{DB},该电容在 MOST 放大器的输出端。源-体电容 C_{SB} 通常被短路掉了。

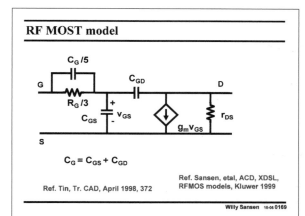

0169　在非常高的频率下,例如超过 $f_T/3$ 时,输入阻抗无法简单地用电阻 R_G 和输入电容 C_{GS} 和 C_{GD} 来建模。需要用一个小的电容与电阻 R_G 并联来修正。这个电容值一般从已测得的输入阻抗中获得,通过 S 参数的测试结果计算得到。通常的模型是栅电阻的三分之一和输入电容的五分之一并联。

显然参数值要符合测试结果,这些值是变化的,取决于实际的频率范围。注意到这个附加的并联电容只适用于最高频的范围。只有高频的 VCO 和 LAN 可能需要采用这种模型。

0170　总结一下本书中将采用的一些模型参数。因为这些模型参数只有一页的内容,被称为单页 MOST 模型。

建议熟记这些简单的表达式,后面的部分将频繁使用这些公式,熟记它们应该不太困难。

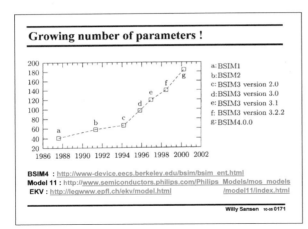

Growing number of parameters !

a: BSIM1
b: BSIM2
c: BSIM3 version 2.0
d: BSIM3 version 3.0
e: BSIM3 version 3.1
f: BSIM3 version 3.2.2
g: BSIM4.0.0

BSIM4 : http://www-device.eecs.berkeley.edu/bsim/bsim_ent.html
Model 11 : http://www.semiconductors.philips.com/Philips_Models/mos_models
EKV : http://legwww.epfl.ch/ekv/model.html /model11/index.html

Willy Sansen 10-05 0171

0171 许多更加精确的模型已经得以采用。其中最常用的三种模型是 BSIM 模型、Philips 模型和 EKV 模型。本幻灯片给出了三种模型的参考文献。

比较显著的是模型中参数的数量一直在增加。本幻灯片给出了 BSIM 模型的曲线,开始的模型是强反型区的简单模型,对修正参数的附加修正形成了这样不断上升的曲线。结果,参数的数量呈爆炸性增长。

在 EKV 模型中采用了一种新的方法,强反型区和弱反型区采用了较少的模型参数,总的模型参数的数量比以前减少了。

最终,模型的标准化非常重要,最常用的才是最重要的,而不在于模型的准确度有多高。

0172 如果采用了一个新的模型,最好的方法是用它去检查那些旧模型中的缺陷。

幻灯片中给出了一个简短的目录。

需要检查强反型区两边的转换点,这需要我们检查电流和它的一阶

Benchmark tests

1. Weak inversion transition for I_{DS} and g_m/I_{DS} ratio
2. Velocity saturation transition for I_{DS} and g_m/I_{DS} ratio
3. Output conductance around V_{DSsat}
4. Continuity of currents and caps around zero V_{DS}
5. Thermal and 1/f noise
6. High frequency input impedance (s_{11}) and transimpedance (s_{21})

Willy Sansen 10-05 0172

导数的连续性。如果考虑到失真的情况,那它的二阶和三阶导数也必须是连续的。

在所有给定电压的转换点处,电流及其一阶导数都必须保证是连续的。这些点是:
—线性区和饱和区的转换点(对于增大的 v_{DS})
—v_{DS} 等于零附近的转换点
如果采用了噪声模型,必须对模型进行验证。

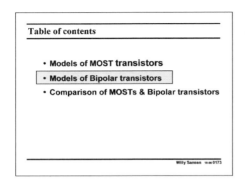

Table of contents

- Models of MOST transistors
- Models of Bipolar transistors
- Comparison of MOSTs & Bipolar transistors

Willy Sansen 10-05 0173

最后,对于高频设计,最好将输入阻抗(来自参数 s_{11})和增益(来自 s_{21})相对于频率进行验证。当然,也可以对另外的两个 s 参数也进行验证。

0173 尽管双极型晶体管发展得最早,MOST 器件一直都备受关注。目前双极型晶体管广泛应用于 BiCMOS 工艺中,这种工艺集合了 MOST 和双极型晶体管。

首先研究一下双极型晶体管的模型,然后再进行性能对比。

0174　双极型晶体管由两个背靠背的二极管组成。一个是正偏,另一个是反偏。双极型晶体管因为由两个二极管组成,与 MOST 不同,更不同于电阻。

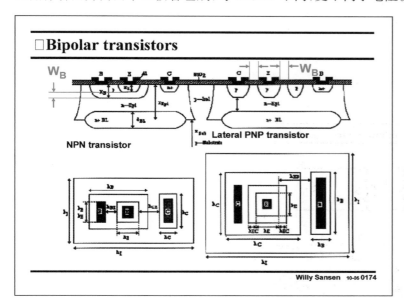

在左边纵向 npn 晶体管结构中,两个二极管很好确认。这个结构中,p 区扩散到 n 型外延层上(n 型外延层称为集电极),形成基极,扩散深度 X_B。n 区扩散到基区而形成发射极,扩散深度 X_E。扩散深度上的差值就是实际的基区宽度 W_B。

另外一边的 n 区扩散到集电极 n 外延生长区以获得良好的接触。而且,在晶体管下面加了一个掩埋层以降低集电极串联电阻。例如,经常用扩散来降低基区电阻。

左边的晶体管是垂直的 npn 晶体管,右边的是横向的 pnp 晶体管。在两个 p-岛即发射极和集电极之间的水平距离是基区的宽度,在版图上很容易看到,集电极一般都包围中间的发射极。这种结构因为电流增益太小一般都不采用它,垂直 pnp 管就好得多。

对于这两种晶体管,衬底都是反偏的。如果只采用一个正电源,那么衬底要接地。

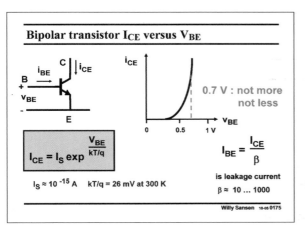

0175　当基极-发射极的二极管正偏,大量的电子从 n 端(发射极)流向 p 基极。因为基区宽度 W_B 很小,大部分的电子都流向了集电极。实际上,电子是从发射极流向集电极的。所以集电极的电流近似等于发射极的电流,用电流 I_{CE} 表示,可以看出,当基极-发射极二极管正偏的时候,I_{CE} 和基极-发射极之间的电压 V_{BE} 之间是简单的指数关系。当然 V_{BE} 要除以 kT/q,其中 k 是玻耳兹曼常数,q 是电子电荷(1.6×10^{-19} C)。参数 T 是绝对温度(开尔文或者摄氏度加上 273度)。在 20℃(或者 86°F),kT/q 是 25.86mV。通常取 26mV 作为实际工作温度的值,可能稍高些。在功率应用中这个温度的取值需要高很多!

　　常数 kT/q 的可取之处在于它不随着工艺的更新而改变,它只包括基本的物理参数和绝对温度,这是双极型晶体管的主要优点之一。双极型晶体管的另外一个优点是它的指数特性,在数学上具有陡峭的特性曲线,它的导数或者跨导要比其他的半导体器件要高。

　　但是,主要的缺点是存在着基极电流,它是集电极电流的 $1/\beta$,这个至今还没能很好地理解清楚。

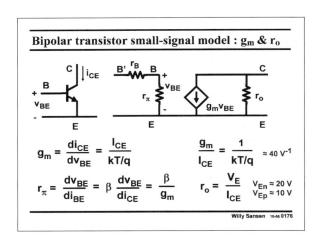

0176 现在可以很容易地推导出双极型晶体管的小信号模型。

跨导 g_m 是 I_{CE}-V_{BE} 曲线的导数, g_m/I_{CE} 的比率简单表示为 kT/q 的倒数,近似于 $40/V$,比 MOST 稍大些,这显然是双极型晶体管的一个优点。

双极型晶体管还具有有限的输出电阻 r_o,可以用厄尔利电压 V_E 来建模,注意到 V_E 取决于基区宽度,但是基区宽度在垂直 npn 中无法调节,只是和 MOST 一样在横向 pnp 中才可以改变。V_E 的值取决于工艺,基区宽度变窄时,V_E 减小。

　　为了调节小信号基极电流,在输入端加上电阻 r_π,它由曲线 I_{BE}-V_{BE} 推导而来,因此,表达式中含有跨导 g_m 和电流增益因子 β。因为 β 的值一直不太确定,所以电阻 r_π 的值也不能确定。r_π 与电流相关,如果电流为 0.1mA,β 大约是 100,此时 r_π 大约是 $26\text{k}\Omega$,数值相当低而且不准确。在高精度电路设计中不能用 r_π 作为重要的设计参数。

最后,基极电阻 r_B 必须串联在输入端,r_B 主要是发射区和基极接触孔之间的 p-基区的欧姆电阻。

0177 因为双极型晶体管由许多结构成,所以包含许多结电容。最重要的是基极-发射极结电容 C_{jBE} 和集电极-衬底结电容 C_{CS}。

集电极-基极结电容称为 C_μ。但是,总的输入电容 C_π 还包括扩散电容 C_D,下面介绍它的来源。

然而注意到基极-发射极是正偏的,因此基极-发射极结电容 C_{jBE} 要大于其在零伏偏置处的值,增大了 2～3 倍。

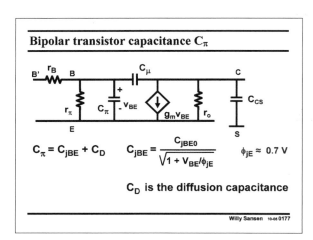

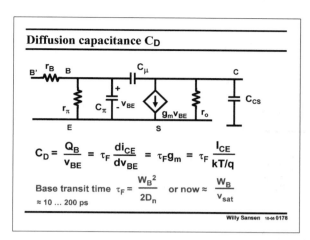

0178 因为基极-发射极存在着电压 V_{BE}，用扩散电容 C_D 对电子流过基区的跃变进行建模。实际上在 p-基区这些电子是少子载流子。基区中电子的传输在基极积累了电荷 Q_B，全部都流向了集电极，又从发射极得到了补充。这些电子通过基区的平均时间是 τ_F，这个时间称为基区传输时间。扩散电容 C_D 可以用 $\tau_F g_m$ 来表述，它显然也与电流 I_{CE} 相关。

电流 I_{CE} 越大，在 C_π 中 C_D 所占的分量就越大。换言之，如果电流较小，C_π 主要由结电容电荷 Q_{jBE} 组成。

如本幻灯片所示，基区传输时间 τ_F 取决于基区宽度 W_B。参数 D 是电子在 p-基极区域的扩散常数。在高速器件中，所有的电子都以最高速度移动，达到了电子的饱和速度 $v_{sat}(10^7\,\text{cm/s})$，类似于高速 MOST。可以计算得到电子通过基区的时间，单位为 ps。例如，如果 $W_B=0.2\mu m$，τ_F 只有 2ps！！！

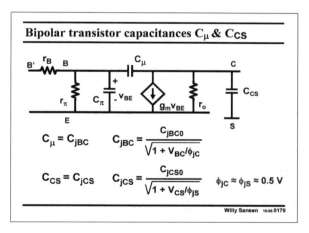

0179 其他的电容都是反偏的结电容。

集电极-基极结电容称为 C_μ，一般很小。

另一方面，集电极-衬底的结电容 C_{CS} 通常要大得多，因为全部的晶体管都是嵌入在集电极中的。此外，C_{CS} 是连接在集电极上的，对晶体管的输出端有影响，因此对晶体管的高频性能起到了重要作用。

0180 与 MOST 相同的是，参数 f_T 也代表了双极型晶体管的高频性能。它是输出短路时电流增益为 1 时的频率。这也是时间常数对应的频率，时间常数由 $1/g_m$ 和输入电容 C_π 构成。

将上述两个参数进行代换，得到本幻灯片所示的表达式。

显然 f_T 与电流相关，增大电流时，f_T 可达到最大值，这是一个意料之中的结果。

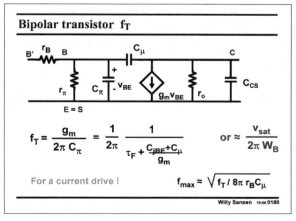

这个 f_T 最大值与基区传输时间 τ_F 相关。例如,如果 τ_F 为 2ps,那么 f_T 就达到 160GHz,达到相当高的频率!

在电流比较小时,如下图所示,两个结电容起主要作用,f_T 的值就变得很小。

注意到 f_{max} 参数与 MOST 一样,表达式中也包括参数 r_B 和 C_μ。

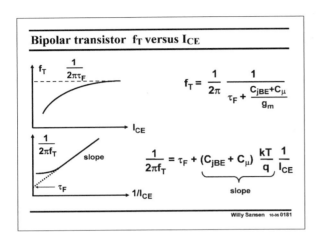

0181　给出了 f_T 相对于电流 I_{CE} 的两种曲线。

在上面的那个图中,两个坐标轴都是线性的。显然,当电流增大时 f_T 达到最大值,最大值取决于基区传输时间 τ_F。

画出 f_T 的倒数相对于电流倒数的关系非常有用。在 $1/I_{CE}$ 为零处,外推得到的值为 τ_F,曲线是线性的,曲线的斜率取决于结电容 C_{jBE} 和 C_μ。

注意到电容 C_{jBE} 是由正向偏置得到的,这也是在正偏时测量电容的方法之一。

0182　与 MOST 相同,所有需要背诵的公式都列在"单页双极型模型"的表格中。

本书中将会用到这些公式,应该很容易记住它们。

0183　MOST 和双极型晶体管的模型已经可以简单地描述出来了,问题是,它们对电路性能的影响有什么不同。

在 BiCMOS 中可以获得这两种器件。实现一种电路功能,既可以选择 MOST 也可以选择双极型晶体管。

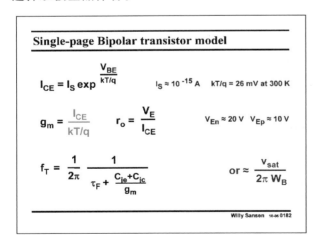

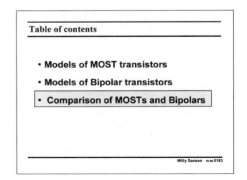

0184　为了进行对比,表格中在"指标"一栏的下面列出了最重要的参数,相应的参数值分两列显示,一列是 MOST 的,另一列是双极型晶体管的。

很明显,零输入电流是 MOST 的主要优点,输入阻抗无穷大。因此有可能用 nMOST 的电容来储存电荷并读出其大小。这已经使用于开关电容滤波器中(见第 17 章),在

Comparison MOST - Bipolar

TABLE 2-8　COMPARISON OF MOSTS AND BIPOLAR TRANSISTORS

	Specification		MOST	Bipolar transistor	
1.	I_{IN}		0	I_C/β	β ?
	R_{IN}		∞	$r_\pi + r_B$	
2.	V_{DSsat}		$V_{GS} - V_T = \sqrt{\dfrac{I_{DS}}{K'W/L}}$	few kT/q	
3.	$\dfrac{g_m}{I}$	wi	$\dfrac{1}{nkT/q}$	$\dfrac{1}{kT/q}$	$n = 1 + \dfrac{C_D}{C_{ox}}$
		si	$\dfrac{2}{V_{GS} - V_T}$	$\dfrac{1}{kT/q}$	4...6 x
		vs	$\dfrac{1}{V_{GS} - V_T}$	$\dfrac{1}{kT/q}$	

Ref. Laker Sansen Table 2-8

Willy Sansen　10-05 0184

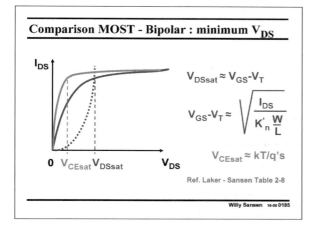

Comparison MOST - Bipolar : minimum V_{DS}

$$V_{DSsat} \approx V_{GS} - V_T$$

$$V_{GS} - V_T \approx \sqrt{\dfrac{I_{DS}}{K'_n \dfrac{W}{L}}}$$

$$V_{CEsat} \approx kT/q\text{'s}$$

Ref. Laker - Sansen Table 2-8

Willy Sansen　10-05 0185

Comparison MOST - Bipolar : g_m/I_{DS} ratio

Willy Sansen　10-05 0186

ADC 的前端采样-保持电路中也已使用这一方法。

但是在今后的纳米技术中，MOST 和双极型晶体管一样存在着栅电流。这将给许多电路带来致命的缺点！

第二个需要关注的是 V_{DSsat} 的最小值。它是 MOST 工作在饱和区的最小输出电压，MOST 表现出很大的输出电阻 r_o，因此获得了大的增益。

0185　在 MOST 工作在饱和区的时候，V_{DSsat} 的最小值，要稍小于 $V_{GS} - V_T$，这个值可以用来设置电流，电流取决于晶体管的尺寸 W 和 L。

在高增益时，所选择的 $V_{GS} - V_T$ 很小，例如 0.15～0.2V，因此 MOST 上的电压降 V_{DSsat} 也很小。

而对于高频应用，$V_{GS} - V_T$ 可能高达 0.5V。如果要不失去增益，漏-源极压降应该永远不低于 0.5V，这将严重地限制输出摆幅。

双极型晶体管有一个最小的输出电压，是 kT/q 的几倍大小。无论希望晶体管是用来做什么，高速度或者是高增益应用，它都仅比 0.1V 数量级稍大一些，这是双极型晶体管的一个优点。双极型晶体管在非常低的电压应用中仍然是较好的器件选择。

0186　第三个需要关注的是双极型晶体管的比率 g_m/I_{DS} 也相对较好。实际上，如果 MOST 随着电流（或者反型系数 i）增大，这个比率将持续降低。对于双极型晶体管，在很小的电流处这个 g_m/I_{DS} 比率就比较高，在中间电流处比率仍然保持较高的值。当 $V_{GS} - V_T$ 等于 0.15～0.2V 时，双极型晶体管的 g_m/I_{DS} 比率是 MOST 的 4 倍左右。要获得相同的跨导，双极型晶体管的电流只是

MOST 电流的 25%。对于便携式应用而言这是个非常重要的优点,因为此时电池的能耗将是非常重要的因素。

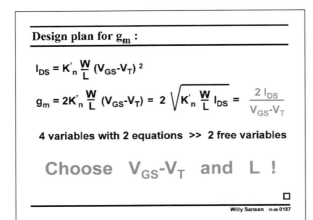

0187　第四个需要关注的是设计方案的不同。

一个 MOST 的电流 I_{DS} 和跨导 g_m 有各自的公式。但是它们有五个变量(或者设计参数),分别是 I_{DS},g_m 和 $V_{GS} - V_T$,还有 W 和 L。

跨导 g_m 经常受到电路指标要求的影响,g_m 中有四个变量。变化范围最小的参数最好先确定,它们是 $V_{GS} - V_T$ 和 L。

第一个选择是先确定 $V_{GS} - V_T$ 的大小,因为它确定了晶体管的工作点,它同时确定了 g_m/I_{DS} 的比率和反型速度系数,显然需要先确定 $V_{GS} - V_T$。通常,对于高增益级 $V_{GS} - V_T$ 选择 0.15~0.2V,而高速率级 $V_{GS} - V_T$ 选择在 0.5V 左右。

一旦 g_m 和 $V_{GS} - V_T$ 确定了,那么 I_{DS} 也就知道了,从而计算出 W/L。选择了 L,W 也就定下来了。通常对于高增益级,L 选为最小 L 的 4~8 倍,对于高速率级,L 选择为最小。

0188　对比了设计步骤的不同之处后(第四个不同点),再考虑一下模型的准确度的不同(第五个不同点)。

一个 MOST 需要三个模型和许多晶体管的参数来拟合整个电流的连续曲线。而双极型晶体管只要一个模型即可,而且精度很高,并且多年来一直都在采用这一个模型。这一个电流模型在 70 多年的时间里都是有效的,而 MOST 的一个电流模型,只能在 10 年或 20 年保持有效。

速度是另外一个对比之处。大电流时,所有的电子都以饱和速度 V_{sat} 运动。因此,最高速的器件应该具有最小的尺寸,如沟道长 L 或者基区宽度 W_B 最小。目前沟道长度正在不断地减小,而基区宽度的情况却相对不变。

目前,纳米 CMOS 工艺可以实现超高速应用!

下面讨论一下噪声。两种晶体管的热噪声表达式几乎是一样的,其中 2/3 比例因子很接近于 1/2。但是，如果是相同的电流，双极型晶体管的 g_m 较大，因此它的热噪声就相对较低。

这点与 1/f 噪声不同。一个双极型晶体管是一个大容积的非表面器件。它的 1/f 等效输入噪声电压要小一个数量级，它的失调电压也同样如此。

0189　由此对 MOST 和双极型晶体管的比较进行总结。显然，在高精度电路中双极型晶体管比 MOST 好，但是 MOST 更适用于 CMOS 逻辑。BiCMOS 工艺看上去是对上述两种工艺的一种理想的折中，但是这种工艺比较昂贵。

既然上面已经推导出手工计算的模型，它们将应用于基本电路的分析中。

0190　对于 MOST 管的模型，许多书籍提供了更多的细节，毫无疑问，最著名的就是 Y. Tsividis 编著的一本。其他的书籍多关注于 MOS 管模型的 SPICE 实现。

0191　还有一些更加通用的书，它们对模型只做了一个介绍，主要的内容还是关注于模拟电路的设计。一个主要的"流派"是 Gray 和 Meyer，现在是 Gray、Hurst、Lewis 和 Meyer。

有一本 Huijsing Van de Plassche 和 Sansen 的书实际上是欧洲"模拟电路高级设计"年会的会议论文集，1993 年首次汇编。其余的都是教科书。

Table of contents

- **Models of MOST transistors**
- **Models of Bipolar transistors**
- **Comparison of MOSTs and Bipolars**

Ref.: W. Sansen : Analog Design Essentials, Springer 2006

Willy Sansen　10-05 0189

Reference books on Transistor models

T. Fjeldly, T. Ytterdal, M. Shur, "Introduction to Device Modeling and Circuit Simulation", Wiley 1998.

D. Foty, "MOSFET Modeling with SPICE, Prentice Hall

K. Laker, W.Sansen, "Design of Analog Integrated Circuits andSystems", MacGrawHill. NY., Febr.1994.

A. Sedra, K.Smith, "Microelectronic Circuits", CBS College Publishing, 2004.

Y. Taur, T. Ning, "Fundamentals of Modern VLSI Devices" Cambridge Univ. Press, 1998.

Y. Tsividis, "Operation and modeling of the MOS transistor", McGraw-Hill, 2004.

A. Vladimirescu "The SPICE book", Wiley, 1994

Willy Sansen　10-05 0190

References on Analog Design

P.Allen, D.Holberg, "CMOS Analog Circuit Design", Holt, Rinehart and Winston. 1987, Oxford Press 2002

P.Gray, P.Hurst, S. Lewis, R.Meyer, "Analysis and Design of Analog Integrated Circuits", Wiley, 1977/84/93/01

R.Gregorian, G.Temes, "Analog MOS Int. Circuits for Signal Processing", Wiley, 1986.

Huijsing, Van de Plassche, Sansen, "Analog Circuit Design", Kluwer Ac.Publ. 1993/4/5....

D.Johns, K.Martin, "Analog integrated circuit design", Wiley 1997.

K.Laker, W.Sansen, "Design of Analog Integrated Circuits and Systems", McGraw Hill. NY., Febr.1994.

H.W.Ott, "Noise reduction techniques in Electronic Systems", Wiley, 1988.

B. Razavi, "Design of analog CMOS integrated circuits", McGraw Hill. NY., 2000.

A.Sedra, K.Smith, "Microelectronic Circuits", CBS College Publishing, 1987.

Willy Sansen　10-05 0191

第 2 章　放大器、源极跟随器与共源共栅放大器

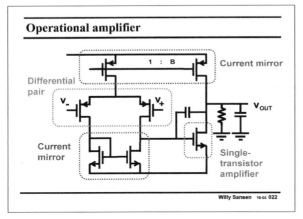

021　所有的模拟电路都是由数量有限的基本单元构成的,对这些基本单元进行仔细研究是分析复杂电路的基础,因此本书首先对这些基本单元进行单独分析,并在幻灯片中给出一些总结,使得上下文可以很好地衔接。

022　在所有的模拟电路中,运算放大器是最通用的电路模块。它由一个差分输入部分和一个单端输出部分构成。运算放大器的增益非常大,通常被用在一个反馈环路中。本幻灯片展示了一个简单的电路,这样的一个运算放大器,通常简称为运放,其包括许多基本构成单元。在第一级,可以看出是一个差分对管,负载是一个电流镜。第二级是一个单管放大器,负载是一个直流电流源,这个电流源也是另一个电流镜的一部分。

下面将对这个基本单元进行深入研究。

023　毕竟单个晶体管可以构成的单元模块数量很少。一个单晶体管可以被用作一个放大器、源极跟随器或者共源共栅管。此外,还可用一个共源共栅管做增益提升(gain boosting),只要将共源共栅管与一个放大器相组合即可。一个MOST 管显然也可以做成一个开关。

用两个晶体管可以构成另外两种组态,分别是差分对和电流镜电路,将它们进行组合就构成了一个全差分的四晶体管的电压和电流放大器。

这种差分的电流放大器最多可以做到四个输入，它们的电路形式非常多样。

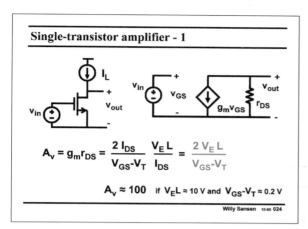

下面介绍一个单管放大器。

024　这个单晶体管放大器由一个电压源 V_{IN} 进行偏置，V_{IN} 上叠加了一个小信号输入电压 v_{in}，偏置将在后面进行讨论。

但是，必须注意到一个放大器通常由一个直流电流源作为负载，这种情况下就可能获得最大增益。一个理想的电流源有无穷大的输出电阻，因此如右图所示小信号等效电路中电流源就被省略了。很容易通过等效电路算出电压增益 A_v，是 $g_m r_{DS}$，其中两个参数都跟电流相关，所以增益 A_v 与电流无关。增益不仅仅取决于工艺参数 V_E，而且还与可以由设计者选择的另外两个参数相关，这两个参数是 $V_{GS}-V_T$ 和沟道长度 L。

很明显，要获得大的增益 A_v，必须使 $V_{GS}-V_T$ 尽可能的小，使 L 尽可能的大。

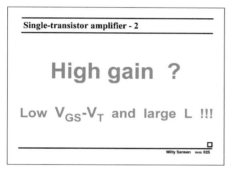

025　这是一个很重要的结论：大的增益 A_v 可以通过选择大的沟道长度 L 和小的 $V_{GS}-V_T$ 来实现。

因此，设计模拟放大器时从不选择最小的沟道长度，通常使 L 的值为最小值的 4～5 倍。

要使 $V_{GS}-V_T$ 的值尽可能的小，一个通常的取值是 0.15～0.2V，但是不能取得更小，否则使其进入弱反型区，这时电流的绝对值和跨导会变得很小，噪声就会变得很大。噪声将在第 3 章中详细讨论。

电流值较小时，将不可避免地产生大的噪声和小的信噪比（SNR）。如果 SNR 的值低于 40dB，就可以将放大器控制在弱反型区，这种电路往往用于传感器接口电路和生物医学前

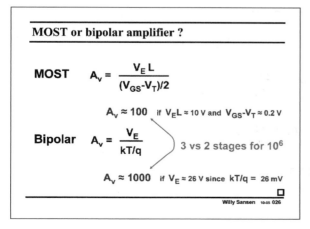

置放大器。通信电路中的放大器通常需要超过 70dB 的 SNR，因此必须将放大器控制在弱反型区与强反型区之间，$V_{GS}-V_T$ 的值取为 0.15～0.2V 将是一个很好的折中。

026　深亚微米 CMOS 器件提供的电压增益越来越小。但是，如果沟道长度相对大时，如取 2.5μm（当 $V_E = 4V/\mu m$ 时），则 $V_E L$ 的结果大概是 10V，当 $V_{GS}-V_T$ 的值是 0.2V 时，产生的增益大约是 100。对于最小的 90nm 沟道长度，因为参数 V_E

变化不大,电压增益就只有 3.6!! 在实际中,增益会稍大一点,但是大得不多,大概是 6。所以必须利用所有的电路技巧去提高增益,共源共栅结构有可能使增益提高,本章后面将会进行解释。

如果电压增益是 100,在一般的运放中,要获得 10^6 的电压增益需要三级放大器。而采用双极型电路只需要两级放大器就能达到 10^6 的增益。

实际上,在双极型晶体管中,电压增益是除以 kT/q,而不是 $(V_{GS}-V_T)/2$,二者的比例因子大约是 4! 双极型晶体管能够获得大增益的另一个原因是式中的参数 V_E 的值也稍微增大了。

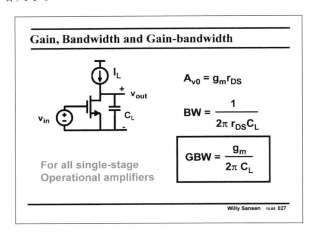

027　在高频段,由于所有的寄生电容的原因,电压增益会降低。有三个地方的电容值得关注。通常负载电容最大,因为它包括了所有的与下一级的互联电容和反馈电容(如开关电容滤波器中)。

这里只画出了负载电容 C_L,低频增益 A_{v0} 与前面一样。在增益开始下降的那一点频率就称为带宽 BW 或者 $-3dB$ 频率,它只取决于输出的 RC 时间常数。

低频增益和带宽的乘积称为增益带宽积 GBW,目前它是放大器最重要的品质因数,也是放大器最重要的一个指标,稍后,我们将比较放大器的优值(FOM),FOM 表征了在一个确定的负载电容和功耗下能够获得多大的 GBW。

很容易得到 GBW 的表达式,它只与晶体管的跨导和负载电容相关,与输出电阻无关。将会看到这个表达式对于所有的单级放大器都是有效的,因此它是一个非常重要的表达式。

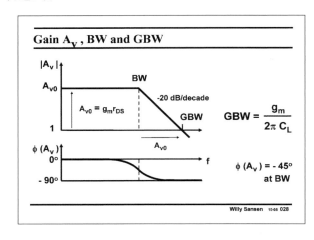

028　为了更好地研究带宽 BW 和 GBW 与低频增益的关系,引入了波特图。一幅波特图包括两张图,上面一张的 Y 轴是增益幅度的对数坐标,下面一张的 Y 轴画出了增益 A_v 的相位特性,横轴都是频率的对数坐标。

显然 GBW 实际上是 A_{v0} 和 BW 的乘积,在 GW 频率点处相移是 $-45°$,但是在高频处,相移增加到了 $-90°$。

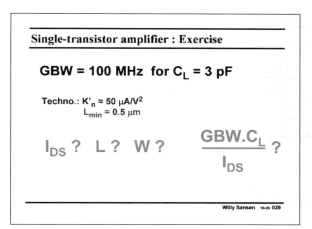

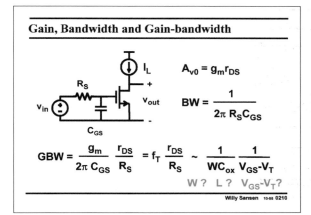

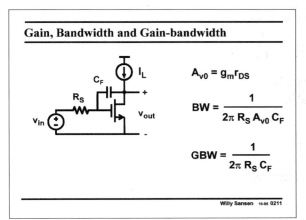

029　作为一个练习来设计一个单管放大器，要求 GBW = 100MHz，C_L = 3pF。幻灯片中标出了工艺参数。最小的沟道长度是 $0.5\mu m$，很容易算出需要的 g_m 值，大约是 2mS。

选择 $V_{GS} - V_T = 0.2V$，要获得 2mS 的跨导，因此需要 0.2mA 的电流，用强反型区的电流表达式得出 W/L = 100。选择 $L \approx 4 \times L_{min} = 2\mu m$ 来达到上述增益，结果计算出 $W = 200\mu m$。

FOM 为 1500MHzpF/mA，结果并不差！因为毕竟只有一个晶体管。后面提到的大部分运算放大器的 FOM，即 100～200。

0210　如果没有负载电容，但是有一个大的输入电容 C_{GS}，那么带宽就由输入来决定。这在许多传感器和生物医学预放大器中是确实存在的，往往它们的源阻抗十分大（＞1MΩ），在这种情况下，带宽 BW 就由输入端的 RC 乘积来决定。

但是 GBW 的表达式就不像 BW 那么简单了，晶体管的许多参数将会起到很重要的作用，其中的一些参数与高频参数 f_T 相关。

要获得高频性能，增大 f_T 往往不够，需要将 $f_T r_{DS}$ 进行优化，这实际上是对工艺技术的挑战。

如 GBW 表达式所示，它与沟道长度并不相关，但是 W 和 $V_{GS} - V_T$ 必须取小，这确实是令人惊奇的结果！

0211　最后，电路中可能增加的一个电容如本幻灯片所示，就是从输出端到输入端的反馈电容 C_F，这也称为密勒电容。因为这个电容从输出端连到输入端，它和输入端的源电阻生成了时间常数，但是大小被乘以 A_{v0}，与 C_{GS} 起到同样的作用。实际上，输出信号的幅度是输入信号的 A_{v0} 倍，因此从输入端看过去，电容 C_F 也确实同样增大了 A_{v0} 倍。

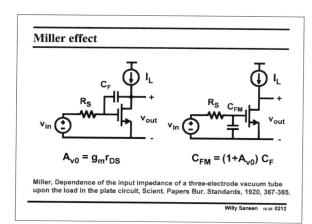

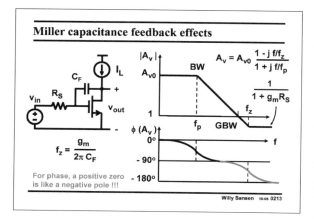

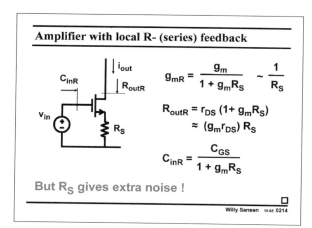

GBW 现在和任何晶体管的参数都不相关,这正是所期望的! 实际上,因为是反馈电路,增益和放大器参数也确实不再相关,而只取决于外部反馈元件的值。

0212　从本幻灯片可以更好地看到这个结论。带宽由输入端的源电阻生成的时间常数决定,但是电容大小被乘以 A_{v0},与 C_{GS} 起到同样的作用。密勒效应对从输入端看过去的阻抗起了作用,对于输出端的阻抗没有起作用。

0213　实际上,密勒电容在传输特性上也产生了一个零点。

一个完整的小信号分析展示了在一个极点(BW)的后面跟着一个高频处的零点,这是一个正的零点,它在极零图的右边,在高频时产生了一个$-180°$的相移。

因为第二个是极点时,总相移也是$-180°$,就得到了一个显著的结论: 这样一个单个的密勒电容可以产生与两个极点同样的相移。而在通常情况下,每个电容只能产生一个极点。这确实是一个特殊的情况。

0214　单管放大器中通常应用一个电阻 R_S 来实现串联反馈。原理上,可以通过共模反馈理论(见第 13 章)计算出这个电阻效应,那么所谓的环路增益就是$(1+g_m R_S)$,它影响了电路的所有其他参数,这是一个可以直接计算这些反馈效应的影响的简单例子。

环路增益减低了跨导,如果电阻 R_S 比较大,跨导相当于减低到 $1/R_S$,跨导 g_m 与电流无关。

一个主要的效应就是输出阻抗急剧增大,其增大的比例系数就是环路增益。有一个简单的方法可以记住这个表达式,就是用串联电阻 R_S 去乘以晶体管固有的增益 $g_m r_{DS}$。

输出阻抗增大了可以提高放大器增益。

反馈电路使输入电容减小,电阻 R_S 越大,输入电容就越小。如果用一个直流电流源代替 R_S,那么输入电容就可以被忽略掉,电压增益也可以被忽略,这就构成了后面将要讨论的源极跟随器。

R_S 主要的问题是它的噪声,因此在低噪声 RF 电路中常用电感来代替 R_S。

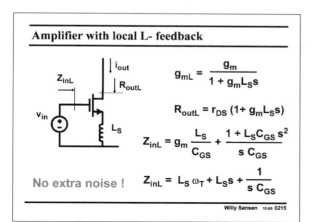

0215　只要电感和电容的串联损耗阻抗是零,电感和电容就不产生噪声,在无源元件中只有电阻产生额外的噪声。电路中加入了电感就会使得跨导和输出电阻都与频率相关。

如果不含串联 R 或 L,输入阻抗 Z_{inL} 是容性的,现在则变成了纯阻性的,值为 $g_m L_S/C_{GS}$ 或者 $L_S \omega_T$,原因是输入电容 C_{GS} 被电感抵消了。这样输入电阻就可以很容易地被设计成 50Ω,从而与 50Ω 传输线(同轴电缆,天线等)相匹配。这种方法可以设计出一个超高频低噪声放大器(见第 23 章)。

0216　实现这样一种串联反馈电阻的一个简单方法是采用一个 nMOST 管,让其工作在线性区。但是只有当 V_{DS2} 很小,为 $100 \sim 200\,\mathrm{mV}$ 时才有可能。图中 M_1 和 M_2 两个晶体管的 V_{GS} 也不同。

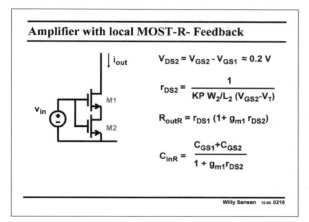

让两个晶体管参数一样并不容易。实际上,MOST 管 M1 工作在饱和区,包含一个参数 K',而 M2 是作为一个电阻使用,包含参数 KP,它们的参数 n 不同,n 本身也是一个不确定的值。

0217　一个单晶体管也可以应用并联反馈来构成一种二极管。对于双极型晶体管把集电极接到基极上,就形成了一个基极-发射极二极管。在 MOST 管中并没有栅-源二极管,但是将漏极连接到栅极就形成了类似的二极管。

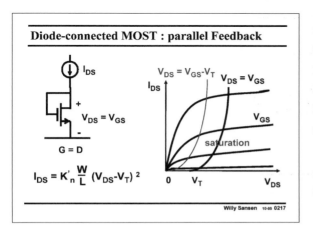

实际上,将图中线性区和饱和区分界线的曲线 $V_{DS}=V_{GS}-V_T$,向右平移 V_T 后,就得到二极管的电流-电压曲线。

因此,可以应用 MOST 在饱和区的电流-电压特性,曲线非线性很强,有点类似于二极管的特性曲线。

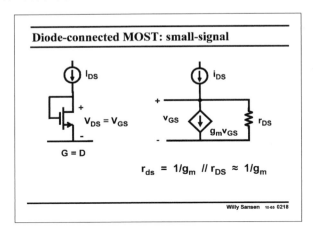

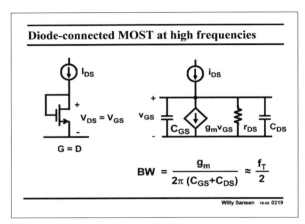

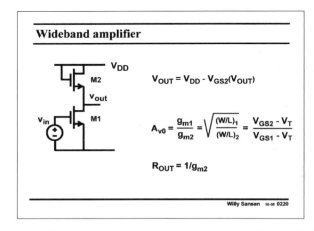

可以用这个简单的电路将电流转换成电压。

0218　加一个小信号电流到直流电流中,就能建立如图所示的小信号等效电路。

小信号电阻 r_{ds} 就等于 $1/g_m$ 和输出电阻 r_{DS} 的并联,r_{DS} 总是远大于 $1/g_m$,因此 r_{ds} 可以约等于 $1/g_m$。

MOST 二极管的小信号的等效电阻总是 $1/g_m$,这一点与双极型晶体管类似。

0219　在高频处,这种电流-电压转换器的性能很好,引入了 MOST 的两个最重要的电容 C_{GS} 和 C_{DS},产生了一个非常高的带宽 BW。BW 取决于 $1/g_m$ 与上述两个电容的和。C_{GS} 和 C_{DS} 尺寸相似,大小相等。

因此带宽近似于 $f_T/2$。

为了获得大带宽,需要设计高 f_T 的晶体管,因此晶体管的 $V_{GS}-V_T$ 要大,沟道长度要小。

0220　放大器采用晶体管作为负载时,增益非常低,大约为 $3\sim5$ 倍,增益的大小也与电源电压相关。

并不是总可以得到合适的电阻值。在数字 CMOS 工艺中,不能提供大阻值的电阻。因此许多电路中都采用了 MOST 作为负载,其中之一如图所示。

采用 nMOST 连接成二极管,其小信号电阻为 $1/g_{m2}$。最后增益是跨导的比率,它的值很小,但是十分精确,因为它主要由晶体管尺寸的比率来决定。

电路的主要优点是没有使用 pMOST 管,也因为其输出阻抗十分小,放大器可以获得高的带宽。

它的主要缺点是直流输出电压等于电源电压减去 V_{GS2}。由于晶体管 M2 的体效应,这个直流输出电压不是十分确定的,下一级的偏置可能会受到影响。

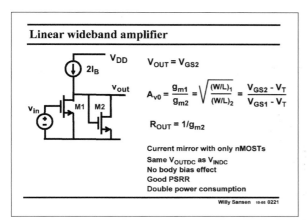

Linear wideband amplifier

$V_{OUT} = V_{GS2}$

$A_{v0} = \dfrac{g_{m1}}{g_{m2}} = \sqrt{\dfrac{(W/L)_1}{(W/L)_2}} = \dfrac{V_{GS2} - V_T}{V_{GS1} - V_T}$

$R_{OUT} = 1/g_{m2}$

Current mirror with only nMOSTs
Same V_{OUTDC} as V_{INDC}
No body bias effect
Good PSRR
Double power consumption

Willy Sansen　10-05 0221

0221　此图展示了解决偏置的一个更好的方法,获得直流输入电压产生的直流输出电压相等。电流被分流到两个晶体管上,增益由两个晶体管的尺寸比率或者 $V_{GS} - V_T$ 的比率精确地定义。

另一个优点是可以将上述一系列相似的电路进行级联。由于单级增益小,这种做法也是必须的。晶体管的尺寸比率为 25 时,提供的增益只为 5。为了得到更大的增益,必须将更多级电路进行级联。

由于所有的源端接地,不再存在体效应。

如果是应用在高频,只能采用 nMOST。

这种放大器的主要缺点是直流功耗是原来电路的两倍,它经常用于宽带放大器中,如光接收机电路中。

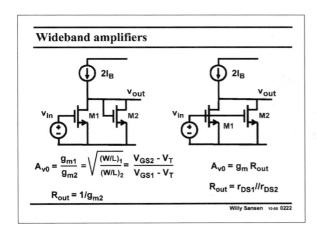

Wideband amplifiers

$2I_B$　　$2I_B$

v_{out}　　v_{out}

v_{in}　M1　M2　　v_{in}　　M2

M1

$A_{v0} = \dfrac{g_{m1}}{g_{m2}} = \sqrt{\dfrac{(W/L)_1}{(W/L)_2}} = \dfrac{V_{GS2} - V_T}{V_{GS1} - V_T}$

$A_{v0} = g_m R_{out}$

$R_{out} = 1/g_{m2}$　　$R_{out} = r_{DS1}//r_{DS2}$

Willy Sansen　10-05 0222

0222　在图中两种放大器中,采用相同的电流偏置,但是第二种电路的晶体管 M2 和 M1 并联,那么哪一种放大器更好?

很明显,在第二种放大器中,输出电阻较大,因此增益相对较高,相应的带宽就会较窄一些。

更进一步研究这个放大器,经常可以用另外一个晶体管构成上面的电流源,这个晶体管是一个 pMOST 器件,它的栅极与参考电压相连,产生直流偏置电流。

还存在着下面所述的两种形式的电路。

0223　第一种放大器有一个恒定的直流偏置电流,因为作为电流源的晶体管 M2 的栅极与一个直流参考电压相连。低频情况下,负载电容 C_L 不产生作用。这种情况下,通过晶体管 M1 和 M2 的直流电流不随信号电平而变化。被定义为 A 类放大器。

第二种放大器中,两个晶体管的栅极相连接并被同时驱动,结果就完全不同。根据所输入信号电平的不同,流过两个晶体管的电流变化非常大。这就是

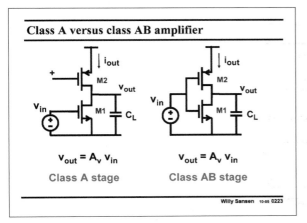

Class A versus class AB amplifier

i_{out}　　　i_{out}

M2　　　　M2

v_{out}　　　v_{out}

v_{in}　M1　C_L　v_{in}　M1　C_L

$v_{out} = A_v v_{in}$　　$v_{out} = A_v v_{in}$

Class A stage　　**Class AB stage**

Willy Sansen　10-05 0223

AB 类放大器。

　　实际上,在数字输入信号和模拟输入信号中都有可能采用第二种放大器。

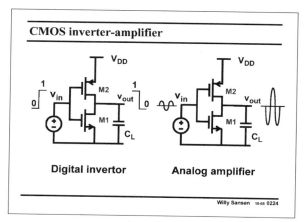

　　0224　这就是众所周知的数字反相器。当输入信号变高时(从数字 0 变到数字 1)输出会变低,反之亦然,在两种情况下都没有电流流过,这就是数字反相器最主要的优点。它只在转换期间消耗功率。现在,成千上万个数字反相器可以集成在同一个硅片上,并不消耗太多的功耗。

　　作为模拟放大器使用时,设置输入偏置电压使输出电压为电源电压 V_{DD} 和地之间的一个适当的值。这样,一个小信号输入电压被放大(和反相)到了输出端。

　　下面进行更详细的研究。

　　0225　为了建立晶体管实际的电流转移曲线,必须认识到两个晶体管流过的直流电流是相同的。事实上直流电流不能流过电容。在低频下,AC 电流也不能流过电容。

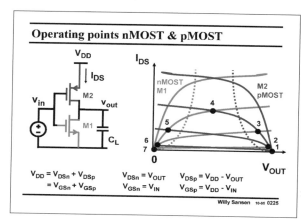

　　而且,V_{DS} 之和等于 V_{DD},V_{GS} 之和也等于 V_{DD}。输入电压较低时,V_{GSn} 较低,V_{GSp} 则较高,nMOST 截止,pMOST 导通。它们的 I_{DS}-V_{DS} 曲线的交点是点 1。此时 pMOST 被作为一个小电阻,输出电压等于电源电压 V_{DD}。

　　随着输入电压的增大,将引起交点的移动,从点 1 到点 2,……,一直移到 7 点。在 7 点上,pMOST 截止,nMOST 的 V_{GS} 很大,但是 V_{DS} 很小。nMOST 处于线性区,相当于一个小电阻。这时输出电压为 0,晶体管流过的电流也为 0。

　　当输入电压约等于电源电压的一半时,晶体管流过电流,输出电压也约为电源电压的一半,这时就在 4 点处。这是该电路作为模拟放大器应用时,一般的偏置电压。

　　0226　现在可以很容易地建立转移特性曲线,上面的图是输出电压对输入电压的曲线,对每一个输入电压,输出电压可以从 1 点移到 7 点。下面

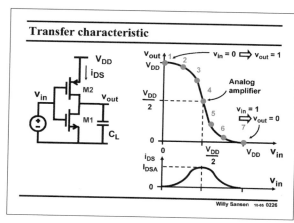

的图表示的是对应的晶体管电流。

在 1 点和 7 点没有电流,此时输出为数字"1"或数字"0"。

在中间位置电流达到最大值,这个电流被记为 I_{DSA}。模拟放大器总是偏置在该点,这是它的静态电流。

要精确地计算整个转移特性曲线并不容易。只在特殊点 1 点、4 点和 7 点处,计算比较容易。采用电路仿真器如 SPICE 可以进行比较精确地计算。

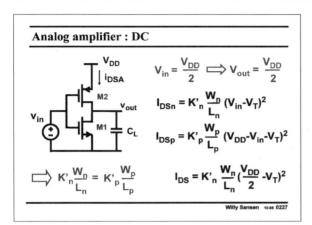

现在重点研究放大器偏置在中间点 4 时的情况。

0227　首先必须确定精确的偏置电压。当输入电压是电源电压的一半时,一般要求输出电压是电源电压的一半。并不是必须要求成电源电压的一半,但是,如果是多级电路相级联,这是一种较好的方法。

此时两个晶体管有相同的 V_{GS},都等于 $V_{DD}/2$,它们也具有相同的电流。这种情况只是在它们的 W/L 的值与它们的 K′ 值呈反比时,才可能存在。因为 K'_n 通常是 K'_p 的两倍,所以 pMOST 的 W/L 值是 nMOST W/L 值的两倍。

当 V_{GS} 用 $V_{DD}/2$ 代换时,很容易得到晶体管电流的表达式。

0228　为了得到电压增益的表达式,需要画出放大器的小信号等效电路。记住电源电压总是交流接地的,也要记住两个晶体管有相同的小信号模型,甚至跨导也相同。

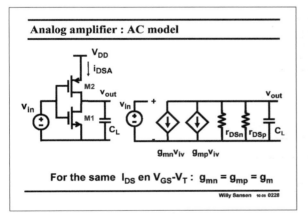

从小信号电路可以明显地看出,对于小信号工作,两个晶体管实际上是并联的(对于直流工作或偏置,二者是串联的)。它们对于小信号输出电流和增益的贡献是相同的,总的跨导是单个晶体管跨导的两倍。

0229　为了计算在低频情况下的增益,需要知道输出电阻,它是两个晶体管输出电阻的并联。当两个晶体管输出电阻相等时,总的输出电阻最大。这就是为什么通常两个晶体管 $V_E L$ 的

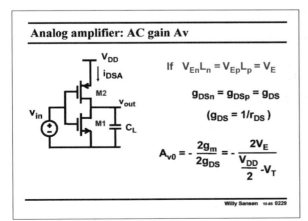

值总是设成相等的。总的输出电阻是 $r_{DS}/2$,也写成 $2/g_{DS}$。

则电压增益就等于总的跨导与总的输出电阻的乘积,即 g_m/g_{DS},也可以重新写成图中所示的表达式。

记住,表达式不含有电流,这一结论在单晶体管放大器中已经得到了。这并不奇怪,因为在小信号工作下,实际获得的是两个并联的晶体管。

由公式可知,当电源电压下降时,电压增益上升。在 V_{GS} 的值为 0.2V 时,可以找到最佳的电源电压。这个电源电压是 $2(V_T+0.2)$,当 V_T 为 0.35V 时,电源电压为 1.1V。实际这是一个十分合理的值。

如果电源电压增大,只能得到小的电压增益。为了提高电压增益,需要更复杂的电路。例如使用共源-共栅放大器、增益提升(gain boosting)技术、自举(bootstrapping)技术、电流抵消(cancellation)技术还有电流缺乏(starving)技术。

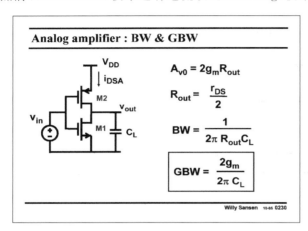

0230　在增益表达式中,可以保留输出电阻,这样就能较好地理解同样的输出电阻是怎样决定输出极点或者带宽的。

在计算 GBW 时,这个输出电阻被消去,这与单晶体管放大器的情况一样。但是,GBW 变成了两倍,因为单个晶体管的跨导增大为两倍。

因此,这是电流复用的一个简单的例子。

GBW 是最重要的技术指标,它表明了在任意频率下,可以获得多大的电压增益。它通过跨导 g_m 与电流相关。

0231　由于只有输出端存在一个大电容,就很容易确定 BW 和 GBW。如果负载电容比较小,晶体管电容就会开始起作用。

例如,源电阻 R_S 比较大,那么输入电容 $2C_{GS}$ 将产生另外的时间常数 $2R_SC_{GS}$,产生了另一个极点,称为非主极点。

如果 R_S 非常大,非主极点逐渐起主要作用,如果 R_SC_{GSt} 乘积比 $r_{DS}C_L$ 大,非主极点就变得更加重要。这可

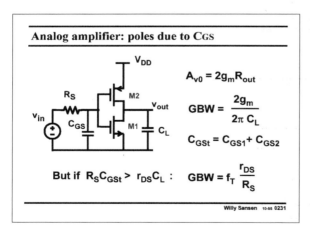

以很容易地从小信号等效电路中计算得出。

这种情况下,GBW 就取决于 R_SC_{GS} 的乘积,与单晶体管放大器的情况一样,GBW 取决于 f_T 和电阻比率。

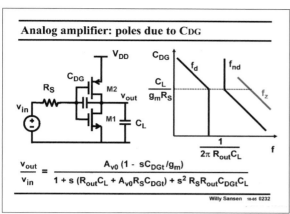

0232 也有可能出现密勒效应。例如，R_S 和增益都非常大，那么 $2C_{DGt}A_V$ 有可能比 $2C_{GS}$ 大，非主极点由时间常数 $2R_SC_{DGt}A_V$ 决定。

如果 R_S 或者 C_{DGt} 非常大，后面的非主极点甚至可能占主导地位。为了说明这一点，必须从小信号等效电路中导出增益的表达式。图中给出了表达式，它有两个极点和一个零点。

至少当 C_{DGt} 比较小时，主极点在输出端上。最好的表示办法是以 C_{DGt} 作为变量来画极点-零点位置图，是极零点对参数 C_{DGt} 的双对数图，它渐近地表示出所有中断点的位置。有关此图的更多细节在第 5 章的第 536 号幻灯片中给出。

主极点频率 f_d 显然由输出端时间常数来决定。如果 C_{DGt} 大于 $C_L/(g_mR_S)$，密勒效应起主要作用。

非主极点频率 f_{nd} 出现在相对高的频率处，正的零点 f_z 在非常高的频率处。

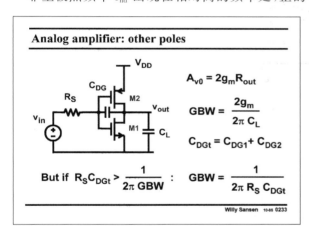

0233 如果 R_S 非常大，密勒效应逐渐起主要作用，如果 R_SC_{DGt} 这个乘积比 $1/(2\pi GBW)$ 大，密勒效应就变得更加重要。这可以很容易地从小信号等效电路或者增益表达式中计算得出。

这种情况下，GBW 就取决于 R_SC_{DGt} 的乘积，这和只含有一个密勒电容的单晶体管放大器的情况一样。

实际上，正如在反馈电路中一样，GBW 只取决于反馈元件的值，与晶体管参数无关。

0234 当输入信号幅度较大时，尤其在驱动相对大的负载电容时，这个小信号放大器也可以表现为 AB 类放大器。

当输入电压从低变到高时，将引起 nMOST 的电流 i_{C1} 比静态工作电流 I_{DSA} 大，此时，pMOST 电流 i_{C2} 会变小。现在通过负载电容的电流 i_L 约等于 nMOST 电流 i_{C1}，并逐渐变大，给负载电容快速地放电。

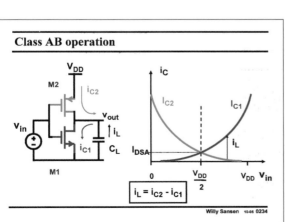

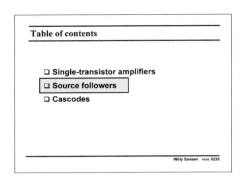

这只是最简单的 AB 类放大器的一种,它有许多缺点,最显著的缺点就是电流取决于电源电压。更多的会在第 12 章中讨论。

0235　直到现在,我们只讨论过放大器。用一个单晶体管也可以实现另外的两个功能,它们就是源极跟随器和共源共栅管。

当然也可以用晶体管作为开关,如第 14 章研究的开关电容滤波器。

0236　图中给出了所有的单晶体管级电路的综述。

第一个放大器称共源级,它用跨导 g_m 把输入电压转换成输出电流,偏置是用输入的电压源 V_B 即 V_{GS} 完成的。

另外两电路分别称为源极跟随器和共源共栅放大器。它们有相同的偏置,两者都是通过直流电流源 I_B 进行偏置。它们的 V_{GS} 能够自身调整,使得电流能有效地流过。

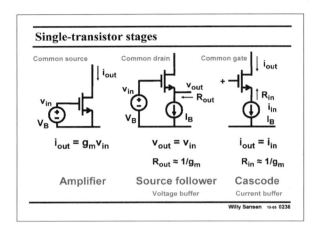

在源极跟随器中,小信号输入电压加到栅极,输出在源极。由于电流源的电流保持恒定,V_{GS} 也是恒定的,结果是小信号输入的任何变化将引起小信号输出的相同变化,所以电压增益是 1,因此被称为源极跟随器或电压缓冲器。

之所以称为缓冲器,是因为它的输入电阻无穷大,但是其输出电阻只有 $1/g_m$。该电路将电压精确地从高阻抗转换到低阻抗。如可以应用在麦克风、生物电势前置放大器中,它们的内部阻抗都高达几百兆欧。

0237　此图给出了一个 nMOST 源极跟随器。首先将体(bulk)接触孔连到源极,这只在 p 阱 CMOS 工艺中才是可能的。在更普通的 n 阱 CMOS 工艺中,只能采用 pMOST 源极跟随器,否则不能把体端连到源极上。

如果直流电流源是 I_B,很容易从电流表达式得出 V_{GS} 的值,直流输出电压是直流栅极电压 V_B 减 V_{GS} 的值。为了得到最大可能的输出摆幅,可以优化 V_B 的值。通常源极跟随器只能处理小信号,但是当在功率放大器的输出级中使用时,对输出摆幅的优化有一定的要求,这些将在第 12 章的 AB 类放大器中进行研究。

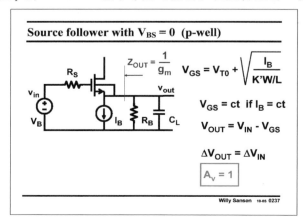

很明显,一旦 V_{GS} 恒定,输出跟随小信号输入而变化,因此增益是 1。

将 MOST 用小信号模型代替,得到输出电阻是 $1/g_m$。一般情况下,考虑到 $1/g_m$ 的作用就可以忽略掉 r_{DS},显然 $1/g_m$ 取决于 $V_{GS}-V_T$ 和沟道长度 L 的值。

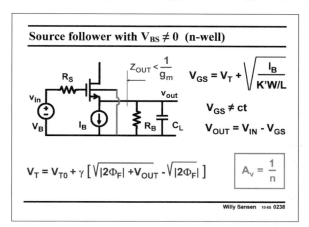

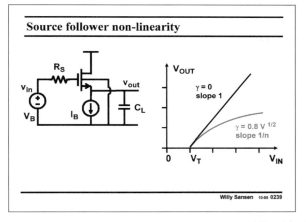

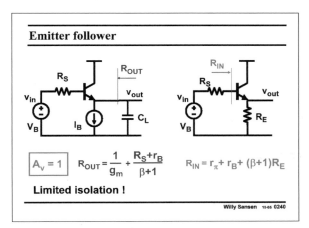

0238　在 n 阱 CMOS 工艺的 nMOST 源极跟随器中,体端可能不能连到源极上。结果 MOST 存在电压 V_{BS},V_{BS} 实际上等于输出电压 V_{OUT}。V_{GS} 不再是恒定的,因为小信号对它的影响不再是零。

如果将 V_T 表示成 V_{BS} 的函数(如图所示),得到非线性的 V_{OUT} 对 V_{IN} 的表达式。图中所示的 γ 代表体效应或者寄生的 JFET。

将 V_{OUT} 对 V_{IN} 求导得到小信号增益。令人惊讶的是这个增益的表达式非常简单,只是 $1/n$。由于 n 是一个不确定的值,所以增益的值也不确定,当然它要小于 1,为 0.6~0.8。

输出阻抗也会相对小些,因为现在它是 $1/g_m$ 与 $1/g_{mB}$ 的并联,这很清楚地表明,在输出端我们得到的是 MOST 与寄生 JFET 的并联。

0239　在转移特性曲线中可以清楚地看出 V_{OUT} 对 V_{IN} 表达式的非线性。

如果体端与源极相连(γ=0),曲线的斜率是 1:源极跟随器的增益是 1。

如果体端与地相连(γ>0),曲线是非线性的,产生许多失真。另外,由于斜率依赖于直流偏置电压,增益的值不确定,最好不要采用这样的源极跟随器。

在 n 阱 CMOS 工艺中,假定 pMOST 体端与源极相连,可以只使用 pMOST 源极跟随器。

0240　源极跟随器从某种意义上是一个理想的缓冲器,它能将输入电压无衰减地从无穷大的输入阻抗转变为阻抗仅仅为 $1/g_m$ 的输出电压(如果体端与源极相连)。

对应的双极型电路：发射极跟随器的情况并不一样。

双极型晶体管有基极电流，因此它具有有限的输入电阻 r_π。在输出电阻的表达式中，增加了一个另外的分量，这个分量是输入端的所有电阻除以 $\beta+1$ 或者 β。一个双极型晶体管只提供在输入与输出之间的有限的隔离值，约为 β，β 越高，隔离度越好。MOST 的 β 为无穷大，因此也提供了无穷大的隔离度。

双极型晶体管的输入电阻不可能像 MOST 源极跟随器一样是无穷大的，它的值是在发射极看到的电阻乘以 β。对于一些前置放大器电路（如麦克风）是远远不够的，因此就经常采用了一些发射极跟随器级联的结构。

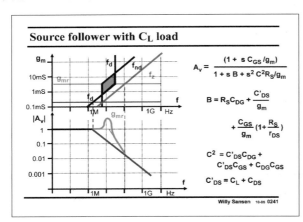

0241 在高频下，源极跟随器的缓冲能力有所减小，并且在幅频特性上表现出尖峰。事实上，在小信号模型中因为包括了三种晶体管电容，增益表达式非常复杂。最好的研究方法是用一个特定的参数作为变量，画出极零点位置图。在这里选择跨导作为变量，因为它与电流直接相关，电流表示了功耗。

在分母的根中得出两个极点，也得出了一个零点。

在中间，f_d 与 f_{nd} 的交叉处出现了的一个阴影区域。在这个区域中，极点是复数，在波特图中产生了尖峰。

显然这样的一个源极跟随器存在着一个最佳的电流，这个电流实际上非常小。如果电流非常低，f_d（或者带宽）就非常小，带宽随着电流的增大而增大。增大电流会出现复极点，如果继续增大到更大的电流，带宽会停止增大。最佳的电流值处于复极点区域的底部，让我们来找到相应的电流值。

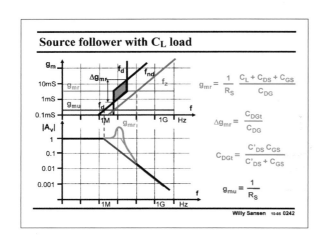

0242 如图所示，穿过复极点区域中部的跨导值被记为 g_{mr}。它依赖于源电阻和从栅极到地的电容 C_{DG}。增大栅极的电容 C_{DG} 可以减小尖峰最高处的跨导或者电流，来改善尖峰。

阴影区域宽度为 Δg_{mr}，增大在栅极的电容 C_{DG} 可以使其宽度变小，这称为源极跟随器的补偿。实际的效果是在源极跟随器前面加上了一个低通滤波器，来避免复极点的出现。

阴影区域的底部的 g_{mr} 的值可以表示为 g_{mr} 除以 Δg_{mr} 的平方根。

另一个有趣的点是非主极点与零点(蓝线)的交叉点。在这个点上,尽管主极点频率比较低,我们得到了一个纯一阶滚降,对应的跨导用 g_{mu} 表示,它只和源电阻相关。

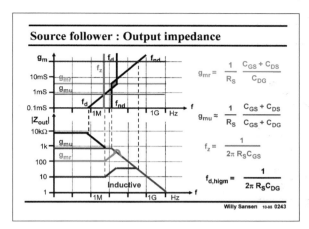

0243 对于一个特定的电流,源极输出器的输出阻抗曲线也能表现出复极点的区域。实际上,以跨导作为参数的输出阻抗的极零点位置图,表明了在 g_{mr} 附近产生复极点,导致波特图中产生尖峰。应该避免与 g_{mr} 相应的电流值!

但是出现了另一种尖峰。实际上,零点出现的频率比两个极点频率低,因此在大电流的情况下,输出阻抗先上升然后降低,表现出感性!

到一个完美的一阶特性。在此跨导处零点抵消了第一个极点。在低电流下实现了宽带的源极跟随器无感性输出的特点,直到高频下输出阻抗都表现为阻性,等于 $1/g_{mu}$。

g_{mu} 的值主要依赖于源电阻,如果源电阻较小,电流会变得非常大。在这种情况下,有可能会省略掉源极跟随器。

0244 在射极跟随器中,两种类型的尖峰甚至更显著。实际上,以跨导作为参数的输出阻抗的极零点位置图,表明了在 g_{mr} 附近产生复极点,导致波特图中产生尖峰。应该避免与 g_{mr} 相应的电流值!

同样零点出现的频率比两个极点频率低。因此在大电流的情况下,输

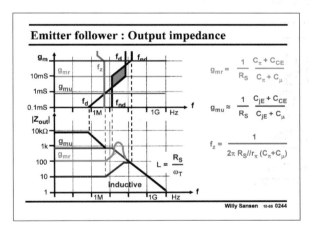

出阻抗在它变平之前先上升然后降低,表现出强烈的感性!

调节电流使跨导为 g_{mu} 时,可以得到一个完美的一阶特性。在此跨导处零点抵消了第一个极点。在低电流下实现了宽带的射极跟随器,直到高频下输出阻抗都表现为阻性,等于 $1/g_{mu}$。

特别是对于双极型晶体管的射极跟随器,直到高频输出阻抗都表现为纯阻性,对 RF 电路尤其具有重要的价值,例如可以将其连接到一个 50Ω 的传输线上。

g_{mu} 的值主要依赖于源电阻。如果源电阻较小,电流会变得非常大。

0245 可以利用源极跟随器和射极跟随器的感性输出阻抗,将其使用在需要电感的场合。它们已经用在振荡器电路中,给放大器增加一点尖峰,补偿由于晶体管电容而产生的过早的滚降。

在最简单的形式中,源极跟随器可以具有高的源电阻 R_S 和大的直流偏置电流 I_B,从而获得输出电感。图中给出了电感的值。

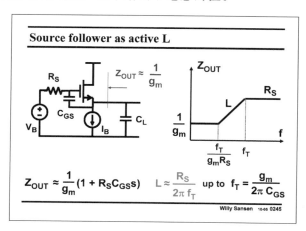

输出阻抗表现出感性。

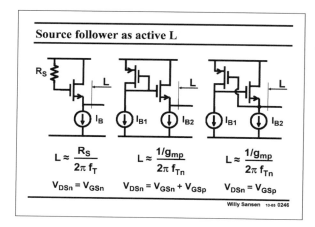

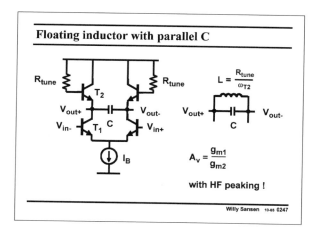

输出阻抗只在频率界于 $f_T/(g_m R_S) \sim f_T$ 之间才表现出感性,然而电感的品质因数较低,因为其串联电阻是 R_S。

在低频下输出阻抗显然是 $1/g_m$。在高频下,电容 C_{GS} 看作短路,因此,输出电阻逐渐变成 R_S。当 R_S 比 $1/g_m$ 大时,输出阻抗逐渐上升,表现出感性。显然如果 R_S 与 $1/g_m$ 相等,在非常高的频率下输出阻抗都表现出阻性。

实际上,由于 R_S 比 $1/g_m$ 大很多,

0246　要实现大的源电阻,可以采用其他的一些电路。像中间的电路一样,可以用二极管连接方式的 MOST,这时源电阻的值 $R_S = 1/g_{mp}$。

最好的是右边的电路,这是一个反馈电路,pMOST 的漏端仍然通过 nMOST 源极跟随器连到它的栅端。这时源电阻的 R_S 值仍等于 $1/g_{mp}$。

后者电路的优点是其电压降比中间的电路低,只是 V_{DSn}。这对于深亚微米 CMOS 电路是非常重要的,因为它们的电源电压只比 1V 大一些。

0247　此图给出了宽带放大器一个很好的例子。从输出级到地的电容引起了带宽的下降,在顶层双极型晶体管的基极,增加了电阻使输出阻抗表现出感性,电感值为 L。结果产生了尖峰,带宽增加。可以通过调节基极电阻来使带宽增加。

它的增益表示为两个跨导的比值,增益比较低。它是典型的宽带放大器,例如可以用作光接收机的输入跨阻放大器。

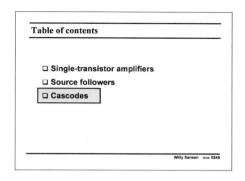

0248　用单晶体管可以构成放大器、源极跟随器和共源共栅放大器。如果不考虑晶体管用作开关的情况,下面就研究第三种即最后一种单晶体管电路。

以后,我们将组合这三个基本的单晶体管电路,组合成两个或三个基本的双晶体管电路。

大多数模拟电路都是用单晶体管和双晶体管电路构成的,因此掌握这些基本电路是至关重要的。

0249　图中再一次给出这三个单晶体管电路。

第一个是放大器,它用跨导 g_m 将输入电压转换成输出电流。

第二个是源极跟随器,它用直流电流源 I_B 作偏置电流,电压增益是 1,因此源极跟随器又称为电压缓冲器。

第三个是共源共栅放大器,它也是用直流电流源 I_B 作为偏置电流。小信号输入电流加在源极电流上,漏端是输出级。由于没有电流流失,电流增益是 1,因此共源共栅放大器又称为电流缓冲器。

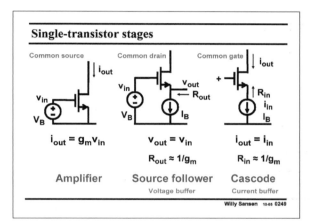

Single-transistor stages

Common source　　Common drain　　Common gate

$i_{out} = g_m v_{in}$　　$v_{out} = v_{in}$　　$i_{out} = i_{in}$

　　　　　　$R_{out} \approx 1/g_m$　　$R_{in} \approx 1/g_m$

Amplifier　　**Source follower**　　**Cascode**

　　　　　　Voltage buffer　　Current buffer

Willy Sansen 10-05 0249

之所以称为电流缓冲器,是因为它的输入电阻比较小,但是输出电阻大。该电路将电流精确地从低阻抗转换到高阻抗,可以用于电流输出传感器中,如光电二极管和恒电势传感器。它们的内部阻抗都是高达几百兆欧,因此需要采用这样的阻抗转换器。

注意到共源共栅管的输入阻抗与源极跟随器输出阻抗的表达式一样。

0250　大多数情况下,共源共栅管输出的电流通过电阻 R_L 转换成电压,从而获得一个电流-电压转换器或者说跨阻放大器。R_L 越大,增益也就越大,因为跨阻增益 $v_{out}/i_{in} = A_R$ 就等于 R_L,这在 R_L 不是很大时是成立的。

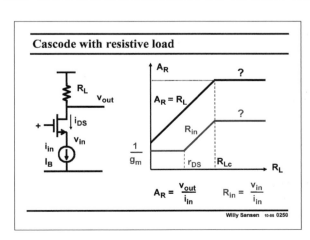

Cascode with resistive load

$A_R = R_L$

R_{in}

$A_R = \dfrac{v_{out}}{i_{in}}$　　$R_{in} = \dfrac{v_{in}}{i_{in}}$

Willy Sansen 10-05 0250

对于 R_L 值不是很大时,输入电阻值 $v_{in}/i_{in} = R_{in}$ 也是较低的,近似等于 $1/g_m$。

为了获得尽可能高的增益,总是尽力提高 R_L 的值,这可以通过串接一些晶体管负载来实现,问题是,这样的增益将是多少呢?

但是对于很高的 R_L 的值,增益是多少并不清楚。例如,对于无限大的

阻值 R_L,电流 i_{in} 将无法流过,那么 V_{out}/i_{in} 的值会怎么样呢?

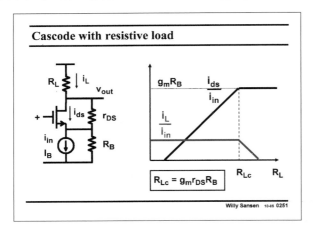

0251 唯一可行的能够反映出基尔霍夫定律的方法或者是在输入电流源上增加输出电阻或者把负载电阻限定为一个有限的值。当把负载电阻定为无穷大,并且增加一个输出电阻 R_B 与输入电流源并联时,我们来看一下将是什么情况。同时将输出电阻 r_{DS} 从晶体管上分离出来,从而确定电流实际的流动。

流过晶体管的电流 i_{ds},还有通过负载电阻的电流 i_L 被计算出来了。后面的电流 i_L 是一个常数,因为它是被输入电流源强制确定的。然而,如果 R_L 大于某个确定的值 R_{Lc},i_L 将减少到零。

另一方面,晶体管电流 i_{ds} 随着负载电阻的增加而增加,当 R_L 大于 R_{Lc} 时 i_{ds} 会变成一个常数。因此晶体管会把输入电流放大到相当大的值,因为通常 $g_m R_B$ 比 1 大很多。

注意到 R_{Lc} 包含所有涉及的参数,其中有晶体管的参数如 g_m 和 r_{DS},还有 R_B。它包含了晶体管的增益 $g_m r_{DS}$!

0252 再看一下实际的跨阻 A_R 和输入电阻 R_{in}。如果负载电阻非常大,A_R 会增大到 R_{Lc}。A_R 包含了晶体管的增益 $g_m r_{DS}$,因此非常大。这是单晶体管可以获得的最大增益,为了达到这个大的增益,负载电阻必须大于这个跨阻值 R_{Lc}。

在负载电阻非常大的情况下,晶体管本身的输入电阻变得无限大。这是预料之中的,因为这时负载电阻无穷大——没有电流可以流过晶体管了。

输入电流源看过去的电阻就变成了 R_B,也就是电流源的输出电阻,因此它的值决不会像 $1/g_m$ 所代表的低负载电阻那样小。

0253 采用另一个晶体管代替输入电流源,构成了如右图所示的两晶体管共源共栅结构。因为一个晶体管构成了输出电阻值为 r_{DS} 的电流源,所以它可以代替输出电阻为 R_B 的电流

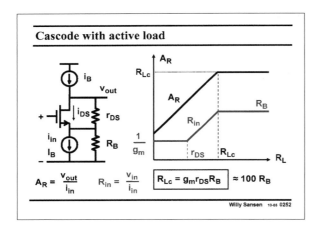

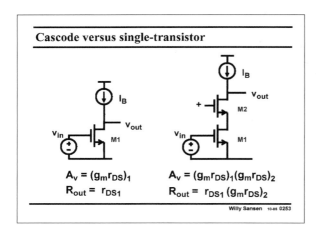

源,其最大增益(对于非常大的阻性负载)已在幻灯片中给出。

这说明了总的电压增益等于两个晶体管增益的乘积。

很明显这是增加输出电阻的结果。对于左图所示的单晶体管,输出阻抗仅仅是 r_{DS1},但是对于右图所示的,在晶体管的源端增加了一个输出阻抗为 r_{DS} 的晶体管以后,右图的输出电阻变成 $r_{DS1}g_{m2}r_{DS2}$。

输出阻抗越大,增益越大。

在单晶体管放大器上部串接一个共源共栅管是目前最常用的提高增益的方法之一,当需要更大增益的时候就采用该方法。

其他的方法还有增益提升技术、自举技术、电流抵消技术和电流缺乏技术。

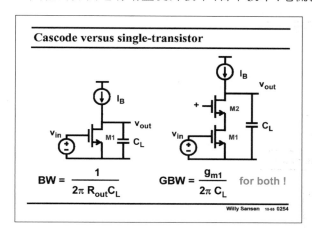

0254　既然已经知道采用共源共栅结构可以有效地提高电路的增益,下面我们希望了解在多高的频率下,共源共栅结构可以实现如此功能。

当输出电容是主电容时,增益带宽积如本幻灯片所示。

图示两种情况下的带宽肯定是不同的,因为它们的输出电阻差距非常大。

增益带宽积却是相同的。

在共源共栅结构的情形下,增益是大大增加了,但是带宽却相应地减小,因此增益带宽积保持不变。

0255　显然在低频下共源共栅结构会提高增益。

与单级放大器相似,共源共栅结构增加低频增益的时候带宽却在相应地减小,结果是增益带宽积保持不变。

这种情形仅在负载电阻很高的时候才成立,在一些宽带放大器中,负载的阻值往往很小,例如 50Ω。在这种情况下,两种电路的输出阻抗和带宽都是相同的,增益也是相同的,但是和 GBW 一样都很小。

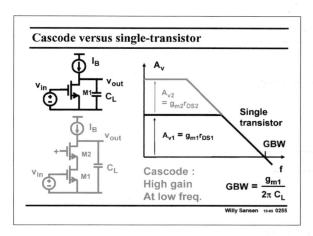

在模拟集成电路中,为了提高增益通常使用直流电流源作为负载,因此,我们可以得出结论,这种共源共栅结构只在低频条件下提高增益。

0256　共源共栅结构以直流电流源作为负载时,增益是非常大的。输入晶体管的增益也是非常大的。两个晶体管中间点处的阻抗是 r_{DS1}(或者是 r_{o1}),因此从输入到该点的增益值就是 $g_{m1}r_{DS1}$,也就是 M1 管的增益。M1 管的密勒效应就会起作用,尤其在输入源电 R_S 比较大的时候,问题是,哪一个极点是主极点? C_L 产生的还是 C_M 产生的?

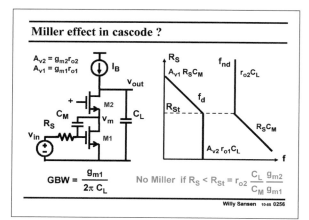

将晶体管用小信号模型代替（用 g_m 和 r_{DS}），计算总的增益 A_v，会产生一个二阶方程，它的根很容易求出，就是两个极点，它们以 R_S 作为变量被标在一个极零点坐标图中。

如果 R_S 值的比较低，负载电容 C_L 产生主极点。主极点频率 f_d 取决于负载电容和输出电阻 $r_{o2} g_{m2} r_{o1}$ 或者 $A_{v2} r_{o1}$。由时间常数 $R_S C_M$ 产生的非主极点在频率 f_{nd} 处。

如果 R_S 值的比较高，C_M 产生的密勒效应起主导作用，非主极点频率

f_d 随着电阻 R_S 值增大而减小。

拐点处的 R_S 值表示为 R_{St}，它在几十兆欧数量级，因为表达式中 C_{SL} 通常会比 C_M 大出很多，而 C_{DG} 会比 C_M 稍小。

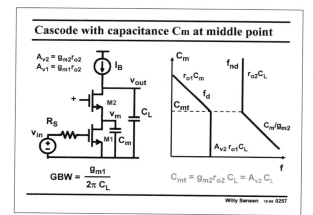

0257 另外一个小电容也有可能发挥作用，就是中间点到地的电容 C_m，由 C_{DS1} 与 C_{DS2} 组成，它们的值并不是很小，它们是否也产生了重要的极点呢？

再一次，我们对两个电容进行分析，由此产生了一个二阶方程，该方程的根给出了两个极点，它们被标注在如图所示的以 C_m 为变量的极零点图中。

如果 C_m 值比较小，负载电容 C_L 又占据了主导地位。f_{nd} 处由时间常数 C_m/g_{m2} 产生了一个非主极点，如果 g_{m2} 与 g_{m1} 的值相近，那么该非主极点比 GBW 要大出很多，因为 C_L 肯定比 C_m 大出很多。

如果 C_m 值比较大，时间常量 $r_{o1} C_m$ 起主导作用。但是这不太可能发生，因为此时 C_m 必须比 $A_{v2} C_L$ 大出很多，而实际上 $A_{v2} C_L$ 是一个非常大的电容值。

0258 但是理想的直流电流源并不存在，因为它们必须通过晶体管来实现。本幻灯片给出了一个这样的例子。MOST M3 和 M4 管串联在一起

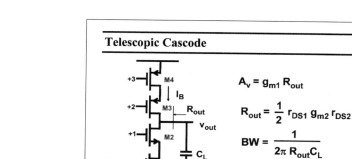

构成了直流电流源,并且提供了一个高的输出电阻。

如果晶体管 M1/M2 的输出电阻与 M3/M4 的输出电阻很接近,那么总的输出电阻 R_{out} 大约是这个值的一半。

带宽显然由负载电容来决定,GBW 与一个单晶体管放大器相同。

这样的共源共栅结构被称为套筒式共源共栅结构,因为所有的晶体管是串联在电源与地之间的。

这种结构主要的缺点是所有的晶体管都必须工作在饱和状态,这意味着每个晶体管上的压降 V_{DS} 约等于 $V_{GS}-V_T$。如果取 $V_{GS}-V_T=0.2V$,就会发现最大输出电压将肯定小于电源电压减去 0.4V,最小输出电压要大于 0.4V。因此最大输出摆幅是电源电压减去 0.8V,这对于低电源电压来说损失较大。

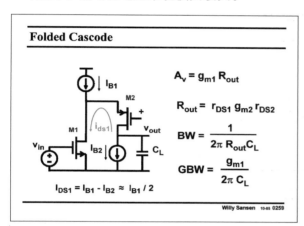

0259 折叠式共源共栅结构使用得较为广泛,因为它在作为差分电路应用时有许多的优点。它之所以被称为折叠式共源共栅结构是因为串上了一个 pMOST 而不是 nMOST。由输入晶体管决定的小信号电流 i_{ds1},会向上而不是向下流过晶体管 M2。

通常偏置电流 I_{B1} 被平均分配到两个晶体管中去,所以直流电流在两个晶体管中是相同的,两个电流的摆幅也是相同的。

其他的指标如增益、带宽以及增益带宽积同套筒式共源共栅结构是一样的,但是电流的消耗是后者的两倍。

最大输出电压的摆幅也大约相同。如果我们用单晶体管实现电流源 I_{B1},用两个晶体管串联实现 I_{B2},那么最大输出摆幅仍然是电源电压减去 0.8V。

现在找到了一个应该使用套筒式而不是折叠式结构的理由,折叠式的两倍的电流消耗实在是一个缺点!

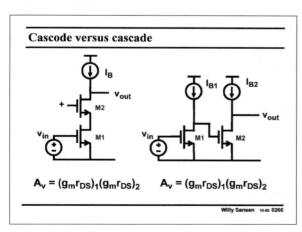

0260 要注意到我们一直在讨论的是共源共栅结构而不是级联放大器,级联结构放大器实际上是由两个连续的单级放大器构成的。

二者电压增益相同,但是带宽与增益带宽积都不同,而且,级联放大器或者两级放大器的功耗很大。

0261 实际上一个共源共栅结构就是一个带有增益提高技术的单级放大器(在低频条件下),这意味着有一个节点是高阻抗点,在该节点上实现了增

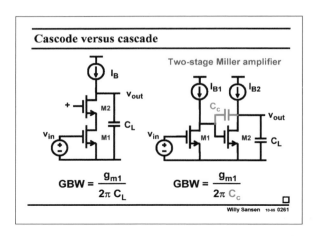

益,信号的摆幅也很大,从该节点上也可以看出负载电容决定了主极点。

在这样的一个单级放大器中,增益带宽积总是由负载电容和输入晶体管跨导 g_m 决定的。

而一个级联放大器实际上是一个两级放大器,也就是在电路中有两个节点都是高阻抗的,这两个节点的对地电容分别形成了一个极点,两个极点会造成稳定性的问题,如第 5 章所述,稳定性问题可以通过在第二级增加密勒电容来解决,该电容被称为补偿电容 C_c。

在这样的两级放大结构中,GBW 总是由补偿电容和输入晶体管的跨导来决定。

很显然,任何增加的电容都会导致功耗的增加,从这个功耗的观点来看,一个单级放大器通常会比级联的更好,但是级联结构带来的优点是输出摆幅的增加,如果电流源 I_{B2} 只由一个晶体管构成,输出电压摆幅增加到仅比电源电压低 0.4V 的值。

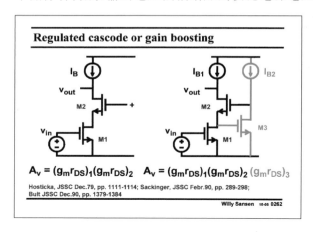

0262　在深亚微米 CMOS 工艺中,由两个晶体管得到的增益是不够的。对于栅极长度为 90nm 或者更小的情况下,单管增益将少于 10!

为了得到更高的增益,共源共栅结构中可以应用反馈技术,被称为调节式共源共栅,也被称为增益提升技术。

这种反馈实际上是并联-串联反馈(如第 8 章所示),输出阻抗按反馈部分增益的倍数来增加,总的增益也同样以反馈部分增益的倍数来增加。如果只用一个晶体管 M3 来实现这种反馈,则 M3 的增益被增加到总的增益中去。

反馈放大器的另一个优点是中间节点(M3 的栅极)的阻抗按反馈部分增益的倍数来减小。

0263　注意到增益提升进一步增加了低频增益,但是并没有改变GBW。因此,有必要将调节式共源共栅结构与普通共源共栅结构和单级放

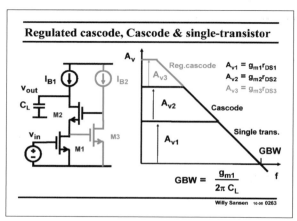

大器结构进行比较。它们都具有相同的增益带宽积,但是增益与带宽差别很大。

显然如果放大器仅仅被用在高频段,就没有必要使用共源共栅结构。

当既需要高 GBW,又需要高增益时就采用调节式共源共栅结构。对于高频应用,需要高的 $V_{GS} - V_T$ 和小的沟道长度,但肯定会得到较低的增益。通过增益提升技术,我们就有了一个提高增益的技巧。

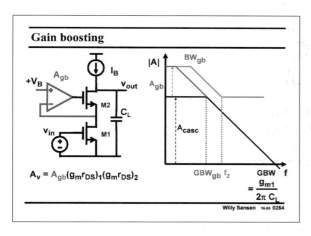

0264 很明显前述的增益提升放大器中仅由一只晶体管构成的反馈部分可以被一个大增益 A_{gb} 的全运算放大器代替,它的正向输入端连接到偏置电压 V_B,该反馈系统保证晶体管 M2 的源极电压是一个恒定的值。

在这个例子中,获得的全部增益是叠加在共源共栅部分增益特性的上部,显然这种情况仅在很低频的情况下需要很高增益的时候才会用到,例如在音频或者更低频的低失真放大器中。

然而,这种增益提升放大器的设计工作并不简单。它有自己的增益 A_{gb}、带宽 BW_{gb} 以及 GBW_{gb}。我们必须保证它的 GBW 与普通的共源共栅放大器的 BW 带宽值保持一致,否则会出现极零点对。正如下面要提到的,这种极零点对对于这样一个放大器的稳定时间是致命的。

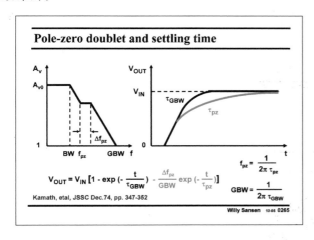

0265 如果一个极零点对在波特图的中间出现,那么就会破坏稳定时间。

稳定时间是输出电压在一定误差范围内达到最终值所需要的时间。例如,当我们将一个运算放大器采用单位增益反馈的时候,带宽 BW 就与 GBW 相等。当输入一个阶跃波形到该放大器时,我们希望输出以时间常数 $1/2\pi GBW$ 跟随输入,如图中指数形式的表达式。

为了使输出电压达到 0.1% 误差范围的稳定时间,需要等待 ln(1000) 或 6.9 倍的时间常数。

当在一个相当低的频率 f_{pz} 处有一个极零点对,并且极零点频率间隔比较大,为 Δf_{pz} 时,时域时间表达式中就会出现一个额外的指数部分,该部分的时间常数($1/2\pi f_{pz}$)就大得多。

这时为了使输出电压达到 0.1% 误差范围,需要更长的时间,0.1% 误差的稳定时间变得更长。

　　在所有的开关应用中,例如开关电容滤波器中,稳定时间决定了时钟脉冲的最小宽度,决定了该系统的最大频率(如第 14 章)。在这样的系统中,必须不惜代价地避免极零点对。

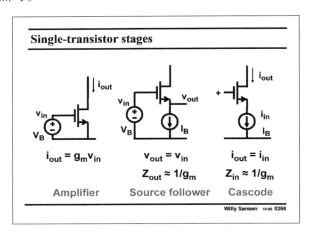

0266　最后给出了所有三种单晶体管级的概述。根据不同的源和负载阻抗的情况,给出了它们的增益,输入和输出阻抗。

　　它们一共有三种。跨导决定了一个放大器从电压到电流的增益。

　　源极跟随器电压增益为 1,但是输出阻抗较低。

　　共源共栅结构电流增益是 1,但是输出阻抗较高。

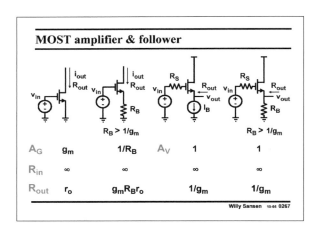

0267　图中给出了单晶体管放大器和源极跟随器结构的增益,也给出了输入和输出阻抗。

　　显然输入阻抗总是近似于无穷大,输出阻抗是纯阻性的,因为没有电容加到上面。根据实际的电路结构,具体的值会差异很大。

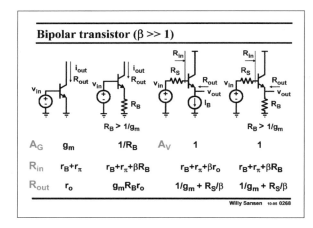

0268　可以对双极型晶体管进行同样的分析,双极型管的 β 值通常被认为比 1 大很多。

　　然而输入阻抗将不再是无穷大,它们包括 r_π 和基极电阻 r_B,输出阻抗也有很大不同。

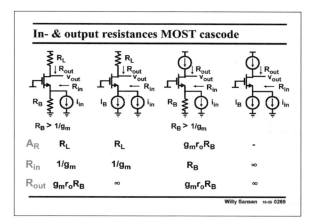

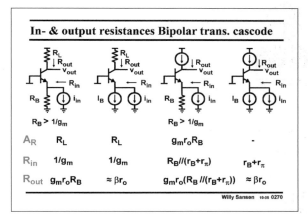

首先是电流镜,然后就是差分对。

大多数模拟电路都可以通过这两种双晶体管电路来构成。

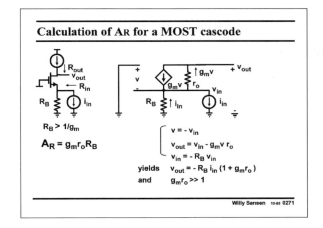

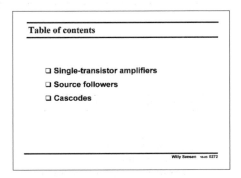

0269　对于一个 MOST 共源共栅结构,也计算出了它们的增益、输入和输出阻抗,电路中没有包括电容。

为计算增益,输出电压被用来与输入电流相比较,根据输入电流源的输出电阻是无穷大,还是为确定的值 R_B,增益结果会完全不同。

0270　最后给出了双极型晶体管共射-共基结构的增益、输入和输出阻抗。它们显然比 MOST 更加重要。

0271　所有的计算都是通过基尔霍夫方程计算小信号等效电路(只含有 g_m 和 r_o)而得出的,图中给出了一个具体的例子,这是一个 MOST 共源共栅结构跨阻(输出电压对输入电流的比率)的推导。

注意到在小信号等效电路中,直流电流源可以被看作断路,而一个直流电压源可以被看作短路。

0272　既然已经仔细地研究了三种单晶体管放大器结构,现在可以研究基本的两晶体管结构了。

第3章 差分电压与电流放大器

031 用少数的几个基本电路模块就可以构成几乎全部的模拟电路,掌握这些基本电路模块的知识就可以深入了解复杂的模拟电路,因此需要对这些基本电路单独进行分析。

前面对单个晶体管电路已经有了全面的了解,下面分析电流镜电路和差分对电路,它们是所有模拟电路设计的基础。

032 左图为一个最简单的电流镜,右图为差分对电路。电流镜由一个二极管连接的晶体管加上一个单晶体管放大器构成,前者将输入电流转换为电压,而后者将输入电压转换为电流。

二极管连接的 MOST 的非线性得到了后面起放大作用的 MOST 的补偿,因此输出电流和输入电流的比值非常精确。如果这两个晶体管的 W/L 的比值为 B,则电流的比值也为 B。因为这两个 MOST 有着相同的 V_{GS},即 $V_{GS} - V_T$ 也相同,所以 W/L 的比值就是电流增益。

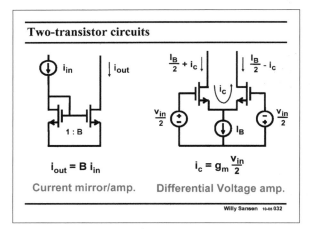

差分对电路由两个相同的晶体管构成,两个晶体管都作为单晶体管放大器工作,电路中输入输出的电压都是差分的。

先分析电流镜。

033 本章先分析电流镜,因为该电路比较简单。

接着讨论作为第一个全差分放大器的差分对电路,然后讨论更多的差分放大器。我们需要利用差分放大器,因为它们对衬底和地带来的噪声不敏感。在混合信号设计中,因为模拟电路和数字系统共用衬底,所以差分放大器就变得不可缺少。

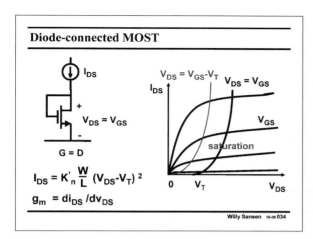

034 电流镜的输入端是一个二极管连接形式的晶体管。在三极管中,将集电极与基极相连就是一个真正的基极-发射极的二极管。在 MOST 中,本来不存在栅极-源极形式的二极管,但是如果将漏极和栅极相连就可以获得这种形式的二极管。

曲线 $V_{DS} = V_{GS} - V_T$ 将晶体管分为线性区和饱和区,将该曲线向右平移 V_T,就可以得到二极管的电流-电压特性。这样,就可以应用这种工作在饱和区的 MOST 的 IV 特性曲线。虽然其 IV 特性的线性度很差,但还是与二极管的特性有点相似。

这个简单的电流镜将电流转换为电压。

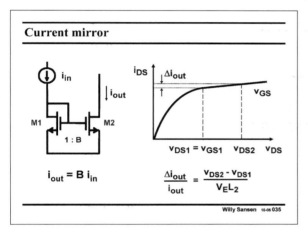

035 在二极管连接的晶体管的后面接上一个单晶体管放大器就构成了电流镜。晶体管放大器对二极管的非线性进行补偿,可以得到一个线性度相当好的电流比值 B。

这个电路可被用作偏置电路和宽带电流放大器。

实际上,电流镜的电流比值并没有那么精确。因为两个晶体管不可能工作在相同的 v_{DS} 下,MOS 的 i_{DS}-v_{DS} 输出曲线不是那么平坦,漏源电压 v_{DS} 的不同会引起电流的不同。

很容易计算出这个电流差值,它与厄尔利电压有关,所以和沟道长度 L_2 相关。沟道长度 L_2 越长,IV 特性曲线就越平坦,电流差值也就越小。

因为很难使晶体管 v_{DS} 的差值为零,下面将采用一些电路技术进行改进。

036 现在研究怎样使电流的差值变为零。在原来电路的中加了 M3 和 M4 两个晶体管,使 M1 和 M2 的漏源电压 v_{DS} 尽可能相等。下面有两种实现方式。

左边的电路首先将两个二极管连接的晶体管 M1 和 M3 组成分压电路,再连接到 M2、M4 组成的共源共栅放大器上。晶体管 M4 和 M3 的 W/L 的

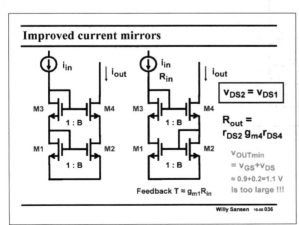

比值与 M2 和 M1 的比值相同,都为 B。因为 M1 和 M2 有相同的 V_{GS},晶体管 M3 和 M4 也必须有相同的栅源电压 V_{GS}。所以 M3 和 M4 的电流比与它们的 W/L 比值一样,都为 B。所以它们的 v_{DS1} 和 v_{DS2} 也必须相等,这样电流比值就很精确了。

右边电流镜电路的原理也很相似,但有一个很大的区别,右边的电路采用的是一个环路增益为 T 的反馈放大器。环路中所有节点的时间常数在同样的数量级,因而产生一个多极点的系统,因此电流传输特性可能会产生一个尖峰。

这两个电流镜最大的缺点都是允许的最小输出电压都很大,因此不能应用在低电压电路中。

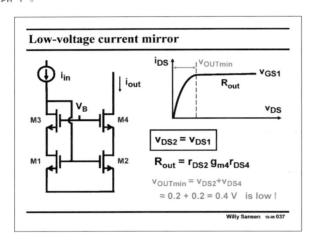

037　如图所示的电流镜适合于低电压下工作。

此电路实际上是两个晶体管构成的电流镜加上 M3 和 M4 后构成了两个共源共栅电路。可以发现此电路具有和前面电流镜相同的优点:

1. v_{DS1} 和 v_{DS2} 相等,这样可以有比较精确的电流比。

2. 由于是共源共栅电路,其输出电阻也会非常大。

如果设置电路的偏置电压使得 M2 和 M4 的压降只有 0.2V,且两管都在饱和区,此电路将有一个显著的优点:因为对于 $V_T = 0.7V$,V_{GS} 大概等于 0.9V,这样 V_B 必须等于 1.1V 左右。这样允许输出的最小电压从 1.1V 减小到 0.4V,这是与前述电路的一个重要的差别。

不过这也算是一个缺点,因为这样就需要一个额外的偏置电压 V_B。

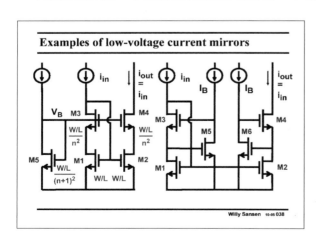

038　前面给出了两个低电压电流镜的例子,它们都用到了共源共栅电路,都提供了从 M3 的漏极到电流镜器件 M1、M2 的栅极的反馈,而且它们都具有大的输出阻抗和电压摆幅。

左边的例子给出如何给共源共栅电路提供偏置电压 V_B。从图中可以看出,M5 的 W/L 要比较小,这样它的 V_{GS} 可以比共源共栅电路 M3 和 M4 的 V_{GS} 大 0.2V,这一 0.2V 用于提供给 M1 和 M2 的漏源电压 V_{DS}。W/L 的取值一般为 5。

右边的电路只是将之前的低压电流镜电路在共源共栅部分加上了增益提升技术。这样它的输出摆幅和左边的电路一样,但输出阻抗增加了很多。

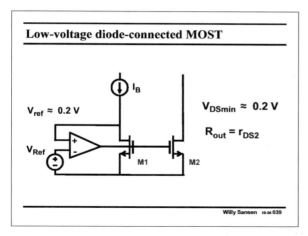

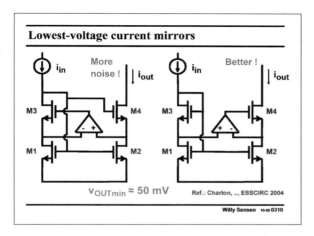

039　如果电流镜允许的最小输出电压 0.4V 还算太大，可以采用一个单晶体管输出的电路。输入器件 M1 的两端接一个反馈放大器，这样 M1 的漏源电压仅为 0.2V，比前述电流镜的 0.9V 少了很多（假设 V_T 为 0.7V）。

然而电流镜的输出阻抗不是很大，仅等于输出晶体管 M2 的输出电阻。

下面的电流镜中更多地应用了运算放大器。

0310　图中的两个电流镜中运算放大器的作用：一是尽可能减少其允许输出的最小电压；其次是尽可能增大输出电阻。它们都是从前面所述的四晶体管电流镜发展而来。

这两个电流镜的区别在于运算放大器是加在左边的共源共栅电路支路上，还是加在右边的支路上。从运放加在右边支路的电流镜中，可以很容易地看出右边共源共栅电路中应用了增益提升技术，使输出电阻增加，运放的增益也同步增加。

至于允许输出的最小电压能够减小到几十毫伏，就不那么容易看出了。实际上，由于加了运放，使反馈环路的增益如此之高，以致 M1 管和 M2 管进入了线性区。这样输出电阻有所减小，但是运放的高增益对其进行了补偿。

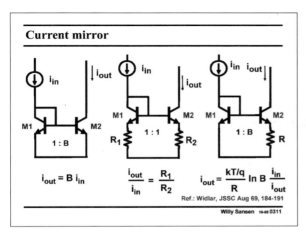

0311　几乎全部的 MOST 电流源结构都可以复制到对应的三极管（双极型管）结构。事实上，双极型管电流源的出现比 MOST 电流源电路要早。

图中的第一个电流镜是一个非常普通的电流镜。

第二个电流镜利用的是电阻的比值，而不是晶体管大小的比值来确定电流比，因而可以得到更加精确的电流比（见第 12 章）。

MOST 电流镜不需要串联电阻，因为增大 $V_{GS} - V_T$ 可以得到相同的效果(见第 4 章)。

　　但是使用串联电阻的优点是可以增大电流镜的输出电阻。

　　图中的第三个电路其实不是一个电流镜,而是一个电流基准源。事实上,将电流镜的一个电阻去掉,再使 M2 的尺寸为 M1 的 B 倍,如果在它上面加一个电流镜使得 $i_{out} = i_{in}$,电路的输出电流将与输入电流无关,我们将在第 13 章讲述这个问题。

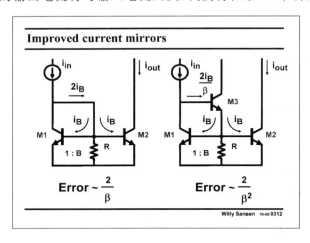

0312　双极型管电流镜有一个缺点,就是其基极存在着电流 i_B。

　　这两个基极电流都是从输入电流源中获得的。如果电阻 R 足够大,输出电流与输入电流的误差约为 $2/\beta$。

　　加上晶体管 M3 可以将这个误差减小到 $1/\beta$ 倍,即使 M3 的 β 很小,也可以获得很小的电流误差。

　　这样电阻 R 的作用就清晰了:电阻 R 增加了 M3 的电流,使其放大倍数 β 增加。实际上,在旧的双极型工艺中,β 的值随三极管集电极电流的减小而迅速减小,而 BiCOMS 工艺比较纯净,电流减小时,β 的变化很小,电阻 R 的作用不大,因而电阻 R 可以省略。

　　在 BiCMOS 工艺中,M3 可以用一个 MOST 代替。MOST 的栅极电流为零,因而电流误差也为零。不过得仔细研究 M1 和 M3 反馈环路,因为如果用了一个很小尺寸的 MOS 管,使 C_{BE3} 变得很小,电路的许多极点靠得很近时,电流传输函数中可能会出现尖峰。

　　研究该现象最好的方法是以 C_{BE3} 为变量作电流增益的极零点图。

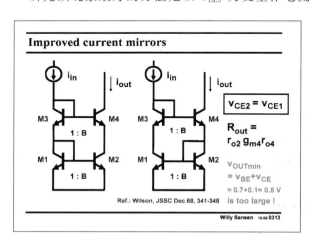

0313　在基本的电流镜中加上 M3 和 M4 两个晶体管,目的是使 M1 和 M2 两端的电压 V_{CE} 尽可能相等,而这一技术同样可以使电流误差变为零。实现方式同样有两种:

　　第一种是图中左边的电路。这是一个无源电路,因为它由两个二极管连接方式的 M1 和 M3 组成的分压器构成,然后再接到 M2 和 M4 组成的共源共栅电路上。晶体管 M4 和 M2 的 W/L 的比值与 M3 和 M1 的 W/L 的比值相同,都为 B。M3 和 M4 必须有相同的 v_{BE},因为它们的电流比值也为 B。结果,$v_{CE1} = v_{CE2}$,这样电流的比值就比较精确了。

　　右边的电流镜也一样,只不过是一个有源电路。因其具有一个环路增益为 T 的反馈回路。多极点的出现将可能导致电流传输特性中出现尖峰。

　　这两个电流镜都有一个很大的缺点,就是其允许的最小输出电压都很高,因而不适合低电压应用,需要采用一种低电压电流镜。

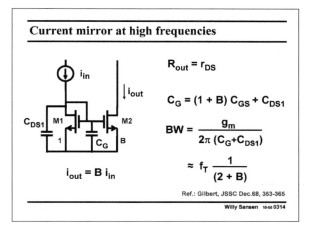

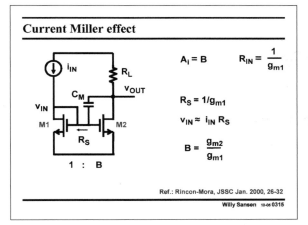

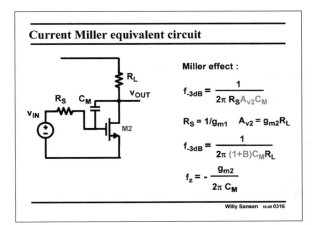

0314　下面研究电流镜的高频特性。

图中明确地画出了一些重要的电容,晶体管 M2 的栅源电容 C_{GS} 是 M1 的 B 倍,所以图中电路的内节点的总电容为 C_G。

假设 C_{DS1} 近似等于 C_{GS},则当电流增益为 B 时,该电流放大电路的带宽大概是 f_T 的 $1/B$。

如果增大这两个 MOST 的 $V_{GS}-V_T$,并且使它们的沟道长度 L 最小,可以得到一个带宽非常宽的电流放大器。

0315　不过这种电流镜,或者电流放大器,也可能像电压放大器一样具有密勒效应,从而引起电容倍增。接在电压输出端和中间节点的电容 C_M 为密勒电容。

这时,电流增益仍然是 B,输入电阻仍然是 $1/g_{m1}$,它可以作为放大器的源电阻 R_S。

为了计算倍增电容,还得简化电路。

0316　3dB 带宽 f_{-3dB} 可以很快地算出来。

可以清楚地看到密勒电容确实是增加了 A_{v0} 倍(电压增益),而电压增益取决于电流增益。

密勒效应同时也产生了零点(见第 2 章)。由于这个零点的频率很高,因而可以忽略不计。

这种现象也称为电流密勒效应,可以用来实现芯片上的大电容,一个很常见的应用就是在运放中用作密勒电容补偿(见第 5 章)。

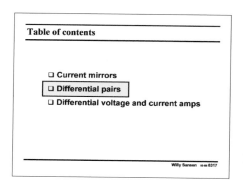

0317 第二种更重要的由两个晶体管构成的基本电路是差分对电路。实际上,它是由两个并联的单管放大器组成,目的是为了抑制共模干扰信号。差分对管是构成全差分电路的基础。

在混合信号电路中,为了抑制地线上的噪声和电源上的脉冲干扰等,只能采用全差分电路。

下面从简单的差分对管开始分析。差分对管加上两个负载电阻就构成了电压差分放大器。

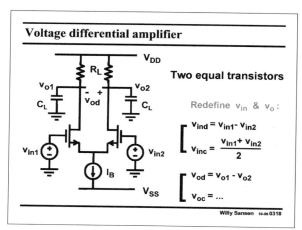

0318 在电压差分放大器中,采用的是两个相同的晶体管和相同的负载电阻。但是不可能实现两个完全相同的晶体管,总是存在很小的偏差,所以会引起电路的不匹配和输入失调等(我们将在第 12 章讲述这点)。在本章中,假设晶体管和负载电阻都是完全相同的。

尾电流源 I_B 对这个电路提供直流偏置。

放大器具有两个输入电压和两个输出电压,每个输入电压的另一端都接地。只有在双电源供电的时候才能满足这个条件。例如,当 V_{SS} 为 $-5V$,V_{DD} 为 $5V$ 时,也可以由对地电压为 $10V$ 的单电源供电。但是在单电源供电的情况下,输入电压必须有一个为 $0 \sim 10V$ 的直流参考电压,实际上,这种情况比较常见。由于工艺限制,电源电压一般为 $1.8V$ 和 $2.5V$。所以为了使输入器件得到较好的偏置,必须有一个内部参考电压,如 $1V$。

为了更深入地理解这个电路,需要重新定义输入电压。图中定义了输入差分电压,输入共模电压,或者称作输入平均电压。

输出端也可以同样地定义。

不过我们关注的主要是输入和输出共模电压!

0319 先看看直流工作的情况。

当两个输入电压都为零的时候,则两个晶体管具有相同的 V_{GS},因而具有相同的电流。因为流过两个晶体管的总电流为 I_B,所以流过单个晶体管的电流为 $I_B/2$。

由于两个负载电阻相等,所以负载电阻两端的电压也将相等,因而输

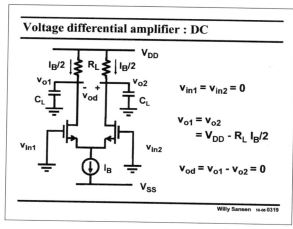

出差分电压为零。

可以得出这样一个结论：若输入差分电压为零,则输出差分电压也将为零。

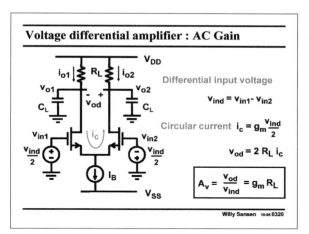

0320　把一个差分的输入电压均分到两个输入端,两个输入端的电压大小相等,符号相反。

假设左边晶体管的栅极电压增加,则其流过的电流也将增加。因为总的电流为 I_B,所以流过右边晶体管的电流将相应减小。电流的增量称为交流电流或者循环电流。流过左边晶体管的电流是 $I_B/2$ 加上循环电流,而右边的晶体管将减去这个循环电流。其方向如图中箭头所示。循环电流将在输出端变为差分输出电压 V_{od},事实上,循环电流流过两个负载电阻,产生 V_{od}。

增益的计算就比较简单了。因为循环电流等于输入电压乘以晶体管跨导,而输出差分电压 V_{od} 是由这个电流决定的。不过要注意到其中有很多"两倍"的关系。电压增益的表达式与单个晶体管放大器完全相同。

还要注意的就是,这个循环电流只是在这两个晶体管和负载中循环通过,而不流过电源线。

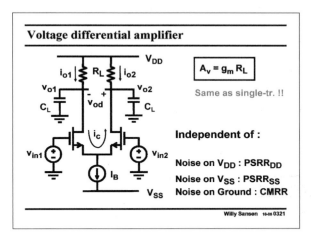

0321　计算结果表明,差分放大器电压增益表达式的确与单管放大器的增益相同。这是由于流过单个晶体管的电流减半,晶体管的跨导也减半（相同的 $V_{GS} - V_T$）。

差分放大器的主要优点是电压增益与电源线和地的干扰无关。事实上,正电源的噪声会在两个输出端上都出现,只是在差分输出时相互抵消了,所以电源抑制比会很高。电源抑制比是指从输入到输出端的增益与电源从到输出端的增益的比值。

对于负电源和地带来的噪声也一样。由数字电路在衬体上产生的地噪声,会同时加到两个输入端,被差分输入所抑制掉。结果电路的共模抑制比（CMRR）也会很高。PSRR、CMRR 这些参数将在第 12 章中讲述。

综上所述,差分对只是一个单晶体管放大器,为了处理共模干扰而将放大器工作在差分形式下。

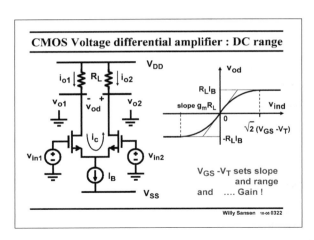

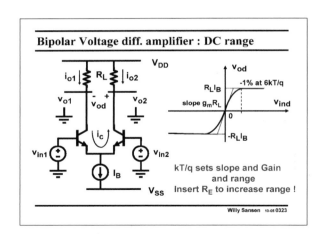

0322　本幻灯片给出了输出电压和输入电压的关系曲线。

如果输入电压很小，则增益为 $g_m R_L$，也就是特性曲线在零点的斜率。

如果输入电压变大，则输出电压会饱和到 $R_L I_B$，输入电压再增大，输出电压也保持不变。曲线中间部分实际上是抛物线，方程见上一张幻灯片。

对于小的输入电压，平方根里面为 1，因而跨导仍然为 g_m。

当输入电压到达抛物线的顶部 $\sqrt{2}(V_{GS}-V_T)$ 后，这个点的切线非常平坦，输出为恒定电压。$V_{GS}-V_T$ 显然是决定 g_m 和直流范围的参数。对于小的 $V_{GS}-V_T$，增益很高（曲线斜率大），但是输入的直流范围很小。RF 接收机的 $V_{GS}-V_T$ 比较大，直流范围大但是增益较小。而且大的 $V_{GS}-V_T$ 将带来更好的高频响应。

0323　双极型管的 $V_{GS}-V_T$ 更小，为 kT/q。所以增益很大而直流范围比较小。对于小的输入电压，增益仍然是 $g_m R_L$，也就是输出曲线在零点附近的斜率。

对于大的输入电压，输出电压达到饱和，最终为 $R_L I_B$，输入电压再增大，输出电压也保持恒定。输出曲线的中间部分将是指数型的，因而可以得到更加平坦的输出电压。

在双极型管中，无法控制 g_m 和直流范围的大小，因为它们都是由 kT/q 决定的。唯一的办法是在发射极接电阻，这个电阻越大，则输入直流范围越宽，但是小信号增益将会减小。

0324　当输入一个大的信号时，流过某一端的电流将会增加。对于非常大的输入信号（如数字驱动电路），所有的电流都流入一边晶体管，而另一边晶体管关断。在这种情况下将达到最大输出电压，也就是 $R_L I_B$。所以，过驱动时，差分对也就变成了限幅放大器。

在这种情况下,将不再使用跨导,而必须用全电流时的表达式。考虑到下述两种因素:

——输入电压 v_{Id} 是加在两个 v_{GS} 上的

——电流和仍然是 I_B

可以很容易地得到差分输出电流 i_{Od},它是一个晶体管漏电流的两倍。差分输出电压是用差分输出电流乘以 R_L。

很明显,如下所示,输出电压是非线性的。为了进行对比,首先要得到差分对的传输特性。

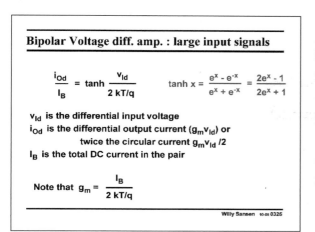

0325　如果是双极型晶体管的差分对,结论与 MOST 相似。对于非常大的输入信号(对于数字驱动也是如此),所有的电流都流入一个晶体管,而其他晶体管都没有电流流过。在这种情况下将达到最大输出电压,也就是 $R_L I_B$。所以,当过度驱动的时候,差分对成为一个限幅器。在这种情况下,必须用全电流表达式。考虑到:

——输入电压是 v_{BE} 两端的电压

——电流和仍然是 I_B

可以很容易地得到差分输出电流 i_{Od},它是单个晶体管集电极电流的两倍,这个表达式包含指数。差分输出电流 i_{Od} 如下面所示是非线性的。

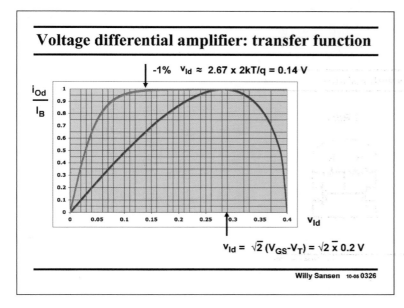

0326　对 于 MOST 差分对($V_{GS}-V_T=0.2V$)和双极型差分对,画出差分输出电流 i_{Od} 的曲线。

对于 MOST 差分对:很明显,这个曲线仅在 $v_{Id}=\sqrt{2}(V_{GS}-V_T)$ 之前有效,在本例中约为 $0.283V$。对于 v_{Id} 较大的情况,$i_{Od}=I_B$。对于小的输入电压值,斜率就是跨导 g_m。

对于双极型差分对:可以清楚地看到指数特性。差分输出电流 i_{Od} 在 6 倍 kT/q 或 $0.14V$ 时与最终值的误差在 1% 以下。

如果与双极型晶体管一样,把 MOST 在中等反型层处进行研究,即 $V_{GS}-V_T=52mV$,

跨导是一样的。MOST 对的差分输出电流在 $\sqrt{2}\times52\approx70\mathrm{mV}$ 处就达到了最大值 I_B,比双极型差分对波动-1%的点早了 $70\mathrm{mV}$!

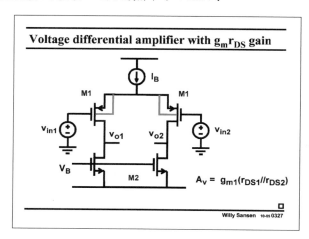

0327　前面差分放大器的问题是增益 $g_m R_L$ 太小了,需要大的负载电阻值使增益增大。如果电源电压较小就不可能实现。

有时电路中会使用电阻,在需要减少失配时,会选择使用电阻,可以对电阻进行修整来减小失配,参见第 12 章。

第一种解决的办法如本幻灯片所示,用 MOST 的输出电阻作为负载电阻。增益可以提高到 $g_m r_{DS}$,这是一个单晶体管所能提供的。

也可以采用前述的共源共栅作为放大器的负载。

现在,再来看另外两种提高增益的技术。它们是电流抵消技术和自举技术。

在详细讨论之前,已经注意到这张幻灯片中的电路从偏置的观点看是不可能实现的。电压 V_B 和电流 I_B 都会给放大管 M1 提供偏置电流,这是不可能的。必须采用第 9 章所述的共模反馈。

最后,注意到输入器件都是 pMOST,它们的体端和 n 阱是相连的。这是 n 阱 CMOS 工艺中最常见的输入级结构。在第 12 章中将进行解释,体端和源极的连接可以改进输入器件的匹配,注意,体端的连接并不总是标出来的。

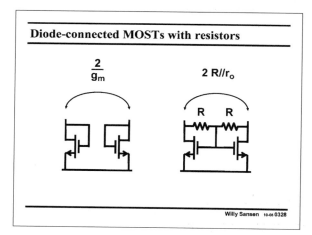

0328　如果能够实现大值的电阻,可以采用如本幻灯片所示的另一种自偏置负载。

实际上,两个晶体管之间构成了虚地,虚地点上没有任何交流信号。所以,输出电阻是原来任何一边的两倍,总的电阻是电阻 R 和晶体管输出电阻 r_{DS} 或 r_o 并联的两倍。

总的电阻没有原来的大。并且,需要在 MOST 工艺中实现大电阻。这种情况通常用在模拟 CMOS 工艺中,而非数字 CMOS 工艺中。

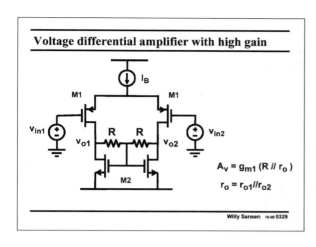

0329　把这种负载用于差分对，可实现高增益的放大器。

可以清楚地看到，差分输出信号在晶体管 M2 共栅点处被抵消了。如第 8 章所述，自偏置实际上是一种共模反馈。

此电路可以达到中等的增益。

电路没有偏置的问题，电流源 I_B 提供了所有的电流。

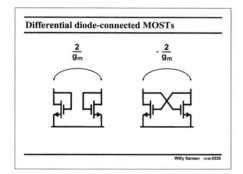

0330　用电流抵消技术甚至可以得到更大的增益。

为了达到这一目的，需要采用差分的二极管连接的 MOST。两个这种类型的 MOST 提供的差分小信号电阻为 $2/g_m$。

将它们交叉耦合会得到一个两级的正反馈放大器。结果是差分电阻变为负值或 $-2/g_m$。

通过改变电流的大小可以很容易地控制这个负阻的大小。它经常被用于振荡器、射频电压控制振荡器和宽带放大器中。

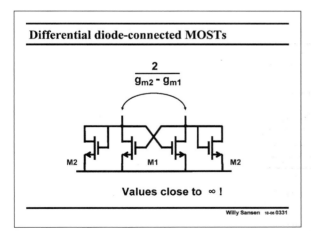

0331　把一组正向和负向的二极管连接起来，可以实现 $1/g_m$ 到无穷大之间的任意阻值。

如果所有器件完全相同，可以抵消电路中的交流电流，从而差分的阻值可以达到很大（在完全匹配时可以达到无穷大）。

因此这是差分放大器的一种理想负载。

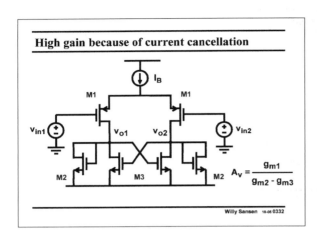

0332 本幻灯片中给出了这种高增益的放大器。所有的负载 MOST M2 和 M3 的尺寸都相等,它们的跨导也相等。因此对于输入器件提供了准无穷大的电阻,获得了大的电压增益。

偏置问题同样得到了解决,只由 I_B 来提供电流,这种负载是自偏置的。

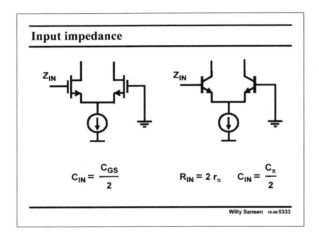

0333 差分对的输入阻抗是单个晶体管输入阻抗的两倍。这就意味着输入电阻必须乘以 2,正如右边的双极型晶体管对那样。而输入电容必须除以 2。

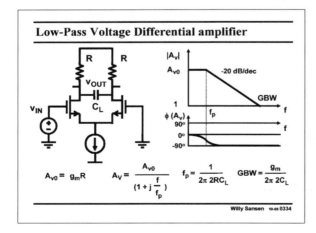

0334 为了对这部分差分电压放大器进行总结,给出几个考虑到电容影响的简单电路。

很明显,负载电容 C_L 产生了低通滤波器的特性。极点的时间常数是 $2RC_L$。

由于是一阶滤波器,斜率是 20dB/dec。

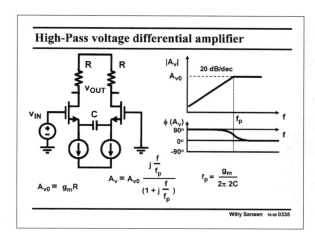

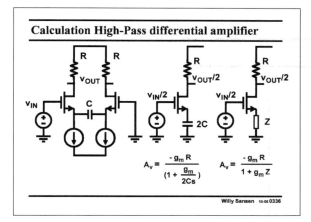

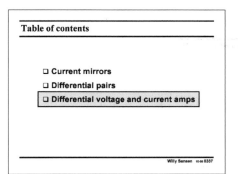

0335　把两个源极用电容 C 相连接,则表现出高通的特性。因为电容和地之间串联了两个电阻 $1/g_m$,所以极点时间常数是 $g_m/2C$。斜率仍然是 20dB/dec。

下一张幻灯片中给出这一增益特性详细的计算。

0336　通常可以用"差分半边电路"来计算差分放大器增益特性。

为了进行分析,中间的器件必须乘以 2 或除以 2。例如电容 C 必须乘以 2。电阻必须除以 2！电路变成原来的一半后,输入和输出电压都要减半。

可以很容易地计算增益。阻抗 Z 通过反馈因子 $1+g_m Z$ 来提供反馈。用 $1/Cs$ 或 $1/Cj\omega$ 来代替 Z 就可以得到最终的增益表达式。

0337　既然前面已经对电流镜和电压差分对进行了很好的分析,现在把它们组合起来研究差分的电压和电流放大器。

电压和电流放大器都是电流镜和差分对的组合,其主要的设计要求是增大增益,并把差分输出转化成单端输出。因此放大器的第二级有必要避免使用差分对。

实际上,大多数运算放大器只用单晶体管放大器作为第二级。通常最简单的放大器能够提供最宽的带宽。单晶体管是最好的！

0338　这张幻灯片中的放大器称为 OTA。它由一个简单电流镜为负载的差分对组成,实际上只有一个输出。

左边标出了直流电流的走向。箭头的宽度对应着电流的大小。电流源 I_{DD} 在两个输入器件上被分为两份,并且被负电源吸收。很明显,两个电源上的电流是一样的,因为没有电流流走。实际上,也没有电流能在输出端流走！

右边标出了有输入电压时的电流。这个电压使 M1 中的电流增加,而使另一个晶体管 M2 中的电流减少相同的量。M3 流过了这个大的电流,并且使得相同的大电流通过 M4。

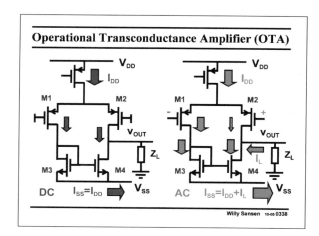

在输出端,在 M2 能提供的电流与 M4 所要求的电流之间有一个很大的差值。这个差值电流就是输出电流。它流过负载阻抗 Z_L,并且产生输出电压。

电流源电流和流过负载 Z_L 的电流必须极性正确地相加,以符合基尔霍夫定律!

0339 在反向 OTA 中,电流情况同样。

几毫伏的输入电压就会引起输入器件电流的不同。T1 中的电流是电流源总电流的 74%,剩下的提供给另一个晶体管 T2 的是 26%。这个电流的差异以前被称为循环电流。它是直流电流源的 24% 或者是晶体管直流电流的 48%。

74% 的电流流过三个器件,而第四个晶体管 T2 中只有 26% 的电流流过。实际上这是个不对称的增益级,是这个电路的单端特性。

流过负载的电流是流过 T4 的 74% 的电流和流过 T2 的 26% 的电流的差值,即 48%。负载电阻把这一电流转换成输出电压。

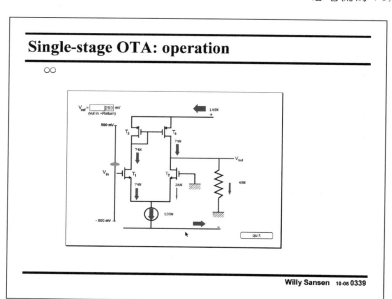

通常没有负载电阻,它实际上由晶体管 T2 和 T4 的两个输出电阻 r_{DS} 并联构成。

0340 可以很容易地计算增益。

如果把输出电阻定义为 R_{out},R_{out} 是由两个晶体管 T2 和 T4 的输出电阻 r_{DS} 并联而成,那么增益就是 $g_{m1}R_{out}$。

带宽由输出电容和电阻 R_{out} 决定。

结果是,GBW 和单晶体管放大器相同。事实上,这确是一个单级放大器,因为只有一个高阻抗点,其他的节点都在

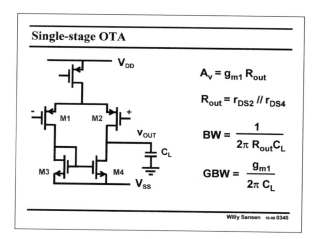

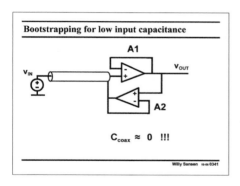

$1/g_m$ 级别。

然而,增益不是很高,可以用共源共栅放大器来提高增益。增益提高和电流抵消技术两种技术前面已经讨论过。下面介绍第四种技术:自举。

0341　自举技术用来抵消前置放大器前面的同轴电缆输入电容的影响。

实际上,第二个缓冲器 A2 用来保证同轴电缆的外层和内部导体有相同的电压。电缆内外层的电压相同,所以电缆的电容(最大值 1pF/cm)被抵消了,电容完全不存在了。

输入电容很小,或者输入阻抗特别大。

0342　无论偏置电阻 R_1 和 R_2 的值是多少,这个缓冲器的输入阻抗都很大。它常被用来测量生物阻抗。为安全起见,使用了耦合电容。运算放大器的直流用偏置电阻来定义。正的输入端和输出端都被接地。

电阻 R_1 和 R_2 会流过交流电流,而这种情况是不允许的。因此,用反馈电容 C_F 来自举电阻 R_1。

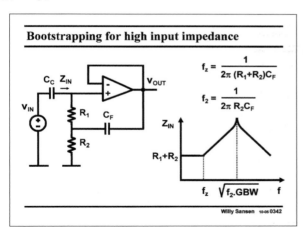

因为运算放大器有足够大的增益,输出需要跟随输入电压,因此电阻 R_1 两端的电压几乎为零,这是自举技术作用的结果,该电阻呈现出无穷大的阻值。在零点频率 f_z 处开始出现这一现象,此时电容 C_F 开始起作用。

而实际上运算放大器的增益是有限的,它的增益向着 GBW 频率处逐渐减少,结果是输入阻抗不会继续增大,它在 f_2 和 GBW 中间的某一频率处达到最大值(在对数刻度上)。

例如,如果两个电阻都取值为 $1M\Omega$,电容取值为 $0.1\mu F$,则零点频率 f_z 是 $0.8Hz$,对于 $1MHz$ 的 GBW 来说,峰值频率在 $1.3kHz$ 处。在峰值频率点处 Z_{IN} 大约是 $1.6G\Omega$。

0343　前面已经介绍了用自举电路来提高生物电势前置放大器的输入阻抗。

运算放大器 A1、A2 和三个电阻(两个 R_1 和一个 R_2)组成了一个仪器中使用的放大器。通过调整这些电阻值可以把它的增益精确地设定在 $2R_1/R_2$。

而且,运算放大器正端的输入阻抗很大,不能够从电极(传感器)中获得电流。

输入传感器通过电容 C_{IN} 与运算放大器输入端隔离。然而,运算放大器正输入端必须被偏置到某一电压,通过电阻 R_3/R_4 可以做到这一点。结果是通过偏置电压 V_B 来确定平均输出电压。

R_3/R_4 会大幅度地减少输入阻抗的值,因此需要加入自举电容 C_B,用电容来自举电阻 R_3。由于运算放大器的反馈,电阻 R_3 两端的电压几乎是一样的,看起来该电阻值好像是无限大,相当于该电阻将电路断开了。

实现的输入阻抗因此非常大!

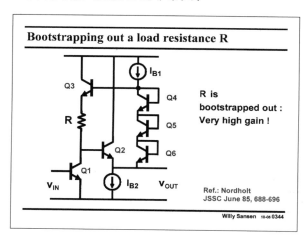

0344 用相似的方法,可以自举运算放大器的负载电阻,使得其有效值非常大,从而使电压增益非常大。本幻灯片中给出一个例子。

放大器仅由晶体管 Q1 构成,后接晶体管 Q2 作为射极跟随器。它的电压增益通常是 $g_{m1}R$。受实际的直流电流的限制,这个增益并不太高。

负载电阻没有直接连接在电源电压上,而是连在另一个射极跟随器 Q3 上,Q3 通过三个二极管方式连接的晶体管接在输出电压上,每个二极管上的压降是 0.6V。因此电阻 R 两端的压降大概也是 0.6V。

射极跟随器 Q3 的输出端的交流电压和实际的输出电压 v_{OUT} 大致相同,v_{OUT} 又与输入晶体管 Q1 集电极的交流电压相同。因此电阻 R 两端没有交流压降,电阻 R 被自举为无限大,电压增益非常高。

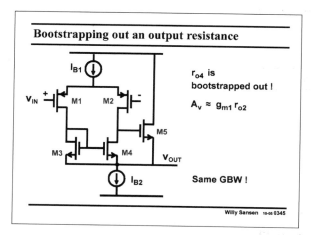

0345 用相似的方法,晶体管 M5 自举了晶体管 M4 的输出电阻,因此增益表达式中只留下 r_{o2}。

晶体管 M5 实际上用作源极跟随器。它的增益接近于 1,如前面幻灯片中的缓冲级 A2。所以晶体管 M4 的漏极和源极有相同的交流电压,结果 M4 的输出电阻 r_{o4} 被提高了。

为了能提高增益,必须加入和晶体管 M1、M2 串联的共源共栅管,或者使用更大的沟道长度来设计。

注意到这一增益提高技术和前面提到的增益提高技术一样,都不会影响 GBW。

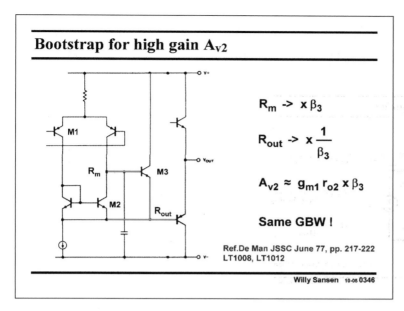

自举电路是第四种增益提高技术。实际上会混合使用这四种技术。当我们越来越深入深亚微米 CMOS 技术时，会更需要这些技术！

0346　本幻灯片给出了一个自举技术的例子，它采用双极型晶体管，这个例子很早以前就出现了。因为 β 是双极型晶体管附加的参数，它也出现在增益表达式中。

注意到由于使用了射极跟随器，输出阻抗已经很小了，现在进一步减小，变得非常低。当考虑到驱动下一级的需要时，低输出阻抗是一种理想的情况。

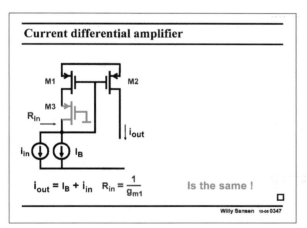

0347　在讨论了单端输出的差分电压放大器 OTA 之后，下面讨论最常用的单端输出的差分电流放大器。

它来源于普通的电流镜，并且加上了一个共源共栅管。

输入 MOST M1 的 V_{GS1} 相当大，例如 $V_T = 0.5V$ 时，V_{GS1} 是 0.7V。这给加入共源共栅管留下了足够的电压裕量。一个共源共栅放大管只需要 0.2V！这是通过晶体管 M3 实现的。

这个额外的共源共栅管并不引起电流镜的任何变化。二极管连接方式的晶体管将变得更加精确，因为获得了更多的反馈回路增益。

同没有共源共栅管的放大器电路一样，两个输入电流源，直流 I_B 和交流 i_{in} 被镜像。

0348　然而增加的共源共栅管产生了额外的节点，这个额外的节点比原来的更适合作输入节点。

由于反馈回路的作用，这点的阻抗为原来的输入端阻抗的 $1/g_{m3}r_{o3}$。因为

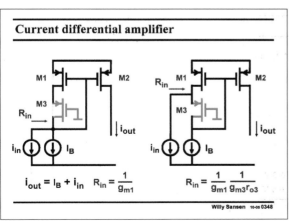

额外的共源共栅管产生了额外的回路增益。

　　所以,输入的电流信号连接到共源共栅管的源极,而不是漏极。当输入阻抗低的情况下,更容易实现理想的电流源,而且,这点的输入电容也变小。

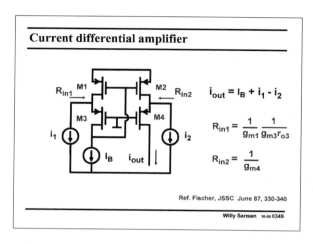

注意到输入电流信号流过了 M1,因为没有通过 M3 的通路,这一电流被电流镜 M1-M2 所镜像。

0349 增加 M4 构成了另一个共源共栅放大器,形成了本张幻灯片中的差分电流放大器。

　　考虑到采用另一个输入电流 i_2,i_2 通过 M4 流到输出端。输出电流包括差分输入电流,叠加在直流偏置电流 I_B 上。

　　对于各个输入电流,输入阻抗是不同的。对于电流 i_1,输入阻抗是很小的,而对于输入电流 i_2,输入阻抗取决于负载阻抗。如果负载阻抗比较小,输入电阻将是 $1/g_{m4}$。

　　这可能是最常用的差分电流放大器,它被应用在许多运算放大器中,用来把差分输出信号转换成单端输出信号。

0350 上述的差分电流放大器可以很容易地扩展成一个四输入的电流放大器。

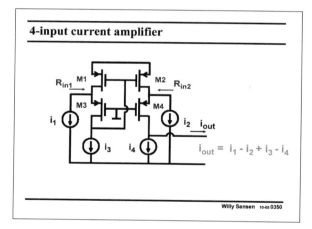

　　在电流源 i_3 和 i_4 上叠加交流信号就足够了。用这种方法,可以实现一个差分-差分电流放大器,或实现高频的多输入模拟处理模块。

　　注意到只有输出节点的阻抗是高阻抗,其他的所有节点阻抗都在 $1/g_m$ 级别或者更小。

0351 这种差分电流放大器有一个的重要的优点,它可以在很小的电源电压下工作,本幻灯片中电源电压为 1V。

　　当 V_T 为 0.7V 时,$V_{GS}-V_T$ 必须减小到 0.15V,而不是 0.2V,来应对 1V 的电源电压。实际上,所有的 V_{GS}

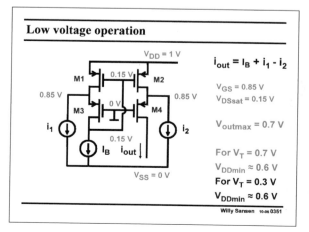

值都是 0.85V,来给输入电流源提供足够的裕量。

注意到共源共栅放大器中 M3、M4 的栅极现在是接地的,这是可采用的最低电压。

最大的输出电压 V_{outmax} 是 0.7V,因为在每个晶体管上至少需要 0.15V 的 V_{DS}。

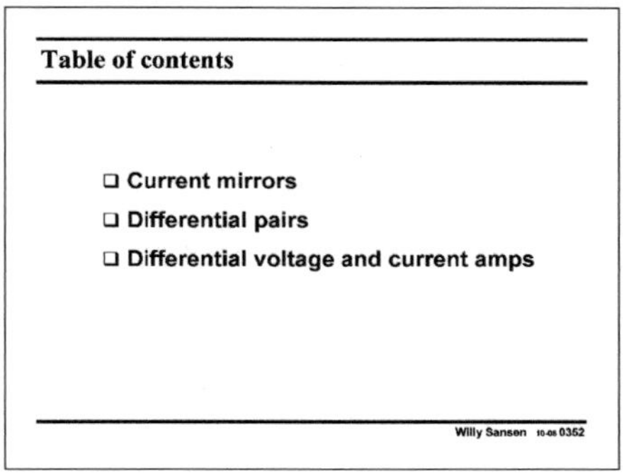

对于深亚微米 CMOS,V_T 最小可以减小到 0.3V,电源电压可以小到 0.6V。这是一个相当低的值!!

0352 本幻灯片中总结了电流镜和差分对等双晶体管电路的章节标题。这些类型的电路构成了最常见的单端输出的电压和电流差分放大器,它们通常应用在运算放大器中。

Table of contents

Willy Sansen 15-06 0352

第 4 章　基本晶体管级的噪声性能

**Noise performance
of elementary transistor stages**

Willy Sansen

**KULeuven, ESAT-MICAS
Leuven, Belgium**
willy.sansen@esat.kuleuven.be

Willy Sansen 10-05 041

SNR and SNDR

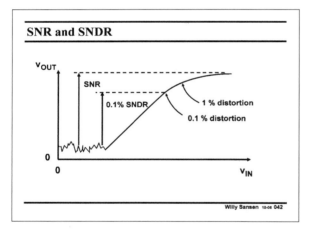

Willy Sansen 10-05 042

Table of contents

Willy Sansen 10-05 043

041　在详细地探讨运放设计时,需要知道运放工作的许多限制。在低端限制运放工作的是噪声,在高端限制运放工作的是失真。失真在第 15 章讨论,本章讨论噪声。

042　每一个放大器都有噪声。当把放大器加上一个小的输入信号时,输出信号是输入信号的精确复制,此时仅仅是放大的功能。至少在中间区域,输出正比于输入。

当输入信号的幅度增大时,输出的幅值下降,产生失真。输入信号幅度越大,输出的反应越平坦,失真越大。在大多数系统中允许 0.1% 的失真。在一些音频放大器和高性能模数转换器中,需要低于 0.001% 的失真。

当信号幅度减小时,信号被噪声淹埋。信噪比(SNR)就是在不考虑失真的情况下所能获得的最大可能的输入信号范围。

另一方面,信号-噪声-失真的比率(SNDR)限制了在一定的失真条件下的 SNR。图中显示了 0.1% 的 SNDR,此时失真限制在 0.1%。显然 SNDR 总是小于 SNR。

043　首先看一下如何描述噪声。显然噪声用功率定量表示,而不是用电压或电流来表示。

然后从噪声性能的角度来讨论电路。主要问题是怎样优化电路的噪声性能。

对于一个阻性的输入源,将优化流过的电流;对于容性输入源,将实行"容性噪声匹配"。

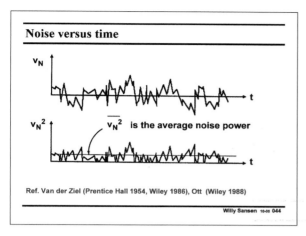

044 噪声是一个任意的信号，不知道如何去预测它，信号的幅度不可预测。因此在零值处存在着高斯分布，均值也是零。图中也已表示出所有可能的脉冲，可以是尖锐的也可以是宽的脉冲。为了能描述噪声必须考虑噪声的功率。因此将电压取平方，然后如图所示修正电压，对时间取平均后就成为平均噪声功率，平均噪声功率显然不等于零，在经过了一定量的时间之后最终达到平均数。

045 傅里叶解释了如何将信号从时域转换成频域。对于噪声我们获得了图示的曲线，该曲线包含两个区域：

——白噪声的区域是平坦的，延伸到高频处（10^{13} Hz）。

——在低频处称为 1/f 噪声，因为此时噪声反比于频率。

噪声密度是在小的频率间隔 df 中获得的功率。它的单位是 V^2/Hz，取平方根后单位为 $V_{RMS}/\sqrt{Hz}$。

积分噪声是在两个频率范围内的总的噪声功率，当噪声是白噪声或平坦

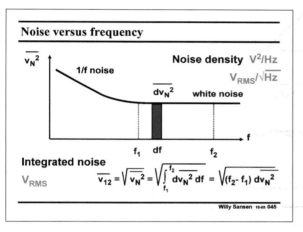

噪声时，很容易取积分，它正比于频差，因此噪声在线性的频率轴上积分。波特图经常采用对数轴，因此其错误之处就是过分强调了低频噪声。积分噪声的单位是 V^2，当其取平方根的时候单位就是 V_{RMS}。

在 1/f 噪声区域计算积分噪声就包含了另外的部分。主要问题是不要省略下限频率，否则 1/f 噪声会变得无穷大，积分噪声也会变得无穷大，就需要花费无穷大的时间去测量。

046 下面来研究在电子电路中有哪些噪声源。电阻和结都会产生噪声，先研究电阻。

电阻产生热噪声。它的模型是电压源串联一个电阻或者是电流源并联一个电阻。噪声电压正比于电阻和绝对温度（单位开尔文），不取决于流过

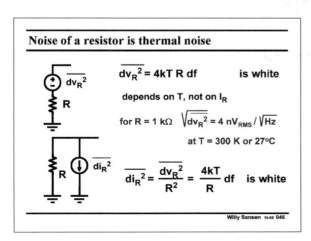

电阻的实际电流,降低温度将减小噪声。

对于一个 $1k\Omega$ 的电阻,室温下热噪声密度是 $4nV_{RMS}/\sqrt{Hz}$,正比于电阻值的平方根,一个 $100k\Omega$ 的电阻产生 $40nV_{RMS}/\sqrt{Hz}$ 热噪声电压密度,一个 $10k\Omega$ 的电阻产生 $4\times\sqrt{10}$ 或者 $12nV_{RMS}/\sqrt{Hz}$ 的热噪声电压密度。

在带宽为 $20Hz\sim20kHz$ 时,一个 $100k\Omega$ 的电阻总的噪声是 $40\times\sqrt{20000}$ nV_{RMS} 或 $5.6\mu V_{RMS}$,对于最大信号幅度是 $100mV_{RMS}$ 的信号,SNR 是 17700 或者 85dB。

下限频率通常可以忽略,实际上从 $20kHz$ 中是否减去 $20Hz$ 没有什么差别。

最后注意到噪声电流与电阻是并联的,并联电阻越大,噪声越低。

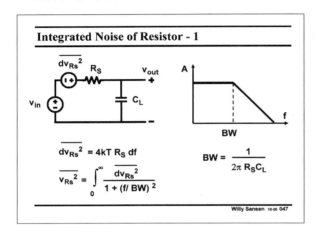

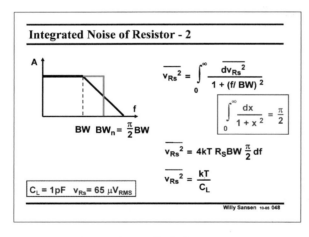

047 电阻 R_S 的上限频率通常取决于到地的电容 C_L,它们的时间常数决定了带宽 BW。

如果要计算电阻电容组合结构的积分噪声,需要在整个频段内积分。显然这一积分包含了一阶滤波器的传递函数,传递函数与带宽 BW 相关。

需要对这一传递函数进行积分,幸运的是,这是一个常见的积分公式。

048 如果变量是正确的,积分值为 $\pi/2$。积分噪声简单表示就是 $4kTR_SBW\pi/2$,是电阻本身的噪声乘以 $BW\pi/2$,后面的带宽称为噪声带宽 BW_n。

BW_n 对 BW 的比率是 1.57,超出的 57% 是因为考虑了 20dB/dec 的这样的一阶斜率。如果是一个边沿陡峭的滤波器(如 3 阶或更高阶的),BW_n 和 BW 就近似相等。

然而带宽 BW 的表达式中也包含了电阻 R_S。在积分噪声的表达式中,R_S 被消掉,积分噪声的表达式非常简单,是 kT/C_L。

对于 $1pF$ 的电容,积分噪声是 $65\mu V_{RMS}$,为了减小噪声,需要增大电容的尺寸。对于 $10pF$ 的电容,积分噪声是 $65/\sqrt{10}$ 或者 $21\mu V_{RMS}$。

对于电阻增大的情况也可以理解,虽然噪声密度增加了,但是带宽减小了,因此总量保持不变。

滤波器用积分噪声或 SNR 作为指标,经常采用大的电容来提高 SNR,幅值也尽可能地高。

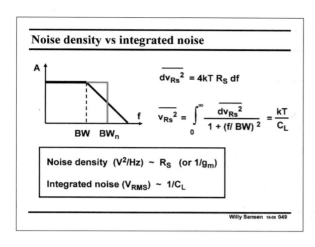

049 这样就得到一个重要的结论,就是噪声密度取决于电阻,而积分噪声取决于电容。为了减小噪声密度需要小的串联电阻或者大的并联电容。为了减小积分噪声就需要大的对地电容。显然噪声密度和积分噪声两个量都取决于绝对温度。

一个设计者应该知道他所处理是一个窄带的系统(接收机、带通滤波器),还是一个宽带的系统(开关电容滤波器、低通滤波器……)。

在窄带系统中,窄带噪声就是噪声密度乘以带宽,电阻决定了噪声性能。

在宽带系统中,噪声取决于 kT/C,要获得低噪声性能,需要增大电容,增大电容又将增大功耗。

这是一个经验法则,低噪声需要小的电阻和大的电容,二者都增加了功耗。提高噪声性能不可避免地增加了功耗。要设计低噪声、低功耗电路必须要仔细地折中。

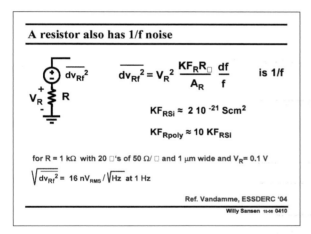

0410 电阻也产生 1/f 噪声,通常 1/f 噪声取决于电阻的尺寸和传导的质量(材料的均匀性)。因此 1/f 噪声的表达式中含有许多变量。包含了电阻两端的直流电压,电阻的尺寸(A_R 或 WL),包含了表征电阻材料的系数 KF_R。

例如,一个 n 阱电阻是单晶硅材料,材料非常均匀,因此系数 K_{FR} 较小。对于扩散电阻如多晶硅电阻,噪声性能就较差。离散的碳原子电阻的 1/f 噪声最差。

如果在同样的电阻材料的情况下,采用大的尺寸(W/L 一样,但是 WL 增大),1/f 噪声就会大大降低。

最后通过串联一个电容,把直流电压 DC 降到零,也降低了 1/f 噪声。这是低噪声前置放大器中最广泛应用的技术。

注意到 1/f 噪声通常定义在 1Hz 处。因为噪声电压反比于频率的平方根,下降得比较慢。

0411 另一个白噪声的来源是散弹噪声,由结或二极管产生,它是白噪声而不是热噪声。

实际上散弹噪声电流正比于其流过的电流,但是独立于温度,因此降低温度没有任何意义。

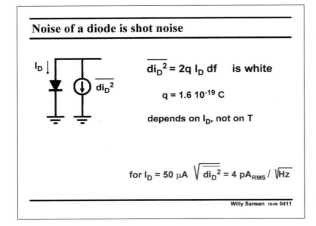

Noise of a diode is shot noise

$$\overline{di_D^2} = 2q\ I_D\ df \quad \text{is white}$$

$$q = 1.6\ 10^{-19}\ C$$

depends on I_D, not on T

for $I_D = 50\ \mu A$ $\sqrt{\overline{di_D^2}} = 4\ pA_{RMS}/\sqrt{Hz}$

Willy Sansen 10-05 0411

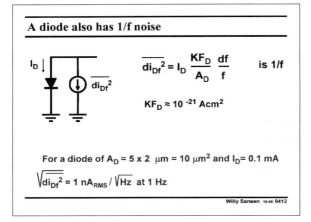

A diode also has 1/f noise

$$\overline{di_{Df}^2} = I_D\ \frac{KF_D}{A_D}\ \frac{df}{f} \quad \text{is 1/f}$$

$$KF_D \approx 10^{-21}\ Acm^2$$

For a diode of $A_D = 5 \times 2\ \mu m = 10\ \mu m^2$ and $I_D = 0.1\ mA$

$$\sqrt{\overline{di_{Df}^2}} = 1\ nA_{RMS}/\sqrt{Hz}\ \text{at 1 Hz}$$

Willy Sansen 10-05 0412

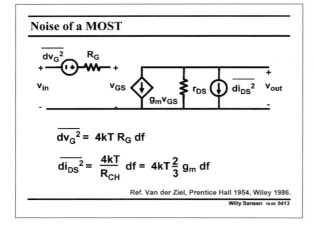

Noise of a MOST

$$\overline{dv_G^2} = 4kT\ R_G\ df$$

$$\overline{di_{DS}^2} = \frac{4kT}{R_{CH}}\ df = 4kT\ \frac{2}{3}\ g_m\ df$$

Ref. Van der Ziel, Prentice Hall 1954, Wiley 1986.

Willy Sansen 10-05 0413

散弹噪声电流的计算公式适用于其中流过电流的结或二极管。它与流过的电流是正向（如正向偏置的二极管）或者是反向（如光电二极管）无关，表达式是一样的。

0412 同样，二极管也有 1/f 噪声。噪声量也取决于流过的电流、尺寸和使用的材料。

一个小的薄膜二极管会产生很大的 1/f 噪声，而一个单晶硅材料的大功率二极管 1/f 噪声并不差，二极管的 1/f 噪声如图所示。

显然其分布范围非常大，对单独一个器件进行测量没有意义，需要测量上百个器件才能得到噪声平均值。

0413 MOST 有沟道电阻，因此 MOST 与其他电阻一样也有热噪声。

沟道的均匀性不是很好，因为在源端导电性较好，而在漏端是夹断的。所以需要用积分来计算沟道电阻和它产生的噪声。

尽管如此，沟道噪声可以用一个和 g_m 电流源并联的噪声电流源来表示。积分后产生的有效沟道电阻 R_{CH} 为 $3/2g_m$，4kT 的系数表明它是热噪声。

在深亚微米或纳米 CMOS 器件中，产生了速度饱和。因此系数 2/3 会变大（Ref. Han, JSSC, March 05, 726-735），对于 $0.18\mu m$ CMOS 增大了 50%，对于 $0.13\mu m$ CMOS 变成了两倍。

然而多晶硅的栅电阻并没有变小，即使栅材料是重掺杂的，栅电阻的分布范围也比较大，它取决于实际的尺寸，取决于栅延伸出有源区的长度。

0414 需要参考输入端的两种白噪声来计算输入端的 SNR。

沟道的噪声电流可以折算到输入端，方法是除以 g_m（功率是除以 g_m^2）。

两个噪声功率在输入端相加，用这种方法就可以得到热噪声电阻 R_{eff}，它是两个噪声

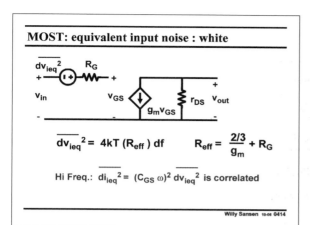

源的叠加的结果。沟道噪声是其中一部分，栅电阻 R_G 噪声是另一部分。输入噪声电压被称为等效输入噪声电压。当栅电阻 R_G 较小时，等效输入噪声电压反比于跨导 g_m。

在高频时，电容 C_{GS} 跨接在栅源端。因此对于小的源电阻（典型情况 50Ω），噪声电流可以如本幻灯片所示流过电容 C_{GS}。

噪声电流显然和等效输入噪声电压相关。二者功率不能相加。然而噪声电流只是在大于 $f_T/5$ 频率处适用，适用于 LNA、VCO 和 RF 混频器的噪声优化中。

0415 可以通过增加跨导来减小 MOST 等效输入噪声电压。这就需要给 MOST 提供一个小的 $V_{GS}-V_T$、一个大的 W/L 和一个大的电流。

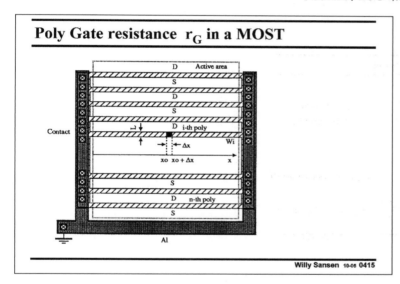

当栅电阻比较小的时候，上述结论是正确的。而在图中的版图中，MOST 的 W/L 比较大，在源和漏之间的多晶硅栅线非常长，产生了相当大的电阻。

为了避免产生大电阻，最好把版图分成许多小块，使得栅接触孔靠近栅线的中间。因此栅电阻的大小取决于版图的类型。

0416 对于衬底电阻的情况也是同样。即使衬底和源是连接在一起的，之间也会产生衬底电阻。衬底电阻的值取决于衬底是否有一个背面的接触孔。衬底电阻的值很难计算，因为它是

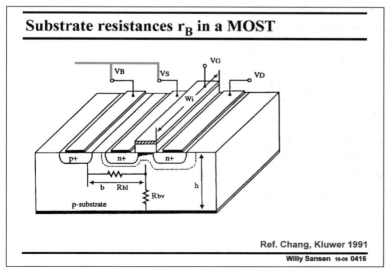

一个分布电阻,通常衬底电阻总是存在的。

因为衬底电阻产生噪声,小信号等效电路图中也要包含衬底电阻。

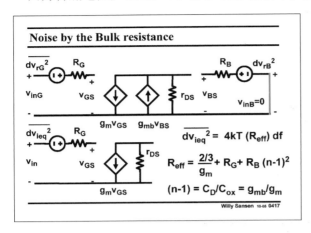

0417 图中表示了体电阻或衬底电阻的 R_B 的噪声。在转换到输出端时,乘以衬底跨导 g_{mb}。如果折算到栅端时,又得除以跨导 g_m。g_{mb}/g_m 表示成参数 $n-1$。

总的等效输入噪声电压包含了衬底电阻 R_B 乘以 $(n-1)^2$ 的部分。

此处电阻 R_B 的值同样与版图相关。在低噪声应用中,必须要设计良好的衬底接触。

0418 最后一个对等效输入噪声电压有贡献的是源端的串联电阻。源端的串联电阻通常非常小,但是它取决于有效的沟道长度。图中很容易看出,源电阻的噪声可以和栅电阻的噪声简单相加,就像源电阻和栅电阻相加一样。

实现一个大的低噪声 MOST 需要同时减小这四个部分,体电阻 R_B 在设计中通常被省略。

在深亚微米 CMOS 中,沟道噪声的贡献因子要大于 $2/3$,有时会测试出达到 2。这一现象是由于速度饱和,还是由于穿透,还不太清楚。

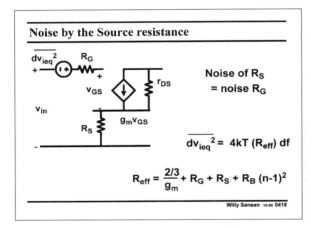

0419 源电阻的噪声可以和栅电阻的噪声简单相加。首先假定这个电阻大于 $1/g_m$,否则就无法得到近似结果。

下面计算沟道噪声对输出的贡献,它是沟道噪声除以 $(g_m R)^2$。然后计算源电阻噪声对输出的贡献,即为 $4kT/R$。然后计算二者的总和,可以看到 MOST 的沟道电阻噪声相对于源电阻的噪声比较小,可以忽略,实际上 $g_m R$ 远大于 1。

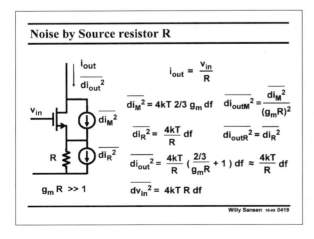

因此,等效输入噪声电压取决于源电阻噪声电压,并且表达式与栅电阻噪声电压一样。

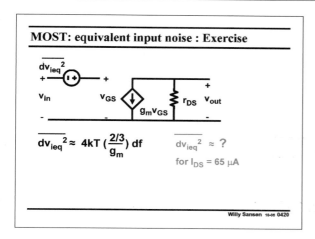

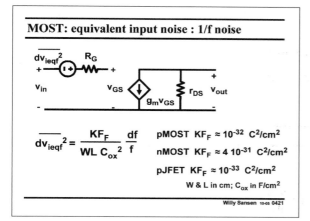

0420　本练习计算一个偏置在 $65\mu A$ 的 MOST 的等效输入噪声电压。如果只考虑热噪声,版图中栅电阻和体电阻可以忽略。一个 $65\mu A$ 电流的 MOST 产生的跨导 $g_m = 0.65 mS$(如果假定 $V_{GS} - V_T = 0.2V$),噪声电阻约为 $1k\Omega$,因此等效输入噪声电压是 $4nV_{RMS}/\sqrt{Hz}$。

0421　MOST 器件也产生大量的 $1/f$ 噪声。$1/f$ 噪声值与材料表面的状态相关,硅是一个晶体,其表面被截断,栅氧在其顶部生长,使表面产生 $1/f$ 噪声。

$1/f$ 噪声的表达式有几种。C_{ox}^2 在分母上有优点,使得其系数 KF_F 与工艺无关。实际上所有的工艺都可以用 C_{ox}^2 参数来表示。如果表达式中只有 KF 和 C_{ox},系数 KF 就与工艺相关。

显然表达式中包含晶体管的尺寸 WL 而不是 W/L。MOST 如果氧化层较薄、沟道长度较小和 WL 积较大,其 $1/f$ 噪声就较小。

可以看到 p-JFET 的 $1/f$ 噪声最低,p-MOST 噪声性能相比要差 10 倍,其中 n-MOST 的 $1/f$ 噪声性能最差。同样尺寸的 n-MOST 的 $1/f$ 噪声是 p-MOST 的 $30\sim60$ 倍,表达式中是 40 倍,但是它的分布范围比较大。

因此在一些音频前置放大器中,仍然用 JFET 作为输入端来减小 $1/f$ 噪声,在一些辐射探测电路中也是如此。

最后看到等效输入 $1/f$ 噪声电压与直流偏置电流无关。是输出噪声电流而非等效输入噪声电压与直流电流相关,可以探测到输出噪声电流和直流电流的相关性,这一点通常可以忽略掉。

0422　当同时研究白噪声和 $1/f$ 噪声时,看到二者有一个交叉点。渐近线在频率 f_c 处交叉,这点称作拐角频率。显然这一频率取决于直流偏置电流,电流越大,跨导越大,白噪声越低。

因为 $1/f$ 噪声不变,当直流电流增大时,拐角频率向右移动。实际上,拐角频率是 $1/f$ 噪声非常独特的测试方法,白噪

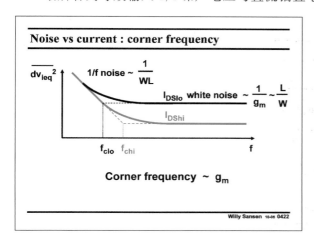

声越低,拐角频率越大。

同时要注意到热噪声与 W/L 相关,而 1/f 噪声与 WL 相关。

最后,要知道已有了一些电路技术来减小 1/f 噪声,如削减和相关双采样技术(Ref. Enz,Temes,Proc,IEEE,Nov. 96,1584—1614)。转变晶体管的偏置也可以降低 1/f 噪声,可降低 10dB(Ref. Gierkink,JSSC July 1999,1022—1025)。

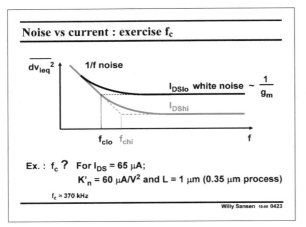

0423 下面计算前一个练习中直流偏置电流为 $65\mu A$ 的 nMOST 的拐角频率。

采用 $0.35\mu mCMOS$ 工艺,其系数 K' 已经知道,沟道长度是最小值的 3 倍(为了获得高增益)。

在 1/f 噪声的表达式中代入所有的值,算出 f_c 是 370kHz。显然小尺寸的 MOST 不适用于音频应用,功率管 MOST 比较适用于音频。

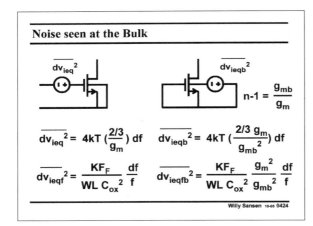

0424 当 MOST 是由衬底驱动而不是栅驱动时,就采用衬底的跨导 g_{mb} 而不是 g_m,它们的比率是 n−1,n−1 的值还不能精确地知道,但是可以知道是在 0.3~0.5 之间。

因此在衬底端表示的等效输入噪声的表达式就不一样了。在栅端表示的如图左所示,在衬底端表示的如图右所示。衬底端表示的表达式中都有衬底跨导 g_{mb} 的平方。因为 g_{mb} 总是小于 g_m,衬底端的等效输入噪声总是大于栅端的等效输入噪声。白噪声和 1/f 噪声都是衬底端的等效输入噪声大于栅端等效输入噪声。

因此,要解决噪声问题不能采用衬底驱动。

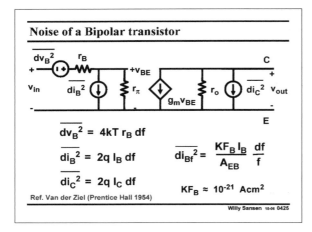

0425 双极型晶体管有两个 pn 结流过电流,因此两个散弹噪声的信号源要表示出来,它们加在图中的小信号模型中,散弹噪声是白噪声源。

集电极的散弹噪声电流源加在集电极和发射极之间,它正比于集电极电流。另一个加在基极和发射极之间,它正比于基极电流。最后,阻性基极电阻噪声电压串联在基极输入端。

通常，1/f 噪声加在基极散弹噪声电流源上，对于硅晶体管，KF 系数的平均值如图中所示。通常，双极型晶体管的 1/f 噪声大大低于 MOST，因为其电流是流过衬底，而不是表面。双极型晶体管的 1/f 噪声反比于发射结尺寸 A_{EB}。

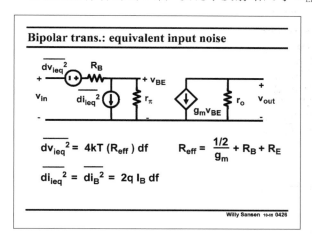

0426　同样噪声源也折算到输入端和输入信号比较。集电极散弹噪声折算到输入端要除以 g_m^2，基极散弹噪声保持不变。

因此两个等效输入噪声源表示出来了，一个是等效输入电压源，另一个是等效输入电流源，等效输入电流源实际上是基极散弹噪声。哪一个是主要的取决于下面所示的源阻抗。

等效输入噪声电压中显然包括基极和发射极电阻。

注意到等效输入噪声电压的表达式和 MOST 很相似。差别只是 $1/g_m$ 的系数是 1/2，而不是 2/3，这只是一个很小的差别。应该记得对于同样的直流电流，双极型晶体管的跨导是 MOST 的 4 倍，它的等效输入噪声电压也因此减小了。

0427　既然知道了一个 MOST 和双极型晶体管的噪声模型，下面就用它来计算放大器、共源共栅放大器等电路的 SNR。

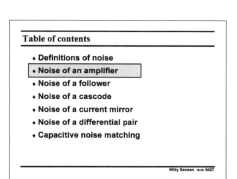

进一步用理想的电流源来作为偏置和有源负载。所有的电流源都要用晶体管来实现，而晶体管都会产生噪声。

0428　图中，有源负载 M2 加到单晶体管放大器 M1 上。可以清楚地表示出负载晶体管 M2 的等效输入噪声源，它和偏置电压 V_B 的噪声串联。通常这一偏置电压有一个到地的大耦合电容，因此这一点产生的噪声可以忽略。负载晶体管 M2 的噪声折算到输出端要乘以 g_{m2}，要折算到输入信号端时则要除以 g_{m1}，因此 M2 的噪声要乘以因子 g_{m2}/g_{m1}。

为了让 M2 的噪声贡献可以忽略，应使其具有大的 $V_{GS}-V_T$ 和小的 W/L。两管的直流电流相等，当 $V_{GS}-V_T$ 取大值如 0.5V 时，跨导 g_{m2} 可以设计得较小。输入管的 $V_{GS}-V_T$ 仍然取 0.2V。

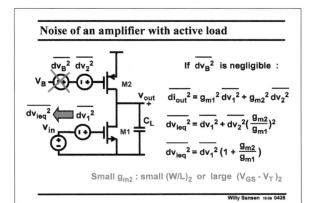

电流源和电流镜器件必须设计成 W/L 较小，$V_{GS}-V_T$ 较大。这是一个重要的结论，下面将会多次应用。

这里只考虑了白噪声。

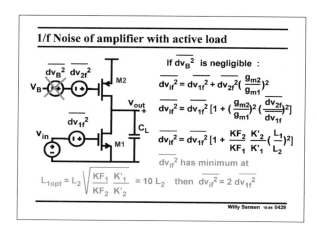

0429 同样的分析应用到 1/f 噪声。

然而所有的 1/f 噪声包含晶体管的 WL 面积因子，结果表达式就比较复杂。如果输入晶体管的沟道长度是可变的，等效输入噪声可以表示为最小。输入晶体管的沟道长度 L_1 必须是负载晶体管沟道长度的 10 倍，这并不难实现，因为负载管通常具有小的 W/L，通常是一个较小的器件。缺点是因为 L_2 的沟道长度较小，电路的增益较低，可以采用共源共栅电路的方法来缓解这一问题。

0430 系统中的放大器，如果在音频的阻抗是 600Ω，射频端阻抗是 50Ω，可以用噪声系数来表示其特性。

噪声系数表示为总的输入噪声和源阻抗 R_S 噪声的比率。它实际上表明了放大器加入了多少噪声到由源阻抗 R_S 所表示的噪声上。

如果考虑放大器既有输入噪声电压又有输入噪声电流（MOST 放大器没有输入噪声电流），就很容易得到噪声系数的表达式。

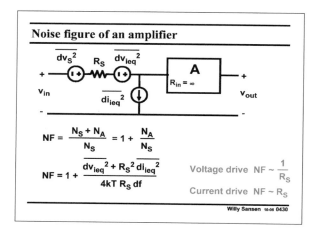

哪个噪声源是主要的，取决于源电阻 R_S 的值。

如果 R_S 比较小，放大器是电压驱动，这种情况下，分子中 $R_S di_{ieq}$ 可以忽略，噪声电压是主要的。电压驱动放大器的噪声性能由等效输入噪声电压来决定，这并不奇怪。增加 R_S 可以减小噪声系数。

如果 R_S 比较大，放大器是电流驱动，这种情况下，分子上的 dv_{ieq} 可以忽略，噪声电流是主要的，增大 R_S 就增大了噪声系数。

因此，对于不确定的 R_S，噪声系数必定存在一个最小值。

0431 以 R_S 为变量，对 NF 和 N_A/N_S 作图时，可以清楚地看到噪声系数的最小值。当 R_S 较小时，NF 呈下降趋势，当 R_S 较大时，NF 又开始增大。中间的最小值可由两个等效输入噪声源的比率得到。

如果一个双极型晶体管放大器工作在此最小值，就称为阻性噪声匹配。

注意到如果是电压驱动，大的电流会产生大的 g_m 和小的 NF，如果是电流驱动，大的电

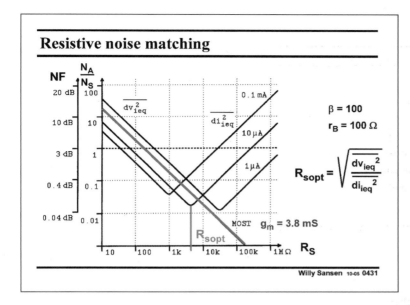

流会产生大的基极散弹噪声和大的 NF,是两个相反的结果。

MOST 没有输入噪声电流,它的 NF 是一条连续下降的直线。

显然如果源阻抗比较大,将不采用双极型晶体管。因为基极噪声电流将在这一大的源电阻上流过,产生大的噪声。在一些电路中,源电阻经常比较大,如光电二极管的前置放大器,生物电势和低频容性压力传感器,等等。

0432　既然了解了如何让一个放大器能够工作在低噪声,下面研究其他两个单晶体管级放大器,它们是源极跟随器和共源共栅放大器。

将会发现源极跟随器的噪声性能很差,而共源共栅放大器噪声性能非常好。

0433　一个源极跟随器或者一个发射极跟随器,它的增益近似为 1。因此把下一级放大器的噪声参考到输入端时它没有被减小。

当考虑双极型电路的所有的噪声源时,不能忘记直流偏置电流 I_T 的输出噪声,很容易得出它对输出端的贡献。将输出端的噪声除以增益就得到总的等效输入噪声电压。

发射极跟随器和放大器的输入噪声电压都是呈现在输入端的。发射极跟随器的输入噪声电流将流过大电阻 R_S,如果 R_S 阻值不大,就不需要加上发射极跟随器了。

最后,发射极跟随器的电流不能太小,否则电流源的噪声电流将起作用。

可以得出这样的结论,就是源极跟随器的噪声性能很差,低噪声放大器的

Table of contents

Willy Sansen 10-05 0432

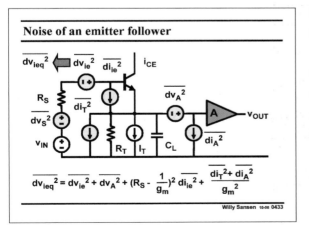

输入级绝对不能采用源极跟随器。

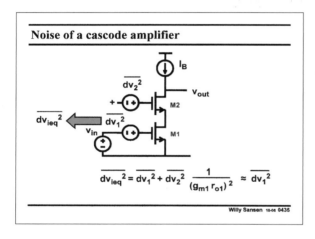

0434 共源共栅放大器噪声性能非常好,如下所述,它对电路的噪声性能没有任何损害。

0435 实际上倾向于采用共源共栅放大器,因为它能大大提高电路的增益,而不增大功耗。现在的问题是对增益有贡献的共源共栅管 M2 是否也对噪声有贡献,答案是否定的。

对于图中的两个晶体管,其等效输入噪声电压都是和栅串联。共源共栅晶体管 M2 的噪声电压可在其源端出现,但是该噪声电压对流过它的电流不构成影响。因为,对于 M2 的噪声电压 dv^2,M2 就像一个源极跟随器,因此输出电流对共源共栅的噪声不敏感。

用小信号模型计算晶体管的增益(用 g_m 和 r_o),表明共源共栅管的等效输入噪声电压要除以输入晶体管的增益的平方。即使这一增益非常低,在深亚微米 CMOS 中,平方的关系也将使得 M2 的噪声小到可以忽略。

因此具有两个晶体管的共源共栅级的噪声性能和单输入晶体管的噪声性能一样。而且共源共栅管可以提高增益,因此共源共栅结构被频繁使用。

0436 另一种研究噪声性能的方法就是只研究两个晶体管中的共源共栅管。

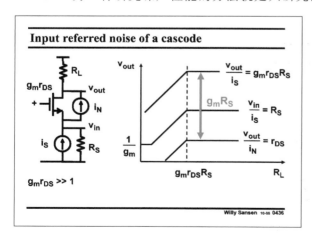

电流源 i_S 是输入信号电流源,该电流由其他的晶体管来提供。电流源 i_N 是共源共栅管的噪声电流。对于大的负载电阻 R_L,可知共源共栅管噪声电流 i_N 折算到输出端时只是乘以 r_{DS}。输入信号电流 i_S 折算到输出端时乘以一个比较大的因子,即 $g_m r_{DS} R_S$,该因子比 i_N 的因子大 $g_m R_S$ 倍。

输入电流比共源共栅管的噪声电流的放大倍数大 $g_m R_S$ 倍,因此共源共栅管噪声可以被忽略。

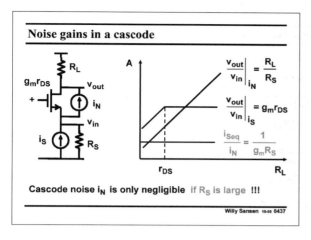

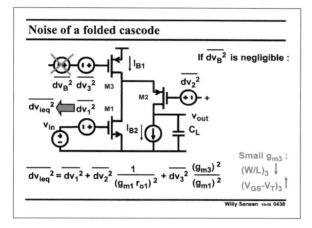

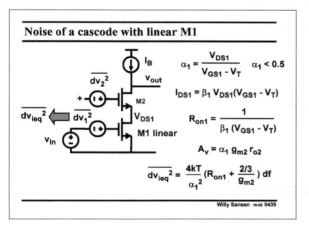

$g_m R_S$ 取决于 R_S,如果共源共栅管不是被一个具有大输出电阻的电流源驱动,噪声性能将有所降低。

0437 两个电流源通过共源共栅管折算到输出端的电压增益和 R_L 的关系曲线如图所示。如果负载电阻 R_L 比较高,显然 i_S 比 i_N 的增益减小了 $g_m R_S$ 倍。也就是共源共栅管不能被低电阻驱动,或者是宽带放大器中的电压源驱动。否则噪声性能会恶化。

0438 折叠式共源共栅包含两个直流电流源 I_{B1} 和 I_{B2}。上面的晶体管 M3 将电流分配到两路。另外一个直流电流源作为有源负载。

上面电流源的噪声性能与有源负载非常相似。晶体管 M3 必须设计得 $V_{GS} - V_T$ 比较大,W/L 比较小。表达式中 g_m 的比率,与有源负载单晶体管放大器表达式中 g_m 的比率一样。

和前面一样,第二项是共源共栅管的噪声,可以忽略。它的噪声除以输入管的增益,噪声被降低了。

可以通过减小尺寸或其他技术来降低晶体管 M3 的噪声,折叠式共源共栅就是一个低噪声放大器。

0439 有时让共源共栅放大器中输入晶体管 M1 工作在线性区来减小输入端的失真,这时共源共栅管的噪声就不一定可以忽略。

这时就必须引入一个参数来说明 M1 工作在线性区有多深。这参数是 α_1,如果 $\alpha_1 = 1$,晶体管是在饱和区的开始段,一般 α_1 为 0.5 或小于这一值。

图中给出了描述晶体管在线性区的表达式,同样给出了导通电阻 R_{on1} 的表达式。

电压增益比前面 M1 工作在饱和区时降低了,该增益实际上只是原来共源共栅级增益的一部分。总的等效输入噪声电压来源于导通电阻 R_{on1} 的热噪声和共源共栅管的热噪声,后面的噪声部分不可忽略,而且由于 α_1 因子是在分母上,总的输入噪声电压变大了。

下面给出实际的小信号模型和计算结果。

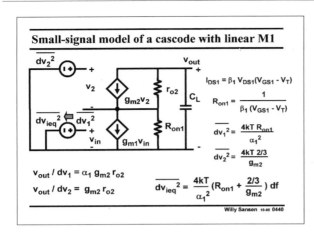

0440　输入晶体管 M1 工作在线性区的共源共栅放大器的小信号模型如图所示。

注意到在线性区的 M1 管的小信号模型就是一个电流源 $g_{m1}v_{in}$ 并联一个电阻 R_{on1}。输出噪声电流由电阻 R_{on1} 产生，它可以通过除以 α_1^2，折算到输入端作为输入噪声电压。

总的等效输入噪声电压是晶体管 M1 的输入噪声和共源共栅管的输入噪声之和。

为了计算，需要算出输入晶体管的输入噪声电压 dv_1 到输出端的增益，需要算出共源共栅管的输入噪声电压 dv_2 到输出端的增益，这些增益公式都适用于低频情况。

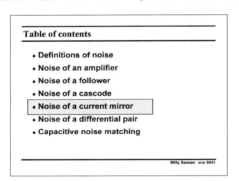

0441　在分析了单晶体管结构的噪声后，下面研究两晶体管结构的噪声。

首先研究电流镜，然后研究差分对。

前面已经知道作为一个电流源用的晶体管应该具有大的 $V_{GS}-V_T$ 和小的 W/L。下面看一下这一结论是否适用于所有的电流源和电流镜。

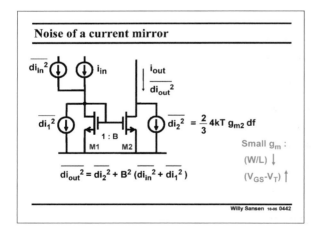

0442　一个简单的电流镜如图所示，它的电流增益因子是 B。

首先用电流源的形式来表示所有可能的噪声源，输入信号有一个输入噪声电流源并联，两个晶体管也都有正比于 g_m 的噪声电流源。

这样就得出了总的输出噪声，所有的输入噪声都乘以了系数 B^2。

正如所料，减小输出噪声的唯一方法是将所有的器件都设计成大的 $V_{GS}-V_T$ 和小的 W/L。如果为了后面的匹配（第 12 章），也需要设计具有小的 W/L 的电流镜。这是一个非常有意义的结果。

0443　可以通过插入串联电阻来降低电路中电流源的噪声。用加入一个带有噪声的电阻的方法来降低噪声，看起来很奇怪，但是确实如此。首先加入的是相关的噪声源。电阻的噪声源可以用反比于电阻值的电流源来表示。

得出了总的输出噪声电流，下面画出总的输出噪声对所插入的串联电阻的曲线。

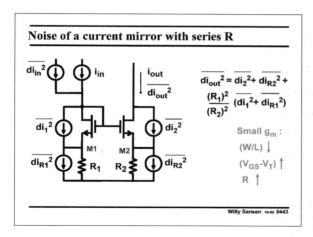

0444 在对数-对数图中,晶体管的贡献标为 M,电阻的贡献标为 R。为简单起见电流镜的比率因子取 1,两个电阻的取值一样。显然电阻值较低时,晶体管的噪声是主要的,输出噪声只是两个晶体管噪声功率的简单求和。然而如果电阻的值超出了 $1/g_m$,可得到两个重要的结论:

晶体管的噪声由于反馈因子 $g_{m2}R_2$ 而下降,功率按这一因子的平方而下降。

总的输出噪声也比以前小,降到了较小的值。

实际上,此时电阻的噪声超过了晶体管的噪声,因此输出噪声功率反比于电阻值下降,1/f 噪声也变得更低。

这是一个非常重要的结论,即可以在电流源上串联电阻来获得非常低的输出噪声。

双极型晶体管从 1975 年就开始采用这个结论,为什么对 MOST 没有采用?

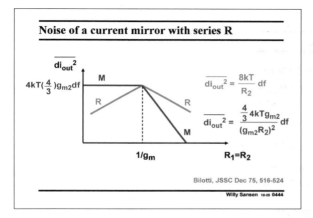

0445 MOST 已经有了相应的技术来减小输出噪声电流,MOST 不需要串联电阻。这一技术就是前面所述的将 MOST 设计成具有大的 $V_{GS}-V_T$ 和小的 W/L,这一技术与增加串联电阻是一样的效果。

下面比较两个具有不同 $V_{GS}-V_T$ 和 W/L 的晶体管放大器。它们具有相同的栅电压 V_G 和相同的直流电流。

第一个晶体管 M1 具有大的 $V_{GS}-V_T$ 和小的 W/L,第二个晶体管 M2 具有小的 $V_{GS}-V_T$ 和大的 W/L,它们 V_{GS}

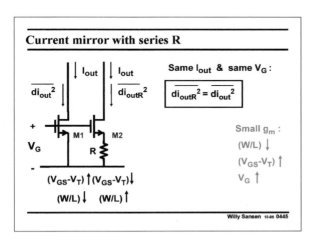

的差异由串联电阻 R 来提供。下面研究它们是否具有相同的增益和输出噪声。

第二个晶体管具有大的 g_m 因为它的 $V_{GS}-V_T$ 比较小。但是反馈电阻 R 使增益降低,因此两个晶体管具有相同的增益。

输出噪声也是一样的,第二个晶体管由于 g_m 比较大,产生了更多的输出噪声电流,但是反馈电阻又降低了输出噪声电流。因此两个输出噪声的值是一样的。

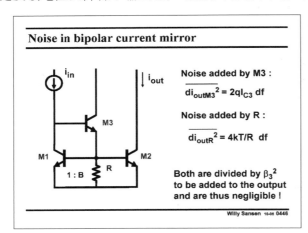

0446　研究通用的双极型电流镜的输出噪声电流。显然已经知道了两个电流镜器件 M1 和 M2 产生的输出噪声电流。问题是晶体管 M3 和电阻 R 产生的噪声是多少。

表达式如图所示，晶体管 M3 产生散弹噪声，电阻 R 产生热噪声。两个噪声都在相同的点注入。它们都从属于 M1 和 M3 形成的反馈环，也就是它们产生的输出噪声最后都要除以 β_3^2。因此 M3 和 R 产生的噪声可以忽略。

0447　如图所示为降低电流源输出噪声的电路技术。晶体管被拆开成两部分，具有大电流的管子串联了一个电阻来降低输出噪声，本例中，后面的晶体管占用了 3/4 的总电流。

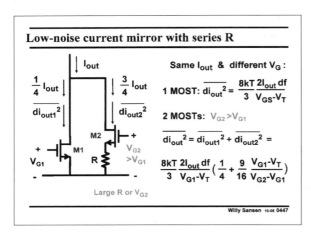

怎样才能使噪声性能更好？显然为了串联这一电阻，需要将 V_{G2} 的偏置电压调得非常大，要比 V_{G1} 大得多。比较两种情况，第一种情况只有一个 MOST，它流过了所有的直流电流，其输出噪声电流已经知道。

第二种情况有两个晶体管，一个的 V_{G2} 大于另一个，这种情况下有两个部分产生了输出噪声电流。第一个是由直流偏置电流占了 1/4 的晶体管 M1 产生，第二个是由电阻 R 产生，但是这个电阻的值必须是 $(V_{G2}-V_{G1})/(0.75I_{out})$。

第二种情况的积分噪声中有两个部分，第一部分是晶体管的噪声，第二部分是电阻的噪声。显然在设计中需要一个相当大的 V_{G2} 值。如果把 V_{G2} 的值与第一种情况的单 MOST 设置成一样，噪声性能将与第一种情况相似，这一技术将失去优势。

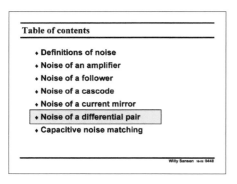

0448　分析了电流镜的噪声性能后下面分析差分对。

0449　图中显示了一个简单的差分对。两个晶体管的电流一样，产生的噪声也一样。这些噪声功率是不相关的，要进行求和，问题是在哪一端加上等效噪声电压？

差分对的符号如图右所示。是在正端还是在负端插入等效噪声电压？答案显然两种都是一样的。实际上噪声电压在计算的最后要进行平方，因

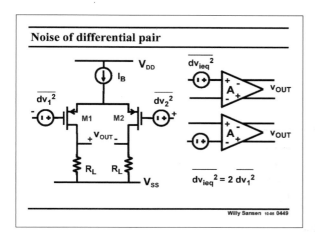

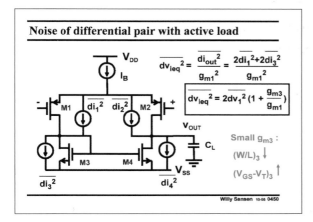

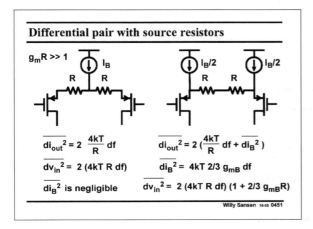

此噪声加在正端还是负端没有差别,我们希望把它加在容易计算的一端。

因此总的等效输入噪声功率是单晶体管的噪声电压功率的两倍。一个差分放大器的输入噪声电压是一个单晶体管放大器的 $\sqrt{2}$ 倍或者多出 41%。最低噪声的放大器是单端输入的,但是,单端输入的放大器对衬底噪声比较敏感。因此,RF 接收机中是否应该采用差分输入的放大器,这一问题仍然在探讨之中。

0450 如图所示为单端输出的电压差分放大器。所有 4 个晶体管的噪声源都用电流源的形式表示。电路的两边是一样的,如果知道了半边电路的噪声功率,总功率只需要乘以 2。

每个半边电路由以电流源为负载的晶体管放大器构成,前面已经知道如何降低电流源的噪声贡献,也就是采用大的 $V_{GS} - V_T$。

等效输入噪声电压的结果如我们所期望的,它是两个半边电路的两倍,另外表达式中也包含了 g_m 的比率,它是有源负载电路的典型情况。

如果把负载管的 $V_{GS} - V_T$ 变小,就可以限制折算到两个输入晶体管的噪声。然而如果把所有的晶体管都选择同样的 $V_{GS} - V_T$,或者采用双极型晶体管,那么 4 个晶体管产生的噪声就相同。

0451 具有大 $V_{GS} - V_T$ 的值的差分对实际上可以称为跨导器。如果由于速度饱和的原因,$V_{GS} - V_T$ 不能设得足够大,可以在电路中增加电阻。图示的两种电路假设其电阻相同,并且 $g_m R > 1$。在小信号情况下,两种电路是一样的,增益也是一样的。噪声如何呢?

首先注意到第一种情况,直流电流 $I_B/2$ 流过了电阻 R,第二种情况就不一样了,需要提供相对大的直流电源电压。

噪声性能也不一样,第一种情况等效输入噪声电压仅由两个电阻来提供。因为 $g_m R > 1$,晶体管的噪声可以忽略。注意到直流电流源 I_B 的噪声贡献也可以忽略,因为它是一个共模信号,被差分的输出端相互抵消。

第二种情况下,直流电流源 $I_B/2$(跨导 g_{mB})的噪声不可忽略,相反它恰是主要的噪声源,这是第二种电路的主要缺点。

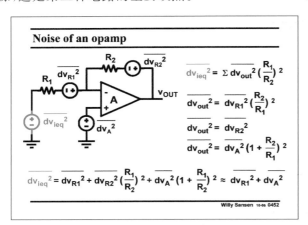

0452 最后分析一下带有电阻反馈的运算放大器的噪声性能。

假定总的电压增益比较大,即 R_2 比 R_1 大得多。下面区分三个噪声源:两个电阻、一个输入噪声电压为 v_A 的运算放大器。

计算这三个电压源对输出端的贡献,再除以电压增益 R_2/R_1,就得到了总的等效输入噪声功率。

如果电压增益比较大,由公式中所示,输入电阻 R_1 和运算放大器产生的噪声电压是主要的噪声源,这是我们所希望的。输入电阻 R_1 和输入信号相串联,另外运算放大器的噪声电压就折算为它的等效输入噪声电压。在输入端,噪声电压显然不可改变。

0453 大多数放大器假定源阻抗是阻性,实际上许多传感器也是阻性的,如惠斯通电桥压力传感器。

然而相当多的传感器也是容性的,光电二极管和辐射探测器是容性的,容性加速计、麦克风等也是容性的。问题是什么样的晶体管偏置能提供最好的噪声性能?这就是容性噪声匹配的问题。

这种分析会导出比较复杂的表达式,现在已经被简化成最简,可以用一个简单的方程来表示。

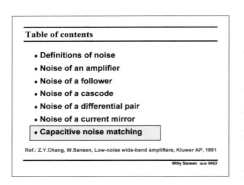

0454 容性传感器可以表示成和一个电流源并联或者和一个电压源串联的模型。这里选择串联的模型是因为计算简单一些,优化的结果是一样的。

前面的前置放大器由一个单晶体管和一个理想的电流源负载(噪声非常低)组成。后面通常还有另一个放大器来获得更大的增益。

反馈环通过一个电容来构成,实际上电容不产生任何噪声。因为输入信号源是容性的,反馈元件也应该是

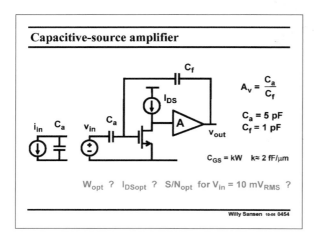

容性的。

增益可以简单表示成两个电容的比率。

这种情况下,输入晶体管是唯一的噪声元件。问题是为了获得最小的噪声,它的沟道宽度 W_{opt}(在最小沟道长度的情况下)和电流 I_{DSopt} 的值必须是多少? 输入信号是 $10mV_{RMS}$ 时,它的 SNR 是多少?

应该知道 MOST 的输入阻抗也是容性的,它的 C_{GS} 正比于最小沟道长度 L 下的宽度 W,必须采用最小沟道长度,因为后面的 W/L 的比值非常大。所以应该优先采用最小的沟道长度!

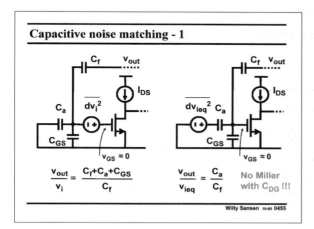

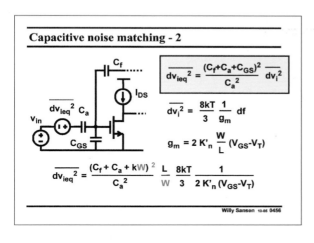

0455 现在将噪声源从 MOST 的栅端传递到放大器的输入端。一旦噪声源折算到输入端,SNR 就容易计算。为了进行这样的折算,需要计算等效输入噪声电压到输出端的增益,我们先计算输入到输出的增益,再让二者相等。

从噪声源折算到输出端的增益最难计算,因为反馈环仍然由 C_c 来闭环,增益取决于电容的比率。实际上栅是虚地点。

输入到输出的增益简单地就是 C_a/C_f。

两个方程都提供了 MOST 的折算到输入端的噪声。

0456 MOST 的噪声经过容性转换折算到输入端,由电容的比率可知,噪声显然是放大了。然而要注意到,这一电容的比率取决于晶体管的尺寸或宽度,因为 C_{GS} 是比率表达式中的一部分。

表达式中引入了晶体管的宽度,可知存在着一个对应于最小输入噪声的晶体管宽度 W。如果 W 较小,分子部分被省略,噪声随 W 而下降;如果 W 较大,kW 部分补偿了分母中的 W 因子,噪声随 W 而增加。

显然要试图让上述转换因子尽可能地小。分子中包含了连接到那个极点的所有可能的电容。例如一个长的连接在光电二极管和放大器间的同轴线将给电路增加了很多电容,严重地恶化了电路的噪声性能。这就是为什么所有的低噪声容性传感器都要和前置放大器集成。

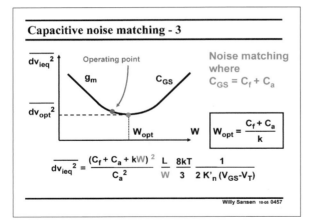

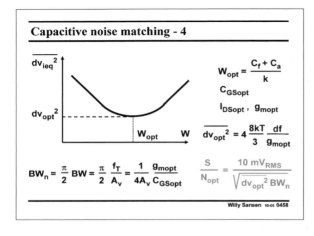

0457 图中给出了等效输入噪声的表达式,给出了其相对于宽度 W 的曲线。当晶体管的输入电容 C_{GS} 等于由晶体管看过去的总电容时,噪声有一个最小值。

例如,传感器的电容 $C_a = 5pF$,反馈电容 $C_f = 1pF$,提供的电压增益等于 5。最优的宽度就是 $W_{opt} = 6/0.002 = 3000\mu m$ 或 3mm。

实际上希望工作点是在最优值的左边,此时噪声不是太差,但是尺寸可以变成一半。

既然知道了晶体管的宽度,就必须知道是采用哪一种工艺(L 和 K')实现了这一放大器。选择 $V_{GS} - V_T = 0.2V$,就得到了电流 I_{DSopt} 和跨导 g_{mopt}。

例如,对于 $L = 0.13\mu m$,$K'_n = 150\mu A/V^2$,$I_{DSopt} = 138mA$,$g_{mopt} = 1.38S$,则噪声电阻 $2/3g_{mopt}$ 等于 0.48Ω,这是一个非常低的值。

0458 为了得到 SNR,需要知道积分噪声,带宽 BW 由输入器件的 f_T 除以增益来近似。参数 f_T 取决于输入电容 C_{GSopt} 和跨导 g_{mopt},在本例中是 36GHz。

噪声带宽增大了 57%,或者是 57GHz。

最后,SNR 是输入信号对总的噪声的比率,很容易计算出该结果。

在对应于 $0.48\sqrt{2}$ 或者 0.68Ω 最优点,噪声功率有两倍大。噪声密度是 $0.1nV_{RMS}/\sqrt{Hz}$,积分噪声是 $24\mu V_{RMS}$。

最后,SNR 是 417 或者 52dB,对于 36GHz 放大器来说尚可。

0459 本章简单地分析了全部基本电路的噪声性能,将有助于研究后面大多数电路的等效输入噪声。

第5章 运算放大器的稳定性

**Stability of
Operational amplifiers**

Willy Sansen

KULeuven, ESAT-MICAS
Leuven, Belgium
willy.sansen@esat.kuleuven.be

Willy Sansen 10-06 051

Willy Sansen 10-06 052

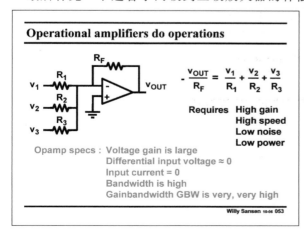

Operational amplifiers do operations

$$-\frac{v_{OUT}}{R_F} = \frac{v_1}{R_1} + \frac{v_2}{R_2} + \frac{v_3}{R_3}$$

Requires **High gain**
High speed
Low noise
Low power

Opamp specs : Voltage gain is large
Differential input voltage ≈ 0
Input current = 0
Bandwidth is high
Gainbandwidth GBW is very, very high

Willy Sansen 10-06 053

---

051 运算放大器是所有模拟电路系统的主要组成部分,通常用于反馈环中,以提供稳定的、期望的增益,并获得低噪声性能。

本章回顾在反馈情况下放大器保持稳定所需要的条件,运放不仅要稳定而且要有良好的响应,如频域中要避免出现尖峰。还有当运放输入方波时,不期望有任何的波动。

所有这些要求都取决于放大器的极零点位置。另一个要求就是功耗最小化。如果 GBW 和容性负载确定了,就很容易实现放大器的最佳性能。

运算放大器还有更多的指标,将在后面章节中介绍。

052 首先,回顾一下运算放大器的一些术语,如开环-闭环增益,再复习一下二阶系统的基本知识,这是前两节的主要内容,重点是研究两级放大器。在第 2 章中,已经学习了单晶体管放大器。

我们尤其关注两级运放中出现的正的零点,可以通过增加额外的电流的方法来消去正的零点,更好的方法是可以采用一些电路技巧来消去正的零点,这些电路技巧并不增加电路的电流。

最后补充一下适合于两级到三级放大器的补偿技术。许多 AB 类放大器都有三级,另外纳米 CMOS 工艺中,一旦每一级增益都下降很多时,就有必要采用三级运放了。

053 运放被用在高精度的模拟信号中,对模拟电压进行加,减,乘等运算。图示的幻灯片中有三个输入电压,输出电压即为输入电压的精确相加,比例系数由相应的电阻来确定。但是,这仅仅是当运放在高频时具有高增益,低噪声等性能时,才能够达到的理想的状态。

高增益意味着对任何的输出电压,差分的输入电压约为零。

如果采用 MOST 和非双极型晶体管,输入电流总是为零。在纳米 CMOS 技术中会出现栅极电流,产生输入电流的问题。

显然运放最重要的指标就是增益和带宽,或者说增益带宽积 GBW。

下面将采用一个精确的容性负载来优化运放的 GBW,来获得最小的功耗。

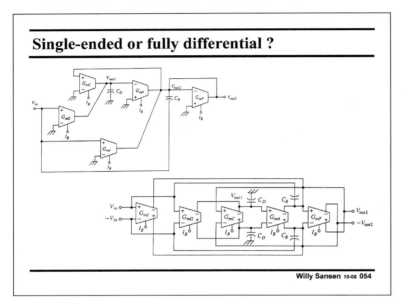

054 大部分运放都是单端输出的,这是大多数分立元件电路的常例。如在印制电路板中,电路中所有的电压就很容易实现对地的参考电位。

集成电路中越来越多的模拟模块与数字模块集成在一起,结果,时钟脉冲干扰和逻辑电路的噪声干扰了衬底。在混合信号环境下,必须采用全差分电路,来降低共模噪声,但是功耗将加倍。

首先讨论单端放大器,然后第 9 章中再讨论全差分放大器。

055 运放可以是电压输入,也可以是电流输入。

电压运放采用差分电压放大器提供输入(图左所示),它通常采用一个单晶体管放大器作为第二级,低频时输出端具有高阻抗,因此相对负载而言,电压运放表现为电流源。结果就构成了电压—电流放大器或者称为跨导放大器,通常又称为运算跨导放大器(OTA)。

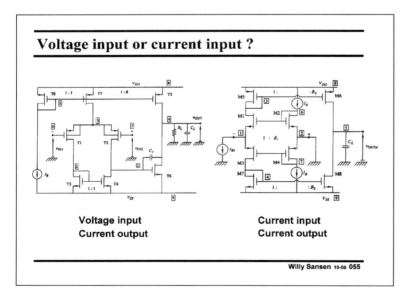

另一种放大器(图右所示)是电流输入,因为输入端的第一个晶体管是一个共源共栅管,它也有电流输出,因此成为电流-电流放大器。

显然两种放大器的特性是截然不同的,很难对它们进行比较,因为它们都连接了外部电阻。

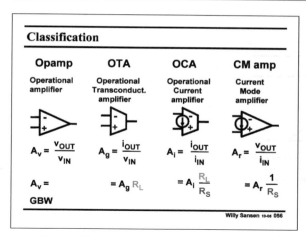

056　本幻灯片描述了电压/电流输入输出的所有可能组合。其中第二个是运算跨导放大器,如果对其(OTA)加一个(AB 类)输出,则得到了一个电压输出,就成为一个常规的运放,通常它的电压增益非常高。

由于 OTA 的电压增益取决于负载 R_L,所以很难将 OTA 与运放进行比较。

两种放大器都可以用电流输入来实现,它们的名称取决于各自所讨论的对象。

而将电流输入放大器与电压输入放大器进行比较就更困难了。实际上,电流输入放大器有时用带有源电阻 R_S 的输入电压源来驱动,在与电压放大器进行比较时就采用这个电阻,显然,R_S 越小越好。

从 OTA 开始讨论。

057　运放和 OTA 都采用反馈,通常用电阻作反馈,但有时也用(开关)电容,有时甚至用到电感。

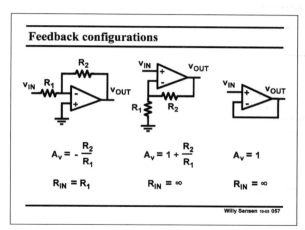

本幻灯片中给出了几种简单的结构。第一个是倒相放大器,第二个是非倒相放大器。它们都很容易精确地设置增益,都有不同的输入电阻。

最后一个结构是一个缓冲器,实现单位增益,但是它的输入阻抗很高,输出阻抗很低。

058　也可以用运放实现各种类型的滤波器。

最简单的一种就是构成积分器。

在任意低的频率上,增益都能持续增大,直到增益达到运放本身的开环增益。

在其他频率上,可以获得 -20dB/dec 的固定斜率,而且有 90° 的固定相移。

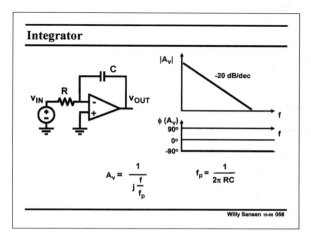

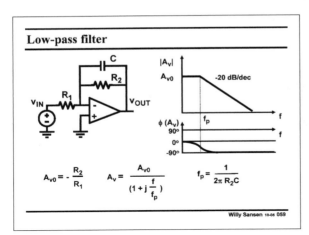

059 将电阻跨接到电容上就构成了一阶低通滤波器,也称为有损积分器。

在非常低的频率上,是用两个电阻的比值来设置增益的。

在极点频率上,或是带宽频率处,相移恰恰是 0 和 90°的一半,即 45°。

注意到一阶的衰减特性,即一个极点就表现出－20dB/dec 的斜率和－90°的相移。

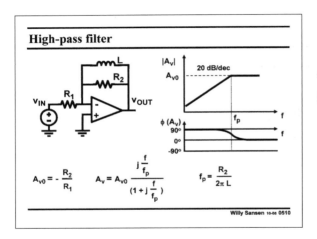

0510 显然也可以采用电感。

用电感代替电容,就表现出高通特性。如本章后面所示,在高频处,增益由于运放本身的内部极点而下降。

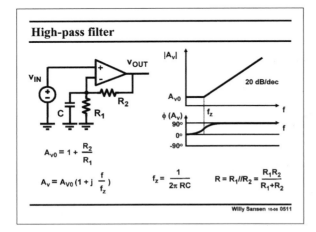

0511 本幻灯片又给出了另一种高通特性的滤波器,滤波器中采用电容,传输特性截然不同。

传输特性显示在非常低的频率上,增益是常数,在零点频率时开始增大。

注意到由零点而引起的一阶上升特性,斜率为 20dB/dec 和相移为 90°。

由于运放本身存在着内部极点,高频时增益将而下降。

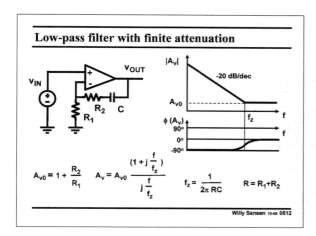

Low-pass filter with finite attenuation

$$A_{v0} = 1 + \frac{R_2}{R_1} \qquad A_v = A_{v0} \frac{\left(1 + j\dfrac{f}{f_z}\right)}{j\dfrac{f}{f_z}} \qquad f_z = \frac{1}{2\pi \, RC} \qquad R = R_1 + R_2$$

Willy Sansen 10-05 0512

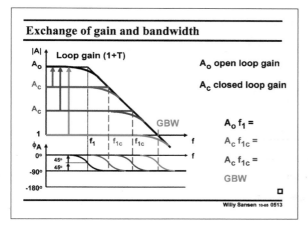

Exchange of gain and bandwidth

Loop gain (1+T)

A_o open loop gain

A_c closed loop gain

$$A_o f_1 =$$
$$A_c f_{1c} =$$
$$A_c f_{1c} =$$

GBW

Willy Sansen 10-05 0513

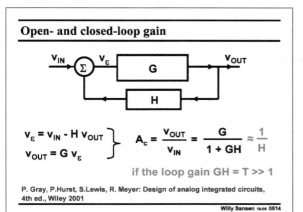

Open- and closed-loop gain

$$\left. \begin{array}{l} v_\varepsilon = v_{IN} - H\,v_{OUT} \\ v_{OUT} = G\,v_\varepsilon \end{array} \right\} \qquad A_c = \frac{v_{OUT}}{v_{IN}} = \frac{G}{1+GH} \approx \frac{1}{H}$$

if the loop gain GH = T >> 1

P. Gray, P.Hurst, S.Lewis, R. Meyer: Design of analog integrated circuits, 4th ed., Wiley 2001

Willy Sansen 10-05 0514

0512 本幻灯片又给出了另一种低通特性的滤波器,在高频时增益为常数。

因为电路中有一个零点,在直流处有一个极点,相移与前面不同。

可以用运放来实现很多形式的滤波器。这几个例子就已经说明了这一点,下面将关注运放的极点和零点。

0513 任何一个运放都有一个内部的主极点,它出现在频率 f_1 上,主极点通常由放大器内部一个较大的电容引起。

开环增益 A_o 与此极点频率 f_1 的乘积即为 GBW,对每一条增益曲线,GBW 都是增益带宽积。

在倒相器中两个电阻的比值就确定了闭环增益 A_c,相应的带宽是 f_{1c},它们的乘积还是 GBW。

在单位增益缓冲器中,带宽就是 GBW,GBW 是运放能够工作的最大频率。

因此,运放可以采用增益来换取带宽,闭环增益越低,带宽越大,它们的积保持 GBW 不变。

运放被应用在很多种场合。

0514 带有反馈的运放仅仅是反馈系统的一个特例。然而,在这样的系统中,增益 G 的值较大,但是 G 的值却不是很精确。

采用反馈元件电阻和电容来决定闭环特性,却是非常精确的。

环路增益为开环增益和闭环增益的比率,它是环路循环一圈的增益,它的大小决定了反馈系统的所有特性,也表现了输入输出阻抗是如何改变的,第 8 章将用一种更生动的方法来解释这些。

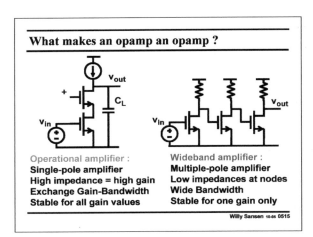

0515　运放实际上都是单极点系统,它在 GBW 范围内允许用增益来换取带宽。

因为只有一个主极点,所以仅有一个高阻抗的内部节点,如果高阻抗有多个点,那就有更多的极点,在这种情况下,就不得不增加电容或是增大电流,这样才能使第二个极点,即非主极点落在足够高的频率上,即落在 GBW 之外。

所有的两级放大器都有两个高阻抗点,也就是有两个极点。因此,所有具有两个高阻抗点的放大器就称为两级放大器,与晶体管的个数无关。

对这些两级放大器通常要进行补偿,例如,常常不得不增加电容或是增大电流将非主极点转移到足够高的频率上,使放大器与单极点系统相似。

宽带放大器的设计思想就非常不同,它们由更多级组成,每一级都有一个极点,通常对一个确定的增益曲线进行补偿,并不试图为了带宽而牺牲增益,相反,为确定的增益曲线达到最大带宽而进行优化。第 8 章将更多研究此种类型的放大器。

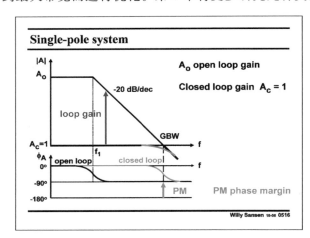

0516　如果运算放大器是一个真正的单极点放大器,那它不可能表现出尖峰或是其他任何形式的不稳定性。如果确实这样,-20dB/dec 的斜率将一直延伸到 GBW 之外的频率。而且,在带宽 f_1 之外的所有频率都是 $-90°$ 常数相位。应用单位增益反馈使得放大器的带宽等于 GBW,这时也没有尖峰出现。

只有相位特性趋向 $-180°$ 时,才有可能出现尖峰或者振荡,此时负反馈将变成正反馈,可能会引起振荡。

因此检查一下相位离临界的 $-180°$ 有多远很重要,这就是相位离临界点的距离被称为"相位裕量"这个名词的原因。在环路增益为 1 时的频率处,这点的频率值为 GBW。

很明显,$90°$ 的相位裕量已经足够大,此时没有尖峰或者任何形式的振荡。

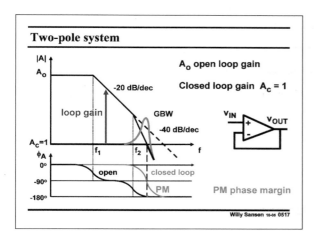

0517 对于一个在频率 f_1 和 f_2 处分别有两个极点的运放来说,情况截然不同。

每一个极点都引起－90°的相移,就可以得出了高频时的相移值,即高频时,信号相反了,此时的环路增益仍然比单位 1 稍大。负反馈转变成带有一点点增益的正反馈。因此得到的是一个振荡器而非放大器。

在环路增益变为单位 1(此时就是 GBW)时的频率上,相位裕量 PM 并非等于零。如果为零,就确实得到一个振荡器了,相位裕量并不为零但是却非常小。这就是为什么放大器表现出振荡的趋势,它在那个频率上表现出大的尖峰。

尖峰并不是所需要的,而且由于尖峰使噪声性能变得更差,噪声要在线性的频率轴上观察,这样尖峰就延伸到很大的频率范围。

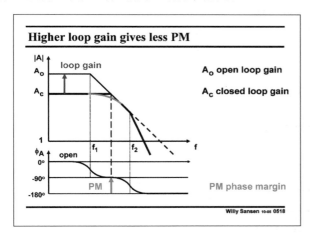

问题是相位特性离临界的－180°应该有多远,相位裕量 PM 到底要多大才能避免尖峰?

0518 但是两极点放大器也可以不出现尖峰,尤其在闭环增益 A_c 比较高的时候足够稳定。

现在,闭环增益相当高,结果环路增益将变小。而且,注意到环路增益变为单位 1 时,判断相位裕量的频率点非常低。这就是在此频率点无尖峰的原因,此时幅度曲线非常平滑。

显然对于同一个放大器是否会出现尖峰,取决于实际的闭环增益 A_c。显然,对于单位增益反馈,判断相位裕量的频率点最高。相位裕量在此最高频率点处最小,单位增益放大器出现的尖峰最大!

0519 现在将闭环增益 A_c 慢慢降低。

此时环路增益增大,判断相位裕量的频率点增大,故相位裕量减小,慢慢出现尖峰。

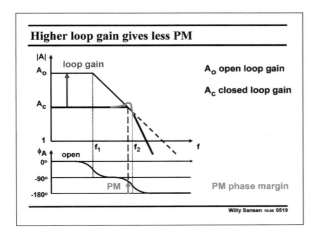

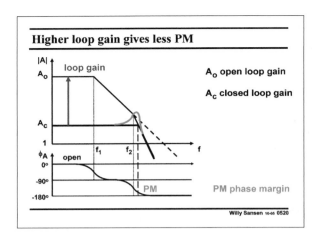

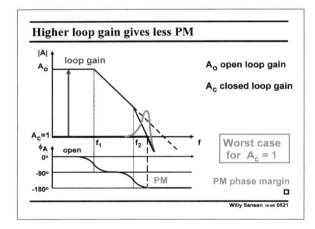

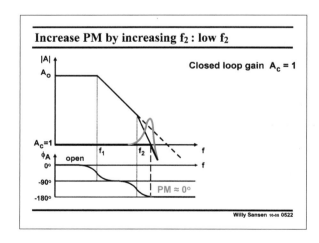

0520 闭环增益 A_c 如果更低,环路增益增加更大时,在极点频率处相移更大,故相位裕量下降更多,尖峰变得更严重。

0521 最后,再到单位增益反馈的闭环增益 A_c 点处,此时环路增益等于开环增益。要判断相位裕量的频率点就是 GBW 点,相位裕量变得非常小,尖峰最严重。

显然环路增益最大时,尖峰最严重,例如,对于最低的闭环增益或是单位增益,就是最坏的情况。

可以通过加补偿电容或是增大电流来尽量避免尖峰。显然放大器如果在单位增益处进行了补偿,那么在其他的闭环增益曲线处的都为过补偿。

0522 怎样来补偿一个两极点的放大器呢?

目标很明确。要找到一种方法将第二个极点或是非主极点 f_2 移到更高的频率上。使这个极点额外贡献的 $-90°$ 相移消失,相位裕量变成 $90°$。

为了阐述将非主极点移到更高的频率上的效果,将上述两极点放大器和单位增益放大器重画一下波特图,将非主极点 f_2 在三个不同的位置进行分析。

本幻灯片的波特图里,第二个极点 f_2 显然太接近于第一个极点 f_1,产生了较大的尖峰。

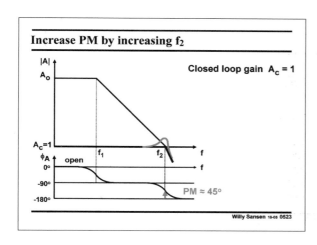

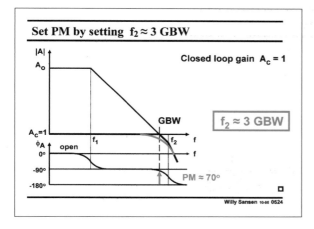

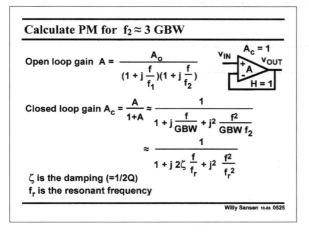

0523　将第二个极点移到更高的频率处会增大相位裕量，减小尖峰。

在这个例子中，非主极点 f_2 的值等于 GBW。结果，相位裕量是 $45°$，尖峰变小。

0524　最后，将非主极点 f_2 移到约 3 倍 GBW 值的地方。

这种情况下，相位裕量接近 $70°$，尖峰消失，幅度曲线很平滑。

这就是为什么设计运放时要得到约 $70°$ 的相位裕量，这样就没有尖峰出现了。

那么这个三倍的因子是怎样得到的呢？

0525　三倍的因子实际上是将单位增益应用于两极点系统时，由计算尖峰和相位裕量而得到的。在所有关于反馈和控制理论的参考书中都有解释。

假定低频增益为 A_0，在研究一个两极点的系统放大器 A 的表达式时，首先要考虑单位增益的反馈表达式。反馈表达式是 $G/(1+GH)$，但是如果是单位增益，则 $H=1$ 和 $G=A$，闭环增益 A_c 在低频时为单位 1。

在反馈表达式中，按照谐振频率 f_r 和阻尼系数 ζ（希腊字母 zeta）重新写出其系数。

通常采用的是参数 Q 而不是 ζ，其中 $Q=1/2\zeta$。

f_r 表示产生尖峰或者谐振的频率点，参数 ζ 表示尖峰有多高。当 $\zeta=0$ 时，s 项消失，在频率 f_r 处的分母为零，因此，在频率 f_r 处表现为一个振荡器。

为避免尖峰，ζ 的值需要介于 0.5 和 1 之间，事实上，当 $\zeta=1$ 时，就得到了一个双极点。

0526　现在可以很容易地计算出相位裕量和尖峰的实际值。本幻灯片给出了在频域 P_f 中的尖峰大小，也给出了在时域 P_t 中的尖峰大小。

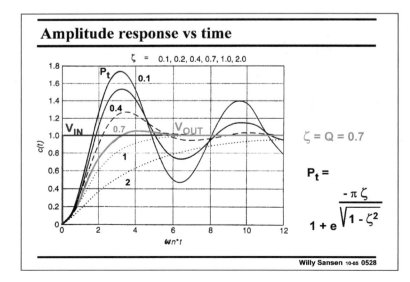

Relation PM, damping and f_2/GBW

$$f_r = \sqrt{GBW \, f_2} \qquad PM (°) = 90° - \arctan\frac{GBW}{f_2} = \arctan\frac{f_2}{GBW}$$

$\frac{f_2}{GBW}$	PM (°)	$\zeta = \frac{1}{2}\sqrt{\frac{f_2}{GBW}}$	P_f (dB)	P_t (dB)
0.5	27	0.35	3.6	2.3
1	45	0.5	1.25	1.3
1.5	56	0.61	0.28	0.73
2	63	0.71	0	0.37
3	72	0.87	0	0.04

Willy Sansen 10-05 0526

Amplitude response vs frequency

$\zeta = Q = 0.7$

$$P_f = \frac{1}{2\zeta\sqrt{1-\zeta^2}}$$

Willy Sansen 10-05 0527

Amplitude response vs time

$\zeta = 0.1, 0.2, 0.4, 0.7, 1.0, 2.0$

V_{IN}　V_{OUT}

$\zeta = Q = 0.7$

$$P_t = 1 + e^{\dfrac{-\pi\zeta}{\sqrt{1-\zeta^2}}}$$

Willy Sansen 10-05 0528

如果非主极点和 GBW 之间的比值为 3，相位裕量则为 72°，相应的 ζ 为 0.87（或 Q＝0.57），在波特图中，无尖峰出现。

也可以将非主极点稍微减小一点到 2 倍的 GBW。相位裕量减小到 63°，ζ 值也减到 0.71（Q＝0.71），仍然没有尖峰。

但是不要忘了这里采用的是人工计算，在这一设计步骤之后，需要通过数值模拟器如 SPICE 来验证电路的性能。这样就将所有的寄生电容都引入了，会将非主极点推向更低的频率值，从而减小了相位裕量。因此非主极点和主极点的比例因子开始时定为 3 比较适当。

0527　本幻灯片给出了频域中的尖峰示意图。

图中也给出了最大尖峰 P_f 的值，如果阻尼系数 ζ＝0.7，可以得到最大平坦响应。如果 ζ 再增大，带宽会减小很多。

因此，ζ 值变小时，肯定会产生尖峰。

对于 ζ＝0，将产生一个无限大的尖峰，这是振荡器的典型情况。

0528　频域中的尖峰对应于时域中的波形波动。

对于同一个放大器，加入一个方波的输入电压 V_{IN}，则输出电压 V_{OUT} 在延迟一定的时间后跟随输出。

如果 ζ 值较小，输出电压会在过冲后波动，系统是欠阻尼的，图中给出了第一个过冲的尖峰 P_t 的值。

如果阻尼系数 ζ＝0.7,则过冲非常轻微且无波动,如果 ζ＝0.87 则不会产生任何过冲。

很明显无波动的 ζ 值与无尖峰的 ζ 值大致相等,因此,时域中的波动与频域中的尖峰显然是等效的。

稳定时间就是在一定的误差范围内稳定到最终值所需要的时间。例如,给一阶系统加入方波信号,就得到了带有一定时间常数的指数函数。如果与最终值的误差要小于 0.1%,则需要花费 ln(1000) 或 6.9 个时间常数。

对于一个轻欠阻尼的两极点系统,不太容易得到 0.1% 误差范围内的稳定时间,当 ζ 为 0.7～0.8 时,上升时间和稳定时间之间存在着最好的折中。

0529　既然已经知道了一个稳定的放大器或者是一个无尖峰或无波动的放大器的含义,现在就将这个理论应用到传统的两级放大器中。

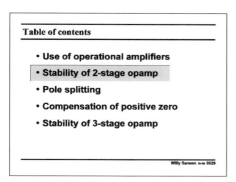

0530　本幻灯片给出了通用的两级放大器。

它由差分输入级构成,通过跨导 g_{m1} 将差分输入电压转化为电流,第二级通常是具有跨导 g_{m2} 的单晶体管放大器,输出负载由电阻和电容组成。

第二级有反馈电容 C_C 用于补偿这个运放,因此称为"补偿电容"。现在来尝试研究其增益、带宽和增益带宽积 GBW。

增益由第二级来实现,第二级放大器实际上是一个用电容 C_C 将输入电流转化为输出电压的跨阻放大器。

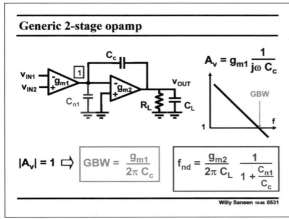

增益 A_v 就是输入跨导 g_{m1} 与 C_C 的阻抗的乘积,很明显增益 A_v 随频率而减小,并且在频率 GBW 处越过单位增益线。

增益在很低的频率处也并非为无限大值,它在某一很低的频率处停止增大,这一频率点取决于是否采用共源共栅结构。毕竟,低频增益并不是非常重要,高频区非常重要,因此反馈一直被采用。

0531　于是在电压增益为单位 1 时的频率上,就得到了 GBW,这一表达式适用于所有的两级放大器。

单晶体管放大器的 GBW 有相似

的表达式,但是注意到单级放大器中包含的是负载电容,而两级运放包含的是一个补偿电容 C_C。

要研究稳定性,就必须计算非主极点的位置。

非主极点 f_{nd} 是由其他电容如负载电容 C_L 决定的,时间常数是负载电容 C_L 和这点电阻的乘积。这点的电阻由电阻 R_L 和由第二级提供的电阻 $1/g_{m2}$ 构成,跨接的电容 C_C 在高频时看作短路。因此 f_{nd} 由上述因素决定。

实际上,第二级通常是一个单晶体管,它的漏极同栅极相连接,因此阻抗简化为 $1/g_{m2}$。

所以非极点主要取决于时间常数 C_L/g_{m2},一个精确的计算表明必须考虑节点 1 出现的小电容 C_{n1}。电容的比值 C_{n1}/C_C 是一种修正因子,一般情况下,电容 C_C 至少是 C_{n1} 的三倍。

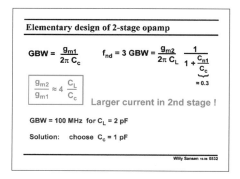

0532 GBW 和非主极点都与稳定性相关,f_{nd}/GBW 的比值必须是 3 左右,对这一关系重新改写,便得到了跨导和电容之间的关系式。

修正因子 C_{n1}/C_C 简单设为 0.3,结合 f_{nd}/GBW 的比值为 3,便得到了 g_{m2} 和 g_{m1} 的 4 倍关系。

这个关系式表明了为什么两级运放的第二级总是比第一级消耗更多的电流。实际上,对于一个确定的 $V_{GS}-V_T$(例如 0.2V),跨导就表示了电流的大小。通常选择的补偿电容比负载电容小,小到 2~3 倍,因此,第二级的电流比第一级输入晶体管的电流大 8~12 倍。

这个关系式也表明了如果 C_L 比较大,就需要一个较大的 C_C 或者一个较大的 g_{m2},这就形成了两级运算放大器的两种补偿技术。

举一个例子,如果确定了 GBW 和 C_L,C_C 的值也事先选定,就可以由方程很容易地解出两个 g_m。

0533 稳定性的要求使得非主极点要放在足够高的频率处(约 3 倍的 GBW)。现在的问题是怎样来实现这样的设计构想? 在设计中要改变哪些参数来移动非主极点?

有两种可能的设计方案,各有优劣。两种方法都会产生极点分离,使得非主极点移到更高的频率值。

0534 现在考虑两级运放,用电压控制电流源来代替 g_m 模块。并且每个节点上加上了节点电阻,代表该节点的输出阻抗。因而,得到了小信号等效电路。

很容易得到低频增益 A_{V1} 和 A_{V2},因为它们仅仅是 g_m 和输出电阻的乘

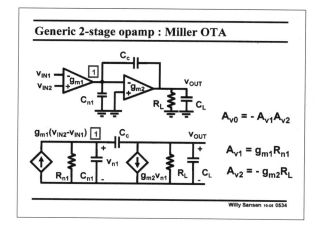

积,总增益是 A_{v1} 和 A_{v2} 的乘积。

加上了所有电容后得到了增益随频率变化的二阶表达式。尽管电路中有三个电容,仍然是二阶的系统,因为三个电容形成了一个电容环路。破坏掉这个环,比如在环的某处放置一串联电阻,就会使得增益表达式变为三阶,但是三阶的分析将变得更加复杂。

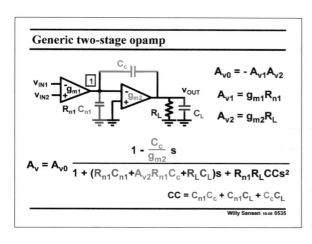

0535 本幻灯片给出了增益 A_v 的完整表达式。其中采用了两个近似式,即假定增益比 1 大,节点电阻 R_{n1} 比负载电阻 R_L 大得多。分母是 s 或 $j\omega$ 的二阶公式,因此它有两个根,也就是两个极点,极点可以是实数或者复数。

分子只有一个根,构成了零点,在极点图中是一个正的零点。

又一个问题是:怎样确定 C_c 和/或 g_{m2} 的值,把非主极点移动到更高的频率上去?

为了研究这一点,必须要观察当 C_c 改变时极点位置的变化。

当 C_c 在分母的好几个地方都有时,极点的位置不明显。为了弄清 C_c 变化时,两个极点和零点是怎样变化的,需要画出极零图。

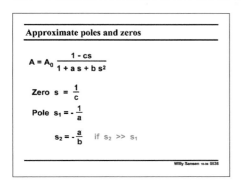

0536 要得到两个极点并不很困难,毕竟,它们是分母中一个二阶表达式的根。

许多情况下可以用一种简便的方法来计算极点。假设两个极点有明显不同的值,实际上就是希望主极点与非主极点的值有较大的不同。

在这种情况下,通过舍弃分母上的 s^2 项来得到主极点,主极点简化成 $-1/a$。

也可以很容易地计算非主极点,舍弃分母上的 1 项,并且去掉一个公因子 s,非主极点简化为 $-a/b$。

很明显,如果电路中的某个参数的改变引起了系数 a 的改变,两个极点都会受到影响,朝着相反的方向移动,如主极点减小,非主极点必然增加。

这就是极点分离的理论基础。

0537　极零点图是以一个设计参数作为变量,所画出的极点和零点相对于频率变化的图。频率轴与波特图中的一样。

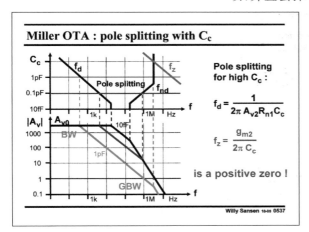

在这个例子中,是以补偿电容 C_c 作为一个设计变量的,来观察 C_c 是怎

样将第二个极点移到比 GBW 更高的频率。

显然,C_c 小于 10fF 时,出现的两个极点相互靠得非常近,据此可以很容易地画出波特图。但是,如果 C_c 增大(本例中大于 20fF),极点分离,主极点 f_d 的主导作用更明显。

非主极点 f_{nd} 如意料中一样移向更高的频率。

波特图中增加了 C_c 的值为 0.1pF 和 1pF 的两种情况。显然如果 C_c 的值是 1pF,能够得到足够的极点分离效果。此时 f_{nd} 约为 GBW 的三倍多,而 GBW 约为 1MHz。

如幻灯片所示,从增益的表达式很容易得出主极点的表达式,很明显这是由大电容 C_c 的密勒效应引起的。

但是,也存在着一个正的零点!

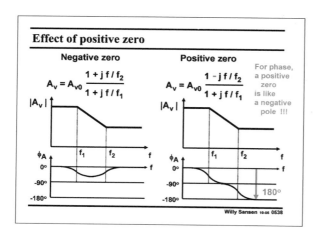

0538 为了更好地理解正的零点,必须对正零点和负零点的相位进行比较。

我们没必要采用一个二阶的系统来进行研究,可以采用一个一阶的系统,波特图中画出一个一阶系统,含有一个单极点和一个单零点,但是在第二个图中零点是正的。

很明显,图示的表达式有同样的幅度,因为幅度不受正负符号的影响。

它们的相位特性截然不同。在第一幅波特图中,相位在高频条件下回到零,而第二幅图中由于有一个正的零点,相位变到 $-180°$。效果就像是存在着一个二阶极点一样,而不是零点!相位裕量被完全破坏掉了!!!

前面已经得出要将非主极点定位在 GBW 以外,这样可以将非主极点的相位影响限制在 $20°$ 以下,而现在看来,出现的一个正的零点将产生额外的 $-90°$,破坏了相位裕量!

并且,补偿电容 C_c 越大,零点移向低频就越多,因而,不能使用大电容 C_c。

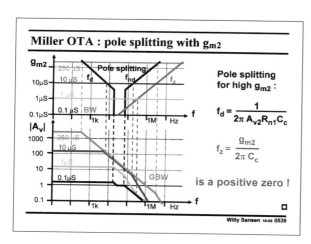

0539 另一种实现极点分离的方法是利用 g_{m2} 这个参数,即通过设定第二级的电流来确定 g_{m2},它甚至比调整 C_c 能得到更好的效果。

增加电流的方法与前述调整 C_c 的方法对主极点的影响一样,在密勒效应中,g_{m2} 与 C_c 具有一样的作用。增加电流的方法对非主极点的影响更好,采用增大 g_{m2} 的方法,可以将非主极点增加到更高的值。

主要的优点是当 g_{m2} 增加时,正零点移动到更高的值,因此这个零点的相对作用消失了。所以依靠增加 g_{m2} 来实现极点分离比采用 C_C 要容易得多。

用 g_{m2} 来补偿运放的主要缺点是电流的损耗也随之大幅度增加。因而,设计一个低功耗的运算放大器,更倾向于用增加补偿电容 C_C 的方法来补偿功放,因此必须要找到其他的方法来解决正零点的问题。

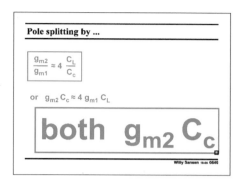

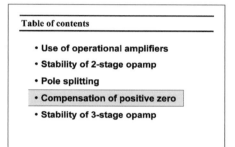

0540　同时调整 g_{m2} 和 C_C 的结果与前面的一样。

由于稳定性的要求,增加负载电容就需要增加补偿电容,或者增加第二级的电流,这两种方法都是有用的。

因而在一些设计过程中,如果单独调整电容 C_C 没有提供足够的相位裕量,那么就需要增加第二级的电流,这种方法常常是有效的!

0541　尽管如此,还是不要增加第二级的电流,因为所有的模拟设计都是趋向于低功耗设计的。

这就是为什么必须找到各种可能的技术来消除正的零点。

消除正零点的各种方法列举如下。

0542　为了弄清怎样才能消除正的零点,就必须清楚它产生的原因,它产生了另一个 $-90°$ 的相移。

这是补偿电容前馈效应带来的结果。

实际上,补偿电容与大多数电容一样是双向的,这就意味着同时流过了反馈电流和前馈电流。

反馈电流是从输出到输入的密勒效应电流,它在相位上相反的两个节点间流动。

移走放大器就容易看到前馈电流,注意到前馈电流流过 C_C,在输出节点上产生一个小的输出信号,在相位上与输入信号相同,这就是产生零点的电流。这是一个正的零点,因为它产生的输出信号与放大器的输出信号相位相反。

要消除这个正零点,必须使补偿电容具有方向性,换句话说,必须串联一个晶体管,来切断前馈通路。

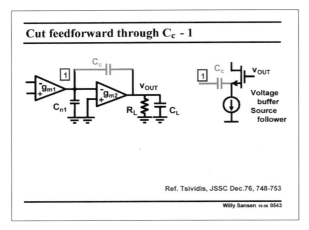

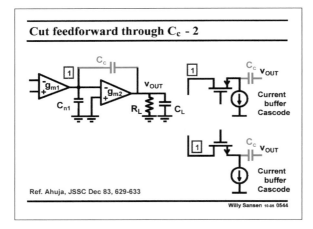

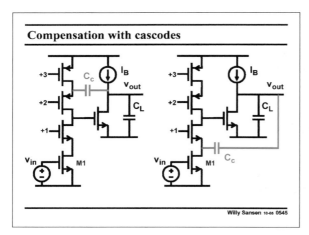

0543　消除正的零点有三种方法，前两种方法很容易看出前馈电流被切断，第三种方法不太容易理解。

第一种技术是串联一个源极跟随器到补偿电容上，反馈仍然存在，但是前馈电流流经源极跟随器到达了电源，而不影响输出端。

在增益表达式中引入源极跟随器，得到的结果是分子被消去了，不再有零点。现在看来这是解决这一问题的简便方法，但是跟随器需要偏置电流，这可能不是低功耗设计的真正解决方案。

0544　第二种技术是采用一个共源共栅管，它的直流电流从源端流出，也可以采用 pMOST，直流电流流入源端。同样交流反馈电流能流过电容而前馈电流则不能。零点消失了，但是要消耗额外的偏置电流，下面的幻灯片将给出对这一问题的解决方法。

第二种技术不需要任何偏置电流，经常用于低功耗放大器中。

0545　本幻灯片给出了第二种技术的一个例子。

它是套筒式共源-共栅放大器后面连着单晶体管放大器作为第二级。

补偿电容 C_c 不再连在第二级的输出端和输入端之间，而是通过其中的一个共源-共栅放大器来获得一条通路，避免了正向的零点。

第二种技术应用得十分普遍，因为它不需要任何附加的偏置电流。

得出究竟应该使用哪一种共源-共栅放大器并不容易，原理上，第二种要好一点，因为它采用了输入晶体管的一端。这种情况下高阶的极点和零点相对少了！

一些设计者在上下两端都使用补偿电容其值为原来的一半，本质上是相似的。

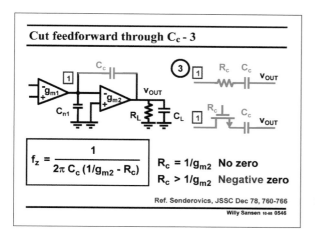

Cut feedforward through C_c - 3

$$f_z = \frac{1}{2\pi C_c (1/g_{m2} - R_c)}$$

$R_c = 1/g_{m2}$　No zero

$R_c > 1/g_{m2}$　Negative zero

Ref. Senderovics, JSSC Dec 78, 760-766

Willy Sansen 10-05 0546

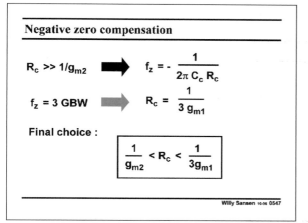

Negative zero compensation

$R_c \gg 1/g_{m2}$　→　$f_z = -\dfrac{1}{2\pi C_c R_c}$

$f_z = 3\ GBW$　→　$R_c = \dfrac{1}{3\ g_{m1}}$

Final choice :

$$\frac{1}{g_{m2}} < R_c < \frac{1}{3g_{m1}}$$

Willy Sansen 10-05 0547

Exercise of 2-stage opamp

GBW = 50 MHz for C_L = 2 pF
Find I_{DS1}; I_{DS2} ; C_c and R_c !

Choose C_c = 1 pF　>　$g_{m1} = 2\pi C_c GBW = 315\ \mu S$
$I_{DS1} = 31.5\ \mu A$　&　$1/g_{m1} \approx 3.2\ k\Omega$

f_{nd} = 150 MHz　>　$g_{m2} = 2\pi C_L 4GBW = 8g_{m1} = 2520\ \mu S$
$I_{DS2} = 252\ \mu A$　&　$1/g_{m2} \approx 400\ \Omega$

$400\ \Omega < R_c < 1\ k\Omega$: $R_c = 1/\sqrt{2.5} \approx 400\sqrt{2.5} \approx 640\ \Omega \pm 60\%$

Willy Sansen 10-05 0548

0546　第三种消除正向零点的方法是插入一个小电阻 R_c 与 C_c 串联。

这个电阻抵消了由反馈引起的前馈效应。

零点表达式如图做了修改，显然如果电阻 R_c 等于 $1/g_{m2}$，零点在无穷远处消失了。

但是，使一个电阻和一个 g_m 值相匹配不太容易，特别是如果这个电阻是由线性区的 MOST 来实现的，那么匹配就更困难了。

而有一个简单的方法来解决这个问题，就是增大这个电阻 R_c 的阻值。

现在这个零点便转换为一个负零点，换言之，零点表达式中的负号补偿了增益表达式中的负号。

负零点位于负极点之间，因而便可以用来补偿其中的一个负极点。

0547　对于更大的电阻，零点表达式可以简化成本幻灯片中所示。为了有效，必须使这个零点靠近 GBW，如定在 GBW 的 2～3 倍即非主极点处。

因此就得到了一个新的 R_c 表达式，现在它是与 g_{m1} 相关，而非 g_{m2}。

现在将 R_c 的值简单地定位在两值之间，更接近于 $1/3g_{m1}$。

数值上将电阻 R_c 如设想的那样定位是很容易的，并且电阻的容差可以允许很大。

0548　用一个 GBW 为 50MHz，C_L 为 2pF 的两级运算放大器作为例子。

采用前面的设计方案，选择 C_c 为 1pF，是 C_L 值的一半。第 6 章将对这种选择进行改进。

因为已经给定了 C_c，就很容易计算 g_{m1}。如果 $V_{GS} - V_T$ 是 0.2V，它的电流大了 10 倍，是 $31\mu A$。注意 $1/g_{m1}$ 是 $3.2k\Omega$，$1/3g_{m1}$ 大约是 $1k\Omega$。

对于第二级，由于 f_{nd} 必须是 GBW 的 3 倍多，g_{m2} 就很容易计算出来。第二级的电流是输入晶体管电流的 8 倍,或者 $255\mu A$,$1/g_{m2}$ 是 400Ω。

现在必须将 R_C 定位为 $400\Omega\sim1k\Omega$,在对数轴上这样做就意味着必须采用调和平均数,这样得出 R_C 大约是 640Ω。

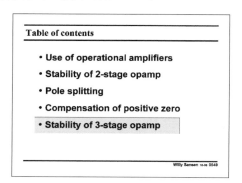

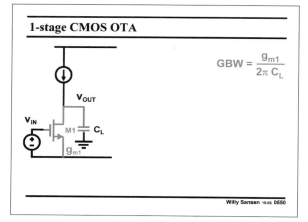

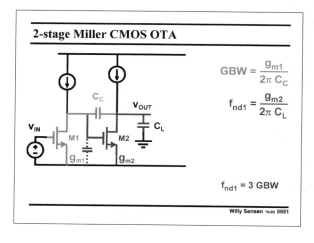

这样做的优点是容差更大,并且在两个方向都一样。这个电阻 R_C 可以有 60% 的绝对容差,就很容易实现。

0549　由于已经熟悉了两级放大器的设计,便可以很容易地将其设计方法推广到三级放大器的设计中去。当然将会两次使用密勒效应。

最终的功耗相对要高一些,因为必须要处理两个非主极点。在第 10 章的多级放大器中,将给出更多的低功耗多级放大器实例。

0550　在扩展到三级放大器之前,重新回顾一下单级和两级放大器的原理。

一个单级放大器只有一个高阻抗点,它通常在输出端,因而 GBW 由负载电容 C_L 决定。

GBW 也由输入跨导 g_{m1} 决定。

0551　两级放大器有两个高阻抗点,这两个点必须由补偿电容 C_C 连接,补偿电容实现极点分离,因此这个补偿电容决定了 GBW。

GBW 也由输入跨导 g_{m1} 决定。

非主极点由输出端负载电容 C_L 决定。

0552　一个三级放大器有三个高阻抗点,这三个点必须由两个补偿电容 C_C 以及 C_D 来实现极点分离。

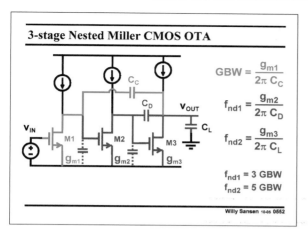

达到这样效果最有效的办法是将这两个密勒电容相嵌套,构成嵌套密勒结构,电容 C_C 是总的补偿电容,因此 GBW 由电容 C_C 来决定,另外的一个电容仅仅决定了非主极点的位置。

GBW 也由输入跨导 g_{m1} 决定,现在存在两个非主极点。其中的一个和两级放大器一样,是由负载电容 C_L 来决定的,另一个是由附加补偿电容 C_D 来决定的。问题是怎样来处理这两个非主极点而不是一个非主极点?

0553 必须仔细地研究三级放大器的嵌套密勒补偿。通常情况下前面的两级采用差分对的方法来实现。第一级采用差分对,是因为需要一个差分输入。

第二级采用差分对是因为需要一个非倒相放大器,否则电容 C_C 将提供正反馈!对第二级的另一个选择是采用电流镜。第 10 章多级放大器中将给出解释。

本幻灯片给出的是第一个双极型类型的三级放大器,其中跨导和补偿电容都很容易确定。

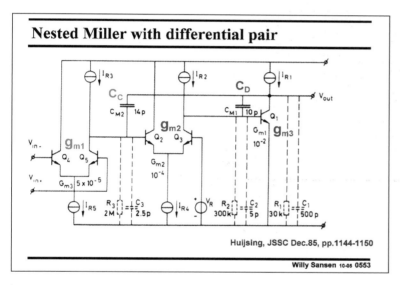

0554 如果两个非主极点都对相位裕量有影响,那么如本幻灯片所示,必须用另一个极点来扩展相位裕量 PM 的表达式。

现在很容易得出 PM 为 60°、65° 和 70° 的各自曲线,用 PM 表达式的正切将计算简化。

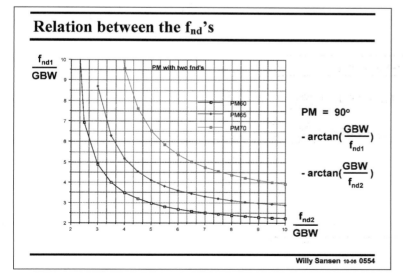

注意到 PM 为 60°时两个非主极点之间的关系。

很明显如果使一个非主极点 f_{nd} 相当地接近 GBW,那么另一个非主极点将会远离 GBW。它们也可以同时在距离 GBW 相等的位置处,3.5～4 倍 GBW 的地方。

通常,一个 f_{nd} 被置于 GBW 的 3 倍的地方,那么另一个被置于约为 5 倍的地方。显然输出端更希望是 5×GBW 的极点,因为更高的频率需要更高的电流。输出端有更高的电流会有更多的优点,因为有了更多的电流流向负载。

因而 PM 为 60°的一个比较好的选择便是对中间极点 f_{nd}/GBW 的比值选为 3,输出极点的比值选为 5。

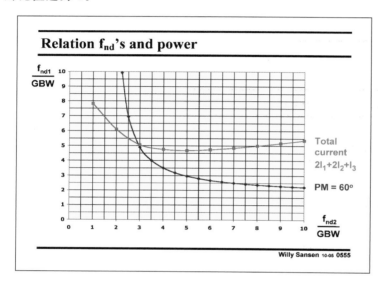

0555 如果选择间隔非常大的非主极点,那么定位高频极点所需的电流可能非常大。

为了更好地说明这一点,本幻灯片给出了两非主极点的关系,也给出了总的电流的曲线。

这表明一旦选择了超出 GBW 6～7 倍的高频,总的功耗就增加了。但是,正如前面的幻灯片所述,如果一个极点约为 5×GBW,另一个极点约为 3×GBW,总的功耗最小。

最小的电流在曲线上也不是局限在一点,设计者仍然可以相对自由地选择非主极点的位置。

0556 设计方案简明易懂。

对于两级放大器,前面已经选择了补偿电容的值,补偿电容的值为负载电容的 1/3～1/2。

对三级放大器,采用相似的方案,两个补偿电容大致相等,为负载电容的 1/3～1/2。

当然,两个补偿电容可以采用不同的值,根据描述稳定性的方程,可以得到的相位裕量相同,但是还不清楚对其他指标会有什么样的影响。

选择了两个补偿电容后,只需要解出以 g_{m1}、g_{m2}、g_{m3} 作为变量的三个方程。

Exercise of 3-stage opamp

GBW = 50 MHz for C_L = 2 pF

Find I_{DS1}; I_{DS2}; I_{DS3}; C_C and C_D !

Choose $C_C = C_D = 1$ pF > $g_{m1} = 2\pi C_C GBW = 315\ \mu S$

$$I_{DS1} = 31\ \mu A$$

f_{nd1} = 150 MHz > $g_{m2} = 2\pi C_D 3GBW = 3g_{m1} = 945\ \mu S$

$$I_{DS2} = 95\ \mu A$$

f_{nd2} = 250 MHz > $g_{m3} = 2\pi C_L 5GBW = 10g_{m1} = 3150\ \mu S$

$$I_{DS3} = 315\ \mu A$$

Willy Sansen 10-05 0557

Comparison 1, 2 & 3 stage designs

GBW = 50 MHz for C_L = 2 pF

Single stage : $I_{DS1} = 31\ \mu A$ $I_{TOT} = 2I_{DS1} = 62\ \mu A$

Two stages : Choose C_C = 1 pF

$I_{DS1} = 31\ \mu A$ $I_{DS2} = 252\ \mu A$ $I_{TOT} = 2I_{DS1} + I_{DS2} = 314\ \mu A$

Three stages : Choose $C_C = C_D = 1$ pF

$I_{DS1} = 31\ \mu A$ $I_{DS2} = 95\ \mu A$ $I_{DS3} = 315\ \mu A$

$$I_{TOT} = 2I_{DS1} + 2I_{DS2} + I_{DS3} = 567\ \mu A$$

Willy Sansen 10-05 0558

Willy Sansen 10-05 0559

0557 举一个运算放大器的设计例子，假定 GBW、C_L 在本幻灯片中已经给出。

补偿电容设定为负载电容的一半或者 1pF，现在几个 g_m 的值就很容易地计算出来，显然高的极点频率 f_{nd2} 定在输出端。

输出晶体管 M3 消耗了大部分电流。

0558 为了对比，采用同样的指标，设计一个单级、两级和三级运放。

显然，单级放大器功耗最低，增加补偿电容不可避免地增加功耗。

但是，单级放大器不能提供大增益，采用共源共栅结构和增益提高技术却又减小了输出摆幅，一个密勒补偿的两级放大器的优点便是能够解决上述问题。

当需要一个 AB 类输出级的时候，便需要采用一个三级放大器。如果电源电压太低，采用共源共栅结构的电压裕量不足时，就不得不采用级联的结构而不是共源共栅结构。

0559 现在已经掌握了足够的关于运算跨导放大器稳定性的知识。这些 OTA 可以采用 MOST 或双极型晶体管来实现，第 6 章将讨论这些内容。

第6章 运算放大器的系统性设计

**Systematic Design
of Operational Amplifiers**

Willy Sansen

KULeuven, ESAT-MICAS
Leuven, Belgium

willy.sansen@esat.kuleuven.be

Table of contents

- **Design of Single-stage OTA**
- **Design of Miller CMOS OTA**
- **Design for GBW and Phase Margin**
- **Other specs:** Input range, output range, SR, ...

Ref.: Sansen : Analog design essentials, Springer 2006

Single-stage CMOS OTA : GBW

$$A_v = g_{m1} \frac{r_o}{2}$$

if $r_{o2} = r_{o4} = r_o$

$$BW = \frac{1}{2\pi \frac{r_o}{2} (C_L + C_{n1})}$$

$$GBW = \frac{g_{m1}}{2\pi (C_L + C_{n1})}$$

---

061 前面几章对用 MOST 器件实现的运算跨导放大器（OTA）的稳定性进行了介绍。

本章将总结出设计步骤，因为前面的补偿电容一直都是随意地选择，下面讨论对这方面该如何改进。

最后将重点讨论两个参数：增益带宽积（GBW）和相位裕度，本章还将对其他参数进行详细讨论。

062 先给出用一个晶体管来实现的单晶体管放大器。

然后给出双晶体管的 Miller 运算跨导放大器（Miller OTA），并对设计过程进行详细讨论以得到最小功耗。

更进一步，对所采用的特定的 CMOS 工艺来估算最大的增益带宽积（GBW），事实上增益带宽积很容易达到 GHz。

最后罗列出其他的指标参数，其中一些指标已在二阶 Miller OTA 中讨论过。

本章使用的都是同样的 CMOS Miller OTA，文中给出的所有数值都对应于同一个放大器，因此读者可以自己对参数给出一个适当的数量级。

下面先介绍单级运算跨导放大器的设计。

063 本页给出一个差分电压放大器。

前面已经讨论过单级运算跨导放大器的增益、带宽和增益带宽积的公式。

注意到增益带宽积的表达式中负载电容包括晶体管的寄生电容，寄生

电容之和为 C_{n1}，即节点 1 上所有晶体管寄生电容之和为 C_{n1}。

但是电路还包括第二甚至第三个节点，是否必须考虑这些节点的对地电容？确实一个对地电容会产生一个极点，是否这两个节点会产生两个额外的非主极点呢？

答案是否定的。首先当该级是差分驱动时，在节点 3 没有交流信号存在，因此节点 3 不必考虑。

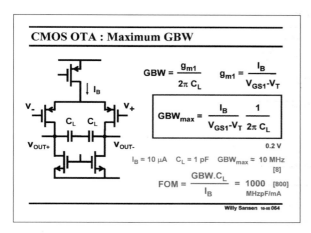

也可以用电流损耗代替功率损耗。

在节点 2 确实会有一个非主极点，下面将介绍有两个原因可以忽略这个非主节点。

064 在重点关注非主极点之前，先要知道这样一个简单放大器的增益带宽积是多少，已经知道对于低功耗设计，这是一个最好的方法，那么知道这一数值有什么意义呢？

放大器最简单的优值（FOM）是用增益带宽积（GBW）、负载电容（C_L）和功耗来表示的，稍后将增加一些其他的指标，如噪声或摆幅。

为此本页给出了一个差分结构，其有效负载电容仅仅是单端输出时的一半，另外也没有电流镜使输出电流加倍。这个运算跨导放大器是一个具有代表性的单级放大器。

在此得到了 $10\mu A$ 的总电流，负载电容为 1pF 时仍然可以产生一个 10MHz 的增益带宽积。可以简单地记成，$1\mu A$ 的电流可以在 1pF 的负载电容上实现 1MHz 的增益带宽积。

产生的 FOM 为 1000，单位是 MHzpF/mA。实际的值要稍微小些，如 800。但是如果与第 7 章其他的运算跨导放大器相比较，这仍然是一个很好的结果。

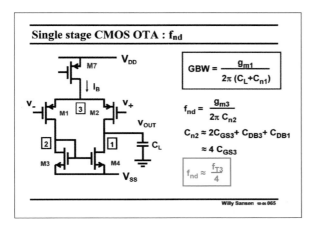

065 现在来开始关注非主极点。

非主极点的位置很容易得到，节点 2 处的电阻是 $1/g_{m3}$，节点处 2 的晶体管电容之和是 C_{n2}。

对于 MOST，电容 C_{DB} 大约等于 C_{GS}，因此 C_{n2} 中的四个电容都取相等，即电容 C_{n2} 大约是四倍的 C_{GS3}。这是一个总体近似又较为方便的处理方法。

非主极点 f_{nd} 大约只是 f_{T3} 的 1/4，这是节点 2 影响不大的第一个原因，因为非主极点放在比增益带宽积高出很多的位置。

下一张幻灯片给出节点 2 影响不大的第二个原因。

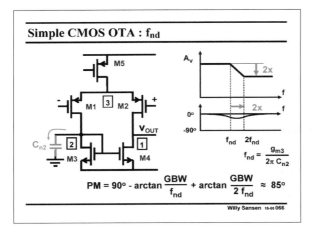

066 节点 2 处的电容 C_{n2} 确实产生了一个极点，但同时也产生了一个零点。

单端输出差分放大器另一端的对地电容 C_{n2} 不仅在 f_{nd} 频率处产生一个极点，也在 $2f_{nd}$ 频率处产生了一个零点。

在高频处，因为电流镜不能接收更多的电流，所以输出电流要除以 2。这种除以 2 可以用极零点对表示，其中零点频率是极点频率的两倍。

需要说明的是电压放大器的其他电容已经被忽略。

零点极大地补偿了极点的相移，结果是相移仅有微小的改变，因此极零点对对相位裕度的影响可以忽略了。

结果，节点 2 处的电容 C_{n2} 可以被忽略了。

067 给出一个设计实例，以 GBW 和 C_L 作为已知参数。

选择合适的 $V_{GS} - V_T$ 值（0.2V）后，很容易计算出 g_m 和电流。

根据 K' 值计算出要求的 W/L。

现在来选定 L，为了实现足够的增益，选择最小沟道长度的 3 倍或 $1\mu m$。

宽度就很容易得出来，nMOS 的宽度较小，因为其 K' 值比较大。

检验一下是否确实可以忽略节点 2 处的极点，为此必须解出 f_T 或者输入电容 C_{GS2}。

一个 MOST 器件 $C_{GS} = kW$，如果采用最小栅长，则其中 $k = 2fF/\mu m$。如果 MOST 的 W/L=100，L=$0.35\mu m$，那么 W=$35\mu m$，因此 C_{GS} 为 70fF。现在 L 和 W 都变为原来的 3 倍，C_{GS2} 就是 $70\times3\times3=630fF$，它的 f_{T2} 约为 300MHz，$f_{T2}/4$ 约为 76MHz。很幸运，极点后面就是零点！！！

如果在增益带宽积频率以下确实不需要这个极零点对，那么晶体管不得不做得更小，结果是增益变小。另一个可能的解决方法就是把晶体管做得更小，然后用共源共栅结构来提高增益！

068 现在重点讨论晶体管级的 CMOS Miller OTA 的设计。同样将研究增益、带宽和增益带宽积，另外必须确保补偿电容能产生足够的极点分离作用，使 f_{nd} 超过 GBW。

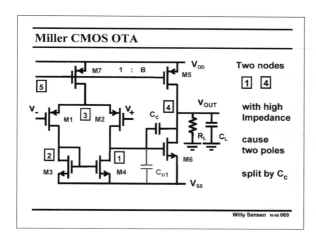

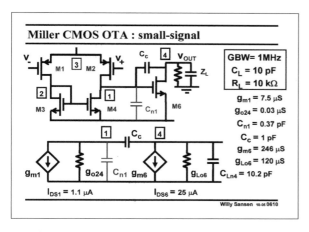

069 本页展示了一个 CMOS OTA。输入器件通常采用 pMOST,因为能得到较好的匹配(原因见第 12 章)。

第一级通过跨导 g_{m1} 将差分输入电压转化为电流。

第二级是一个跨阻放大器,将这个电流转换为电压。事实上,只有一个晶体管 M6 和电容 C_C 起到了这样的作用。

显然,这个电路是前一章讨论过的一个最简单的两级 OTA。

节点 1 和节点 4 引入了两个极点,C_C 将这两个极点分离。寄生电容 C_{n1} 主要由晶体管 M6 的输入电容 C_{GS6} 组成,M6 晶体管尺寸较大,因为它比输入晶体管承载了一个大得多的电流。

0610 为了能计算增益,画出如图所示的小信号等效电路。

电流源 g_{m1} 代表四只晶体管组成的输入级,电流源 g_{m6} 代表第二级。输入级的输出电阻是 $1/g_{o24}$,$g_{o24} = g_{o2} + g_{o4}$。

该电路可以被简化为一个有两个节点的电路,具有两个跨导,各节点与地之间有一个 RC 电路,显然两个节点之间用一个补偿电容分开。

图中所有给出的值都是为了实现 1MHz 的 GBW 和 10pF 的 C_L,这些值将用在以后的例子中,前面章节的极零点位置图中用的也是这些值。

后面的设计过程中将详细解释这些值是如何计算出来的。

0611 增益很容易计算,两级电路有两个增益,分别是 A_{v1} 和 A_{v2},总增益为 A_v。

正如所料,带宽显然受限于密勒效应电容 C_C。

GBW 是增益和带宽的乘积,结果与预料的完全吻合。

非主极点也如前面章节所导出的,通常 C_C 约为 C_{n1} 的 3 倍。

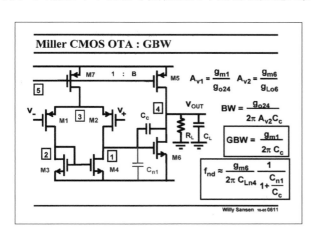

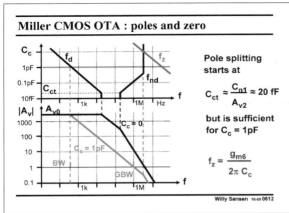

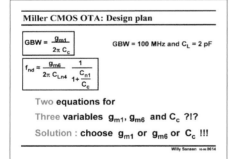

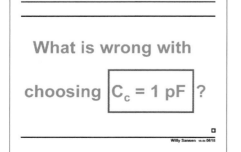

0612 本图给出了这个放大器的极零点位置和波特图。

C_C 为 0 时,有两个明显靠得很近的极点,如果施加反馈很可能会产生尖峰。

如果将 C_C 增加到 1pF,主极点降低了很多,但更重要的是非主极点外移至增益带宽积三倍的地方。

零点仍旧太远,因此并没有产生什么麻烦!

结果产生了一个增益约为 3000(或 70dB),带宽约为 300Hz,GBW 为 1MHz 的 CMOS Miller OTA。

总静态电流是 $27\mu A$,它的 FOM 是 370MHzpF/mA,这对于一个两级放大器来说是很好的值。事实上 FOM 只要大于 100 就不错了!

0613 问题仍然存在,即这种 Miller OTA 是怎样设计的。是否能够做得更好?是否能够获得一个更好的 FOM?

将会看到有三种方法可以达到功耗最小的优化目标,可以采用其中的任何一种设计方案。

0614 目前为止仅考虑两个参数,只有两个方程,一个是增益带宽积,另一个是稳定性。

结果假定负载电容固定,如果要获得特定的增益带宽积,需要去解这两个方程。

问题是有三个未知变量,它们是第一级的电流(或 g_{m1}),第二级的电流(或 g_{m6})和补偿电容 C_C。

如果先选择补偿电容,这样可以解两个方程,因为只有 g_{m1} 和 g_{m6} 两个未知变量。这就是第一种可行的设计方案。

还有两个设计方案,就是先选择 g_{m1} 然后解两个方程,或者先选择 g_{m6} 再解两个方程。

三个设计方案都能达到同样的最优结果。

显然可以以任何一种方法求解两个方程。比如想知道,0.2mA 的电流和 5pF 的 C_L 可以获得多大的 GBW?或者,在 200MHz 的 GBW 和 1mA 电流下可以驱动多大的负载电容?

0615 所有的三个设计方案确实可以得到同样的优化结果。

建议先选择补偿电容 C_c,因为它的值只能在一个小范围内变化,首先它应该大于 $3C_{n1}$,其次它应该小于负载电容的 1/2 到 1/3。要正确选择这个补偿电容相当容易。

因此很多设计者简单地选择 C_c 作为他们设计流程的开始。

当然如果多次尝试一些不同的 C_c 电容值就更好了!

先看下面的一个例子。

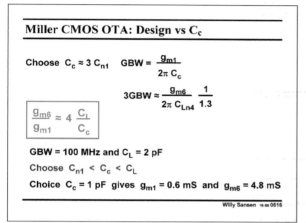

0616　例如在给出 GBW 和 C_L 的条件下,来解出两级的电流值。选择补偿电容为一个适当的值如 1pF,很快就可以得到两个跨导 g_m,就可以很容易地计算出电流和 W/L。

问题是怎样得到电容 C_{n1} 的值并不很清楚,C_{n1} 主要由 C_{GS6} 构成,只要不知道 g_{m6} 的值,C_{GS6} 的值也不清楚。

尝试一些不同的 C_c 值是很有趣的。

0617　因此最好尝试一些不同的 C_c 值,然后解两个方程得到 g_{m1} 和 g_{m6}。可以如本页所示画出两级的电流和总的电流对于电容 C_c 的关系。

显然根据曲线图会得到一个功耗的最小值!

从 GBW 的表达式中容易看出 g_{m1} 随 C_c 的增加而增加。

随着 C_c 的增加,g_{m6} 减小的趋势在图中可能不太明显,但是从非主极点 f_{nd} 的表达式中可以清楚地看出这点。

如果 GBW 和 f_{nd} 固定,g_{m6} 随 C_c 的增大而减小。事实上这是一个自然

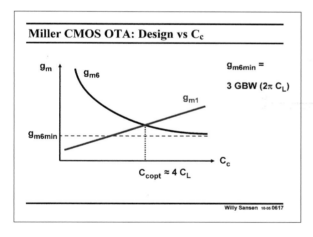

的结果,因为 g_{m6} 和 C_c 参数一起来保证稳定性,如果其中一个参数变大了,另一个必然会变小!

在两条曲线相交处的 C_c 值相当大。然而我们选择的 C_c 值是比 C_L 小 1/3~1/2。相交处的 C_c 值非常接近优化的结果,但是不可行!

如果 C_c 的值非常大,g_{m6} 趋近于一个最小值,输出级电流也达到了它的最小值。本页给出了这个 g_{m6} 的最小值公式,它显然与 GBW 和 C_L 呈正比。

0618　仍然采用前面的 GBW 为 1MHz,负载电容为 10pF 的 CMOS Miller OTA 的例子。

画出了两级中的电流,即 $2g_{m1}$、g_{m6} 和总电流 g_{mtot} 对应于电容 C_c 的曲线。记住它们分别代表了 $2I_{DS1}$、I_{DS6} 和 I_{tot},其中跨导的数值比电流大了 10 倍($V_{GS}-V_T=0.2V$)。

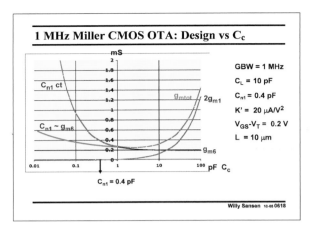

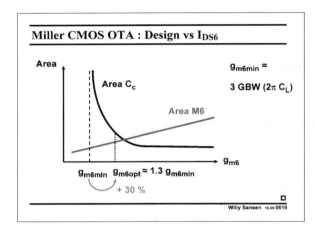

显然该图中的最小值与前面的不同。

这是选择 C_C 值的一个较为理想的图,它表明 C_C 值为 1pF 确实是较好的选择,至少其他的参数不用考虑了。

也可以选择 C_C 值为 2pF 甚至 3pF,此时增加的电流仍然比流过输出级的电流小得多。因为如本章稍后将介绍的,较大的电容会减小噪声。

最后注意到所有这些曲线都是在假设 C_{n1} 值为恒定的条件下画出的。然而它不是非常正确,因为对于大的 g_m 值,电流、宽长比和输入电容会更大,结果 C_{n1} 随着 g_{m6} 而增加。如果引入 C_{n1} 随着 g_{m6} 而增加这种关系,那么在 C_C 较小时,g_{m6} 对应于 C_C 的曲线会更平坦。这不会影响我们选择补偿电容 C_C,因为 C_C 的值至少为 C_{n1} 值的 2~3 倍。

0619 第二个设计方案是先选择 g_{m6} 或输出级的电流 I_{DS6}。

这也非常简单,因为前面已经得出了 g_{m6} 的最小值,本页重复了 C_C 为无穷大时得到的 g_{m6} 的值。

现在简单地选一个比最小值大 30% 的 g_{m6} 的值,这意味着 C_C 的值约为 C_{n1} 的 3 倍,正如前面非主极点的表达式所示。

本张幻灯片指出,考虑到晶体管尺寸的原因,g_{m6} 的值应该接近于最小值。

将 g_{m6} 作为一个独立变量的好处在于,现在可以很容易地计算出 C_{n1},它比 C_{GS6} 稍微大一点。

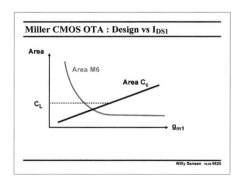

此外,先确定 g_{m6} 使这个设计方案更清楚了。毕竟输出级的电流是较大的一个电流,所以应该先重点讨论这个电流的最小值。

0620 最后,第三个设计方案是先选择输入级电流 I_{DS1}。

采用这个设计方案的一个原因是噪声性能的因素,因为等效输入噪声电压取决于输入级 MOST 的跨导。

当画出总面积对应于 g_{m1} 的曲线时，g_{m1} 出现了一个最小值。

一旦 C_C 取为 C_L 的 $1/3\sim1/2$，得到的 g_{m1} 的值与前面设计中获得的值相似。

但是没有进一步的推导。

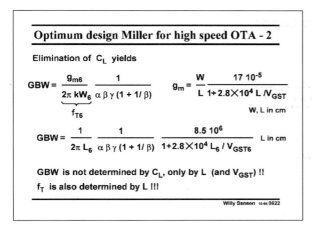

0621　对于这样一个 Miller CMOS OTA，可以很容易得到设计流程。

目的是要找出在特定的 CMOS 工艺下 GBW 的最大值可以达到多少，另外还要得出设计该 OTA 的最简便的方法。

首先，要做一些设计上的选择，这些选择前面已经采用过了，这里再次列出它们，并引入设计参数 α、β 和 γ。

参数 α 设定了 C_L 与 C_C 的比值，比如取 2。

参数 β 设定了 C_C 与 C_{n1} 或 C_{GS6} 的比值，比如取 3。C_{GS} 可以被描述为晶体管宽度的函数，k 参数的值大约为 $2\mathrm{fF}/\mu\mathrm{m}$。

参数 γ 设定了 f_{nd} 与 GBW 的比值，前面已多次设为 3，本例中设为 2。

现在可以简单地将 GBW 的最大值描述为非主极点的 γ 分之一。

还注意到可以根据输出晶体管的宽度描述 C_L。显然，负载电容 C_L 越大，需要的驱动电流就越大，晶体管的宽度就变得越大！

0622　可以消去 GBW 的表达式中的 C_L，g_m 采用第 1 章关于模型内容的通用表达式，该表达式同时适用于强反型区和速度饱和区，这是我们在高速应用时会使用到的区域。

将 g_m 的表达式代入 GBW，导出了仅有 $V_{GS}-V_T$ 和 L 为参数的表达式。这并不奇怪，因为已经知道在任何晶体管的信号路径上都需要 $V_{GS}-V_T$ 和 L 这两个参数。

然而奇怪的是却发现 GBW 的最大值并不依赖于负载电容。

事实上增加负载电容就需要增大输出晶体管的栅宽和它的电流，输出晶体管的速率主要取决于它的栅长。

参数 f_T 表征了 MOST 的速率，因此现在用参数 f_T 来代替晶体管参数 $V_{GS}-V_T$ 和 L。

0623　弱反型区和速率饱和区的 f_T 表达式在第 1 章中已有出现，显然它与 GBW 的表达式一样要依赖于 $V_{GS}-V_T$ 和 L。

前面选择的 GBW 的最大值约为输出器件 f_T 的 $1/16$。

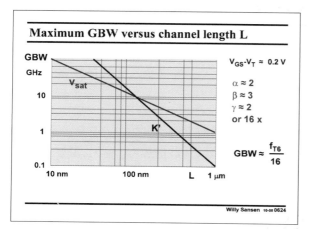

如果选用的 CMOS 工艺 f_T 为 80GHz，一个两级 Miller CMOS 运算放大器的 GBW 为 5GHz。检查第 1 章中 f_T 的曲线，发现需要采用 80nm 的 CMOS 工艺（$V_{GS} - V_T = 0.2V$），但是如果令 $V_{GST} = 0.5V$ 后，用 $0.1\mu m$ 的技术就可以了。

功率损耗依赖于负载电容，负载电容越大，功耗就越大！

如下所示，最佳的设计方案将变得非常简单。

0624　在得出设计方案之前，要先看看对于不同的沟道长度，可以获得多大的 GBW。

为此需要先从第 1 章中得到 f_T 的值，它们参考晶体管 M6，取 $V_{GS} - V_T$ 为 0.2V。

令参数 α、β 和 γ 的值与前面的取值一样，这样使得 f_{T6} 与 GBW 的比率为 16。

如果沟道长度比较大，迁移率 K' 的模型依然有效，如果 $L < 0.35\mu m$ 可以据此模型得到 GBW 的值。

如果沟道长度比较小，必须采用速率饱和模型。如果最小沟道长度是 90nm 或者更小，GBW 可以达到 10GHz。这也是两个模型下沟道长度交点所对应的值！

0625　下面来得出设计方案。

先要做出三个设计参数的选择。

必须找出可采用工艺的 f_T 的最小值。f_T 越大，沟道长度就会越小，需要的 CMOS 工艺的成本就越大，最小的 f_T 对应最小的沟道长度 L。

选择实际的沟道长度时，还应根据增益的要求，选择最小沟道长度或

是某个大一些的值，另外还必须选择 $V_{GS} - V_T$。

负载电容决定了输出晶体管的栅宽和它的电流。

所有其他的值也都很容易得到了。

Design Ex. for GBW = 0.4 GHz & CL = 5 pF

- Choose $\alpha \beta \gamma$ 2 3 2
- Minimum f_{T6} for GBW = 0.4 GHz f_{T6} = 6.4 GHz
- Maximum channel length L_6 L_6 = 0.5 μm
  for a chosen $V_{GS6}-V_T$ = 0.2 V
- L_6 is taken to be the minimum L
- W_6 is calculated from C_L, W_6 = 417 μm
  and determines I_{DS6} (K'_n = 70 μA/V^2) I_{DS6} = 2.3 mA
  and determines C_{n1} (k = 2 fF/μm) C_{n1} = 0.83 pF
- C_c is calculated from C_L through α C_c = 2.5 pF
- g_{m1} and I_{DS1} are calculated from C_c I_{DS1} = 0.63 mA

Willy Sansen 18-88 0626

0626 本页给出一个实际数值设计的例子。

最初的设计是选择三个设计参数 α、β 和 γ。

从前面的设计选择中可以直接得到最小的 f_T 值,下面就要得出多大的沟道长度可以获得这样的 f_T 值,要注意到采用的沟道长度可能取某个 CMOS 工艺最小沟道长度的 2~3 倍。这里采用的沟道长度取工艺中的最小沟道长度,因为 80GHz 的 f_T 确实非常高,留下的裕量不多。

可以从负载电容直接得到晶体管宽度,负载电容也决定了晶体管电流和 C_{n1} 的值。补偿电容 C_c 是 C_{L1} 的 α 分之一。因为 β 值取 3,所以 C_{n1} 是 C_c 的 1/3。从 GBW 的值可以得出 g_{m1} 和 I_{DS1}。

Optimum design Miller for low speed OTA

$$GBW = \frac{f_{T6}}{\alpha \beta \gamma (1 + 1/\beta)}$$

$$\frac{f_T}{f_{TH}} = \sqrt{i}\,(1 - e^{-\sqrt{i}}) \approx i \text{ for small i}$$

$$f_{TH} = \frac{2\mu kT/q}{2\pi L^2}$$

GBW is not determined by C_L, only by f_T

f_T is determined by L and i !!!

Willy Sansen 10-05 0627

总的电流消耗非常大,是 3.56mA,因为 GBW 和负载电容比较高。然而它的 FOM 不算差,是 561MHzpF/mA。

0627 参数 f_T 在弱反型区和强反型区的表达式来自于第 1 章,显然它依赖于反型系数 i 和栅长 L。

GBW 的表达式仅用 f_T 作为参数,与前面提及的一样。

假定前面选择的值后,就得出 GBW 的最大值约为输出器件 f_T 的 1/16。如果适当地选择 i 和 L 值,一个两级 Miller CMOS OTA 可以有较小的 GBW。

实际的功耗取决于负载电容,负载越大,功耗越大!

如下所示,最佳设计方案已经变得相当简单。

0628 先要做出三个设计参数选择。

选择实际沟道长度 L_6,根据增益要求,它可以是最小沟道长度或者稍大些的值,但是 L_6 的值确定了频率 f_{TH6} 的值。

Design optimization for low speed Miller OTA

- Choose $\alpha \beta \gamma$
- Find minimum f_{T6} for specified GBW
- Choose channel length L_6 (max. gain), which gives f_{TH6}
- Calculate i_6
- W_6 is calculated from C_L,
  and determines I_{DST6} and I_{DS6}
- C_c is calculated from C_L through α
- g_{m1} and I_{DS1} are calculated from C_c
- Noise is determined by g_{m1} or C_c

Willy Sansen 16-86 0628

根据 f_{TH}/f_{TH6} 可以容易地计算出 i 的值。

负载电容决定了输出晶体管的栅宽和它的电流。

Design Ex. for GBW = 1 MHz & C_L = 5 pF

- Choose α β γ   2 3 2
- Minimum f_{T6} for GBW = 1 MHz f_{T6} = 16 MHz
- Maximum channel length L_6 L_6 = 0.5 μm
  gives f_{TH6} f_{TH6} = 2 GHz
- Inversion coefficient i is   i = 0.008
- W_6 is calculated from C_L, W_6 = 417 μm
  and determines I_{DST6} (K'_n = 70 μA/V^2) I_{DST6} = 0.33 mA
  and determines I_{DS6} I_{DS6} = 2.7 μA
  and determines C_{n1} (k = 2 fF/μm) C_{n1} = 0.83 pF
- C_c is calculated from C_L through α C_c = 2.5 pF
- g_{m1} and I_{DS1} are calculated from C_c I_{DS1} = 1.6 μA

Willy Sansen 10-05 0629

Table of contents

- **Design of Single-stage OTA**
- **Design of Miller CMOS OTA**
- **Design for GBW and Phase Margin**
- **Other :** SR, Output Impedance, Noise, ...

Willy Sansen 10-05 0630

Miller CMOS OTA: Specifications 1

1. Introductory analysis
1.1 DC currents and voltages on all nodes
1.2 Small-signal parameters of all transistors

2. DC analysis
2.1 Common-mode input voltage range vs supply Voltage
2.2 Output voltage range vs supply Voltage
2.3 Maximum output current (sink and source)

Willy Sansen 10-05 0631

也很容易得到所有其他的值。

0629 本页给出一个实际数值设计的例子,这些值都对应于相应的参数。

虽然 L_6 的值本可以取得比 $0.5\mu m$ 大些,但这会降低 f_{TH6} 的值,并且增加了反型系数 i_6 的值。

例如,将沟道长度增加到 $1\mu m$,f_{TH6} 会降低到 $480MHz$,i 会增加到 0.033。这将使 I_{DST6} 减半到 $0.16\mu A$,I_{DS6} 加倍到 $5.5\mu A$,输入级电流 IDS1 保持 $1.6\mu A$ 不变。此外,补偿电容仍然为 2.5pF。

FOM 的值非常好,为 575MHzpF/mA!

0630 到目前为止,已经详细学习了 GBW 和稳定性的条件。但是 OTA 有很多指标,事实上,清单列出的指标只是进行设计的主要依据。其他没有列出的指标还有待验证,希望这些指标都不会添加到清单中,这样就不必从头开始设计。

首先尽量系统地列出一个所有可能指标的清单,虽然还不确保这些指标是必须的。对于模拟设计,总会不停地增加一些指标,模拟电路总会存在一些额外的东西。

尽管如此这个清单是相当完整的,当然这些不会全部用到,这里只是尝试将它们全部列出来。

商用放大器的特性不遵循这张清单,它们实际上是一些测试结果的总结。有些指标会被忽略,有些结果还相互矛盾。当然一些十分重要的指标要详细分析。

0631 首先需要对放大器进行直流分析,虽然并不能得出精确的数据,但却能较好地得到 DC 电流和电压。

下面进行小信号分析,通过小信号分析可以获得跨导,输出电阻,电容等基本参量的数量级。

有经验的设计者可以省去这两个步骤。

接下来进行 DC 分析。

或许放大器能够工作的共模输入范围可能是最重要的指标之一,这实际上就是平均输入电压的范围。随着电源电压越来越低,这个指标就越为重要。

要获得最大的输出电压范围就容易得多,只要输出负载是纯电阻性的并且输出级仅有两个晶体管而没有采用共源共栅结构,就很容易得到轨到轨的输出范围。

最大输出电流通常就是输出级的 DC 电流,第 11 章将介绍的 AB 类输出级能够传输更大的电流。

Miller CMOS OTA: Specifications 2

3. AC and transient analysis

3.1 **AC resistance and capacitance on all nodes**

3.2 Gain **versus frequency : GBW, ...**

3.3 Gainbandwidth **versus biasing current**

3.4 **Slew rate versus load capacitance**

3.5 **Output voltage range versus frequency**

3.6 **Settling time**

3.7 Input impedance vs frequency (open & closed loop)

3.8 Output impedance vs frequency (open & closed loop)

Willy Sansen 10-05 0632

0632　进行部分的 AC 分析。

确定一下所有节点的阻抗是很有用的,这样能预期在哪里会产生额外的极点等。

增益对频率的特性是唯一需要充分研究的特性。

增益带宽积(GBW)对偏置电流的特性容易使人产生误解。当确定 GBW 后将电流最小化时,就可以不再改变电流,改变电流将会使得放大器不稳定或者增加电流损耗。因此 3.3 的指标实际上是不存在的,尽管对于一个充分设计的放大器是可以通过偏置电流来改变 GBW 的。

高频时的转换速率和输出电压是非常重要的,将进行详细讨论。

稳定时间对于模拟-数字转换器以及开关应用是非常重要的,下面会进行讨论。

一个 CMOS OTA 的输入阻抗是纯容性的,因为两个输入 C_{GS} 电容串联,对于双极型 OTA,还要加上电阻,但是对此不需要过多地关注。

当输出级不是 AB 类时,就需要研究输出阻抗。

Miller CMOS OTA: Specifications 3

4. Specifications related to offset and noise

4.1 Offset **voltage versus common-mode input Voltage**

4.2 **CMRR versus frequency**

4.3 **Input bias current and offset**

4.4 **Equivalent input** noise **voltage versus frequency**

4.5 **Equivalent input noise current versus frequency**

4.6 **Noise optimization for capacitive/inductive sources**

4.7 **PSRR versus frequency**

4.8 Distortion

Willy Sansen 10-05 0633

0633　很多特性指标涉及失调和噪声。

失调与晶体管、电容等之间的不匹配相关,可以通过增加尺寸减少失调,CMRR 也与失调相关。在某种意义上,这两个指标源于相同的现象。实际上,PSRR 也同样与失调相关。这些都将在第 15 章中讨论。

输入偏置电流这一指标对于双极型运放当然是重要的,对于未来的 CMOS 运放,如果存在栅电流,也将会是一个重要的指标。

等效输入噪声电压和电流将会详细地进行讨论。

在第 4 章已经简要地提及容性噪声匹配。感性源阻抗太麻烦，这里不作考虑。

最后，由于失真越来越重要，因此第 18 章对此进行了分析。

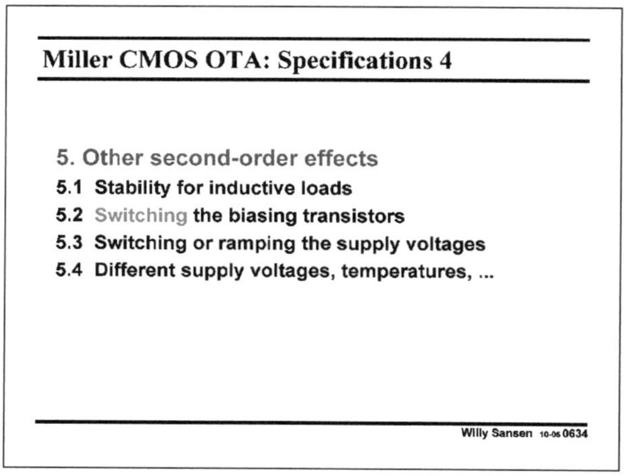
Miller CMOS OTA: Specifications 4
5. Other second-order effects
5.1 Stability for inductive loads
5.2 Switching the biasing transistors
5.3 Switching or ramping the supply voltages
5.4 Different supply voltages, temperatures, ...
Willy Sansen 10-05 0634

0634 运放还有很多奇异的特性。

用电感取代电容作为负载会降低稳定性，扬声器就是一个很好的例子。

将整个运放的输入和输出对调将具有更为奇异的特性。这一技术可以实现低电源电压的开关电容滤波器，实际上，这些低电压本来都不可能实现开关，将运放自身进行转换是一种可行的方法。

将偏置晶体管的输入输出进行转换或者将电源电压自身进行转换都可以实现同样的目的，两种情况下的稳定性和恢复性是不同的，第 21 章将进行讨论。

另外根据应用场合的不同，在不同的电源电压和不同的温度下需要重新确定所有的参数。

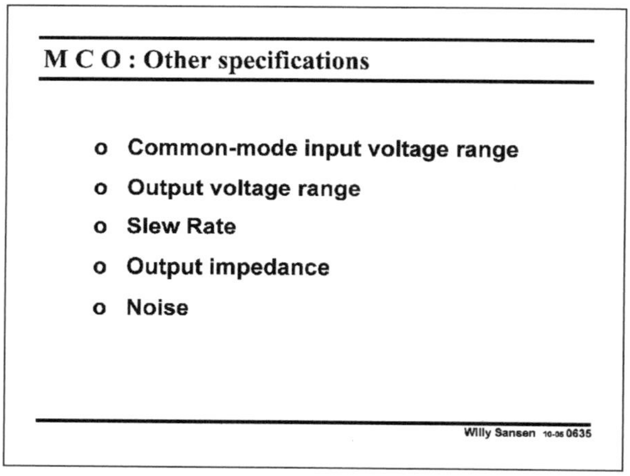
M C O : Other specifications
o Common-mode input voltage range
o Output voltage range
o Slew Rate
o Output impedance
o Noise
Willy Sansen 10-05 0635

0635 现在讨论其中的一些指标。

数值结果适用于相同的 Miller CMOS OTA，我们从共模输入电压范围开始。

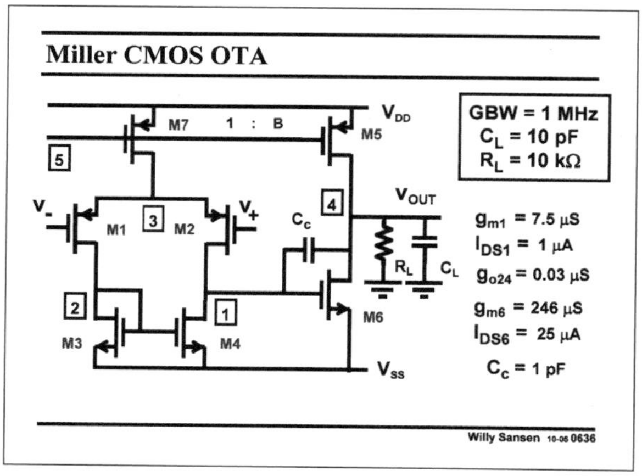
Miller CMOS OTA
M7 1 : B
M5
VDD
5
V-
M1
3
M2
V+
Cc
4
VOUT
RL
CL
2
1
M3
M4
M6
VSS
GBW = 1 MHz
CL = 10 pF
RL = 10 kΩ
gm1 = 7.5 μS
IDS1 = 1 μA
go24 = 0.03 μS
gm6 = 246 μS
IDS6 = 25 μA
Cc = 1 pF
Willy Sansen 10-05 0636

0636 所有的指标都是针对同一个放大器的，这是一个 GBW 为 1MHz，负载电容为 10pF 的 Miller CMOS OTA。

读者可以很好地了解这些参数数值是怎样相互吻合的。

电路如图所示。

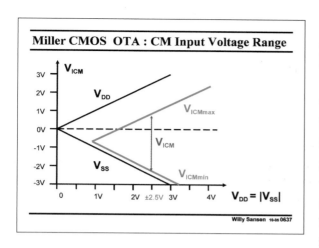

0637 共模输入电压就是平均输入电压,它的范围受到电源电压的限制。

当 CM 输入电压升高时,输入器件的 V_{GS1} 加到直流电流源的 V_{DS7} 上,使得 CM 输入电平最高不可以超过正电源电压,因此最大的 CM 输入电压是 $V_{DD} - V_{GS1} - V_{DS7}$。

CM 值显然取决于采用的 $V_{GS} - V_T$ 的值。对于输入器件,$V_{GS} - V_T$ 的值可以取很小(0.2V),但对于直流电流源该值会大一些(0.5V)。

该图所示的是电源电压±2.5V 时的最大的 CM 输入电压。

最小可实现的 CM 输入电压和负电源电压要接近得多。实际上,它可以表示为 $V_{SS} + V_{GS3} + V_{DS1} - V_{GS1}$,该值可以非常接近于 V_{SS},但不管 $V_{GS} - V_T$ 取什么样的值都不可能真正地达到 V_{SS}。

总的 CM 输入电压范围只是轨到轨(rail to rail)范围的一部分,但是一些其他的放大器中(如第 11 章中)CM 输入电压范围可以达到输入轨到轨的值。

注意到当输入晶体管偏置为 $-0.7V$ 时,放大器可以工作在±1V。

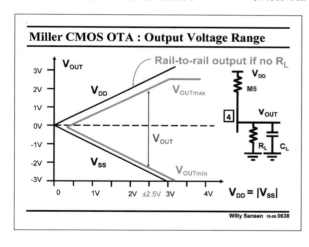

0638 比较而言输出电压范围要好得多。

这取决于是否在容性负载上加上了电阻负载。通常片内没有电阻性负载,各模块之间是串联连接的,故只有将栅极看作负载,但是这主要也取决于应用情况。

如果不存在电阻性负载时,输出可以是轨到轨的。实际上,即使输出电压接近正电源,输出晶体管工作趋于结束时是工作在线性区,因此电容仍然会继续充电直到输出电压达到正的电源电压。当然,在这个区域增益会减小,会显现出失真。尽管如此仍然可以达到正电源,负电源电压的情况是一样的。

如果存在阻性负载时,一旦输出晶体管 M5 进入线性区,如图所示就会出现电阻分压。这种情况下就不可能达到电源电压的摆幅,输出只是可以接近于电源摆幅,具体值取决于输出晶体管的尺寸。

这是宽动态范围运放的理想输出结构,没有采用共源共栅结构,而且输出器件是漏极相连的,因此 AB 类驱动采用这种输出结构,只有栅极驱动电路与此不同(见第 12 章)。

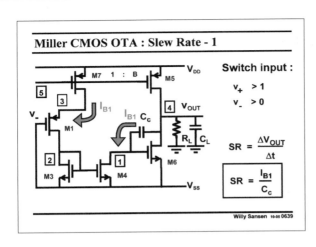

Willy Sansen 10-05 0639

0639 当用一个大的输入电压驱动运放时,输出端出现了转换。

大的输入电压用来使运放工作得更快。在这个例子中,输入晶体管是过驱动的,即如图所示一个为导通,另一个为截止。

导通的输入晶体管作为一个共源共栅管工作,由总的输入级电流 I_{B1} 驱动,电流镜通过补偿电容 C_C 流过同样大小的电流。

这种情况下电容 C_C 是恒流驱动的,因此电压在上面的变化率是一个常数,称作转换速率 SR(Slew Rate)。

因为 V_{GS6} 仍然是常数,SR 就体现在输出端,实际上晶体管 M6 的工作不受任何影响。

SR 限制了运放输出时能达到的最大斜率。

显然两个方向上发生的情况相同。

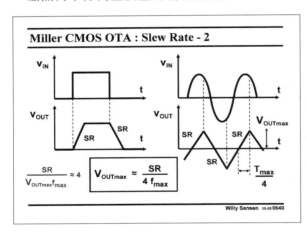

Willy Sansen 10-05 0640

0640 当运放由一个大幅度的方波驱动时,可以得出输出的最大斜率。

如图所示,输出是一个梯形波,最大斜率很清楚地显示出来。

当输入为大幅度的正弦波时,输出端也出现了转换现象,输出呈现为失真的三角波。

后一个波形表明,最大幅度 V_{OUTmax}、频率 f_{max} 以及转换速率 SR 之间是直接关联的。在 $T_{max}/4$ 期间,转换速率允许的最大幅度为 V_{OUTmax}。如表达式所示,最大输出幅度 V_{OUTmax} 完全由转换速率决定。

0641 图示表明在接近 GBW 的高频处,只能预期到小幅度的电压输出。

该曲线又称为 OTA 的大信号带宽。

在该例中,$2.2V/\mu s$ 的 SR 在 1MHz GBW 的高频处提供了 $0.4V_{peak}$,而在低频处提供 $2.5V_{peak}$ 的输出电压。

现在还不知道如何在高频处进行补偿,因为 GBW 和 SR 都依赖于输入

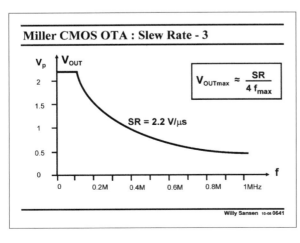

Willy Sansen 10-05 0641

晶体管的电流和电容 C_C。

实际上，如果对于同样的 GBW 的情况下，那么可以调整哪些晶体管参数，来获得更大的 SR 呢？

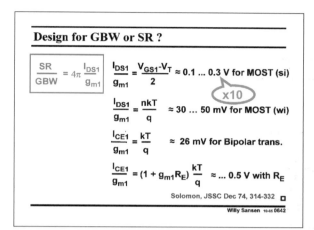

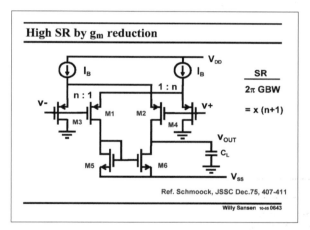

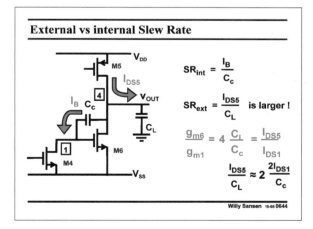

0642　为了能够在同样的 GBW 下获得更大的 SR，我们取 SR 和 GBW 的比值，并将此用晶体管的参数来表示。

发现对于一个 MOST，该比值与 $V_{GS} - V_T$ 呈正比。在相同的 GBW 下，输入晶体管的 $V_{GS1} - V_T$ 越大，SR 的值越大，而 SR 越大速度越高。这个结果已经预料到了，为了提高速度需要大的 $V_{GS} - V_T$，同时噪声性能会变差。

显然在 GBW 相同时，在输入端使用双极型晶体管会使得 SR 下降为 $1/10$。对于弱反型时的 MOST 也是同样。

为了提高双极型放大器的 SR，需要插入串联的晶体管，SR 会相应地增加，显然噪声性能同样会受到影响。

既要实现一个高速的放大器或 SR，又要实现低噪声是需要折中的。

0643　采用如图所示交叉耦合结构可以减弱 GBW 对 SR 的作用，但是代价是增大了功耗。

对于小信号，晶体管 M1 和 M2 照常提供增益和 GBW。它们工作的直流电流相当小，因而 g_m 也很小，直流电流仅是偏置电流 I_B 的 $1/(n+1)$。

对于大信号输入，输入晶体管 M3 和 M4 导通或者截止。因而所有的电流 I_B 可以到达输出，使输出电压出现转换。现在输出电流增大了 $n+1$ 倍，比率 SR/GBW 也增大了 $n+1$ 倍。

显然主要的缺点是在小信号时，流过的大电流 I_B 只有一小部分用于产生跨导，大多数直流电流实际上被浪费了。

0644　通常是内部的转换速率来产生限制，但也可能是外部的转换速率来产生限制。

负载电容也需要被充电,电流源 M5 的全部电流用于使输出电压产生转换。

本章所示的设计过程中,输出级电流比输入级电流大得多,而补偿电容只为负载电容的 1/3~1/2,故内部转换速率是主要的限制因素,它与外部转换速率至少是两倍的关系。

但是情况也不总是这样,应该进行验证。在 1MHz Miller CMOS OTA 的例子中,内部转换速率是 $2.2V/\mu s$,而外部转换速率仅仅大了一点,只有 $2.5V/\mu s$。

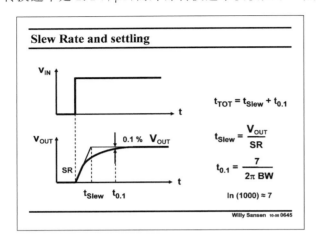

0645　转换速率也是总的稳定时间的一部分。

当输入为一个大幅度矩形波时,输出电压会先出现转换,直到在一定误差范围内(如 10%)达到最后的输出电压。从这时开始小信号工作发生作用,由带宽(或 GBW)来决定稳定时间。从 SR 到由带宽来限制这两个区的过渡特性还不清楚。

最小稳定时间的计算是完全忽略 SR 的,此时,达到 0.1% 精度就需要 6.9(或者 7)倍的时间常数。

最大稳定时间是由从零变换到最后输出电压的时间与达到 0.1% 的精度所需的 7 倍时间常数相加而得到的。

举例来说,如果是 1MHz Miller CMOS OTA,闭环增益为 10,带宽是 100kHz,相应的时间常数是 $1.6\mu s$,到达 0.1% 精度需要 7 倍的时间常数或者是 $11.2\mu s$。

SR 为 $2.2V/\mu s$ 时,从零变换到 1V 的输出电压需要 $0.45\mu s$,总的稳定时间介于 $11.2\sim 11.6\mu s$。实际的稳定时间占用了其中的大部分时间。

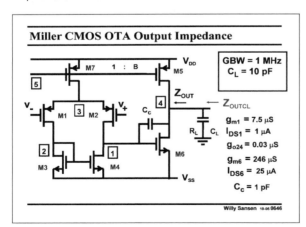

0646　下面研究输出阻抗。

为此忽略了外部的阻性负载,它们通常也不存在。将两种输出阻抗进行区分:放大器自身的输出阻抗 Z_{OUT} 和包含负载电容的阻抗 Z_{OUTCL},后者是连接到下一级节点的阻抗。

输出阻抗 Z_{OUT} 在低频段很高,是 M5 和 M6 输出阻抗 r_o 的并联。

然而在高频段,补偿电容 C_c 相当于短路,输出阻抗 Z_{OUT} 呈阻性,其值为 $1/g_{m6}$。下面对此进行讨论。

0647　因为没有反馈,开环输出阻抗 Z_{OUT} 在低频段很高,它的值一直下降,直到 $1/g_{m6}$。

Z_{OUT} 的极点 f_d 和开路增益特性中的是一样的,但零点 f_z 是一个新的频率特征,它在增益特性中是不存在的,零点仅出现在输出阻抗和噪声特性中。

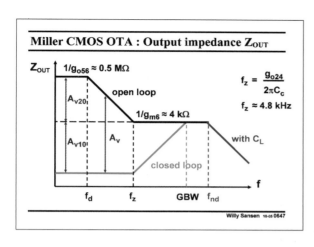

该零点实际上是第一级的输出电阻与补偿电容 C_C 的阻抗相等的频率点,在该频率处,第一级的增益开始下降。

无论如何,对于大部分的频率区域,输出阻抗是非常低的,因而我们不需要一个 AB 类级,AB 类级只是在驱动片外负载时才需要。另外,对于几千欧姆的阻抗的连接不会带来很大的噪声,这一值便于进行互连。

应用单位增益反馈后使得输出阻抗要除以总的增益。因为两种情况下极点 f_d 是相同的,所以相除以后极点消失了,而零点仍然存在,曲线表明了有一大块区域呈感性。

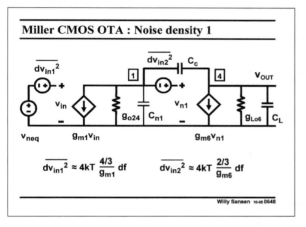

考虑到负载电容 C_L 产生的极点,阻抗 Z_{OUTCL} 在非主导极点 f_{nd} 处开始下降。

0648　为了得到等效输入噪声电压,需要引入第一级和第二级的输入噪声电压,它们包括在图示的小信号等效电路中。

输入级的输入噪声也给出了,仅包含两个输入晶体管。我们假设对电流镜器件已经进行了低噪声设计。

第二级的输入噪声只是由晶体管 M6 产生的,图中已经显示出来了。注意到它是在一个非常奇怪的位置,和栅极串联,所以它的影响不容易发现。

现在我们要将第二级的输入噪声电压转移到输入端,以此来计算它对输出端的贡献,即将输出端的噪声电压除以总的增益。

下面写出结果。

0649　如图所示为单位增益反馈时所有噪声源对于输出噪声的贡献。

当频率超过 GBW 时,输入级的影响逐渐减少。

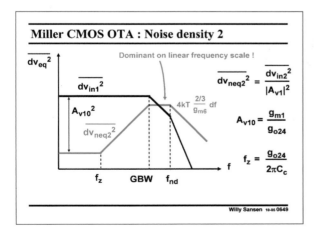

　　然而在高频时,第二级的噪声成为主导因素,该频段特性最为重要,因此噪声用线性频率轴来进行研究。

　　低频时第二级的噪声密度显然可以忽略,因为它除以了第一级增益的平方。在高于零点频率 f_z 处,噪声密度和输出阻抗的情况相同,第二级的噪声贡献开始上升,直到在高频时成为主导。因为从零点频率开始,第一级的增益下降,因此噪声开始增大。

　　某种意义上结果不是很糟,因为在 GBW 频率以下,第二级的噪声密度并不占主要地位。如上页所示,第二级的最大噪声贡献实际上来源于输入噪声电压。因为 g_{m6} 比 g_{m1} 大得多,所以与第一级的噪声相比而言,第二级的噪声通常可以忽略。

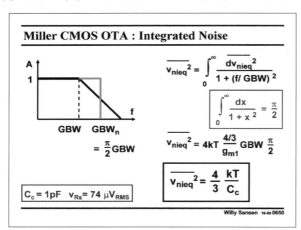

0650　为了得出 OTA 的积分噪声,需要将输入噪声密度在全部频率范围内积分。由于我们处理的是一阶滚降,可以发现噪声带宽是带宽的 $\pi/2$ 倍。

　　采用单位增益时,带宽等于 GBW。

　　积分噪声是等效输入噪声电压和噪声带宽的乘积。

　　因为输入噪声电压和 GBW 都由跨导 g_{m1} 决定,所以两者抵消。因此,积分噪声仅包含补偿电容 C_C。

　　虽然第二级的噪声贡献接近于 20%,但仍被忽略了。

　　为了提高积分噪声性能,需要更大的电容,因而需要更大的电流。

　　低噪声总是导致高功耗。

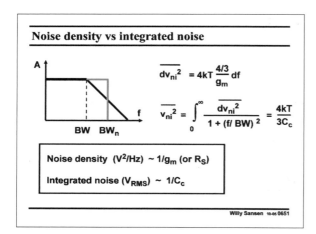

0651　对于阻性噪声,OTA 的噪声也有相同的结论。

　　噪声密度总是取决于电阻或者跨导,然而积分噪声却取决于主要电容。单级放大器的主要电容是 C_L,而对于两级或是三级放大器主要电容是 C_C。

　　大电容会导致大电流,大电流会产生大跨导,它们是相互关联的。

　　然而要确保在感兴趣的最高频段输出级的噪声不会成为主要的噪声,为此输出级 g_m 必须总是大于输入级 g_m,这也是稳定性的要求。

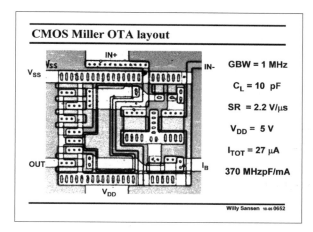

CMOS Miller OTA layout

V_{SS} IN+ IN-

V_{SS}

GBW = 1 MHz

C_L = 10 pF

SR = 2.2 V/μs

V_{DD} = 5 V

I_{TOT} = 27 μA

OUT I_B

370 MHzpF/mA

V_{DD}

Willy Sansen 10-05 0652

Miller CMOS OTA : Exercise

GBW = 50 MHz for C_L = 2 pF : use min. I_{DS6} !

Techno: L_{min} = 0.5 μm; K'_n = 50 μA/V² & K'_p = 25 μA/V²

C_{GS} = kW (= C_{ox}WL) and k = 2 fF/ μm

$V_{GS} - V_T$ = 0.2 V

Find

g_{m6} I_{DS6} W_6 C_{n1} = C_{GS6} C_c g_{m1} I_{DS1} $\overline{dv_{ineq}^2}$ v_{inRMS}

Willy Sansen 10-05 0653

Conclusion : Table of contents

- **Design of Single-stage OTA**
- **Design of Miller CMOS OTA**
- **Design for GBW and Phase Margin**
- **Other specs:** Input range, output range, SR, ...

Willy Sansen 10-05 0654

0652 为了总结 GBW 为 1MHz,负载电容为 10pF 的 Miller CMOS OTA,还需要研究一下版图。

输入器件位于右边的正中间,尺寸相当大用来抑制 1/f 噪声。

输出器件位于左边,显然尺寸更大。1pF 的补偿电容虽然很小,但清楚可见。

0653 作为本章的总结,进行一个 Miller CMOS OTA 的设计练习。

设计指标与前面的一样。

建议采用第二个设计方案,首先计算输出级的最小电流。

给出设计放大器的顺序:在得出 g_{m6} 和 I_{DS6} 之后,求出 W_6,因为其产生了 C_{GS6},将 C_{GS6} 设定成和 C_{n1} 相等。

通过非主极点的表达式可以很容易地求出补偿电容 C_c。

求出了 C_c 后,最后就可以设计输入级。

在练习中,也可以很容易地得出噪声密度和积分噪声。

0654 本章详细介绍了 Miller CMOS OTA 的设计细节。

可以看到根据功耗可以实现某种最优化,该最优化可以通过各种不同的设计步骤来实现。

设计过程中需要满足太多的指标,然而设计变量很少,因此需要进行很多折中。增加电路结构的复杂性只是处理这些折中的方法之一。

因此需要研究更复杂的运算放大器电路,需要研究其各种不同的实现方式。

第 7 章　重要的运算放大器结构

Important opamp configurations

Willy Sansen

KULeuven, ESAT-MICAS
Leuven, Belgium

willy.sansen@esat.kuleuven.be

Willy Sansen 10-05 071

Table of contents

Willy Sansen 10-05 072

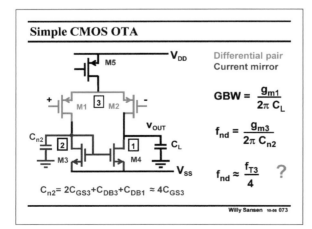

071　运算放大器有很多种,但还是有可能把它们归纳为几个重要的分类。例如对称性运算放大器和折叠式共源共栅放大器,它们被反复地设计和应用,是放大器之王。

也可以关注很多其他类型的运算放大器,因为它们强调了一些巧妙的设计方法,或者性能很优异。

本章将简单介绍许多重要的运算放大器电路。很多情况下,需要在速度、噪声或其他指标的限制上进行折中。

072　本章也将讨论标准 CMOS 工艺与 BiCMOS 工艺之间的折中,讨论这两种工艺时也包含了一些著名的电路。

讨论最多的是对称性 OTA 和折叠式共源共栅 OTA,因为它们被经常采用。

最后研究一些常见的运算放大器,其设计原理可以适用于大多数运算放大器电路。

先回顾一下已经研究过的最简单的差分电压放大器。

073　这种单级 CMOS OTA 是我们所熟知的。

它的这种简单的结构意味着能工作在很高的频率上,它的第二个极点可以被忽略的原因有两个。①第二个极点在接近于 f_T 的频率上。②第二个极点在输出节点的另一端。对于一个单输出放大器而言,这意味着第二个极点后面紧跟着一个零点,零点的频率是极点的两倍。所以第二个极点可以忽略。

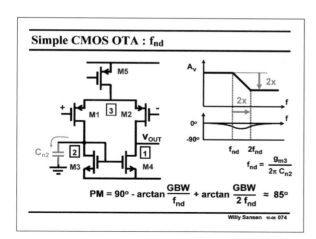

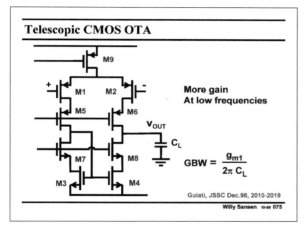

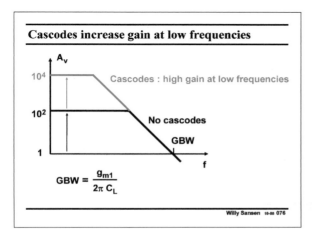

074　即使把一个大的外部电容连接到节点 2,我们仍然发现 M1 和 M2 产生的循环电流只有一半输出到负载上。

无论电容的大小如何,负载上的电流总是只有一半,这个两倍因子只能被解释成是极零点对的原因,极零点对对于相位裕度上的影响是非常小的。

因此单输出放大器其输出端另一边的电容对相位裕度的影响可以忽略。

075　这样一个电压放大器的增益是非常有限的,因为纳米级的 MOST 器件,每个晶体管的增益很小。

因此采用了共源共栅放大器。如本幻灯片所示,四个共源共栅 MOST M5~M8 与输入器件和电流镜串联,这里指出共源共栅 M7 管包含在 M3 管周围的反馈环中,这样可以产生一个大的输出摆幅。

这种结构称为套筒式 CMOS OTA。其输出电阻急剧增加,但是 GBW 不会增加。

显然功耗也没有增加。

076　没有采用共源共栅结构时,增益适中,采用共源共栅结构后,仅仅是在低频段增益增加了。

共源共栅放大器主要用于在低频段得到更多的增益,用来减小低频段的失真。

在共源共栅结构中晶体管 M6、M8 可以采用增益提高技术来进一步提高增益。

对于深亚微米或纳米 CMOS 工艺这是很有必要的,因为单个晶体管的增益小于 10。

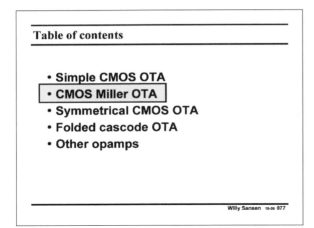

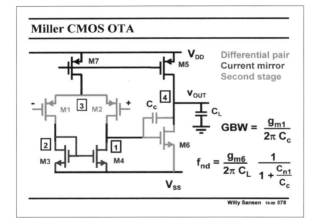

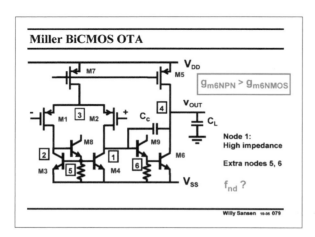

077 与单级放大器相比较,两级 CMOS Miller OTA 需要更多的功耗才能达到相同的 GBW,因此考虑使用 BiCOMS 工艺以节省功耗。这种设计方法很早就讨论过,将很快采用。

078 已经详细地讨论了采用 CMOS 工艺的 Miller OTA。前面列出了两个主要的关于 GBW 和非主极点的表达式。在每个设计中先考虑的总是高频的非主极点。

与前面解释的一样,g_{m6} 和 C_C 总是首先被确定。

079 BiCMOS 工艺具有什么样的优点呢?

本页显示的是采用 BiCMOS 工艺实现的一个 Miller OTA。

第二级使用一个双极型晶体管,它的 g_m 与 MOST 的一样,但是直流电流比 MOST 少了四倍。由于第二级的电流较大,因此显然减少了功耗。

双极型晶体管的输入电阻太小了,导致在节点 1 上的电阻减小,因此第一级的增益下降了。

因此需要一个射极跟随器接在第一级和第二级的输入晶体管之间,射极跟随器由晶体管 M9 实现。现在输入电阻高了 β 倍,与第一级的输出电阻差不多。

这个射极跟随器使节点 1 处的直流电位增加了 V_{BE}。因此节点 1 的电位约为 V_{BE} 的两倍或者比 V_{SS} 高 1.33V。

为了在另一个节点 2 建立一样的直流电位,用了一个三晶体管的电流镜,在第 2 章已经解释了。现在,节点 1 与节点 2 为输入端提供了相同的 DC 电压,提高了匹配性。

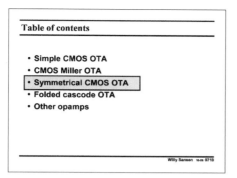

0710　OTA 中用得最多的一个结构是对称性的 OTA,它的结构比 Miller OTA 更加对称,所以提高了匹配,提供了更好的失调和 CMRR 特性(见第 15 章)。

0711　一个对称性的 OTA 包含一个差分对和三个电流镜。输入差分对的负载是两个一样的电流镜,这个电流镜提供了一个电流增益 B。有时也叫做负载补偿 OTA,因为两个负载是一样的。

如果是单端输出,在输出端还需要另一个增益为 1 电流镜。如果是双端输出(见第 8 章),就不需要这个电流镜。这里的分析是针对单端输出的情况。

显然该 OTA 是对称性的,输入器件看到的是相同的直流电压和负载阻抗。当考虑到匹配问题时,这是最好的情况了。

而且由于电流因子 B 的作用,产生了额外的增益。B 的最大值能有多大?

0712　很容易计算低频增益。电流由输入器件产生,被放大了 B 倍,流进输出负载。

节点 4 的输出电阻 R_{n4} 十分高,准确地说,它是电路中唯一的一个高阻节点,所有其他节点的电阻都是在 $1/g_m$ 左右。所以这是一个单级放大器,只有一个高阻节点,该节点的增益比较高,摆幅比较大,最终在该节点处形成了主极点。

很容易得到低频处的电压增益。输出节点上也产生了带宽,GBW 是增

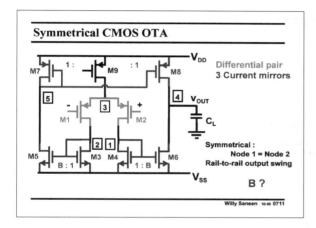

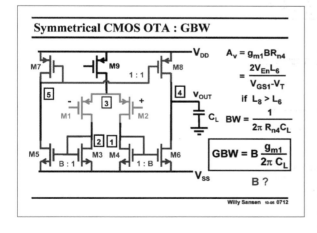

益带宽积,表达式与单晶体管放大器一样,只是乘上了电流系数 B。

增加的 B 使 GBW 增大。

那么 B 能有多大?

0713　但是在其他的节点处产生了非主极点。三个其他的极点有 1、2、5,那么是否就有了三个非主极点?

答案是否定的。将看到只有一个非主极点起了作用,这个极点在节点 1 和 2 处。

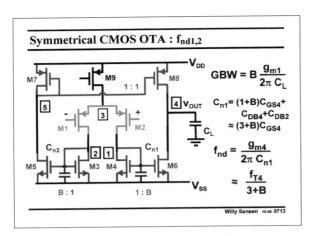

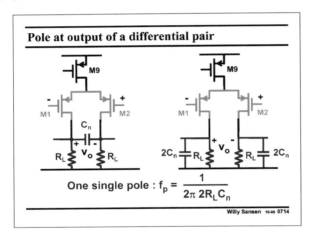

怎样使节点 1 和节点 2 处的非主极点一样？事实上,对于差分输出电压,很容易表明这两个节点事实上只构成了一个极点(见下一张幻灯片)。

所以,非主极点是由 $1/g_{m4}$ 和所有与这个节点相连的电容来决定的。电容的值已经在本页列出了,除了电流镜晶体管,将其他晶体管的电容做一个粗略的近似,看成大小一样的。在节点 1 处晶体管 M6 提供的输入电容,比 M4 的电容大 B 倍。

最后非主极点的频率可以重新由 f_T 和电流因子 B 来表示。B 越大,非主极点(频率)越低。所以这个表达式限定了 B 的最大值。

0714　对于差分输出,两个对地晶体管构成了一阶特性——因为电路只有一个单极点。

左边的电路很明显,因为只有一个电容,所以只能产生一个极点。

但是这个电路很容易转换成右边的电路。将电容的值变成原来的两倍,进行串联连接,可以得出两个电容之间是接地的。右边电路就是这样从第一个电路演化而来的。对于交流通路来说,它们几乎是一样的,有相同的极点。

使电路稍微有趣的是,如果是不对称的结构,将会怎样？例如:如果一个电容比另一个稍大,它该怎样才能产生一个相同大小的极点？

这种情况下,我们得到了两个极点,但是在它们之间也形成了一个零点,确保了一阶滚降。

最后的结果是对于一个差分输出,两个节点只建立了一个单极点！

0715　在节点 5 产生的极点会怎么样？

注意到这是单端放大器另一端的节点,每次单端放大器另一端的电容在考虑相位裕量时都可以被忽略。

确实,节点 5 的电容产生了一个极零点对,它们的频率是两倍关系。所以对相位裕量的影响可以忽略。

尽管在电阻为 $1/g_m$ 的数量级上有三个节点,事实上只产生了一个非主极点。

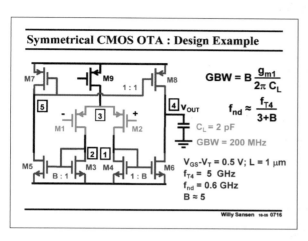

0716　例如,下面设计一个对称性的 CMOS OTA,GBW 是 200MHz,负载电容是 2pF。

GBW 和 f_{nd} 的方程与前面一样。

显然为得到宽带性能,M4 和 M6 不得不用高速晶体管,这意味着电流放大器(或者镜像)器件的 $V_{GS}-V_T$ 必须很大,L 必须很小。

现在根据现有的 CMOS 工艺来确定一些参数,f_T 约为 5GHz。

使 f_{nd} 等于 3 倍的 GBW 得到 B 的最大值,所以 B 的值是 5。许多设计者使用 3～5 的 B 值。

通过 GBW 很容易得到输入跨导。$g_{m1}=0.5mS$ 时,电流要达到 $50\mu A$。现在总的电流消耗是 0.6mA。

放大器的 FOM 是 670MHz/mA,这确实是非常好的值。

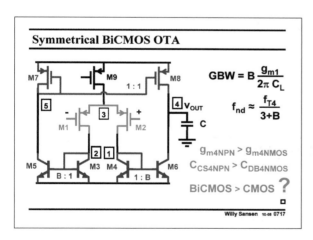

0717　采用 BiCMOS 工艺后,它能像 Miller OTA 那样节省功耗吗?

回答是否定的。

只有电流源采用双极型器件,输入器件采用 MOST 比较好,因为它们能提供很小的输入偏置电流和很高的转换速率(SR)。

有两个需要考虑的事实:

1. npn 晶体管的确有一个很高的 g_m,但是在电流镜中,该优点并没有被开发出来。对于一个特定的 BiCMOS 工艺,它们也有一个很高的 f_T,但是它的 f_T 不一定比更加先进的标准 CMOS 工艺的 f_T 高。

2. 双极型晶体管有一个相对大的集电极-衬底电容 C_{CS}。所以,在节点 1 和节点 2 之间的寄生电容可能比约束 f_T 的电容大很多。

因此,一个对称性的 BiCMOS OTA 的速度可能没有对应的 CMOS OTA 那么快,对于相同的 GBW,并不比 CMOS 电路消耗更少的电流。

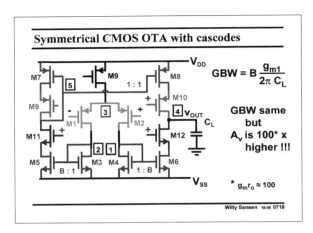

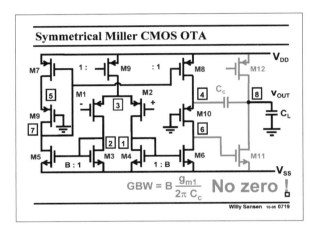

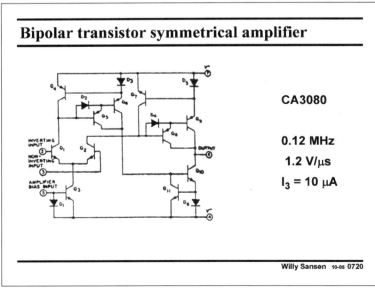

0718　以前所有对称性的 OTA 的增益都太小，共源共栅结构可以增加增益，输出共源共栅管 M10 和 M12 甚至可以采用增益提高技术来进一步提高增益。

注意到为了保持对称，两边都应该采用共源共栅结构。注意到电流镜（M7～M10）可以允许一个很大的输出摆幅，在晶体管 M8/M10 或 M6/M12 没有进入线性区时，输出电压可以高达电源电压减 0.4V 的值。

共源共栅结构增加了增益，但是 GBW 并没有增大。共源共栅增加的仅仅是低频段的增益。此外，共源共栅结构中 M10 和 M12 采用增益提高技术可以进一步提高低频增益。在纳米 CMOS 工艺中广泛采用这种结构，因为每个晶体管的增益十分小，比 10 还小。

0719　采用对称性 OTA 作为第一级就很容易构造一个两级 Miller OTA，如本幻灯片所示。

它的 GBW 表达式中也包括 C_c 和 B。

补偿电容 C_c 没有直接从漏极连到栅极，而是通过了一个共源共栅管 M10，以避免正的零点。

所以通过输出级 M11/M12 管的电流可能变小，节约了功耗。

0720　本幻灯片给出以前采用双极型晶体管实现的一个对称性的 OTA。

精心设计电流镜用来获得精确的镜像电流和很好的匹配。

显然指标参数依赖于实际流过的直流电流。事实上，这个电路可以通过改变流过 Q3 的电流来调节 GBW 的值。这个非主极点与 GBW 相关。

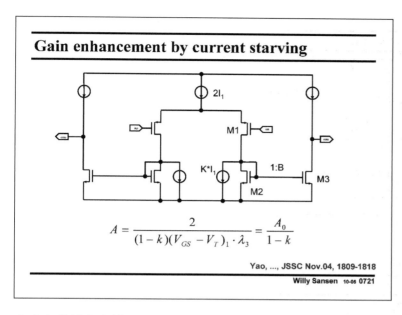

Willy Sansen 10-05 0721

Yao, ..., JSSC Nov.04, 1809-1818

电流和信号电流被注入电流镜晶体管 M2 中。

0721　另一个提高增益的方法是电流缺乏技术。

事实上,这是一个全差分的对称性 OTA,因为没有使用共源共栅结构,电压增益非常小。

然而,加上两个值为 KI_1 的直流电流源,增益就大大增加了,K 的典型值是 0.8。

在这种情况下,输入晶体管 M1 提供的直流电流的 80% 被直流电流源带走。只有 20% 的直流

在输出晶体管 M3 上的直流电流越低,输出阻抗越高,电压增益也越高。

该技术不能被过分使用,否则会出现不匹配。此外,电流镜内节点的阻抗产生了非主极点,阻抗不能增加得太多。

0722　另一个最常用的运算跨导放大器是折叠式共源共栅 OTA。

很多设计者只设计折叠式共源共栅 OTA。所以准确地了解它的优点和缺点很重要,另外也要了解哪种设计方案能够在功耗、噪声及其他方面有最好的性能。

0723　一个折叠式共源共栅 OTA 包括一个输入差分对、两个共源共栅放大器和一个电流镜。当有两个输出端时,就没有必要采用后面的电流镜,这将在第 8 章节解释。

这也是一个高摆幅的电流镜。

该电路与对称性的 OTA 一样对称,因为在节点 1 和节点 2 处,两个输入器件有相同的直流电压和阻抗。

输出节点又是唯一的高阻抗点。确实所有其他节点的阻抗是在 $1/g_m$ 数量级上,这又是一个单级放大器,尽管电路有其复杂性。

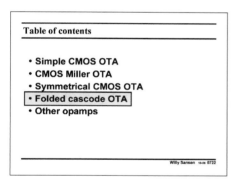

Willy Sansen 10-05 0722

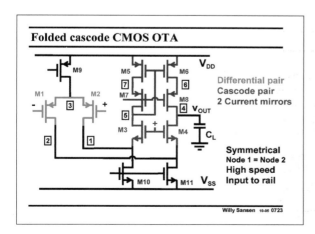

Willy Sansen 10-05 0723

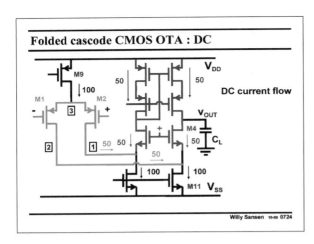

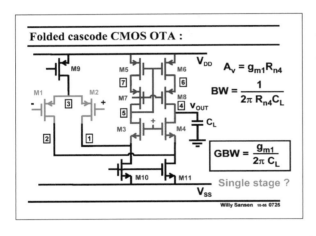

0724 首先讨论直流特性。

电流源 M9 为输入器件提供的偏置电流为 $100\mu A$，两个输入器件各 $50\mu A$。

在节点 2 处，晶体管 M11 流过了 $100\mu A$ 电流，该电流与来自 M1 管电流的差值由共源共栅晶体管 M4 提供。

流过两个共源共栅晶体管的电流由上面的电流镜来镜像。即使输出节点与地相连，直流电流也没有办法流出去。

输入器件和共源共栅器件的所有电流在正常情况下是一样的，也就是 $50\mu A$。这不是必要的，但确实是防止如摆幅不对称、转换速率等各种因素的最好方法。

0725 其小信号工作原理很容易理解。

输入晶体管产生一个循环电流，它通过共源共栅管到达高阻抗节点。在节点 4 的输出电阻是 R_{n4}。

很容易得出低频电压增益，值得注意的是因为使用了共源共栅结构这个增益变得很高。共源共栅晶体管 M4 和 M8 采用增益提高技术可以进一步提高增益。

同样输出节点产生了带宽，GBW 是增益带宽积，这与单晶体管放大器几乎是一样的。当然，在这里输入跨导比较小，因为输入级只流入一半的电流。

折叠式 OTA 有什么优点呢？它消耗的电流是套筒式共源共栅放大器的两倍。

0726 为了得出折叠式共源共栅 OTA 的优点，需要证实它在高频处的性能。

非主极点在节点 1 和节点 2 处产生，它们一起形成单个的非主极点。在节点 1 的阻抗是 $1/g_{m3}$，该节点的电容是 C_{n1}，C_{n1} 是 3 个大小相似的小电容之和。

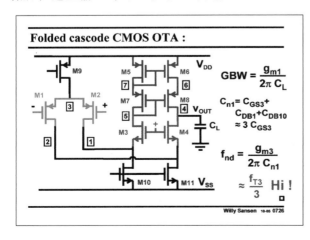

非主极点出现在 f_T 的大约 1/3 处,这确实是很高的频率,所以 GBW 可以做得非常高。这是折叠式 OTA 的第一个优点。

最后,注意到晶体管 M5~M8 组成的电流镜也被使用,但是这个电流镜需要高于 1V 的电压来保证所有的晶体管都工作在饱和状态,它造成输出摆幅减小。而以前的电流镜能够较好地应用于低电源电压。

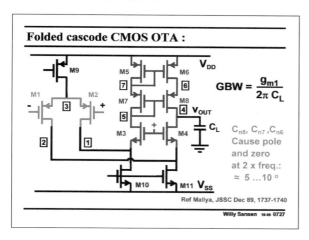

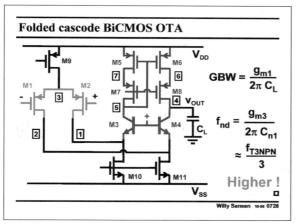

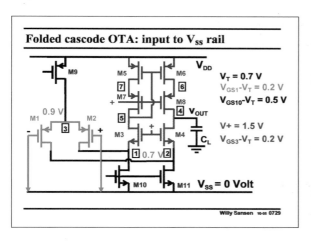

0727　上部节点 5、6 和 7 处的电容也产生了非主极点。但是非主极点的后面跟随着零点,零点的频率是极点的两倍。事实上,每次的单端输出放大器中,输出节点的另一边的电容在考虑相位裕量时都可以被忽略。

得到的结论是:这个 OTA 只有一个非主极点,它很容易设计,速度非常快也是它的优点。

0728　一个折叠式 BiCMOS OTA 速度会更快吗?

唯一的一个较好地插入双极型晶体管的地方是在共源共栅器件的位置,这确实是需要最高速器件的地方。在节点 1 和 2 处的非主极点值和共源共栅管的 f_T 相关。该 npn 管的 f_T 比特定 BiCMOS 工艺 nMOST 的 f_T 要高,而该 npn 管的 f_T 没有必要比近来标准 CMOS 工艺 nMOST 的 f_T 高。

在直流电流源中,晶体管 M10 和 M11 从来不采用双极型器件,因为双极型器件的集电极-衬底电容将会使节点 1 和 2 处的非主极点降低很多。

0729　折叠式共源共栅 OTA 的第二个重要优点是输入晶体管的栅电位甚至可以超过电源电位的范围。共模输入电压的范围内可能包括其中的一个电源电位。

在本页的电路中,当输入的 pMOST 器件的栅极连接到地或者甚至低于地电位时,它仍然工作。输入晶体管的 V_{GS} 值很容易到 0.9V(因为 $V_T = 0.7V$),保证了足够的 V_{DS1} 和 V_{DS10}。

如果 V_{DS1} 约为 $0.2\ V$,$V_{DS10}=0.5\ V$,则输入晶体管的栅极电压比地电位低 $0.2V$ 时仍然可以工作。

一个折叠式共源共栅运算放大器可以包括地电位,因此以前它经常被用于单电源系统中,例如汽车电子方面。但是现在也应用在所有混合信号电路中,其中的处理器只用了一个电源电位。

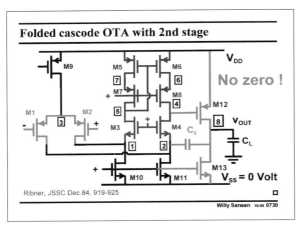

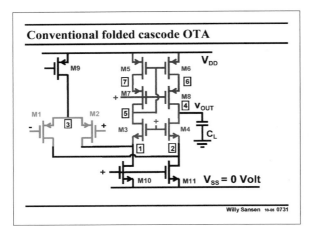

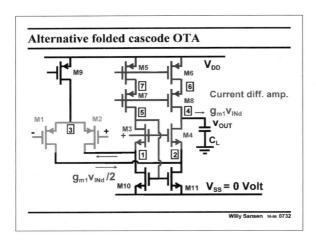

此外,两个折叠式共源共栅放大器并联时,在输入端一个用 pMOST,另一个用 nMOST,就可以覆盖全部的轨到轨范围。这是怎样把轨到轨输入的运算放大器做在一起的方法,它们将在第 11 章讨论。

0730 折叠式共源共栅 OTA 可以成为一个两级 Miller CMOS OTA 中的非常优秀的第一级电路,第二级通常是一个有源负载的单晶体管放大器。

所以,GBW 是由 g_{m1} 和 C_c 来确定的。但是现在这里有两个非主极点,频率相对低的极点通常在输出端,另一个在节点 1 和 2 处的极点通常在很高的频率上。

因为第二级的作用,输出摆幅可以实现轨到轨。确实,即使输出电压接近正电源电压,输出晶体管 M12 进入线性区,没有增益了,第一级仍然有足够的增益来抑制失真。

0731 为了进行比较,在此重复一下传统的折叠式共源共栅 OTA。如下所示,顶层的 M5～M8 电流镜也可以用不同的方法来实现。

0732 在这另一种折叠式共源共栅放大器 OTA 中,电流镜包围在共源共栅管周围。

晶体管 M3/M4 也是 M3/M4 和 M10/M11 形成的差分电流放大器中的共源共栅管。如第 2 章所述,这样一个放大器提供了差分输入电流。这些输入电流大小相同,但是相位相反,因为它们直接来源于输入差分对。

负载电容上的输出电流是 $g_{m1} v_{ind}$。

下面试图来发现它与前面传统的折叠式共源共栅 OTA 的不同点。

显然增益和输出阻抗是一样的,由于 M5~M6 和 M9 的栅电位相同,偏置电位的数量少了一个。

主要的不同之处是从输入晶体管看进去的阻抗。在传统的折叠式共源共栅放大器中,输入器件看起来几乎是一样的阻抗。在这第二种结构中,晶体管 M1 处看到的阻抗是 $1/g_{m4}$,晶体管 M2 处看到的阻抗是 $1/g_{m3}$ 除以晶体管 M3 的增益或者 $g_{m3} r_{o3}$,该值大大减小了。

所以,第二种折叠式共源共栅 OTA 有一点点不对称,这种不对称在我们不是非常关注的高阶极点和零点处可以看出来。

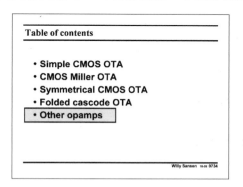

0733 作为比较,通过一个表格,列出了各种放大器主要的优点和缺点。

表格中的第一个是由 4 个晶体管组成的单级差分放大器,紧接着是对称性的 CMOS OTA,然后是两种共源共栅 CMOS OTA,最后是一个两级 Miller CMOS OTA。

显然,Miller CMOS OTA 功耗最大,套筒式共源共栅放大器的功耗最小。

在高输出摆幅方面,套筒式共源共栅 OTA 最差,Miller CMOS OTA 和对称性的 CMOS OTA 最好,因为没有采用共源共栅管。

然而,对称性 OTA 噪声性能最差。

仅就这三个指标而言,并不能说某一种放大器就是最好的,许多设计者都倾向采用折叠式共源共栅 OTA,它的确是一个较好的折中。

0734 还可以介绍许多运算放大器结构,它们都在下面进行介绍,因为它们具有某些值得我们去研究的特性。我们会试图分辨出它们的设计原理,这些原理以前已经研究过,我们也将试图分辨出它采用的是一级还是两级的结构,也想知道采用哪种方法来消除正的零点,当然我们也试图分辨出它是对称性的结构还是折叠式的结构。

其中一些是全差分的,这意味着它们有两个输出端并且需要共模反馈,这将在第 8 章中介绍,目前将重点研究电路结构而不考虑它们的差分特性。

0735 第一个是电源电压只有 1V 的 OTA。

而且这个 OTA 的输入和输出端口可以对调,关掉四个(蓝色)的开关就可以实现。

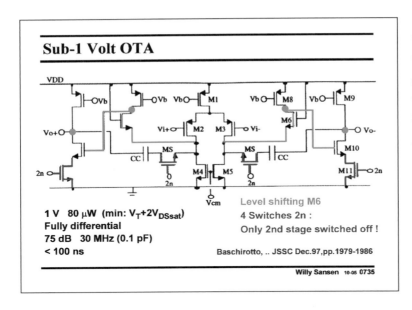

很明显呈现的是一个两级的 Miller CMOS OTA,它采用一个折叠式共源共栅放大器作为第一级。由于电源电压比较低,晶体管 M8 没有采用共源共栅结构,所以增益不会那么高,但是第二级可以提供很好的补充。明显地看出补偿电容 C_C 没有直接连在输出晶体管 M10 漏极和栅极,它采取用与共源共栅管 M6 连接的方法,目的是为了避免出现正的零点。

　　最后,共模输入电压范围为零,V_{DS1} 和 V_{GS3} 的总和大概是 1V,输入晶体管的栅极仅能工作在 0 电位周围。

　　另一方面,平均的输出电压将为 0.5V,这样使输出摆幅最大,因此输出不能直接和输入相连,这种连接是做缓冲器时所需要的。因此解决的方法是在输出与输入之间插入一个 0.5V 的电平移位器。

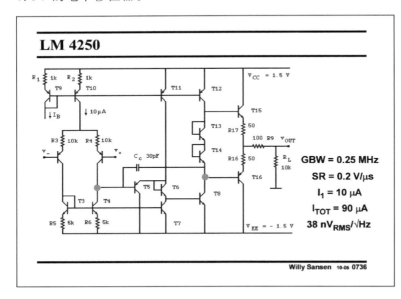

0736　本图是一个非常普通的采用双极型晶体管实现的两级密勒运放,它的电源电压可以小到 $\pm 1.5V$。

　　每个高阻抗节点都用一个红点表示,显然可以看出,这个两级放大器采用 AB 类作为输出级。

　　GBW 是由输入跨导和 30pF 的补偿电容来决定的,双极型晶体管有足够的跨导,因此不存在正零点问题。

　　采用双极型晶体管,需要在输入级和第二级增加一个射随器,这个晶体管就是 T5,随后的电平移位器 T6 把 T8 的 V_{BE} 降低到 0.7V,如果是一个低的电源电压也需要这个电平移位器。

　　在输入端,$10k\Omega$ 的串联电阻用来增加转换速率。

输出端由两个射随器组成,因此输出摆幅损耗了大约两倍 V_{BE}($V_{BE}=0.7V$)。对于大的电源电压,我们不必在意,对于小的电源电压或者需要大的输出摆幅时,必须采用两个集电极-集电极输出器件,正如在许多电路中见到的那样。

二极管 T13/T14 用来设置输出器件的静态电流。

0737 下面介绍如何提高 MOST 的跨导。

首先插入一个串联电阻,显然其跨导将减小。

如果插入的是负电阻,就可以提高跨导。例如,如果使 $g_m R_S=0.8$,则 g_{mR} 将是 g_m 的 5 倍。

然而,将 g_m 和电阻 R_S 匹配从而获得一个精确的如 0.8 的值是十分困难的。

0738 采用两个 MOST 器件就可以实现这个匹配,下面的晶体管连接成二极管的方式,由于两个晶体管的 DC 电流相等,g_m 的比率是 W/L 平方根的比率,或是 $V_{GS}-V_T$ 的比,g_m 的比率可以相当精确。

进一步,采用图示的差分形式可以很容易地实现一个负电阻。

例如,在版图设计时使 W/L 的比为 0.5,那么 g_m 的比为 0.71,最后跨导增大 3 倍,当然也可以更高些。

完整的 OTA 电路如左图所示。

0739 这是一个对称的 CMOS OTA,B 因子等于 3。输入器件串联一个负电阻以增加输入跨导。晶体管 M5 和 M6 是为了避免输入级出现闩锁。总之,振荡器、比较器、触发器等电路采用负电阻,因为它们再生信号,当过度

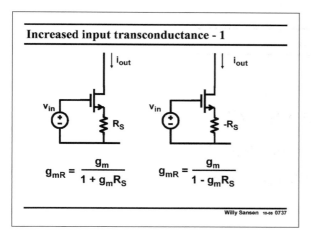

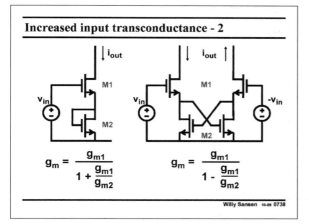

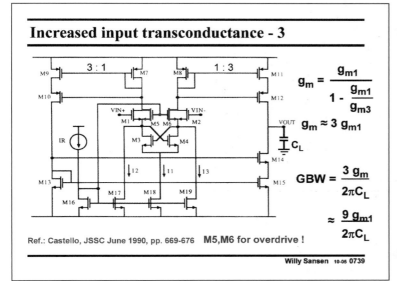

驱动时电路会闩锁。晶体管 M5 和 M6 用来避免这种现象。这个运算跨导放大器也称为跨导单元,因为它允许大的输入电压而不会产生很大的失真。

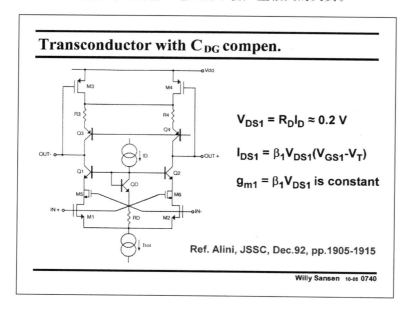

0740 在本幻灯片中是另一种高速跨导单元。

它与单级共源共栅电压放大器没有差别,但是输入晶体管工作在线性区,这样当输入大信号时可以避免失真。事实上,在线性区,电流与 V_{GS} 呈正比,而不是与 V_{GS}^2 呈正比。因此,假定 V_{DS} 是一个常数,跨导也是一个常数。同时使电流 I_D 恒定来保证 R_D 上的压降固定,以实现 V_{DS} 为常数。

显然跨导在线性区比在饱和区小,低的增益伴随着低的失真,反馈的作用也是如此,同样是降低增益来减少失真。

为了提高高频性能,通过晶体管 M5,M6 的作用增加了两个小电容,它们是为了补偿输入晶体管的输入电容 C_{GS},它们连接到另一边的节点上,其尺寸只要取三分之一就可以实现补偿功能,因此把它们的符号画得小一点。

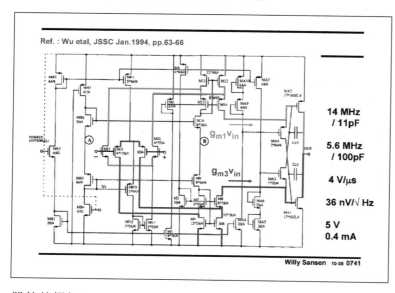

0741 这是第一个全轨到轨放大器,它在输入和输出端都能实现轨到轨,它能连接成单位增益作为缓冲器,它具有一个 AB 类输出级,提供较大的输出电流。

在输入端有两个折叠式共源共栅级并联,共模输入范围包括了正负电源电压。

它们的输出连到两个差分电流放大器,连接到输出级的两个大输出器件的栅极上。

很容易分辨出两级密勒运放的补偿电容。但是它们直接连接在漏极和栅极之间,也许补偿电容上的信号能通过共源共栅管会更好,例如 C_{C2} 连接到 M14 的源极会比较好。

输出晶体管栅极的阻抗非常高,表面上看起来阻抗可能不高,因为这些节点也与 MA3 和 MA4 的源极相连,而源极阻抗在 $1/g_m$ 数量级。但是情况并不是这样,因为这两个晶体管包含了自举技术,后面将进行解释。

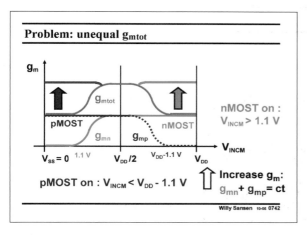

轨到轨输入级可能会引起 GBW 较大的变化,先研究这一点。

0742 事实上,如果共模信号或平均输入信号在中间电位,两个输入级都工作,总的跨导是输入端 nMOST 和 pMOST 跨导的和。

但是对于更高电位的共模输入信号,pMOST 关闭了,跨导减少一半,共模输入信号太小的情况也一样,正如本幻灯片所示,总的跨导和共模输入信号的关系曲线像一个钟的形状,GBW 的曲线也是如此。

这样会造成很多失真。

有些电路对于大的共模输入采取了跨导均衡技术,换言之,对于较低的共模输入电压,需要将 pMOST 的跨导加倍,而对于高的共模电压,则需要 nMOST 的跨导加倍。

设计的许多电路都可以实现这个功能,下面就介绍其中一种,其他的将在第 11 章中进行介绍。

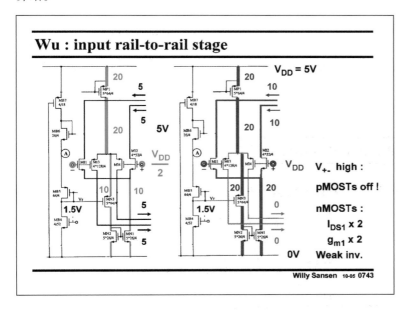

0743 轨到轨运放的输入级如本幻灯片所示。

电流流过的线加粗,输入电路重复画了两次,第一次表示的是共模输入的情况,其中共模电压是电源电压的一半。另一次表示的是输入端都连接到正电源的情况。

当输入是电源电压的一半时,通过所有输入器件的直流电流都相等(大约 $5\mu A$)。但是 pMOST 差分对的直流电流源电流是 $20\mu A$。事实上,这个电流有一半通过共源共栅管 MN3 流到了电流镜,该电流镜提供电流给 nMOST 差分对。

当输入电压升高,共源共栅管 MN3 的 V_{GS} 也随之升高,这样它将吸入全部的 $20\mu A$ 电流,因此,nMOST 差分对将得到 $20\mu A$ 的电流,而 pMOST 差分对则没有直流电流。

因此,nMOST 差分对中的电流加倍,如果输入器件工作在饱和区,产生的倍数还不够,但是输入器件工作在弱反型区就足够了。这时双倍的电流就产生了双倍的跨导。

由于输入器件的尺寸很大,以至输入器件大部分工作在弱反型区,毕竟 GBW 仅有 14MHz,很容易实现弱反型区。

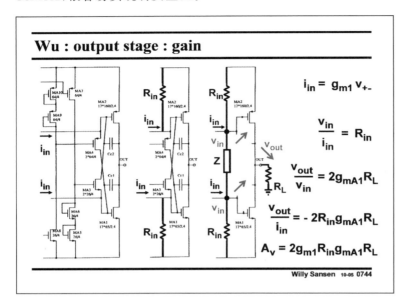

0744　要实现高增益,第一级的输出阻抗或者输出晶体管的栅极必须是高阻抗,但是由于这些节点和晶体管 MA3、MA4 的源极相连,所以可能不会是高阻抗了,因为源极阻抗在 $1/g_m$ 的数量级,但是实际上仍然是高阻抗,下面进行具体分析:

输出级的电路被重复画了三次,第一个是简单地从整个电路图中复制出来的,第二幅图将第一级的输出电阻表示为 R_{in},在第三幅图中,两个并联的晶体管用一个阻抗 Z 代替。

这样就很容易计算出放大器的增益,输入级提供了一个 g_{m1} 的跨导,总的增益也包括输出器件的跨导 g_{mA1},阻抗 Z 不包括在表达式内,因为阻抗 Z 已被省略。

在第三幅图中,来自输入级的电流有相同的相位,因此驱动输出晶体管的相位也相同,这是典型的 AB 类情况,相同相位的信号驱动两只晶体管,使一只晶体管开启,另一只关闭。

因此,输出器件的栅极电压幅度基本上相同,阻抗 Z 上没有出现 AC 电压,因此没有 AC 电流,就像是个无限大阻抗,这就是自举技术。

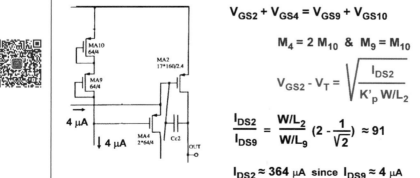

0745　MA3 和 MA4 在不产生增益时,又是用来起什么作用的呢?

它们用来设置输出晶体管的静态电流。

输出晶体管 MA2、MA4、MA9、MA10 组成一个跨导线性环,$V_{GS2} + V_{GS4} = V_{GS9} + V_{GS10}$。

四个器件中的三个 DC 电流是常量,三个 DC 电流被设置为 $4\sim5\mu A$,因此,流过 MA2 的电流也被设置为常量。

四个晶体管具有相同

的 V_T 和 $K'p$,流过输出晶体管 MA2 的电流约为 MA9 的 100 倍。

这是一种控制 AB 类输出级电流的简单方法,第 12 章将详细分析。

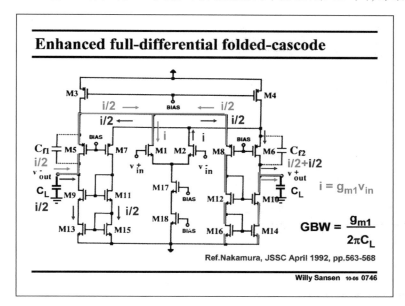

0746 本幻灯片中展示了一种更对称的折叠式共源共栅 OTA。

即使在高频处每个输入晶体管的漏极看到的阻抗都相同。在每个漏极处,循环电路电流 i 被平分成 i/2,一部分直接流到输出端,另一部分则被镜像。

由于在高频处的完美匹配,这个放大器的高阶极点和零点相互抵消,因此它具有相当高的 CMRR,而且转换速率也是相当对称的。

在高频性能方面是个相当理想的模块。

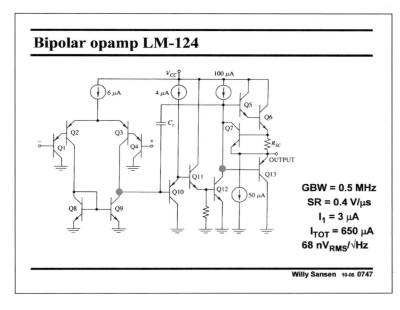

0747 另一个双极型运放也能在输入电压低于零时工作,这是折叠式共源共栅放大器的优点。

输入差分对的后面是两个射随器,因此输入可以为负,设 V_{BE} 为 0.6V,V_{CE} 为 0.1V,则输入可以为 -0.5 V。

该运放非常适用于单电源电压的应用,如汽车电子设备等。

这个运放的功耗很低,因此 GBW 很低。

但是噪声很高,因为电流很小,特别射随器用于输入端时,射随器没有提供电压增益,因此,输入级六个输入晶体管的噪声全部贡献到整个电路的等效输入噪声。

0748 本幻灯片中为一个采用 JFET 作为输入的两级双极型运放。

JFET 和 MOST 相似,只是具有较大的输入电流,实际上,JFET 的输入电流为泄漏电流,因为输入 pn 结反偏。但是 JFET 输入电流比双极型晶体管小得多,而且阈值电压是负的,如同 MOST 的耗尽型器件,它在 $V_{GS}=0$ 时是导通的,它们的阈值电压,称为夹断电压

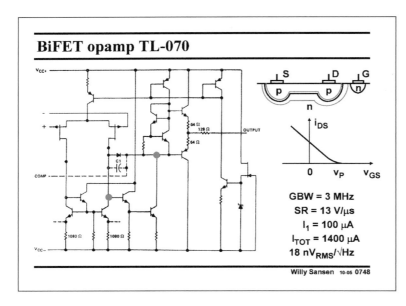

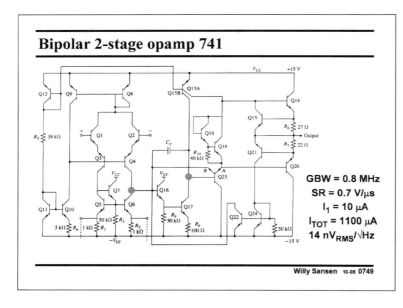

V_P,往往有几伏。

用 p-沟道 JFET 来代替电路中最初的 pnp 型晶体管。它只是一个有密勒补偿的二级运算放大器。但是在输入端采用双极型晶体管,转换速率太小,因此采用 JFET 可以增大转换速率。

这个器件的 1/f 噪声也很小,这对于低频电路来说是个额外的优点,例如可以应用在高性能的音频放大器中。

0749 这是数十年来采用分立器件来实现的两级运放。

与其他二级密勒补偿运放的不同之处在于它的输入级。

横向 pnp 晶体管的 β 太小不能用作输入晶体管,另一方面,需要在第二级用高速的 npn 晶体管把非主极点移到高频,因此,输入级的电流镜也必须采用 npn 管。

这就是在输入端采用 npn 管的原因,它们需要小的输入基极电流。

而这些输入 npn 管和横向 pnp 管串联,驱动 npn 电流镜。

因为所有的输入晶体管具有相同的电流,所以就具有相同的跨导。输入跨导现在减小到一半,为 $g_{m1}/2$,这仅是个很小的损失。

输入级的 pnp 晶体管采用共模反馈环路提供偏置,事实上,这个环路包括输入器件和电流镜 Q8/Q9,并且环路使输入器件的 DC 电流对 pnp 管的 β 值不敏感。

但是这个双极型运放的性能一般。

0750 本幻灯片中是一个高性能的双极型运放。

如红点所标示,它是一个两级运放,它的 GBW 适中,但是增益很高,它的失调可以被减小到很小的值。

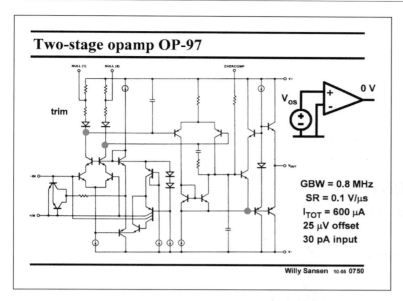

Two-stage opamp OP-97

GBW = 0.8 MHz
SR = 0.1 V/μs
I_{TOT} = 600 μA
25 μV offset
30 pA input

Willy Sansen 10-05 0750

第一级采用电阻负载来实现,这些电阻通过激光或其他技术进行微调以显著提高共模抑制比 CMRR(见第 15 章)。

但是输入级的电阻不像有源负载那样能够产生高的增益,因此第二级必须有足够高的增益。

第二级由一个差分电压放大器组成,并且加上了一个射随器。

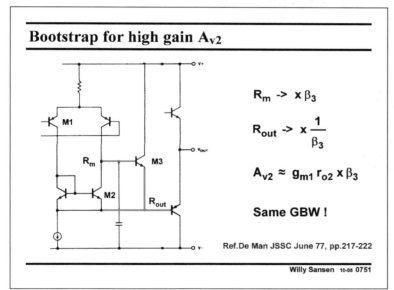

Bootstrap for high gain A_{v2}

$R_m \to \times \beta_3$

$R_{out} \to \times \dfrac{1}{\beta_3}$

$A_{v2} \approx g_{m1} r_{o2} \times \beta_3$

Same GBW !

Ref. De Man JSSC June 77, pp.217-222

Willy Sansen 10-05 0751

0751 单独分析这个放大器的第二级,它由差分电压放大器和一个射随器组成,如本幻灯片中所示。

这个射随器 M3 自举了晶体管 M2 的输出电阻 r_{o2},因此,仅有输入 pnp 管的输出阻抗对增益起了作用,输入 pnp 管是横向器件,输出电阻可以根据需要做得足够大。

但是输出阻抗 R_{out} 的值要求很小。

一个精确的分析表明,最后的总增益实际上乘以了晶体管 M3 的 β_3,这是提高增益的一种很有价值的方法。因为随着沟道长度的减小,晶体管的增益也越来越小,所有提高增益的方法都会变得很有必要。将电阻自举到很高的值是其中的一个方法。

0752 本章讨论了各种不同的运算放大器,重点分析了对称性放大器和折叠式共源共栅放大器。但是其中的大部分运放是单端输出,不能用于混合信号环境,因此需要全差分的即两个输出端的运放结构,第 8 章将对此进行介绍。

Table of contents

Willy Sansen 10-05 0752

第 8 章　全差分放大器

Fully-differential amplifiers
Willy Sansen
KULeuven, ESAT-MICAS
Leuven, Belgium
willy.sansen@esat.kuleuven.be
1425
Willy Sansen 10-05 081

081　全差分电路有两个差分输出端，它可以抑制数字电路、AB 类驱动和时钟驱动等电路产生的共模干扰。

因此，所有混合信号电路的放大器都需要全差分结构，但是这样会消耗许多额外的功耗，另外它也需要一个额外的放大器去稳定平均的或者共模输出电压，该放大器被称作共模反馈(CMFB)放大器，显然 CMFB 也消耗额外的电流。

全差分放大器要消耗多少额外的电流是一个很重要的指标。

Table of contents
• Requirements
• Fully-diff. amps with linear MOSTs
• FDA's with error amp.& source followers
• Folded cascode OTA without SF's
• Other fully-differential amps
• Exercise
Willy Sansen 10-05 082

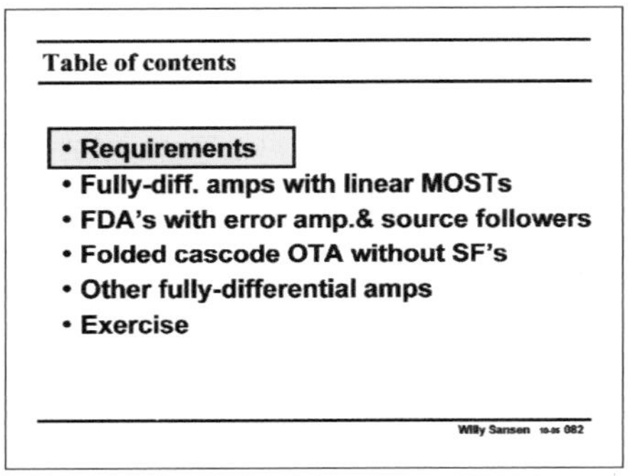

082　设计中除了考虑功耗外，还需要考虑其他指标，共模反馈(CMFB)放大器也是这样的典型情况。例如输入幅度范围就是一个重要的指标。

本章首先介绍 CMFB 放大器全部必要的指标。

然后对 CMFB 放大器的三个重要类型进行讨论，它们都有各自的优点和缺点，没有一个是完美的。

接着分析许多实际的应用和设计过程中的折中。

最后，为加深理解做了一个练习，分别用 BiCMOS 和 CMOS 两种工艺来实现。

Single-stage OTA
VDD
VB1
M1
M2
iCirc
VOUT
M3
M4
VSS
VDD
VB1
M1
M2
iCirc
VB2
M3
M4
VSS
Willy Sansen 10-05 083

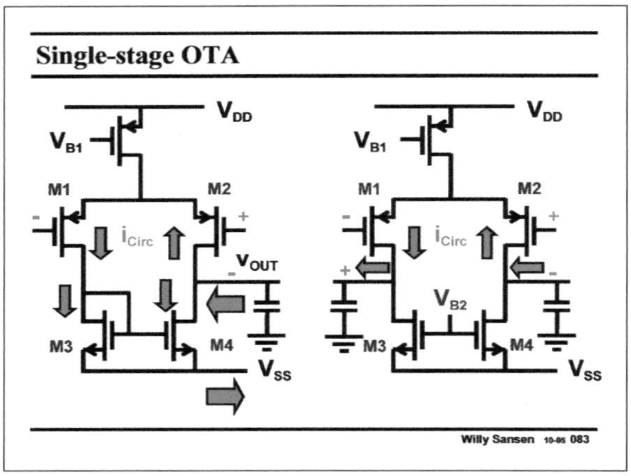

083　最简单的全差分放大器结构就是如右图所示的单级 OTA，它与第 2 章中如左图所示的差分电压放大器很相似，但是其中的电流镜改成了两个 DC 电流源。

差分输入电压产生的循环电流用箭头表示。

显然，全差分 OTA 甚至比单端输出电压放大器还简单，在小信号工作时只用两个晶体管来表示,因此能达到较高的频率。

另一方面,这个放大器存在着偏置问题,需要用偏置电压 V_{B1} 和 V_{B2} 分别设置 DC 电流,多了一个偏置电压。

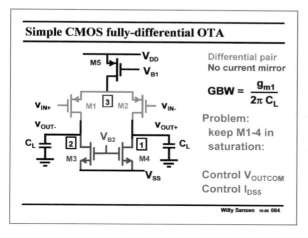

084 偏置电压 V_{B1} 和 V_{B2} 要使得所有晶体管都工作于饱和区,否则输出阻抗会减小,从而增益降低。

两个偏置电压必须使得输出电压是电源电压的一半,并且即使在大的输出摆幅时也保持所有的晶体管处于饱和区。例如,如果 V_{B1} 固定,那么 V_{B2} 增大 20mV 将会使输出电压减小 1V(如果 nMOST 的增益是 50),更糟的是,当 V_{B2} 更大时,平均输出电压会更低,以至于 nMOST M3/M4 进入线性区,增益衰减了。

如果偏置电压 V_{B2} 太低也会产生相同的问题,使得输出电压太高,以至于 pMOST M1/M2 进入线性区,也使得增益衰减了。

这种情况下不可能使偏置电压完好地匹配,因此另外需要一个放大器来调节 V_{B2} 使平均的或者共模输出电压来达到要求,这种放大器只工作在共模信号,因此称为共模反馈放大器。

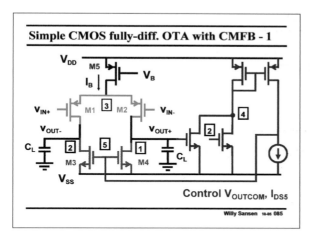

085 本幻灯片中是一个 CMFB 放大器的例子。

因为只需要对共模信号进行反馈,节点 4 提取了两个输出端的电压,抵消掉差分信号。

注意到必须用一个放大器实现闭环,将信号反馈到一个共模点上,电路中的任何偏置点都可用这种方法,该放大器中反馈的共模点选择了节点 5。

显然,电路中有一部分器件同时属于共模放大器和差分放大器,例如,晶体管 M3 和 M4 对于差分信号起到了 DC 电流源的作用,而对于共模信号则起到了单晶体管放大器的作用。

CMFB 放大器经常连接成单位增益反馈,节点 1 和节点 2 是 CMFB 放大器的输入端也是输出端,因此,需要消耗更多的功率来保证其稳定性。

而差分放大器显然没有反馈。

VB 是独立的偏置电压,如下所述,nMOST M3/M4 的栅极也是独立的偏置。

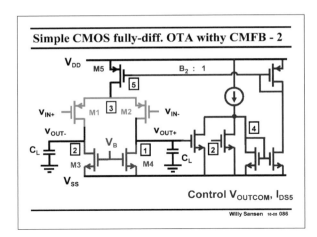

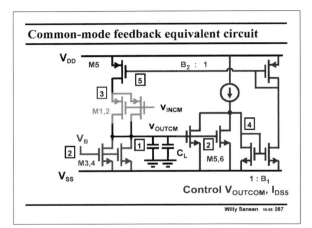

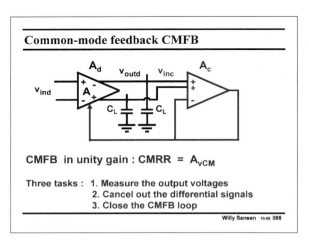

086 图中显示了另一个 CMFB 放大器,它与上面的电流源构成闭环。

同时,提取出输出电压,抵消掉差分信号,通过一个放大器将 CMFB 闭环。

晶体管 M1 和 M2 为两种放大器所共用,M1 和 M2 对于差分信号起到放大作用,对于共模信号则起到了共源共栅管的作用。

为了进一步了解这个 CMFB 放大器,下图单独进行描述。

087 把所有的差分器件并联并且将它们连接到共模输入信号,就很容易得到共模等效电路。

显然节点 1 既是 CMFB 放大器的输入也是输出,这个电路也可以得出共模增益、带宽和 GBW_{CM}。

开环增益是 $B_1 B_2 g_{m5} R_{n1}$,B_1 和 B_2 是两个电流镜的电流增益,该增益不大但却是必须的。对共模输出电压的稳定性要求不是很精确,共模输出电压为负电源电压再加上 $V_{GS5,6}$ 的值。如果要求的摆幅较大,则需要加大 V_{GS} 的值。

GBW_{CM} 等于 $B_1 B_2 g_{m5}/(2\pi C_L)$,差分放大器具有了两个输入晶体管 M5 和 M6 和两个负载电容,当功耗增加时,GBW 可以相当高。

088 总之,CMFB 放大器有三个功能:

提取出输出电压,抵消差分信号,形成闭环。

CMFB 经常工作在单位增益状态。

最后,CMFB 放大器的增益用来提高共模抑制比(见第 15 章)。

089　现在来研究共模反馈(CMFB)放大器的主要指标。

首先要求共模 GBW_{CM} 高于差分的 GBW_{DM},但是这也主要取决于应用场合。

确实,如果共模放大器速度很慢,只提供直流偏置,则电源线或衬底中的高速脉冲干扰会使输入器件或有源负载工作在线性区。慢的共模反馈需要很长时间才能恢复输入级的偏置。在这整个过程中,高速差分放大器就停止工作,因此这一指标要求首先要满足。

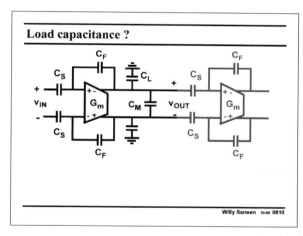

Requirements fully-differential amplifiers

- High speed : $GBW_{CM} > GBW_{DM}$
- Matching
- Output swing limited by :
  - Output swing of differential-mode amp
  - Input range of common-mode amp
- Low power $P_{CM} < P_{DM}$

Willy Sansen   10-05 089

在一些特殊电路,如 $\Sigma - \Delta$ 变换器中,高速放大器只应用于低频区。这种情况下,可以大大降低这一指标要求。

要求 GBW_{CM} 大于 GBW_{DM} 会使得功耗增大,这与最后一个指标要求直接冲突,将会看到,没有什么有效的办法可以避免这种折中,全差分放大器在原理上会使得功耗加倍。

最后,输出摆幅也是一个问题,它受到差分放大器输出摆幅和 CMFB 放大器共模输入范围(很小)的共同限制。

0810　差分放大器和共模放大器不需要相同的负载电容。

本图描述了一种情况,即两个全差分放大器顺次连接,两者均采用差分反馈以建立增益和带宽。

电容 C_L 是对地寄生电容,C_L 显然取决于互连线的长度和特性,C_M 是互电容。

现在差分和共模负载电容都已经得出。

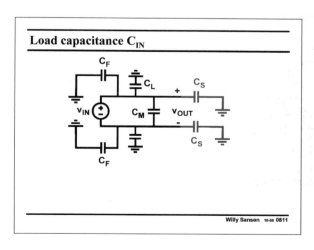

Load capacitance ?

Willy Sansen   10-05 0810

0811　放大器输出端的所有电容都显示在此图中,也包括下级放大器的输入电容。

虚地点是实际的地电位。

施加输入电压以测量输出端的总电容,需要施加差分输入电压来测量差分的负载电容,但是对 CMFB 放大器需施加共模输入电压来测量负载电容。

Load capacitance C_{IN}

Willy Sansen   10-05 0811

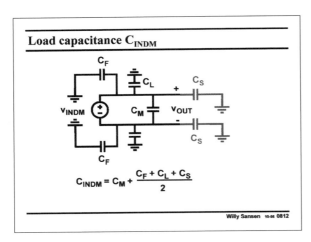

0812   差分工作时,差分输入电压看到的负载电容是 C_{INDM},如本图所示。

这个差分负载电容很小,它只包括互电容和其他各种电容的一半。

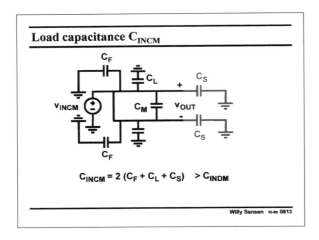

0813   共模工作时,共模输入电压看到的负载电容为 C_{INCM},它的值要大一些。

反馈电容 C_F 和采样电容 C_S 都被加倍了。

CMFB 放大器需要驱动比差分放大器更大的负载电容,而且它总是接成单位增益的方式,这就使得它很难达到稳定。这就是要尽量减小功耗的两个原因。

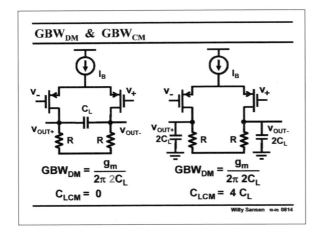

0814   即使是最简单的单级全差分放大器,也必须关注负载电容的定义,因为它决定了放大器的GBW。

左边图中有一个未接地的电容,在计算差分 GBW_{DM} 时必须将此电容乘以 2。此外因为没有共模负载电容,所以 GBW_{CM} 为无限大。

当存在两个接地电容时,情况就大不一样了,差分负载电容变小,只有 C_L;共模电容不再是零,而是 $2C_L$。

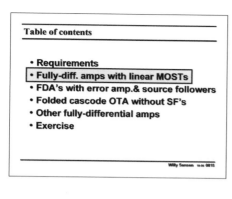

0815　既然已经知道导出全差分放大器指标要求的方法，就可以对最常用的三种电路进行分析。

第一种用工作在线性区的 MOST 作为共模反馈。

0816　这可能是 CMFB 放大器最简单的实现形式了。

它包括一个差分对，由两个工作在线性区的晶体管 M3 组成电流源，$V_{DS3} < V_{GS3} - V_T$。

该 CMFB 放大器的三个功能部分很容易区分。

输出电压由双晶体管 M3 测量，它们的漏极连接在一起以消除差分信号，并使之形成闭环反馈。

晶体管 M3 作为 CMFB 放大器的输入元件，因此它的 g_{m3} 也出现在 GBW_{CM} 表达式中的原因。

差分对的输入对管 M1 在 CMFB 中起共源共栅管的作用。

显然由于线性区的跨导小于饱和区，因此共模 GBW_{CM} 小于差模 GBW_{DM}，这也是本设计的一个缺点。

为什么要求 M3 管工作在线性区呢？

CMFB amplifier with linear MOSTs

Linear MOSTs:
$V_{DS3} \approx 200\ mV$

$I_{DS} = \beta\ V_{DS}(V_{GS}-V_T)$
$g_{m3} = \beta\ V_{DS3}$

$GBW_{DM} = \dfrac{g_{m1}}{2\pi\ C_L}$

$GBW_{CM} = \dfrac{g_{m3}}{2\pi\ C_L}$

is always smaller !

Willy Sansen 10-05 0816

有两个原因：首先，为了获得相对大的输出电压，需要大的 V_{GS3}，但是为了不产生大的压降，又要求小的 V_{DS3}，因此，M3 必须工作在线性区。

第二个原因是线性的要求，差分信号需要线性地抵消，避免由于反馈造成差分增益的下降，晶体管的线性区可以实现良好的线性特性。

0817　图中为另一种带共模反馈的全差分放大器。

该差分放大器是一种对称结构，CMFB 放大器与前面的一样，晶体管 M5 工作在线性区。

再一次测量输出端，差分信号通过（绿）线被抵消，环路闭合。

晶体管 M6 是两个放大器的共源共栅管。

偏置由中间的 M7 管

Fully-differential amp. with linear MOSTs

Linear MOSTs:
$V_{DS5} \approx 200\ mV$

Cancel diff. signals

$GBW_{DM} = B\ \dfrac{g_{m1}}{2\pi\ C_L}$

$GBW_{CM} = \dfrac{g_{m5}}{2\pi\ C_L}$

is always smaller !
even with M5 in wi !

Willy Sansen 10-05 0817

单独提供,它的 V_{GS7} 比较大(电源电压的一半),V_{DS7} 比较小。

因为 M5 和 M7 匹配,输出电压应该在 0V 附近,假设参数 B 为 3,M5 管比 M7 管大 50%,它的电流也比 M7 大 50%,而因为共源共栅管 M6 的存在,M5 和 M7 的 V_{DS} 电压一样,它们的 V_{GS} 值也必须相等,因为 M7 的栅与地相连,输出电压必须在 0V 附近。

由于匹配,比前面的电路更容易确定输出电压的值,它们取决于晶体管尺寸。

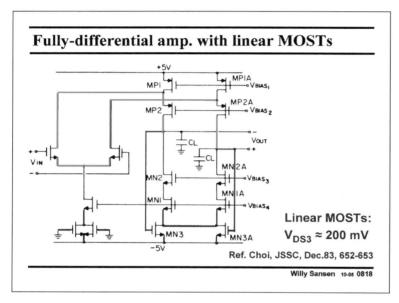

0818 折叠共源共栅级中也可以采用同样的 CMFB 放大器。

现在,有一个差分工作的折叠式共源共栅放大器(OTA),采用的 CMFB 放大器与前面的一样。

MN3 管工作在线性区,它也同样实现三个功能。

输出电压将在 0V 附近,因为 MN3 管与输入级电流源中的两个晶体管匹配,电流源中晶体管的栅极连接至地,因为所有支路的电流都一样,它们 V_{GS} 值也一样,所以输出电压也在 0V 附近。

0819 图中为一种全差分轨到轨放大器,它包括两个并联的折叠式共源共栅级。

CMFB 放大器如前所述,Mra 和 Mrb 管工作在线性区并且决定了 GBW_{CM} 值,它比 GBW_{DM} 小,这或许是个缺点。

CMFB 放大器具有与前述结构一样的优点,可以通过匹配确定平均

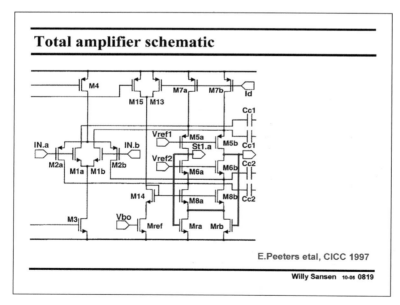

的输出电压。但是 Mra/Mrb 管是和 Mref 管匹配的,因此 Mref 管的栅压 Vbo 决定了平均输出电压。

由 M3/M4 和 M15 管决定了独立的偏置,所有的电流都由这些电流源来决定。

0820 另一种采用 MOST 工作于线性区的 CMFB 电路如图。

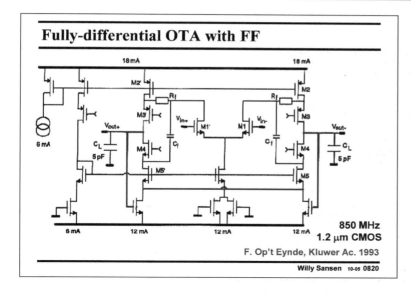

它是一个高速放大器,由于采用了大电流,即使采用 1.2μm CMOS 的旧工艺,在负载为两个 5pF 电容时,也能得到 850MHz 的 GBW。

这是一种差分工作的折叠式共源共栅结构,唯一的附加特性为通过电容 C_f 在慢 pMOST 共源共栅管上形成的前馈通路。

CMFB 放大器如前,因为给输入对提供的直流电流的 nMOST 的栅极为 0V,所以输出端在 0V 附近。

0821 作为这种共模反馈的最后一个例子,本图中重新给出一个简单的单级电压放大器。

它实际上是一个用于差分应用的跨导单元,输入器件工作在线性区以避免失真。

CMFB 放大器也包含工作于线性区的器件,这是为了精确地抵消差分信号,环路通过射级负反馈的 pnp 管实现闭合。

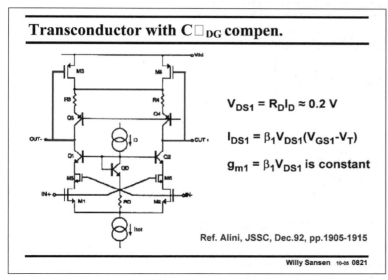

然而这种 CMFB 放大器有一个缺点,它在本章第 16 张幻灯片的单级电压放大器中也出现过,即平均输出电压不易确定。

平均或共模输出电压由顶端的 M3 和 M4 两个晶体管的 V_{GS} 值决定,V_{GS} 取决于由电流源 I_{tot} 确定的电流、M3/M4 的尺寸和它们的 KP 值,因此输出电压也不太精确。

这是否成为一个问题取决于下一级的电路,下一级引用了本级的 DC 偏置。

0822 第一种方法的主要优点是不增加额外的功耗,主要缺点是速度不够快,要取决于应用场合。

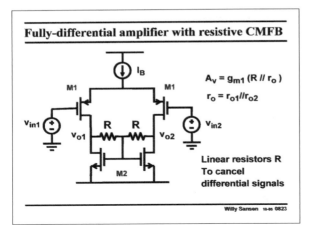

第二种方法正好相反,它要增加两级电路,因此增加了很大的功耗,但是速度可以不依赖于差分放大器,可以达到设计者要求的值。

0823　这一全差分放大器用两个相等的电阻 R 来抵消差分信号,可以得到一个用于 M2 管栅极的共模偏置。

因此,没有产生偏置的问题,电流源 I_B 决定了所有的电流。

主要的缺点是电阻 R 必须足够大,以确保有足够大的增益,一个简单的办法是在输入管 M1 的漏极和两个电阻之间插入源极跟随器,如左下图所述,因此可以使电阻 R 的值较小。

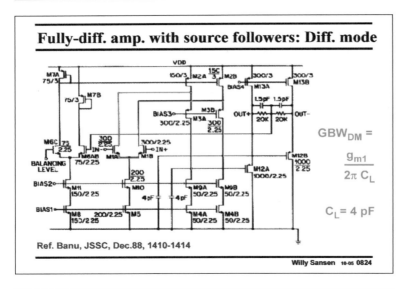

0824　　电路如图所示。

差分放大器只是一个折叠式共源共栅 OTA,负载为 4pF 电容。

因此很容易得到它的 GBW_{DM}。

作为 CMFB 电路的需要,输出端另外加了两个源极跟随器,它也可以被用作差分工作的输出。

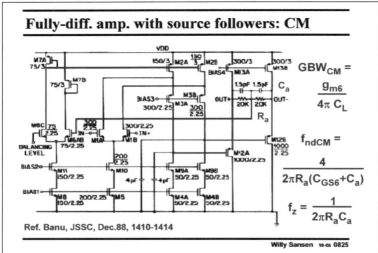

0825　　本图着重强调了 CMFB 放大器。

它另外增加了两级电路来实现环路反馈。第一级包括两个提供低阻输出的源跟随器,它们通过两个电阻 R_a 连到输出端来起到精确的差分信号抵消作用。

另一级在左边,是误差放大器,它对输出平均电压和一个参考电压进行比较,然后反馈回共源共栅级的偏置部分。

　　显然需要很多功率来对两个额外的电路进行供电,因此功耗最小化非常重要的。

　　因为 M6 管是输入器件,很容易得到 GBW_{CM}。源跟随器只有单位增益。因为只有一半的输出被用于误差放大器,所以有一半的输出损失掉了。而 GBW_{CM} 与差分输入无关,它可以被设定在比 GBW_{DM} 大的任意一个值上。

　　显然,此多级 CMFB 放大器的稳定性令人担心,非主极点位于该 CMFB 的输出结点,即 M6AB 的栅和电流镜 M2/M7 的栅。最重要的一个极点(第一非主极点)很可能位于 M6AB 的栅极,它取决于 R_a 的值。在此节点上,R_a 是并联的,输入电容 C_{GS6} 是串联的,在 f_{ndCM} 中它的作用被加倍,C_a 引入一个零点 f_z 以补偿 f_{ndCM}。

0826　在上述结构中源极跟随器消耗了大量功耗,因此第三种 CMFB 中不采用这种结构。

　　该实现方式消耗的功耗较小,但是也有其他一些缺点,如输出摆幅受 CMFB 放大器限制,而不是受差分放大器限制。

　　0827　现在,CMFB 中的误差放大器位于右侧,差分放大器采用传统的两级密勒放大器结构,采用一个对称性的放大器作为输入级。

　　因此很容易得到 GBW_{DM}。

　　输入对的偏置由下图 CMFB 提供。

　　0828　误差放大器包含两个差分对 M58-61,差分放大器的每一个输出端都连接到这两个差分对上,它们将输出端与地电位直接进行比较,显然输出端的值是电源电压的一半。

　　平均输出电压就很容

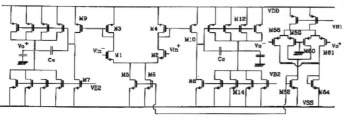

Fully-diff amp. with error amplifier: Diff. mode

$$GBW_{DM} = \frac{g_{m1}}{2\pi\, C_c}$$

Ref. Ribner, CICC 85; Haspeslagh, CICC 88

Willy Sansen 10-05 0827

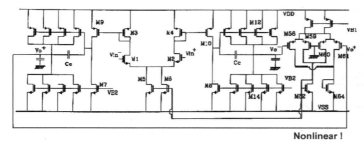

Fully-diff amp. with error amp. : Common mode

Nonlinear !

$$GBW_{CM} = \frac{g_{m58}}{4\pi\, C_c}$$

Ref. Ribner, CICC 85; Haspeslagh, CICC 88

Willy Sansen 10-05 0828

易确定了。

在两个差分对的输出端实现对差分信号的抵消作用,并反馈回输入差分对的电流源 M5/M6。

如本图所示,GBW$_{CM}$ 由共模对 M58-61 决定。这里也有一半的功率损失,因为 M58-61 只有一个输出端被利用。

尽管如此,它仍可以被设定在任何值上,甚至比 GBW$_{DM}$ 更高。

本 CMFB 的主要优点是它消耗更低的功率,并且提供了宽带 CMFB 放大器;而且唯一新增的非主极点位于 M5/M6 的栅极。

这一方法的主要缺点是输出摆幅受 CMFB 放大器共模输入范围的限制,差分对 M58/M59 将输出范围限制在 $2.8 \times (V_{GS} - V_T)$,而差分放大器的输出摆幅是轨到轨的。

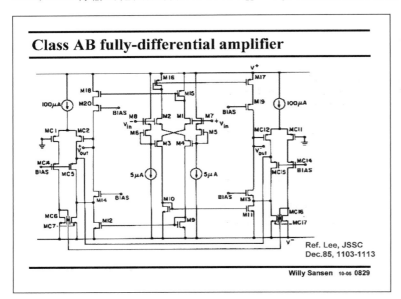

Class AB fully-differential amplifier

Ref. Lee, JSSC
Dec.85, 1103-1113

Willy Sansen 10-05 0829

0829 本图显示了一个这种共模反馈放大器的例子。

输入级包括 AB 类差分对,AB 类将在第 12 章讨论。输出电流跨过共源共栅管镜像(M15/M18,M10/M11,M16/M17,M9/M12)到输出端,这样就构成了差分工作的对称性 OTA 电路。

共模反馈放大器在每边各包含两个差分对,双连接用于抵消差分信号。输出被反馈回共源共栅管 M13 和 M14 的源极,实现输出。

显然这样的电路结构在 CMFB 放大器中消耗了很大的电流,而且如本节所述,输出摆幅受 CMFB 差分对输入范围的限制。

0830 本图比较了三种 CMFB 放大器。

显然,第一种是 MOST 工作于线性区的放大器,功耗最低,但是它不能提供与其他两种相似的带宽,它只使用单级放大器。

Comparison			
Criterion	Linear MOST	Error amp Source foll.	Error amp. Quad amp.
GBW$_{CM}$/GBW$_{DM}$	< 0.1	> 1	> 1
Required tol.	< 1 %	< 6 %	< 6 %
Diff.output swing Is limited by	0.8 V$_{DDSS}$ cascodes	0.4 V$_{DDSS}$ source foll.	0.4 V$_{DDSS}$ cm input
Power dissipation	1 amp	3 amps	2 amps

Willy Sansen 10-05 0830

由于应用了共源共栅结构,输出摆幅只能达到电源电压的 80% 左右,但也不算太差。

第三种 CMFB 放大器还需要采用另一个放大器,如误差放大器,它的速度较快,但输出摆幅受输入共模范围的限制。

　　此外,中间第二种 CMFB 放大器还需要源跟随器,这就要求有三级放大器,因此功耗更大。这样其输出范围主要受源极跟随器的限制,实际上就是要求从输出摆幅中直接减去 V_{GS}。

　　CMFB 中加入更多的差分对会使得匹配变得困难。第一种将晶体管工作在线性区的解决方案,与其他两种相比,要求严格限定工作范围,因此需要精确的分析,该电路形式已几乎不再使用。

　　0831　大多数全差分放大器采用上述三种 CMFB 中的一种,也可能采用如下所述的其他变化结构。

　　有时也可以采用开关方案,它们常用于数据采样系统。

　　0832　第一个示例如本图所述。

　　它包含一个用于差分工作的折叠式共源共栅 OTA,所有的共源共栅级都采用了增益提高技术。它的 GBW_{DM} 可达百兆赫兹,增益可达 100dB。

　　这一 CMFB 放大器开始的电路是源极跟随器,因此属于第二种类型。但是,为了减小功耗它没有采用误差放大器。误差放大器的附加增益变得没有必要了,因为共模反馈被施加于晶体管 M4 的栅极,而它到输出之间有增益提高共源共栅电路。共模环路的增益足够高了。

　　0833　本图为第二种全差分放大器的一种性能优良的例子。

　　此处应用了两级密勒运放。

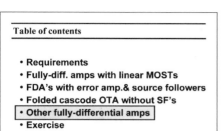
Fully-differential amplifier with gain boosting

Willy Sansen 10-05 0832

Low-voltage (1.1 V) DIDO

Gata, JSSC Dec.02
1670-1678

Willy Sansen 10-05 0833

这样带来另一个优点：中频时输出阻抗不太高。此时源极跟随器可以省去不用，只需要一个误差放大器。

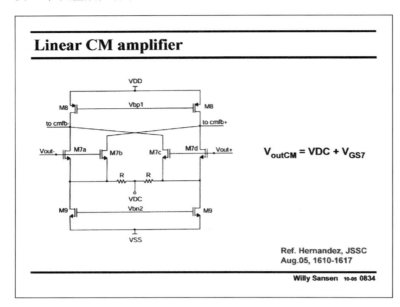

Linear CM amplifier

$$V_{outCM} = VDC + V_{GS7}$$

Ref. Hernandez, JSSC
Aug.05, 1610-1617

Willy Sansen   10-05 0834

0834　本图展示了一个第三种 CMFB 放大器的例子。

这种 CMFB 放大器的最主要缺点是输入范围受限制。其输入范围可以通过本图所示方法，加入源极电阻加以改善，同时线性度也可大大提高。

注意到，输出平均电压是参考电压 V_{DC} 和 V_{GS7} 之和。

另外，M7 管被分为相等的两部分，所有四个通过晶体管 M7 的直流电流相等。现在，由交叉耦合来抵消差分信号。

加入电阻 R 带来的另一个优点是使输出级对差分放大器的容性负载最小，这样就实现了高频全差分运算放大器。

0835　这个差分放大器用了第一种 CMFB，有工作在线性区的晶体管（在图的右边）。

差分放大器只是一个折叠式共源共栅 OTA，附加电容 C_{comp} 和

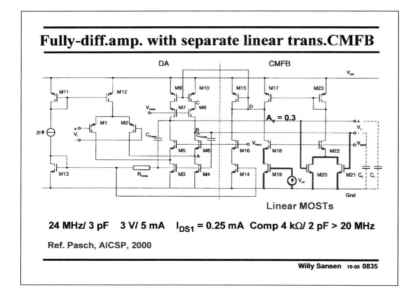

Fully-diff.amp. with separate linear trans.CMFB

$A_v = 0.3$

Linear MOSTs

24 MHz/ 3 pF　3 V/ 5 mA　I_{DS1} = 0.25 mA　Comp 4 kΩ/ 2 pF > 20 MHz

Ref. Pasch, AICSP, 2000

Willy Sansen   10-05 0835

电阻 R_{comp} 用于改善其高频特性（在 20 MHz 以上）。

CMFB 放大器包括工作在线性区的晶体管 M20/M21、电流镜 M23/M17 和 M15/M9，M10，这是一个宽带放大器，但是以增加功耗为代价。

只要 M19～M21 管的尺寸与它们的电流相匹配，输出会最终达到参考电压 V_{ref} 附近。

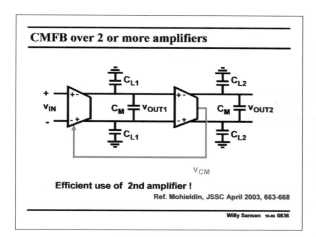

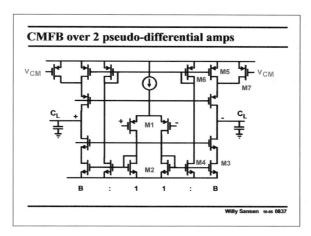

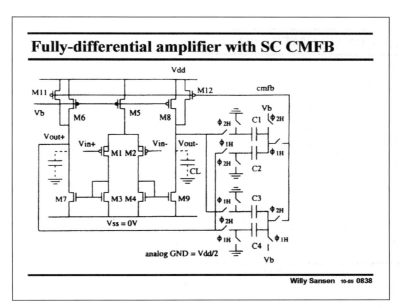

0836　当几个全差分放大器串联应用时,如高阶滤波器中的情况,就没有必要在每一级都加入 CMFB 了。为了降低功耗,CMFB 可以串联于两个差分放大器之间,如本图所示。

此时,可以在第二个放大器输出端测量平均输出电压,并用于第一个放大器的共模输入。因为第一个放大器的共模输出又用来设置第二个的偏置点,所以可以得出所有的共模电平。

0837　共模反馈也可以如本图所示被嵌入差分放大器中。

毕竟对称性 OTA 有电流增益 B。

但是电流镜 M2/M3 在 M4 管中产生额外的输出电流,用来抵消二极管连接的 M6 管处的差分信号。M6 是电流镜 M5/M6 的输入器件,最后通过 M5 形成闭环反馈。

实际的输出电压可以通过 M7 管的注入电流得到修正,而 M7 由其他的 CMFB 环路驱动。

本方法额外增加的功耗适中,而且输出摆幅不受 CMFB 放大器的限制,的确是一种较好的解决方法。

0838　当电路中存在有效时钟时(例如在所有的采样电路中),时钟可被用来设计低功耗 CMFB 环路。

该放大器只是一个对称性的 OTA。

由几个开关和电容完成输出的测量,并且提供共模反馈,到 M11/M12 的栅极。

这一反馈不是直接用于 M8/M6 的栅极,并非使得所有的电流都进入输出器件,因此这种方法可以避免电源或衬底中的共模干扰,避免输出端产生大的瞬变。

下面了解该电路是如何工作的,先是所有由 Φ_1 驱动的晶体管开启,再接着所有由 Φ_2 驱动的晶体管开启,如此反复。

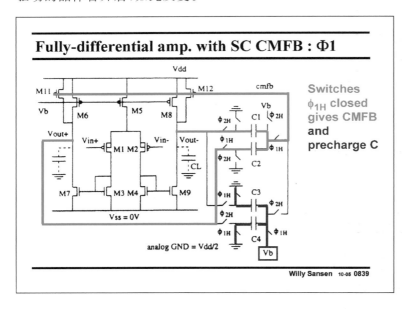

0839　　这是与前面一样的电路形式。

本图中,时钟 Φ_1 为高,所有由 Φ_1 驱动的晶体管开启工作,其余的关闭,粗线显示的是信号经过的路径。

显然输出由电容 C1/C2 交流耦合,差分成分被抵消掉了。最后,这一信号被加到 M12 的栅极,形成闭环通路。

GBW_{CM} 由 g_{m12} 和输出负载电容决定。

由于耦合电容 C1/C2 的存在,M12 栅极的直流电平不确定。

因此另外两个电容 C3/C4 会被预先充电到合适的直流电平。左半部分被置于模拟地(Vdd/2),右半部分被设置在某一偏置电位,与电流镜管 M5/M6/M8 的栅极一样。

下一相位时,电容的工作状态互相交换,如下图所示。

这就保证了连续的 CMFB。

0840　　时钟 Φ_2 为高时,其余晶体管开启,电容 C3/C4 提供共模反馈,其余两个电容 C1/C2 被复位或预充电。

显然,除了开关和电容状态改变时消耗功率外,这一方案不消耗其他任何功率。

但是这一方案也有一些不足之处。

首先,时钟频率出现在信号通路上,产生了时钟注入和电荷再分配,这一现象存在于所有数据采样电路如开关电容滤波器中,第 17 章将详细解释。

所以这一方案只能用于工作频率低于时钟频率的场合。

另外,时钟注入和电荷再分配强烈地限制了动态范围,这些信号的交调和互调限制了电路的信噪比。

最后,开关电容增加了 CMFB 放大器的容性负载,结果,GBW_{CM} 下降,共模稳定时间增大。

0841 既然已经介绍了所有的 CMFB 放大器,现在进行设计练习。

在此只提出具体设计指标。

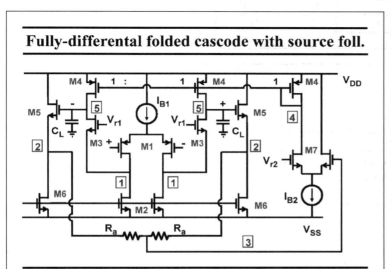

Fully-differental folded cascode with source foll.

Willy Sansen 10-05 0842

0842 这一全差分放大器属于第二种类型,它是一个折叠式共源共栅结构,共模反馈电路中既含有源极跟随器又含有误差放大器。显然,输出节点为 5 点和 2 点。

电路已经做了适当的简化,如电流镜 M4 管有相同的尺寸,此外,CMFB 电阻 R_a 没有采用并联电容 C_a,当然也可以加上电容 C_a。

Fully-diff. amp. : Specifications

Techn: CMOS	$L_{min} = 0.8\ \mu m$; $V_T = 0.7\ V$
	$K'_n = 60\ \mu A/V^2$ & $K'_p = 30\ \mu A/V^2$
	$V_{En} = 4\ V/\mu m$ & $V_{Ep} = 6\ V/\mu m$
Specs:	$GBW_{DM} = 10\ MHz$ $C_L = 3\ pF$
	$GBW_{CM} = 20\ MHz$
	all PM > 70°
	$V_{DD}/V_{SS} = \pm 1.5\ V$
	Maximum $V_{swingptp} = V_{outmax} - V_{outmin}$
	Minimum I_{tot}
Verify:	Slew Rate, Noise, ...

Willy Sansen 10-05 0843

0843 上述放大器的详细指标示于本幻灯片中。它的 GBW 适中,这正是该种工艺能够提供的。

注意到,GBW_{CM} 是 GBW_{DM} 的两倍。

而且总的电源电压只有 3V,因此需要将输出摆幅最大化,显然电流还要取最小。

考虑到这些指标要求,最后只得到一种设计结果,只得到了一组晶体管电流和尺寸。

其他的指标如转换速率和噪声密度等,可以随后确定。

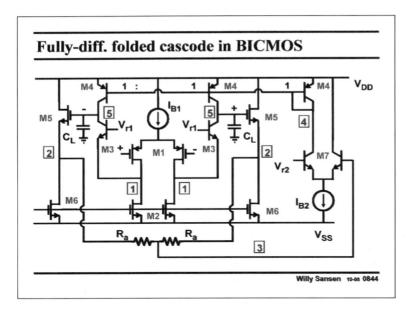

0844　本图给出采用 BiCMOS 工艺实现的对应电路。

CMFB 放大器是工作速率最快的电路模块，所以用双极型 npn 管实现。另外，电流镜 M4 也由 pnp 管实现，因为它们只需 0.1V 的 V_{CE}，与 MOST 0.2V 的 V_{DS} 相比较，可以再增加 0.1V 的输出摆幅。

0845　该 BiCMOS 工艺放大器所要实现的设计指标与前一个 CMOS 工艺放大器相同。

供电电压仍为 3V，仍然希望获得最大的输出摆幅，所有的电流也必须最小。

只有一种可能的设计结果。

其他的设计要求如转换速率和噪声密度等，可以与前一设计类比而得到。

作为这一设计的启示，给出如下设计步骤：

最大输出摆幅是输出端最大电压值和最小电压值之间的差值，它们决定了输出摆幅，也决定了平均输出电压，这一值给出了参考电压 V_{r1} 和 V_{r2} 的上限值。

由 GBW 值，很容易算出 g_m，由所选的 $V_{GS}-V_T$ 和 L 值可以得到晶体管的电流和尺寸。

这样，除源极跟随器 M5 的电流之外，所有的电流都已经确定。

这些电流通过 M5 管决定了电阻 R_a 上的摆幅，该值在前面的设计中已经得出了。电阻 R_a 决定了拐点，即第一非主极点。

0846　本章详细讨论了全差分放大器，讨论了所有 CMFB 放大器的设计步骤。

最后给出一个练习来验证读者对本章的理解程度。

第 9 章　多级运算放大器的设计

Design of Multistage Operational amplifiers

Willy Sansen

KULeuven, ESAT-MICAS
Leuven, Belgium
willy.sansen@esat.kuleuven.be

Willy Sansen 19-os 091

Table of contents

- **Design procedure**
- **Nested-Miller designs**
- **Low-power designs**
- **Comparison**

Ref.: W. Sansen : Analog Design Essentials, Springer 2006

Willy Sansen 19-os 092

Why three-stage amplifiers ?

1. Each MOST only gives $g_m r_o \approx$ 15 or 24 dB :
   High gain requires three stages !

2. For drivers (small R_L) : $g_m R_L$ is very low :
   High gain requires three stages !

3. For low V_{DD}, no cascoding but cascading !
   High gain requires three stages !

Willy Sansen 19-os 093

091　在很多实际应用中,运算放大器是具有三级结构的。比如说AB类的运算放大器,它的输出级能提供比较大的电流,但是增益比较小,因此它需要前面两级来提供一定的增益。

同时,如果电源电压低于 1V 时,共源共栅结构不再适用,需要级联更多的放大级。

在本章中,将讨论三级放大器的稳定性原理,另外讨论减小电路功耗的方法。

092　在三级放大器中,稳定性的条件没有两级结构那么明显,正因为如此,本章首先讨论稳定的条件。在放大器设计过程中,在确保稳定性的同时还要保证功耗的最小化。

下一步要讨论嵌套密勒补偿的设计方法,该方法已被采用了一段时间,但是用这种方法设计的放大器输出级功耗过大,因此应用上有一定的困难。

接着介绍几种低功耗的设计方法并对它们进行比较。这几种方案中节省的功耗最多能达到 40 倍,所以很适合应用于低功耗及便携式设备中。

093　采用多于两级结构的放大器主要是为了满足增益的要求。尽管可以通过增益提高技术和自举技术等方法来提高增益,但多数情况下电源电压还是过低。在低电压情况下,三级或更多级的放大器则必不可少了。

对于短沟道晶体管,每个晶体管

的增益 $g_m r_o$ 相当小。例如，130nm CMOS 工艺的晶体管所能达到理想增益也就是 15 倍（24dB）。为了实现更大的增益，也只能采用三级或者更多级放大器的结构。

在多数情况下，会采用一个小电阻或者大电容作为负载，那么输出级能提供的增益更小。此时，在输出级前面也需要增加更多级的放大器来获得足够的增益。

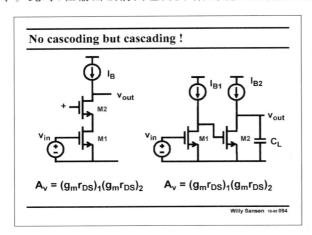

对于电源电压低于 1V 的情况，共源共栅结构由于输出幅度降低，应用受到了限制，需要采用下面介绍的多级级联结构。

094 本图中共源共栅结构的放大器和级联结构的放大器，在信号通路上晶体管数量相同，因此增益也相同，但后者电路中的电流比较大（也就意味着功耗比较大）。

此处将电流源作为理想的负载，尽管电流比较大，但是级联的输出级能够提供一个轨到轨的输出摆幅，在电源电压不高的情况下是一种相当理想的选择。

在下文中将会提到，级联结构的速度并没有得到提高。

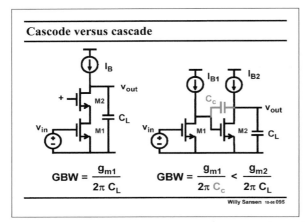

095 假定负载电容 C_L 相同，共源共栅结构放大器的 GBW 直接取决于负载电容 C_L。

一个两级级联的放大器，需要一个补偿电容使电路的极点分离，以保证电路的稳定性。结果是将输出极点 g_{m2}/C_L 增大到 GBW 的两至三倍，但也将消耗更多的电流。一般情况下，增加额外的电容将会额外增加电流损耗。

如前面所述，级联结构的放大器有一个相当大的优点就是能提供轨到轨的输出摆幅。

096 为了对如何建立三级放大器的稳定性有一个初步的印象，先来回顾一下单级和两级放大器的稳定性原理。

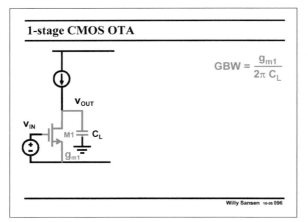

　　一个单级的放大器仅在输出端具有一个高阻抗节点,那么输出负载电容 C_L 决定了该放大器的 GBW。

　　如果输出负载电容是变化的,例如在开关电容滤波器中的情况,就不希望 GBW 依赖于负载。因此就需要采用一个两级结构的运算放大器。

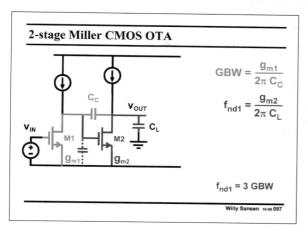

097　一个两级结构的放大器有两个极点,则需要一个补偿电容 C_C 分离这两个极点以产生一个主极点,那么放大器的 GBW 就取决于补偿电容 C_C。

　　为了保证放大器的稳定性,取决于负载电容 C_L 的非主极点与 GBW 相比应该足够大,并且能提供足够的相位裕量。一般情况下这个非主极点是 GBW 的 3 倍,并且它的相位裕量是 70°。

　　放大器具有两级结构,那么也就具有两个时间常数。这两个常数一个决定着 GBW,另一个决定着非主极点。后者是输出节点的时间常数,它的值为 g_{m3} 除以负载电容 C_L,并且它通常根据相位裕量的要求设定在 2 倍或者 3 倍的 GBW 处。

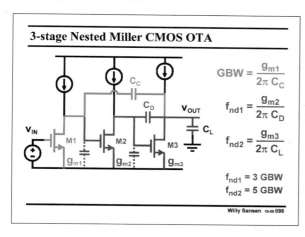

098　对于一个三级结构的放大器,将具有三个时间常数。其中一个决定着 GBW,另两个则决定着其余的两个非主极点。

　　由于放大器具有三个高阻抗节点,则需要使用两个补偿电容来保证电路的稳定性。这两个电容都分别连接到输出端,被称为嵌套密勒补偿。

　　实际上 GBW 的表达式与前面是相同的,这是因为补偿电容连接了最后的输出端和输入级晶体管 M1 的输出端,和晶体管 M2 和 M3 相并联。M2 是作为 M3 的一个驱动,它们共同组成了输出级。

　　输出时间常数与两级放大器是一样的,同样是输出级的 g_{m3} 除以负载电容 C_L。

　　中间级也引入了另一个时间常数,是由它的 g_{m2} 除以它自己的输出电容 CD 得到的。

　　结果是得到了两个非主极点,并且这两个非主极点与 GBW 相比应该足够大,并且提供足够的相位裕量。在该图中分别取 GBW 的 3 倍和 5 倍,下面将要讲述为什么要取这样的值。

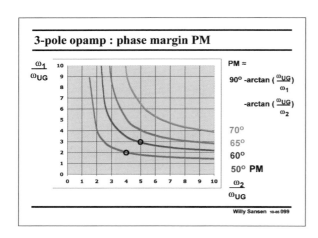

在本幻灯片中,给出了两个非主极点的不同组合得出的等相位裕量曲线。曲线中非主极点的频率(圆圈)用 GBW 为坐标单位。

例如看 60°的那条曲线,一个非主极点就是在 3 倍的 GBW 处,另一个则是在 5 倍的 GBW 处(图中圆圈已标出)。显然在这条等相位裕量曲线上,其他非主极点的组合都提供了 60°的相位裕量,也就意味着这些组合在瞬态响应时将产生相同的尖峰。比值为 3.5 和 4 的组合是最好的,而比值为 2.5 和 7 也是可以接受的,但是 7 倍 GBW 的非主节点将会产生过多的功耗,最好避免这种组合。

显然尽管有一点尖峰出现,相位裕量为 60°已经足够。而 70°的曲线要求非主极点在很高的频率,会消耗过大的功耗。

很多设计者会冒险选用 50°曲线上的组合,这样它的瞬态响应会处于产生尖峰的边缘。那么非主极点会取在 2 倍和 4 倍的 GBW 处,这被称为巴特沃斯响应。在反馈回路是单位增益时,它能提供一个最大平坦化的响应。这种方法通常用于三级放大器的设计,尽管它不是最低功耗。

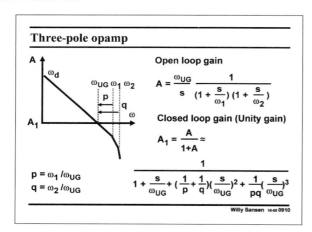

0910 两个非主极点决定着本幻灯片中给出的开环响应,那么对于单位增益的闭环响应是怎样的呢?

本幻灯片中给出开环增益 A 的近似表达式,主极点 ω_d 将在一个相对比较低的频点位置。因为我们主要关注的是 GBW 附近的频带范围,所以常常不关注 ω_d,常常为了简化公式忽略掉 ω_d。

图中的两个非主极点是 ω_1 和 ω_2,而 GBW 会出现在单位增益或 ω_{UG} 处。两个非主极点与 GBW 的比值分别是 p 和 q,在前文中提到的相位裕量为 60°时,p 和 q 就分别是 3 和 5。

当闭环的增益接近单位增益时,增益 A_1 的表达式是三阶的。此时的三个极点相当接近,一个在 GBW,另外两个极点仅比它大一点点。

那么在闭环中为获得比较平坦的响应,需要 p 和 q 的组合是怎样的呢?

0911 在本幻灯片中,给出了 p 和 q 为 3 和 5 时在复平面上的极点草图(或极坐标)。

在开环中,主极点和两个非主极点都在实轴上,并且都为负值,则系统是稳定的。

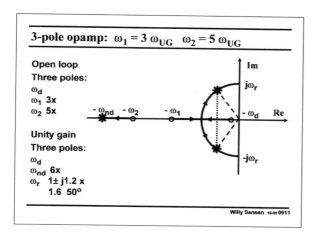

当闭环的时候，根轨迹显示出了极点的结束位置。前两个极点 ω_d 和 ω_1 成为复极点，此时谐振频率是 ω_r，第三个极点 ω_2 会移到更高的频率 ω_{nd} 处，为 6 倍的开环 GBW 值。

这两个复极点的谐振频率 ω_r 约为 1.6 倍的开环 GBW 值，并且这两个复极点其中一个的实部等于 GBW，另一个的实部约为 GBW 的 1.2 倍。

很显然，在开环中极点是实数，而闭环中经常是复数。

0912 本幻灯片中给出单位增益 A1 的曲线，其实就是幅度表达式的曲线。

将两个非主极点相组合能够得到一个比较平坦的频响曲线，所以这种方法赢得许多设计者的青睐，要继续探讨这个问题。

需要注意的是，开环 GBW 仅有一部分在闭环中是有效的，它的 -3dB 带宽只为 GBW 的 0.3 倍。

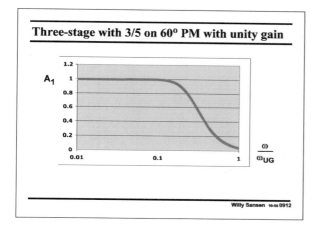

0913 当选用一个较小相位裕量即 50°，并且两个非主极点分别位于 2 倍和 4 倍的 GBW 处时，它的频响会出现一个大约为 10%（0.8dB）的尖峰，但是其衰减处的曲线也将变陡。-3dB 的带宽仅为开环 GBW 的 0.24 倍。

这种方案最大的优点是非主极点的频点会比较低，所以功耗相对较小，付出的代价是出现了一个小的尖峰。

可以继续探讨这个方案，例如在开环中就已经允许有复极点，这些复

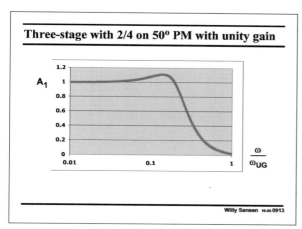

极点比前面的更接近 GBW，则功耗就相对更小，显然在闭环中也肯定为复极点。

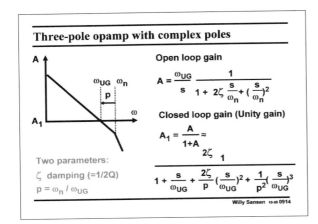

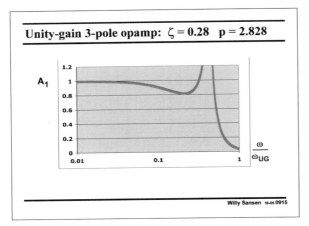

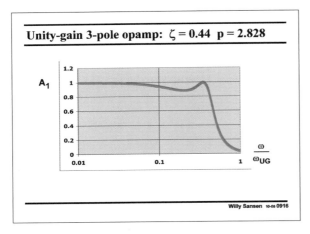

0914 该公式表示三极点运算放大器的开环增益,同时,它的主极点由于频率过低被忽略。

但是这两个非主极点都是复极点,它们的谐振频率是 ω_n,阻尼系数是 $\zeta(Q = 1/2\zeta)$,这个谐振频率是 GBW 的 p 倍。

又有了两个参数,但不是两个实数非主极点而是一对复极点,参数 p 和 q 将由 p 和 ζ 取代。

很容易得出闭环单位增益 A1 的表达式,并且表达式是三阶的。

现在的问题是怎样确定 p 和 ζ 的参数值来获得最大平坦的频响曲线。

0915 为了说明这些参数是如何影响频率响应,现在保持谐振频率与 GBW 的比值 p 不变,而取不同的阻尼系数 ζ 来观察频响的变化。

虽然现在看来选择合适的 p 和 ζ 不那么容易,但是在后面几张幻灯片之后就会变得很清楚了。

很明显的一点是,阻尼系数 ζ 太小会导致尖峰过大,甚至超出了纵坐标范围。我们保持坐标刻度相同,对所有的例子进行测试,尖峰值都超出纵坐标的范围。

因此必须增加阻尼系数 ζ 来获得一个比较平坦的响应。

0916 增加阻尼系数 ζ 能减小尖峰。如图所示,在选用 $\zeta = 0.44$ 的时候,它的尖峰值与低频增益的值是相同的。但同时在尖峰之前出现了一个约为 10% 的凹陷,这在有些应用情况下是可以接受的。

由于尖峰的出现,—3dB 带宽(归一化增益为 0.707)有所增加,它大约在 0.43 倍的 GBW 处。

为了获得更加平坦的频率响应,再次增大阻尼系数 ζ,并尝试了多个 ζ 值直到出现最平坦的响应,对应的频响曲线在下一张幻灯片中给出。

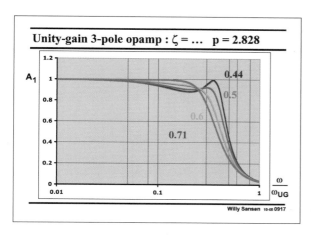

0917 图中给出了不同阻尼系数 ζ 对应的频响曲线。再次给出 ζ＝0.44 的频响曲线作为参考，其他三条曲线对应的 ζ 值分别是 0.5、0.6 和 0.7。

从图中可以看出，当 ζ＝0.71（实际上是 $1/\sqrt{2}$）的时候，频响曲线是最平坦的，它的频响曲线就是三阶的巴特沃斯响应。这时的 p 为 $2\sqrt{2}$，ζ 为 $1/\sqrt{2}$。在开环中这些非主极点就已经是复极点了，在闭环中当然也是复极点了。

这种非主极点的分布在三级放大器的设计中是很常见的，因为非主极点的频率较低也就意味着功耗相对较小。

现在清楚为什么选择 p＝2.828 了，就是为了获得最平坦的三阶巴特沃斯响应曲线。

最后注意到的是，在获得最平坦的频响曲线时会使－3dB 的频率稍稍降低，变为开环 GBW 的 0.3 倍。

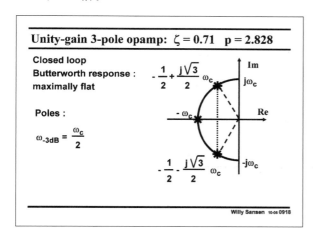

0918 图中只给出了闭环时极点在复平面上的分布情况。

所有的极点都分布在左半圆上，－3dB 的频点是 ω_c 的 1/2，并且该 －3dB 频点与开环的 GBW 密切相关。

需要将这个响应与其他几种三级运算放大器进行比较。

0919 到目前为止，已经知道如何使三级放大器稳定，也就是如何选择 p 和 q 或者选择最适合的 p 和 ζ 来设计放大器。

尽管有许多种放大器结构，我们还是从嵌套密勒补偿（NMC）放大器开始介绍，继而介绍前馈、多径分支等结构。

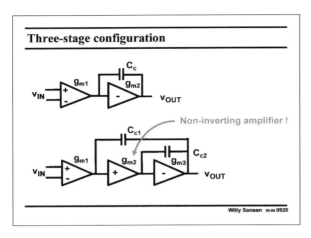

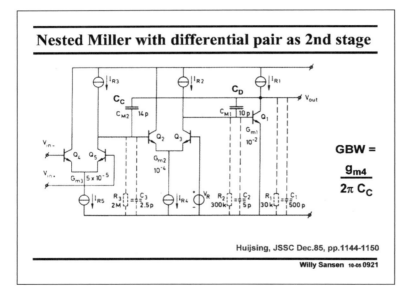

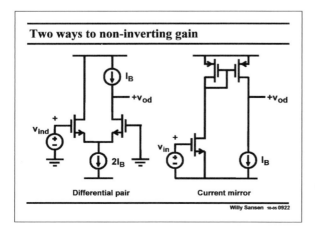

0920 在关注放大器的整体结构之前,必须先确定选用哪种同相放大器结构。

事实上,在一个三级放大器中,中间级和输出级往往是采用单输入单输出的。

但是单晶体管放大器总是反相的,不能作为三级放大器的中间级。另外,往往需要一个补偿电容 C_{C1} 来提供正反馈。

显然这种同相放大器适用于三级放大器,而不适用于两级结构。

现在有两种方案,下面先介绍第一种。

0921 这种三级放大器是用双极型晶体管来实现的,中间级采用的是一个差分对,因为差分对的另一端是同相输出。

很容易确认三级放大器的其他模块。这种嵌套补偿采用的电容分别是 14pF 和 10pF,前者决定了 GBW。

接着介绍另外一种方案。

0922 一个镜像电流源能提供一定的同相增益。差分对和电流镜都是基本的电路单元。

如果所有晶体管的直流电流是相同的,那么它们的功耗也是相同的。

两种电路都能提供一定的增益,甚至在相当高的频率,至于哪种电路更好尚不清楚。

电流镜或许有一点点优势,那就是它的带宽较高。

下面要将两者做比较,找出它们真正的区别。

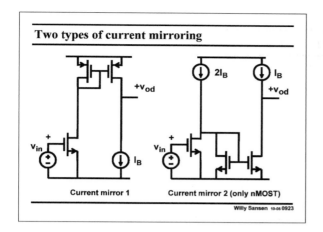

0923　可以采用更复杂的电流镜。在第二种结构中仅使用了 nMOST 器件,它具有更高的带宽,但同时也多了 50% 的电流。

增大带宽和增加功耗有什么差别?

事实上,两者的差别是很小的。

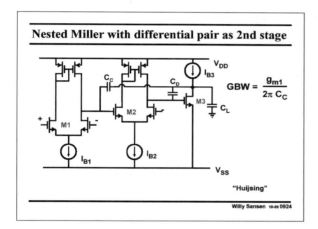

0924　在图示的放大器结构中,中间级使用了一个差分对,它采用的是 MOST,而不是双极型晶体管。

很容易找出图中的两个补偿电容。

图中的放大器结构来源于原来采用双极型晶体管的 Huijsing 结构,在这里也将它称为 Huijsing 结构。

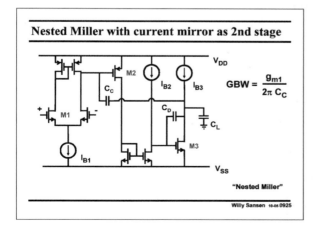

0925　前面的放大器与现在这个相比唯一的差别是,后者采用了电流镜作为中间级。其他方面,如输入输出级、负载电容等都是相同的。

现在唯一要考虑的问题是哪种结构的放大器能提供较大的 GBW,而 GBW 取决于中间级的非主极点。

图中的放大器被称为"嵌套密勒补偿"放大器,尽管这两种放大器都是嵌套密勒补偿放大器。

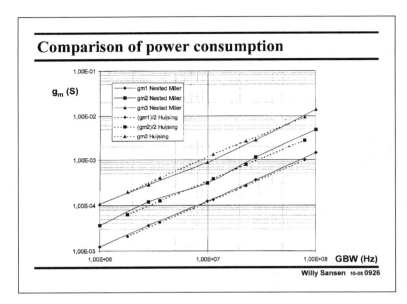

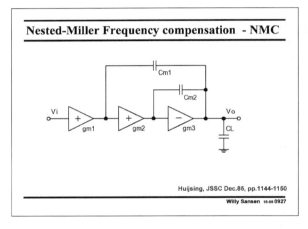

0926 这两种放大器设计时负载电容相同。放大器应用巴特沃斯三阶响应来设计时 GBW 不同,继而用一些额外的仿真来优化放大器。

图中的曲线给出了放大器三级的各自跨导值。如果固定 $V_{GS} - V_T$ 的取值,可以看出,电流与这些跨导呈正比关系。

这些曲线表明了这两种放大器的差别很小,它们主要的差别在高频时才表现出来。比如说要实现 100MHz 的 GBW,以差分对作为中间级的放大器就难以实现,而用电流镜作为中间级的放大器实现起来相对容易。这表明后者的结构在高频上有比较好的性能。

0927 接着继续讨论几种 NMC 运算放大器。

为了做对比,再次给出了常规的三级 NMC 运算放大器的示意图。

这种结构放大器最主要的缺点是输出级的电流损耗比较大。实际上,补偿电容 C_{m2} 并联到了输出级,并且输出级的增益在高频时会有较大的衰减。因此,为了确保极点分离要增大跨导 g_{m3} 。

至于具体的设计方法将在下面继续讨论。

0928 在开环中(如左图所示),有三个极点、两个零点。

开环情况下的增益 A_{dc} 比较大,这是因为放大器具有三级。每一级节点对地的电阻被定义为 R_i 。

每个节点的对地寄生电容都比较小,准确地说,最小的补偿电容都是这些寄生电容的至少三倍以上。因此节点电容在图上的近似表达式中没有给出。

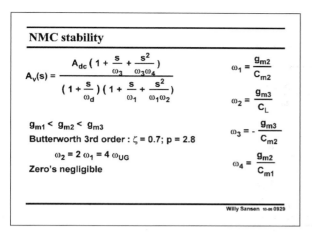

整个补偿电容 C_{m1} 的密勒效应决定了主极点的位置。

补偿电容 C_{m1} 和输入跨导共同决定了 GBW。

接着给出了设计步骤。

0929　通常总是假定增加输出级的跨导。对于一个三阶的巴特沃斯响应,两个非主极点 ω_1 和 ω_2 分别是 GBW 的 2 倍和 4 倍。

通常情况下总是忽略两个零点。同时也注意到,其中一个零点在右半复平面中。

现在需要解决的系统是有三个方程(分别为 GBW,ω_1,ω_2)和五个变量。

一般情况下,会选择两个补偿电容。其中 C_{m1} 要尽可能地取比较小的值,但必须保证它的值为第一级输出级节点电容的三倍以上,否则输入噪声可能会过大。

而另一个补偿电容 C_{m2} 也要尽量地小,只要保证为第二级输出节点电容的三倍就行。

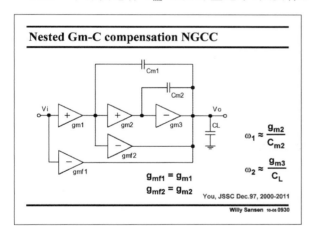

选择尽可能小的补偿电容值是为了使功耗尽可能地小。当然,如果对放大器噪声有比较高的要求,那么必然要增加补偿电容来获得比较好的噪声性能,但同时会增加放大器的功耗。也就是说,比较低的噪声也就意味着比较高的功耗。

设计者往往会让两个补偿电容取一个相同的比较小的值,显然这不是一个最优的选择。

0930　图中所示的这种三级放大器不仅具有两个密勒补偿电容,还有两个提供前馈跨导的 g_m 模块。如果这些前馈跨导值与其相应放大级的跨导值相同,则能把系统的零点消除。

因此剩下的两个非主极点与普通的 NMC 放大器相同。

增加的功耗也相对比较小。

0931　同样也可以只添加一条前馈支路,它的跨导 g_{mf2} 与输出级的跨导 g_{m3} 相同。这样就能产生一个在复左半平面的零点 ω_z 来抵消一个非主极点,以增加相位裕度。

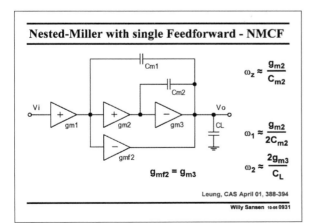

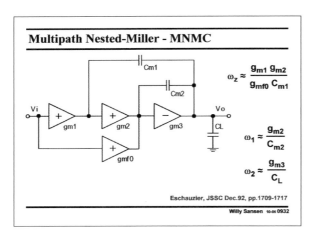

Comparison Nested-Miller solutions

Topology	Stages	PM	GB=2πGBW	T_{eL}	$T_{eL} / T_{eL\,(NMC)}$
Single	One	$<90°$	(g_m/C_L)	1.0	4.0
SMC	Two	$<63°$	$0.5(g_{m2}/C_L)$	0.5	2.0
NMC	Three	$\approx60°$	$0.25(g_{m3}/C_L)$	0.25	1.0
NGCC	Three	$\approx60°$	$0.25(g_{m3}/C_L)$	0.25	1.0
NMCF	Three	$>60°$	$<0.5(g_{m3}/C_L)$	<0.5	<2.0
MNMC	Three	$\approx63°$	$\approx0.5(g_{m3}/C_L)$	≈0.5	≈2.0

Willy Sansen　10-05 0933

如果 $g_{mf3}>g_{m2}$，这时非主极点能用图片中的公式来近似。

同时，它的功耗也有所增加，前馈支路和输出级的电流也比较大。

0932 另外一种补偿技术是多路径嵌套密勒补偿，如本幻灯片所示。

前馈级跨接在输入级和第二级，而不是与输出级相连。这个前馈用来在复左平面产生一个零点 ω_Z，以此抵消一个非主极点，因此增加了相位裕量。

如果 $g_{mf3}>g_{m2}$，那么非主极点可以用本幻灯片中的表达式近似，与传统 NMC 放大器一样。

0933 为了便于比较，将前面的放大器列成一张表，单级和两级密勒放大器放在最前面。

除了单级放大器外，将其余放大器的相位裕量进行比较。对各种结构三阶巴特沃斯响应的 GBW 进行比较，其量纲为输出时间常数 g_{m3}/C_L。

下一列给出了各种结构所能得到的 GBW，将其与单级放大器的 GBW 相比较。传统的 NMC 的 GBW 只能达到单级放大器 GBW 的 1/4。

最后一列与 NMC 放大器相比较，显然后两种采用一个简单前馈级的放大器在功耗方面更具有优势。

但是，这种改善至多 2 倍的关系。

因此我们致力于研究三级放大器，使得它们能更好地节省功耗。

0934 为了得到低功耗，必须找到其他的结构，它们都是在复平面的左半部分产生零点，来抵消非主极点，但同时没有产生额外的功率损耗。

这里将讨论三种结构，后两种在功耗方面大大降低，甚至达到单级放大器功耗。

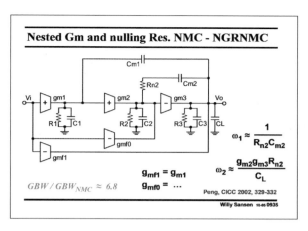

0935　第一种结构与前面展示的 NGCC 很接近，它也是使用两级反馈。它与 NGCC 的唯一区别是第二个补偿电容是串联了接近于零的电阻 R_{n2}。这是一种很著名的技术（NGRMNC），只要电阻 R_{n2} 大于 $1/g_{m3}$，就可以在左半平面产生一个零点。

同样前馈级用来抵消零点。但是，这里跨导 g_{mf0} 做得较大，用来产生左半面零点。结果，复非主极点与左平面一对复零点抵消。

在相同的负载电容和功耗下，这种三阶巴特沃斯结构使得它的 GBW 比 NMC 提高了 6.8 倍。

0936　本幻灯片展示了 NGRNMC 放大器的电路实现。

输入级是一个折叠共源共栅，电流镜用作同相放大器。

电流镜 M27/M17 用来精确设定 g_{mf0} 的值，同样，电流镜 M33/M34 用来设定 g_{mf1}。

后面的前馈级使大信号工作效果更好，它极大地增加了输出级的转换速率。此时，输出级偏置于 AB 类工作状态。晶体管 M34 精确地确定了静态工作电流。但是，输出电流的最大值也增大了许多。

此时，转换速率由流入补偿电容 C_{m1} 的第一级 DC 电流限制。

0937　第二种低功耗嵌套密勒补偿技术是正反馈补偿（PFC），它通过在第二级放大器两端跨接补偿电容 C_{m2} 构成。它的目的也是产生左半平面零点，用来抵消非主极点。

一条前馈级使输出级工作于 AB 类状态，采用这种方法，转换速率由第一级的 DC 电流限制。

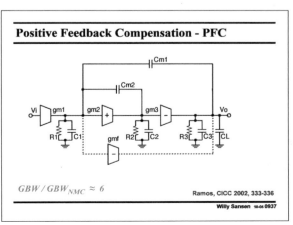

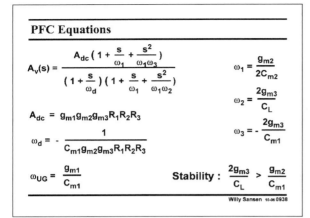

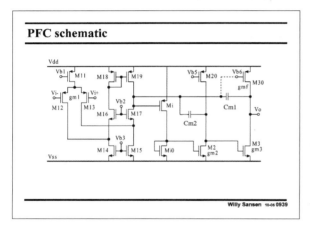

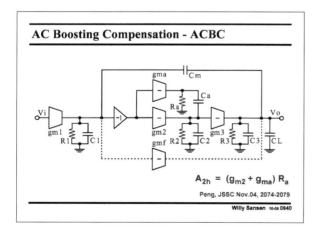

0938　本幻灯片显示了开环电路增益的近似表达式。正如所期望的,有三个极点和两个零点。GBW 与所有采用总的密勒电容 C_{m1} 的三级放大器一样。

需要注意的是,第一个非主极点与第一个零点相同,它们相互抵消。

为了提高稳定性,跨导 g_{m3} 或补偿电容 C_{m1} 必须足够大,C_{m1} 足够大是为了避免额外的功耗。

对于三阶巴特沃斯响应,在相同的负载电容和功耗下,PFC 结构的 GBW 比 NMC 结构的 GBW 提高了 6 倍。

0939　本幻灯片展示了 PFC 的电路结构。同样,输入级采用折叠共源共栅,第二级采用电流镜,补偿电容很容易分辨。

输出级的栅极与第一级的输出相连,使输出级工作在 AB 类状态,这大大改善了转换速率。此时转换速率由流入补偿电容 C_{m1} 的输入级总 DC 电流限制。

0940　本幻灯片所示为一种低功耗三级放大器——ACBC。与输出级并联的补偿电容 C_{m2} 不再采用,采用补偿电容 C_a,C_a 具有自己独立的驱动,驱动跨导为 g_{ma},从名称看该驱动电路是针对放大器第二个节点的交流放大器。

同样,主要目的是不与输出级并联,而是产生一个左半平面零点来抵消一个非主极点。采用这种方式,在相同的 GBW 和负载电容下,功耗可以比单级放大器还小。

另外一个重要的附加设计参数是 A_{2h},它是 C_a 工作于短路或是高频状态时额外放大器的增益。

ACBC equations

$$A_v(s) = \dfrac{A_{dc}\left(1 + \dfrac{s}{\omega_1} + \dfrac{s^2}{\omega_1\omega_4} + \dfrac{s^3}{\omega_1\omega_3\omega_4}\right)}{\left(1 + \dfrac{s}{\omega_d}\right)\left(1 + \dfrac{s}{\omega_1} + \dfrac{s^2}{\omega_1\omega_2} + \dfrac{s^3}{\omega_1\omega_2\omega_3}\right)}$$

$$A_{dc} = g_{m1}g_{m2}g_{m3}R_1R_2R_3$$

$$\omega_d = -\frac{1}{C_{m1}g_{m2}g_{m3}R_1R_2R_3}$$

$$\omega_{UG} = \frac{g_{m1}}{C_{m1}}$$

$$\omega_1 = \frac{1}{A_{2h}}\frac{g_{m2}}{C_a}$$

$$\omega_2 = A_{2h}\frac{g_{m3}}{C_L}$$

$$\omega_3 = \frac{1}{R_aC_2}$$

$$\omega_4 = -A_{2h}\frac{g_{m3}}{C_m}$$

$$A_{2h} = (g_{m2} + g_{ma})R_a$$

Willy Sansen 10-05 0941

ACBC stability

$$A_v(s) = \dfrac{A_{dc}\left(1 + \dfrac{s}{\omega_1} + \dfrac{s^2}{\omega_1\omega_4} + \dfrac{s^3}{\omega_1\omega_4\omega_3}\right)}{\left(1 + \dfrac{s}{\omega_d}\right)\left(1 + \dfrac{s}{\omega_1}\right)\left(1 + \dfrac{s}{\omega_2}\right)\left(1 + \dfrac{s}{\omega_3}\right)}$$

Stability : $\omega_3 > \omega_2 > \omega_1$

Pole and zero at ω_1 cancel

Design : $\omega_2 \approx 2\,\omega_{UG}$ for 60° PM

$GBW / GBW_{NMC} \approx 17$

$$\omega_1 = \frac{1}{A_{2h}}\frac{g_{m2}}{C_a}$$

$$\omega_2 = A_{2h}\frac{g_{m3}}{C_L}$$

$$\omega_3 = \frac{1}{R_aC_2}$$

$$\omega_4 = -A_{2h}\frac{g_{m3}}{C_m}$$

$$A_{2h} = (g_{m2} + g_{ma})R_a$$

Willy Sansen 10-05 0942

ACBC schematic

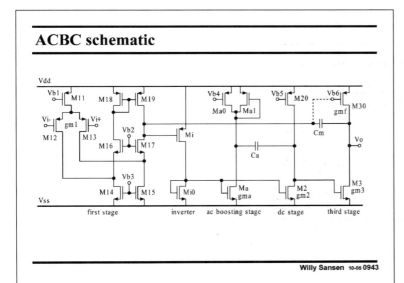

Willy Sansen 10-05 0943

0941 本幻灯片展示了电路的开环增益表达式 Av。它有四个极点和三个零点,第一个非主极点 ω_1 和第一个零点相同,可以相互抵消。而且,第二个非主极点 ω_2 随增益 A_{2h} 增大而增大。提高这个增益就可以将第二个非主极点提到一个更高的频率,从而增加 GBW。

0942 为了研究稳定性要求,首先将三个极点按升序排列,因此非主极点 ω_3 是最高的,当补偿电容 C_2 是一个很小的节点寄生电容时,这是有可能的。此外,电阻 R_a 不能做得太大,它用一个二极管连接的 MOST 实现。

在这种结构中,很明显第一个非主极点与第一个零点相抵消,其余的零点都可以忽略。

设计的开始是将第二个非主极点 ω_2 设计为 GBW 的 2 倍,正如前面实现最大平坦三阶巴特沃斯响应的特性一样。

结果大大节省了功率,在相同的负载电容和功耗下,它的 GBW 比 MNC 放大器提高了 17 倍。

0943 本幻灯片展示了 ACBC 放大器的一个电路实现结构。同样,输入级采用折叠共源共栅结构,第二级采用电流镜,输出级通过将晶体管 M30 栅极与第一级输出端相连而工作于 AB 类状态。这也大大提高了转换速率。

增益提高级由晶体管 Ma 和 Ma1 组成,增益十分精确。对于 GBW 为 2MHz,负载电容 C_L 为 500pF,电容 C_a 为 3pF 时,增益 A_{2h} 为 9,补偿电容 C_m 是 10pF,总电流消耗为 $160\mu A$,通过 M11

电流是 $18\mu A$,通过 M30 电流是 $100\mu A$,第二级每条支路电流仅为 $5\mu A$。

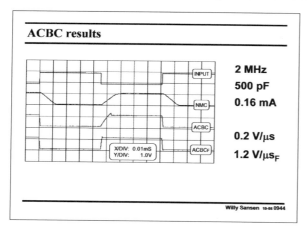

0944 这些瞬态测试结果表明了在输出级将前馈与 AB 类结合的重要性。

在输入为方波的条件下,显示了 M30 栅极不同情况下的输出波形,一种情况是与直流偏置相连(ACBC),另一种情况是与第一级输出相连(ACBC_F),其中 F 表示前馈。

在另一种情况下,转换速率很高,并且上升时间很短。

0945 低功耗三级放大器的最后一个例子是 TCFC 放大器。它表示跨导与反馈电容补偿,内部的补偿电容没有使第二级短路,它通过跨导 g_{mt} 形成反馈。跨导 g_{mt} 是一个共源共栅级或者电流缓冲器,它具有很低的输入电阻 $R_t = 1/g_{mt}$ 和很高的输出电阻。

特征变量是 k_t,它是两个 pMOST 晶体管跨导的比值,可以设定得十分准确,典型值是 2~3。

同样,用跨导 g_{mf} 构成前馈部分可以抵消一个零点,并使输出级偏置于 AB 类工作状态。跨导 g_{mf} 与输出级 g_{m3} 的值很接近。

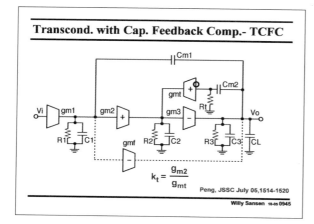

0946 本幻灯片展示了开环电路增益表达式,有四个极点和三个零点。GBW 与其他三级放大器一样,第二个非主极点 ω_2 与第一个零点相同,而第一个零点出现了两次,第二个非主极点抵消了一个零点 ω_2,另一个零点 ω_2 用来改善相位裕量。

右半平面零点 ω_4 的表达式包含了 GBW,这个零点的因子 k_t,C_{m2}/C_2 和 g_{m3}/g_{m1} 值相当大,因此这个零点大大高于 GBW。当然选择的补偿电容 C_{m2} 也总是比寄生电容 C_2 大许多。

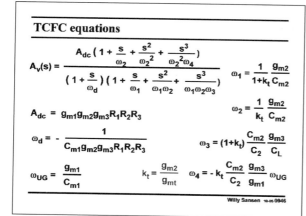

因此右半平面零点 ω_4 可以忽略。

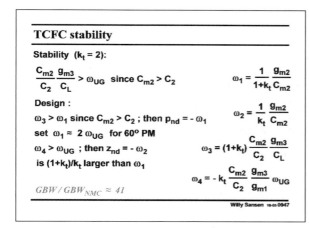

0947　为了满足稳定性要求,第二个非主极点 ω_2 要比第一个非主极点 ω_1 大,当 k_t 大于 1 时,总能满足这种要求。在下面的设计实例中,k_t 取 2。

主要的稳定条件规定第三个非主极点 ω_3 必须比 GBW 大。当比值 C_{m2}/C_2 和 g_{m3}/g_{m1} 较大时,很容易满足这个条件,也很容易使电路稳定。

最主要的非主极点是 ω_1,对于一个三阶巴特沃斯特性,这个极点设定在 2 倍的 ω_{UG} 处。

正如前面所讨论的,右半平面零点 ω_4 比 GBW 高许多,并且可以忽略。剩下的唯一零点是左半平面的 ω_2,它只比非主极点高一点(在该设计中,实际上是 $(1+k_t)k_t$/或是 1.5 倍),因此它能较理想地改善相位裕量。

与传统 NMC 放大器相比,GBW 比值有了较大提高。

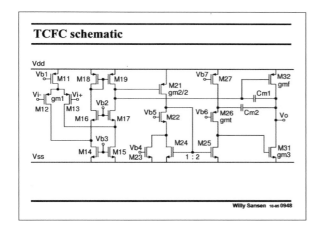

0948　本幻灯片展示了一个实现电路。

与通常的结构一样,输入级采用折叠共源共栅,第二级采用电流镜,输出晶体管 M32 由第一级输出驱动,输出级工作在 AB 类状态。因此它没有限制转换速率,此时转换速率由第一级直流电流和补偿电容 C_{m1} 来决定。

共源共栅管 M26 和补偿电容 C_{m2} 串联,它的跨导是第二级放大器晶体管 M21 的 2 倍。电流镜 M24/M25 确保电流比值为 2,因子 k_t 也十分精确地设为 2。

0949　前面已经对许多不同的结构进行了讨论,下面比较一些优值。

这种优值(FOM)包括固定 GBW 和负载电容下的功耗。但是,存在两种不同的优值,一种考虑实际功率损耗,并用 mW 作单位,另一种只考虑电流。它们的区别在于所使用的电压不同。

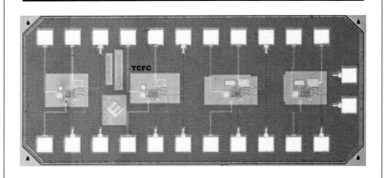

TCFC and other 3-stage opamps

Willy Sansen　10-05　0950

Comparison

No Capacitance

Nested Miller comp.

NMC with nulling R

Miller C Substitutions

AC Boosting comp.

Transconductance
Capacitance FC

		IFOMs $\frac{MHz\cdot pF}{mA}$	IFOMt $\frac{V/\mu s\cdot pF}{mA}$	FOMs $\frac{MHz\cdot pF}{mW}$	FOMt $\frac{V/\mu s\cdot pF}{mW}$	Tech.
NCs						
NCFF	[Tha03]	536	-	214	-	0.5μm CMOS
NMs						
NMC	[Esc92]	632	211	79	26	5GHz ft BJT
MNMC	[Esc92]	1053	368	132	46	3GHz ft BJT
NMCF	[Leu01a]	600	246	300	123	0.8μm CMOS
NGCC	[You97]	36	148	18	74	2μm CMOS
HNMC	[Esc94]	134	134	89	89	0.8μm CMOS
MHNMC	[Esc94]	401	467	267	311	0.8μm CMOS
DNMC	[Per93]	250	188	50	38	1.5μm CMOS
MRs						
NMCNR	[Leu01a]	410	168	205	84	0.8μm CMOS
IRNMC	[Ho03]	626	444	209	148	0.6μm CMOS
EFC	[Ng99]	817	1200	272	400	0.6μm CMOS
NGRNMC	[Peng03]	700	490	280	196	0.15μm CMOS
MSs						
PFC	[Ram03b]	1915	709	1276	473	0.35μm CMOS
DFCFC	[Leu01a]	1238	628	619	314	0.8μm CMOS
ACBs						
ACBC	[Peng04]	5981	2215	2991	1108	0.35μm CMOS
ACBCt	[Peng04]	5864	3086	2932	1543	0.35μm CMOS
TCFs						
AFC	[Ahu83]	326	-	33	-	4μm CMOS
AFFC	[Lee03b]	2700	894	1350	447	0.8μm CMOS
DLPC	[Lee03a]	3818	1800	2545	1200	0.6μm CMOS
TCFC	[Peng05]	14250	5175	9500	3450	0.35μm CMOS

Willy Sansen　10-05　0951

0950　仅仅基于实验结果,做了如下比较。

在这个版图中有几个运算放大器,其中有一个为 TCFC,它们尺寸相似,负载电容都是 150pF,采用 $0.35\mu m$ CMOS 工艺。

表中列出了它们的详细差别。

0951　为了便于比较,所有三级放大器被分类排列,所有可能的优值(FOM)都包括在内。一种选择是根据电流(mA)或者功率(mW),另一种是根据 GBW 和转换速率 SR,前者是小信号工作的品质因数,后者在大信号工作中起重要作用,如开关电容电路。

第一种不采用补偿电容,显然这是不可取的。

第二种是最经常使用的,它列出了 NMC 所有变量。本章已经讨论了其中的几种变量,优值都十分好,最好的是多径运算放大器 MNMC,但是它的转换速率并不是很好,因为没有采用前馈级使输出级变为 AB 类级。

与补偿电容串联的近似于零的电阻也不能很好地提高优值。

只有产生了左半平面零点抵消非主极点时,才能真正改善优值,采用正反馈(PFC)或阻尼系数控制(DFCFC)正是这种情况。这种情况更多采用交流提高放大器(ACBC)或者采用附加跨导模块,例如在有源反馈补偿(AFC),尤其在跨导和电容补偿(TCFC)结构中的情况。优值的改善是很明显的。

Transient responses in unity gain

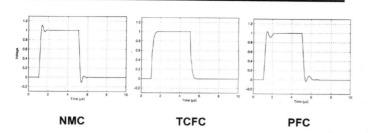

NMC **TCFC** **PFC**

All GBW ≈ 1 MHz and C_L = 100 pF
Same C_{m1} = 18 pF ; C_{m2} = 3 pF; minimum currents.

Willy Sansen 10-05 0952

References

J. Huijsing, D. Linebarger, "Low-voltage operational amplifier with rail-to-rail input and output ranges" *IEEE J. Solid-State Circuits*, vol. 20, pp. 1144-1150, Dec. 1985.

R. Eschauzier, L. Kerklaan, and J. Huijsing, "A 100-MHz 100-dB operational amplifier with multipath nested Miller compensation structure," *IEEE J. Solid-State Circuits*, vol. 27, pp. 1709-1717, Dec. 1992.

S,Pernici, G. Nicollini, R. Castello, "A CMOS low-distortion fully differential power amplifier with double nested Miller compensation", *IEEE J. Solid-State Circuits*, vol. 28, pp. 758-763, July 1993.

F. You, S. H. K. Embabi and E. Sánchez-Sinencio, "Multistage amplifier topologies with nested Gm-C compensation," *IEEE J. Solid-State Circuits*, vol. 32 pp. 2000-2011, Dec. 1997.

K. N. Leung and P. K. T. Mok, "Nested Miller compensation in low-power CMOS design," *IEEE Trans. Circuits Syst. II*, vol. 48, pp. 388–394, Apr. 2001.

K. N. Leung and P. K. T. Mok, W. H. Ki, and J. K. O. Sin, "Three-stage large capacitive load amplifier with damping-factor-control frequency compensation," *IEEE J. Solid-State Circuits*, vol. 35, pp. 221–230, Feb. 2000.

H. Lee and P. K. T. Mok, "Active-feedback frequency-compensation technique for low-power multistage amplifiers," *IEEE J. Solid-State Circuits*, vol. 38, pp. 511-520, Mar. 2003.

X. Peng and W. Sansen, "Nested feedforward gm-stage and nulling resistor plus nested Miller compensation for multistage amplifiers," CICC, May 2002, pp. 329-332.

J. Ramos and M. Steyaert, "Three stage amplifier with positive feedback compensation scheme," in *Proc. IEEE Custom Integrated Circuits Conf.*, Orlando, FL, May 2002, pp. 333-336.

X. Peng and W. Sansen, "AC boosting compensation schema for low-power multistage amplifiers", *IEEE J. Solid-State Circuits*, vol. 39, pp. 2074-2079, Nov. 2004.

X. Peng and W. Sansen, "Transconductance with capacitances feedback compensation for multi-stage amplifiers", *IEEE J. Solid-State Circuits*, vol. 40, pp.1514-1520, July 2005.

Willy Sansen 10-05 0953

Table of contents

Willy Sansen 10-05 0954

0952 这些放大器的瞬态响应与极零点位置有关,但并不是一种简单的方式。本幻灯片所示为在相同的 GBW 和负载电容下三种放大器的响应。它们采用相同的三阶巴特沃斯频率响应和相同的补偿电容,结果是 NMC 中电流比另外两种电路中的电流大很多。

时域响应中可以看到,NMC 和 PFC 放大器中有一些过冲,但是 TCFC 放大器没有,这是因为它们极零点位置不同。

0953 下面列出了所有重要的参考文献。主要是来自 IEEE of Solid-State Circuits,一些来自 Transactions and Systems 和 Custom Integrated Circuit Conference。

0954 本章主要讲述三级运算放大器,充分研究了这些放大器的稳定性。放大器除了存在着 3 个极点外,总是存在着至少 2 个零点。接着讨论了传统的密勒补偿,然后讨论引申出的几种类型,它们的主要缺点是第三级的功耗比较大。

为了减小功耗,讨论了更多的结构,它们都具有 4 个极点和 3 个零点,都采用了一个零点和一个非主极点抵消的方法。而且它们都将一个左半平面的零点与一个非主极点设置得很近,采用这种方法,可以极大地降低功耗。最好的例子是 TCFC 放大器,与传统嵌套密勒补偿放大器相比,它的功耗可以降低为原来的 1/40。

第10章 电流输入运算放大器

101 电流也可以代替电压作为输入,由此构成了电流输入放大器。本章主要讨论电流输入放大器。

---

102 首先讨论全部的运算放大器,其次讨论更多的一些结构。在本章中也包括跨阻放大器,但是它们在第 14 章输入级并联-串联反馈中讨论。因此本章内容较少。

---

103 电流放大器常用于电流传感器和一些高频应用中。例如光电二极管(像素探测器、辐射探测器等)在反偏工作时接收光产生了与光强呈比例的电流,它可以表示为一个电流源 I_{IN}。在这种情况下,电压放大器可以采用电阻反馈,输出电压为 $R_F I_{IN}$,或者作为电流输入放大器使用,跨阻为 A_R。

问题在于,从增益(或灵敏度)、速度和噪声性能方面来看,哪一种放大器更好。

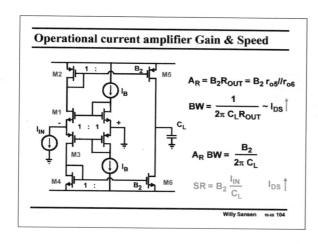

104　如本幻灯片所示,电流输入级采用共源共栅电路。

该放大器实际上由两个连接参考电压的电流镜组成,它的输出再镜像到输出端,电流增益系数是 B_2。

这两个电流镜提供了偏置,晶体管 M1 和 M3 的偏置电流都是电流 I_B。

但是对于小信号,晶体管 M1 和 M3 是共源共栅管。输入电流 i_{IN} 分别输入共源共栅电路,并乘以 B_2,并在输出晶体管 M5 和 M6 的漏极输出电阻 R_{OUT} 上产生一个输出电压。

电流增益适中,但是跨阻相当大,特别是晶体管 M5/M6 采用共源共栅结构或者共源共栅管采用增益提高技术时。结果,电路带宽取决于 R_{OUT},但是跨阻带宽积中不再含有 R_{OUT}。

A_RBW 不能与电压放大器的 GBW 作比较,因为它们的物理意义完全不同。

这个放大器的主要优点是转换速率没有受到限制,对于一个大电流输入,转换速率由输入电流倍乘 B_2 决定。

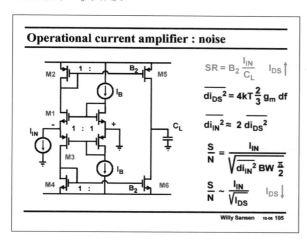

105　输入电流 i_{IN} 可以比偏置电流 I_B 大。在这种情况下,晶体管 M1 上电流很大,而晶体管 M3 截止。晶体管 M1 工作在 AB 类,转换速率很高,代价是有些失真。

如果不产生失真,就需要让偏置电流 I_B 总是比 i_{IN} 的峰值大。

高速度会导致噪声性能很差,电流输入放大器也是如此。详细分析(见下一张幻灯片)表明,如果共源共栅管不是由电压源驱动的,而且共源共栅管的负载电阻不是很小,那么共源共栅管的噪声是可以忽略的,而这些条件正是该电路所拥有的。

共源共栅管 M1 看到的源电阻是 $1/g_{m3}$,负载是 $1/g_{m2}$。M1 输出的噪声电流无衰减地流过 M2 和 M3。幸运的是,它们在输出端相互抵消。但是,M2 和 M4 自身的噪声电流功率增加了,它们增大了等效输入噪声电流。

信噪比 SNR 很容易计算,I_B 越大,SNR 就越差。

毫无疑问,速度越高,噪声性能越差。

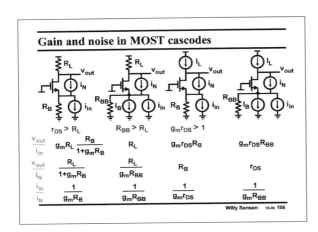

106 对于一个 MOST 共源共栅结构,将输入电流 i_{in} 和晶体管电流噪声源 i_N 对输出端的贡献进行比较。最后计算输入噪声 i_{in} 和晶体管噪声电流 i_N 的比值,表明等效输入噪声电流是由于晶体管噪声引起的。晶体管噪声在所有的情况中都一样,并且与 g_m 呈正比关系。根据共源共栅是否有真正的电流驱动(第 2 种和第 4 种)可以划分成四种情况。R_{BB} 是输入电流源 i_{in} 的输出电阻,它比 R_L 大,除非 R_L 被电流源 I_L 代替。

当共源共栅级由一个低阻 R_B 驱动,它的工作更接近电压源。同样,负载电阻可以很小如 R_L,也可以很大如电流源 I_L。

显然,除非共源共栅管是电压驱动(或者驱动另一个 $1/g_m$),同时负载阻抗很小或者负载是一个电流镜的输入阻抗 $1/g_m$ 时,晶体管噪声对输入电流的作用很小。

只有上述一种情况下,共源共栅管的噪声才重要到不可忽略,其余情况下,它都可以忽略。

107 另一种提高电流运算放大器高速性能的方法是:闭合反馈环路。

本幻灯片中是一个两级电压运算放大器的电路图,它的环路通过电阻 R_S 和 R_F 实现闭合,它们确定了增益 R_F/R_S 和带宽。

电压运算放大器利用带宽换取增益,它的 GBW 是常量,如表达式所示。

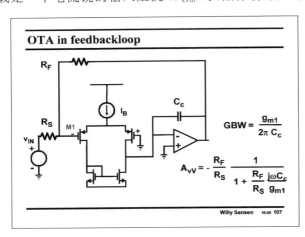

108 本幻灯片显示了一个相似的两级运算放大器的电路图,但是第一级是电流输入而不是电压输入。

同样,环路通过电阻 R_S 和 R_F 实现闭合,它们确定了增益 R_F/R_S,但是它的带宽不同,它由串联电阻 R_S 确定,这个电阻将输入电压转化成输入电流,在表达式中 R_S 被单独提取出来。

如果保持电阻值 R_S 不变,通过调节反馈电阻 R_F 的大小同样可以得到电压输入运放的增益曲线图,如下一张幻灯片所示。

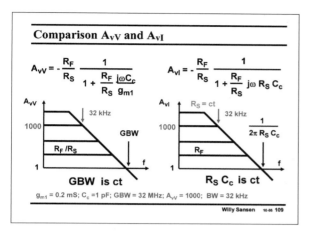

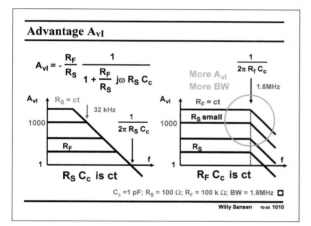

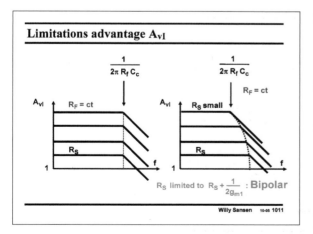

109　图中左边是电压运放,增益
1000,GBW 为 32MHz。右边是电流
运放,它与电压输入运放有着相同的
增益,输入电阻 R_S 为一常量,恒为
5kΩ,因此电流运放的 GBW 也是
32MHz。增益和带宽的换取关系与电
压运放的情况一样。

　　下面讨论通过调节 R_S 的大小来
设置增益。

1010　左边的电压运放和前面相
同,右边也采用同样的电流运放,但是
令 R_F 保持不变,恒为 100kΩ,通过调
节 R_S 的大小来设置增益。

　　此时电流输入运放不再有恒定的
GBW,而是有恒定的带宽,带宽 BW＝
$1/(2\pi R_F C_C)$。

　　显然电流输入运放可以同时实现
高增益和高速度,但是电压输入运放
却无法实现。这就是电流输入运放的
优点所在。

　　当增益为 1000 时,带宽可以扩展
到 1.6MHz,而不是原来的 32kHz。

1011　当增益为 1000 时,R_S 为
100Ω。增益越大,R_S 越小。但是 R_S
不可能无限制地小,因为电路的输入
电阻 $1/2g_{m1}$ 开始起作用了。

　　因此在高增益的条件下来实现高
速并不是一件容易的事。增益和频率
的曲线图实际上在高频时会稍微向左
边偏折。实际的增益仍然很高,但是
已经不像所期望的那样高了。

　　双极型晶体管的输入电阻较小,
因此可以同时实现高增益和高带宽,
所以大多数上商用电流运放都是采用
双极型工艺。

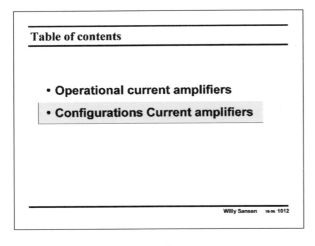

1012 前面已经介绍了电流运放的种种优点,下面将讨论如何实现电流运放。

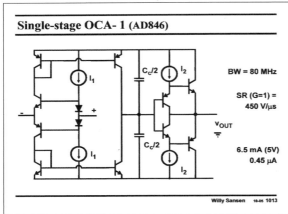

1013 采用双极型工艺的单级电流运放,带宽由输出端的两个电容来决定,大小为80MHz。

显然运放的转换速率也很大,当闭环增益为1时,SR可以达到$450V/\mu s$。

电路的输出级是一个双射极跟随器。

通常对于高速运放,没有给出噪声指标。

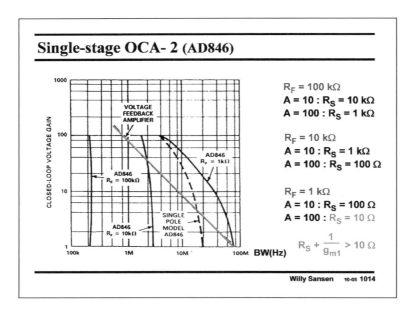

1014 左图中所列出的指标可以清楚地说明电流运放能实现恒定带宽。

例如当 $R_F = 100k\Omega$ 时,带宽超过了 $200kHz$,带宽与实际的增益不相关。

也给出了 $R_F = 10k\Omega$ 和 $1k\Omega$ 时带宽和增益的曲线图,显而易见,$R_F = 1k\Omega$ 时,并不能轻易得到值为 100 的增益。事实上 $R_F = 1k\Omega$ 时,增益为 100 就会迫使 R_S 只能为 10Ω!

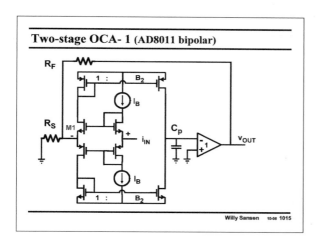

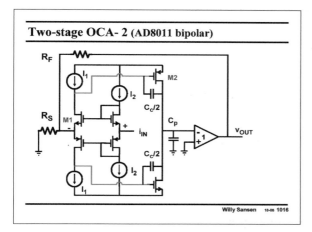

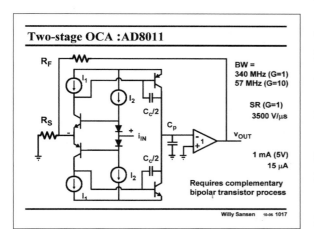

在这种 R_S 很小的情况下,运放的输入电阻占主导地位,带宽和增益的曲线图会向左弯曲。

如果是电压输入运放,当增益为100,带宽为 4MHz 时,GBW 需要为 400MHz。

1015　如后面所示,单级运放可以很容易地扩展成两级运放。

为了作比较,将此电路图从前面章节中复制而来。

输出端的射极跟随器被单位增益的电压放大器所代替。

1016　左图为两级电流运算放大器。

显然,电路中需要一个补偿电容来使更多的电流流入第二级。

双极性运放的主要优点是输出信号摆幅可以更大,而且不采用共源共栅结构也可以得到较高的增益。

为了得到较小的输入电阻,电路输入端采用双极型晶体管。因此在满足高增益和高带宽时,串联输入电阻 R_S 的值可以较小。

在单级电流放大器中作为输入的共源共栅管决定了噪声性能,共源共栅放大电路中采用了有源负载,此时共源共栅管仍然对噪声性能有大的影响吗?

答案是肯定的。确实在高频时补偿电容相当于短路,第二级的阻抗稍稍大于 $1/g_{m2}$,这个阻抗值很小。因此输入共源共栅管的噪声决定了噪声性能。

1017　双极型工艺使电流运放具有很好的性能。

当增益为 10 时,带宽 BW 为 57MHz,当增益为 1 时,带宽达 340MHz,转换速率 SR 高达 3500V/μs。

当单 5V 电源供电时,静态电流仅为 1mA。

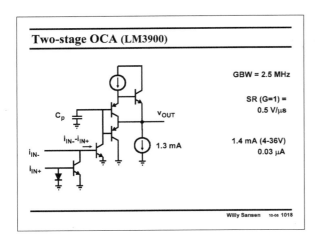

此时输入电流为 $15\mu A$。

1018　早期的电流运放如图所示。

通过在同相输入端加电流镜来实现输入端的差分电流。

此电路是一个有着中等性能的单级放大器。

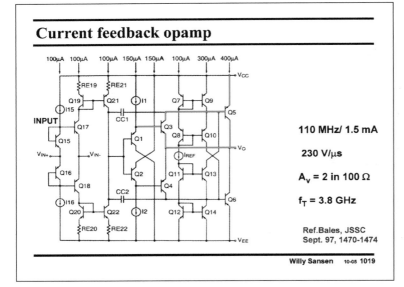

1019　左图为集成电流放大器的电路图。

这是一个电流输入的两级放大器。第一级的输出端在三极管 Q21 和 Q22 的集电极，三极管 Q1 和 Q2 作为射极跟随器用来驱动第二级。

在第二级，pnp-npn 三极管复合管被用来驱动输出负载。例如，Q3/Q5 的组合就像一个超-pnp 晶体管，另一边的 Q4/Q6 则是一个超-npn 晶体管。

补偿电容 CC1 和 CC2 连接到复合管的中间点，的确是一个很奇特的点。

此电路的性能非常好：带宽为 110MHz，转换速率为 $230V/\mu s$，采用双极型工艺，f_T 只有 3.8GHz！

1020　本章简要介绍了电流输入放大器，并将其和电压输入放大器作了比较。

以高的等效输入噪声为代价，电流输入放大器能够在高速下工作。

第 11 章　轨到轨输入与输出放大器

111　轨到轨放大器是一种特殊类型的放大器，其输入电压可以从正电源电压到负电源电压，这种放大器的共模输入范围可以扩展到从正电源电压轨到负电源电压轨。

放大器的输出很容易实现轨到轨，但是在输入端实现轨到轨则非常复杂。原则上只能是折叠式共源共栅结构才能使输入端包含电源电压的轨。这种技术将是所有实现轨到轨输入放大器的基础。

另一种实现轨到轨的方法是使用耗尽型 nMOST 器件。由于采用了离子注入技术，耗尽型 nMOST 的阈值电压可以是负值，这将使得轨到轨输入级的电源电压降到 1V。但是由于标准 CMOS 工艺不支持耗尽型晶体管，因此不再继续考虑这种方法。

首先讨论何时要采用轨到轨输入，并讨论轨到轨输入放大器的内部电路结构。

112　轨到轨放大器一般都必须工作在低电源电压下，低电源电压轨到轨输入放大器确实最需要大的信号摆幅。

113　通常信号幅度会随着电源电压的降低而减小，这会使得信噪比明显减小，使噪声对电路的影响明显增大。使用轨到轨输入使得电路在电源电压降低时，并不增大噪声对电路的影响，而输入端的轨到轨摆幅是我们能获得的最大摆幅。

为了得到最大输出摆幅，电路也必须要全差分工作。

只需要将两个输出晶体管的漏极相连，输出端加容性负载，便很容易实现轨到轨输出。

但是在输入端并不一定需要轨到轨工作。

Rail-to-rail input and output amplifiers

Willy Sansen

KULeuven, ESAT-MICAS
Leuven, Belgium

willy.sansen@esat.kuleuven.be

Willy Sansen　10-05 111

Table of contents

- **Why rail-to-rail ?**
- 3 x Current mirror rtr amplifiers
- Zener diode rtr amplifiers
- Current regulator rtr amplifier on 1.5 V
- Supply regulating rtr amplifier on 1.3 V
- Other rtr amplifiers and comparison

Willy Sansen　10-05 112

Why rail-to-rail amplifiers ?

- For low supply voltages : use full range for maximum dynamic range
- Fully differential signal processing
- Rail-to-rail output is always required
- But not necessarily rail-to-rail-input !

Willy Sansen　10-05 113

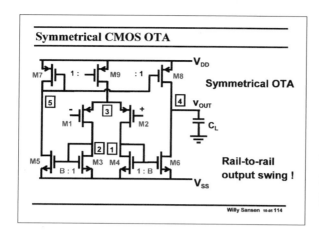

114 为了说明在输入端不需要轨到轨工作,来看这个经典的对称性运放,在容性负载时显然输出端可以实现轨到轨。在极端的情况下,输出晶体管已经进入线性区,增益减小并且产生失真,但此时电路仍然是轨到轨输出。

从输入信号来说,输入电压幅值范围减少了 $V_{GS1} + V_{DSsat9}$,但是也已经相当大了。因此如果输入端要实现轨到轨就需要借助一些其他的电路。

那么是否一定需要轨到轨输入呢?

115 是否所有的电路都一定需要轨到轨输入呢?答案是否定的。如图所示,三个放大器中只有一个需要轨到轨输入。

反相放大器输入端的电压摆幅都趋于零,因为它等于输出信号除以开环增益,所以输入端基本没有信号。在较高频时,反相端的输入电压幅值会稍微变大,但是并没有达到轨到轨摆幅。

同相放大器的情况也是一样。两个输入端的输入电压摆幅相同,因为放大器有增益,则输入端不可能实现轨到轨。

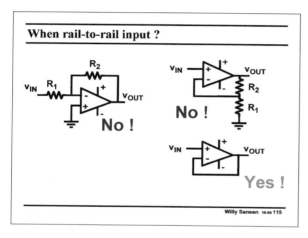

只有缓冲器需要轨到轨输入,因为它的增益为 1,此时轨到轨的输出要求输入也必须是轨到轨。

缓冲器通常是 AB 类放大器,大多数 AB 类放大器都有轨到轨输入。我们给出的许多电路都具有 AB 类输出级。

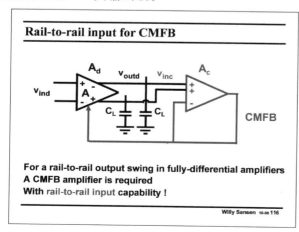

116 另一种具有轨到轨输入的是全差分放大器中的共模反馈放大器。由于差分放大器的输出端与共模反馈放大器的输入端相连,为了实现差分放大器的轨到轨输出,则共模反馈放大器必须是轨到轨输入。

轨到轨输入放大器几乎都比上述电路更复杂。接下来的难点是当给定功耗时,如何在高频下实现轨到轨输入。

117　第一种可以实现上述要求的是如下一张幻灯片所示的 3×电流镜。

118　将两组折叠式共源共栅放大器并联可以得到轨到轨输入，左边的电路图只给出了输入端。

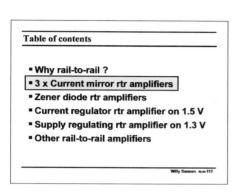

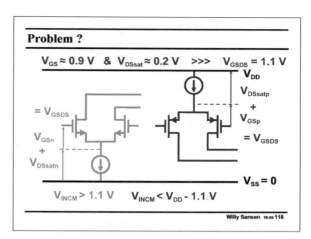

Problem ?

$V_{GS} \approx 0.9\,V$ & $V_{DSsat} \approx 0.2\,V$ >>> $V_{GSDS} = 1.1\,V$

$V_{INCM} > 1.1\,V$　　$V_{INCM} < V_{DD} - 1.1\,V$

Willy Sansen 10-05 118

每一组输入对工作时所需的最小输入电压为 $V_{GS} + V_{DSsat}$，令 $V_T = 0.7V$，则 $V_{GS} + V_{DSsat} = 1.1V$（当 $V_{GS} - V_T = 0.2V$）。

因为两组输入晶体管并联，所以电源电压至少是 2.2V。

119　在输入端并联两组差分放大器可以使其共模输入电压范围降低到 2.2V，因此最小的电源电压也必须是 2.2V。实际应用中最小电源电压会达到 2.5V。

这里离所期望的 1V 的电源电压还差得很远。即使 $V_T = 0.3V$，则最小电源电压为 1.4V，仍大于 1V。

1110　当电源电压为 2.5V 时，总的跨导和总的 GBW 存在一些问题。

共模输入电压 V_{INCM} 为电源电压的一半时，两组差分对同时导通，总跨导 $g_{mtot} = g_{mn} + g_{mp}$。一般情况 nMOST 和 pMOST 的跨导相同，所以 $g_{mtot} = 2g_{mn} = 2g_{mp}$。

当 V_{INCM} 接近电源电压上下限时，只有一组差分对导通，此时 g_{mtot} 减少了一半。

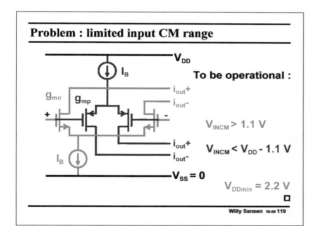

Problem : limited input CM range

To be operational :

$V_{INCM} > 1.1\,V$

$V_{INCM} < V_{DD} - 1.1\,V$

$V_{DDmin} = 2.2\,V$

Willy Sansen 10-05 119

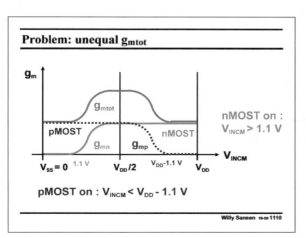

Problem: unequal g_{mtot}

nMOST on : $V_{INCM} > 1.1\,V$

pMOST on : $V_{INCM} < V_{DD} - 1.1\,V$

Willy Sansen 10-05 1110

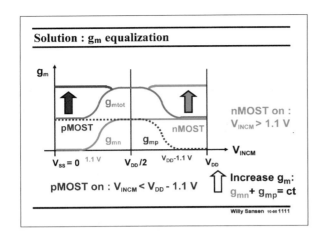

本幻灯片给出了每组差分对的跨导和总跨导的曲线图。由此可看出,当共模输入电压 V_{INCM} 大于 $V_{DD}-1.1V$ 时,pMOST 的跨导 g_{mp} 趋于零,而 nMOST 只有在 $V_{INCM} > 1.1V$ 时才开始工作。

1111　我们不允许总跨导 g_{mtot} 随着共模输入电压幅值的改变超过一半,否则将会造成严重失真。

解决的办法是在只有一组差分对导通时,则增大 g_{mn} 或 g_{mp},也就是说必须保证总跨导 g_{mtot} 在整个共模输入电压范围内保持恒定。

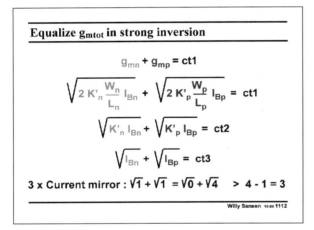

1112　如何做到在整个共模输入电压范围内 g_{mtot} 保持恒定?

从左图 g_m 的表达式中可以看到 g_m 的大小与晶体管的宽长比 W/L 和偏置电流 I_B 有关,因此从调节偏置电流着手。此时假定 MOST 工作在强反型区。

要保持 g_{mtot} 恒定,只要将两个差分对单独工作时的电流变为它们共同工作时的 4 倍即可。

1113　本幻灯片给出的电路可以实现电流倍增功能。

当共模电压在中间值附近时,nMOST 和 pMOST 差分对同时导通。因为 MOS 管 M_{rn} 的栅极电压 V_{rn} 远远大于共模输入电压,所以 M_{rn} 截止。

随着输入电压的增大,pMOST 截止,此时电流源中电流 I_B 全部通过 M_{rn} 流入 3x 电流镜。镜像电流源的输出电流为 $3I_B$,加上 nMOST 原有的电流源中的偏置电流 I_B,流入 nMOST 的总电流为 $4I_B$,因此 g_m 也变为原来的 2 倍。

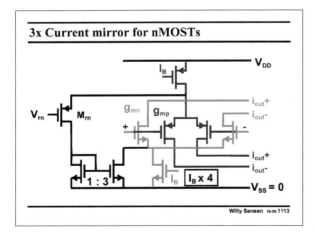

控制将电流 I_B 从 pMOST 差分对中提取出,而流入 M_{rn} 管的参考电压是 V_{rn},晶体管 M_{rn} 和两个输入 pMOST 组成差分对。当共模输入电压等于 V_{rn} 时,电流 I_B 的一半流入 pMOST,另一半流入 M_{rn} 管。当输入电压大于 V_{rn} 时,I_B 全部流入 M_{rn},pMOST 也全部截止。

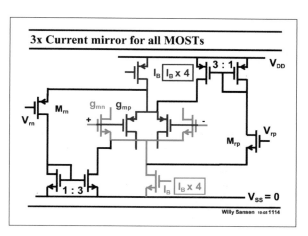

注意到如果 V_T 等于 0.7V,则参考电压 V_{rn} 必须低于电源电压 1.1V。

1114 nMOST 的情况也同样,此时需要引入另一个 1.1V 的参考电压 V_{rp}。

当共模电压小于 1.1V 时,nMOST 电流源中的偏置电流 I_B 全部通过 M_{rp} 流入 3x 电流镜,叠加在已经流过 pMOST 的电流 I_B 上,流入 pMOST 的总电流为 $4I_B$,因此 g_m 也变为原来的 2 倍(条件是晶体管工作在强反型区)。

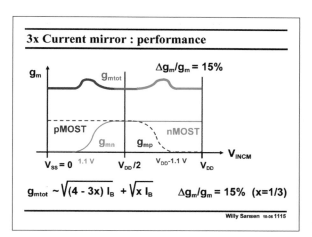

1115 此时已经基本做到总跨导在整个输入共模电压范围内保持恒定,但是在跃变区 g_m 并非常数,其中会有 15% 的误差。

左图给出了 g_{mtot} 近似表达式,该公式是根据 MOST 的简化平方律模型推导出来的。

15% 的误差并不很严重,它对电路的影响程度取决于实际应用。但是我们在后面的比较列表中(最后一张幻灯片)将看到这是最差的情况。

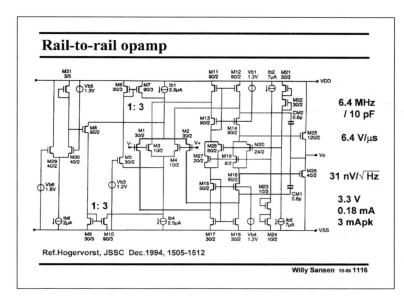

1116 本幻灯片的电路实现了恒定跨导。

从图中可以很容易找出两组并联的输入共源共栅级,输出级晶体管作为第二级,密勒电容是必需的,它们通过了共源共栅管的路径,用于避免出现正的零点,电路的其他指标也已经给出。

从图中也很容易找出 3x 电流镜。

1117 另一种实现恒定跨导 g_m 的方法是使用齐纳二极管,如果没有齐纳二极管,可以用 MOST 代替。

1118 齐纳二极管一旦被击穿,尽管反向电流急剧增大,但 PN 结两端的电压 V_Z 几乎维持不变。一个 MOST 无法实现与之同样尖锐的拐角,但是增加一些 MOST 可以在一定程度上使拐角尖锐些,称其为电子齐纳二极管。

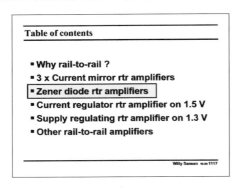

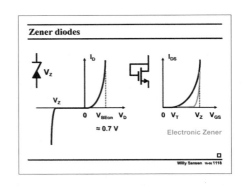

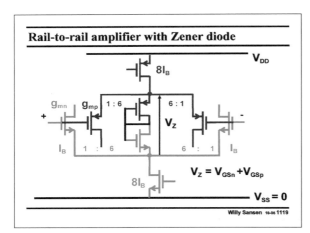

1119 如图所示当共模输入电压在中间值附近时,nMOST 和 pMOST 差分对均导通。差分对之间并联两个二极管连接的 MOST。因为它们的宽长比是差分对中 MOST 的 6 倍,所以它们流过的电流也是后者的 6 倍。令 I_B 表示差分对中晶体管的偏置电流,则电路中的电流源提供的总电流为 $8I_B$。

用 V_Z 来表示两个电子齐纳二极管上的压降,V_Z 是 V_{GS} 的两倍。

如下张幻灯片所示,当输入电压幅值增大时,pMOST 差分对截止。

1120 当平均输入电压增大时,例如增大到电源电压时,pMOST 差分对截止,两个串联电子齐纳二极管上的压降也因为小于 V_Z 而截止,因此本幻灯片中省略了 pMOST 差分对和两个串联电子齐纳二极管。

此时电流源中的电流 $(8I_B)$ 全部流入 nMOST 差分对,每个 nMOST 流入大小为 $4I_B$ 的偏置电流。因为偏置电流变为原来的 4 倍,所以跨导变为原

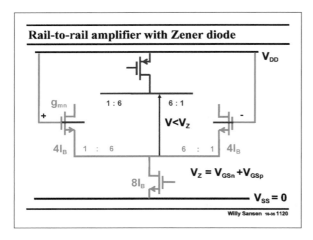

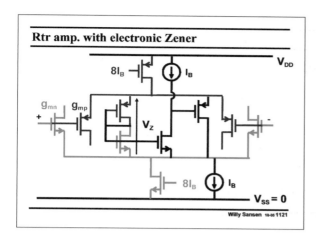

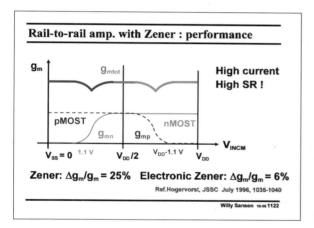

来的 2 倍。

1121　一个电子齐纳二极管可以获得一个更好的特性。为了实现这个目的,在 nMOST 齐纳二极管后加了一个源极跟随器,再并联了一个放大器。

　　跨导跃变区就比较容易控制了,这意味着共模输入范围内的跨导误差将变小。

1122　此时的跨导误差为 6%,没有添加放大器时为 25%。

　　输入级的电流越大,所产生的转换速率就越大,这也是一个优点。

1123　这张幻灯片中的结构利用了强反型区中 MOST 的平方律关系,将电流扩大四倍,使跨导增加一倍。

　　在较低的电流和低频的情况下,可以采用弱反型层。这时,跨导正比于电流,可以采用电流反馈环来均衡跨导。

1124　在弱反型区,跨导正比于电流,因此在整个共模输入范围内维持一个恒定的电流可以提供一个恒定的总跨导。

　　但是也存在一个问题,nMOST 和 pMOST 器件的 n 因子不同。这个 n 因子不是非常精确,因为它包含了耗尽层电容,而该电容是由偏置电压决定的。

　　因此必须尽力去补偿 n 因子的差异性,否则会引起跨导误差。

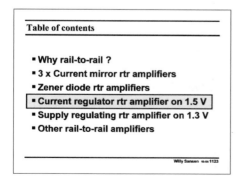

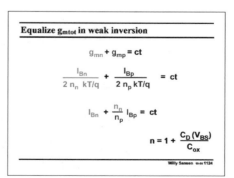

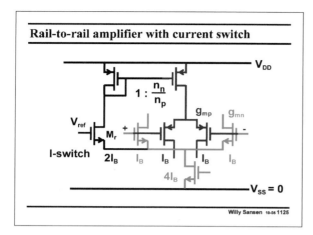

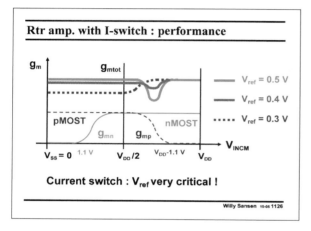

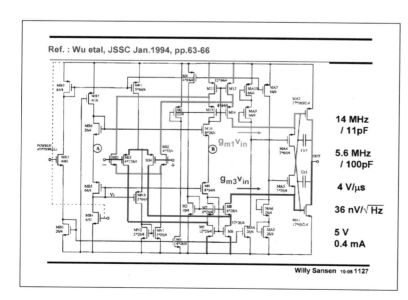

1125　一个可行的实现方法如本幻灯片所示,它仅在较低的平均输入电压下工作。

在输入电压接近于 V_{ref} 的情况下,四个输入 MOST 都具有相同的电流 I_B。流经晶体管 Mr 的电流是 $2I_B$,它是电流源电流 $4I_B$ 的一半。因此在这里,M_r 相当于一个电流开关。

在较低的输入电压下,输入 nMOST 是截止的,所有 $4I_B$ 的电流通过晶体管 M_r。所以,pMOST 输入器件流过了 $2I_B$ 的电流,它们的电流被放大了一倍,跨导也增加一倍。

在较高的输入电压下,输入 pMOST 是截止的。此时,输入 nMOST 上的电流是全部的 $4I_B$ 电流。输入 nMOST 上的电流和跨导都被放大一倍。

顶端 pMOST 电流镜用来补偿 n 因子的差异。

1126　但是这种轨到轨输入级的设计还不是非常清楚。如本幻灯片所示,参考电压 V_{ref} 的选择十分关键。

对 g_m 的准确均衡,实际上也是一个折中的过程。

1127　本幻灯片展示了跨导均衡的一个例子。这个结构具有轨到轨的输入和输出,因此可以被用作缓冲器。

该结构的第一级由一个双折叠的共源共栅放大器构成,第二级由两个输出晶体管构成。这里需要一些密勒电容,但是它们并没有取道共源共栅管的路径,可能会产生正零点问题。

一些电路指标也给出了。下一张幻灯片重点将关注跨导均衡电路。

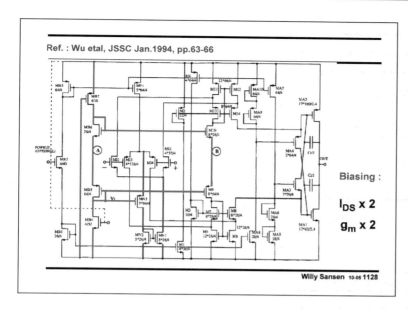

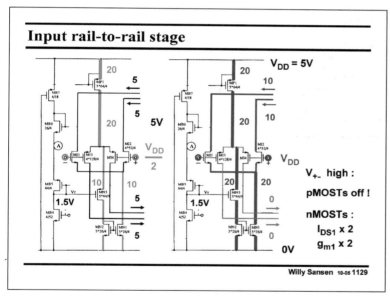

1128 参考电压是在晶体管 MB5 的漏/栅极产生的。MN3 是一个电流开关晶体管,它的电流决定了 nMOST 晶体管对流过电流镜 MN1/MN2 中的电流。

为了理解该电路的工作原理,下一张幻灯片将会对此再次说明。可以很清楚地看出当一个晶体管对截止时,另一个晶体管对中的电流会被放大一倍。因此,跨导也被放大一倍。

1129 输入级电路在此被画了两次,第一个电路中的输入电压是电源电压的一半,另一个电路中的输入电压是电源电压。在第一个例子中,所有的四个输入晶体管具有大约相同的电流(大概 $5\mu A$)。导线的厚度表示了电流的大小。

注意到,顶部的电流源具有固定的电流值,所有其他的电流将随着平均输入电压的改变而变化。

在高的输入电压下,pMOST 处于截止状态,所有的电流流过 nMOST。因为它们工作在弱反型区,电流增加一倍则跨导也增加一倍。

采用大尺寸的器件同时流过小的电流,这样晶体管就工作在弱反型区。

1130 一个截然不同的方法是采用一个电流反馈环,其中要求晶体管工作在弱反型区。

在本幻灯片的例子中,如果总电流是在 pMOST 输入对中测得的,会被镜像到电流发生器 I_{Bp} 上。同样地,如果总电流是在 nMOST 输入对中测得的,会被镜像到电流发生器 I_{Bn} 上。将电流 I_{Bp} 进行 n 因子校正后和电流 I_{Bn} 在节点 S 相加,并与参考电流 $4I_B$ 进行比较。

如果总电流不是 $4I_B$,就需要调整电流源的栅极。如果需要提高 pMOST 电流源的栅

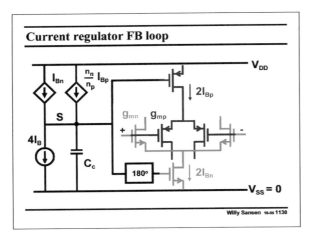

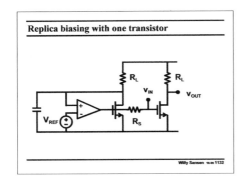

极,就应该相应地降低 nMOST 电流源的栅极。因此在 nMOST 栅极前应该有一个反相器。

显然,这是一个共模反馈环路,它必须非常稳定。但是补偿电容不能过大。共模反馈环路工作速率应该与差分电路一样快,这已经在第 8 章中进行了说明。

那么怎样才能测得每个输入对中的总电流呢?

1131　　反馈环路将输入级进行复制。

在相同的晶体管尺寸和电流的条件下复制输入级,对应的输入端相互连接,而复制电路的输出短接以抵消差分信号。这样总电流就通过这样一对晶体管测得,而不用考虑它是开、关或者半开关状态。

平均的输出信号流过电流镜在 S 点相加。

复制电路是偏置晶体管的理想方法,因为这种方法不接触敏感节点也没有采用反馈,下面也给出一些其他的例子。

1132　　这个电路主要包括一个单晶体管放大器。

怎样对晶体管不采用反馈来设置电路的平均输出电压?

答案就是采用复制偏置的方法。并联一个具有相同特性的晶体管,这个晶体管就处于反馈环的一部分,它的 DC 输出电压是 V_{REF},放大器本身的平均输出电压也将是 V_{REF}。

当然,因为总是存在一些不匹配的因素,DC 输出电压不可能是准确的 V_{REF}。

电容用来消除偏置点上 AC 电压的影响,电阻 R_S 是用来提高放大器的 AC 输入阻抗。

1133　　本张幻灯片给出了另一个复制偏置的例子,它类似于前面讨论的轨到轨放大器。

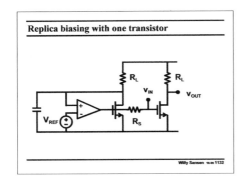

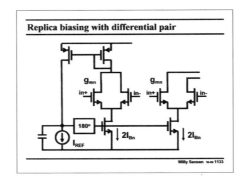

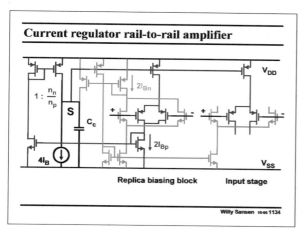

Current regulator rail-to-rail amplifier

Replica biasing block   Input stage

Willy Sansen 10-as 1134

存在两个输入对,它们的 DC 电流源栅极的电压相同。左半边晶体管对包括在一个反馈环路中,保证其电流等于 I_{REF}。

同样电路中使用了一个电容来稳定共模反馈环路。

1134 该轨到轨输入级电路中也使用了类似的复制偏置电路。

每个输入对都具有一个复制级,它们的输出被短接并通过电流镜反馈到一个求和点上。

在该点上,将总的电流与 $4I_B$ 比较,该点直接驱动 pMOST 电流源的栅极,同时需要一个反相器来驱动 nMOST 电流源的栅极。

对左边的 pMOST 电流源进行 n 因子校正。

1135 本幻灯片显示了放大器的全部第一级电路。

很容易辨认出两个折叠共源共栅结构中的共源共栅管,晶体管 M_{ra} 和 M_{rb} 为差分输出提供了共模反馈。

四个作为密勒补偿的电容在下面说明。

1136 本幻灯片给出了两个输出级电路中的一个,给出了不包括复制偏置电路的第一级折叠共源共栅结构。

两个第二级的晶体管产生了整个电路的输出。两个补偿电容跨过两个共源共栅结构将输出端和第一级的输出端相连。这里

I-regulator rtr amplifier

E.Peeters etal,
CICC 1997

Willy Sansen 10-05 1135

Total amplifier schematic

E.Peeters etal, CICC 1997

Willy Sansen 10-05 1136

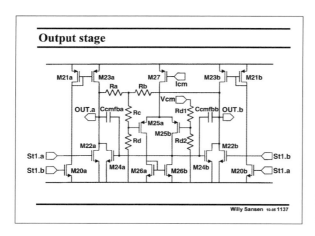

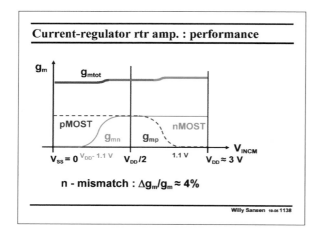

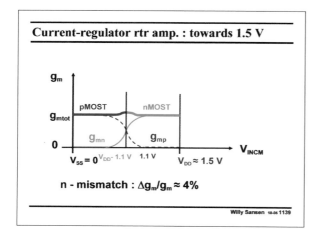

需要两个电容,因为在极端工作的情况下,可能只有一个共源共栅结构工作。

1137　本幻灯片给出了整个第二级或者是输出级的电路。

这里将前一张中的输出级电路重复了两次,一次采用晶体管 M20a-M23a,一次采用晶体管 M20b-M23b。

输出级同样是差分结构的,所以就需要另一个共模反馈放大器(CMFB)。输出值通过电阻 R_a 和 R_b 来平均,CMFB 放大器可以采用许多不同的结构(见第 8 章),这里只是其中的一种。

1138　跨导均衡化的效果非常理想,4% 的误差是由 n 因子的不匹配造成的。

这里所需的电源电压非常大。如果让两对晶体管同时工作,电源电压将降到 2.2V。

是否有这样的需要呢? 如下面所示答案是否定的。

1139　没有必要设定一个让两对输入晶体管同时工作的输入范围。电源电压可以降低到恰好能实现一个完美交叠的点,在该点处 pMOST 的跨导正好下降,而 nMOST 的跨导正好上升。

平均输入电压在这个交叠点处的值恰好是电源电压的一半,同时这个点也是 g_m 值减半的点。结果,除了在输入范围的中间部分,总的跨导并没有增加另外的量。总的跨导等于在极端情况下一对电路的跨导。

在该设计例子中,结果电源电压的值取 1.5V,这是实验设定的值。现在这个电压是 2 倍的 $V_{GS} + V_{DSsat}$,也就是 $V_T + 2(V_{GS} - V_T)$。当工作在弱反型区时取 $V_{GS} - V_T = 50\text{mV}$,$V_T$ 的值就是 0.65V。

当 V_T 的值是 0.3V 时,这个轨到轨运放可以在工作在电源电压是 0.8V,小于 1V!

然而,几乎不可能提前设定这个电源电压的值,因为它取决于 V_T 的绝对值,该电源电压值还必须留有裕量。当 V_T 值为 0.3V 时,这个轨到轨结构可以在低于 1V 的电源电压下工作。

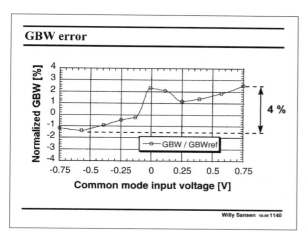

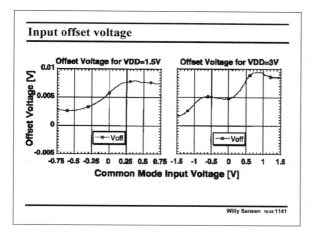

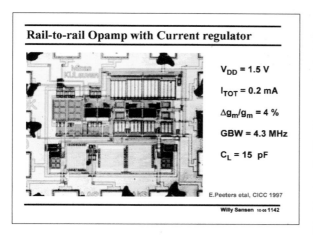

1140 跨导中的误差显然会反映到 GBW 的误差上,图中就是 GBW 误差的测量曲线。

从左到右,整个偏差的幅度是 4% 或者更好地说是 ±2%,电源电压仅仅是 1.5V。

1141 然而,g_m 和 GBW 的变化并不是我们面临的最大问题,最大的问题是失调电压从左到右的变化。

图中是共模输入电压从低到高变化时,不同的输入差分情况,左边工作的是 pMOST,而右边工作的是 nMOST。

这些晶体管对一般具有不同的失调电压,失调电压的不同产生许多失真。在 1.5V 的电源电压下,大概相差 5mV。它可以被看成一个误差信号(例如输入信号 1V),这个失真可能高达 0.5% 或者是 −50dB,对于多数的应用来说太大了。

在双极型工艺中,失调电压可以缩小为原来的 1/10,所以失真也可以缩小为原来的 1/10 或者降到 −70dB,这是可以接受的。

在电源电压为 3V 时,失调电压在中间处均化了,但是失真依然存在。

1142 从图示的版图可以看出,大部分输入器件的面积非常大。因为它们工作在弱反型区,需要大的 W/L 比。

也给出了其他的指标。一个 320MHz·pF/mA 的 FOM 是非常理想的,这说明了一个复制输入级不会增加太多的功耗。毕竟,在两级结构中的第一级电路的电流损耗是很小的,将输入级电流增加一倍也不会使整个电路功耗增加太多。

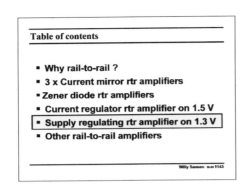

1143　前面轨到轨放大器的优点是可以在 1.5V 的电源电压下工作,而同时缺点是它的电源电压很难预测。

在下面的轨到轨放大器中,从外部电压中获得了一个内部电源电压,内部电源电压总是被设置在可以工作的最小值上,而且总是可以保持在一个准确的交叠点状态。用这种方法,获得的最小电源电压一般仅仅是 1.3V。

除此之外,PSRR 的性能也得到了改善。

1144　内部电源电压 V_{DD} 将保证能够自动保持在准确的交叠状态。这说明了在一半电源电压 $V_{DD}/2$ 的情况下,两个晶体管对的 g_m 也恰好减少了一半。在这种情况下,g_m 的和在整个共模输入范围中是不变的。

两个反馈环路用来产生内部电源电压。

第一个反馈环路用来使两个晶体管对具有相同的电流,它就是一个电流反馈,用来保证电流和跨导的均衡性。

第二个反馈环路是一个低压差电压的稳压器,它保证了最小可能的内部电源电压 V_{DD},V_{DD} 总是等于两个晶体管对在一半电流或者一半跨导下两个晶体管对的 $V_{GS}+V_{DSsat}$ 的总和。

无论 V_T 多大,只要 g_m 恒定,总是能保证得到最小的内部电源电压。

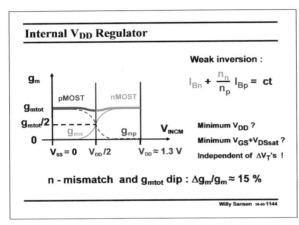

Internal V_{DD} Regulator

Weak inversion :

$$I_{Bn} + \frac{n_n}{n_p} I_{Bp} = ct$$

Minimum V_{DD} ?
Minimum $V_{GS}+V_{DSsat}$?
Independent of ΔV_T's !

n - mismatch and g_{mtot} dip : $\Delta g_m/g_m \approx 15\%$

Willy Sansen 10-05 1144

1145　该轨到轨运放是一个简单的双输入级结构,甚至没有使用共源共栅结构。两个输入对的四个输出以最简单可行的方式结合在一个单输出节点上,这种结构可以得到极大改进。但是我们关注的重点是输入级的轨到轨性能。

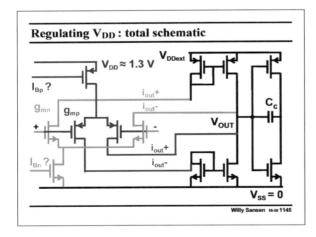

Regulating V_{DD} : total schematic

Willy Sansen 10-05 1145

增加的第二级用来驱动测试系统。

两个电源电压是相互分开的,内部电压 V_{DD} 是从外部电压 V_{DDext} 中得到的。

1146　第一个反馈保持两个晶体管对有相同的电流,无论晶体管处于什么状态,这个电流反馈都可以保证电流的均衡性。

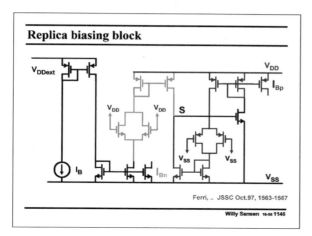

Replica biasing block

Ferri,.. JSSC Oct.97, 1563-1567

Willy Sansen 10-05 1146

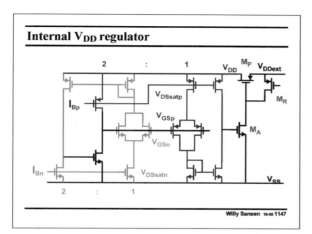

Internal V$_{DD}$ regulator

Willy Sansen 10-05 1147

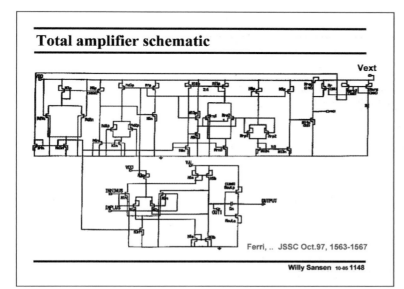

Total amplifier schematic

Vext

OUTPUT

Ferri,.. JSSC Oct.97, 1563-1567

Willy Sansen 10-05 1148

电流源 I$_B$ 提供了一个独立的偏置，相同的电流也流过 nMOST 差分对，该差分对是放大器中 nMOST 对的复制。但是 nMOST 差分对的输入栅极被连接到正电源电压 V$_{DD}$。

nMOST 对的平均电流被检测出来并且与 pMOST 对的平均电流相比较，其中 pMOST 对的栅极连到负电源电压 V$_{SS}$。

两个电流的比较点 S，被反馈到一个电流镜上，这个电流镜构成了闭环回路。

在实际的放大器中，电路为 nMOST 和 pMOST 电流源提供了栅极驱动，两个电流源记为 I$_{Bn}$ 和 I$_{Bp}$。

1147 另一个反馈环路是一个低压差电压的稳压器，它保证了最小内部电源电压 V$_{DD}$，V$_{DD}$ 必须等于两个晶体管对在一半电流下的各自 V$_{GS}$ ＋ V$_{DSsat}$ 的和。传输晶体管 M$_P$ 由放大器 M$_A$/M$_R$ 驱动，晶体管 M$_R$ 作为一个负载电阻。

半电流源一开始就产生了，可以很容易地找出因子 2。此外，输入晶体管对又被复制了一次，并且它们的四个栅极被连在了一起。

右边是一个电压稳压器反馈电路，使得 V$_{DD}$ 一直都是等于电压 V$_{DSsatp}$ ＋ V$_{GSp}$ 和 V$_{GSn}$ ＋ V$_{DSsatn}$ 的和。

1148 本幻灯片显示了整个放大器电路。

实际的放大器位于下面，而上面的是偏置电路。

输入对被复制了两次，在一定程度上增加了功耗。但是因为这是一个两级放大器，在本章最后的比较列表中我们将看到，功耗并不是特别大。

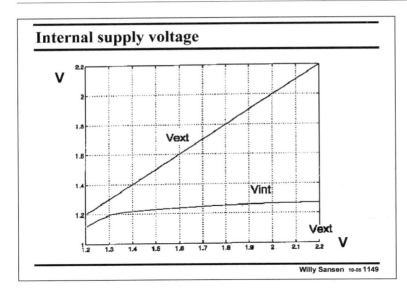

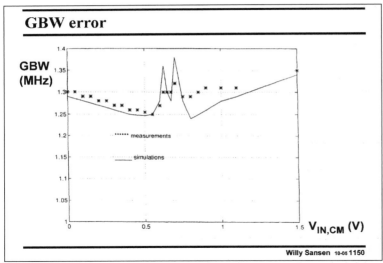

1149 从测试结果中可以看出,内部电压 V_{int} 是从外部电压 V_{ext} 中获得的。

1.2～1.3V 的值显然取决于 V_T 的实际值。它们肯定比前面轨到轨放大器的小 100mV。

最小的外部电源电压比内部电压高一点,大概 100mV。这说明了在外部电压为 1.3V 的情况下,放大器同样可以工作。

但是最大的外部电源电压受到了限制,折叠式共源共栅结构仅仅可以在高于 0.5V 的正电源电压下工作,所以轨到轨的性能就限制在了 1.8V。

1150 在整个共模输入范围,实际的输入跨导和 GBW 的变化范围大概有 6%。而它们在实际的交叠区域中则变化得十分不规则。

在这个设计例子中,跨导变化引起的失真可能比失调的变化还重要。

看一下实际的失调。

1151 这里显示了一些指标。

它的 FOM 不算差,有 56MHz · pF/mA。从功耗上看在两级结构中复制输入级是可以接受的。

输入级的 g_{m1}/I_{DS1} 是 $20V^{-1}$,这说明了晶体管工作在一个弱反型区。因为使用的是低电流,等效输入噪声相当大。

在弱反型区,晶体管的尺寸较大,失调相对较小,因此失调的变化也非常小!

1152 这个运放的面积是 $1.5\text{mm} \times 0.8\text{mm}$。因为加了许多复制输入级电路,电路的面积也相对较大。此外,由于所有输入晶体管工作在弱反型区,也要求了它们具有大的尺寸。

1153 所有这些轨到轨放大器都必须有一个大小为两倍于 $V_{GSn} + V_{DSsatn}$ 的电源电压才能工作。例如,对于 V_T 为 0.6V 且 $V_{GS} - V_T = 0.15\text{V}$,电源电压变成 1.8V。采用 90nm 甚至更小沟道长度的 CMOS 工艺 V_T 可以减到 0.3V,实际的电源电压能够达到 1V。但是条件是晶体管更多地工作在弱反型区。它的 $V_{GS} - V_T$ 为 0.10V,该值十分接近于强反型与弱反型 $70 \sim 80\text{mV}$ 的交点电压(见第 1 章)。

1154 出现了越来越多的轨到轨输入放大器,它们许多和 AB 类组合使用。

这里将讨论其中的一些电路,因为它们提供了一些有意义的设计观点。

本章的最后将给出一个对比列表。

Rail-to-rail with V_{DD} regulator : min V_{DD}

$$V_{DDmin} = 2 (V_{GS} + V_{DSsat})$$
$$= 2 (V_{GS} - V_T + V_T + V_{GS} - V_T)$$
$$= 2 [V_T + 2(V_{GS} - V_T)]$$
$$= 2 [0.6 + 2(0.15)] = 1.8 \text{ V}$$

$$= 2 [0.3 + 2(0.10)] = 1.0 \text{ V !!!!}$$

Willy Sansen 10-05 1153

Table of contents

Willy Sansen 10-05 1154

1155 另一种在共模输入范围内保持总电流不变的方法如图所示。它将会使总的跨导保持恒定,条件是晶体管偏置于弱反型区。

本幻灯片中显示了输入级,必须加上第二级才能使之成为一个完整的运算放大器。该输入级功耗为 2.3mW,整个运放的功耗 9mW(电源电压是 3.3V)。但是就像前面证明的那样,电源电压可以降到 2.2V。

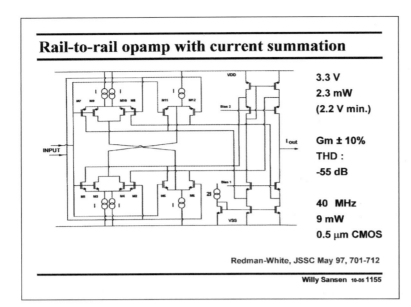

当输入电压为电源电压的一半时,所有的输入nMOST M1-M4 的电流大小为 I/2(输入 pMOST M7-M10 也一样)。晶体管 M3-M4 截取了 pMOST M11-M12 中的所有电流 I,使得 M11-M12 截止。同理,晶体管 M5-M6 也因同样的原因截止。

当共模输入电压很高时,pMOST M7-M10 截止。晶体管 M9-M10 不再从 M5 和 M6 处截取电流,M5-M6 现在也同样流过 I/2 大小的电流。现在 nMOST M1-M2 和 M5-M6 对总的跨导起了贡献。

当共模输入电压很高时,晶体管 M5-M6 替代了 M7-M8 的作用。当共模输入电压很低时,M11-M12 替代了 M1-M2 的作用。因此在整个共模输入范围上总电流和跨导恒定不变。

1156　失真是 CMOS 轨到轨输入放大器的一个主要问题,不经过改进的电路它所提供的信号失真比不可能大于 40~50dB。

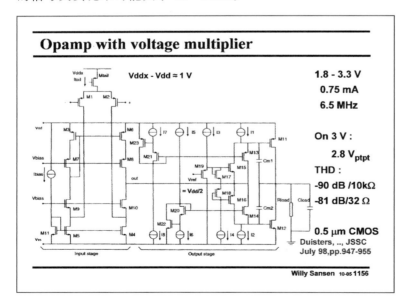

这个放大器提供了一个解决方案,它的信号失真比可以高达 90dB。

输入端只用了一个差分对,这里还使用了一个内部电压稳压器,它提供了一个内部电压,它的值通常比外部的电压要高出 1V,内部电压使输入的栅电压足够覆盖电源电压。因此事实上是一个轨到轨输入放大器,但失真很小。

第二级是一个 AB 类放大器,AB 类放大器将在第 12 章进行讨论。

1157　这个轨到轨运算放大器很著名,它由一个双折叠的共源共栅放大器和 AB 类的第二级组成,密勒电容通过了共源共栅管的路径实现补偿。

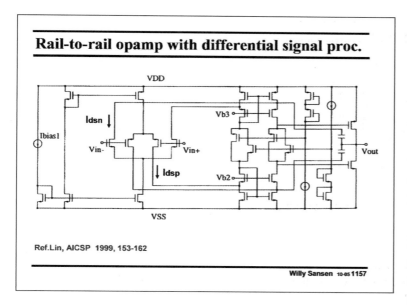

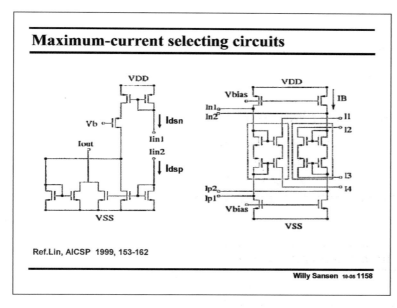

但是跨导均衡电路仍然是需要的,下面介绍相关原理。

注意到增加 V_{in} 时,I_{dsn} 和 I_{dsp} 都会增大。但是当共模电压 V_{INCM} 增高或降低时其中一个电流会消失。当 V_{INCM} 增高时,输入 pMOST 截止,I_{dsp} 消失但 I_{dsn} 还存在。

如果对 I_{dsn} 和 I_{dsp} 施加一个最大电流选择电路,那么较大的一个电流将被保存下来,这个电流流到了下一级。因此现在必须在载有 I_{dsn} 和 I_{dsp} 电流的漏极和第二级之间插入一个最大电流选择器。

1158 跨导均衡电路利用了最大电流选择电路。

前面轨到轨放大器的跨导均衡器利用的是共模电路,其所有叠加的噪声都是共模噪声,共模噪声被差分输出抵消。

这里讨论的跨导均衡器工作在差分电路上,所有的叠加噪声都出现在信号路径上,不能被抵消。

本幻灯片中给出了两个最大电流选择电路。左边的是单端电路,而右边的是浮动的。

载有电流 I_{dsn} 的 nMOST 的漏极被连到 Iin1 的输入端,载有电流 I_{dsp} 的 pMOST 的漏极被连到 Iin2 的输入端。两个电流通过电流镜叠加并流向 Iout。结果更大的电流被选择出来,然后提供给第二级。

右边浮动的最大电流选择电路在下面进行介绍。

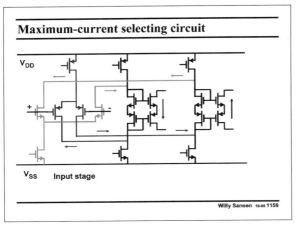

1159 在此标注了循环电流的方向,这里"+"号表示增大。

显然两个增大的电流将流到浮动电流镜的右边电路中,它的输出接到第二级。

两个减小的电流将流到浮动电流镜的左边电路中,它的输出连到另一个输出晶体管。

1160 另一个有趣的偏置电路能保证 nMOST 和 pMOST 有同样的跨导。

该电路如图所示,晶体管 Ma1-4 构成了一个跨导线性环,如 V_{GS} 的表达式所示,其中的 V_T 被略去了,化简后成为由电流和晶体管的尺寸构成的表达式。电路中所有的电流即 W/L 的比值都标明了。

结果是 nMOST 和 pMOST 的 $K' I_{DS}$ 相等,因此它们的跨导也相等。

因此形成了一个跨导均衡电路。

1161 第一种类型的最大电流选择器和跨导均衡电路都被加到轨到轨放大器上,在此给出了全部电路。

两个最大电流选择器都较容易实现,它们的输出接到一个具有共源共栅结构的差分电流放大器上,然后再驱动输出晶体管的栅极。尽管第一级电路较复杂但这仍然是一个两级放大器,因此它的等效输入噪声相当高。

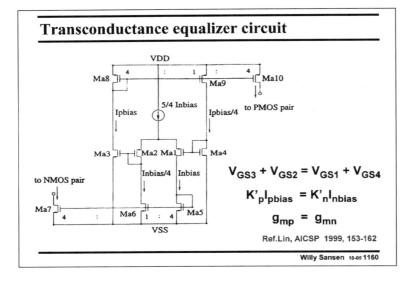

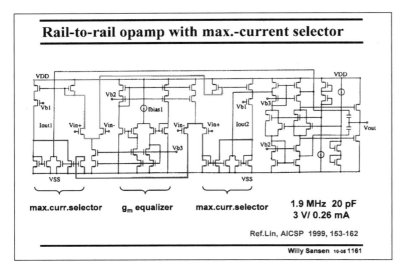

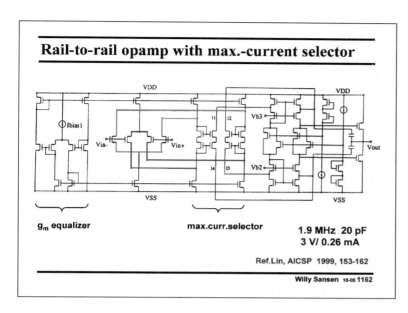

Rail-to-rail opamp with max.-current selector

g$_m$ equalizer　　　max.curr.selector

1.9 MHz　20 pF
3 V / 0.26 mA

Ref.Lin, AICSP 1999, 153-162

Willy Sansen 10-05 1162

1162 前述浮动的最大电流选择器和跨导均衡电路加到了与前面相同的轨到轨放大器上。

输出与前面一样接到了同样的第二级电路，因此这也是一个两级放大器。

但是输入器件有一个更对称的负载，CMRR变得很高。

因为模拟信号处理直接接到了 AC 电流上，而不是接到共模电路或是偏置电路上，所以噪声相当高。

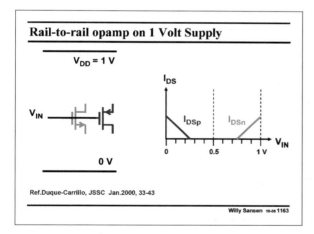

Rail-to-rail opamp on 1 Volt Supply

V$_{DD}$ = 1 V

0 V

Ref.Duque-Carrillo, JSSC Jan.2000, 33-43

Willy Sansen 10-05 1163

1163 要使得电源电压低达 1V 并不容易，即使 V$_T$ 为 0.7V。

无论输入器件采用什么样的电路形式，0.5V 的平均输入电压无法让nMOST 导通也无法让 pMOST 导通。

只有当输入电压大于 0.8V 时，nMOST 才开始导通。同样当平均输入电压低于 0.2V 时，pMOST 才开始导通。

1164 解决的方案是插入一个电平移位器。

在实际的输入端和栅极之间插入两个电阻 R，两个电流源 I$_B$ 保证了必要的电平位移。

例如，当电流为 $10\mu A$，电阻为 $30k\Omega$时，电平位移为 0.3V。当输入电压为0.5V，nMOST 的栅极电压达到了 0.8V，pMOST 的栅极电压达到了 0.2V，现在两个晶体管都开始工作了。

注意这个电流源 I$_B$ 只是当输入电压为 0.5V 时才是需要的，当输入电压是其他值时，电流源将消失。例如，如果输入电压为 0.2V 或者更低，电流 I$_B$ 将为零。

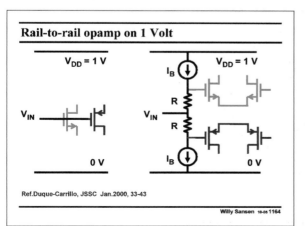

Rail-to-rail opamp on 1 Volt

V$_{DD}$ = 1 V

0 V

I$_B$　V$_{DD}$ = 1 V

R

V$_{IN}$

R

I$_B$　0 V

Ref.Duque-Carrillo, JSSC Jan.2000, 33-43

Willy Sansen 10-05 1164

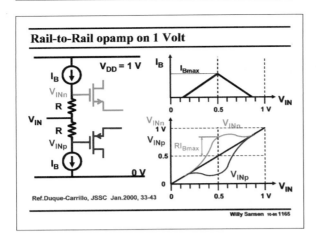

Rail-to-Rail opamp on 1 Volt

Ref.Duque-Carrillo, JSSC Jan.2000, 33-43

Willy Sansen 10-05 1165

1165 要实现这样的一个三角形电流,即要求电压为 0.5V 时电流最大,电压低于 0.2V 或高于 0.8V 时电流为 0。

图中给出了实际的输入电压和栅极电压对应于平均输入电压的曲线。可以清楚地看出,当输入电压大于 0.5V 时 nMOST 已经导通。同样当输入电压大于 0.5V 时,pMOST 也已经导通。这样就得到了一个轨到轨输入范围。

1166 给出了全部的电路图。四个电阻和电流源用来使输入电平移位,电流 I_B 从一个独立的电流发生器中获得。

RtR opamp : full opamp schematic

Ref.Duque-Carrillo, JSSC Jan.2000, 33-43

2 MHz
15 pF

1 V
0.4 mA

I_{offset}
< 1 μA

R↑ I_{offset}↓ noise↓

Willy Sansen 10-05 1166

它的输出端简单地连接到两个差分电流放大器,采用一个简单的第二级电路来输出信号。

这个轨到轨输入电路的结构同样有一些缺点。首先,四个电流源 I_B 可能不是那么匹配,电流的差异产生了一种偏置电流(在双极型放大器中很平常)。其次,对于两个输入端可能电流也不相等,因此也存在一个失调电流。

另一个缺点是与四个输入端串联的电阻存在噪声,噪声性能变差。也有可能降低这些电阻,但是这需要一个大的电流 I_B,又将会恶化输入失调电流的问题。

这是唯一一个在普通的 V_T 下,能在 1V 电源电压上工作的轨到轨输入运算放大器。

1167 该图中显示了移位电流发生器,它产生的电流开始随着输入

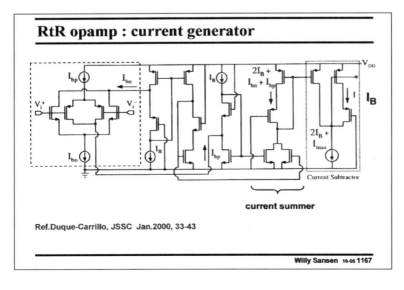

RtR opamp : current generator

current summer

Current Subtractor

Ref.Duque-Carrillo, JSSC Jan.2000, 33-43

Willy Sansen 10-05 1167

电压而增大,然后随着输入电压的增加而下降。

显然这是一个共模单元,采用了一个复制的输入级,这样差分信号被抵消了。通过许多电流源将输出端连到一个电流求和电路,它的输出为伪三角输出电流 I_B。

1168　为了进行总结,对不同类型轨到轨放大器的指标给出一个对照表。

第一列给出不同的类型名称,然后第二列是相应的参考文献。

给出了跨导误差,大多是 5% ～ 8%,这会产生一些失真,但是比改变失调电压带来的失真要小。

FOM 表征了为了实现轨到轨输入,附加电路带来了多大的电流损耗。FOM 大于 30～50 都是可取的。显然本章只对大 FOM 值的放大器进行了

Comparison rail-to-rail input amplifiers

Type	Ref.	$\Delta g_m/g_m$ %	GBW MHzpF/mW	I_{TOT} μA	V_{DDmin} V
3x Curr.mirr.	JSSC-12-94	15	110	150	3
Electr. Zener	JSSC-7-96	6	70	215	2.7
Curr.switch	AICSP-5-94	8	1.1	500	3.3
Curr.regulat.	CICC 97	4	210	200	1.5
Regulat. VDD	JSSC-10-97	6	43	350	1.3
MOST translin.	AICSP-6-94	8	4.2	800	2.5
Improv.CMRR	JSSC-2-95	9	3	1400	5
Max. current	AICSP-1-99	10	77	260	3
Resistive input	JSSC-1-00	x	75	400	1

Willy Sansen 16-05 1168

讨论,其他的一些放大器就不那么令人感兴趣了。

表中电流那一列的意义并不大,因为电流的效应已经被包含在 FOM 中了。

最后一列列出的是最小的电源电压。对于大多数标准运放其电源电压大约是 2.5V,电源电压为 1.5V 和 1.3V 的两个放大器其输入器件工作在弱反型区,并朝着低电源电压的方向优化。

唯一一个工作在 1V 电源电压下的放大器是最后一个放大器。但是,它所牺牲的一些参数指标在这里并没有被列出来,比如输入噪声和输入偏置电流。

1169　本章讨论了轨到轨输入放大器,对多种类型的电路结构进行了分析和对比。

这样的一个输入级将主要构成 AB 类放大器中的一级电路,来保证输入和输出的轨到轨性能。

第 12 章　AB 类放大器与驱动放大器

Class AB and driver amplifiers

Willy Sansen

KULeuven, ESAT-MICAS
Leuven, Belgium

willy.sansen@esat.kuleuven.be

Willy Sansen 10-05 121

Outline

- **Problems of class AB drivers**
- Cross-coupled quads
- Adaptive biasing
- I_Q control with translinear circuits, etc.
- Current feedback and other principles
- Low-Voltage realizations

Ref.: W. Sansen : Analog Design Essentials, Springer 2006

Willy Sansen 10-05 122

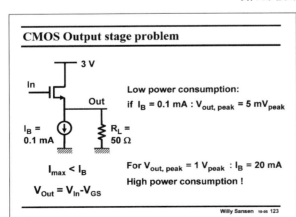

CMOS Output stage problem

Low power consumption:
if I_B = 0.1 mA : $V_{out, peak}$ = 5 mV$_{peak}$

I_B = 0.1 mA

R_L = 50 Ω

$I_{max} < I_B$

For $V_{out, peak}$ = 1 V$_{peak}$: I_B = 20 mA
High power consumption !

$V_{Out} = V_{In} - V_{GS}$

Willy Sansen 10-05 123

121　要把功率传输给小电阻和大电容,用传统的 A 类输出级是达不到目标的,因为输出电流太大。为此需要把输出级偏置在 AB 类,AB 类的静态电流小,但是能够传输非常大的电流到负载上。

最明显的例子是扬声器和耳机里的音频放大器,以及通信应用中的 ADSL 和 XDSL,它们的输出电流都比较大,同时要求非常小的失真。

音频放大器的频率被限制在比 20kHz 稍高一点的范围内,但 XDSL 放大器的频率现在扩展到了 1～3MHz,在未来频率甚至会更高。为了不使信道混淆,失真必须小于 −80dB,这是一个相当严格的指标。

122　首先来看 AB 类运算放大器的特性,有些什么问题?

在这里介绍并讨论大量可能的解决方案,以几种电源电压为 1V 或者小于 1V 的电路作说明。

123　对于低电阻负载需要低输出阻抗的电路,源极跟随器是唯一能够提供这种低输出电阻的单晶体管级电路,但是它的直流电流控制能力不够。

图中所示的源极跟随器,偏置在 0.1mA,一个 50Ω 的低电阻接为负载。显然它最大的输出电压摆幅只能达到 5mV。为了得到更高的输出电压,同样需要更大的偏置电流,这会产生更多的功耗。

现在需要一个能在必要时传输大电流,但是静态偏置电流却较低的晶体管电路,这样可以尽可能地降低功耗。

注意到该晶体管级能够传输大电流,但是它要消耗大的直流偏置电流,正的输出摆幅因此可以增大,但负的摆幅不能增大。

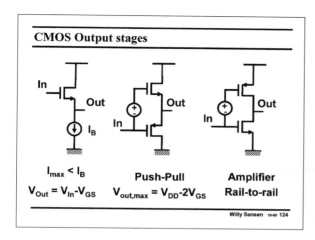

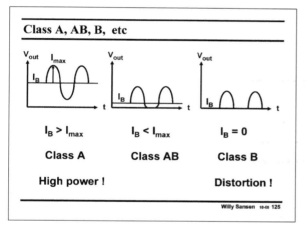

124　一个可能的解决方案是使用两个源极跟随器,源极和源极相连,如中间图所示。这个电路又能够提供非常大的电流了,电流值与晶体管尺寸相关。

这个电路内部吸收的电流也很大,pMOST 现在可以像 nMOST 一样被过驱动,这个双源极跟随器的主要缺点在于其输出电压要比电源电压小一个 V_{GSn} 的值,并且输出电压要大于 V_{GSp}。对于电源电压大的电路,比如音频放大器,这不是问题,但是对于电源电压只有几伏的电路,这是无法接受的。

因此大多数电源电压低的 AB 类输出级采用两个漏到漏连接形式的输出晶体管,它们组成一个至少两级的放大器,稳定性必须得到保证。然而,至少对容性负载而言,它们确实能够保证轨到轨的输出摆幅。

在这个电路中,不得不通过反馈来实现低输出电阻,这进一步加重了稳定性的问题。

125　为什么这些放大器需要工作在 AB 类呢? 答案是它能在电流消耗和失真之间达到的最好的折中。

A 类放大器是其峰值电流摆幅不超过直流偏置电流,因此其平均电流就是直流电流。

B 类放大器的偏置电流为零,连接 B 类放大器产生的正摆幅到另一个放大器产生的负摆幅时,会导致波形的不连续,称为交越失真。

AB 类放大器的工作在于二者之间,它的直流偏置电流(或静态电流)比峰值电流摆幅要小,这样两个半波形之间的连接就更平滑,使交越失真变得很小。

这个静态电流的可预测性与稳定性是放大器的众多特性之一。

126　第一个性能要求显然是尽可能达到轨到轨的摆幅。

第二个性能要求与静态电流 I_Q 相关。

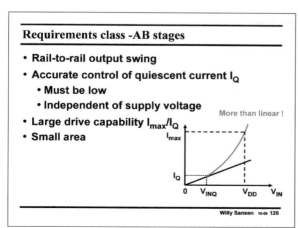

另外，必须能够获得大输出电流 I_{max}（取决于应用），它与 I_Q 的比值称为驱动能力。

问题是这样一个放大器的传输曲线是高度非线性的。如果输入电压较小，就像任何一个 A 类放大器一样，它是完全线性的。对于更高的输入电压，输出电流随输入电压的增大必须比线性增大更快，输出电流必然有一个扩展的特性。

这同样会产生一些失真，失真可以通过反馈电路来降低，因此许多 AB 类级由三级来组成。

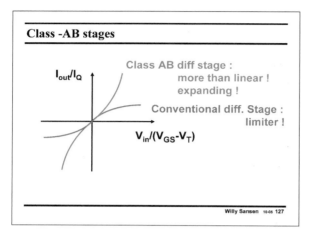

AB 类放大器的最后一个特性与复杂度相关，AB 类放大器是最复杂的直流耦合放大器，需要做一些简化！

127　传统的差分对具有的是限幅特性而不是扩展特性，不能用于 AB 类放大器中。

必须修改电路技术把限幅特性转换成扩展特性。

最简单的解决方案是传统的 CMOS 反相放大器。

128　一个简单的 CMOS 反相器是一个性能优越的 AB 类放大器。

通常它被偏置在一个小电流 I_Q 上，但是流过容性负载的电流可以是非常大的，因为晶体管的 V_{GS} 可以大到电源电压值。实际的负载电流 i_L 是 nMOST 电流 i_{C2} 与 pMOST 电流 i_{C1} 的差值。

在这个电路里用到了 MOST 的平方律特性，它确实具有扩展的特性。

这个电路主要的缺点是它的两个 V_{GS} 均介于电源电压和地之间。结果，电路的静态电流与电源电压相关，而且，电源电压中的所有的脉冲干扰（来源于数字单元）都进入了放大器中，其 PSRR 为 0dB。

需要有其他的电路解决方案。

129　可以将输入器件交叉耦合来实现一个较好的 AB 类放大器。通过这种方式，可以构造一个具有扩展特性的互补差分对。

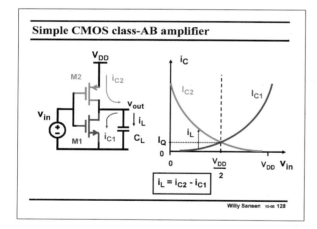

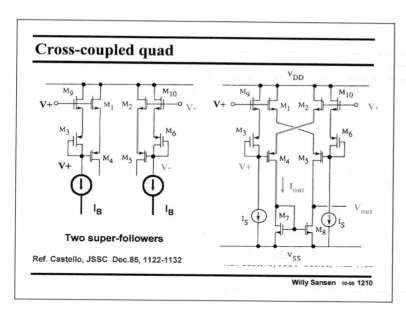

Ref. Castello, JSSC Dec.85, 1122-1132

1210　图中将该电路显示了两次,左边是不带交叉耦合的电路,显示了其偏置状态;右边是带有交叉耦合的电路。

左边的电路包含两个源极跟随器,实际上它们是含有电流镜的源极跟随器,因此称为超源极跟随器。

电路中的 nMOST 是相同的,pMOST 也相同,流过 M1 和 M4 的电流均是 I_B,流过 M2 和 M5 的电流也同样是 I_B。

所有的节点电压都随输入电压的变化而变化。对于正的输入电压 V+,M1 和 M9 的源极以及 M3 的漏极显然有同样的电压摆幅 V+。

上述结论同样适用于其他超源极跟随器的 V—电压。

现在交叉耦合两根内部连线,产生一个 nMOST/pMOST 差分对,该差分对的栅极电压分别是 V—和 V+,其输出电流具有扩展特性。

这一级实际上含有四个输出电流,也就是不断增加的 M1 和 M5 的漏电流和不断减少的 M2 和 M4 的漏电流,它们与电流镜相组合,一起流向输出端。在该例中只采用了其中的两个输出电流。

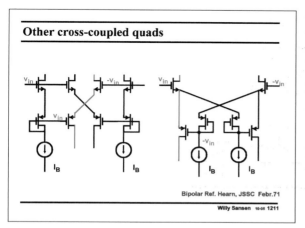

Bipolar Ref. Hearn, JSSC Febr.71

1211　这些交叉耦合四重模块有许多种电路实现形式。

在右边的电路中,最初是用双极型工艺实现的,每一边省略了一个晶体管。所有的直流电流都由电流源 I_B 设定。互补差分对由从栅极输入 v_{in} 的 nMOST 器件和从右边的源极跟随器接收$-v_{in}$ 的 pMOST 器件构成,这样就可以获得一个具有扩展特性的输出电流。

同样,可以清楚地辨别出四个输出电流。

相对于第一个交叉耦合四重模块,该电路具有更少的对称性,当然对称性的要优先。

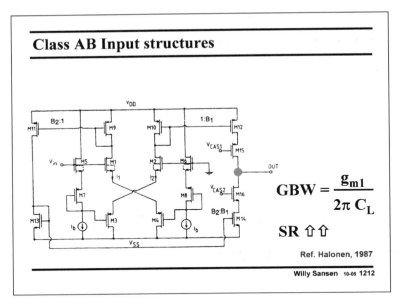

1212　　图示为一个交叉耦合四重模块作为输入级的例子。

　　毕竟,这是一个对称性运算放大器,M15 和 M16 组成的共源共栅级提高了增益,通常它的最大输出电流被限定在 $B_1 I_b$,转换速率(SR)非常有限。

　　但是,用交叉耦合四重模块代替输入差分对就生成了具有扩展特性的电流。虽然小信号指标 GBW 没有改变,但是转换速率却显著增加了。

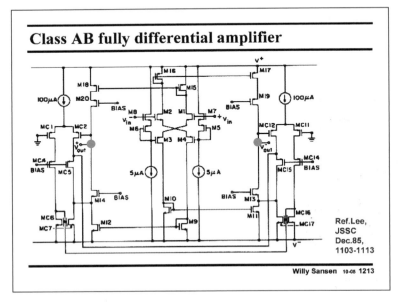

1213　　四个输出电流源也是用输入交叉耦合四重模块来实现的,电路偏置在 $5\mu A$ 的低电流。由于输出电流的扩展特性,输出电流却可以很大。

　　现在,四个输出电流流向差分输出端,这是一个输入端带有交叉耦合四重模块的对称性运放,而不是传统的差分对。

　　由于输出的是差分信号,所以需要共模反馈电路。

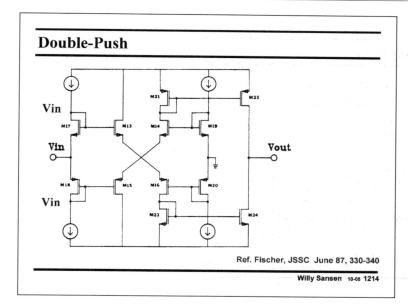

Double-Push

Vin

Vin

Vout

Vin

Ref. Fischer, JSSC June 87, 330-340

Willy Sansen 10-05 1214

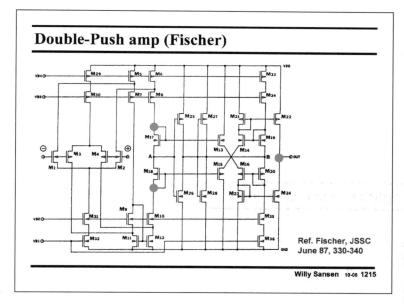

Double-Push amp (Fischer)

Ref. Fischer, JSSC
June 87, 330-340

Willy Sansen 10-05 1215

Outline

- Problems of class AB drivers
- Cross-coupled quads
- Adaptive biasing
- I_Q control with translinear circuits, etc.
- Current feedback and other principles
- Low-Voltage realizations

Willy Sansen 10-05 1216

1214 输出级采用的是同样的交叉耦合电路,采用的八个晶体管是晶体管 M13～M20。

输入信号来自前级电路,可以采用图中所标的三个点中的任何一个,其他的输入端连接到地。

图中仅仅使用了四个输出电流中的两个,它们是输出电流的镜像电流。M22 和 M24 两个晶体管尺寸非常大,用于提供或者流入大的电流。

静态电流被精确确定了,因为它直接依赖于偏置电流源,总电路图如下张幻灯片所示。

1215 通过交叉耦合四重模块可以很容易地辨别出电路的输出级,它的前级是一个双折叠的共源共栅电路,没有采用 g_m 均衡技术,高阻抗点用大的红点标出。显然这是一个两级放大器。

A 点是输出级的一个输入端;B 点是另一个输入端,它不再接地。A 点信号通过一个反相器(由 M25 和 M26 组成)到达 B 点,该反相器的负载由 M27 和 M28 的 $1/g_m$ 组成,因此它的增益约为 -1。这样输出级的驱动是差分驱动。

在 A 点处,输出级表现出对输入级的负载为一个 15pF 左右的负载电容,这个电容决定了 GBW。

1216 使用交叉耦合四重模块是获得具有扩展特性差分电流的有效方法,当然它不是唯一的一种,也可使用正反馈技术,实际电路中还采用了自适应偏置技术。

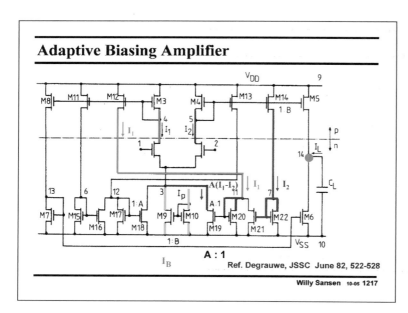

1217　自适应偏置放大器能够调整它的偏置以提供较大的输出电流。

图中的放大器是一个单端输出的对称性放大器,现在的电路中,一般都采用差分输出。

两个电流镜被重复使用了两次,也就是晶体管 M11/M12 和晶体管 M13/M14。如果没有这些晶体管,最大输出电流将被限制在 BI_P。

为了增大这个最大输出电流,在输入电压增大时,偏置电流 I_P 应该增大。偏置电流 I_P 根据输入信号电平自适应调整,因此图中通过晶体管 M18 和 M19 与另外两个电流镜相并联。下面追踪流向晶体管 M19 的信号路径。

晶体管 M19 和 M20 组成了一个电流镜(电流系数为 A),M20 的电流是 $I_1 - I_2$ 的差值,这个差值与输入级的电流呈比例。这两个电流中更大的一个将起作用,如果 I_1 比 I_2 大,那么 AI_1 就将加到 I_P 上,增加了第一级的总偏置电流,同时也增加了最大输出电流。

但是,如果 I_2 比 I_1 更大,那么它就会被晶体管 M17/M18 镜像,同样乘以 A 后加到 I_P 上。

如下文所述,自适应电流反馈电路是一种整流器。

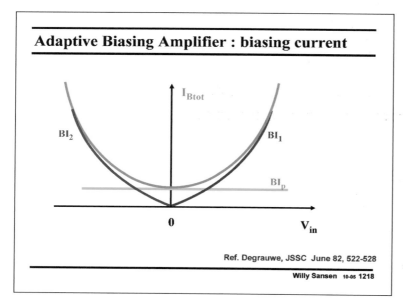

1218　如果输入电压比较小,第一级的偏置电流 I_B 仅为 I_P,最大的输出电流为 Bi_P。如果输入电压比较大,1 端口的电位比 2 端口的更正,电流 I_1 急剧增加,并反馈到输入偏置电流中。

但是,当 2 端口的电位比 1 端口的电位更正时,那么 I_2 将增大相同的值,并且也反馈到输入偏置电流中。总的偏置电流在任一个方向都增加了,增加的量取决于电流系数 A。

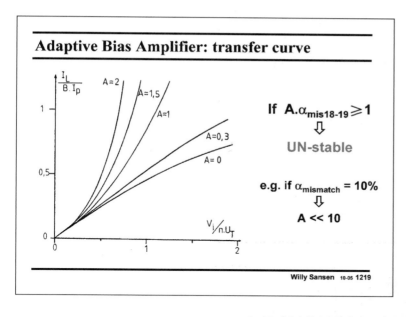

1219　当电流系数 A 等于零时，就不会产生自适应偏置。对于较大的输入电压（对 nU_T 或 nKT/q 归一化），输出电流（对 Bi_p 归一化）被限幅。

但是，随着系数 A 的增大，输出电流随输入电压的增大越来越显著，就得到了一个 AB 类放大器的特性了。

系数 A 不能增大到一个很大的值，这是由电路的匹配性决定的，实际极限值大约是 10。但是，如果采用共源共栅电路，那么所有电流源之间的匹配性就显著地提高了，这样就可以采用更大的系数 A。

这个放大器的一个缺点是，晶体管 M11～M14 加在了形成非主极点的节点处，因此使放大器的速度变慢。

1220　正如前面说明的一样，AB 类放大器的输出级也可以通过跨导线性电路来偏置。

跨导线性环是一个通过非线性电路提供线性关系的电路。一个最简单的例子是电流镜，两个晶体管的电流-电压特性都是非线性，但是电流增益却是完全线性的，尽管两个晶体管之间的电压严重失真。

1221　图中 MA2/MA4 和 MA9/MA10 组成了一个跨导线性环，两组 V_{GS} 的和相等。

MA9/MA10 中的电流由一个直流电流源设定（该例中约为 $4\mu A$），MA4 中的电流也由前级

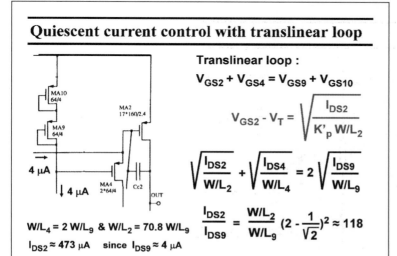

电路中的直流电流设定(这里也约为 $4\mu A$),仅仅流过大输出晶体管 MA2 上的电流不能确定。

MA2 上的电流通过图中的表达式计算出来,所有的晶体管尺寸 W/L 都是已知的,所有的参数 V_T 和 $K'P$ 都抵消掉了。

结果得到了一个与晶体管尺寸有关的电流表达式,流过 MA2 中的电流 I_{DS2} 约为 MA9 上电流的 120 倍,这样就精确地确定 MA2 中的电流,它与电源电压无关。

但是,这个跨导线性环的一个缺点是,当 I_{DS4} 等于零时,I_{DS2} 才变得大一些(因为 I_{DS9} 是常数)。当驱动很大时,MA4 截止,输出电流受到了限制。

1222 图中示出了跨导线性环的一个实际应用例子。MA2/MA4 和 MA9/MA10 实际上从上一幅图复制而来,它们组成了一个跨导线性环。

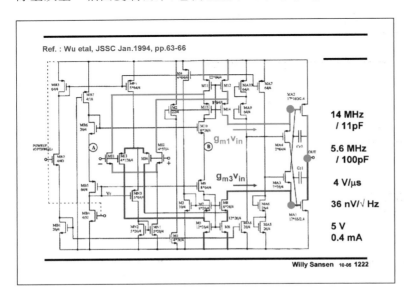

同样,MA1/MA3 和 MA5/MA6 也组成了一个跨导线性环。

因此,输出晶体管的静态电流表达式如上图所示。

现在很容易看出直流电流来自何处了。MA9/MA10 中的电流来自直流偏置电流镜,MA4 中的直流电流来自 pMOST 差分电流放大器,该放大器是由第一级(由 nMOST 组成)的尾端晶体管 M11～M14 组成。这个电流也流过由第一级 pMOST 尾端晶体管 M5～M8 组成的 nMOST 差分电流放大器。

晶体管 MA3 和 MA4 中也流过这个直流电流,但没有交流电流从中通过,它们屏蔽了交流行为,对来自第一级的电流表现为一个无穷大的交流阻抗。下一节将对此讨论。

1223 图中输出级显示了三次,但是一次比一次简化了。

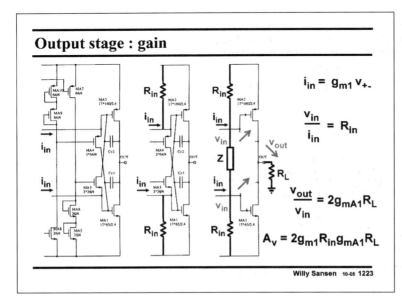

　　首先,注意到第一级电流差分放大器提供的电流是同相位的,第二幅图中明确地给出了第一级的输出阻抗,而在第三幅图中用一个阻抗 Z 代替了晶体管 MA3 和 MA4。

　　既然两个输入电流有相同的相位,那么它们给输出晶体管的栅极提供了一个相同的电压增量。因此,在阻抗 Z 上几乎没有交流电压降,可见阻抗 Z 被屏蔽了。

　　阻抗 Z 在增益 A_v 的表达式中也就没有出现。

　　在跨导线性环中,MA3 和 MA4 的作用仅仅是设定输出器件的静态电流,它们对 GBW 的增益不起作用。

　　MA3 和 MA4 中流过这个直流电流,但交流电流不通过,它们屏蔽了交流行为,它们对来自第一级的电流表现为一个无穷大的交流阻抗。

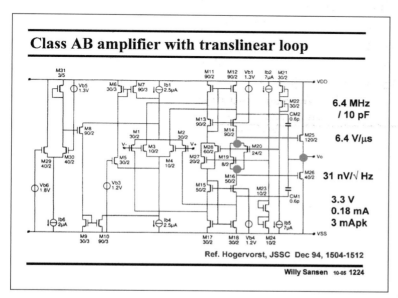

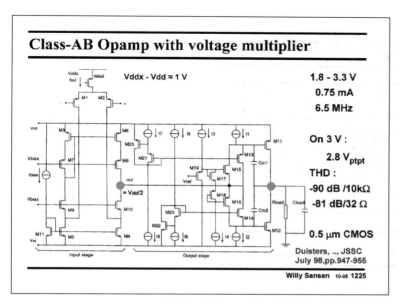

1224　在这个放大器中可以发现一个相似的跨导线性环,它设置了输出器件的静态电流,它是一个两级放大器。补偿电容通过 M14 和 M16 组成的共源共栅级连接到第一级的输出端。

　　带有输出晶体管 M25 的跨导线性环在图中被特别标注了,输出晶体管 M26 的情况与其相似。

　　晶体管 M19/M20 也屏蔽了交流特性,第一级就是一个轨到轨的输入级,这些内容在前面章节中已讨论过。

　　1225　图中同样是一个两级放大器,第一级是一个单端折叠共源共栅级,第二级由两个输出晶体管组成。M13/M15 和 M16/M18 在第一级的输出端和输出晶体管的栅极之间形成了一个宽带电平移位器,它们屏蔽了交流信号。

　　输出晶体管的静态电流由两个跨导线性环设定,输出晶体管 M11/

M13 和 M23/M21 组成了一个跨导线性环。M13 与 M21 尺寸相同,并且流过相同的电流, M11 的静态电流由 M23 设定。

　　M12/M14 和 M22/M20 组成的跨导线性环的情况与上述同样。

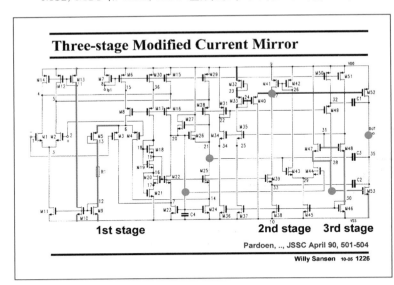

1226　这是一个带有嵌套密勒补偿的三级放大器,高阻抗节点用大的红点标示。

　　输入级包括两个折叠共源共栅级,g_m 的均衡是通过晶体管 M5、电阻 R1 和后面的电流镜来实现的。当平均输入电压增加时,pMOST 慢慢地趋于截止,但是流过电阻 R1 的电流增加,增大了输入 nMOST 中的电流,这是一个简单的方案。

但是采用了电阻后,使得该方案依赖于电源电压。

　　第二级是一个差分对,该差分对的一个输出端直接连接到输出 nMOST M53 的栅极,差分对的另一个输出端必须先反相,然后连接到输出 pMOST M52 的栅极。一个偏置在 AB 类的输出器件必须被同相驱动。

　　图中设置静态电流的跨导线性环被加重了,可以很容易地识别出来。

　　这个放大器能够驱动 4000pF 的负载电容,它可以流入和提供 100mA 的电流。在 2.5V 时,消耗大约 0.6mA 的电流,它的 GBW 是 1MHz。

　　主要缺点是它的转换速率(SR)不是足够高,产生了一些交叉失真。

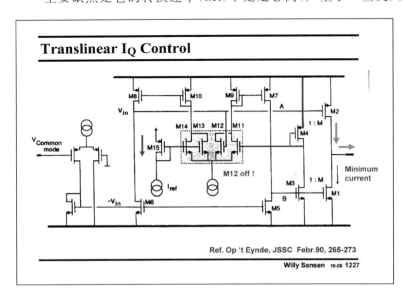

1227　这是三级放大器的第三级电路。

　　图中显示了互补的输入电压 v_{in},它由第二级电路产生,上面一个直接加到 pMOST 输出晶体管 M2 上。互补输入-v_{in} 经过反相后加到 nMOST 输出晶体管 M1 上。M1 与 M3 类型相同,但尺寸大了 M 倍,因此流过 M1 中的电流是 M3 和 M4 的电流的倍数。

　　现在,一个三折叠的

跨导线性环形成了,两个含有输出晶体管 M2/M12 和 M4/M14,它们连到 M9/M7 组成的电流镜中;第三个由 M15/M13 和 M14 组成,它们连到 M10/M8 组成的电流镜中。

这些跨导线性环的目的是当一个输出晶体管流过大电流时,防止另一个输出晶体管关断。实际上,当 M2 流过一个大的输出电流时,M1 就有可能被关断。在流过大输出电流的情况下,至少要保证 M1 上能流过一个最小的电流。这样就可以减少交叉失真并且提高了速度。

如果流过 M1 的电流非常小,那么流过 M3 和 M4 的电流也将很小,结果导致 V_{GS11} 变大。M2 上的电流越大,V_{GS12} 也就越小。M11 和 M12 的电流乘积由 M15 上的参考电流设定,它们不能低于某一确定的值。

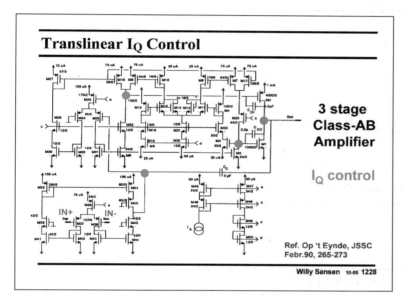

Translinear I$_Q$ Control

3 stage
Class-AB
Amplifier

I$_Q$ control

Ref. Op 't Eynde, JSSC
Febr.90, 265-273

Willy Sansen 10-05 **1228**

1228　图中显示了放大器的完整电路图,三级放大提高了增益,产生的失真非常低。

第一级和第二级是对称性放大器,第三级包括两个输出器件,在前面已经介绍了如何控制其静态电流,这里还采用了嵌套密勒补偿电路。

该放大器的 GBW 是 5MHz。当工作频率是 10kHz,负载是一个 81Ω 的电阻并联一个 15pF 的电容时,只产生 −80dB 的总谐波失真(THD),静态电流是 1.4mA。

1229　在这个两级放大器中,跨导线性环用于控制静态电流,但是它同时也提供共模反馈。

它的原理相当清楚,输入级是一个全差分放大器,它一个输出直接驱动输出晶体管 M2,另一个要先经过反相。

既然输出是差分输出,共模反馈是必须的。该电路设置了平均输出电压,该平均输出电压同

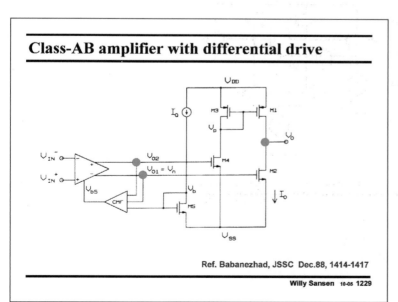

Class-AB amplifier with differential drive

Ref. Babanezhad, JSSC Dec.88, 1414-1417

Willy Sansen 10-05 **1229**

时又控制了输出器件的 V_{GS}，从而控制了输出晶体管的静态电流。

下面给出其完整的电路。

1230　输入级是一个全差分轨到轨放大器，其输出端用大的红点标出。其中一个输出端直接连到 nMOST 输出晶体管，另一个输出端要先反相。

差分输出需要共模反馈，这可以通过 M20/M21 对输出的测量来完成，它们的源极连在一起以抵消差分信号。共模信号通过一个共源共栅管 M22 反馈到由 M23/M16B 和 M17B 组成的电流镜上。

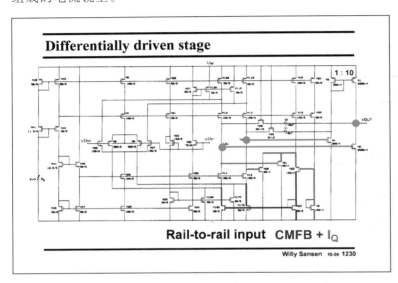

那些相同的晶体管是跨导线性环的一部分，用来设置输出级的静态电流。对于 nMOST 输出晶体管，线性环由 M2/M21 和 M22/M5 组成。而对于 pMOST 输出晶体管，线性环由 M4/M20 和 M22/M5 组成。

第一级平均输出电压的设定值也用来设定输出器件的 V_{GS} 值，继而设定了静态电流。

1231　该 AB 类放大器采用了一个单独的运算放大器来驱动所有四个输出器件的栅极。负载连在两个输出电压之间，因此它是悬空的。

即使输出器件进入线性区时，这些运放也要能提供足够的增益，因此失真总是很小。

图中画出了驱动输出晶体管 M58 的放大器 EP，反馈环没有闭合。

这是一个传统的电压放大器，其输入器件是 M51/M52，负载电流镜并

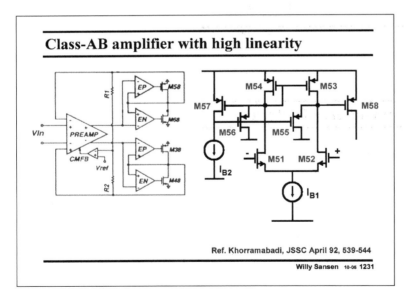

接了两个共源共栅管，但是 M55/M56 限制了电路增益（大约为 7），进一步减少了失真。

M58/M55 和 M57/M56 组成的跨导线性环设定了静态电流。这样，流过输出器件的电流大约是 I_{B2} 乘以 M58 与 M57 的倍数。

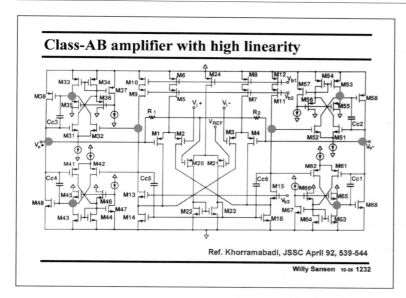

Class-AB amplifier with high linearity

Ref. Khorramabadi, JSSC April 92, 539-544

Willy Sansen　10-06　1232

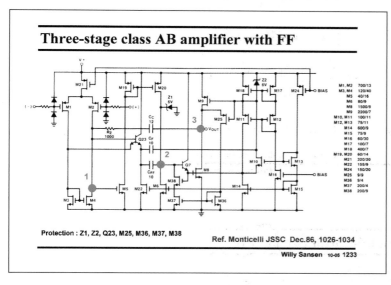

Three-stage class AB amplifier with FF

Protection : Z1, Z2, Q23, M25, M36, M37, M38

Ref. Monticelli JSSC Dec.86, 1026-1034

Willy Sansen　10-05　1233

1232　在该总电路图中,可以很容易地鉴别出四个输出晶体管及其相应的放大器,图中的放大器采用了单位增益反馈。

实际上这是一个三级放大器,输入级是一个折叠的共源共栅级。这里采用了分布密勒补偿,而不是嵌套密勒补偿,补偿方法不是很明显。

中间级是由 M20/M21,R2/R3 组成的共模反馈放大器。

1233　这是一个三级 AB 类放大器,该放大器采用了前馈电路以提高其高频性能。第一级是单端电路,其 CMRR 性能不好,第二级是一个采用了电流镜的同相放大器,第三级仍然是由漏极互连的 pMOST 和 nMOST 器件组成。nMOST 由一个射极跟随器驱动,进而去驱动大电容 C_{GS8}。pMOST 由 M10/M11 组成的电平移位器驱动,进而屏蔽了交流工作。

这里不是一个纯粹的嵌套密勒补偿,补偿电容 C_C 决定了 GBW 值,另一个电容提供了前馈电路。

两个跨导线性环设定了输出晶体管的静态电流。由 M9/M11、M17/M12 组成的跨导线性环给 pMOST 输出晶体管 M9 提供静态电流;由 M8/M10、M13/M15 组成的跨导线性环给 nMOST 提供静态电流。

电源电压 5V 时,总的电流是 0.35mA,大约有 22mA 电流可以传递给低阻负载。

1234　通过跨导线性环来确定输出晶体管的静态电流有一个缺点,那就是它限制了最大输出电流,因此人们研究了许多其他的方法。第一种就是采用电流反馈来获得扩展特性。

1235　图中显示了一种简单的、但目前非常有效的实现方法。

图的左边是一个传统的差分对电路,其负载是一个折叠式共源共栅电路,它的输出电流是差分对电路电流的 B 倍,电流用箭头标出来了。

就像每一个差分对都有限幅特性一样,这个输出电流被限定在 I_{bias} 的 B 倍。

仅仅增加了一个晶体管就显著地改变了工作特性,并将该级转变为一个 AB 类放大器。在图中增加了一个晶体管 M4B,它和 M4A 组成一个电流镜,它们为差分对提供了电流反馈。

差分对的两个支路电流相等,一个电流流过 M2A、M1A 和 M4B,另一个电流流过 M2B、M3 和 M4A,该电流乘以 B 流向输出端。这些电流不受偏置电流 I_{bias} 的限制,电流可以非常大,取决于晶体管的尺寸,它们有一个扩展的或者 AB 类的特性。

显然这些电流只能增大,需要另一个在输入端含有 pMOST 的放大级,使得在两个方向上扩展电流,下面进行说明。

1236　第一个 nMOST 输入电流反馈级与一个 pMOST 并联,它们的输出电流镜像到高阻抗的节点,图中以大的红点标出。第二个相似的 nMOST/pMOST 电流反馈电路被用作输出级。因此这是一个两级放大器,可以很容易地辨别出密勒补偿

Current feedback

Folded Cascode OTA　　**Current Feedback**

Ref. Callewaert, JSSC June 90, 684-691

Willy Sansen 10-05 1235

Two-stage Miller Amplifier with current FB

Fig. 11.　Circuit diagram of the amplifier with both input and output stages based on the new class AB principle.

4 current feedback stages
2 stage Miller amplifier

Ref. Callewaert, JSSC June 90, 684-691

Willy Sansen 10-05 1236

电容。

输入端并联的 nMOST/pMOST 对提供了几乎轨到轨的输入能力。实际上，如果输入共模电压较低，nMOST 截止，pMOST 导通；而输入共模电压较高时，情况相反。因为第一级中存在二极管连接形式的晶体管 M2a，轨到轨性能达不到，在两个电源引线上，都大约有 0.1V 的电压损耗。电路没有提供 g_m 均衡功能。

对于一个 10kΩ/100pF 的负载而言，GBW 是 0.37MHz，电源电压是 ±5V 时，功耗是 0.25mW。

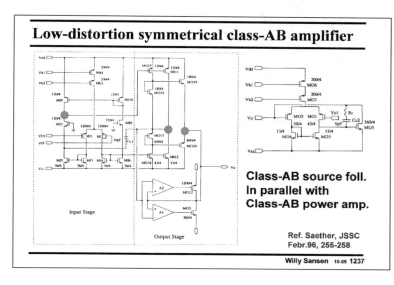

1237　这个放大器有两个并联的输出级。上面一层是源极跟随器，它提供中等的电压摆幅，但是失真很低。

但是，大部分的增益和电流（功耗）来自于下面的放大器，它由两个紧随输出晶体管后面漏极相连的误差放大器组成。这些误差放大器产生了一些失调（在右边显示了），以至于当输出信号较小时，输出器件截止，这样就不会产生交调失真。源极跟随器完成了所有的任务。

如果输出摆幅较大，源极跟随器不再有效，即使输出器件在线性区截止了，AB 类功率放大器还可以提供轨到轨的输出摆幅。误差放大器仍然提供了足够的增益。

低失真源极跟随器的静态电流由 MO16/MO19 和 MO17/MO20 组成的跨导线性环来设定，流过 MO17/17 的 DC 电流设定了输出器件 MO19/20 的电流。

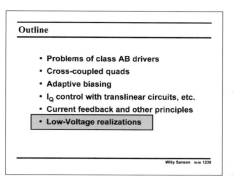

对于一个 1kΩ/150pF 的负载，转换速率是 7V/μS，GBW 是 5.5MHz，电源电压是 ±5V 时，功耗为 6.5mW。等效输入噪声是 $10nV_{RMS}/\sqrt{Hz}$，这个值相当低。

1238　现代工艺更多地采用较小的沟道长度，使得电源电压越来越低，因此 AB 类放大器的电源电压变成了 1.5V 或者更小。

此时就不能再使用跨导线性电路了，下面给出一些低电压的例子。

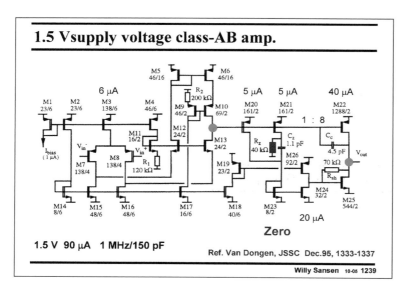

1.5 Vsupply voltage class-AB amp.

1.5 V　90 μA　1 MHz/150 pF

Ref. Van Dongen, JSSC　Dec.95, 1333-1337

Willy Sansen　10-05　1239

1239 在低的电源电压情况下,电路变得更加简单。在图中 1.5V 的放大器中,输入级是一个折叠式共源共栅级,它的后面是一个输出级,其 pMOST 器件直接连到输入级的输出端。

但是,输出 nMOST 器件截然不同,它连接到 M23/M24 电流镜实现两个反相,记住输出晶体管必须同相驱动。这样就产生了额外的极点,必须进行补偿。

采用了两个电路技巧,第一个技巧是采用电阻 R_{sh} 围绕输出晶体管 M25 组成局部反馈。这个并联-并联反馈实际上降低了输入和输出的阻抗。

第二个技巧是引入了一个时间常数为 R_zC_z 的零点,这个零点必须用来补偿其中的一个非主极点,当然这并不容易实现。

并不能精确地确定输出器件中的静态电流,用局部反馈电阻 R_{sh} 来减小其波动。但是,它永远不可能真的与电源电压或输出电压无关。

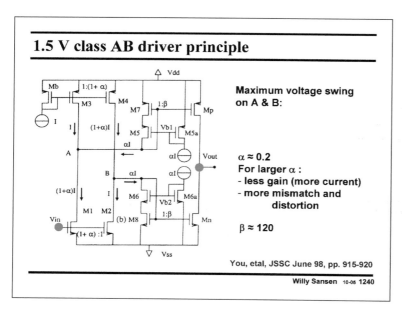

1.5 V class AB driver principle

Maximum voltage swing on A & B:

$\alpha \approx 0.2$

For larger α :
- less gain (more current)
- more mismatch and distortion

$\beta \approx 120$

You, etal, JSSC June 98, pp. 915-920

Willy Sansen　10-05　1240

1240 一个简单的低电压 AB 类放大器的实例如图所示。

图中仅显示了输出级电路,它由两个电流放大倍数为 β 的电流镜组成。但是电流镜是由两个不同尺寸的并联输入器件驱动的。实际上,晶体管 M1 比 M2 的尺寸大(1＋α)倍。顶部的 pMOST 电流镜的偏置电流是 αI,底部的 nMOST 电流镜的偏置电流与之相同,这些都是精确设定的静态电流。

这种驱动电路的主要优点在于 A,B 两点可以有很大的电压摆幅,输出级能够流入或提供的电流比静态电流大得多。例如,在 B 点有一个大的电压,V_{GS8} 变得很大,但 V_{DS8} 被共源共栅管 M6 限制了,晶体管 M8 进入了线性区,减小了输出电流的增加幅度。但这个电流仍比跨导线性环提供的电流要大得多。

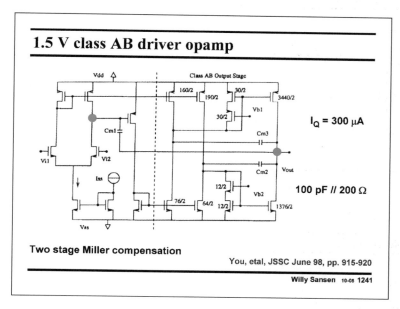

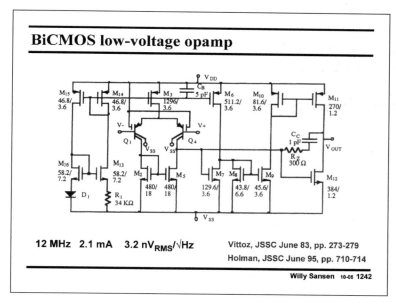

1241 图中显示了一个完整的 AB 类放大器。

第一级是一个简单的差分对,后面是一个电流镜,用于驱动输出级。

可以看出只有两个高阻抗点,电容 C_{m1} 和 g_{m1} 设定了 GBW,电容 C_{m2} 和 C_{m3} 节点处的电阻较小,产生的影响不大。

1242 图中这个放大器的静态电流采用了相似的工作原理,它是一个两级放大器,能工作在低电源电压情况下。

放大器的输入器件采用横向 pnp 晶体管,实际上它们就是源—体结正偏的 pMOST,其 1/f 噪声很低。

输出晶体管 M12 直接由第一级驱动,另一个输出晶体管 M11 由两个反相器 M7-M9 和 M10-M11 驱动。

输出晶体管中的静态电流由电流源 M6 控制,实际上它的电流被分成了两部分。第一部分流过 M7,它与输出晶体管 M12 有相同的 V_{GS},因此 M7 与 M12 的电流比固定。

M6 的另一部分电流流过 M8,它通过两个电流镜控制了输出晶体管 M11 中的电流。输出晶体管中的电流必须相同,流过 M6 中的电流控制了这个输出电流。

采用图中晶体管的尺寸参数进行计算,静态电流大约比晶体管 M6 中的电流大 1.6 倍。

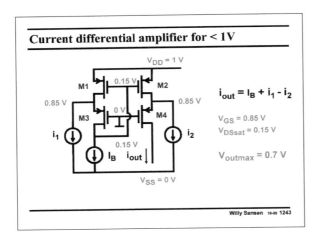

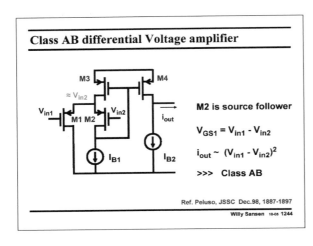

1243　基于电流差分放大器的工作原理截然不同,这已经在第3章中讨论过。它有三个电流输入源,如果有一个额外的电流输入源被连接到晶体管 M4 的漏极,实际上就是四个电流输入源。而且它可以在很低的电源电压条件下工作。

如果阈值电压 V_T 取 0.7V,$V_{GS}-V_T$(也就是 V_{DSsat})为 0.15V,则电源电压可以低至 1V。最大的输出电压可以高至 0.7V。

如果 V_T 仅取 0.3V 且 $V_{GS}-V_T$ 仍取 0.15V,则电源电压可以仅为 0.6V!

下面要讨论的 AB 类放大器中将采用相似的偏置电路,因而所采用的电源电压可以仅为 0.6V!

1244　图中显示了一个 AB 类放大器。

初看这个 AB 类放大器是由一个差分对组成,其输出被反馈到电流镜中,来偏置这个差分对。但是仅仅从其中一个差分输出端到一个共模结点的反馈是不能理解的。

理解这个电路一个更好的方法是注意到流过晶体管 M2 中的电流是一个恒定的电流,也就是 I_{B1}。如果不是 I_{B1},到 M3 栅极的反馈环就会确保 M2 中的电流恒定。基本的单管结构形式中,晶体管中仅流过直流电流的唯一形式是源极跟随器结构。晶体管 M2 作用就是一个源极跟随器,它把输入电压 V_{in2} 无衰减地传输到另外一个输入晶体管 M1 的源极。

输入晶体管 M1 本身是一个差分放大器,一个输入电压 V_{in1} 在它的栅极而另外一个输入电压 V_{in2} 在它的源极。它将该差分输入电压转化成从电源流经 M3 和 M1 到地的 AC 电流。该 AC 电流被电流镜 M3/M4 镜像到了输出端,如下面完整的电路所示,也可以被镜像到 M1 的漏极。

这个 AC 电流并未被任何的 DC 电流所限制,并且因为 MOST 的平方率特性,它具有了扩展特性。晶体管 M1 起到了一个 AB 类放大器的作用。

1245　图中显出了完整的电路图,它是一个全差分电路,共模反馈 CMFB 并未在图中表示出。

AB 类放大器实现电压到电流转换的晶体管是 M1b 和 M1c。

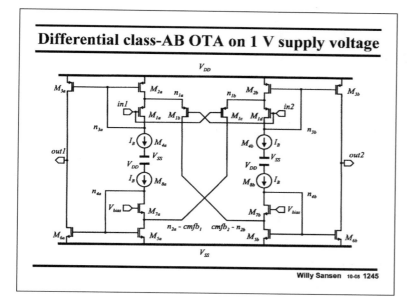

Differential class-AB OTA on 1 V supply voltage

Willy Sansen 10-05 1245

晶体管 M1a 把输入电压 in1 传输到 M1b 的源极,晶体管 M1b 产生了一个 AC 电流。这个 AC 电流通过电流镜 M2a/M3a 镜像到输出端 out1,通过电流镜 M5b/M6b 镜像到输出端 out2。

晶体管 M1c 中产生的 AC 电流的工作情况类似,也被镜像到了输出端。

共模反馈可以由一个输入到 M7a/M7b 源极的电流来实现。

1246 输入晶体管 M1b 和 M1c 决定了从输入电压到输出电流的增益,增大它们的尺寸可以增大它们的增益,如左图所示。

如果差分输入电压为零,差分输出电流也是零。对于小的输入电压,会获得扩展特性。

如果输入电压很大,最大的输出电流将饱和,这取决于晶体管尺寸的相对比值。静态电流由电流源 I_B 设置,其值约为 $2\mu A$,电流驱动能力也是相当高的。

增大直流电流源 I_B 会显著地增大最大输出电流,如右图所示。

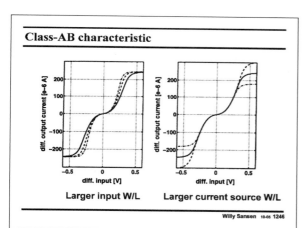

Class-AB characteristic

Larger input W/L　　　Larger current source W/L

Willy Sansen 10-05 1246

1247 这个最后的 AB 类放大器的例子实际上是前面已经讨论过的采用电流反馈的 AB 类放大器的简化,两种电路都画出来以便于对比。

两个放大器都用晶体管 M2 作为源极跟随器。在左边的放大器中,仅一个单晶体管提供了电压到电流的转换,仅有三个晶体管有 AC 电流,显然这对于高频、低功耗设计是一个优势。

在右边的放大器中,七个晶体管中流过 AC 电流。理论上,流过 AC 电流的

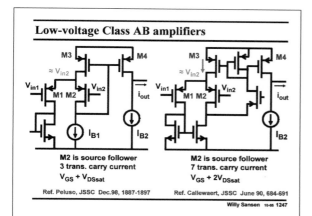

Low-voltage Class AB amplifiers

M2 is source follower
3 trans. carry current
$V_{GS} + V_{DSsat}$

M2 is source follower
7 trans. carry current
$V_{GS} + 2V_{DSsat}$

Ref. Peluso, JSSC Dec.98, 1887-1897

Ref. Callewaert, JSSC June 90, 684-691

Willy Sansen 10-05 1247

晶体管数目越多,产生的极点就越多且电路速度越慢。就这一点而言,左边的放大器更好。

而且,左边的放大器可以工作在较低的电源电压条件下。右边放大器的最小电源电压是 $V_{GS} + 2V_{DSsat}$,而左边的最小电源电压仅为 $V_{GS} + V_{DSsat}$。如果 V_T 仅为 $0.3V$,取 $V_{GS} - 2V_T$ 为 $0.2V$,左边的最小电源电压为 $0.7V$,而右边的最小电源电压则为 $0.9V$。

显然左边的放大器更优越一点。

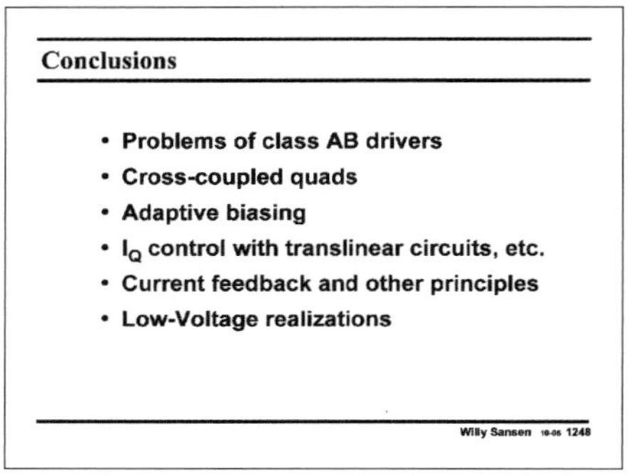

Conclusions

- Problems of class AB drivers
- Cross-coupled quads
- Adaptive biasing
- I_Q control with translinear circuits, etc.
- Current feedback and other principles
- Low-Voltage realizations

Willy Sansen 16-06 1248

1248 本章讨论和比较了多种 AB 类放大器。根据所要求的功率值和输出负载的不同,有很多种不同的工作原理可以采用。这里仅仅精选了一些已经发表的电路,尽管它是一个很好的概述。

对于讨论的所有放大器,现在列出了全部的参考文献,读者可以更详细地研究这些放大器。

后面给出了比本章中用到的更多的参考文献,目的为了给读者提供一个关于放大器的更加完整的资料列表,值得读者参考。

第13章　反馈：电压放大器与跨导放大器

131　几乎所有的模拟放大器和滤波器中都使用了反馈技术。因此，对于任何想深入了解模拟集成电路设计的人员来说，透彻地理解反馈是非常必要的。可以先回顾反馈的工作原理，并将其应用到四种基本类型的反馈电路中，来逐步加深对反馈的理解。

关于反馈的出版物和书有很多，它们大部分都源自电路理论，它们都是不可避免地从对放大器和反馈网络的矩阵的描述开始，但是并不是一直都需要这种非常正式的方法。大多数情况下，开环增益、闭环增益和环路增益的概念已经足够理解闭环增益、带宽和输入输出阻抗等最重要的参数了。对于内部节点的阻抗来说，布莱克曼规则是必要的。但大部分设计者都较少考虑内部节点，因此布莱克曼规则被省略了。这里研究掌握所有反馈类型最简单的方法。

本章首先关注电压放大器与跨导放大器，第 14 章介绍跨阻放大器和电流放大器。

132　首先学习一些定义。例如，什么是实际环路增益？对于环路增益很大的电路，实际环路增益定义为开环增益和闭环增益的比值，如果用 dB 来表示，它就是差值。例如，一个负反馈增益为 10dB 或 20dB，开环增益为 85dB 的放大器，它有 65dB 的闭环增益。

通过环路增益提高了放大器的一些特性，比如增益的精确性。同时通过环路增益也减少了噪声和失真，但最重要的是大大提高了带宽。

下面将研究上述这些问题。首先研究四种反馈类型，输入输出端可以连接成串联或并联的形式，形成了四种不同的反馈类型。

本章着重介绍电压和跨导放大器，这两种反馈类型在输入端均以电压的形式表示。

133　理想的反馈环路由单向放大器(从左至右)和单向反馈电路(从右至左)组成。这个放大器通常由一些晶体管甚至是由一个完整的运放组成，所以它能提供很高的增益。

反馈电路通常由几个无源元件组成，它们设置的闭环增益如下页图所示。

图中的两个方程描述了反馈电路的工作原理。误差电压 v_ϵ 是实际输入电压 v_{in} 和反馈电压 Hv_{out} 的差值，它被自身的增益 G 放大到了输出端。

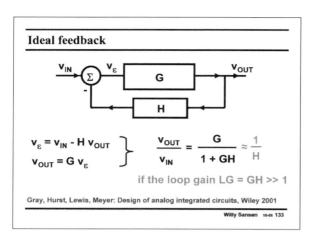

这样就很容易地从这两个方程中提取出闭环增益来。它的分子简化成增益 G 本身,但分母为 $1+GH$。GH 称为环路增益 LG,它是沿着整个环路的增益。既然增益 G 一般是很大的,环路增益也很大。因此闭环增益可以很容易地用 $1/H$ 来近似。

这就是为什么 H 通常由电阻或电容等无源元件组成的原因,因为它们的比值可以做得非常精确。这样,反馈放大器就有一个相当精确的闭环增益,然而开环增益 G 可以有很大变化,取决于晶体管的参数、温度等。因此,反馈技术是一种实现精确增益放大器的最重要的技术。

134 最简单的一种反馈是用一个电阻把运算放大器的输出端连接到输入端。当然这个电阻必须连接到负的输入端,否则环路增益就会使输出电压越来越大,直到变成正的电源电压才停止。稳态的反馈通常是负反馈。

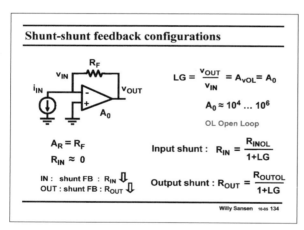

输入端和输出端都是并联的反馈就是这种情况。输出并联反馈意味着输出端和反馈元件是并联的,输入端的并联反馈同理。

放大器本身的增益 A_0 也很大,在 10 000 到 1 000 000 之间,它也就是环路增益 LG,将在下一节中进行计算。

输出电压就等于流过反馈电阻中的输入电流产生的电压。闭环增益简化为 R_F,所以,它是一个增益为 R_F 的跨阻放大器。

输入和输出阻抗均受到反馈的影响。在并联反馈的情况下,电阻降低的倍数为环路增益 LG(或更准确地说是 $1+LG$)。

135 很明显,环路增益 LG 是反馈放大器最重要的特性参数,因此首先必须计算它的值。

计算环路增益 LG 是通过打开环路,沿着整个环路计算增益。还必须保持直流工作条件,仅破坏交流环路。

理想情况下,环路在哪儿打开都

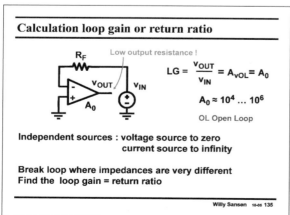

没有差别,环路增益与环路断开的位置没有关系,因此我们尽量找一个容易一点的位置,使得计算环路增益非常容易。

本例中,运放的输出电阻相当低,与电阻 R_F 相比要低很多。因此,我们在它们之间断开环路。在环路中应用一个电压源(由于运放的输出电阻非常低),并计算环路中的电压。这样运放的增益就为 A_0,但是电阻 R_F 两端的电压是相同的,因为 R_F 中没有电流流过。

输入电流源情况如何呢?既然已经应用了另外一个输入源 v_{IN},必须把输入电流源(所谓的独立源)去掉。为了计算环路增益,用它的内阻(阻值为无穷大)来替代独立电流源。独立电压源也用它的内阻代替,其值接近于零或为短路状态。

136　用这种方法计算的增益因而叫环路增益 LG 或称作回转比。

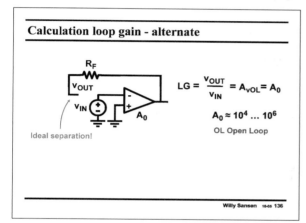

为了说明环路在何处断开并不影响环路增益,我们再次计算环路增益 LG。这次环路是在反馈电阻 R_F 和运放的输入端被断开。这个断开位置比前述的位置更好,因为运放的输入电阻接近于无限大,比电阻 R_F 大的多。

很明显我们得到了相同的环路增益 LG 值,它也等于运放自身的增益 A_0。

137　这个放大器并不需要是一个完整的、增益很大的运算放大器,一个简单的晶体管放大器就可以了。图中运放被一个简单的跟有源极跟随器的单级放大器替代。

开环增益就是输入晶体管的增益,作为源极跟随器提供的增益仅为1。

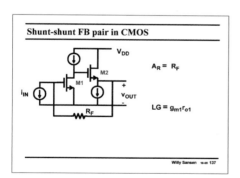

很容易理解,这个增益也是环路增益。我们还可以在任何想要断开的地方打开环路。现在输出电阻稍高了些,为 $1/g_{m2}$,但仍远小于 R_F。

通常闭环增益是最容易计算的。闭环增益仍然是 R_F,就像第一个反馈放大器一样,它也是一个跨阻放大器。换句话说,它把一个输入电流高精度地转换成了一个输出电压,这里是通过 R_F 完成了转换。

138　采用双极型晶体管代替 MOST 可以很显著地改变输入电阻。双极型晶体管的输入阻抗仅为 r_π,而不像 MOST 的输入阻抗为无穷大。这样,环路增益也不再是反馈电阻的值,因为反馈电阻的值与电阻 r_π 可比拟了。

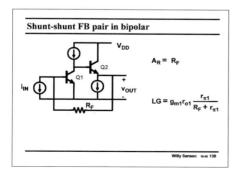

闭环增益仍然是一样的,即 R_F。

为了计算环路增益 LG,我们可以像以前那样在晶体管 Q2 的发射极和电阻 R_F 之间断开环路。但是下面会介绍一个更好的位置点。

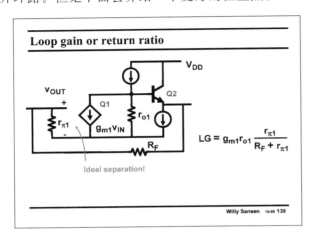

139 为了找到断开环路的上好位置,我们必须画出电路的小信号电路图。很明显,晶体管 Q1 的基极和压控电流源之间是断开环路的上好位置点。因此可以发现在小信号等效电路中,晶体管 Q1 的输入电阻 $r_{\pi 1}$ 和电流源 $g_{m1} v_{IN}$ 在物理上被隔开了,它们仅仅被一个提供非物理连接的方程所联系。

现在就可以计算环路增益了。在输入端,由电阻 $r_{\pi 1}$ 和 R_F 组成的分压器,减小了环路增益。

1310 如果将输出电压串联反馈到输入端,就得到了串并联反馈环路。最简单的情形是将输出直接连到输入端,产生一个单位增益。对于一个高增益运放而言,无论输出是什么,如果端口之间差异均近似为零,这样的电路称作缓冲放大器,因为它可以提供大的电流值而不损失电压增益。

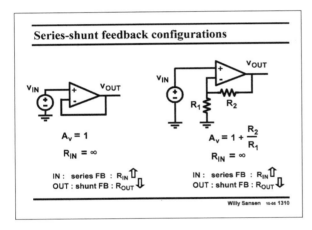

更常见的是,采用一些电阻来精确设定增益值。增益是正的,因为输出和输入同相。因此它是一个非倒相的放大器。既然输入直接连到 MOST 的栅极,输入电流就为零而输入电阻为无穷大。没有电流流过输入电压源(或输入传感器)。

稍后将证明由于输入端的串联反馈,输入电阻会升高。并联反馈总是导致输入电阻下降,因而输出电阻也下降。反馈使得放大器表现为一个电压到电压的放大器。实际上,电压在输入端被检测到而没有提取电流。在输出端,放大器表现为一个电压源。串联-并联反馈使放大器成为具有精确电压增益的电压-电压的放大器。

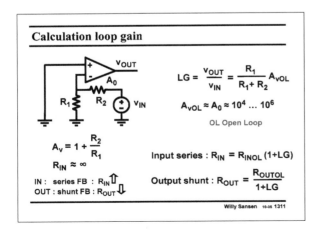

1311 为了得出输入和输出阻抗变化了多少,必须首先得出环路增益。为此,我们尽量找到容易断开环路的地方。通常无反馈情况下放大器的输出电阻低,因此,就在输出端的右边断开环路是一个很好的选择。当然,也可以在运放负的输入端断开环路,因为向放大器看进去的输入电阻为无穷大。

这样就很容易找到环路的电压增益。它首先被电阻的比率呈比例衰减，接着被运放的开环增益 A_0 放大。

产生的结果是，本来已经很大的输入电阻值进一步增大，而输出电阻降低了相同的倍数。

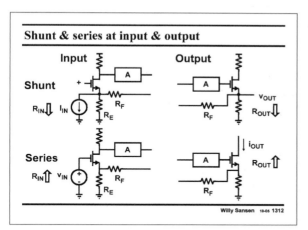

1312 现在来进一步了解为什么串联反馈增加了电阻，而并联反馈减少了电阻。怎样来设法记住它？

图中表示出四种组合。图中示出的晶体管是为了表现在输入端反馈电阻是如何准确地连接的。在所有情况下，通过增益模块 A 来增加环路中的增益。

第一种输入并联反馈情形中，一个共源共栅管用在了输入端。输入源和反馈电阻 R_F 连接在相同的节点上。因此，输入电阻将变小。右边的并联输出也是同样的原理。

对于第二种输入串联反馈，输入信号源和反馈电阻不在同一个节点上，实际上，反馈电压和晶体管输入电压串联，输入电阻因而增加了。

1313 实际上放大器输出端的并联反馈导致了输出电流的增加。输出电流 i_{OUT} 就是流过输出负载的电流，图中没有示出。

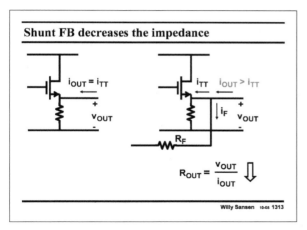

输出电流 i_{OUT} 分割成流向放大器的电流 i_{TT} 和流向反馈电阻的电流 i_F。总的输出电流将会比没有反馈时的大。因此比值 v_{OUT}/i_{OUT}，即输出电阻 R_{OUT} 将会减小。

1314 同样，在放大器输入端的串联反馈也将导致输入电压增加。输入电压 v_{IN} 是从栅极到地的总电压，它是实际晶体管的 v_{GS} 和反馈电阻 R_S 上的电压 v_S 之和。

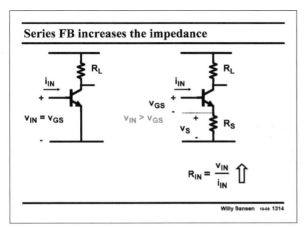

总的输入电压将会比没有反馈时的大。因此，比值 v_{IN}/i_{IN}，即输入电阻 R_{IN}，将会因反馈环路产生的环路增益

而增大。

1315　不同种类的反馈产生了不同种类的放大器。我们已经看到串联-并联反馈放大器可以提供高精度的电压增益 A_V。

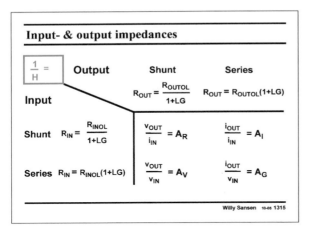

同样,并联-并联反馈放大器能够产生精确的跨阻增益 A_R,它的输入和输出电阻都会降低。可以通过一个输入电流源很容易地驱动输入端,输出端表现为一个电压源。

为了得到一个良好的电流放大器,我们必须使用并联-串联反馈。输入电阻降低到能够使输入电流通过。输出电阻非常高,就像任何电流源一样。

最后,对于跨导放大器来说,需要采用串联-串联反馈。

为什么需要这么多种不同的放大器呢?

1316　当我们要减小两个电路模块之间的互连阻抗时,就要使用并联反馈。因为这种互连可引起很多寄生电容,当互连阻抗很大时将导致带宽严重减小。

与之相反,在运算放大器中,我们想通过一个电容做出一个低频极点来,串联反馈可以帮助增加节点阻抗。

当然有时必须建立一个真正的电流源。例如,为了测阻抗我们需要一个精确电流源来测量电阻上的电压,从而需要建立一个有高的输出阻抗和精确电流的电路。输出串联反馈电路就是这种理想的选择。

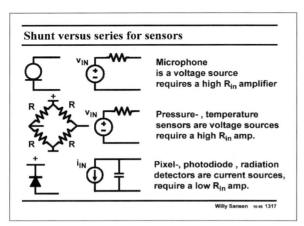

1317　在输入端,主要是由传感器的种类来决定我们需要的是一个电压输入还是一个电流输入。例如一个动态的麦克风表现为一个电压源:它有小的内电阻。电压承载了传感的信息。因此我们要测量输入端的电压,也需要在输入端有一个高的输入电阻或串联反馈。这也适用于压力或温度传感器的文氏电桥电路。

另一方面,如果使用容性压力传感器,速度计或光敏二极管,则需要一个电流放大器。它们都有小电容作为内阻抗,其容值常常低至 10pF。它的阻抗在低频很高,电流承载了传感的信息,需要在输入端测量电流或进行并联反馈。如果想要得到一个电压输出,很显然必须采用并联-并联反馈放大器。

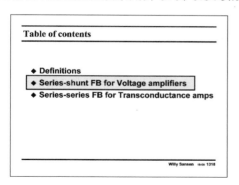

1318 现在我们更详细地讨论串联-并联反馈。它是一种能提供精确电压转换的放大器,就像压力传感器中的前置放大器一样。

很显然可以称它们为电压放大器。

这次将假设一种更普遍的情况,即输入阻抗不是无限大而是一个有限的值。同样,输出阻抗也不再是零。

我们将再次计算环路增益,闭环增益和开环增益,最后计算输入和输出电阻。

接着,将会讨论串联-串联反馈。我们将测量电压值并提供一个输出电流,这就是我们叫它跨导放大器的原因。它具有如电压放大器一样的高输入电阻,两者都是输入串联反馈。

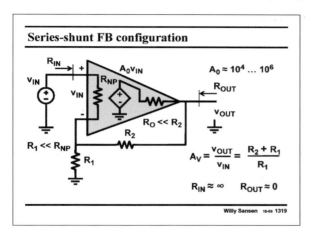

1319 图中显示了一个串联-并联反馈的多用途放大器。放大器有很高的增益 A_0,受压控电压源 $A_0 v_{IN}$ 所调制。它的输入阻抗 R_{NP} 很大但并非无穷大,当然它比电阻 R_1 要大。

它的输出阻抗 R_O 很小但不为零。

反馈电阻 R_2 比 R_O 大得多。

很明显,如图所示,闭环增益就是两个电阻的比值。

输入电阻因反馈而增大,现在它近似为无穷大。

输出电阻因反馈而减少,现在它近似为零。

那实际值是多少呢?

1320 为了得到实际值我们需要首先得到环路增益 LG。

在运放的输出端断开环路,输入电压 v_{IN} 设为 0。

环路增益 LG 就是输出电压 v_{OUTLG} 与输入电压 v_{INLG} 的比值。很容易发现,它也就是开环增益 A_0 除以闭环增益 A_V 得到的值。

因为 A_0 很大,故环路增益 LG 也非常大。

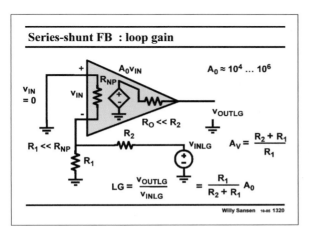

1321 现在输入电阻 R_{IN} 就是开环输入电阻 R_{INOL} 乘以环路增益 LG 后的值。

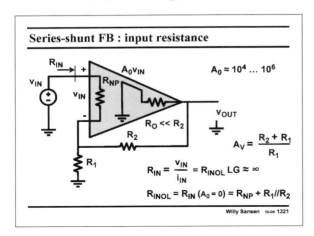

开环输入电阻 R_{INOL} 简化为大的输入电阻 R_{NP} 与反馈电阻并联后的值。输出电阻 R_O 很小,可以忽略。

MOST 晶体管放大器的输入电阻 R_{INOL} 为无穷大,而双极型晶体管不是。采用串联反馈可以使得双极型放大器的闭环输入电阻 R_{IN} 接近无穷大。

需要注意的是计算开环输入电阻时,必须要去除反馈效应。这可以通过把 A_0 设为 0 来实现。

1322 输出电阻 R_{OUT} 等于开环输出电阻 R_{OUTOL} 除以环路增益 LG。

开环输出电阻 R_{OUTOL} 由小的输出电阻 R_O 并联上反馈的串联电阻组成。因为 R_O 很小,故反馈电阻的作用可以忽略。

采用并联反馈会使闭环输出电阻 R_{OUT} 接近于 0。

需要注意的是计算开环输出电阻时,必须要去除反馈效应,这可以通过把 A_0 设为 0 来实现。

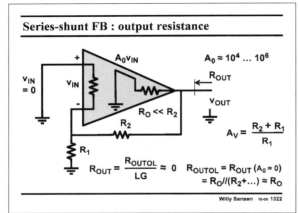

1323 图中显示了一个常见的串联-并联反馈放大器。它仅由几个晶体管构成,有放大管 M1 和 M2 以及一个源跟随器,可称为串并联反馈对。源跟随器看上去不起什么作用,实际上它提供了更多的环路增益,后面将会发现这点。

注意第二个放大管采用的是 pMOST,因为它很容易提供直流偏置。事实上,晶体管 M1 和 M3 的源极的直流电位几乎相等。在输出端,晶体管 M2 必须提供一个比输入端低的直流电位。pMOST 管比 nMOST 管更容易做到这点。

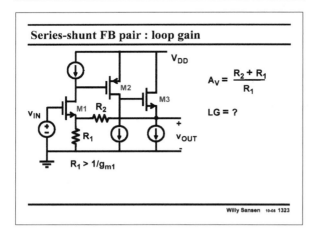

也要注意到反馈电阻通常比 $1/g_{m1}$ 大很多,以保证所有来自 R_2 的反馈电流流过晶体管,增加了环路增益。

然而,如下张幻灯片所示的那样,并不总是像上述这种情况。我们需要更多地了解 M1 源端的输入电阻。毕竟,对于反馈电流而言,晶体管 M1 起到了共源共栅管的作用。那么它的输入电阻是多少呢？这个问题见下一张幻灯片。

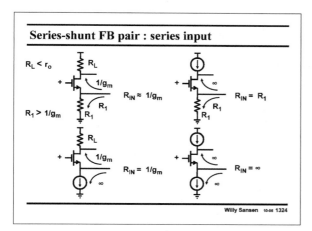

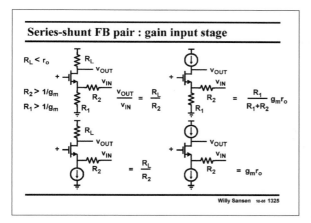

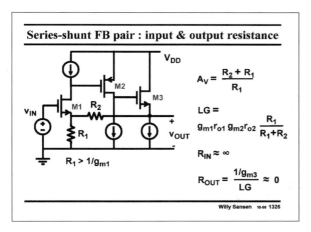

1324　对于反馈电流，M1 起到共源共栅管的作用。图中计算了所有可能的源极电阻 R_1（或电流源）条件下和所有可能的负载电阻 R_L（或电流源）条件下的输入电阻。

很明显，如果共源共栅输入电阻 R_{IN} 很小（即 $1/g_{m1}$），反馈电流只能通过源极。当负载电阻 R_L 很小时，会出现这种情况。

当采用一个电流源作负载时输入电阻 R_{IN} 会很大。问题是晶体管的输出电压会是多少？为了得到环路增益我们需要知道它的值。

1325　为了能够得到环路增益，必须首先要得到晶体管 M1 的漏端输出电压，如图所示，它是当输入电压 v_{IN} 加到反馈晶体管后的结果。

分四种情况进行讨论。

当负载电阻 R_L 很小的时候，很容易得到增益就是 R_L 与 R_2 之比，通常都不会太大。

然而，当用电流源作负载的时候，增益通常会变得非常大。这样就得到了输入晶体管 M1 的增益。

这并不奇怪，电流源作负载通常可以得到很高的增益。

1326　现在的情况是很容易就能计算出环路增益。

当在第一级使用电流源的时候，环路增益包括了紧跟在晶体管 M1 后的电阻 R_1 和 R_2 构成的电位分压的作用，大小为 $g_{m1}r_{o1}$。M1 对于输入信号是一个放大器，而且对于反馈信号它是一个共源共栅管。

当电流源用作负载（在右边）的时候，增益会很大。环路增益 LG 包含了晶体管 M1 和 M2 的增益，现在它足够大了。

现在很容易得到输入和输出电阻了。

即使没有反馈，输入电阻已经为无穷大。如果存在栅电流，输入电阻将降低。双极型晶体管放大器也一样（如后面所述）。

　　无反馈的输出电阻也就是 $1/g_{m3}$，其实 R_2 通常大得多，因此可以忽略。

　　加上反馈，输出电阻为 $1/g_{m3}$ 除以环路增益。闭环输出电阻 R_{OUT} 接近于零。

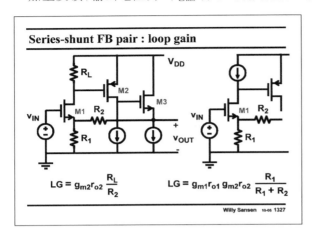

1327　我们又能够很容易地计算出环路增益 LG。

　　当使用的负载电阻 R_L（左图）较小时，增益是两个电阻 R_L 和 R_2 的比值，再乘上 M2 的增益。对于一个两级放大器，这还不够高。

　　当用电流源做负载时（右图），增益就足够大了。晶体管 M1 和 M2 的增益都对环路增益 LG 有贡献，因此增益变得非常大。

1328　一个重要的问题是我们需要源跟随器做什么？毕竟它消耗了不少的电流却只能提供一个单位电压增益。

　　不同的情况是反馈电阻 R_2 不再比晶体管的输出电阻大很多，电阻 R_2 已能够与输出电阻 r_{o2} 相比拟，这样就形成了一个额外的电阻分压器，如图中 LG 的表达式显示的那样。

　　没有源跟随器的环路的增益比有源跟随器的小（$R_1+R_2+r_{o2}$）/（R_1+R_2），这都取决于 R_2 和 r_{o2} 的比值。如果 R_2 很小，环路增益的损耗相当的大。

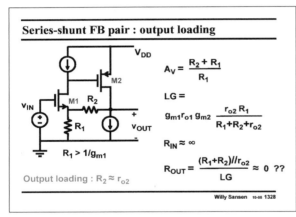

　　我们称这种情形为输出端负载效应。反馈电阻 R_2 成为了放大器输出端的负载，它和 r_{o2} 一起形成了电阻分压，造成了 LG 的减小。

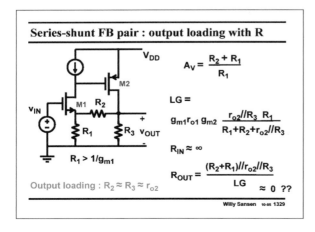

　　可以像前面一样来计算闭环输出电阻 R_{OUT}，结果比原先稍大但仍接近于 0。

1329　第二级放大器 M2 采用电阻性负载而不是电流源负载时，环路增益 LG 会变得更小。在输出端电阻分压作用也比电流源负载时更强。

　　这个结果取决于反馈电阻 R_2 和 R_3 以及 r_{o2} 的相对大小。

　　输出电阻 R_{OUT} 会变得稍小，因为 M2 没有使用电流源作负载而是用电

阻 R_3 作负载。

1330　当输入端采用一个双极型晶体管的时候,输入电阻不再是无穷大。由于输入端采用了串联反馈,输入电阻增大的倍数是环路增益 LG,但不是变成无穷大。因此输入电阻成了源内阻 R_S 的负载,这个电路中源内阻 R_S 已经加了上去,仅当输入电压源的内阻 R_S 与输入电阻 R_{IN} 可比时才会存在这个输入负载。

此外,源电阻 R_S 和放大器的输入电容形成了低通滤波器。很容易得到没有反馈电阻 R_{INOL} 时的输入电阻,因为它就是一个发射极负反馈的单晶体管放大器,其中发射极的电阻约为 R_1 与 R_2 并联后的值。

与前面计算的一样输出电阻还是相当的小。输出容性负载会造成在较高频率处出现输出极点。

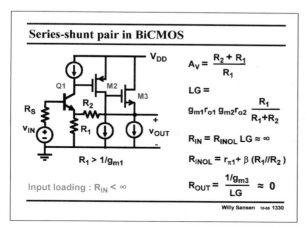

1331　一个实际的仅含双极型晶体管的放大器如图所示,所有的电流源均用电阻代替,这个电路也可以很容易地在 PCB 板上用分立元件来实现。

因为第一级的直流输出电压很高,下一级必须是 PNP 管或是带有发射极电阻 R_D 的 NPN 管。为了避免这个电阻 R_D 带来的增益减小,采用了一个大电容 C_D 与之并联。在计算增益时这个电阻就可被忽略了,对所有频率高于 $g_{m2}/(2\pi C_D)$ 的情况都适用。

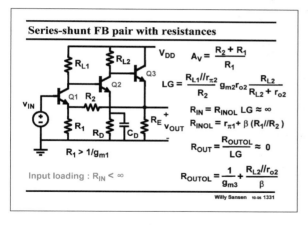

环路增益、输入和输出电阻的表达式与过去一样。它们的表达式要复杂些,因为双极型晶体管的输入电阻 r_π 为有限值。

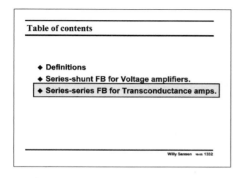

1332　下面详细讨论串联-串联反馈。这种放大器能够提供准确的电压到电流的转换,与电压放大器的主要不同是它的输出是电流而不是电压,输入和输出电阻都很高,通常称为跨导放大器。

高输出阻抗主要用于驱动一个可变的阻抗,比如进行阻抗测量。它也可以通过电流镜的方式来提供电流源,用来偏置任何模拟电路。

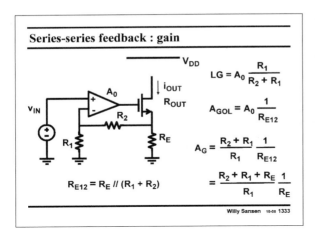

Series-series feedback : gain

$$LG = A_0 \frac{R_1}{R_2 + R_1}$$

$$A_{GOL} = A_0 \frac{1}{R_{E12}}$$

$$A_G = \frac{R_2 + R_1}{R_1} \frac{1}{R_{E12}}$$

$$= \frac{R_2 + R_1 + R_E}{R_1} \frac{1}{R_E}$$

$$R_{E12} = R_E \,//\, (R_1 + R_2)$$

Willy Sansen 10-05 1333

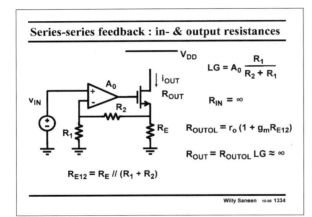

Series-series feedback : in- & output resistances

$$LG = A_0 \frac{R_1}{R_2 + R_1}$$

$$R_{IN} = \infty$$

$$R_{OUTOL} = r_o (1 + g_m R_{E12})$$

$$R_{OUT} = R_{OUTOL}\, LG \approx \infty$$

$$R_{E12} = R_E \,//\, (R_1 + R_2)$$

Willy Sansen 10-05 1334

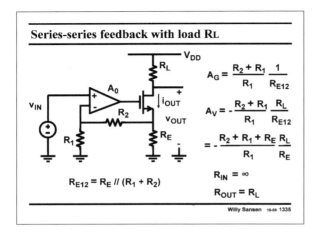

Series-series feedback with load RL

$$A_G = \frac{R_2 + R_1}{R_1} \frac{1}{R_{E12}}$$

$$A_V = -\frac{R_2 + R_1}{R_1} \frac{R_L}{R_{E12}}$$

$$= -\frac{R_2 + R_1 + R_E}{R_1} \frac{R_L}{R_E}$$

$$R_{IN} = \infty$$

$$R_{OUT} = R_L$$

$$R_{E12} = R_E \,//\, (R_1 + R_2)$$

Willy Sansen 10-05 1335

单管放大器也是一个跨导放大器,它有高的输入电阻和高的电流输出,它的跨导比较低但相当准确。一个没有输出级的运放也起到了跨导放大的作用,它的跨导很高但是不够准确。可以采用反馈来得到一个跨导增益高且精确的跨导转换器或电压-电流转换器。

我们来再次计算环路增益、开环增益和闭环增益,最后计算输入、输出电阻。

1333 图中示出的是一个精确的跨导放大器。其输出电流由一个被运放驱动的 MOST 提供,它通过三个电阻和输入电压 v_{IN} 准确相连。实际上,闭环增益 A_G 就是 i_{OUT}/v_{IN},仅仅与电阻的比值和 R_{E12} 的绝对值有关!

环路增益 LG 本身以及开环增益 A_{GOL} 都与运放的增益 A_0 有关,但是,闭环增益 A_G 却与之无关!

1334 这个反相器的输入电阻显然为无穷大,因为没有栅电流流过。

输出电阻增大为环路增益 LG 的倍数。开环输出电阻 R_{OUTOL} 很容易从带有源电阻 R_E 的单管放大器中得到,因此它的值很高,而且因为反馈的作用会变得更大。

1335 增加的负载电阻 R_L 使这个跨导放大器成为了具有精确增益 A_v 的电压放大器。

增益仅仅与电阻的比值有关,从而可以精确设定。

向输出晶体管漏端看去的输出电阻很大,这样在整个放大器的输出端看到的输出电阻主要就是负载电阻 R_L 了。

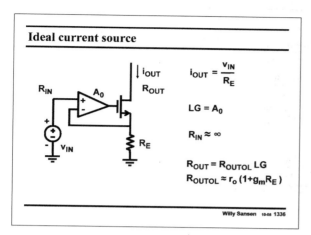

1336 前述跨导放大器中的增益电阻 R_1 和 R_2 可以被省略，变成了如图的简化形式。这可能是把电压转换为电流的最简单的方法，而且还有很高的精度。

电压-电流的转换仅取决于电阻 R_E，它的输入和输出电阻都很高。这个电路可以看成是一个理想的电流源。

1337 前面分析的高精度跨导放大器有两个输出，一个在输出晶体管的漏端，另一个在源端。它们有什么区别呢？

第一个不同是两个输出端极性相反。两者的环路增益相同，但实际的闭环电压增益不同，在漏端输出的那个增益 A_{v1} 要大些。

输出电阻也不一样。在源端输出的 R_{OUT2} 的阻值要小得多，因为它由 $1/g_m$ 的大小决定并且包含了环路增益 LG。在源输出端接一个容性负载仅会在高频端产生一个极点。

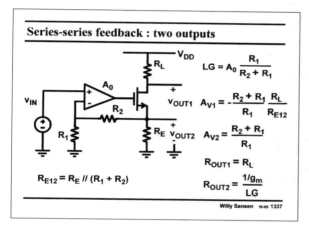

1338 反馈放大器的晶体管实现形式如图所示。晶体管 M1 和 M2 用来实现运放，在第二级用了一个 pMOST 来提供电平位移。

表达式与前面分析的一样，闭环增益 A_{v1} 和 A_{v2} 也与前述的一样。

现在运放的增益 A_0 要被两个晶体管的增益所代替。如图所示，每个晶体管提供的增益为 $g_m r_o$。环路增益取决于两个晶体管的增益。

输入、输出电阻也与前面分析的一样。

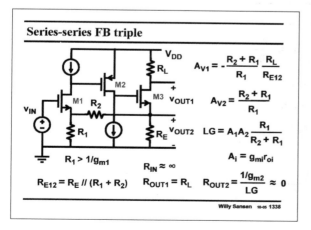

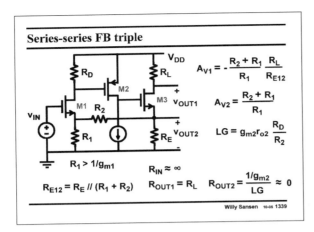

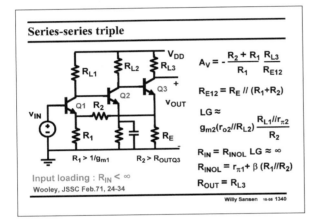

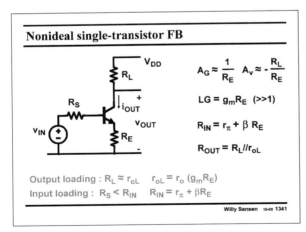

1339　用负载电阻 R_L 代替输入晶体管的负载电流源，在一定程度上会减小环路增益 LG，输入晶体管的增益没有被完全地利用。然而闭环增益 A_{v1} 和 A_{v2} 与前述的一样。

输入和输出阻抗也与前面分析的一致。

1340　用电阻代替所有的电流源，并从 Q3 漏端输出，就形成了如图所示的这个著名的反馈放大器。

这个放大器很容易用分立元件实现，特别是用双极型晶体管来实现。

闭环增益 A_v 和环路增益都与前述的一样。每个节点上的电阻分压也需要考虑到。

输入电阻 R_{IN} 不再是无穷大，因为输入端使用的是双极型晶体管，但是由于反馈的作用，它的值仍然很大。输出电阻 R_{OUT} 主要是负载电阻 R_{L3}。

1341　在单晶体管放大器上实现串联-串联反馈也是有可能的。但是，在这个电路中不太容易分辨清楚闭环增益、开环增益还是环路增益，这种反馈也称为局部反馈。

$g_m R_E$ 比 1 越大，跨导和电压增益变得更精确，但这需要在发射极电阻 R_E 上有一个大的直流压降。并不是所有的环路增益 LG 和输入电阻都需要很大。

向晶体管集电极看进去的输出电阻 r_{oL} 也并不需要很大，输出电阻 R_{OUT} 就是负载电阻 R_L 和晶体管的输出电阻 r_{oL} 的并联值。

这样，输入和输出负载会相互影响，例如源电阻 R_S 与输入电阻 R_{IN} 相互作用，负载电阻 R_L 与晶体管的输出电阻 r_{oL} 也相互作用。

这个电路远不是理想的反馈电路，最好用基尔霍夫的两个定律直接进行分析。

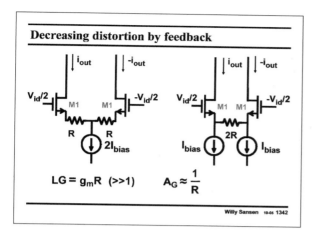

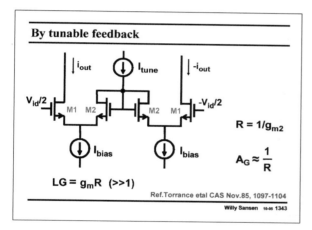

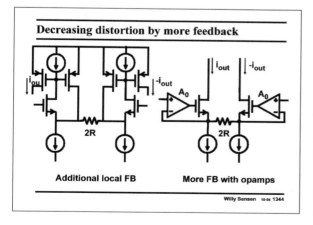

1342　可以很容易地用另一种结构实现前面提到的单晶体管串联反馈放大器。同样，发射极电阻 R 越大，反馈效果越好。但是为了避免很大的压降加在电阻上，最好使用右图所示电路。

后一种电路提供了同样的增益，但是发射极电阻中没有直流电流流过。可以应用在低电源电压的电路中，但它的噪声性能稍微恶化了（见第 4 章）。

1343　如图所示，用正偏二极管连接的晶体管 M2 代替反馈电阻，可以使反馈电阻变得可调。每个 M2 晶体管流过的直流电流为 $I_{tune}/2$，它起到 M1 的反馈电阻的作用，阻值为 $1/g_{m2}$。

现在可以通过设置电流 I_{tune} 设定跨导，但这个电流必须总是比 $2I_{bias}$ 大。

1344　通过在反馈回路中插入更多的晶体管可以得到更多的环路增益。

在左边的电路图中，反馈回路中仅包含了一个晶体管。而且，这种结构使得可以采用一种更好的方法获得输出电流。实际上，增加的晶体管与输出管形成了一个电流镜。

如右边的电路图所示，如果在反馈环路中插入一个完整的运放，可以得到更大的环路增益。很明显，这是差分输入电压转换为差分输出电流的最准确的方法。

然而，在高频处，运放不再能提供那么多的增益，左边的电路会更加适合高频的情况，虽然它的精确度不够高。

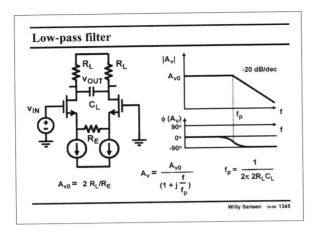

1345　可以很容易修改单管跨导放大器成为低通滤波器,这需要在差分输出端之间连接一个电容 C_L。

通过这种方式,可以得到一个频率为 f_p 的一阶极点,造成了从极点频率开始,增益以 $-20dB/dec$ 开始下降。

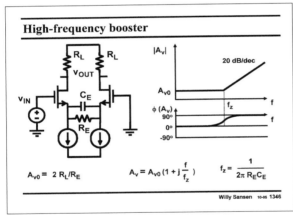

1346　同样,在电阻 R_E 上并联一个电容 C_E 可以很容易地创造一个零点。它的特性频率为 f_z。从这个频率开始,增益以 $20dB/dec$ 开始上升。

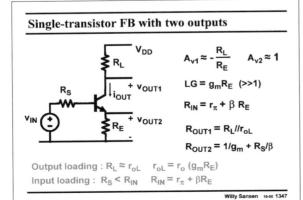

1347　如图所示,局部反馈的单管放大器也可以提供两个输出端。

在集电极输出,使得串联-串联反馈不再理想,如图中论述的那样。

在发射极输出,就成为了射随器输出。它的增益基本为 1,并且输出阻抗 R_{OUT2} 很小。

发射极跟随器和源极跟随器确实用于反馈中,它们可以提供一个很精确的电压增益,环路增益越大它越接近于 1。同时它们也降低了输出电阻。

很明显,所有这些讨论也适用于局部反馈的单管放大器。至少在不考虑体效应时,在源端输出时的增益也是为 1。

输出电阻与具有无限大 β 的双极型晶体管一样,简化为 $1/g_m$。

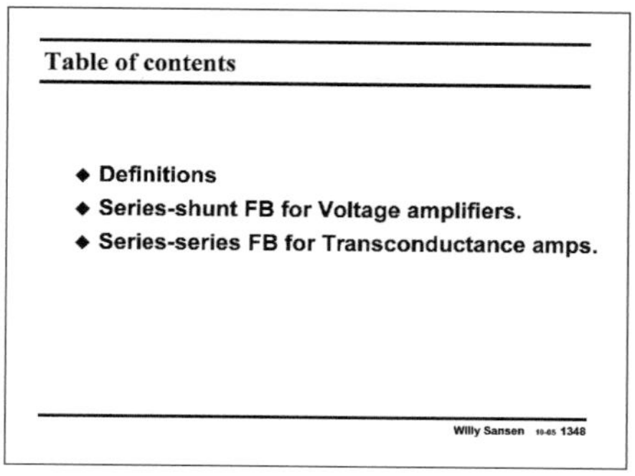

1348　本章介绍并比较了四种反馈类型。

详细讨论了输入端的串联反馈。通过大量电路的具体实现,推导了环路增益、输入和输出阻抗的表达式。

第 14 章讨论输入端的并联反馈。

第14章 反馈：跨阻放大器与电流放大器

Feedback Transimpedance & Current Amplifiers

Willy Sansen

KULeuven, ESAT-MICAS
Leuven, Belgium

willy.sansen@esat.kuleuven.be

Willy Sansen 10-05 141

141 第13章已经介绍了反馈的知识，对反馈的四种基本类型也已作了分类，第13章讨论的两种反馈放大器是通过量化电压在输入端引入串联反馈的。

本章将重点讨论另外两种反馈，它们是通过量化电流在输入端引入并联反馈。如果输出端提供了一个输出电压，则构成了跨阻放大器；输出端提供了一个输出电流，则构成了电流放大器。

142 首先将回顾一些概念，尤其要复习一下四种反馈放大器之间的区别。

然后将重点讨论跨阻放大器，它们主要用于电流传感器（如光电二极管、伏安传感器）的电路中。

接着介绍电流放大器。

最后将介绍一些特别的跨阻放大器，它们被广泛用于光电二极管接收机中，同时重点关注它们的低噪声和高频性能。

143 采用不同形式的反馈就会产生不同类型的放大器。串-并反馈使得放大器能够获得较高的电压增益 A_v，因此它是个电压放大器。

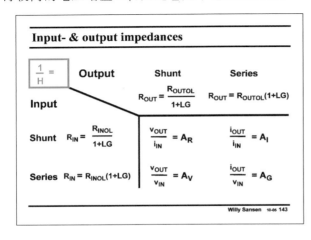

Input- & output impedances

$\frac{1}{H} =$	**Output**	**Shunt**	**Series**
Input		$R_{OUT} = \dfrac{R_{OUTOL}}{1+LG}$	$R_{OUT} = R_{OUTOL}(1+LG)$
Shunt	$R_{IN} = \dfrac{R_{INOL}}{1+LG}$	$\dfrac{v_{OUT}}{i_{IN}} = A_R$	$\dfrac{i_{OUT}}{i_{IN}} = A_I$
Series	$R_{IN} = R_{INOL}(1+LG)$	$\dfrac{v_{OUT}}{v_{IN}} = A_V$	$\dfrac{i_{OUT}}{v_{IN}} = A_G$

Willy Sansen 10-05 143

同样，一个并-并反馈放大器能够产生一个精确的跨阻增益 A_R。这样输入和输出电阻都会降低，因此输入一个电流就可以很容易地驱动输入级，而输出端就成了一个电压源。

要实现一个电流放大器，必须应用并-串反馈，因为这样才能足够地降低输入电阻，从而允许输入电流流过。而此时，正如一个电流源的电阻一样，输出级电阻会很高。

在第13章中我们已经了解了为

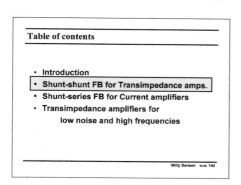

什么要采用这些不同类型的放大器,下面将重点讨论将输入端并联反馈以便流过输入电流的放大器。

144 现在详细地讨论并-并反馈。它能够提供一个精确的电流到电压的转换,它的作用就像光电二极管探测器和像素探测器一样。

它们被称作跨阻放大器。

首先假设一个更为一般的情况,比如输入电阻不是无限大,而是一个有限的值,同样输出电阻也不是零。

我们再计算一次环路增益、闭环增益和开环增益以及输入和输出电阻。

145 图示的这个反馈电路非常简单,输入信号电流 i_{IN} 会流过反馈电阻 R_F 而产生一个输出电压 $i_{IN}R_F$,转移阻抗就是 R_F。

该放大器有很高的增益(A_0 一般为 $10^4 \sim 10^6$)。这样不论输入电压是多少,差分输入电压 v_{IN} 与噪声电压相比都会显得非常小。放大器的负端现在约为 0V,流过输入电阻 R_{NP} 的电流也是 0,这对于电阻 R_{NP} 无限大的 MOST 是很自然的情况。对于输入电阻 R_{NP} 是有限值的双极型晶体管,情况也是这样。

所有的输入电流都要流过反馈电阻 R_F,因此输出电压精确地等于 $i_{IN}R_F$。

反馈电阻 R_F 通常要比输出电阻 R_O 大很多,后面我们会讨论如何处理不是这种情况的问题,那时我们称它为负载效应。

首先学习一下环路增益的概念。

146 这里有几个地方可以断开这个环路。图中已经将放大器的输出端断开了,现在必须计算一下 V_{OUTLG}/V_{INLG} 的比率。记住只有在交流情况下才可以开环,而直流情况下是不可以的。

注意到输入电流源已被假定为是理想的电流源,在该计算中可以省略掉。

没有电流流过 R_F 中,事实上对于 MOST 输入器件,电阻 R_{NP} 是无限大的,结果表达式中就不会出现电阻 R_F。因此环路增益与放大器开环增益 A_0 是相等的,它的值也非常大。

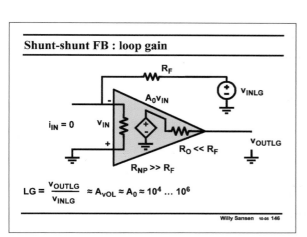

Shunt-shunt FB configuration

$$A_R = \frac{v_{OUT}}{i_{IN}} = R_F \qquad R_{IN} \approx 0 \qquad R_{OUT} \approx 0$$

Shunt-shunt FB : loop gain

$$LG = \frac{v_{OUTLG}}{v_{INLG}} \approx A_{vOL} \approx A_0 \approx 10^4 \dots 10^6$$

147 从电流输入端看过去的输入电阻 R_{IN} 非常容易计算。根据定义,知道闭环输入电阻 R_{IN} 等于无反馈的输入电阻除以环路增益,同时要清楚,所谓"无反馈的输入电阻"必须包括用来产生反馈的部分。在计算开环输入电阻 R_{INOL} 时,由于电阻 R_F 产生了反馈,所以必须包含在内。

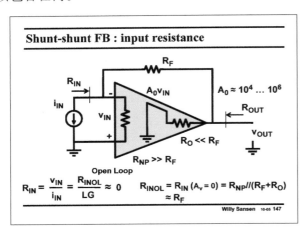

开环输入电阻是由两个电阻并联得到的,对一个 MOST 来说,由于其 R_{NP} 实在太大,所以开环输入电阻主要是 R_F 自身,而如果是一个双极型晶体管,那么它就是两个电阻的并联了。

闭环输入电阻 R_{IN} 等于 R_F 除以环路增益,它的值会非常小,但不为零。

148 也可以通过类似的方法来计算输出电阻。闭环输出电阻 R_{OUT} 等于无反馈时的输出电阻除以环路增益。注意,所谓"无反馈的输出电阻"必须包括用来产生反馈的部分,在计算开环输出电阻 R_{OUTOL} 时,由于电阻 R_F 产生了反馈,所以必须包含在内。但是,由于输出电阻 R_O 比电阻 R_F 小得多,因此即使考虑了 R_F 也不会带来太大的变化,因此开环输出电阻 R_{OUTOL} 主要就是 R_O 本身。

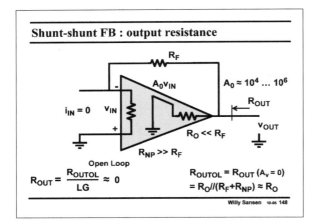

由于输出电阻 R_O 要除以环路增益 LG,所以得到的闭环输出电阻会非常小,因此这个放大器就相当于一个电压源。

149 这张幻灯片显示了一个用晶体管实现的并-并反馈放大器,这个开环放大器是由一个单管放大器与一个源极跟随器构成的,这样电路就可以得到较低的输出电阻,输出电阻值是 $1/g_{m2}$。

很容易得出放大器的增益是 $g_{m1}r_{o1}$,该值与环路增益相同,这个增益值并不很大,大概为 100,同时所有的反馈规则在此处仍然适用。

这时闭环输入电阻等于 R_F 除以环路增益 LG,当然与 R_F 相比,输出电

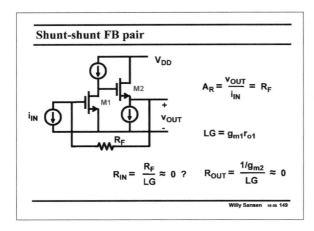

阻 $1/g_{m2}$ 可以忽略不计。

闭环输出电阻等于 $1/g_{m2}$ 除以环路增益 LG，这样该值就会很小，接近于 0。

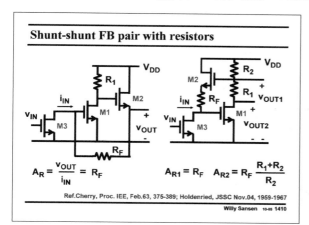

1410　同样也可以用电阻来代替电流源，更进一步，输入电流源可以用一个 MOST 代替，如图例中的 M3 管。另外，现在可以忽略源极跟随器 M2 的 DC 电流源了。流过 M2 的 DC 电流和流过输入管 M3 的 DC 电流是相等的。

此时跨阻 A_R 便是 R_F，电压增益 v_{OUT}/v_{IN} 等于 $g_{m3}R_F$。

在图中右边的例子中，在源极跟随器 M2 的栅极，而不是在它的源极获得了输出电压 v_{OUT1}。跨阻 A_{R1} 的值就是，环路增益同左边例子中的相同，但它的输出电阻要大一些。

在图中右边的例子中可以看到，当电路加了另一个电阻 R_1 后，就可以获得另一个输出端，此时，增益会按比例 $(R_1+R_2)/R_2$ 提高。

但是，两种电路都是并-并反馈模式的变形，这些变形主要是为了实现频率高达几个 GHz 的宽带放大器。

1411　IEEE 固态电路杂志已经给出了关于这种并-并反馈放大器的实例。

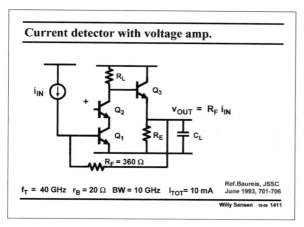

它的跨阻非常小，仅有 360Ω，可是它的带宽很大，比如可以达到 10GHz。

电路的增益是通过一个单管放大器得到的，但是它又多了个共发共基管，一方面可以提高增益，另一方面可以使输出端与输入端更好地隔离，再一次使用射极跟随器主要是为了降低输出电阻。

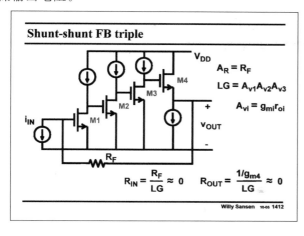

前面所有的计算对这个电路仍然适用，即使输出端接了一个相对较大的负载电容 C_L，输出电阻 R_O 仍然很小，因此带宽很大，带宽的值可以通过 $1/(2\pi R_O C_L)$ 计算得到。

开环输出电阻由 $R_F+r_{\pi1}$，R_E 和 $1/g_{m3}+R_L/\beta_3$ 三个电阻并联得到，最后的值约为 $1/g_{m3}$，而闭环输出电阻 R_O 则等于开环输出电阻除以环路增益。

1412　如果要得到负反馈，那么并-并反馈回路只能取在第一个单管或者第三个单管后,因为每经过一个增益管反馈极性要改变一次。

一个单级增益回路的增益太小,而一个三级增益回路可以产生更高的增益,并更加接近理想反馈放大器的状态,每级的增益是 $g_m r_o$。

这样,无论输入电阻还是输出电阻都会变得非常小,电流到电压的增益值(闭环)便又等于预料中的值了。

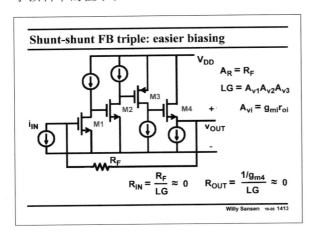

1413 采用 pMOST 作为第二级或者第三级电路或者甚至作为源极跟随器,会便于电路的偏置或者电流的直流设置,在该例中,第三级电路就是一个 pMOST 实现的放大器。

显然,输入、输出电阻的表达式并未改变,但是偏置更加容易实现了。

事实上,直流输入电压对地约为 1V,直流输出电压也是如此,现在根据晶体管的尺寸和所选的 V_{GS} 值就可以很容易地设置其他的 DC 电压。

1414 如果电路中采用差分对,就可能在一个两级放大器中应用负反馈。同前面一样,两个反馈连接电路都能实现负反馈,产生的跨阻是 R_F。

只用两级电路的优点是非主极点比较少,避免系统的稳定性和尖峰问题,而且当输入和输出都是差分电路时,会较大地提高 CMRR 和 PSRR 的指标。

CMRR 是共模抑制比,它是放大到输出端的差分输入信号的增益除以放大到输出端的接地共模干扰(噪声、脉冲干扰)的增益。而 PSRR 则是放大到输出端的输入信号的增益除以放大至输出端的电源输出线的干扰的增益。

该图显示了一个全差分两级反馈放大器的电路,它的差分增益是由 R_f 来设置的,而整个带宽则由电容 C_f 来设置。

两级电路通常需要一个内部补偿电容 C_f,在此就是,它的作用就如同一个密勒电容,它能够控制极点的位置,从而确保第二个极点落在 GBW 之外。

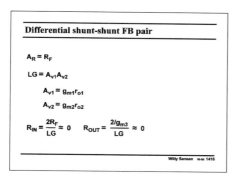

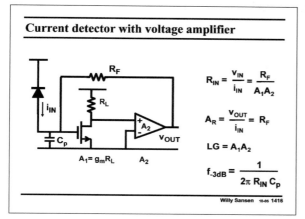

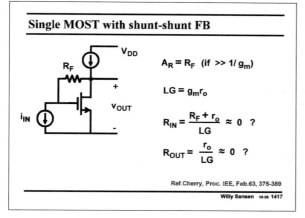

1415 全差分放大器（两个输入和两个输出的情况）的问题是增益中出现了一个两倍的因子，跨阻究竟是 R_F 还是 $2R_F$？而且差分输入电阻和差分输出电阻又是多少？

该放大器有两个 i_{IN} 的输入电流源，因此差分输出电压值便等于 $2R_F i_{IN}$，跨阻就等于 R_F。

环路增益与两个晶体管级电路的增益相同，而此时差分输入电阻便等于 $2R_F$ 除以环路增益。

同样，差分输出电阻也这样计算。

1416 这种跨阻放大器经常用于光纤接收机的第一级电路中。当光电二极管暴露在光源中时就相当于一个电流源，输出的电流再乘以 R_F 便是输出电压的值。在本幻灯片中，给出了第一级放大器的详细电路，它的增益是 A_1，而后面的部分，可以总体视作一个增益为 A_2 的黑箱（图中三角形所示），因此总的环路增益就是 $A_1 A_2$。

由于环路增益比较大，输入电阻 R_{IN} 就减小了。这样，由内部互联与晶体管输入电容引起的并联在放大器输入端的二极管电容和寄生电容 C_p，在输入端仅能并联一个较小的输入电阻值 $R_F / A_1 A_2$，因此这时带宽或者 f_{-3dB} 值就很高了，能获得很高的比特率。

1417 在单管放大器处引入并-并反馈产生的效果很不理想：环路增益会很低。

同时要注意到，反馈电阻 R_F 值同输出电阻 r_o 值大小相近，这没有使环路增益 LG 降低，因为 R_F 连接到栅极无限大的输入电阻上。

这样，以前推导的简单方程此时就不能得出精确的值了，但是闭环增益值仍然是正确的，比如它仍然等于 R_F。

而其他的量，如环路增益、输入和输出阻抗，只能用本幻灯片中给出的简单表达式进行近似计算而得到。如果想得到更加精确的表达式，就必须运用一些方法了，当然需要更为深入地分析这些方法。这时晶体管必须要用小信号等效电路来代替（在低频时主要是 g_m 和 r_o），同时等效电路必须满足基尔霍夫定律。显然，这时用 SPICE 或者其他电路模拟器也能

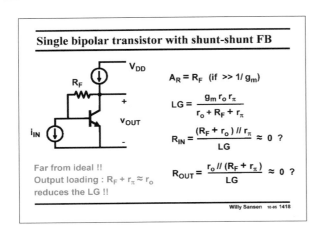

得出相同的结果。

1418　给单管放大器引入并-并反馈的效果很不理想；环路增益会很低。

更重要的是，反馈电阻 R_F 值与输出电阻 r_o 值是差不多的，这会带来所谓的"输出端负载效应"问题，在前面的所有情况中，都会在输出端接一个源极跟随器，而这次没有。

这样，以前获得的简单表达式在此时就不能计算出准确的结果了，但是闭环增益值仍然还是正确的，比如还是 R_F 值。

而其他的量，如环路增益、输入和输出阻抗，只能用本幻灯片中给出的简单表达式进行粗略的近似计算得到，因此本幻灯片中计算结果的后面加上了问号。

如果要得到更加精确的表达式，就得运用一些方法，当然这些方法需要更加深入地分析。这时晶体管必须用它的小信号等效电路来代替（在低频时主要是 g_m 和 r_o），同时等效电路必须满足基尔霍夫定律。显然这时用 SPICE 或者其他电路模拟器也能得出相同的结果。

1419　增加一只共源共栅管 M2 可以较大地提高环路增益 LG，这时闭环跨阻的表达式就比较接近 R_F 的值。

由于环路增益很高，所以可以获得相对精确的输入、输出阻抗值。而如果要验证这些结果，就只能直接采用基尔霍夫的两个定律进行分析了。

注意到输入、输出阻抗都同一个二极管连接方式的晶体管的情况一样，即等于 $1/g_{m1}$，由于 M2 管的栅极没有电流流过，所以电阻 R_F 没有出现在其表达式中。同时，晶体管 M2 仅仅是增加了环路增益。但是如果采用的是双极型晶体管而不是 MOST，就会在输入和输出端产生严重的负载效应。

1420　这张幻灯片显示的是一个三级并-并反馈放大器，由于环路增益高，所以它的闭环跨阻值会比较精确地等于 R_F，而其他的参数值必须通过直接的分析才能得到。

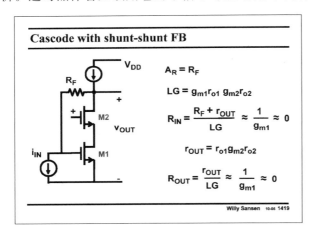

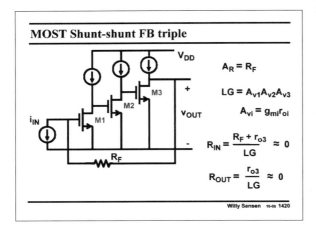

由于没有输出级的源极跟随器,M3 漏级的输出阻抗值会相对比较大,但是这可以通过环路增益 LG 来降低,因此最终输出阻抗值还是很小的。

1421　在这个由双极型晶体管构成的并-并反馈放大器中存在着严重的负载效应,所有的参数中只有闭环跨阻的表达式是比较精确的,其值等于 R_F,而其他的值需要直接的分析来进行验证。

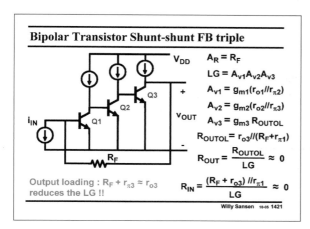

由于没有输出级的源极跟随器,所以在 M3 管漏极处的输出电阻是相对较大的,但是同上面一样,由于环路增益比较大,输出电阻值又被降低了。但是由于 R_F 传导了一些基极电流,所以 R_F 也出现在了表达式中,这样整个开环输出电阻 R_{OUTOL} 就等于由反馈电阻 R_F 串联上 Q1 管的输入电阻后再与输出电阻 r_{o3} 相并联所得到的值。

输入电阻值同样也很小。

1422　对于带理想电流源的并-并反馈电路,计算是很容易的,图的左边再次给出了计算过程。

现在的问题是,如果不是理想的电流源又会出现什么情况呢?在图的右边,我们看到电流源已经并联上一只源电阻了,问题是究竟能容许多小的 R_S 值,才能保证上述的简单计算仍然有效。

答案是显然的,只要源电阻 R_S 比闭环输入阻抗大,那么它就不会影响最终的结果。这个输入电阻值大约为 R_F/A_0,后面将称之为 R_G。

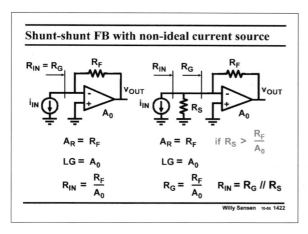

因此,只要我们保证源电阻 R_S 值比 R_F/A_0 值大,就可以继续像前面一样使用较为简单的表达式。

这就意味着如果忽略 R_S,就仍然能够计算环路增益 LG,这也同样意味着现在有两个输入电阻,一个是忽略 R_S 的情况,得到的值是 R_G;一个是不忽略 R_S 的情况,得到的值是 R_{IN}。显然,R_{IN} 等于 R_S 和 R_G 的并联,但是由于 R_S 比 R_G 要大得多,所以输入电阻 R_{IN} 大致等于 R_G。

1423　如幻灯片右边电路所示,假设 v_{IN} 等于 $R_S i_{IN}$,那么电流源 i_{IN} 就能够用一个电压源 v_{IN} 串联一个 R_S 电阻来代替。

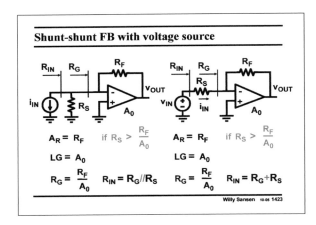

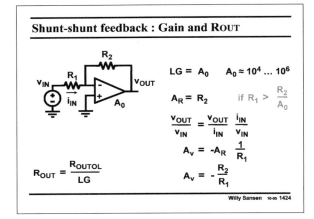

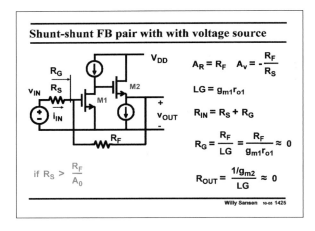

同样,必须假定电阻 R_S 值要比 R_G 或者 R_F/A_0 大得多。

环路增益 LG、跨阻 A_R 和栅极处的电阻 R_G 现在就与前面的一样了。

而从电压源端看进去的实际输入电阻 R_{IN},现在就等于电阻 R_G 和电阻 R_S 之和,因为 R_S 比 R_G 大得多,所以输入电阻 R_{IN} 的值主要是 R_S。

现在所有的输入电阻都得出了,跨阻 A_R 也得出了,因为我们用了一个电压源,那么就想得出电路的电压增益 A_V,这将在下面给出。

1424 电压增益 A_V 可以简单地表示成两个电阻的比值,实际上如图所示,它是由跨阻 A_R 和电阻 R_1 简单计算得到的。

这个电压增益的值是相当精确的,并且几乎与开环增益 A_0 没有关系。因此该放大器就比较著名,它已经成为使用最广泛的带运算放大器的放大器之一,它被称为反相放大器。

这时输出电阻 R_{OUT} 会很小,甚至在没有反馈的情况下,运算放大器就已经能够提供一个低的输出电阻 R_{OUTOL} 了,这是在运放内部输出端采用源极(或者射极)跟随器的结果。采用高环路增益的反馈会使输出电阻降低至非常小的值!

1425 前面幻灯片中的运算放大器可以有多种实现方法。通常一个运放在输入端都有一个差分对,当然用一只单管也能够实现差分输入,栅极作为负输入端,而源极作为正输入端。

既然该电路不过就是用一个单晶体管来实现一个运放,那么前面的表达式在这里仍然适用,闭环增益值和环路增益 LG 与前面的一样,而增益 A_0 现在就等于 $g_{m1}r_{o1}$。

但这时的结果并不像前面一样精确,因为只用了一个单晶体管放大,增益有点小。

这样,在负端的输入电阻就不会那么小了,它仍被称作 R_G,计算过程同前面一样。从输入电压源端看进去,输入电阻的值等于输入串联电阻 R_S 加上 R_G。

1426　当放大器的输入电阻值不大的时候,即便输入端是一个理想的电流源,输入

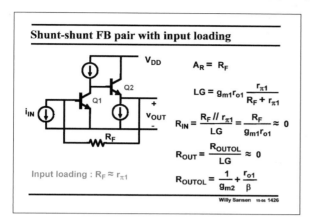

端负载效应的影响也仍然会出现。这时,在反馈电阻 R_F 和输入电阻 $r_{\pi1}$ 之间就存在相互影响,它们的并联值就是输入电阻,更进一步,它们在环路增益 LG 中也会产生电压分配作用。

由于在输出端使用了源跟随器,输出电阻变得很小,无反馈输出电阻就是射极跟随器 Q2 的输出电阻,我们必须用它来除以环路增益,来得到闭环输出电阻。

1427　事实上,如同在分立式放大器中一样,所有的直流电流源都能够用电阻来代替,这样,增益会有一些降低,仍然可以使用前面的表达式,不过已经不那么精确了。

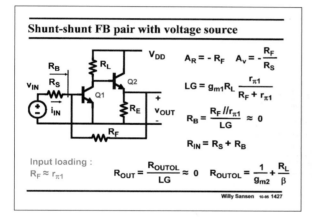

进一步,输入电流源可以用一个电压源串联一只电阻来代替。

由于使用了双极型晶体管,又出现了输入负载效应,这时反馈电阻 R_F 和晶体管 Q1 的输入电阻 $r_{\pi1}$ 之间就相互影响了。

现在表达式就更清楚了。

1428　单管放大器可能是我们所能找到的最不理想的反馈电路了,这种情况下会同时存在严重的输入负载效应和输出负载效应,所有变量之间都会相互影响。

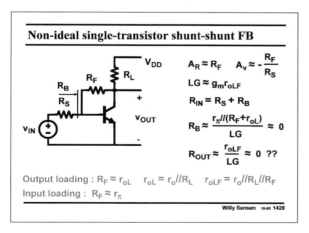

显然这种情况下表达式是不适用的,本幻灯片中有一种尝试,并给出了一些近似的表达式。要想获得准确的结果就只能将晶体管用等效电路代替(在低频时参数是 g_m 和 r_o),并要保证满足基尔霍夫等效关系。

这样,尽管原来的电路结构很简单,但这时该电路已成为最复杂的反馈电路之一。

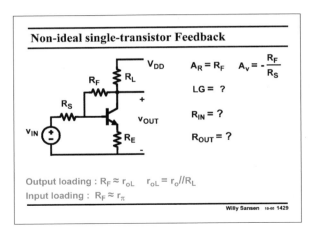

1429 当然,所能找到的最不理想的反馈电路是带串联反馈和并联反馈的单晶体管放大器。这种情况下会存在严重的输入、输出负载效应,所有变量之间都会相互影响。

显然,这时反馈表达式就不适用了,这里也未尝试给出其他的表达式。

要想获得准确的结果就只能将晶体管用它的等效电路来代替了(在低频时参数是 g_m 和 r_o),并要保证满足基尔霍夫等效关系。

这样,尽管原来的电路结构很简单,但这时该电路已成为最复杂的反馈电路之一。

1430 对人体进行的心电综合分析、脑电监护等应用系统中,测量微弱信号时使用的右腿驱动电路就是一个很好的并-并反馈的示例,这样的测量是通过一个差分放大器来实现的,通过它能得到一个差分输出电压 V_{OUTd}。

但是,来自主电网电路的 50Hz 的交流输入也会干扰到这些测量,一个人的身体对于主电网电路来说相当于一个容值达 150pF 的电容,对于电压

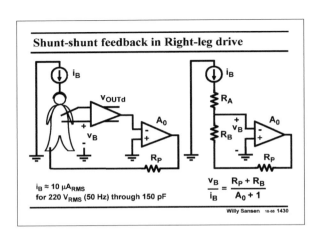

为 $220V_{RMS}$ 主电网电路来说,这就相当于一个约为 $10\mu A_{RMS}$ 的输入电流,为了抑制这个电流的影响,我们引入了共模并-并反馈回路,这样由注入电流 i_B 引起的人体上的电压 v_B 就大大降低了。

其等效电路见图右,取了平均输出电压(采用如第 8 章所示两只电阻的方法),并将之反馈至增益为 A_0 的共模放大器,差分放大器的共模增益设为 1。

A_0 放大器的输出通过电阻 R_P 被引至人体的右腿处,这个电阻是用来保证安全的,以防电子击穿。它的典型值为 $0.5\sim1M\Omega$,而人体是用 R_A 和 R_B 来建模的,它们的值都是 $10k\Omega$ 数量级。

人体上的电压 v_B 由于环路增益会降低很多。

1431 既然已经知道了并-并反馈的一些知识,下面就来学习输入端带并联反馈的其他类型的反馈电路,它同样是对电流取样。

它的输出端存在串联反馈,它的工作如同一个电流发生器,因此它就是一个增益为 A_I 的电流

放大器，它能够将输入电流经过高精度的放大后送至输出端，它的输入电阻会很小而输出电阻较大。

1432 本幻灯片显示的是一个带运放的并-串反馈放大器，通常，反馈电阻 R_2 要比 $1/g_m$ 大得多，电阻 R_E 也比 $1/g_m$ 大得多。

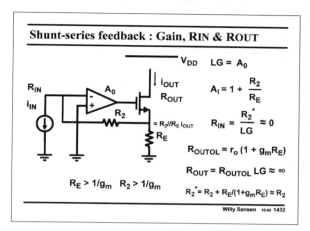

首先计算环路增益，输出晶体管的工作如同一个源跟随器，因此环路增益就是运放 A_0 本身的值。由于存在高增益 A_0，运放的输入电压值接近于 0，这样电流增益 A_I 就容易计算了。因为电流增益仅取决于电阻的比值，所以它的值非常精确。这确实是一个电流放大器。

开环输入电阻大约为 R_2，而闭环输入电阻还要除以环路增益 LG，就变得非常小了。

开环输出电阻会变得非常大，因为电阻 R_E 的局部反馈，是反馈提高了它的值。

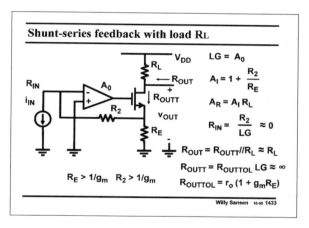

1433 插入一个负载电阻与输出串联，使该电路转化为一个增益为 A_R 的跨阻放大器。

显然，环路增益和电流增益与前面的一样，跨阻 A_R 的大小等于电流增益 A_I 乘上负载电阻 R_L，输入电阻的大小与前面相同。

输出电阻 R_{OUT} 为晶体管的非常大的输出电阻 R_{OUTT} 和负载电阻 R_L 的并联，因此它的最终值主要是负载电阻 R_L。

1434 省略了反馈电阻 R_2 后成为如图所示的电路。其电流增益 A_I 为 1，电路的输入电阻很小，输出电阻很大。因此这是一个理想的电流缓冲器，它也可以被称作电流镜，后一个名称通常指器件较少且特性不太理想的电流缓冲器。

1435 这样一个电流镜如图所示，其电流增益 A_I 为 B，它是 W_2/L_2 和 W_1/L_1 的比率。

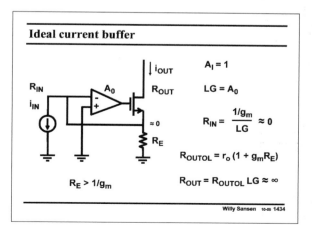

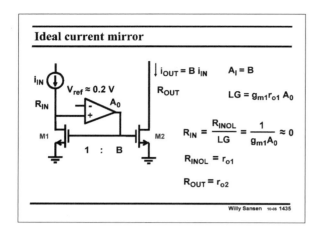

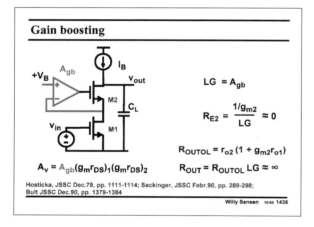

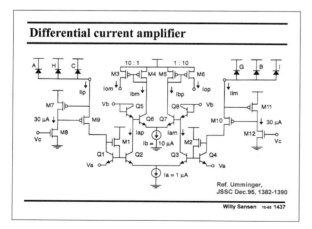

最简单的电流镜是将晶体管 M1 的漏极和栅极短接。可以插入一个高增益 A_0 的运算放大器来改进电路的性能,该电路只是第 3 章所示的众多电流镜中的一种。

该电路有一个优点,可以在低电压下工作。事实上晶体管 M1 的漏极电压保持在了 0.2V,而不是像普通电流镜中的 0.9V。

环路增益 LG 非常大,输入电阻因此非常小。

但是输出电阻并不太大,仅仅是晶体管 M2 的输出电阻 r_{o2}。

1436　一个并-串反馈较好的例子是采用增益提高技术。正如第 2 章已经解释过的情况,增益提高或者调节式共源共栅意味着对共源共栅结构运用了反馈,如左图所示。

晶体管 M2 在反馈电路中起到源极跟随器的作用,环路增益 LG 为增益 A_{gb}。

因为反馈环路的作用,放大器的输出电阻 R_{OUT} 增加了 A_{gb} 倍,A_{gb} 为增益提高放大器的增益,同样整个放大器的增益 A_v 也增加了 A_{gb} 倍。

两晶体管间位于 M2 源极的电阻 R_{E2},也除以同样的环路增益 LG 或者说是 A_{gb}。

1437　图示是一个更为复杂的使用了电流镜的电流放大器。光电二极管提供了输入电流,这些电流被调节式共源共栅管 M9 和 M10 获得,并且被镜像(和放大)到一个包含晶体管 Q5-8 的跨导线性电路。输出电流被镜像且被放大了 10 倍。

这是一个无反馈的电流放大器。

1438　线性 LED 驱动器是并-串反馈的最后一个例子。一个发光二极管(LED)或者激光二极管(LD)以取决于施加的电压的非线性方式发光,但是光输出与电流呈线性关系,MOST 驱动晶体管也是非线性的。如图所示,可以用一个并-串反馈环路来解决这个问题。

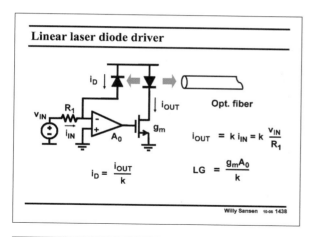

LED 的光线由一个光电二极管来探测，光电二极管起一个电流源的作用。它将电流输入到运算放大器，并与输入源 v_{IN} 的电流 i_{IN} 相加。在输入端，我们获得了并联反馈。

输出端输出的是由输出晶体管提供的电流，这是一个串联反馈。我们现在获得的是一个电流放大器，它相对输入电流和输入电压 v_{IN} 有非常好的线性特性。

1439　现在回到跨阻放大器，因为它们对于所有的光电二极管接收机非常重要，跨阻放大器最重要的特性是低噪声和高带宽。现在将对此详细地讨论。

首先，要决定是否在输入端使用一个电压放大器或者电流放大器。

1440　光电二极管可以用一个电流源 I_{IN} 来模拟。

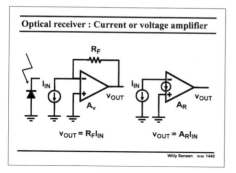

光电二极管可以应用于一个跨阻放大器，例如一个有反馈电阻 R_F 的电压放大器，或者应用于一个有跨阻 A_R 的电流输入的无反馈放大器。如果 A_R 等于 R_F，那么两者有相同的增益。

哪一个有着更高的带宽 BW 呢？

一个重要的品质因数是优值 $A_R BW$，通常用 $\mathrm{THz}\Omega$ 来表示。哪一个有着更高的 $A_R BW$ 值呢？

1441　为了得到带宽，我们必须找到最大时间常数的节点，这点很可能是输入节点。事实上，输入端电容 C_P 是二极管电容 C_D 和输入晶体管的输入电容 C_{GS} 之和。因为 C_D 和 C_{GS} 基本相同，考虑到噪声匹配（见第 4 章），我们也可以认为 C_P 等于 $2C_D$。

时间常数则为 $R_F C_P/A_1 A_2$。如果 R_F 变小，增益 A_1 和 A_2 增大，则时间常数减小，或者 BW 变大。

然而乘积 $A_R BW$ 仅仅与二极管电容 C_D 和两个增益 A_1、A_2 相关。

为了增大增益 A_1 不得不增大负载电阻 R_L。但是如下面所示，漏极的电容将会导致第二个极点。

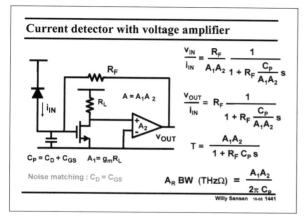

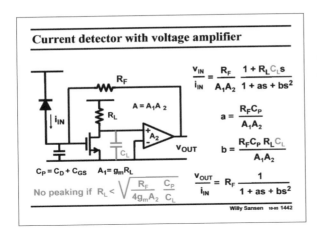

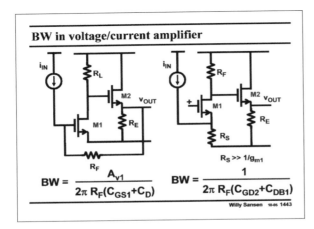

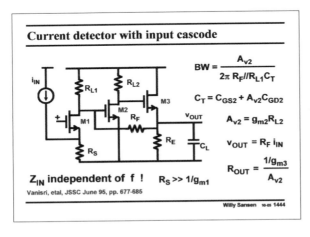

1442　当考虑到输入晶体管漏极的电容 C_L 时,我们获得了跨阻的一个二阶表达式,为了避免尖峰,必须有两个实极点。这种无尖峰的条件给负载电阻 R_L 的值设置了一个上限。太多地增加增益 A_2,仅会减小 R_L 从而减小增益 A_1。

1443　为了进行比较,分别用电压输入(图左)和电流输入(图右)来优化此跨阻放大器。后者在其输入端通常有一个共源共栅结构,或者是一个调节式共源共栅结构(见后面所述)。

两个放大器有相同的跨阻 R_F。

两个放大器都是设计应用在高频的,它们结构简单而且可以承载相当大的电流。

哪一个有更大的带宽呢?

第一个放大器的主极点显然在输入端。输入节点的电容还是 $C_D + C_{GS}$,或者 $2C_D$。负载电阻 R_L 足够小,以至于第二个极点不起作用。

共源共栅放大器的主极点不在输入端,输入电容相同但是输入电阻仅仅是 $1/g_m$,此极点大致在输入晶体管的 $f_T/2$ 处。主极点此时在晶体管的漏极。

显然当输入晶体管相同时,前一个晶体管的带宽较大,两个放大器的电容值相近。第一个放大器的增益系数 A_{v1} 或者反馈发挥了作用。

第二个放大器的主要优点是其输入阻抗直到高频都相对恒定(等于 $1/g_m$)。

1444　这个光电流检测器是并-并反馈,前面接一个共源共栅管,主要是为了获得一个与频率无关的输入阻抗,以免与电流源相互影响,因为一个共源共栅管的输入电阻为 $1/g_{m1}$,直到高频处输入电阻都恒为该值。

跨阻为 R_F,因为输入电流通过共源共栅管流入电阻 R_F。由于反馈的原因,晶体管 M2 的栅处有一个比较小的电阻值。

环路增益为 A_{v2}，带宽按环路增益的倍数而增加，同时输出电阻 R_{OUT} 同样按环路增益的倍数而减小。

主要的时间常数在晶体管 M1 的漏极，因为由于晶体管 M2 的密勒效应，M1 的漏极有一个相当大的电容，而且电阻 R_{L1} 很大以获得高增益。

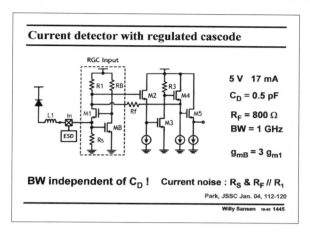

其他节点上的时间常数都比较小，例如，在输入节点时间常数为 g_{m1}/C_{GS1}，它是晶体管 M1 的 f_T。晶体管 M2 漏极的时间常数也非常小，因为该节点电容主要包括晶体管 M2 的输出电容。由于 M3 是一个源极跟随器，晶体管 M3 的输入电容被自举到一个比较高的值。

1445　通过调节式共源共栅，实现了一个类似的电流输入。通过晶体管 MB，引入了增益提高技术，因此输入电阻在低频时变得更小。但是在一个更高的频率上时，局部反馈增益会下降。更进一步，在中频时它可能形成复极点。

为了能应用于高频，最好采用单晶体管放大器。如果是应用于中频或者低频，调节式共源共栅更好。

还需要提及的是，使用的晶体管越多，起作用的噪声源数量也就越多。

电流输入放大器的噪声能与电压输入放大器是否一样呢？

1446　现在来比较两种跨阻放大器的噪声性能，先看电压输入放大器。

所有相关噪声源都显示出了。第一个是二极管电流散弹噪声，与光电二极管并联。

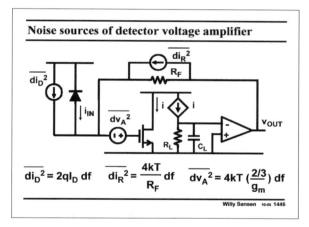

第二个是反馈电阻 R_F 产生的噪声，因为有一个电流输入，它被看作一个噪声电流。

第三个是放大器的等效输入噪声电压，我们假设放大器的噪声主要是由输入晶体管引起的。

我们只考虑热噪声。

1447　现在计算总的等效输入噪声电流。因此要计算从每个噪声源到输出的增益，噪声功率相加，然后除以总跨阻 R_F。

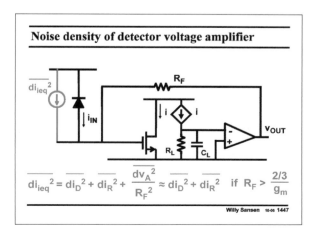

表达式说明了输入晶体管的噪声实际上是除以 R_F 的平方来折算到输入端。增大 R_F 将使输入晶体管的噪声小到可以忽略不计,实际上一个相当小的 R_F 值就已经足够了。

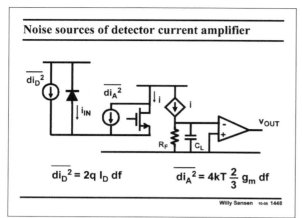

显然,除了二极管本身的噪声,反馈电阻 R_F 的噪声是主要的噪声源。因为电阻噪声表示为一个噪声电流源,故电阻越大,其噪声越小!

1448 如果输入端使用了共源共栅管,也会随即引入共源共栅管的噪声电流。除了二极管本身的噪声,这是附近唯一的噪声源。

注意到负载电阻 R_L 如同电压输入放大器中的 R_F,所以跨阻相同。

1449 共源共栅管噪声是否起作用取决于在共源共栅管处所看到的负载。在这个例子中共源共栅管连接一个低阻抗的电流镜的输入(电阻通常是 $1/g_m$)。在此情况下,共源共栅管的噪声电流通过二极管由电源流入地,共源共栅管的噪声电流加到了输出电流和二极管的噪声电流上。

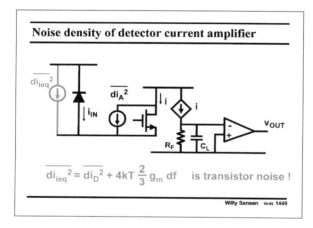

如果像运放中的通常情况,为了得到高增益,使共源共栅管的负载阻抗很大,则共源共栅管的噪声电流可以被忽略。但是此类电路在共源共栅管的输出端设计一个高阻抗很困难,因为它工作在一个相当高的频率上。

因此共源共栅管的噪声电流通常是主要的噪声源!

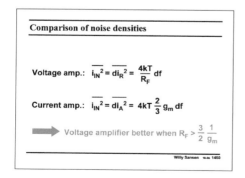

1450 现在就很容易给出一个电压输入跨阻放大器与电流输入跨阻放大器的比较,在此又给出了等效输入噪声电流密度的表达式。

如果电压输入放大器 R_F 足够大,例如大于 $1.5/g_m$ 时,则电压输入放大器较好。

这也是一个通常的情况。

1451 可以对积分噪声做一个相似的比较。

为此,噪声密度需乘以噪声带宽或者乘以带宽后再乘以 $\pi/2$(见第 4 章)。

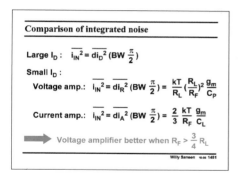

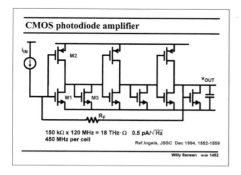

对于电压输入放大器,带宽在输入晶体管的输入节点处确定。总的输入电容 C_P 是二极管电容的两倍,电阻 R_L 是输入晶体管的负载电阻。

对于电流输入放大器,带宽在输入晶体管的输出节点处确定,该节点处的电容为 C_L。在幻灯片 1441 所示的简单例子中,该电容 C_L 是输入晶体管的输出电容 C_{DB},C_{DB} 的大小与 C_{GS} 相同。负载电容 C_L 大约是 C_P 的一半。

1452　如图所示为 CMOS 电压输入放大器一个很好的例子。它包括三个反馈电阻为 R_F 的宽带 CMOS 放大器。120MHz 的带宽并不算高,但 $150\text{k}\Omega$ 的跨阻已是相当高了,因此带宽 BW 和 R_F 的乘积相当高,比如 $18\text{THz}\cdot\Omega$。

等效输入噪声电流主要是反馈电阻 R_F 的噪声电流。

每个放大器包括一个 CMOS 反相放大器,负载为一个二极管连接方式的 nMOST,其值为 $1/g_m$。输入和输出有相同的直流电压因此它们级联起来比较容易。而且,所有的节点都处在低阻抗($1/g_m$ 量级),因此带宽可以相当高,带宽与 DC 偏置电流相关。

下面可以看到,可以很容易地对这样一个放大器进行优化。

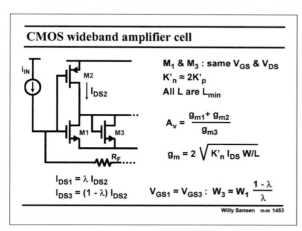

1453　图中所示是前面放大器中的一个单元电路。

电压增益 A_v 仅仅与跨导相关。选定直流偏置电流 I_{DS} 和宽度 W,可以很容易地得到 $5 \sim 8$ 的小增益。因此当三个相似单元级联时,增益很容易就超过了 100。

为了计算此增益,假设通过晶体管 M2 的电流 I_{DS2} 是常数。晶体管 M1 和 M2 中电流的比例因子是 λ,因为所有晶体管的栅长一样,宽度 W3 和 W1 的比率也与参数 λ 相关。

增益 A_v 已经被计算出来了,如下所示。

1454　计算增益 A_v 时取 $W_1 = 2$ 和 $W_2 = 4$,W 的单位任意,比如是微米或者是相对于沟道长度的比率。

图中给出增益 A_v 的表达式。当通过 M3 的电流变小时,A_v 增大。当输出电阻增大时增益也增大。当 λ 约为 0.7 时,增益可以达到 5,此时 W_3 约为 0.86。

如图中公式所示,带宽 BW 受到输出节点处电容 C_n 的限制。同样也很容易计算出,

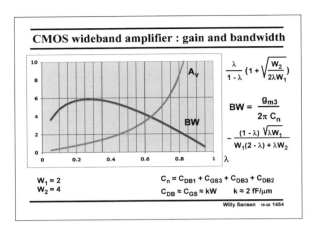

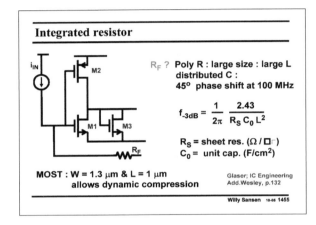

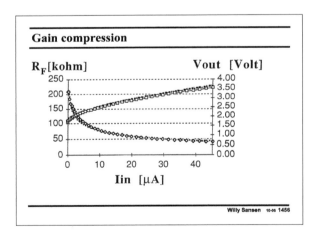

BW 与总电流 I_{DS2} 的平方根以及其他一些工艺参数呈比例。当增益处于低值时，带宽取最大值，此时 λ 大约为 0.3。

因此需要采取折中的方案。比如在 λ 为 0.7 时，带宽仅为最大值的一半。

1455　高速跨阻放大器的一个最大的问题就是反馈电阻 R_F 很难在高频下获得高的跨阻值。

例如，一个长度为 L（长度是指两个接触点间的距离）的多晶硅电阻，有一个方块电阻 R_S，但同时也有一个并联到地的分布式电容 C_0，因此它起到类似传输线的作用。它的 −3dB 的频率主要取决于电阻的长度 L，很容易算出多晶硅电阻的工作频率很难超过 100MHz。

一个更好的解决方法是使用一个线性区的 MOST。它们的面积 W×L 非常小，因此它们的并联电容也非常小，−3dB 频率因此可以非常高。

在这个例子中一个 nMOST 的尺寸仅仅取 $1.3\mu m \times 1\mu m$，在适当的栅电压下，电阻可以达到 150kΩ。

实际上，根据栅电压的值，可以将一个 MOST 的电阻变大或变小。如下面所述，这就很容易实现一个动态调节范围。

1456　这样的一个跨阻放大器其输出信号的幅度最好是常数。对于一个小的二极管输入电流，需要很大的增益或者一个大的反馈电阻 R_F。对于一个大的输入电流，又需要一个小的反馈电阻 R_F。可以用一个 MOST 很容易地实现此增益调节，而不采用一个固定值的电阻来实现。

如图所示，对于 $40\mu A$ 的输入电流，电阻 R_F 需减至 $40k\Omega$ 以便获得 1.6V 左右的输出信号，采用一个增益为 2 的前置放大器，可以将其放大到 3.2V。对于小的输入电流，电阻需要超过 200kΩ 以获得 1.5V 的输出信号。

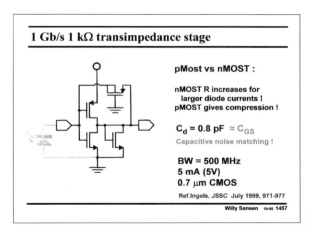

1 Gb/s 1 kΩ transimpedance stage

pMost vs nMOST :

nMOST R increases for
larger diode currents !
pMOST gives compression !

C_d = 0.8 pF ≈ C_{GS}
Capacitive noise matching !

BW = 500 MHz
5 mA (5V)
0.7 μm CMOS

Ref.Ingels, JSSC July 1999, 971-977

Willy Sansen　10-05　1457

1457　也可以在每个增益模块上单独实现增益调节。现在的问题是使用 nMOST 还是 pMOST 来实现反馈电阻。

如图所示，由于 pMOST 可以调节更大的输入电流，所以应该采用它。

使用确定的 CMOS 工艺，对这样一个 4 晶体管电路进行优化是一个美妙的设计过程。结果如图所示，即使在一个 $0.7\,\mu m$ 的中等 CMOS 工艺中，也可以获得 500MHz 的带宽。显然该带宽值与二极管电容相关（此处取 0.8pF）。

如第 4 章中所讨论的那样，电流是容性噪声匹配的结果。

1458　图中所示的是另一种在高频处实现反馈电阻 R_F 的方法，它采用双极型晶体管作为相应的工艺。

该跨阻放大器在输入端有一个射极跟随器，然后连接到一个共源共栅放大器，输出端是另一个射极跟随器。

在低频处，反馈电阻 R_F 包括两个串联的电阻 R1 和 R2，串联后提供的总跨阻 R_F 为 200kΩ。这种多晶硅电阻产生的 $-3dB$ 频率不超过 67MHz！

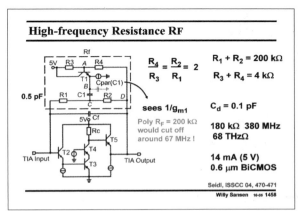

High-frequency Resistance RF

$\dfrac{R_4}{R_3} = \dfrac{R_2}{R_1} = 2$　　$R_1 + R_2$ = 200 kΩ

$R_3 + R_4$ = 4 kΩ

sees $1/g_{m1}$　　C_d = 0.1 pF

Poly R_F = 200 kΩ
would cut off
around 67 MHz !

180 kΩ　380 MHz
68 THzΩ

14 mA (5 V)
0.6 μm BiCMOS

Seidl, ISSCC 04, 470-471

Willy Sansen　10-05　1458

在高频处，电容 C1 短路，结果电阻 R3 和 R4 取代了电阻 R1 和 R2 的作用，但是它们的绝对数值小很多，因此可以在较高的频率上提供一个相似的跨阻。

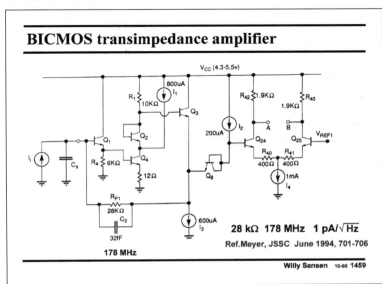

BICMOS transimpedance amplifier

V_{CC} (4.3-5.5v)

800uA I_1
R_1 10KΩ
Q_3

R_{42} 1.9KΩ　1.9KΩ R_{43}

Q_1
Q_2
200uA I_2
Q_{24}　Q_{25}
V_{REF1}

I_i
C_s

R_4 6KΩ
Q_4

A　B

R_{40} 400Ω　R_{41} 400Ω

12Ω

Q_8

1mA
I_4

R_{F1}
28KΩ

600uA I_3

C_2
32fF

28 kΩ 178 MHz 1 pA/√Hz

Ref.Meyer, JSSC June 1994, 701-706

178 MHz

Willy Sansen　10-05　1459

节点 B 处的寄生电容所连的为一个小的电阻，阻值为 $1/g_{m1}$。

如果二极管电容为 0.1pF，带宽则为 380MHz。当跨阻为 180kΩ 时，带宽 BW 和 R_F 的乘积高达惊人的 68THz·Ω！

1459　另一种光纤接收机中的的并-并反馈放大器如图所示，它主要采用的也是双极型晶体管。

放大器的前面是一

个射极跟随器 Q1,放大器还包含晶体管 Q4 和 Q2,以及 $10k\Omega$ 的 R1 电阻和 12Ω 的电阻,同时一个射极跟随器 Q3 来降低输出电阻。

负载电阻 R1 和射极跟随器的输入电阻并联,因此它的有效值只有 $5k\Omega$,晶体管 Q4 的跨导约为 $1/28\Omega$,因此该级的增益 $A_v = 5000/40 \approx 125$。带宽由并联项 $R_{F1}C_2$ 决定,为 178MHz。

下图将给出更多的设计细节。

现在输入阻抗是 $R_{F1}/A_v \approx 240\Omega$,将该值减小是为了消除传感器电容 C_S 的效应。

输入噪声同时受到反馈电阻 R_{F1} 和输入基极电流噪声的影响。

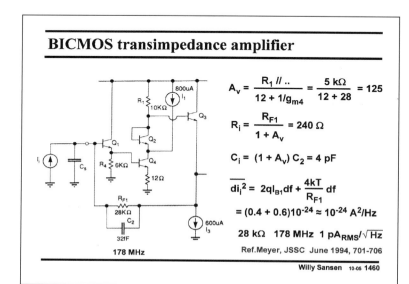

BICMOS transimpedance amplifier

$$A_v = \frac{R_1 // ..}{12 + 1/g_{m4}} = \frac{5\ k\Omega}{12 + 28} = 125$$

$$R_i = \frac{R_{F1}}{1 + A_v} = 240\ \Omega$$

$$C_i = (1 + A_v)\ C_2 = 4\ pF$$

$$\overline{di_i{}^2} = 2qI_{B1}df + \frac{4kT}{R_{F1}}\ df$$

$$= (0.4 + 0.6)10^{-24} \approx 10^{-24}\ A^2/Hz$$

28 kΩ   178 MHz   1 pA$_{RMS}/\sqrt{Hz}$

178 MHz

Ref.Meyer, JSSC June 1994, 701-706

Willy Sansen   10-05 1460

1460 输入级的电压增益 $A_v \approx 125$,带宽受到乘积 $R_{F1}C_2$ 的限制,为 178MHz。因此输入电阻为 $R_{F1}/A_v \approx 240\Omega$,减小该输入电阻值是为了减小传感器电容 C_S 的效应,而且将带宽增加到 178MHz 频率以上。

输入电容增加了同样的量,现在为 4pF。

等效输入噪声电流主要由两个元件引起,其中输入双极型晶体管 Q1 的基极电流的散弹噪声,略小于反馈电阻 R_{F1} 的电流噪声,约为 $1pA_{RMS}/\sqrt{Hz}$。

1461 图中左边电路所示是一个适用于低电源电压的跨阻放大器,它的结构来源于差分电流放大器。图中右边,一个单晶体管被加到跨阻放大器中,该晶体管工作在线性区,电阻值为 R_F,该晶体管提供并-并反馈到电流镜的中间节点。输入是一个电流源 i_{IN},而输出是一个电压信号,因此它是一个跨阻放大器,它的跨阻就是 R_F。

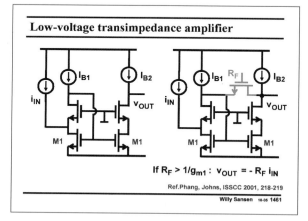

Low-voltage transimpedance amplifier

If $R_F > 1/g_{m1}$: $v_{OUT} = - R_F\ i_{IN}$

Ref.Phang, Johns, ISSCC 2001, 218-219

Willy Sansen   10-05 1461

因为反馈结构不同,图右电路的输入阻抗与不包括 R_F 的结构不一样,它为 $R_{IN} = 1/2g_{m1}$,该值相当低。因为差分电流放大器可以在低于 1V 的电压下工作(见第 3 章),该跨阻放大器同样可以在这样低的电压下工作。

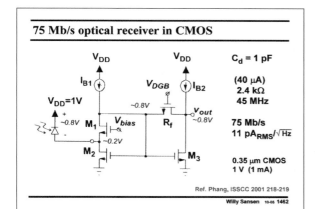

75 Mb/s optical receiver in CMOS
VDD
VDD
Cd = 1 pF
IB1
VDGB
IB2
(40 µA)
2.4 kΩ
45 MHz
VDD=1V
~0.8V
Vout
~0.8V
~0.8V
M1
Vbias
Rf
75 Mb/s
11 pA_RMS/√Hz
~0.2V
M2
M3
0.35 µm CMOS
1 V (1 mA)
Ref. Phang, ISSCC 2001 218-219
Willy Sansen 10-05 1462

1462　实际的设计参数如图所示。使用一个电容为 1pF 的光电二极管，它的最大输入电流约为 40μA，跨阻 R_F 为 2.4kΩ，输出电压因此约为 100mV。

速度受到输入节点电容的限制。

正如前面解释的那样，噪声取决于输入器件 M_1、M_2 和反馈电阻 R_F。

1463　一个高速跨阻放大器的例子如图所示，它基于 GaAs 工艺以获得可能的最高速度。

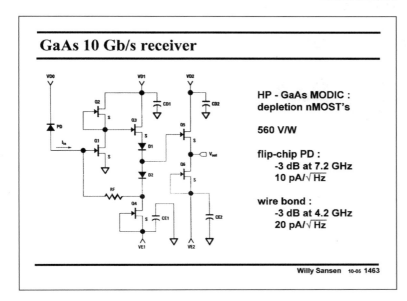

GaAs 10 Gb/s receiver
VD0
VD1
VD2
Q2
CD1
CD2
Q3
PD
Q5
Q1
D1
Vout
Q6
D2
RF
Q4
CE1
CE2
VE1
VE2
HP - GaAs MODIC :
depletion nMOST's
560 V/W
flip-chip PD :
-3 dB at 7.2 GHz
10 pA/√Hz
wire bond :
-3 dB at 4.2 GHz
20 pA/√Hz
Willy Sansen 10-05 1463

GaAs FET 晶体管是耗尽型器件，它的 V_{GS} 为零时就导通。晶体管 Q2 作放大管 Q1 的有源负载（DC 电流源），晶体管 Q3 仅仅是一个源极跟随器，用于电平位移的两个二极管可以通过电阻 R_F 来闭合反馈环路，通过另一个源极跟随器获得输出。

电阻 R_F 十分小，因此带宽相当高。但是此带宽依赖于封装，键合线封装比倒晶片封装会降低更多的带宽。

1464　在本章中，学习了如何把闭环增益、开环增益以及环路增益相联系的方法，尤其关注了环路增益对输入输出电阻的影响，用这种方法就很容易得出由输入输出电容产生的极点频率。

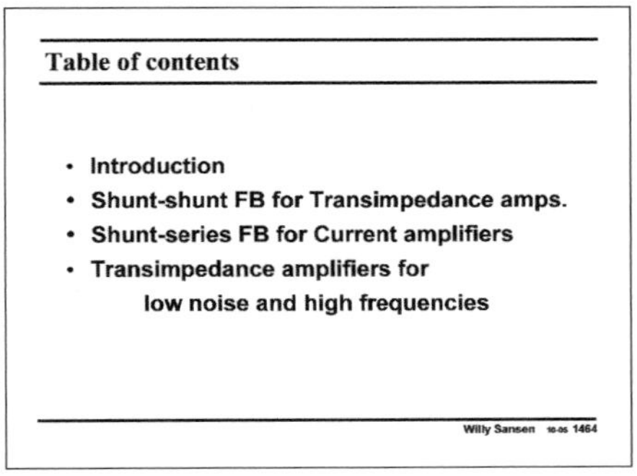

Table of contents
• Introduction
• Shunt-shunt FB for Transimpedance amps.
• Shunt-series FB for Current amplifiers
• Transimpedance amplifiers for
low noise and high frequencies
Willy Sansen 10-05 1464

对于本章和第 13 章中所有的四种类型的反馈放大器，都做了上述的分析。

另外，在许多已发表的跨阻放大器中对噪声和高频性能进行了详细地分析，对电压输入放大器和电流输入放大器也进行了比较。如果反馈电阻值不是太小，电压输入跨阻放大器在带宽和噪声方面的性能都会比较好。

第 15 章　随机性与系统性的失调与 CMRR

**Offset and CMRR :
Random and systematic**

Willy Sansen

KULeuven, ESAT-MICAS
Leuven, Belgium

willy.sansen@esat.kuleuven.be

Willy Sansen 10-05 151

Table of contents

Ref: Pelgrom, JSSC Oct.1989, 1433-1439
Croon, JSSC Aug.02, 1056-1064
Croon, Springer, 2005

Willy Sansen 10-05 152

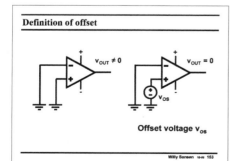

Definition of offset

Offset voltage v$_{os}$

Willy Sansen 10-05 153

151　噪声和失配是限制模拟集成电路精度的主要因素。事实上随着沟道长度变小失配会越加严重，因此失配成为限制精度的主导因素。

　　失配是导致高失调和低 CMRR（共模抑制比）的主要原因，也是低 PSRR（电源供给抑制比）的主要原因。

　　本章将探讨失配与这些具体指标之间的关系，同时努力研究如何修改电路的版图来改善失配，从而降低失调。将采用 CMOS 工艺和双极型工艺来进行这些研究。

152　首先从一些定义开始，例如什么是失调和共模抑制比。

　　它们由随机的影响因素和设计中的系统性错误而引起，本章集中研究这些因素在高频中是如何作用的。

　　本章最重要的部分是所列举的一些良好的设计规则。

　　最后研究 CMOS 工艺和双极型工艺设计之间的差别。

153　当一个单端的运放差分输入为零时，不管它的增益是多少，它的输出电压应该为零。事实上这是不可能发生的，输出电压不可能为零。

　　失调电压 v_{os} 是这样定义的：使输出电压为零时的两端输入电压之差。因为这是一个两端的输入之差，因此可以加在输入端的任意一端，在本例中失调电压加在了正端。如果把失调电压加在负端上，那么其大小不变，只是其符号相反。

　　在一个双端放大器中，失调电压常常是毫伏级的，在 CMOS 工艺中，失调电压有可能会增大到至少 10 倍以上。

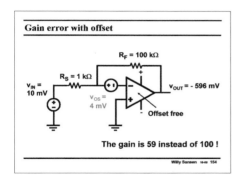

到底是什么导致了失调电压的出现呢？随机影响是一个因素，同时系统性的影响是另一个因素。

154　失调会使高增益运放产生比较大的误差。

在图例中，一个热电偶产生的很小的直流电压被放大，理想的放大倍数应该为 1000。对于图中的输入电压值，得到的输出电压应该为 −1V，而实际输出电压只有 −596mV。因为 4mV 的失调电压使得加在 R_S 上的压降只有 6mV，加在 R_F 上的压降增大了 100 倍后得到的输出电压是 600mV。

失调导致增益产生了较大的误差！

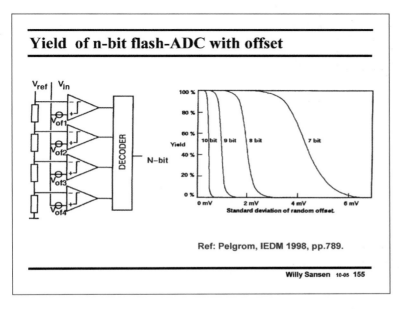

155　失调也会使 ADC（模数转换器）产生误差。

在快闪式转换器中，输入电压 V_{in} 与一个已经被分压的参考电压 V_{ref} 进行比较，比较器会指出在参考电压的哪个位置处获得输入电压。

很明显，当这些比较器存在一个失调电压的时候，给出的就是个错误的结果。这种 ADC 的转换结果取决于当时的失调。如图所示如果失调电压约为 2mV，那么一个 8 位 ADC 的转换率只有 60%。

通常情况下如果需要高的转换效率，那么失调会严重限制 ADC 的分辨率。

156　失调是由相同放置的晶体管间的不匹配所造成的。

当对大量的如 10 000 个相同的晶体管进行评估时，就可以测出它们的阈值电压 V_T 和 K' 值，本幻灯片给出晶体管的数量相对于 V_T 值的曲线。

通常，它显示的是一个用平均值、离散度或者 σ 来表示的高斯分布。对于高斯分布，只有 0.5% 晶体管的 V_T 偏离平均值 3 个 σ 以上。

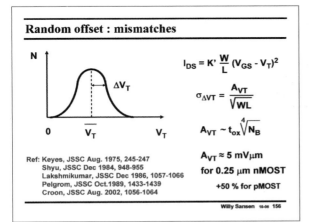

几个模型表明了 σ 与晶体管面积 WL 的平方根呈反比,比例常数 A_{VT} 取决于采用的工艺。如果沟道长度 L 比较小,氧化层厚度 t_{ox}($\approx L/50$)会变小,但是掺杂浓度会增加,参数 N_B 是晶体管下面衬底的掺杂浓度。对于一个 $0.5\mu m$ CMOS 工艺中的 nMOST,A_{VT} 约为 $10mV\mu m$;对于一个 $20\times0.13\mu m$ 的 MOST,σ 约为 $6.2mV$。

pMOST 的 A_{VT} 大约会高 50%,因为 n 阱 CMOS 工艺中衬底的掺杂浓度更高。

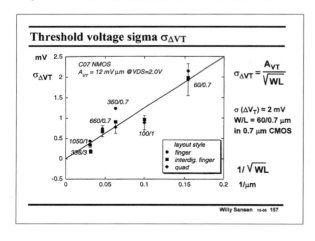

157 为了表明 σ 与尺寸相关,本幻灯片给出了测量曲线,尺寸小的在水平轴的右边。

显然,晶体管尺寸越小,离散度越大。

另一方面,对应于 A_{VT} 曲线的斜率约为 $12mV\mu m$,这是 $0.7\mu m$ 的 CMOS 工艺,此时氧化层厚度约为 700/50 或者 14nm。凭经验,以 $mV\mu m$ 为单位的 A_{VT} 的值可以看作与以 nm 为单位的氧化层厚度相等,如下张幻灯片所示。

同时也要注意到不同的版图类型并不会产生这样大的差别。不管使用叉指版图,还是错杂的版图并不重要,只有总的栅面积 WL 才是重要的因素。

显然这条曲线是穿过零点的,也就是说对于非常小的沟道长度,氧化层厚度和 A_{VT} 都会因此降低,纳米 CMOS 工艺是否是这种发展方式还未可知。

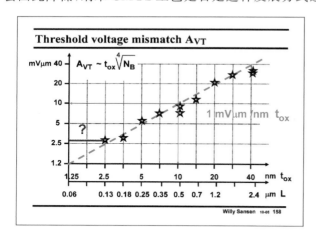

158 以 $mV\mu m$ 为单位的 A_{VT} 的值可以看作与以 nm 为单位的氧化层厚度相等,图中每个星号对应于一个不同的工艺。

图中画出了两个坐标轴,一个是氧化层厚度,另一个是沟道长度,它们之间的比例关系是 50。

用这条曲线可以很清楚地预测将来 CMOS 工艺的 A_{VT},但是当推断深亚微米 CMOS 工艺的时候还是应当尽量谨慎。

例如人们发现(Tuinhout,IEDM,1997.631-634,更近的是 Springer 2004,Croon 著),对于 130nm 以下的沟道长度,几个现象表明 A_{VT} 不再减小,总是维持在 $3mV\mu m$ 左右。

在常规 CMOS 工艺中,影响 A_{VT} 的主要因素是沟道掺杂浓度的波动。栅掺杂浓度和表面粗糙度的分布是 A_{WL} 中的主要影响因素。对于纳米 CMOS 工艺,多晶硅栅耗尽得更厉害,金属栅希望能弥补这个缺点。

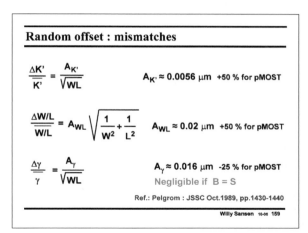

然而需要更多的实验数据来证实。

159　其他晶体管参数也受类似离散度的影响。

与阈值电压一样,可以用类似的方法建立 K' 参数的表达式,但是表达式中 $A_{K'}$ 却非常小。

参数 W 和 L 的情况也一样。光刻和掩膜的制造在表达中起了重要的影响。显然,W 或 L 的尺寸越小发挥的作用越大,参数 A_{WL} 比 A_{VT} 大,pMOST 的 A_{WL} 比 nMOST 的 A_{WL} 要大,A_{WL} 的值似乎也不随着工艺有较大的变化,对于小的特征尺寸,总是在 $0.02\mu m$ 上下浮动。

最后,衬底偏置效应系数 γ 也有类似的表达式。当体端连接到源端时,可以忽略这一参数的影响。应该尽可能将体端连接到源端,这也是为什么大多数运算放大器中输入端使用 pMOST 的原因,因为 pMOST 被放在同样的 n 阱中,这样有望提高它们的匹配。

1510　下面给出另外一些数据。

如果沟道长度较小,A_{VT} 会持续下降,但 A_{WL} 不会,A_{WL} 似乎稳定在 $0.02\mu m$。也就是说,如果阈值电压 V_T 的离散是失配的主要原因,那么将来尺寸的离散也将成为失配的主要原因。

表格下面介绍的是另外两个参数,第一个是 S_{VT},它表明了两个相距 1mm 晶体管的阈值电压 V_T 的离散度。S_{VT} 的值是根据以前的工艺得出的,而不是近来的工艺,因为现在的 CMOS 工艺的制造是在大的晶圆(12 英寸或更大)上完成的,这样,一致性就得到了很大的提高,就可以忽略在 1mm 这样短距离上的离散。第二个 S_{WL} 参数的情况也是一样。

1511　注意到一旦确定了影响参数离散的几个因素,就可以建立它们同失调之间的关系。

首先以一个简单的差分对为例,假定其中唯一的不对称源是负载电阻 R_L 的离散。结果将得到一个差分的输出电压 v_{od},并由此得到失调电压,图中已经计算出来了。

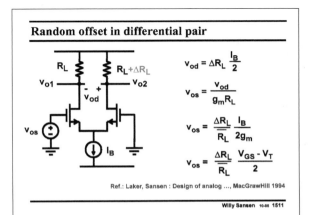

如果两个晶体管流过相等的电流 $I_B/2$,就比较容易计算差分输出电压 v_{od}。v_{od} 除以小信号增益 $g_m R_L$ 就得到一个差分输入电压,这个差分输入电压可使得差分输出电压为 0。将这个差分输入电压定义为失调电压 v_{os}。

失调电压 v_{os} 的最后结果表明输入晶体管必须设计成高增益,也就是说它的 $V_{GS} - V_T$ 要小。

将输入晶体管工作在弱反型区会使失调电压更小,实际上,在弱反型区因子 $(V_{GS} - V_T)/2$ 可以用 nkT/q 代替,nkT/q 总是很小。

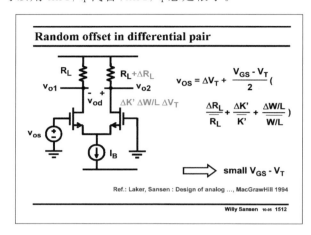

1512 类似的计算可以运用到其他的偏差中。

最容易理解的就是对应于 V_T 的离散,V_T 的离散似乎很容易就出现在差分对的输入端,这也是它为什么能够直接加到失调电压 v_{os} 表达式中的原因。

最后的表达式中包含 4 项,因为它们都有正负之分,所以不能直接叠加,实际中不会出现如此最坏的结果,也不会互相抵消。

其中的三项乘以 $(V_{GS} - V_T)/2$,将晶体管设计成小的 $V_{GS} - V_T$ 的值或者将它们工作在弱反型区,可以减小失调。

注意到可以通过修整电阻来抵消其他项。但是,显然这种抵消还有赖于偏离点(通过 $V_{GS} - V_T$)相对于其他偏离点、电源电压和温度的稳定性,实际中是很难实现的。因此修整 MOST 的失调电压是个比较困难的问题。

1513 在电流镜中也常用到两个匹配的晶体管。但是这时我们所关心的差分对的差异并不是差分输入电压,而是差分输出电流。

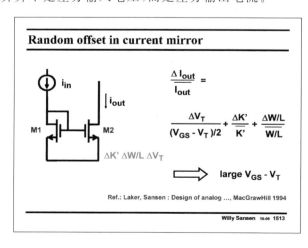

输出电流的相对离散又依赖于晶体管的参数的离散。

很容易理解,当一个晶体管比另外一个大 1% 的时候,电流也相应地不同。

这时,阈值电压的离散必须除以 $(V_{GS} - V_T)/2$。

这就得出了结论:如果电流源晶体管设计的时候取大的 $V_{GS} - V_T$ 值,就能很好地匹配。这种情况下,A_{WL} 是主要的失配源,注意 A_{WL} 与工艺无关。

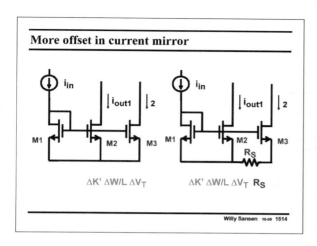

More offset in current mirror

i_{in} i_{out1} 2 i_{in} i_{out1} 2

M1   M2   M3   M1   M2   M3

R_S

$\Delta K'\ \Delta W/L\ \Delta V_T$ $\Delta K'\ \Delta W/L\ \Delta V_T\ R_S$

Willy Sansen 10-05 1514

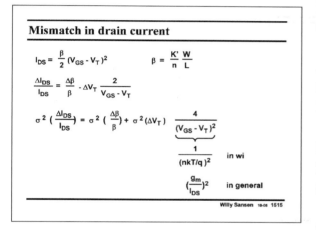

Mismatch in drain current

$$I_{DS} = \frac{\beta}{2}(V_{GS} - V_T)^2 \qquad \beta = \frac{K'}{n}\frac{W}{L}$$

$$\frac{\Delta I_{DS}}{I_{DS}} = \frac{\Delta\beta}{\beta} - \Delta V_T\frac{2}{V_{GS} - V_T}$$

$$\sigma^2\left(\frac{\Delta I_{DS}}{I_{DS}}\right) = \sigma^2\left(\frac{\Delta\beta}{\beta}\right) + \sigma^2(\Delta V_T)\quad \frac{4}{(V_{GS} - V_T)^2}$$

$$\frac{1}{(nkT/q)^2} \quad \text{in wi}$$

$$\left(\frac{g_m}{I_{DS}}\right)^2 \quad \text{in general}$$

Willy Sansen 10-05 1515

Mismatch in drain current for wi and si

$$\sigma^2\left(\frac{\Delta I_{DS}}{I_{DS}}\right) = \sigma^2\left(\frac{\Delta\beta}{\beta}\right) + \sigma^2(\Delta V_T)\quad \frac{4}{(V_{GS} - V_T)^2}\quad \text{or}\quad \frac{1}{(nkT/q)^2}$$

in si   in wi

$\sigma\left(\frac{\Delta I_D}{I_D}\right)$ [%] $\sigma(\Delta V_T) = 5mV$ $\sigma(\Delta V_{GS})$ [mV]

$\sigma\left(\frac{\Delta\beta}{\beta}\right) = 2\%$

10   10

$\sigma\left(\frac{\Delta\beta}{\beta}\right)$ 2 $\sigma(\Delta V_T)$ 5

WI   SI   WI   SI

0.01 0.1 1 10 100 $\frac{I_D}{\beta \cdot V_T^2}$ 0.01 0.1 1 10 100 $\frac{I_D}{\beta \cdot V_T^2}$

Willy Sansen 10-05 1516

1514 注意到用于偏置的电流镜,其输出电流会因供应线上的电阻而产生误差。图左中就是这样的镜像电流源,图右对电流镜进行复制,在供应线上有串联电阻 R_S。

因为要从 V_{GS2} 中减掉电压降 $R_S I_{out2}$,输出电流 I_{out2} 减小了,这个电压降是一直要被减去的。现在这是一个系统性误差,而不是随机误差。更多的系统性的离散将在后面讨论。

1515 总的漏电流的离散包含 β 的离散和阈值电压 V_T 的离散,但是方式不同。为方便起见,K' 和 W/L 的离散包括在 β 的离散中。

进行求导可以计算得到漏电流 I_{DS} 的总有效离散。显然对于大的 $V_{GS} - V_T$,β 的离散成为主要的因素,电流镜的情况正是如此。

但是如果 $V_{GS} - V_T$ 的值比较小,则阈值电压的离散可能会成为主要的因素,这取决于由晶体管实际尺寸大小所决定的表达式中的实际值。

这也适用于偏置在弱反型区的晶体管,在弱反型区,nkT/q 可以取代 $(V_{GS} - V_T)/2$。注意到这些项只是晶体管的 g_m/I_{DS} 值,与晶体管工作在弱反型区或强反型区无关。

弱反型区系数图如下张幻灯片所示。

1516 漏电流的失配对弱反型区系数的关系如图所示。这是漏电流对 si/wi(强反型区/弱反型区)转变电流的比率。根据 β 值,这个转变电流约为 $2n\beta(kT/q)^2$ 或 0.002β。注意 $V_t = kT/q$。

显然在弱反型区,阈

值电压的离散是主要的。在强反型区,β的离散是主要的,β的离散主要来源于 W 和 L 的离散,W 和 L 的离散都是很小的。

然而交叉区域很大,交叉区域在靠近弱反型区和强反型区的交界处(见第 1 章)。

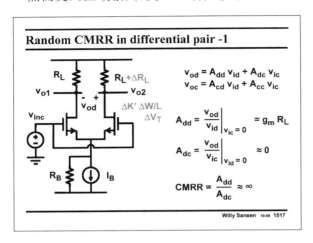

1517 除了失调电压外,差分对还有另一个指标也能反映离散的影响,这就是 CMRR 共模抑制比。

记住差分对有两个输入端(第 3 章中提到),此差分信号可以转换成一个差模输入 v_{id} 和一个共模(或者说平均值)输入 v_{ic},输出信号也可以如此转换,这样可以掌握实际的工作情况。

结果得到了 4 个不同的增益,现在关注输入差模到输出差模的增益 A_{dd}。当共模输入电压 v_{ic} 为 0 时,对于一个差模输入电压 v_{id},可很容易地由获得的差模输出电压 v_{od} 计算得到增益,这种情况下共模输入差模输出的增益 A_{dc} 并不起作用。

如果差分对由共模电压驱动就会出现 A_{dc},A_{dc} 定义为当差模输入电压 v_{id} 为 0 时,共模输入电压 v_{ic} 所得到的差模输出电压 v_{od},本幻灯片中已经画出这种情形。输入一个共模输入电压 v_{inc},测量出了差模输出电压 v_{od}。

这两种增益之比就是共模抑制比 CMRR。如果 A_{dc}(不是 A_{cc}!)为 0,CMRR 是无穷大。注意到对于一个纯差模驱动(即 $v_{ic} = 0$),CMRR 不起作用。

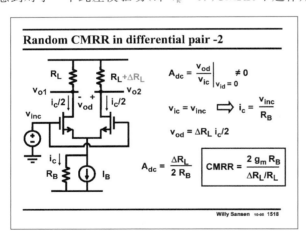

1518 为了计算 CMRR,需要计算 A_{dc}。在输入端加上一个共模输入电压 v_{inc},测出差模输出电压 v_{od}。

很明显,如果没有偏差就没有差模输出电压 v_{od}。输入的栅端和共源端都是一样的信号,两个晶体管的电流是一样的,如果负载电阻 R_L 一样,那么输出电压也是一样的,差分输出电压就为 0。

现在假定负载是不一样的,但两个晶体管仍然是一样的。这种情况下,输入电压 v_{inc} 会使得有一个小电流 i_c 流过电流源的输出电阻 R_B,这个电流分成相等的两部分流过两个晶体管,然后流过输出电阻。因此产生了差分输出电压 v_{od},图中已给出了。这时候就可得到了增益 A_{dc}。

差模增益除以此增益,就得到了 CMRR。

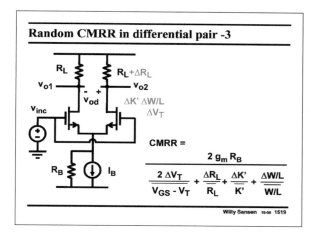

Random CMRR in differential pair -3

CMRR =

$$\dfrac{2\,g_m\,R_B}{\dfrac{2\,\Delta V_T}{V_{GS}-V_T}+\dfrac{\Delta R_L}{R_L}+\dfrac{\Delta K'}{K'}+\dfrac{\Delta W/L}{W/L}}$$

Willy Sansen 10-05 1519

Relation random offset and CMRR

$$v_{OSr}=\Delta V_T+\frac{V_{GS}-V_T}{2}\left(\frac{\overline{\Delta R_L}}{R_L}+\frac{\overline{\Delta K'}}{K'}+\frac{\overline{\Delta W/L}}{W/L}\right)$$

$$CMRR_r=\frac{2\,g_m\,R_B}{\dfrac{2\,\overline{\Delta V_T}}{V_{GS}-V_T}+\dfrac{\overline{\Delta R_L}}{R_L}+\dfrac{\overline{\Delta K'}}{K'}+\dfrac{\overline{\Delta W/L}}{W/L}}$$

$$v_{OSr}\,CMRR_r=\frac{V_{GS}-V_T}{2}\,2\,g_m\,R_B=I_B\,R_B=V_E L_B=5\ldots15\text{ V}$$

$$v_{OSr}\,CMRR_r=10\text{ V}$$

Willy Sansen 10-05 1520

Relation random offset and CMRR

$$v_{OSr}\,CMRR_r\approx V_E L_B\approx10\text{ V}\quad(\sim L_B)$$

10 mV 60 dB ≈ 10 V   as for MOSTs

1 mV 80 dB ≈ 10 V   as for Bipolar transistors

10 μV 120 dB ≈ 10 V   with trimming : with laser
　　　　　　　　　　　　　　　　with Zener zap
　　　　　　　　　　　　　　　　with fusible links

Low offset = High CMRR

Willy Sansen 10-05 1521

显然 CMRR 与电流源的输出电阻有着密切的关系。如果采用共源共栅,CMRR 会得到提高。

例如,如果 $g_m R_B$ 为 30,$\Delta R_L/R_L$ 为 1%,CMRR 约为 6000 或 75dB。

1519　如果考虑其他参数的离散,就得到如图 CMRR 的表达式。再注意到有 4 项是代数相加的,总和永远不会达到最大值,而且平均值也不会为 0。在失调的表达式中,也存在着与 CMRR 中同样项的组合。

因此必须在失调和 CMRR 之间建立起一个简单的关系式,将在下面给出。

1520　再看随机失调和 CMRR 的表达式,可以看到它们的乘积都消掉了所有的离散项。而且,当输入晶体管以明显的电流源方式工作时,乘积还可以化简。

最后得到的参数仅仅是电流源的厄尔利电压 $V_E L_B$,它的值依赖于选择的沟道长度 L_B。如果 $V_E L_B$ 的平均值取为 10V 左右,那么可以得到一些重要的结论。

1521　如果 $V_E L_B$ 的平均值约为 10V,那么降小失调和提高 CMRR 是一样的设计任务。

如果一个失调期望在 10mV 左右,那么对于许多 MOST 差分对和运放,CMRR 可期望达到 60dB 左右。

另一方面,如果失调缩小为原来的 1/10,那么 CMRR 会增大 20dB。

如果失调量被修减到 μV 级,那么 CMRR 会相应提高。但是注意到 120dB 的 CMRR 只有在失调量缩到 10μV 的时候才能达到。无论使用什么工艺,这个值都不容易达到。

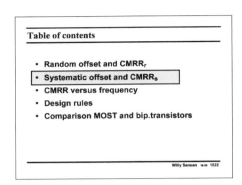

1522 直到现在只研究了随机效应,研究了随机失调和随机的 CMRR,二者之间又是互相联系的。

系统误差也会发生,一般来说它们是系统的不对称导致的,原理上可以采用对称设计来避免这些误差。因此产生了系统失调和系统的 CMRR 的概念,二者之间也是互相联系的。

下面给出一些例子。

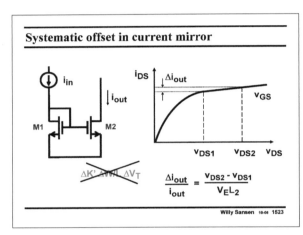

Systematic offset in current mirror

$$\frac{\Delta i_{out}}{i_{out}} = \frac{v_{DS2} - v_{DS1}}{V_E L_2}$$

Willy Sansen 10-05 1523

1523 电流镜的系统性的不对称是第一个系统误差源。即使没有随机误差,漏源间的电压 v_{DS} 的偏差也会使输出电流有个小的偏差 Δi_{out},Δi_{out} 总是符号相同的。

由图中的表达式很容易计算这个 Δi_{out}。

沟道长度越大,曲线越水平,输出电流的偏差也越小。但是要使这个偏差完全为 0 是不可能的,因为不可能使 v_{DS1} 和 v_{DS2} 完全相等。

1524 如图所示,另一个系统误差源是差分对共模驱动电压 v_{inc}。电流镜系统性的不对称产生了一个差分的输出电流 i_{OUT},这个电流可以由差分输入电压或失调电压 v_{osc} 在输入端来补偿。

为补偿由共模输入电压 v_{inc} 引起的输出电流,需要一个失调电压,为了计算这个失调电压,画出小信号等效电路。

共模输入电压 v_{inc} 使得电流源的输出电阻 R_B 上有一个电流 i_c 流过,电流 i_c 分两部分流过两个输入器件。它

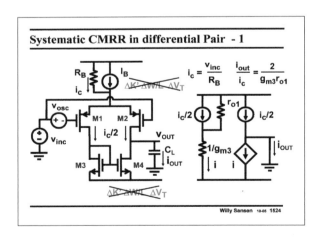

Systematic CMRR in differential Pair - 1

$$i_c = \frac{v_{inc}}{R_B} \qquad \frac{i_{out}}{i_c} = \frac{2}{g_{m3} r_{o1}}$$

Willy Sansen 10-05 1524

们可以由两个大小为 $i_c/2$ 的电流源来表示。

当工作在中频时,可以认为负载和地是短接的。流过负载的电流是差分输出电流 i_{OUT},结果只包括了 r_{o1}。

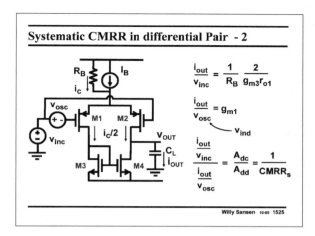

电流镜可以用大小为 $1/g_{m3}$ 的电阻简化取代，流过它的电流镜像到输出端。

从这个简化等效电路来看，可以很容易计算输出电流。显然输出电流由 g_{m3} 和 r_{o1} 决定。

1525　输出电流 i_{OUT} 可以简单地除以 g_{m1} 返回到输入端，失调电压 v_{osc} 就是这个输出电流 i_{OUT} 除以 g_{m1}。

但是注意到，由共模电压引起的输出电流与由差分输入电压或失调电压引起的输出电流的比率就是 CMRR 的倒数。这就是系统性失调电压与系统性 CMRR 的关系。

实际的表达式将在下面给出。

1526　把晶体管参数代入图中几个增益中去，就得到 CMRR。CMRR 的值很大，因为其中有两个 $g_m r_o$ 项的乘积。

另外，CMRR 和失调电压的乘积为一常数，这个常数就是共模输入电压，共模输入电压这个值非常有限。因此只有当失调电压很小的时候，才会达到一个很高的共模抑制比。

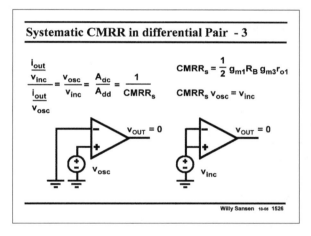

很显然，使运放的输出电压为 0 有两种方法：将定义为失调电压的 v_{osc} 加在差分输入端，或者加上一个共模输入电压 v_{inc}。二者的比率就是 CMRR。

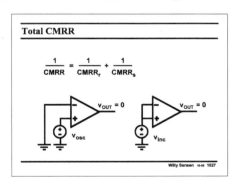

一个简单的测量 CMRR 的方法由这样的两部分组成：一是采用一个特定的差分输入电压 v_{osc}，另一个是测量共模输入电压 v_{inc}，v_{inc} 是用来使输出电压返回到原始值的。v_{inc} 和 v_{osc} 之间的比率就是 CMRR。

1527　用这种方法可以测量出随机性 $CMRR_r$ 和系统性 $CMRR_s$，两者中较小的一个起主导作用。

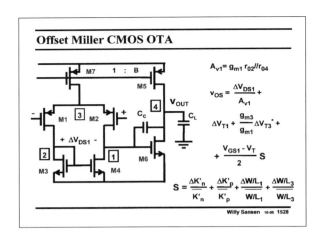

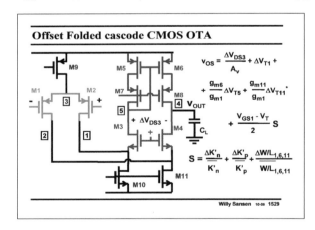

1528 图中给出了一个 CMOS 密勒运算跨导放大器,下面计算这种放大器的失调电压。

输入器件一般都用 pMOST,这样它们可以共用同样的 n 阱,这样由衬底参数 γ 产生的不匹配就不会存在。但是在 nMOST 中会存在 γ 产生的不匹配,这也是为什么 ΔV_{T3} 项中有一个星号的原因。如果没有衬底参数 γ 的效应,这个值会大一点。

本幻灯片中给出了失调电压。首先它包含节点 1 和节点 2 间的电压差,称为 ΔV_{DS1},ΔV_{DS1} 是由于 V_{GS6} 和 V_{GS3} 之间的差异造成的,它也包含了节点 1 上的大的 AC 电压的波动,这个波动比节点 2 上的波动要小得多。

V_T 之间的不匹配导致了第二、第三项的出现。最后一项包含了尺寸大小与 K′ 之间的不匹配,最后一项要乘以 $V_{GS1} - V_T$。

如果 $V_{GS1} - V_T$ 和 g_{m3}/g_{m1} 较小,并且 ΔV_{DS1} 保持很小,那么 ΔV_{T1} 起主要作用。如果 ΔV_{DS1} 不能保持很小,那么它对失调的贡献为 $\Delta V_{DS1}/A_{V1}$ 或 $V_{OUT}/A_{V1}A_{V2}$。

1529 本幻灯片中给出了一个折叠式共源共栅 OTA,下面计算它的失调电压。

给出了失调电压 v_{os} 的表达式。首先它包含节点 4 和节点 5 间的电压差,称为 ΔV_{DS3},它主要是节点 4 上的大的 AC 电压的波动,这个波动比节点 5 上的波动要小得多。

下面的三项是由 V_T 之间的不匹配所造成的,它们与 g_m 有关,是同等重要的。最后一项包含尺寸与 K′ 因子之间的不匹配,显然要乘以 $V_{GS1} - V_T$。

显然一个折叠式共源共栅的失调是非常大的,因为它包含了三个差分对的离散量。

在 CMOS 密勒运放中可以得到相似的结论。

1530 由 CMRR 的表达式可以得到结论:提供给差分对的电流源的输出电阻是最重要的,至少在低频段是这样的。

如下面所述,电流源的输出电容在中频段和高频段更加重要。

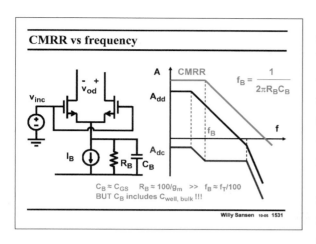

1531　一个差分电路的电流源既有输出电阻 R_B，又有输出电容 C_B。C_B 的大小主要取决于电流源晶体管的漏体电容 C_{DB}，它的值接近于晶体管的 C_{GS}（第 1 章已讲述）。C_B 也包括阱和衬底之间的电容 $C_{well,bulk}$，两个输入晶体管都嵌在这个阱中，所以 C_B 要比电流源晶体管的 C_{GS} 大一些。

结果出现了一个新的频点 f_B。它在增益 A_{dc} 的特性曲线中是零点，但是在 CMRR 中是一个极点。f_B 的计算结果依赖于这些不同电容的值，位置在放大器的主极点和电流源晶体管特征频率 f_T 的若干分之一之间。

在高频段设计高 CMRR 差分对的最好方法是使其电流源的漏区面积最小，小的器件是最理想的，可能需要设计一个高的 $V_{GS}-V_T$ 值，这对它的 f_T 也是有利的。

1532　失配主要取决于尺寸的大小，还取决于许多设计规则，现在进行研究。

已经知道匹配的改善与尺寸的平方根相关，这是一个主要的并且一直得到应用的标准。还有很多的版图情况也可以减小失配。

设计规则在一定的范围内有效，即使找不出合适的证据证明其正确性，总结之后有 10 条规则，分别如下所列。

1533　良好匹配的第一条规则是器件必须有相同的属性，例如不可能使电阻与一个 $1/g_m$ 值匹配。

另一个例子是 MOST 电容不能与一个结电容良好地匹配，还可以找到许多类似的例子。

Layout rules for low offset

1. Equal nature
2. Same temperature
3. Increase size
4. Minimum distance
5. Same orientation
6. Same area/perimeter ratio
7. Round shape
8. Centroide layout
9. End dummies
10. Bipolar always better !

Willy Sansen 10-05 1534

On same isotherm

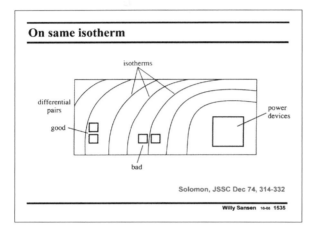

isotherms

differential pairs

good

bad

power devices

Solomon, JSSC Dec 74, 314-332

Willy Sansen 10-05 1535

Layout rules for low offset

1. Equal nature
2. Same temperature
3. Increase size
4. Minimum distance
5. Same orientation
6. Same area/perimeter ratio
7. Round shape
8. Centroide layout
9. End dummies
10. Bipolar always better !

Willy Sansen 10-05 1536

1534　良好匹配的第二条规则是所有器件都要工作在同一条等温线上,许多大型芯片都工作在高温状态下,硅是良好的导热体,然而还是存在温差。例如,功率器件工作在芯片的一端,而输入端晶体会工作在另一端,这种情况如下张幻灯片所描述。

1535　功率器件位于图的右边,它们使芯片右半部分变热,并在芯片另一端产生等温线。一个运放的输入晶体管或者是其他差分电路最好布在等温线之上,否则内部热电阻将会起作用,并会像反馈电阻那样限制开环增益。这不单适用于静态等温线而且适用于动态等温线(如功率开关集成在芯片上时)。

温度梯度还会导致芯片内产生压力,这也同样适用于封装的情况。需要匹配的器件必须放置在等压线上,而等压线是非常难以鉴别的。

1536　最重要的匹配规则是增加尺寸。

首先来看一下尺寸对电阻电容的影响。已经知道 V_T 以及其他参数的离散与 WL 的平方根呈反比,换言之,如果沟道宽度 W 与沟道长度 L 都增到 2 倍,那么离散将减小到二分之一。我们将会看到此规则同样适用于电阻,但不适用于电容。

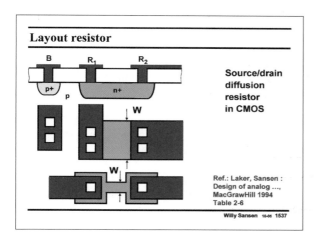

1537　电阻就是一个与两端端口连接着的导电孤岛,可以实现许多不同的电阻,因为可以实现许多不同的扩散或离子注入的孤岛。

图中给出一些例子,通常是较小的尺寸决定了能够获得的匹配(在此我们认为是位于图下部的 W)。

在双极型工艺中有不同的扩散层,如基极、发射极和集电极的扩散层等,然而在 CMOS 工艺中,源和漏的扩散是同时获得的,阱扩散电阻可以实现高值的电阻,如下张幻灯片的表中所示。

1538　表中列出了双极型和CMOS管工艺中最常见的电阻。

表中列出了方块电阻,绝对精度和其他一些参数。

很明显在双极型工艺中电阻率的变化范围比较大,最高精度的电阻是离子注入的电阻,然而它是附加于标准工艺的,因此并不是一直能够获得。

在 CMOS 工艺中,源漏扩散产生了一个低值电阻,精度并不准确。阱电阻的精度好一点,唯一精确的是多

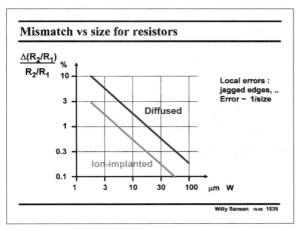

晶硅电阻,它的离散中参数 A_R 的值是 $0.04\mu m$,多晶硅电阻也是附加于标准 CMOS 工艺的,因此比较贵,并且数字 CMOS 工艺中不能获得该类电阻。

薄膜电阻制作在多晶硅结构的上面,通常用钽、镍金属实现,它们非常精确,但主要用于对电阻的修整。铝金属由于其厚度不易控制因而不是十分精确,铜金属现在也在使用。

1539　对电阻来说,绝对精度和相对精度随着尺寸的增大而减小。图中给出了相对精度与线性尺寸的关系,其中 W/L 的比率是固定的,W 的尺寸比 L 小。

与 MOST 器件一样,电阻的精度与尺寸呈反比,这并不奇怪,因为 MOST 器件就是一个电阻。

这种精度与尺寸相关的原因是局部误差起了主要作用,它们有凹凸不平和平滑的边缘引起的差异以及许多

局部的缺陷。注意到离子注入电阻比扩散电阻的精度要好得多,因为它的可重复加工性。

注意到一般尺寸的电阻能够获得的精度有限,如果最小的尺寸取为大约 $10\mu m$,那么期望的误差可以减到 5%。对应的信号-误差比或者信号-失真比约为 200 倍或者 46dB,除以 6 后这 46dB 产生的稍高于 7bit。这就意味着当要求的精度不高于 $7\sim8$bit 时,梯状电阻就很容易布局,许多 8bit 的 ADC 仍然用这种方式来实现(见第 20 章)。

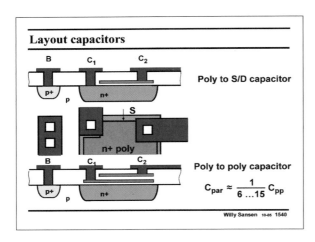

1540　一些电容版图如本幻灯片中所示。

最上面的是一个(n + 掺杂)多晶硅与扩散区之间的电容 C_{pp},它以栅氧化层作为电介质,该电容并不具有吸引力,因为它在扩散区有大的串联电阻,另外它在扩散区与衬底之间有大的寄生电容 C_{par}。

两层多晶硅之间虽然串联电阻不大,却存在相当大的寄生电容,另外两层多晶硅是附加于标准 CMOS 工艺上的,因此价格昂贵。

现在 CMOS 工艺在上层提供了多层金属层,每两片金属层可以用作一个电容,主要的原则是介质层厚度的再生性以及寄生电容对其他层的影响,现在可选择的电容种类很多。

1541　表中提供了一些电容的典型值。在双极型工艺中,所有的电容都是结电容,它们的值都与电压相关。只有 CMOS 工艺提供了良好的电容,其中最理想的是栅氧电容,对 50nm 厚的氧化层(对应于 $2.4\mu m$ CMOS 工艺)来说,电容值相当高,它甚至是 $0.25\mu m$ CMOS 工艺的 10 倍。

表中还给出了其他一些电容,随着金属层数的增加,可以实现更多的电容。

Table capacitors

Process	Type	C nF/cm²	absolute accuracy percent	temperature coefficient percent/°C	voltage coefficient percent V	breakdown voltage V
Bipolar	C_{CB}	16	10	0.02	2	50
	C_{EB}	50	10	0.02	1	7
	C_{CS}	8	20	0.01	0.5	60
CMOS	C_{ox}(50 nm)	70	5	0.002	0.005	40
	$C_{m,poly}$	12	10	0.002	0.005	40
	$C_{poly,poly}$	56	2	0.002	0.005	40
	$C_{poly,substrate}$	6.5	10	0.01	0.05	20
	$C_{m,substrate}$	5.2	10	0.01	0.05	20
	$C_{poly,substrate}$	6.5	10	0.01	0.05	20

Ref.: Laker, Sansen :
Design of analog ...,
MacGrawHill 1994
Table 2-7

Willy Sansen　10-05　1541

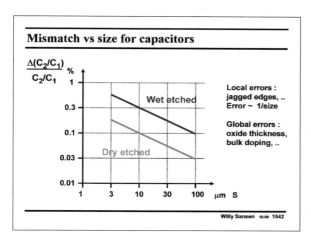

1542　电容相对精度误差与尺寸的曲线不像电阻那样陡峭,但是相对精度误差的值比较小。其中参数 S 表示方块电容的边长。电容精度误差与尺寸曲线的斜率大概是电阻的一半,原因是存在着局部误差和全局误差的综合影响。全局误差包括从晶圆的一边到另一边氧化层厚度的缓慢变化,还包括掺杂浓度以及底层刻蚀的差异等,这些综合因素导致了斜率的降低。

注意到干法刻蚀比以往常用的湿法刻蚀有更好的电容精度。电容比电阻有更好的精度,如果方块电容的边长为 $10\mu m$,那么可期望的误差仅为 0.1%,对应的信号-失真的比率约为 1000 或 60dB,除以 6 之后这 60dB 产生的大约为 10bit。这意味着梯状电容可以获得 10bit 的精度,许多 10~12bit 的 ADC 用这种方式来实现(见第 12 章),对于更高的精度,会用到更多的电容,现在精度已经能达到 14bit。

1543　除了尺寸外,器件之间的距离也会对匹配产生影响,虽然这种影响已经比早期的工艺减小了。

在包含 S_{VT} 和 S_{WL} 参数的表格中,可以很清楚地看到缩短距离的要求已经不再迫切了。确实 CMOS 工艺在不断地增大晶圆尺寸,现在已达到 12 英寸,正在向 15 英寸努力。

结果在大尺寸晶圆上工艺技术的一致性更好,因此在小范围内距离所产生的影响比以前变小。只有当考虑到芯片大块的差异时,距离才会像第 8 点共中心版图规则所述的那样产生影响。例如一个大的电容组其精度可望达到 12~14bit。

1544　对匹配影响更重要的因素是晶体的方向性,晶体在不同的方向上晶格结构不一样(密度、缺陷密度等)。因此,在两个不同方向上迁移率和 K′ 参数不会完全相同,这一点将在后面阐述。

Layout rules for low offset

1. Equal nature
2. Same temperature
3. Increase size
4. **Minimum distance**
5. Same orientation
6. Same area/perimeter ratio
7. Round shape
8. Centroide layout
9. End dummies
10. Bipolar always better !

Willy Sansen 10-05 1543

Layout rules for low offset

1. Equal nature
2. Same temperature
3. Increase size
4. Minimum distance
5. **Same orientation**
6. Same area/perimeter ratio
7. Round shape
8. Centroide layout
9. End dummies
10. Bipolar always better !

Willy Sansen 10-05 1544

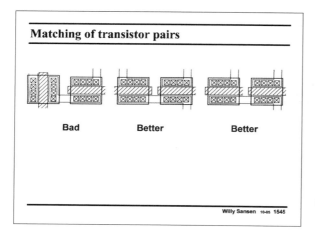

Matching of transistor pairs

Bad   Better   Better

Willy Sansen 10-05 1545

Layout rules for low offset

1. Equal nature
2. Same temperature
3. Increase size
4. Minimum distance
5. Same orientation
6. Same area/perimeter ratio
7. Round shape
8. Centroide layout
9. End dummies
10. Bipolar always better !

Willy Sansen 10-05 1546

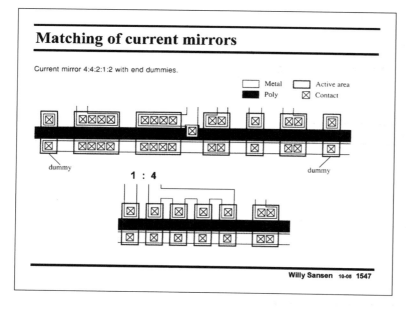

Matching of current mirrors

Current mirror 4:4:2:1:2 with end dummies.

Metal	Active area
Poly	Contact

dummy   dummy

1 : 4

Willy Sansen 10-05 1547

1545 在第一个例子中,左边晶体管的电流方向与右边的垂直,这对匹配十分不利。另外两个例子就比较好,连接布线时连接点的实际位置会使源接触电阻有较小的差异,但是差异不明显。

1546 通过采用相同的面积/周长比或者是采用相同的形状,可以更好地改善匹配问题。

在这种方法中,边缘的锯齿或者光滑情况总是一样,下面进行介绍。

1547 图中多输出镜像电流源有许多匹配晶体管。晶体管的相对尺寸是4：4：2：1：2,图中第一个和最后一个晶体管是虚拟的,第二个相对尺寸是4的晶体管连接成二极管方式。

但是这些比例不会是十分精确的,尺寸是4的晶体管的圆角相对于尺寸为1的晶体管的圆角显得不那么重要。

更好的方法是使所有晶体管形状相同,并且并联连接,就像图的下部所示。由于所有的局部误差具有相同的相对影响,这个1：4的比率将会比较精确,因为它们的面积对周长的比率总是一样的。

这是典型的双极型晶体管的版图类型,显然需要占用更多的空间,但是可以得到较好的匹配。

更理想的措施是安排尺寸为1的晶体管在另外四个晶体管的中间,使它们有相同的重心,如第8点共中心版图规则所述。

Layout rules for low offset

1. Equal nature
2. Same temperature
3. Increase size
4. Minimum distance
5. Same orientation
6. Same area/perimeter ratio
7. Round shape
8. Centroide layout
9. End dummies
10. Bipolar always better !

Willy Sansen 10-05 1548

1548 避免圆角影响的一个比较好的方法是将晶体管做成圆形,作栅极环绕在漏极之外,再将源极包围在周围,这是已知的非常理想的匹配方式。

不幸的是并不是所有的版图系统都支持圆形设计,而椭圆形与六边形的匹配性又达不到那么好。

Layout rules for low offset

1. Equal nature
2. Same temperature
3. Increase size
4. Minimum distance
5. Same orientation
6. Same area/perimeter ratio
7. Round shape
8. Centroide layout
9. End dummies
10. Bipolar always better !

Willy Sansen 10-05 1549

1549 一个很重要的降低失配的版图设计规则是共中心版图布局。

这意味着所有的匹配结构必须有相同的重心,这样全局变化的影响(氧化层厚度等)就被均化了。

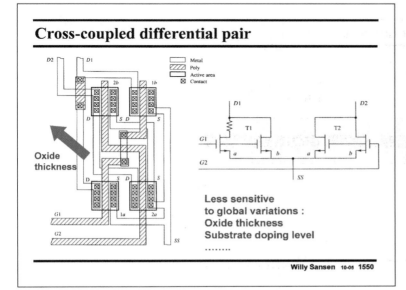

Willy Sansen 10-05 1550

1550 版图上有一个差分对,差分对的每个晶体管由两个相同的晶体管组成,这两个相同的晶体管并联连接但是对角放置,因此像氧化层厚度这样的全局变化影响得到了均化。例如 MOST 2b 具有最低的 K′ 值而 MOST 2a 却拥有最高 K′ 值,它们的并联会得到一个平均的 K′ 值,这个值与 MOSTs 1a 和 1b 的平均值相等。

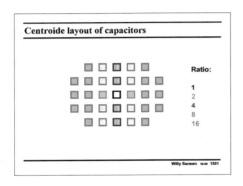

必须要注意的是，为了连接晶体管的端口，要避免引入源极的接触电阻，必须合理地应用两层或多层连接。

1551　图中给出了另一个电容共中心版图的布局。一片电容组由比率为 1:2:4:8:16 的电容组成，电容值为单位 1 的放在中间，为单位 2 的两个并联电容分布在两边，四个电容分布在另一方向，八个电容与中间的单位电容有相同的重心，通过这种方法全局误差被均化了。

对一个大的电容组而言，大部分单元电容必须平行放置在中间电容的两边，这比随意地将每个单位电容放置在整个区域内要好，这种方法已经可以实现 14bit 的精度（Van der Plas，JSSC Dec. 99，1708-1718）。

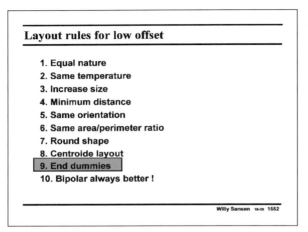

1552　在一系列相同的结构中，第一个与最后一个总是难以达到匹配，这是因为第一个与最后一个有不同的相邻单元，因此工艺步骤如底层刻蚀、接触孔等产生了不同影响。这就是为什么必须在初端和末端加虚拟晶体管（或电容）的原因，它们是并不工作的虚拟单元，下面进行讲述。

1553　这一系列晶体管构成多个电流镜，第一个和最后一个晶体管没有被连接，它们是虚拟的，出现虚拟单元只是为了使它们之间的晶体管能获得更好的工艺一致性。

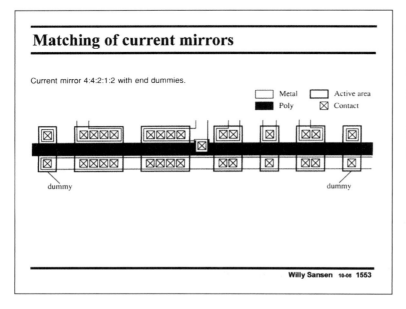

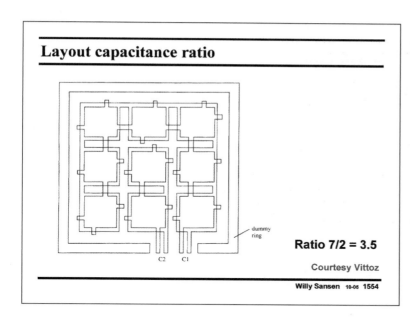

1554　图中是一个很好的版图实例,其合理地运用了所有的规则,版图由相同的 9 个电容构成,每个电容都加上了引出线,这些引出线使电容连接在一起,通过这样的连接来实现 7/2 的电容比率。

图中画出了所有的引出线,即使用不到这些引出线也是如此,这样每个电容上四个引出线产生的寄生电容总是一样的。

所有的单元电容形状一致,它们具有相同的面积/周长比。

而且它们以共中心的形式放置,两个电容位于中间,被其他七个包围着,它们具有相同的重心。最后,整个结构被虚拟环包围以确保所有的电容都具有相同的相邻单元。

1555　本幻灯片中列出的所有这些规则都能获得较好的匹配,这意味着可以得到较低的失调和较高的 CMRR。无论如何努力改进 CMOS 工艺,双极型工艺的匹配性总是更好,其原因有几个方面。

1556　对比 MOST 与双极型晶体管模型,会得出 MOST 实际上是个可变电阻器,而双极型晶体管则以一个正向偏置的二极管作为输入。双极型晶体管没有开启电压 V_T,而它的 I_{CE}/V_{BE} 有一个指数的关系,它的电流 I_{CE} 由一个小电流 I_S 乘以 V_{BE} 与 kT/q 相除后的指数得到。

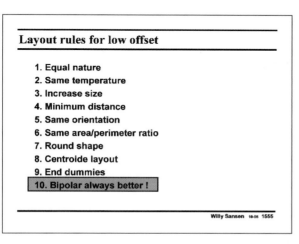

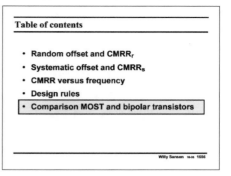

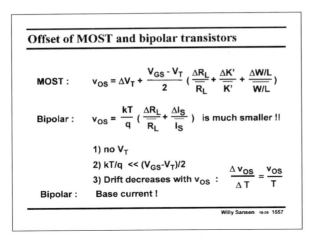

1557 双极型晶体管失调的表述式中不包含阈值电压 V_T 离散的影响,而且如参数 $\Delta R_L/R_L$ 等的比例因子只是 kT/q,而 MOST 中却是 $(V_{GS}-V_T)/2$。

这是双极型晶体管的失调量如此小的两个重要原因。

而且双极型晶体管失调电压随温度的漂移很容易控制,将 v_{os} 对 T 求导得到的是 v_{os} 除以 T 的绝对值。将失调电压 v_{os} 修整到较小值的同时也会减小它的温漂。对于 MOST 却不是这样,因为 MOST 的失调和失调的温漂没有任何关系。

因此双极型晶体管适用于高温工作,因为此时产生一个较低的失调。如果必须采用 MOST,那么必须配置失调取消电路来实现斩波和自动归零(Ref. Enz,Temes,Proc. IEEE,Nov. 96,1584-1614)。

然而双极型晶体管的主要问题在于它存在基极电流,下面就此展开讨论。

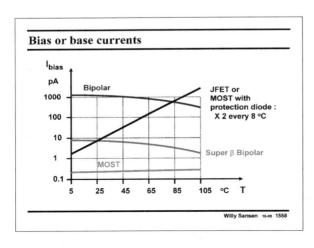

1558 双极型晶体管的基极电流可能会很高,在本幻灯片中我们可以看到一些运算放大器的输入电流,在这些运算放大器中输入器件采用不同的工艺实现。

传统双极型晶体管运放的电流是 μA 级的,因此它们的基极电流为 nA 级。由于 β 随温度增加,因此基极电流随温度而减小,在功率应用中这显然是个优点。如果采用超 β 器件,基极电流会进一步减小,β 可以超过 3000,因此基极电流会变得更小。另一方面,我们却不能使集电极电压超过几伏特。

至少在没有保护器件时,MOST 有最小的输入电流,这些保护器件包括一些二极管,它们的漏电流随着温度的增加而急剧增大(每 8℃ 增大一倍),这与 JFET 很相似。

传统双极型晶体管具有最大的基极电流,可以采用一些电路技术来补偿这些电流,下面对这方面进行讨论。

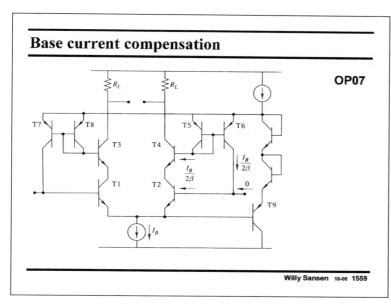

1559 图中是一种较早的输入电流补偿方式。

我们使 T1 和 T3 匹配,在这种情况下,它们的基极电流基本一致。一个电流镜感应了进入 T3 基极的电流并将其传入 T1 基极。

一个钳位电压加在 T5～T8 的发射极与输入管 T1、T2 发射极之间,因此 T1、T2 的集-射极压降永远不会超过 0.7V,此时 T1、T2 可以采用超 β 器件。

基极电流通过这个附加电路得到了补偿,不再需要外部提供电流了。可是由于 T1 和 T2 以及 T7 和 T8 不可能完全匹配,所以总有一些外部输入电流存在。

这个电路的主要缺点是差分对的两边采用了两个基极电流补偿电路,这些附加电路的噪声会从输入端注入,使噪声性能下降。

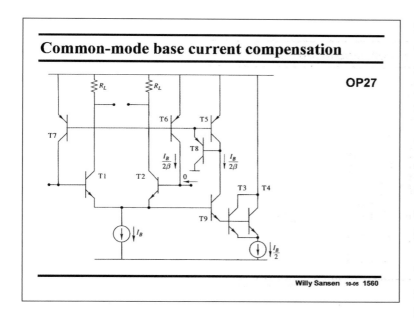

1560 一个较好的解决方式是在两输入端公用一个电流源,因此由这个附加电路产生的噪声就会在差分输出端抵消,电路如图所示。

本幻灯片中我们可以看到,使 T1、T2 与 T3、T4 都匹配,T3、T4 基极电流通过共发共基管 T9 感应,由 T5～T8 镜像后注入输入管的基极。

由晶体管 T3～T5、T8～T9 产生的噪声在差分输出端抵消了,只有 T6 和 T7 产生的噪声仍然不同,附加在信号路径中。

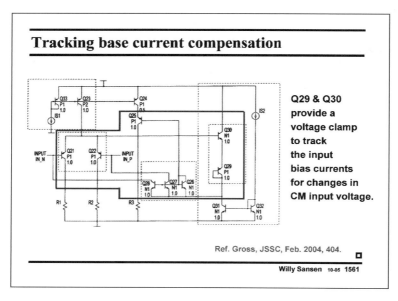

Tracking base current compensation

Q29 & Q30 provide a voltage clamp to track the input bias currents for changes in CM input voltage.

Ref. Gross, JSSC, Feb. 2004, 404.

Willy Sansen 10-05 1561

1561 为了实现更加精确的基极电流补偿，需要更加精确的电流镜。这就要求实现镜像电流的晶体管必须有相同的电流、相同的 β 值以及相同的 v_{CE}，该实现电路如本幻灯片所示。

如果输入晶体管 Q21、Q22 与 Q25 匹配，那么就能实现精确的电流补偿，Q25 的基极电流通过 Q26～Q28 镜像，并注入输入晶体管的基极。

为确保 V_{CE25} 与 $V_{CE21、22}$ 相等，一个约为 1.4V 的钳位电压（或者是 $2V_{BEon}$）加到 Q29、Q30，这个钳位电路（或者自举电路）感应输入晶体管 Q21、Q22 源端的共模输入电压，并使电流镜晶体管 Q26～Q28 的源端电压低于共模输入电压的值为 0.7V 的常量（或 V_{BEon}），结果自举环路中的所有晶体管（蓝线）都将跟随共模输入电压。

因此 Q25 的基极电压总是与平均的（或者共模）输入电压相等，Q25 的集电极电流也与 Q21、Q22 的相等，其 v_{CE} 也相同，因为电阻 R1～R3 相等。

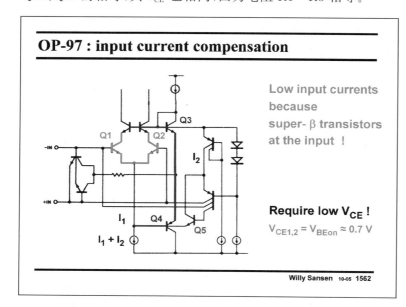

OP-97 : input current compensation

Low input currents because super-β transistors at the input !

Require low V_{CE} !

$V_{CE1,2} = V_{BEon} \approx 0.7 \ V$

Willy Sansen 10-05 1562

1562 图中采用了相似的钳位电路，晶体管 Q3 和 Q4 使输入晶体管 Q1 和 Q2 保持了一个 0.7V 的电压降，这些器件通常是超 β 晶体管，因此它们的 v_{CE} 一定比较小。它们的基极电流来源于一个电流镜，电流镜从 Q5 的基极得到输入电流，因此 Q5 必须与输入晶体管较好地匹配。

实际的电流如下所述。

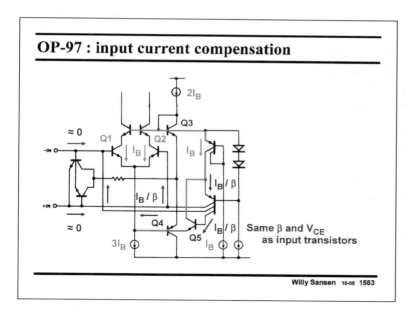

1563　在图中所有相关的电流都已经标出，单个输入晶体管 Q1（或 Q2）的直流电流以 I_B 表示，因此所有其他晶体管的直流电流也都是 I_B，Q5 的基极电流是 I_B/β，因此注入输入晶体管的基极电流也是 I_B/β。

因此，外部的输入电流将接近于零。

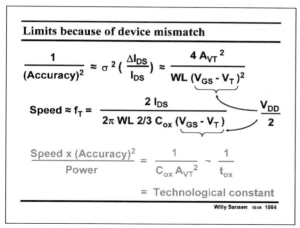

1564　从图中明显地看出，失配成为限制特定频率、特定功率上获得大动态范围的主要原因。

如果仅仅是阈值电压的离散限制了精度，那么精度可由最上面的公式表示。

此外，速度与晶体管的 f_T 相关，f_T 的表达式在第 1 章中已经推导过。

在一定功率损耗情况下，速度与精度的乘积可以表示为一个因子，该因子在确定的 CMOS 工艺中为常数。因此在相同的工艺中，如果速度与功率损耗已经确定，就存在着一个信号-失真比率的上限。此处假定失真是由失配引起的。

而且由于 A_{VT} 与氧化层厚度呈比例，对于深亚微米或者纳米 CMOS 工艺，图中乘积项相应增大。显然这是我们所期望的！

这意味着纳米 CMOS 在信噪比不变以及给定频率上能够提供更低的功率。

1565　显然噪声也是限制在特定功率和频率上获得更大动态范围的基本原因。

S/N 限制既可以用电阻热噪声也可以用电容噪声带宽来计算。

在这两种表达式中，V_{pp} 是所能获得的最大峰峰值电压，V_{pp} 与电源电压 V_{DD} 的值相等，它在最小功率损耗的表达式中被消去，只留下信噪比 S/N 和带宽。

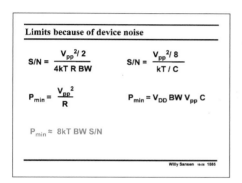

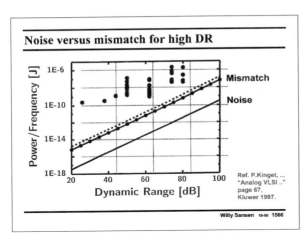

1566　图中给出了受限于失真（失配）和噪声两种情况下的动态范围，在确定频率下实现确定电路（滤波器、ADC等）的功率损耗与动态范围的曲线如图所示，曲线由前面给出的表达式计算得到。

图中也给出了一些测试点，它们来源于 IEEE 固态电路期刊的论文，数据来源于 ADC、时序滤波器和开关电容滤波器电路（没有由时钟引起的功耗）。

显然对于确定的动态范围，失配比噪声能够获得更实际的功率/频率的估计，失配对模拟集成电路精度的限制比噪声严重得多。

1567　作为本章的结论，我们关注深亚微米 CMOS 工艺的最大动态范围。

如 SIA 路标预计（见第 1 章），对于不断减小的沟道长度，电源电压也在不断减小，最大的信号摆幅与电源电压呈固定的比例，并且取决于允许的失真。

图中的参数 A_{VT} 描述了关于阈值电压的离散是减小的，但是如果采用最小尺寸器件，V_T 的离散是增加的。如果离

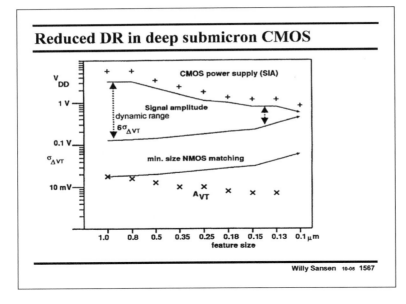

散乘以 6 倍，那么图中留下的动态范围很小，可以看出对于 90nm 以下的工艺动态范围将变为零。

在一些应用领域中这样小的动态范围可能已经足够了，一些生物医学应用可能只需要 20dB 的动态范围，但是大多数的通信领域需要超过 70dB，为了达到这样高的值，电源电压不能减小，必须减小失真（见第 18 章）并且采用大于最小尺寸的晶体管。

混合信号芯片中模拟部分将占用越来越多的面积，这种情况也已经开始出现。

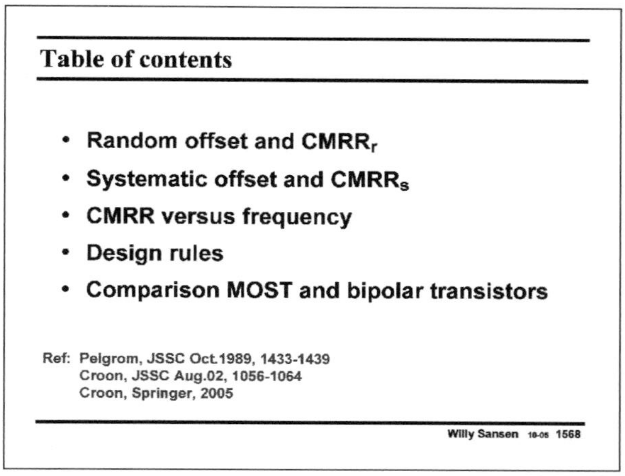

Table of contents

- **Random offset and CMRR$_r$**
- **Systematic offset and CMRR$_s$**
- **CMRR versus frequency**
- **Design rules**
- **Comparison MOST and bipolar transistors**

Ref: Pelgrom, JSSC Oct.1989, 1433-1439
Croon, JSSC Aug.02, 1056-1064
Croon, Springer, 2005

Willy Sansen　19-05　1568

1568　本章我们介绍了处理失配的一些机制，讨论了随机失配以及系统失配。

为了研究失配问题，我们引入了失调以及共模抑制比等指标，这两个指标是相关的。

还列出了用于改善失配的一些版图设计规则，而这些规则会使得芯片面积增加。

最后对双极型晶体管的匹配作了一个简单的比较，并且在受限于失真（失配）和噪声的两种情况下，给出功耗相对于动态范围和频率的限制关系，结果表明失配是最严重的限制因素。

第 16 章　带隙与电流基准电路

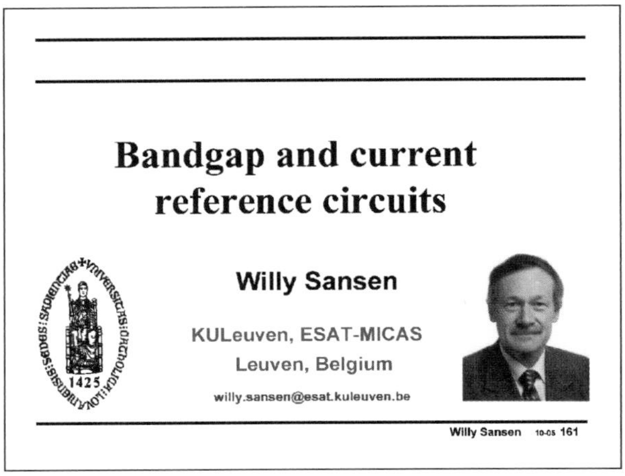

Bandgap and current reference circuits
Willy Sansen
KULeuven, ESAT-MICAS
Leuven, Belgium
willy.sansen@esat.kuleuven.be
1425
Willy Sansen 10-05 161

161　带隙基准直接来源于硅的能带隙，因此它能提供唯一的、其值约为 1.2V 的实际可用基准电压。

电流基准实际上并不存在，它由带隙电压基准和一到两个电阻的组合中得到。

在本章将看到如何实现具有高精度的电压基准，此外它的温度系数可以减小到 ppm/℃。因此它们可以在很大的温度范围内使用。

Voltage regulator
VDD
Vout
R1
R2
Vref
Vout = Vref (R1 + R2)/R2
Willy Sansen 10-05 162

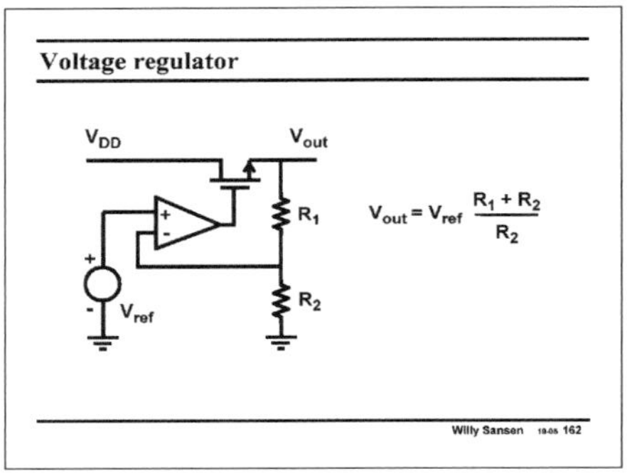

162　首先来看一下电压基准实际上是做什么用途的。

它们被用在 AD 转换器中，同样可以应用在电压和电流稳压器中，这两种电路图均已给出。

电压稳压器通过比例电阻相对于基准电压来锁定输出电压，实际上这是一个两级反馈放大器，V_{ref} 为输入。第一级为运放，第二级为源极跟随器，该跟随器依靠宽长比 W/L 向负载传输大电流。

图中负载未画出，它通常由电阻和电容组成，其变化范围很大，取决于从稳压器中获取的电流。

电源电压 V_{DD} 通常有波纹，该波纹会被稳压器抑制。输出电压的精度取决于比例电阻的精度和基准电压的绝对精度。比例电阻如果面积较大，精度可小于 0.1%（见第 15 章）。因此最后的精度会取决于基准电压的绝对误差，我们将看到其值也可以达到 0.1%。

Current regulator
Iout
Vref
R
Iout = Vref/R
V1
V2
Iout = (V1 - V2)/R
Willy Sansen 10-05 163

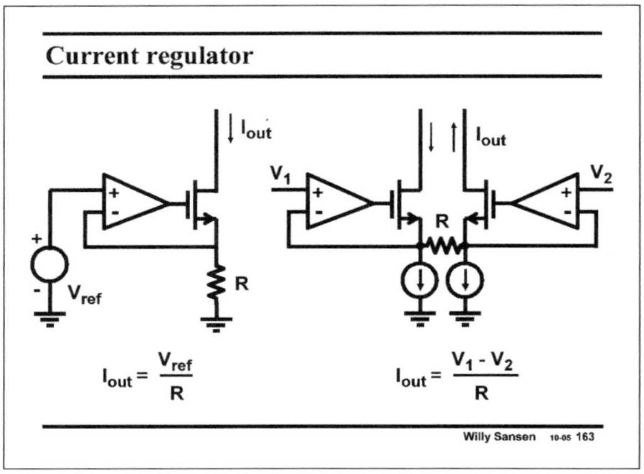

163　可以很容易地用电压基准构成电流稳压器。

单端形式见图左，差分形式见图右。

在这两种情况下，基准电压被一个运放和一个电阻转换成电流，输出电流的绝对精度取决于电压基准和电阻的绝对精度,显然后者的精度是最差的。

在电流基准部分,给出了几个可使用电阻的例子,但是它们的绝对精度会是个问题。

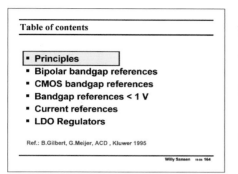

164 回顾一下双极型晶体管的物理性质,来分析一下绝对精度和温度系数来自何处。通过加上修正电路来补偿被温度影响的输出电压。

在双极型工艺和 CMOS 工艺中来讨论一下几种实现方法。

对于小于 1V 的电源电压,它仍可使用同样的原理,但是必须要加上更多的电阻。

最后,可以通过合理地使用一些电阻采用带隙基准构成电流基准。

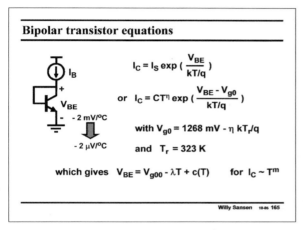

165 带隙基准电压使用了一个接成二极管形式的双极型晶体管,它的电流-电压表达式可用指数形式精确地给出。一个实际的 pn 结在 kT/q 前可能有一个 1.05~1.1 的系数,但是接成二极管形式的双极型晶体管却没有。

对于恒定电流驱动,该二极管受温度影响非常大,约为 $-2\mathrm{mV/℃}$,我们想把该值降到 1/1000 以下。

为了实现上述目标,需要一个明确表示温度关系的电流表达式。V_{g0} 是绝对零度时的二极管电压,其值与温度相关,给出的 T_r 值为 323K 即 50℃。50℃的温度在我们所关心的温度范围的中间,该温度范围为 0℃~100℃。

在该温度范围内,本幻灯片中给出的这些值都是很好的经验近似,η 约为 4,这样 V_{g0} 的实际值约为 1.156V(kT_r/q 约为 28mV)。

如果想让电流依赖于温度的 m 次指数,那么 V_{BE} 可写成本幻灯片中的形式。V_{BE} 与温度的线性系数称为斜率 λ,还有一个修正值 c(T),称为曲率。

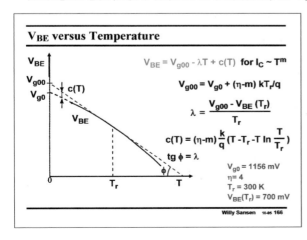

166 出现了新的零温度值 V_{g00},该值为一外推值,如本幻灯片中所示。V_{g00} 通常比 V_{g0} 大。对于恒定电流(m=0),其值约为 1.268V。

显然曲率是与温度有关的复杂函数,但它很类似一个抛物线二次函数。它的最大值在绝对零度,为 112mV(如果 m=0)。如果让 m 值更大,曲率会变得更小。

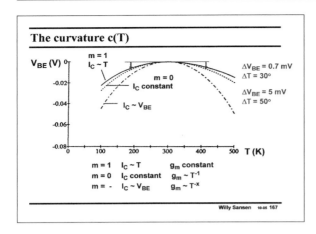

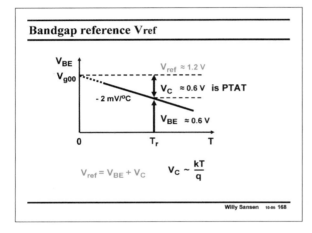

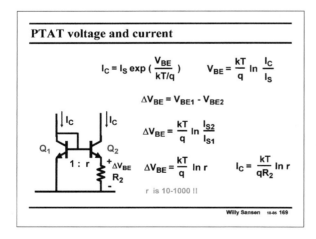

曲率在下一张幻灯片中单独画出。

167 从该草图中可以清楚地看出曲率并不是一直都很重要。

对于一个与温度无关（m＝0）的电流，距离基准温度 T_r（本例中为 300K）为 50℃时，曲率校正值仅为 5mV，它与幅度的不匹配为同一数量级。因此如果温度范围不是很大，曲率可以被忽略。

如果让电流有一个正温度系数（m＝1），那么曲率校正值会更小。例如，这就是所需要的（双极型晶体管）跨导 g_m 温度无关的情况。

因此，在很多应用中，可以忽略曲率这一项，我们主要关注系数为 λ 的线性项。

168 对于一个恒定电流，采用二极管连接的晶体管电压 V_{BE} 随着温度以斜率 λ 线性下降，λ 值约为 $-2mV/℃$。

如果现在找到一种方法：加一个具有同样斜率 λ，与绝对温度呈正比（PTAT）的电压 V_C 到 V_{BE} 上，那么将得到一个与温度无关的电压 V_{ref}。而且，我们将发现该 V_C 电压就是带隙电压，它的绝对精度很高。

因为 V_{BE} 与 V_C 大小相似，所以基准电压 V_{ref} 值约为 1.2V。又因为实际的 V_{BE} 值很难预测，我们需要调整所加的电压 V_C 值，这样基准电压 V_{ref} 值会在基准温度 T_r 附近保持不变。

169 现在采用这样的二极管来构造一个电压基准。

需要构造一个能提供 PTAT 电压 V_c 的电路。

图中为这样的一个电路，它包含了一个双极型晶体管电流镜。Q2 比 Q1 的尺寸大得多，尺寸比例为 r，这样 Q2 的 V_{BE} 会比 Q1 的小。两晶体管之间的 ΔV_{BE} 由电阻 R_2 上的电压体现出来。

等式表明 R_2 的电压为一 PTAT 电压，通过 R_2 的电流也是 PTAT 电流，显然，只有在 R_2 的温度系数可被忽略时上述说法才成立。

同样需要注意是两个二极管的电流 I_C 相等。

例如,如果 $r=10$,那么 ΔV_{BE} 约为 60mV。若 $R_2=2\text{k}\Omega$,则电流为 $30\mu A$。

显然,该电流必须是在两个晶体管的电流与电压呈精确指数关系的区域。小尺寸晶体管 Q1 的电流密度要高得多,这有可能导致一些不匹配的问题。

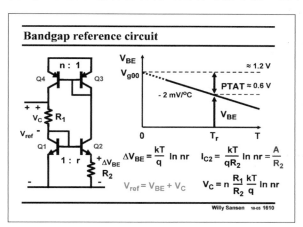

1610 记住两个管子的 I_C 必须相等,这可由电路上面部分的另一个电流镜来保证,另外,上面的 pnp 电流镜可以采用另一个电流比率 n。

现在的结果是 ΔV_{BE} 和电流均为 PTAT,系数为 nr,也可以发现电压 V_C 为 PTAT 电压,其值与电阻比率呈比例,而现在可以精确地获得电阻的比率。

现在基准电压是 V_{BE} 和附加电压 V_C 之和,通过调节电阻 R_1 可调整 V_C 值,得到的结果约为 1.2V。

在该带隙基准中有两个参数很重要。

第一个是输出阻抗,它表明是否可从基准中获得电流,为了达到该目的,常常加上射极跟随器,或者是一个额外的电流镜,该实现方法后面要举例说明。

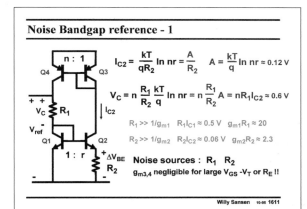

另一个是输出噪声,因为该基准电压可能被用来偏置许多电路,它的输出噪声有进入电路的危险,这必须要避免。

1611 对于噪声的主要问题是:是否使用小电阻来实现大电流,或者相反。

本幻灯片中又给出电流和附加电压 V_C 的表达式。引入参数 A 来简化表达式,nr 乘积为 100 时 A 值约为 0.12V。

V_C 值仍约为 0.6V。

主要的噪声源是两个 npn 管 Q1、Q2 和两个电阻 R_1、R_2。因为电阻值大于晶体管的 1/gm,所以电阻贡献的噪声占主导地位。

通过合理地选择 $V_{GS}-V_T$,或者增加一系列电阻,上部分的晶体管 Q4、Q5 噪声可被忽略。

显然,若选择大电流,那么电阻值必须小。这样会对输出噪声电压有利吗?

1612 等效输入噪声电压由本幻灯片中给出的两个电阻引起。

电阻 R_1 的电压噪声直接与输出相连,电阻 R_2 的噪声以电阻比率和系数 n

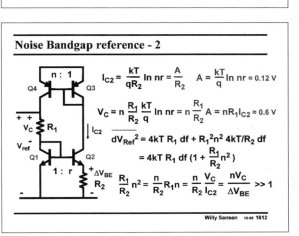

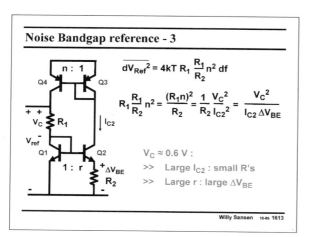

向输出端传送，电阻 R_2 对输出噪声的贡献比电阻 R_1 大得多。

实际上，电阻 R_2 的噪声被放大到输出端，而电阻 R_1 的噪声则没有被放大。

如何将输出噪声最小化？

1613　如果忽略 R_1 的噪声而只关心 R_2 产生的噪声，我们发现只有两个参数起作用。另外我们发现 V_c 值一直约为 0.6V。

第一个参数是 I_{c2}，增大 I_{c2}，电阻 R_2 值变小，它在输出端的噪声也变小。

另一个参数是 ΔV_{BE}。大的 ΔV_{BE} 需要一个大的 r 值，但是会减小输出噪声。从这点来看，使用一个大的 r 值比大的 n 值好。

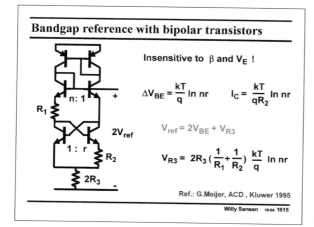

1614　现在原理已经很清楚了，下面看一下它们是如何在双极型工艺中实现的。

1615　双极型电流镜存在这样一个问题：因为基极电流和输出电阻的原因导致精度变差。另外，双极型器件间的失配会产生失调和误差电压。在该电路形式中，可以避免这些误差，上部分的 pnp 电流镜与 npn 器件相串联，同时使用一个两倍基准电压来减小失配。因此它的输出电压约为 2.4V。

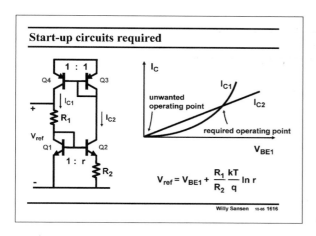

Start-up circuits required

$$V_{ref} = V_{BE1} + \frac{R_1}{R_2}\frac{kT}{q}\ln r$$

Willy Sansen 10-05 1616

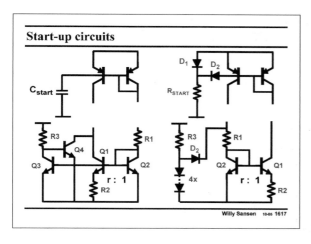

Start-up circuits

Willy Sansen 10-05 1617

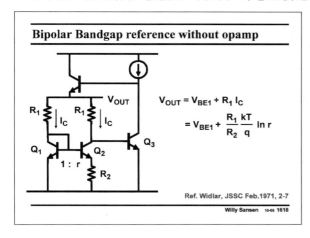

Bipolar Bandgap reference without opamp

$$V_{OUT} = V_{BE1} + R_1 I_C$$

$$= V_{BE1} + \frac{R_1}{R_2}\frac{kT}{q}\ln r$$

Ref. Widlar, JSSC Feb.1971, 2-7

Willy Sansen 10-05 1618

1616 这种基于两个电流镜的带隙基准有两个工作点,很有可能电流为 0,该电路不是自启动的。

画出两个电流对于公共电压 V_{BE1} 的曲线图可以发现这两个工作点,Q2 的电流线性更好,因为它有一个反馈电阻 R_2。

上部分的电流镜增益为 1,现在可以在线的相交处找到工作点。

因为 0 电流也可以与所需要的工作点一样工作,因此需要启动电路。

1617 本幻灯片中列出了一些简单的启动电路。

当电源接通后,pnp 电流镜的基极电容获取电流,该电流流过 pnp 晶体管,开始注入下部分的 npn 晶体管,偏置带隙基准电路。

但是如果由于一些其他的原因导致电流降为 0,那么必须重新接通电源。

其他的电路在这个方面要好些。当电源接通,二极管 D_2 正向偏置,从 pnp 中获取电流,并为整个电路提供偏置。但是,电流同样流过电阻 R_{START},该电阻上的电压升高直到低于电源电压约 0.7V。这时 D_2 反向偏置,与实际的带隙电路断开。在这种方式中,带隙中的电流没有被扰动。

一个采用二极管的类似电路在本幻灯片的下面部分。

图中左下方的启动电路是不同的。当电源接通,Q4 开始获取电流,偏置带隙基准。该电路会驱动 Q3,而 Q3 又会关闭 Q4。因此 Q4 不会影响带隙电路中的电流平衡。

1618 本幻灯片显示了最早的一种带隙基准电路。

PTAT 电流发生器 Q1-Q2-R_2 通过电阻 R_1 提供了一个 PTAT 电压。该电压被加到 Q1 管的 V_{BE1} 上,接近真正的带隙基准电压。

又因为使用射极跟随器来闭合输出端的反馈回路,所以输出阻抗比较低。

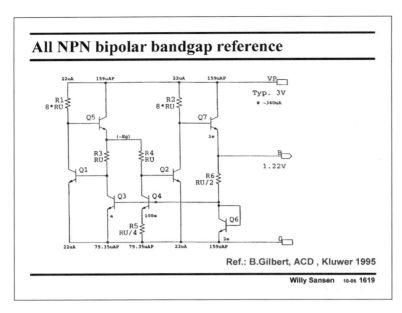

Q5 和 Q7 的发射极电压相等,该电压即为带隙电压。实际上,调节电阻 R6 也可以获得精确值为 1.22V 的带隙电压,显然该带隙电压即为 Q6 的 V_{BE} 和电阻 R6 上的电压 V_C 之和。

1619 本幻灯片中给出了一种全 npn 管实现的带隙电路,其电路结构不是很简单但是非常对称。

Q3 与 Q4 的尺寸比例为 100,这样可以得到一个相当大的 ΔV_{BE}(约 120mV),这样便于降低其对失调和噪声的敏感度,图中显示的为 RU = 6kΩ 时的电流值。

两个晶体管中的电流保持相同,因为它们有相同的反馈网络 Q1-R1-Q5 和 Q2-R2-Q7。因此,

因为使用射极跟随器和反馈,所以能得到低的输出阻抗。

通过增加一个通过 Q6 的电阻 RU 和在输出端增加另外的射极跟随器,可以对曲率进行补偿,增加另外的射极跟随器可以将输出电压降到约为 0.4V(未画出)。

1620 与一个晶体管对相比,运算放大器可以提供更高的环路增益。

在该带隙基准中,运放得到一个输出电压,其对应的差分输入为 0。如果我们选择电阻 R 使其上面的电压为 0.6V,那么输出电压为 1.2V。至少在低频下输出阻抗非常低。

图右边的带隙基准应用了同样的方法。因为该电路使用了晶体管,晶体管的集电极连到电源上,因此它的 PSRR 比图左边的差。

1621 这种带隙基准所能得到的绝对容差是多少?

对本幻灯片中的电路,采用了前面幻灯片中电流和电压的表达式。

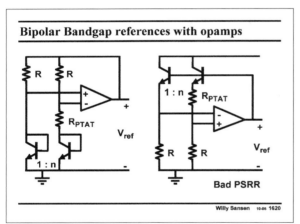

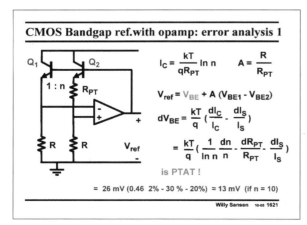

可以将两项进行区分,第一项是 V_{BE},第二项是 $A\Delta V_{BE}$。

本幻灯片中采用了第一项 V_{BE},对第一项进行全微分后得到了图示的三项,第一项最小,另外两项大小相当。把它们按照所给的数值计算后,会发现有 13mV 的误差。

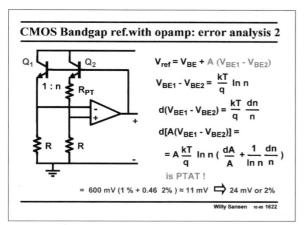

但是该误差是 PTAT,可被修正掉。

1622　现在对第二项进行全微分。

现在百分比变小,比例系数为 V_{BE} 而不是 KT/q,因此绝对值和幅度一个数量级。对于图中所给数值,误差为 11mV。

当把这两个误差加到一起得到 24mV,该值约为带隙基准电压的 2%,其为 PTAT,可被修正,例如调整 A 就可以进行修正。

从分析中,可以清楚地看出曲率比误差小。

同样,运放的失调没有计算在内,它和两个晶体管的 V_{BE} 差值的影响是一样的。但是,使用断续放大器可以消除该失调量。

1623　与一个晶体管对相比较,运算放大器可以提供更高的环路增益。

在该带隙基准中,运放得到一个输出电压而此时差分输入也为零,如果选择电阻 R 的值使其压降为 0.6,则输出电压约为 1.2V。输出阻抗至少在低频时就很低。

图中的带隙基准电路也是同样,但是它的 PSRR 更差,因为它采用了漏极连到电源的晶体管。

1624　如果有必要,总是可以对曲率进行校正的。通常的方法总是采用两个不同曲率的带隙基准。前面已经知道电流与温度无关(m=0)的曲率校正值要大于电流和温度相关(m=1)的曲率校正值。对应的非线性的比率为 $\eta/(\eta-1)$,该比率实际上与使用的电流值无关。

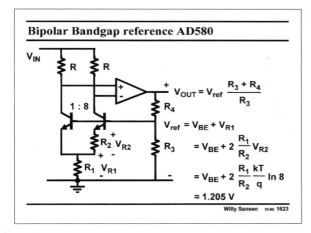

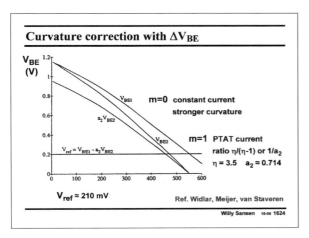

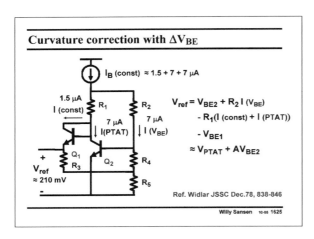

输出电压中额外增加的部分实现了对曲率完美的补偿,曲率补偿也可以采用下面所示的其他方法。

1625 本幻灯片阐述了另一种曲率补偿方法。

具有三个不同温度系数的电流是可以得到的,而总电流 I_B 与温度无关。

表达式表明基准电压也可以与温度无关。因为它是不同 m 和曲率的电流组合,它也可以处理成与曲率无关。

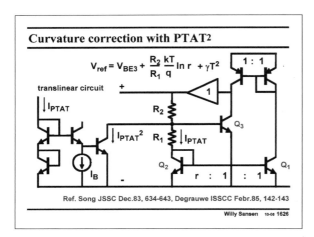

1626 另一种曲率校正的方法是注入抛物线电流,从前面的幻灯片看出,曲率误差具有很强的抛物线形状。

注入一个反抛物线形的电流肯定可以校正曲率。

由左边的跨导线性电路产生抛物线电流和其二次项。所有的晶体管工作在弱反型区,在该区它们电流-电压呈指数关系,因而 V_{GS} 之和转化为电流的乘积,该技术也被用来偏置许多 AB 类级的输出晶体管。

PTAT 电流二次项的一小部分被加到带隙电压上,因此现在需要一个二次修正。

1627 在 CMOS 工艺中实现带隙基准电压并不那么容易。带隙基准电压本质上应该被接到一个 pn 二极管上,或者更应该接到二极管连接方式的晶体管上。这样的器件必须具有指数特性和可再生的电流-电压特性。

这样的器件在 CMOS 中不容易得到。

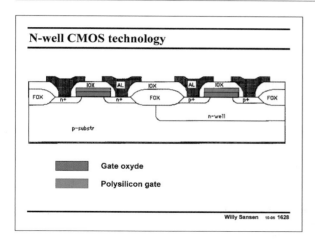

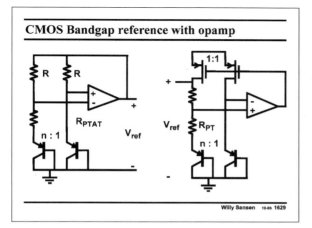

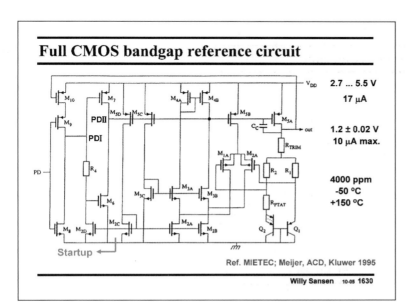

1628　在 n 阱工艺中,横向的 npn 管和 pnp 管均容易得到。但是它们的 β 值很低,另外只能在一个比较窄的电流范围内获得电流-电压的指数特性。

另一方面,也可以使用垂直的或衬底的 pnp 晶体管,它的基极是 n 阱,集电极是公共的 p 衬底,因此它们所有的集电极接到一起。如果电路中集电极不接地,就无法使用。它们的 β 值适中,输出阻抗非常高。

1629　本幻灯片中显示了两种实现方法。

集电极被接到衬底上。

显然,这两个电路只能在 n 阱 CMOS 技术中实现,这是没有问题的,大多数的 CMOS 工艺都是 n 阱的。

对于双极型工艺具有同样的优点。

但是这有一个重要的区别,CMOS 运放具有较大的失调。这就意味着如果失调为正,那么它们只能自启动。另外,失调会导致电流均衡有更大的误差,因此也导致输出电压有更大的误差。

右边电路的 PSRR 也比较差。

1630　本幻灯片给出了一个实用的带隙基准的例子。输出电压被调整到 1.2V ± 20mV。在很大的温度范围内温度系数仅为 4000ppm(0.4%),或 20ppm /℃。

PTAT 电流由晶体管 Q1、Q2 和电阻 R_{PTAT} 产生。电阻 R1、R2 相等,与一个被修正的电阻 R_{TRIM} 一起产生输出电压。

运放是一个折叠式共源共栅电路,M1/M2 为输入器件,M3/M4B 的漏极（PDⅡ点）为输出,它们在弱反型区工作,同时尺寸非常大,来抑制失调和 1/f 噪声。这是一个两级放大器,因此需要补偿电容。

启动电路在左边,它包含有掉电功能。M7 的漏极(PDⅡ点)偏置放大器和带隙基准。PDⅡ 和 PD 之间有两个反相器,由 M8/M9 和 M6/M7 构成。当 PD 为高,第一个反向器的输出为低(PDⅠ点),下一个反相器的输出为高(PDⅡ点),所有连接到该点的 pMOST 为截止,运放和带隙也一样。输出为低。

当 PD 为低,PDⅠ为高,PDⅡ为低,偏置所有连接到该点的 pMOST,输出由运放调节。电流镜 M2C/M2D 和电阻 R4 钳制在该状态,即使 PD 消失。

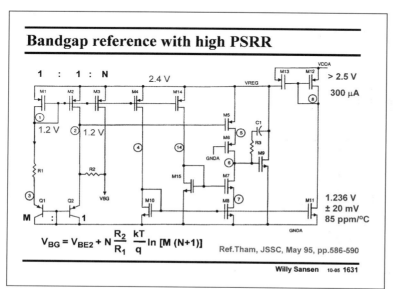

Bandgap reference with high PSRR

$$V_{BG} = V_{BE2} + N \frac{R_2}{R_1} \frac{kT}{q} \ln [M (N+1)]$$

Ref.Tham, JSSC, May 95, pp.586-590

Willy Sansen   10-05 **1631**

1631 为了提高 PSRR,可使用一个如本幻灯片中所示的内部电压稳压器。

很容易认出图左边的带隙基准电路。

稳压器的目的是保证节点 1 和 2 的电压完全一样,通过这种方式,大大提高 PSRR。

为了达到这个目的,使用了一个两级的运放,M5 为输入晶体管,M9 作为第二级。因此,VREG 被调节以使节点 1 和 2 的电压最大程度地相等。显然 M5 必须和 M9 匹配。

这样,PSRR 在 1kHz 处为 -95dB,在 1MHz 处仍为 -40dB。

1632 有时,要求电压基准既不是相对于地,也不是相对于电源,而是浮动的。这种情况就需要本幻灯片中所示的全差分运放电路。

左边电路说明了电路原理。右边电路中,两对接在衬底上的 pnp 管用来产生两倍的带隙电压,约为 2.4V。为了达

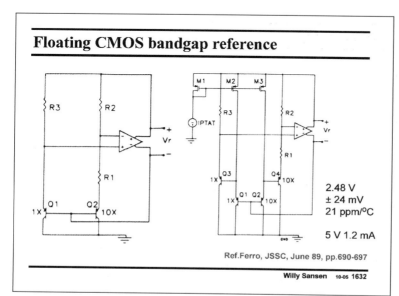

Floating CMOS bandgap reference

2.48 V
± 24 mV
21 ppm/°C

5 V 1.2 mA

Ref.Ferro, JSSC, June 89, pp.690-697

Willy Sansen   10-05 **1632**

到该目的,晶体管 Q1 和 Q2 被幻灯片中未显示的 PTAT 电流偏置。

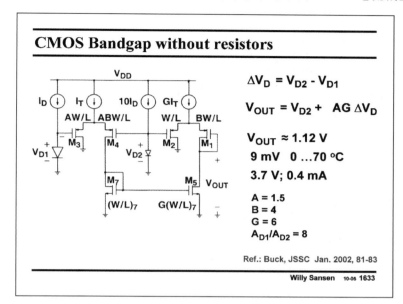

CMOS Bandgap without resistors

$\Delta V_D = V_{D2} - V_{D1}$

$V_{OUT} = V_{D2} + AG \Delta V_D$

$V_{OUT} \approx 1.12$ V

9 mV 0 ...70 °C

3.7 V; 0.4 mA

A = 1.5
B = 4
G = 6
$A_{D1}/A_{D2} = 8$

Ref.: Buck, JSSC Jan. 2002, 81-83

Willy Sansen 10-05 1633

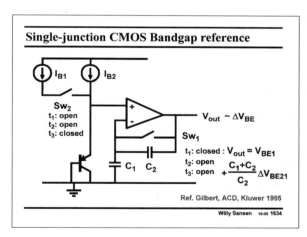

Single-junction CMOS Bandgap reference

$V_{out} \sim \Delta V_{BE}$

Sw$_2$
t_1: open
t_2: open
t_3: closed

Sw$_1$
t_1: closed : $V_{out} = V_{BE1}$
t_2: open
t_3: open $+ \dfrac{C_1+C_2}{C_2} \Delta V_{BE21}$

C_1 C_2

Ref. Gilbert, ACD, Kluwer 1995

Willy Sansen 10-05 1634

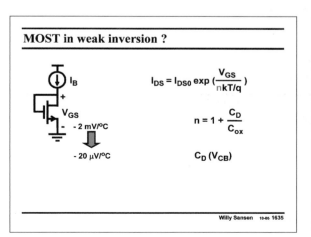

MOST in weak inversion ?

I_B

V_{GS}

- 2 mV/°C

- 20 μV/°C

$I_{DS} = I_{DS0} \exp \left(\dfrac{V_{GS}}{nkT/q} \right)$

$n = 1 + \dfrac{C_D}{C_{ox}}$

$C_D (V_{CB})$

Willy Sansen 10-05 1635

1633 有可能实现不用电阻的带隙基准。事实上,不同尺寸的 MOST 是用来放大二极管电压的差值。

图中有两个二极管,一个 10 倍大的电流 $10I_D$ 通过一个 1/8 小的二极管 D_2 产生了一个差分电压 ΔV_D,它是 PTAT 电压。这个电压通过一对差分管 M3/M4 放大,再通过 M7/M5 的镜像电路输出,另一对差分管 M1/M2 再将这个电流转化为电压。

输出电压是许多缩放因子如 A、B 和 G 共同作用的结果,因此要给 D_2 两端加上一个适当的电压。

输出电压约小于 1.12V,在 70℃ 的温度变化范围内,只有 9mV 的电压波动。

1634 PTAT 单元中的两个晶体管不匹配是一个问题,因此要采用同样的晶体管,以便于开关的导通与关闭。

在开关的第一个阶段,pnp 管只流过电流 I_{B2},放大器的增益为 1,因此输出电压为 V_{BE}。

在开关的第二个阶段,所有的开关都打开了,所有的电压都处于保持状态。

在开关的第三个阶段,pnp 管的电流为 $I_{B1} + I_{B2}$,晶体管的 V_{BE} 增加了 ΔV_{BE} 的值。更重要的是现在运放有一个增益,这个增益是由两个电容来控制的。因此 ΔV_{BE} 被放大,增加到先前保持的输出电压上。

结果总的输出电压为带隙基准电压。

1635 显然弱反型区的 MOST 的电流与电压存在一个指数关系,这个关系式与双极型晶体管一样好。所以,双极型晶体管的带隙基准就有可能复制到 CMOS 工艺中。

　　但是两者之间仍然有些不同。首先,对于弱反型区,电流相对比较小,电阻相对比较大,因此噪声性能不好。

　　而且 MOST 也会存在较大的失调电压,因此会导致更大的误差。

　　另外,MOST 的 I_{DS0} 的温度系数与双极型晶体管的不一样,再生性差。

　　最后,弱反型区 MOST 的指数关系中包含了一个因子 n,n 包含了一个耗尽电容,该耗尽电容又依赖于加在它上面的电压,因此它的值也是不可再生的。

　　显然当 MOST 处在弱反型区时,可以从双极型晶体管得到相同的预测结果。

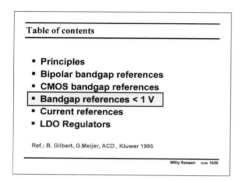

1636　　带隙基准电压总是 1.2V,那么下面研究如何将基准电压达到 1V 以下。

　　事实上,唯一的物理常数是带隙基准电压。如何在低的电源电压下利用带隙基准电压的特性呢?

　　答案是将带隙基准电压转化成电流的形式,然后进行计算来获得较低的输出基准电压。我们需要的电源电压至少是一个 V_{BE} 或几毫伏,可以使双极型晶体管偏置在非常小的电流下,使 V_{BE} 降到 0.5V。在这种情况下,可以获得一个相同数量级的最小的电源电压。

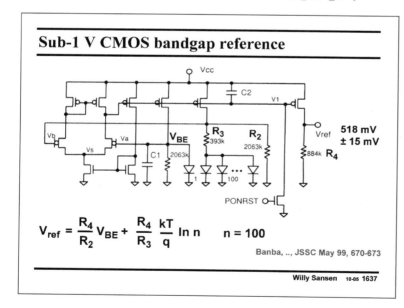

1637　　在本张幻灯片中给出了带隙基准电压低于 1V 的准则,这里基准电压约为 0.5V。

　　对于一个纯 CMOS 工艺,只可以用垂直的 pnp 管,将这些晶体管都用二极管来表示。

　　运放有足够的增益使得 Va 和 Vb 相等。这是一个两级的放大器,其中 C2 是补偿电容,注意到这里 C2 不是一个密勒电容。同时,所有 pMOST 的电流相同。

　　因为 Va 和 Vb 相同,那么这些节点到地的电流也必须相同。因此流过 R_3 的电流是 PTAT,而流过 R_2 的电流是 V_{BE}/R_2,这两个电流之和流过输出 pMOST。电阻 R_4 的值决定了输出电压。

　　但是对于运放的输入差分对来说,电源电压不能太低,输入电压不能低于 $2V_{GS} + V_{Dsat}$。对于一个 $0.5V$ 的 V_T 来说,这个电压差不多是 $1.6V$。因此这个运放限制了低电源电压的应用。

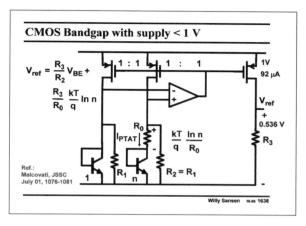

1638　该电路中运放的电源电压在 $1V$ 以下,结果产生了一个真正低于 $1V$ 的带隙基准电压。但是这里采用的是 BiCMOS 工艺而不是 CMOS 工艺。

　　电路原理与前面提到的很相似,运放通过反馈使其输入电压相等,该电压是 V_{BE},所有的 pMOST 具有相同的电流。

　　流过电阻 R_0 的电流是 PTAT 电流,它加到了一个 V_{BE}/R_2 的电流上,总的电流也流过输出晶体管。电阻 R_3 决定了输出电压,约为 $0.54V$。

　　最近,作者给出一个全 CMOS 版本的电路(Cabrini,ESSCIRC,2005),从 $-50℃$ 到 $160℃$ 的温度范围内,温度系数大约是 $7ppm/℃$,电源电压为 $1V$,功耗只有 $26\mu W$,采用一个折叠式共源共栅电路作运放。

1639　本幻灯片中给出了工作在低于 $1V$ 电源电压下的 BiCMOS 工艺的运放。

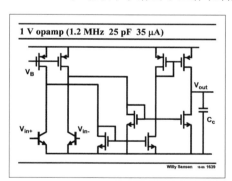

　　电路采用了伪差分输入级,输入电压连接到带隙电压 V_{BE} 上,实际上,输入晶体管与起带隙基准作用的、二极管连接方式的 npn 管形成了电流镜,这个电流就被很好地确定了。

　　输入管产生的输出通过一到两个电流镜传到输出端,因此这是一个单级运放。增益适中,但是通过 GBW 可以看出,主极点很高。

　　最小的电源电压是 $V_{GS} + V_{DSsat}$。对于一个约为 $0.5V$ 的 V_T,电源电压只有 $0.9V$。

1640　图中给出了启动电路。

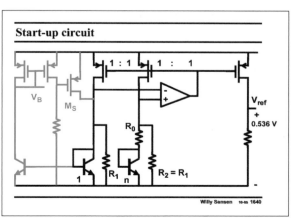

　　当电源电压增大时,电阻不流过任何电流,M_S 管导通,同时带隙基准电路也导通。

　　npn 电流镜开始工作,同时 pMOST 电流镜导通,晶体管的栅极总是设置在偏置电压 V_B 上。电阻上的电流现在很大,因此 M_S 的栅电压接近于电源电压,M_S 再次被关断了。这并不影响带隙基准的电流平衡。

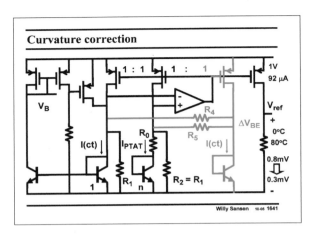

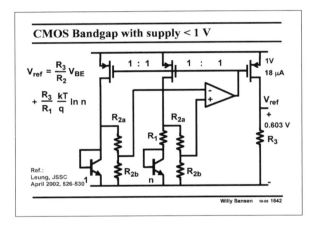

1641 现在有可能对曲率进行校正。

为了实现这个目的，增加了一个二极管和两个电阻 R_4、R_5。它们产生了一个值，该值等于用恒电流产生的结电压 V_{BE} 减去 PTAT 电流产生的结电压 V_{BE}，这就是曲率校正值，它的值是通过两个电阻来设置的。

这样在 80℃ 的范围内，曲率误差从 0.8mV 减少到了 0.3mV。

1642 这个电路又实现了一个低于 1V 电源电压的运放，又实现了低于 1V 的带隙基准。这次采用的是标准 CMOS 工艺。

原理与前面的电路差不多，运放通过反馈使它的输入电压相等，这个电压就是 V_{BE}。所有 pMOST 流过的电流都相同。通过电阻 R_1 的电流是 PTAT，该电流加到电流 $V_{BE}/(R_{2a}+R_{2b})$ 上，两电流之和也流过了输出晶体管。电阻 R_3 设定了输出基准电压，这里大约是 0.6V。

运放使用了一个折叠式共基共发结构，实际上它的输入电压范围包含了地。同样，如果采用低电压电流镜，那么也可以使用对称性的 OTA。

如果设计一个运放，使它工作在一个合适的输入电压范围，那么现在已经有好几种实现方式了。

1643 为了从带隙电压基准中得到电流基准，需要一个电阻。

电流的大多数不可靠因素都来源于电阻，同时电阻的温度系数是一个重要的原因。

1644 把电压转化成电流最精确的方法就是使用运放。

基准电压加在电阻上，输出电流与电阻上流过的电流精确地保持一致，主要的误差由运放工作点的失调产生。

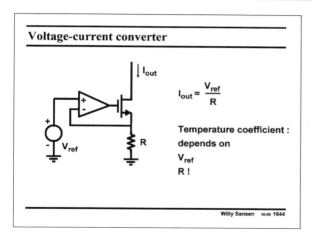

Voltage-current converter

$$I_{out} = \frac{V_{ref}}{R}$$

Temperature coefficient :
depends on
V_{ref}
R !

Willy Sansen   10-05 1644

电流基准的温度系数取决于带隙基准的温度系数和电阻的温度系数,可以用其中的一个来补偿另一个,取决于实际应用。

1645 电阻的温度系数依赖于器件的掺杂程度,这里只考虑硅工艺的集成电阻。

方块电阻温度系数较小的、高掺杂的电阻,与温度的关系比较小。

本幻灯片中给出了 n 掺杂区的情况,电阻率极大地依赖于载流子的迁移率。例子给出的是发射区的情况,也是 CMOS 工艺中的源区和漏区的情况。

低掺杂的电阻受温度的影响非常大,比如 n 阱的电阻就有很高的温度系数。同样,有很高电阻率($1\sim2$k$\Omega/\square$ 的电阻)的离子注入电阻温度系数很高,有一点依赖于退火。

基区电阻的曲线在中间,与采用的工艺相关。

在 MOST 的电流-电压关系式中的系数 K' 包含了迁移率,迁移率在一定范围内随温度而减小,典型值是 $K'\sim T^{-1.5}$。

1646 为了将一个带隙基准电压精确地转化成电流,可以采用本幻灯片中的电路。输入端加上一个大小为 1.25V 的带隙电压。

在 Q_2 的发射极和电阻 R_1 上有相同的带隙电压,因此流过 Q_2 的电流与温度无关。

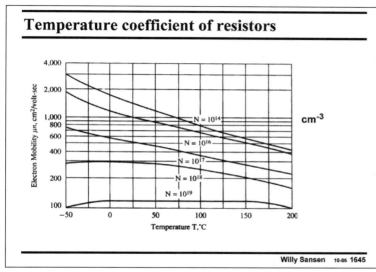

Temperature coefficient of resistors

Willy Sansen   10-05 1645

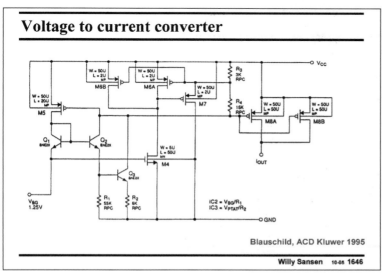

Voltage to current converter

Blauschild, ACD Kluwer 1995

Willy Sansen   10-05 1646

因此 Q_3 的发射极和电阻 R_2 上的电压是 PTAT，因为它是带隙电压减去一个 V_{BE} 的值，流过 Q_3 的电流也是 PTAT。

两个电流加在一起，在 R_4 上产生了一个输出电压，这个电压驱动了输出管，通过 M5 实现了电流反馈。

M6 取消了输出器件的阈值电压，这样使得电阻 R_3 对精度不起作用。晶体管 M6 是由 M4 和 M7 驱动的，在电压-电流转化过程中，它的栅极是虚地。

M6 和 M8 分别拆成两个晶体管，表明它们的尺寸都很大，通过共中心版图布局，使它们很好地匹配（见第 15 章）。

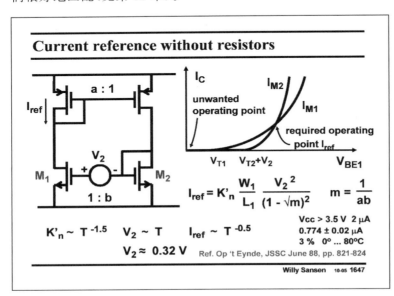

1647 也可以不采用电阻来实现电流基准，实际中，可以用 MOST 的沟道来作电阻。

电路包括了两组电流镜，器件尺寸比例是 a 和 b。nMOST 电流镜有一个大小为 V_2 的失调电压。这样，唯一可能的偏置点是零点和基准电流 I_{ref}。注意到这里没有考虑 nMOST 的衬底偏置效应。

本幻灯片中给出了基准电流 I_{ref} 实际的表达式，它依赖于漂移电压 V_2、比率 a 和 b、器件尺寸 W_1/L_1，尤其是包含迁移率的参数 K'。显然最后一项对于实现高精度是性能最差的。

而且系数 K' 的温度指数是负的，指数大小约为 -1.5。如果可以使 V_2 变成 PTAT，那么电流的温度指数大约只有 -0.5，这个确实是可以接受的。

怎么通过 MOST 来实现一个大小为 V_2 的 PTAT 失调电压？下面实现了一个 0.32V 的例子。

1648 在前面的幻灯片中提到，产生失调电压 V_2 的一个简单的方法是利用 MOST 的弱反型区。

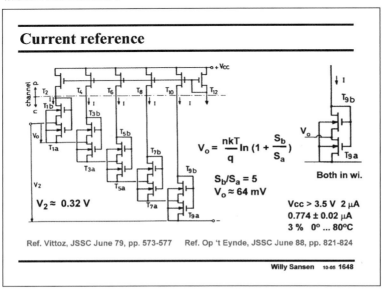

同样的方法,对于双极型 PTAT 单元,弱反型区的两个晶体管采用共栅连接(图中右边),下面的 T_{9a} 对于上面的 T_{9b} 来说是一个电阻。这种情况只有在上面的晶体管做得很大,以至于 V_{GS} 很小的情况下才有可能,V_{GS} 的电压差或者说是 T_{9a} 上的压降,用 V_o 来表示,那么它是 PTAT 电压。参数 S 表示 W/L,对于给定的值,电压 V_o 的大小为 64mV,该电压值只与 W/L 的比值和 n 相关。

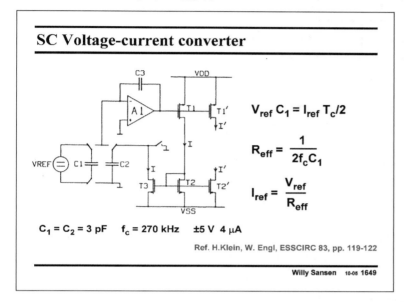

电路中有五个这样的单元串联,因此基准电压的大小为 320mV,对于抑制不匹配的效应来说已经是足够大了,电流的离散可以降低到 5%。

1649　可以不采用电阻,而使用开关电容来实现精确的电流基准。现在知道一个精确的电阻可以通过一个开关电容来等效,本幻灯片中采用的就是这样的电路。

如图,当开关关闭时,基准电压储存在电容 C_1 上,电容上的电荷是 $V_{ref}C_1$。

同时,半个时钟周期 $T_c/2$ 之后,电流通过 T3 对 C_2 放电,C_2 大小与 C_1 相同,通过 T3 的电流与基准电流 I_{ref} 相同。

注意,这里用的正负双电源供电。

另一方面,当开关闭合时,带有电容 C_3 的积分器 A1 使得 C_1 和 C_2 的电荷相等。否则,积分器调整流过 T1、T2 和 T3 上的电流,使其等于 I_{ref}。

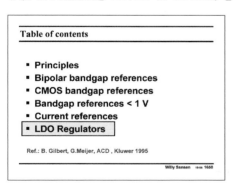

稳态时 C_1 和 C_2 上的电荷是相等的,在开关电容的等效中,有效电阻与预料的一样。

现在,电流是非常精确的,它只与晶体振荡器的时钟周期和电容的绝对值相关,它比电阻的绝对值要精确得多。

1650　电流和电压的基准都已经讨论过了,两者都可以用于电流和电压稳压器。这里将要讨论另一种稳压器,它是一个带可变负载的反馈电路,于是它的设计不那么直接了。

1651　本幻灯片中给出了两种稳压器。左边的输出管采用的是源极跟随器的结构,右边的输出管采用的是一个放大器结构。结果右边的电路在反馈环中多了一级,因此会更加趋向于不稳定。

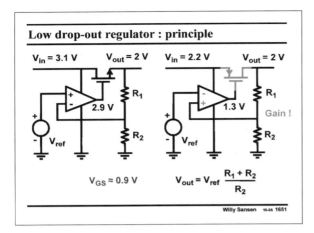

Low drop-out regulator : principle

$V_{in} = 3.1\ V$　$V_{out} = 2\ V$　$V_{in} = 2.2\ V$　$V_{out} = 2\ V$

2.9 V　　　　1.3 V　Gain !

R_1　R_2　V_{ref}

$V_{GS} \approx 0.9\ V$　　$V_{out} = V_{ref}\ \dfrac{R_1 + R_2}{R_2}$

Willy Sansen　10-05 1651

但是右边的这种结构却更常用,因为在输出器件上的压降比较小,因此功耗也比较小。

当负载阻抗变化很大时,稳定性问题变得更差。输出电流幅度会超过正常工作状态的三倍甚至更多,等效负载电阻会改变同样多,输出晶体管的跨导也会变化很多。记住非主极点是由该跨导来决定的。

补偿器件必须要覆盖输出负载的一个很大的范围,唯一的避免使用非常大补偿电容的方法是采用跟踪负载的补偿方案。

1652　在这一章中,讨论了带隙基准和电流基准的所有方面,对于双极型和 CMOS 工艺的带隙基准,做了很详细的讨论。

它们可以工作在低于 1V 的电源电压下。

电流基准实际上是不存在的,电压-电流基准的转化要采用分立电阻或者 MOST 的沟道电阻。

最后,要记住这些基准是应用于 ADC 和电压电流稳压器中的,这些反馈环的稳定性并不总是那么明显。

Table of contents

- **Principles**
- **Bipolar bandgap references**
- **CMOS bandgap references**
- **Bandgap references < 1 V**
- **Current references**
- **LDO Regulators**

Ref.: B. Gilbert, G.Meijer, ACD , Kluwer 1995

Willy Sansen　10-05 1652

1653　这里只列出了几个最重要的参考文献,它们是按照字母的顺序排列的。

从历史的观点来说,Widlar 是第一个关注这方面的人,紧接着就是 Kuijk 和 Brokaw,后面是 Gilbert 和 Meijer。

更多的参考文献可以从 IEEE JSSC 上找到,留给读者自己去研究。

References

P. Brokaw, "A simple three-terminal IC bandgap reference" JSSC Dec.74, pp.388-393

M. Degrauwe, etal, "CMOS voltage references using lateral bipolar transistors", JSSC Dec.85, pp.1151-1157

K. Kuijk, "A presicion reference voltage source" JSSC June 1973, pp.222-226

G. Meijer etal "An integrated bandgap reference", JSSC June '76, pp.403-406

G. Meijer etal "A new curvature-corrected bandgap reference" JSSC Dec.82, pp.1139-143

G. Meijer, "Bandgap references", ACD Kluwer, 1995

B. Song, P.Gray, "A precision curvature-compensated CMOS bandgap reference" JSSC Dec.83, pp.634-643

A. van Staveren etal "An integratible second-order compensated bandgap reference for 1 V supply", ACD Kluwer 1995.

R. Widlar, "New developments in IC Voltage Regulators", JSSC Febr.71, pp. 2-7.

R. Widlar, "Low-voltage techniques", JSSC Dec.78, pp.838-846.

Willy Sansen　10-05 1653

第 17 章　开关电容滤波器

171　工作在低频如语音信号、生物医学信号的滤波器有很大的时间常数,这种大的时间常数可以用大电容或者大电阻来实现,但是无论大电容或者大电阻都不易于集成。

而开关电容工作时可以作为一个很大的电阻,这样低频滤波器就不需要片外元件而变得易于集成。现在,开关电容在实现集成低通滤波器方面已经发起了一次革命。

因此,电容需要在时钟周期内不断地开启、关闭,这个时钟频率要比滤波器的工作频率高得多。

但是也出现了许多问题,比如这种开关对滤波器性能的影响,时钟频率相对于滤波器的频率需要高出多少,还有,这种滤波器可以实现多大的动态范围。

本章将对这些问题作出解答。

172　首先看一下开关电容的特性,电路的主要部分是电容、开关和运放。

接着研究积分器以及一阶和二阶滤波器。

最后,对专门用于开关电容电路中运放的指标进行讨论。

作为总结,将其和开关电流滤波器进行了比较。

下面先研究开关电容和电阻的等效关系。

173　在较高的时钟频率下,把一个电容接入和断开将对电容充电,产生一个尖波。

实际上,采用的时钟频率 f_c 有两个不交叠的相位 Φ1 和 Φ2,它们都要比周期 T_c 的一半小一些。

在状态 Φ1,对电容 C 充电到 V_1,然后在状态 Φ2 对电容 C 放电到 V_2,在整个周期 T_c 中从输入到输出端传输的电荷为 $C(V_1 - V_2)$。

在 Φ2 的开始状态,输出端的电流 I_2 会有一个尖波,电流的平均值为 I_{av},I_{av} 可以被认为

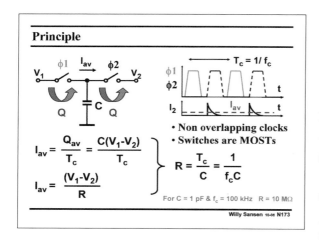

是从输入端流到输出端的电流的平均值,该电流由电压差值 V_1-V_2 产生,也可以把它看成 V_1-V_2 的电压差在电阻 R 上产生的电流。

取平均电流后,开关电容的工作就像一个电阻一样,滤波器工作频率与时钟频率相比非常低的时候,这个结果是可靠的。

等效电阻 R 的大小是 $1/f_cC$,将时钟频率和电容变小,可以使电阻增大。当时钟频率为 $100kHz$,电容为 1pF 的时候,可以获得的电阻为 $10M\Omega$,否则这样大的电阻是无法集成的。

174 以该低通滤波器为例,低频增益 A_{v0} 是电阻的比率,A_{v0} 可以做得相当精确。

f_{-3dB} 截止频率取决于电阻 R_2 和电容 C 的乘积,R_2C 的乘积无法做得非常精确,超过 20% 的误差不可避免。

将此电阻 R_2 用等效的开关电容来代替后,f_{-3dB} 就只包含了电容的比率,很容易实现高精度。

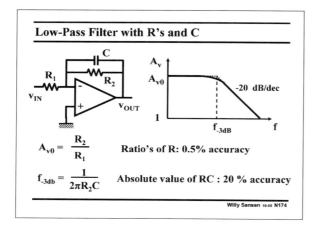

175 把所有的电阻用开关电容来代替,电路中就只有电容、开关和运放。

将表达式中所有的 R 用 C 来代替后,低频增益 A_{v0} 就是电容之比,电容的比率要比电阻的比率精确得多。

f_{-3dB} 频率也依赖于电容的比率,依赖于时钟频率 f_c 的绝对值。f_c 是由晶体振荡器产生的,非常精确(见第 22 章),电容的比率也可以做得很精确,电容的面积越大,匹配性也越好(见第 15 章),电容可以达到低于 0.2% 的失配。

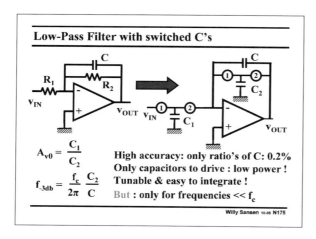

结果在低频处实现了一个全集成的低通滤波器。但它仍然存在着两个缺点,它只能工作于信号频率远低于时钟频率的情况,其次信号频率与时钟频率之比取决于电容的比率,电容比率太大是不易于实现的。因此,信号频率既不能太大,也不能太小。

最后,注意电荷在电路中的流向。在状态 1,输入电荷存储在 C_1。在状态 2,因为这个节点连接到运放的输入端上,回到了 0 电位,C_1 上的所有电荷都转移到了 C_2 上,改变了输出电压。电荷得到了保存,于是 $C_1 V_{IN} = C_2 V_{OUT}$。

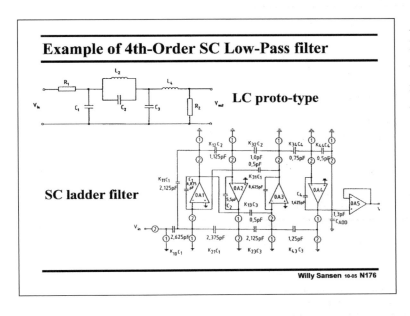

176　图中是一个采用等效开关电容的 4 阶 LC 梯形滤波器,还有一个周围全是开关电容的运放,运放 OA5 仅仅用作一个输出缓冲。

注意到这个滤波器只包括电容的比率,必须要选择最小电容值,在该例中,最小的电容是 0.5pF。

最小电容或单位电容选取得越小,寄生电容对电容比率造成的误差将越大。现在,$0.2 \sim 0.25$pF 的单位电容普遍的误差为 0.05%。

同样,运放只能驱动小的电容,但是在状态 1 和状态 2 中电容值是不同的。当设计这样的运放时,必须要考虑到所驱动的最大的电容值。

电容越小,功耗也会越小。

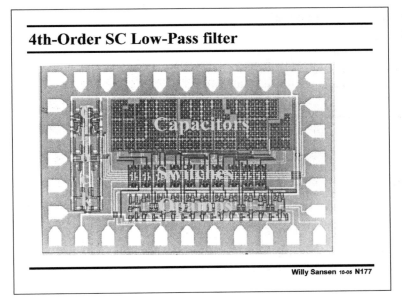

177　此外,开关电容滤波器的版图是相当有规则的。所有的运放在一边,所有的电容在另一边,开关在中间。

通常把所有的运放都做得相同,这样对于节省功耗来说不是最好的办法,但是却节省了设计的时间。

电容总是由电容阵列组成的,电容采用了整数个的单位电容,它们应该布局成最佳匹配。

可以更仔细地研究这些电容和开关。

Switched-Capacitor Filters

- **Introduction : principle**
- **Technology:**
  - **MOS capacitors**
  - **MOST switches**
- **SC Integrator**
  - **SC integrator : Exact transfer function**
  - **Stray insensitive integrator**
  - **Basic SC-integrator building blocks**
- **SC Filters : LC ladder / bi-quadratic section**
- **Opamp requirements**
  - **Charge transfer accuracy**
  - **Noise**
- **Switched-current filters**

McCreary, JSSC Dec 75, 371-379
Gregorian, IEEE Proc. Aug 83, 941-986

Willy Sansen 10-05 N178

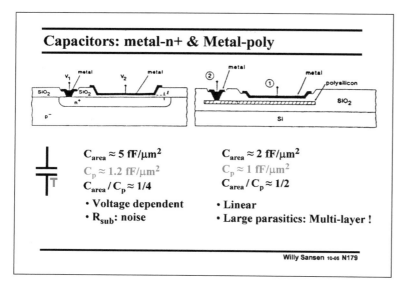

Capacitors: metal-n+ & Metal-poly

$C_{area} \approx 5 \text{ fF}/\mu m^2$
$C_p \approx 1.2 \text{ fF}/\mu m^2$
$C_{area} / C_p \approx 1/4$
- Voltage dependent
- R_{sub}: noise

$C_{area} \approx 2 \text{ fF}/\mu m^2$
$C_p \approx 1 \text{ fF}/\mu m^2$
$C_{area} / C_p \approx 1/2$
- Linear
- Large parasitics: Multi-layer !

Willy Sansen 10-05 N179

178 在现代工艺中,可以实现许多种类的电容。开关电容滤波器开始采用的是 MOS 电容,因此我们首先讨论 MOS 电容。

179 MOS 电容是由顶层的金属板(或多晶硅栅)和源极漏极的扩散区所形成的,薄的栅氧层起电介质的作用。本幻灯片中给出了 $0.35\mu m$ CMOS 工艺的电容值,它的栅氧厚度大约是特征尺寸的 $1/50$ 或者说是 7nm。这里 C_{ox} 的值约为 $5 \times 10^{-7} F/cm^2$(见第 1 章)。

但是 n+ 区的电阻比较大,会产生大的噪声,甚至它与电压的大小相关。

把电容的下极板用高掺杂的多晶硅来代替,电容性能会好得多,电容会更加线性。

现在,顶层的硅结构可以采用许多的金属层。任何一对金属层都可以选来用作电容的两个平板,但是需要符合两个准则:首先介质层必须是高品质的,其次介质层厚度必须再生一致性较好。因此工艺文件中通常要介绍哪对金属层最适合做电容,每单位平方的电容值是多少。

对于每个集成电容,下极板和其下面的一层有一个寄生电容 C_P。对于图中左边的电容,它是对衬底的结电容,对于图中右边的电容,它是多晶硅和衬底之间的寄生电容。该寄生电容相对来说比较大,在设计诸如滤波器的电路时,必须加以考虑。

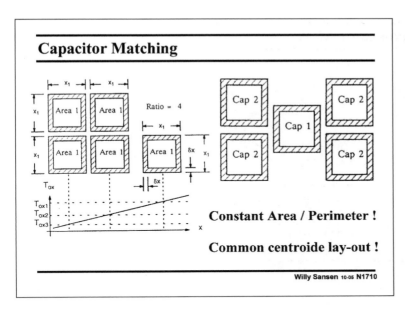

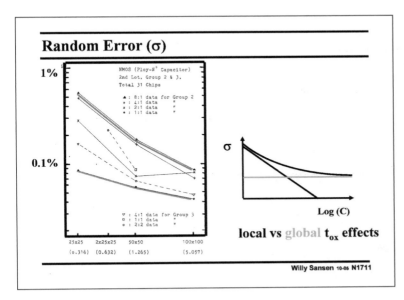

1710　要得到最为精确的滤波器的频率,必须做好电容的匹配。在第 15 章中,对电容的匹配问题做了详细的讨论,在此重述一下最重要的结论。

使两个或两个以上电容匹配的最好方法是使用整数倍的单位电容,它们必须有相同的形状、面积和周长比率,它们必须采用共中心版图布局。

例如,把电容 Cap1 放到 4 个电容 Cap2 的中间,可以获得 4 倍的比率,其中 Cap1 和 Cap2 的值相同。

而且如下张幻灯片所示,单位电容越大,匹配性越好。

1711　如本幻灯片所示,随着电容尺寸增大,随机误差 σ 值或者离散度减小,但是对不同的 CMOS 工艺,这些值都需要检验一下。显然不难获得 0.2% 的随机误差,如果面积大于 $50\mu m \times 50\mu m$,也能获得低至 0.05% 的误差。

曲线斜率取决于局部误差相对于整体误差的比率,因此它很难预测,应当取更大量的样本进行测量。

Capacitances in nanometer CMOS

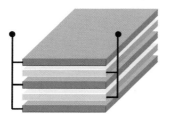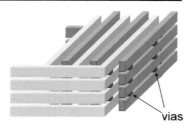

vias

- MIM capacitors
- 5 metal layers, 0.35 fF/μm^2
- Excellent matching

- Digital technology, no MIM cap.
- lateral metal-metal capacitance
- 8 metal layers, 1.7 fF/μm^2
- Good matching

Aparicio, JSSC March 02, 384-393

Willy Sansen 10-05 N1712

Switched-Capacitor Filters

- **Introduction : principle**
- **Technology:**
  - **MOS capacitors**
  - MOST switches
- **SC Integrator**
  - **SC integrator : Exact transfer function**
  - **Stray insensitive integrator**
  - **Basic SC-integrator building blocks**
- **SC Filters : LC ladder / bi-quadratic section**
- **Opamp requirements**
  - **Charge transfer accuracy**
  - **Noise**
- **Switched-current filters**

McCreary, JSSC Dec 75, 371-379
Gregorian, IEEE Proc. Aug 83, 941-986

Willy Sansen 10-05 N1713

1712 目前工艺已经能获得多层金属,用来制作水平电容或者垂直电容。

在水平电容中(左图),奇数层金属板并行连接到一端,偶数层金属板连在另一端,获得的电容典型值要比栅氧化层电容小得多。但是它们的击穿电压比较高,与尺寸相关的匹配也比较好。

也可以获得垂直电容(右图),侧面电容的值甚至比左边的更大,在纯数字 CMOS 工艺中也可以实现垂直电容,但是匹配性没有 MIM 水平电容好(垂直电容和 MIM 水平电容分别是 0.5% 和 0.2%)。

1713 既然知道能获得什么样的电容,能得到怎样的匹配,下面研究采用什么样的开关。显然如图所示,一个 MOST 可以作为一个理想的开关。

1714 nMOST 在时钟 Φ1 相位闭合导通,此时它的栅极相对于地为高电压 V_h。结果它的 V_{GS} 大,而 V_{DS} 较小,该 MOST 现在在线性区,表现为一个电阻,阻值是 R_{on},在此重复给出第 1 章中阻值 R_{on} 的表达式。

对于一个 0 输入信号电压 V_{sign},在 MOST 右端的源极也是 0。这种情况下 nMOST 的 $V_{GS} - V_T$ 的值是 $V_h - V_T$,这是最大的驱动电压,因此它的 R_{on} 是最小的可能值。

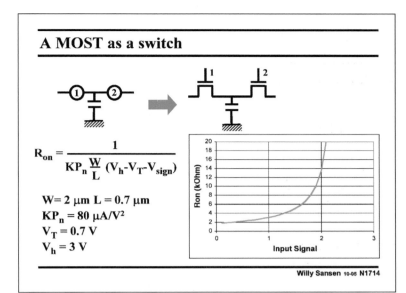

A MOST as a switch

$$R_{on} = \frac{1}{KP_n \frac{W}{L} (V_h - V_T - V_{sign})}$$

W = 2 μm L = 0.7 μm
KP_n = 80 μA/V²
V_T = 0.7 V
V_h = 3 V

Willy Sansen 10-05 N1714

对于一个大的输入信号电压 V_{sign}，$V_{GS} - V_T$ 值减小而 R_{on} 增大。一个 $2/0.7\mu m$ 的小开关验证了这一点，对于约为 $2.3V$ 的输入信号，$V_{GS} - V_T$ 为 0，R_{on} 变得很大，MOST 不再作为一个开关！驱动电压不够。时钟电压 V_h 不是足够大而使得开关导通！对这样的输入电压，时钟电压必须大于 $3V$！

因此能够使开关导通的最大信号电压是 $V_h - V_T$。

1715　为了能够传输大的输入电压，必须增加第二个晶体管，它是一个 pMOST，它由相反相位的时钟驱动。有效驱动电压是可以获得的最低电压，通常是地。

低的输入电压使 nMOST 导通，而高的输入电压使 pMOST 导通，因此，这种并联的关系使得在整个的输入电压范围内（$0 \sim V_{DD}$），有一个小电阻 R_{on}。

这种双向开关也称为传输门，可以解决大的输入电压的问题，但是不能解决低电源电压问题。

对于低电源电压，两种 MOST 都不导通。例如，如果假设 V_{GS} 最小情况下的电压与 V_T 一样或为 0.7V 时，那么最小的电源电压是 1.4V。

1716　对于一个大的输入电压，总的导通电阻是两者的并联，已经计算出同样的数据条件下导通电阻 R_{on} 的值。

显然，无论输入信号取 0～3V 之间的什么值，R_{on} 的最大值约为 8kΩ。对于小的输入电压，R_{on} 甚至比 2kΩ 小。

大多数情况下，设计者知道输入信

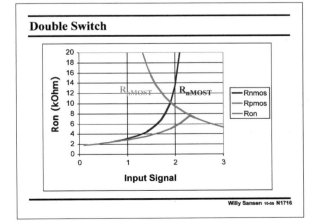

Double Switch or transmission gate

Switch:

nMOST: $V_{in} < V_{DD} - V_{GS,n} \approx V_{DD} - 0.7$ V
pMOST: $V_{in} > V_{GS,p} \approx 0.7$ V
Minimum $V_h = V_{DD}$: $V_{DD} - V_{GS,n} = V_{GS,p} \Rightarrow V_{DD} > 1.4$ V

Willy Sansen 10-05 N1715

Double Switch

Willy Sansen 10-05 N1716

号范围是多大,输入信号范围包含了整个电源电压的范围。大多数情况下只用一个开关就足够,对低的输入电压采用一个 nMOST,而对高的输入电压采用一个 pMOST。

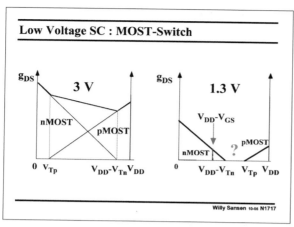

1717 画出开关的电导可以清楚地表明开关在哪里导通,在哪里不导通。

对于低的输入电压,只有 nMOST 导通。对于一个比 V_{Tp} 大的输入电压,pMOST 导通。如果电源电压比较高,在中间有一个很大的区域两管都能导通。对于大于 $V_{DD} - V_{Tn}$ 的输入信号,nMOST 截止。

如果电源电压比较低,显然在中间有一个区域两种 MOST 都不能导通,因此最小电源电压应该是 V_{Tn} 和 V_{Tp} 之和。

如果电源电压确实很低,那么在中间区域的开关是怎样工作的呢?

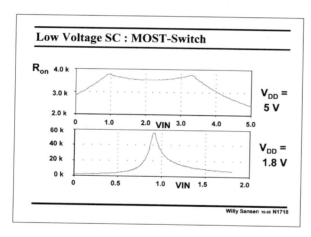

1718 当画出总的导通电阻值图而不是电导图时,所能得到的信息是同样的。在这个例子中两种晶体管的 V_T 值都接近 0.9V,它们的和是 1.8V。

如果电源电压比较高,导通电阻总是很小,对于一个稍大于两个阈值电压之和的电压源,开关在中间区域不再导通,阻抗值太大以至不能用来作为开关。

如下张幻灯片所示,对大的导通阻抗,时间常数太大,电容完全充满电需要太长的时间。

1719 在开关电容滤波器中,我们总认为电荷是从一个电容完全转移到另一个电容中的。否则,将失去增益的准确性。

完全充满一个电容很费时,理论上要花费很长的时间。但是在实际中,有限的时间常数就足够了。

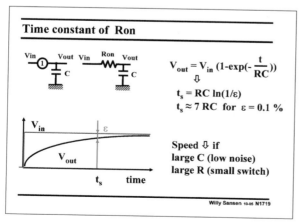

如图所示,通过一个固定电阻给电容充电,产生了一个指数响应。在 0.1%误差内,需要到达最终值的时间,被称为 0.1%稳定时间 t_s。对于 0.1%误差,它是时间常数的 ln(1000)或者 6.9 或 7 倍。在达到最终值 0.1%误差内,它需要 7 倍的时间常数,这是一个相当长的时间。

为了获得小的 KT/C 噪声,必须采用大的电容,而稳定时间将变得很长。对于小尺寸的开关(W=2L),导通阻抗是 10kΩ 的数量级,导通时间将一样变长。现在半个时钟周期必须是这个持续时间的 7 倍。因此我们将在后面讨论最小时钟周期长度和最大时钟频率的值。

最后注意到,当电压值上升时,因为 MOST 的 V_{GS} 值下降,所以 R_{on} 增大,实际的时间常数将变得更长,因此只有电路仿真器能得出精确的值。

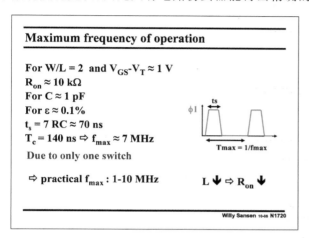

1720　最大时钟频率也确定了最大信号频率,因为时钟频率必须比信号频率大很多,当时钟频率不足够大时所发生的误差将在后面计算。

我们现在需要知道能够获得的最大时钟频率是多少。

一个小的开关一般取 R_{on} 为 10kΩ,取电容为 1pF。对一个误差在 0.1% 内的稳定时间是 70ns,那么时钟最小周期是 140ns,对应的时钟频率 f_{max} 是 7MHz。

因此如果我们需要一个比 10MHz 更高的时钟,开关必须更大(更大的 W/L)或者电容更小,最小的单位电容约为 0.2pF。如果电路需要一些增益,其他的电容将大于单位电容。

大开关存储更多的电荷,会产生副作用,这点将在后面讨论。

可以总结出当时钟大于几十兆赫以上时,开关电容滤波器不是很容易工作的。

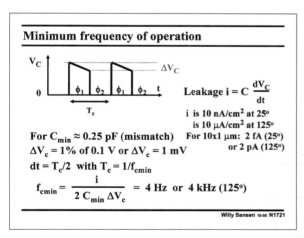

1721　也存在一个最小的工作频率。

MOST 源极和漏极与衬底(或阱)形成结。它们会漏电,在室温下这些漏电流很小,但是在高温下漏电流急剧增长,现在栅极也漏电,但是这可以不考虑。

结果在电容内储存的电荷会慢慢消失,电压慢慢下降,发生了"下垂",其下垂比率 dV_C/dt 在图中给出。

如果取信号幅度为 100mV,我们允许下降 1% 即下垂 1mV,那么最大半周期大约是 2dt,则在室温下最小的时钟频率是 4Hz,在 125℃时该值是 4kHz。

因此在一个很低的频率下很难实现开关电容滤波器,除非能够很好的控制泄漏或者将温度降低。

1722　MOST 管开关的另一个问题是它的端口之间存在寄生电容,在 MOST 中这些寄生电容是重叠的电容,晶体管宽度越大(为了实现小电阻 R_{on}),重叠电容越大。

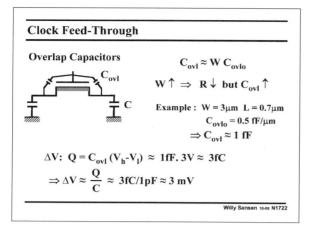

时钟脉冲也并行注入到信号路径,事实上重叠电容 C_{ovl} 和存储电容 C 形成了一个电容分压器。

如果 C_{ovl} 约为 1fF,电容 C 是 1pF,那么大约 0.1% 的时钟脉冲被注入到信号路径。

对一个 3V 的时钟也就是 3mV 的误差信号注入到信号路径中,它提供的是时钟频率的基波和谐波。但是在低频段它不产生什么影响。

C_{ovl} 传输的电荷是 fC 的数量级,虽然很小但是不可忽略。

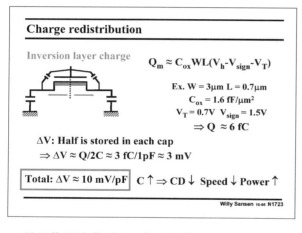

1723 另外,一个导通的 MOST 在沟道(反型层)中包含一个移动电荷 Q_m,当截止时沟道消失,电荷在两端重新分配。

流向源极和漏极的消失电荷取决于可见的相对阻抗,如果两端的电容相同,一半电荷移到左边,一半电荷移到右边。

一阶计算显示该电荷也是 fC 的数量级,对于一个 pF 级的存储电容 C 也会产生 mV 级的误差。

误差作用在信号上,产生失真。

一个重要的经验是每 pF 级的存储电容由于时钟注入和电荷再分配,会产生预期大约 10mV 误差。

这误差很大,要研究一下什么样的电路技术能够减少这些误差,让每一个信号都成为全差分的肯定是减少误差的一种方法。

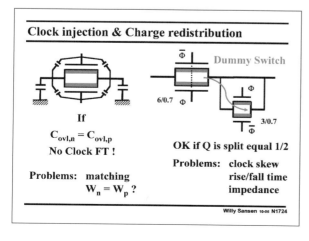

1724 使用一个双向开关可能会弥补时钟注入,当在 nMOST 栅极加上一个上升的时钟脉冲,而在 pMOST 栅极加上一个下降的时钟脉冲,如果交叠电容匹配,这会消除时钟注入。只要 nMOST 的电子和 pMOST 的空穴重新复合,就会减小电荷重新分配。

增加了一个特别尺寸(W/L)的虚拟开关也能够起作用(如右图所示)。当信号路径中的 nMOST 不导通时,它的电荷被导通的虚拟 nMOST 开关吸收。虚拟开关只有一半的尺寸,因为我们假定电容在 MOST 的两端都一样。pMOST 的电荷情况也一样。

时钟歪斜(延时)和不同上升下降时间的问题可能会使得电荷补偿的作用不充分,但是这些只是二阶效应,虚拟开关的主要困难是必须知道它两端的相对阻抗(电容),如果不知道,则增加一个虚拟开关可能会让情况变得更糟。

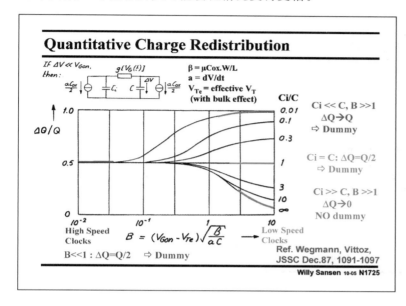

下面进一步研究这种补偿技术。

1725　图中显示了当一个 MOST 开关截止时,电荷 $\Delta Q/Q$ 往左右充电的比例,输入端的电容是 C_i,输出端的电容是 C。

在水平轴上使用了一个参数来表示时钟脉冲的陡峭度或者简单地表示成时钟的速度,它将晶体管的参数归一化了,高速时钟在左端,而低速时钟在右端。

这表明对于高速的时钟(小的 B 值),电荷再分配在两端总是一样的,不管输入输出电容多大,一半电荷往左,一半电荷往右。虚拟开关起了很好的使用。

如果时钟有相对慢的边沿(大的 B 值),这幅图就变得不一样了,在这种情况下,电荷有时间去鉴别两端电容(阻抗)的差异,显然电荷流向大电容(小阻抗)处。

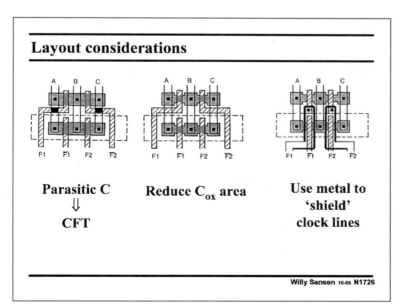

如果 C_i/C 的比率比较大,所有电荷都流向输出端,就需要采用相同尺寸的虚拟器件。当 $C_i=C$ 时,一半的电荷流向输出端,就要求虚拟 MOST 采用一半的尺寸。如果 C_i/C 的比率比较小,没有电荷流向输出端,最好不要采用虚拟 MOST。

实际情况的区别不是那么清楚,很难得出虚拟 MOST 的正确尺寸。

1726　从上面的讨论中可以很清楚地知道

交叠电容必须尽可能地小,而且它也可能被叠加上一些寄生电容。

例如在图中左边的版图中,多晶硅栅线与源极和漏极的引线交叠,交叉的区域(黑色区域)产生了耦合电容,加到了交叠电容上。时钟馈通效应将增加,这样的布局最好避免。

如中间的版图所示,最好是采用一个尽可能小 MOST 开关,这样交叠电容也尽可能小,因为交叠电容的大小是与 MOST 的宽度相关的。

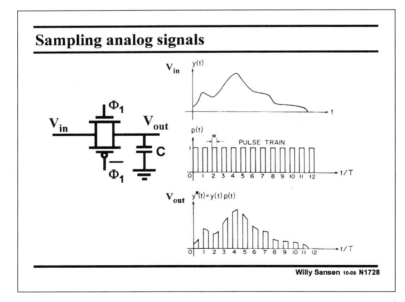

Switched-Capacitor Filters

- **Introduction : principle**
- **Technology:**
  - **MOS capacitors**
  - **MOST switches**
- **SC Integrator**
  - **SC integrator : Exact transfer function**
  - **Stray insensitive integrator**
  - **Basic SC-integrator building blocks**
- **SC Filters : LC ladder / bi-quadratic section**
- **Opamp requirements**
  - **Charge transfer accuracy**
  - **Noise**
- **Switched-current filters**

McCreary, JSSC Dec 75, 371-379
Gregorian, IEEE Proc. Aug 83, 941-986

Willy Sansen 10-05 N1727

在右边的版图中,在实际的 MOST 和时钟线之间采用金属屏蔽层,用来减少耦合电容。

1727 既然我们知道要使用什么样的开关和什么样的电容,下面来看一下滤波器能得到怎样的性能。让我们看一下当信号频率比时钟频率不是小很多时,将会发生什么情况。

先看一个简单的反相器。

1728 一个模拟信号在幅度与时间上是连续的(上图),当开关以时钟频率 f_c(中间图的脉冲)打开和闭合进行采样时,时间就变得不连续了(下图),只有当时钟频率比较高时,这种情况才有效。这就是一个采样模拟信号。

已经给出这些信号对时间的波形图,下面给出相应傅里叶变换的频域表示。

Sampling analog signals

Willy Sansen 10-05 N1728

1729 模拟信号带宽有限,它的频谱带宽限制到 f_s。

以时钟频率 f_c 对信号取样,信号被这个时钟频率倍频,如中间图所示,它的频谱出现在时钟频率的两边。

注意到信号频带出现在时钟频率的所有谐波上。

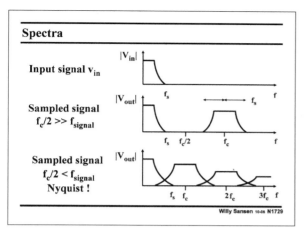

要注意到信号频带不能重叠,这称之为混叠。为了避免重叠,信号频率 f_s 必须小于半个时钟频率 f_c,这称为奈奎斯特准则。

当信号频带 f_s 太大时,发生混叠(下图),重叠频带的信息因为不知道它属于哪个频带而被丢失。无论如何必须避免混叠,为达到这个目的,在采样前使用低通滤波器,这个低通滤波器通常是一个无源滤波器,也称为抗混叠滤波器。

1730 为了避免混叠,需要一个低通特性的抗混叠滤波器来保证输入信号中没有 $f_c/2$ 以上的高频分量。

在 f_s 与 $f_c - f_s$ 之间必须保持一定距离,以至能允许形成一个一阶或者二阶的滤波器。边沿陡峭的滤波器需要许多元件而且很难匹配。记住通常采用无源滤波器来避免失真,同时避免使用高阶的抗混叠滤波器。

1731 图中给出了滤波器的阶数和衰减量之间的关系,通常优先采用一阶($N=1$)滤波器。

这样一个抽样滤波器有如下的组成模块:模拟信号送入抗混叠滤波器,由开关采样,再采用一个不需要外部元件的数据取样滤波器。但是时钟是必须的。

输出信号被送入一个采样保持电路,来保证

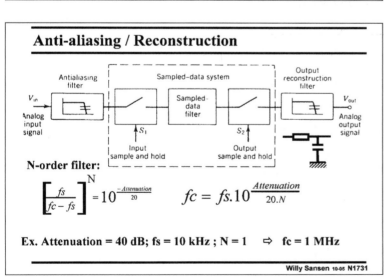

Anti-aliasing / Reconstruction

N-order filter:

$$\left[\frac{fs}{fc-fs}\right]^N = 10^{\frac{-Attenuation}{20}} \qquad fc = fs.10^{\frac{Attenuation}{20.N}}$$

Ex. Attenuation = 40 dB; fs = 10 kHz ; N = 1 $\Rightarrow$ fc = 1 MHz

信号时域上的连续。采用另一个低通滤波器来滤掉时钟频率,它称为重建滤波器,结果产生一个纯模拟信号。同样表达式也是有效的。

现在输入信号被过滤并以采样的形式送到模-数转换器中,最后送入 DSP 模块。

这个信号过程适用于数-模转换器,它最后的一个模块是一个重建低通滤波器。

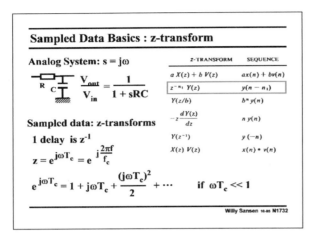

1732 模拟系统中,信号用拉普拉斯变换表示,它的变量 s 是复频率 $j\omega$。最好的描述转移函数的方法是使用拉普拉斯变换。给出一个时延常数为 RC 的一阶低通滤波器的例子,用 $j\omega$ 替换 s 就很容易把这种表达式转化到频域。

在数字取样系统中,信号最好用 z 变换表示,实际上唯一精确描述转移函数的方法就是 z 变换。一个时钟脉冲的延时相对于 z 变换表示为 z^{-1},图中给出了 z 变换的一些基本性质。

通过用 $e^{j\omega T_c}$(或 $e^{j2\pi f/f_c}$)代替 z 很容易从 z 变换形式转换成频域形式。因为信号频率 f 比时钟频率 f_c 小得多,如图所示这个指数可以展开成幂级数,保留前面的几项就足够了。

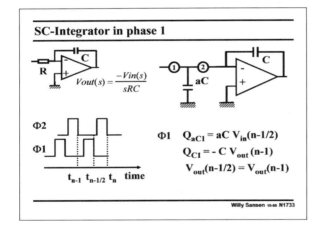

1733 为了得到数据取样滤波器在 z 域中的特性,虽然有其他更正式的技术(Laker-Sansen,McGrawHill,1994),但是电荷守恒是最简单的一种,尽管它可能不是一直起作用。

给出一个简单积分器的例子。

如图中左上角显示的那样,一个模拟积分器有一个众所周知的转移特性。右上角的数字取样转换器的转移特性是什么呢?它的电阻已经被数字取样等效电路所代替,称之为 aC。

为了得到 z 域中的转移特性,采用电荷守恒。这意味着在状态 1 中电容上的总电荷,应该等于状态 2 中的总电荷。事实上电荷不能消失,因为电流不会消失(基尔霍夫定律)。

为了建立这样的方程,考虑时间 t_n 处的时钟脉冲 $\Phi2$,在 t_n 时刻,所有电荷被完全转移,事实上它是时钟脉冲的终点。上一个周期,$\Phi2$ 时钟脉冲发生在 t_{n-1} 时刻。其他的时钟 $\Phi1$ 在 $t_{n-1/2}$ 时刻结束。

图中显示出,$\Phi1$ 状态在电容 aC 上的电荷表示为 Q_{aC1},它在时刻 $t_{n-1/2}$ 也有效,电容 C 上的电荷表示为 Q_{C1}。因为在 $\Phi1$ 状态,开关 2 打开,因此像在 t_{n-1} 时刻一样,在 $t_{n-1/2}$ 时刻也能得到该电荷。

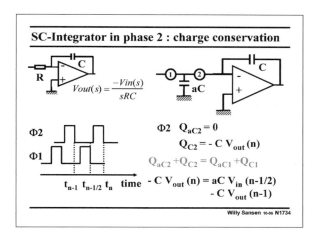

SC-Integrator in phase 2 : charge conservation

$$Vout(s) = \frac{-Vin(s)}{sRC}$$

$$\Phi 2 \quad Q_{aC2} = 0$$
$$Q_{C2} = -C\, V_{out}(n)$$
$$Q_{aC2} + Q_{C2} = Q_{aC1} + Q_{C1}$$
$$-C\, V_{out}(n) = aC\, V_{in}(n-1/2)$$
$$-C\, V_{out}(n-1)$$

Willy Sansen 10-05 N1734

SC-Integrator : approximate transfer function

$$-C\, V_{out}(n) = aC\, V_{in}(n-1/2) - C\, V_{out}(n-1)$$

$$V_{out}(n-1) = z^{-1} V_{out}$$

$$\Rightarrow \quad C \cdot V_{out} = z^{-1} C\, V_{out} - z^{-1/2} aC\, V_{in}$$

$$\frac{V_{out}}{V_{in}} = -a\, \frac{z^{-1/2}}{1 - z^{-1}} \qquad z^{-1} = e^{-j\omega T_c} \approx 1 - j\omega T_c$$

$$\Rightarrow \frac{Vout}{Vin} \approx -\frac{a(1 - j\omega Tc/2)}{j\omega Tc} \approx -\frac{a}{j\omega Tc} \qquad \begin{array}{l}\text{Integrator}\\ RC = \dfrac{T_c}{a}\end{array}$$

Willy Sansen 10-05 N1735

Exact Transfer function

$$H(z) = -\frac{az^{-1/2}}{1 - z^{-1}}$$

$$H(e^{j\omega T_c}) = -\frac{ae^{-j\omega T_c/2}}{1 - e^{-j\omega T_c}}$$

$$H(e^{j\omega T_c}) = -\frac{a}{e^{j\omega T_c/2} - e^{-j\omega T_c/2}}$$

$$H(e^{j\omega T_c}) = -\frac{a}{j\omega T_c}\, \frac{\omega T_c/2}{\sin(\omega T_c/2)}$$

$f/f_c = 0.1$
error $\approx 0.1\%$

Noninverting and inverting LDI and DDI integrators

Analog integrators

Euler's relationship:
$$\sin(x) = \frac{e^{+jx} - e^{-jx}}{2j}$$

Willy Sansen 10-05 N1736

1734 当开关 2 在 Φ2 状态闭合，电容 aC 全部放电，因为运放的负输入端因反馈变为 0。这时我们假定增益足够高，无论输出端是什么样都能使差分输入端降到零。

在 Φ2 状态电容 aC 上电荷为 0，电容 C 上电荷变为 Q_{C2}。

注意到在 Φ1 状态电荷的总量等于 Φ2 状态电荷的总量，图中给出了电荷守恒等式，这个等式将输出电压和输入电压相关联。但是电压是以不同的时刻来表示的，因此这个方程无法求解。

1735 又一次给出电荷守恒等式，所有的电压现在转换成 z 变换，一个延时对应于 z^{-1}。

写出了增益 V_{out}/V_{in} 的表达式，它表明增益等于两个电容的比率 a 乘以 z 形式的一个系数。

为了了解这个系数在频域表示什么意思，用 $e^{j\omega T_c}$ 代替 z。对于比时钟频率 f_c 低很多的频率，这个指数可以变成幂级数，并将 $j\omega T_c$ 后面的部分去掉。

结果增益恰好表示成一个纯模拟积分器的表达式，它的时间常数是 T_c/a。

但是这是低频情况下的近似，对于高频情况存在的误差，在下面讨论。

1736 为了得到在所有频率下的传输特性，再次给出 z 形式的原始表达式 H(z)。

表达式可以用 $\omega T_c/2$ 的指数改写，再转化成正弦函数。

同样得到了一个积分器的表达式，但是被乘以了一个 $\sin(x)/x$ 的函数，这个函数对于所有的取样模拟信号是一个误差函数。

这个函数在下张幻灯片中进行计算。经验准则就是对于一个为时钟频率十分之一的频率,误差约为 10%。如下面所示,误差随着频率的平方而增长。

The sin(x)/x function

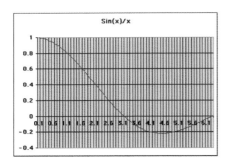

$$\sin(x) \approx x - \frac{x^3}{3} + ..$$

$$\frac{\sin(x)}{x} \approx 1 - \frac{x^2}{3} + ..$$

For x = 0.1
$$\sin(x)/x \approx 1 - 0.003$$

For x = 0.05
$$\sin(x)/x \approx 1 - 0.0008$$
$$\approx 1 - 0.001$$

Willy Sansen 10-05 N1737

Switched-Capacitor Filters

- **Introduction : principle**
- **Technology:**
  - **MOS capacitors**
  - **MOST switches**
- **SC Integrator**
  - **SC integrator : Exact transfer function**
  - *Stray insensitive integrator*
  - **Basic SC-integrator building blocks**
- **SC Filters : LC ladder / bi-quadratic section**
- **Opamp requirements**
  - **Charge transfer accuracy**
  - **Noise**
- **Switched-current filters**

McCreary, JSSC Dec 75, 371-379
Gregorian, IEEE Proc. Aug 83, 941-986

Willy Sansen 10-05 N1738

1737 $\sin(x)/x$ 函数很容易计算,对一个小的 x,开始值为 1,在 $x = \pi = 3.14$ 时值为 0。

对于小的 x 值,正弦函数能够用幂级数代替,而且可以只保留前面的两项。

对于 x = 0.1,函数从 1 开始下降了 0.3%;如前面所示,当 x = 0.05,函数从 1 下降了 0.08%,可以认为大约下降了 0.1%。

注意到这个函数随着 x^2 而变化,随着 x 值的减小,误差下降得很快。例如对一个 0.05% 的误差,x 值为 0.04。0.05% 的误差在 SC 滤波器的设计中是一个典型的值,如后面所述它导致的动态范围约为 70dB。

1738 在开关电容实现一个电阻时,寄生的电容起了一个很重要的作用,因此开关电容不能做得很小,而大电容会导致过多的功耗。

因此最好采用一个对寄生电容不敏感的等效方法。

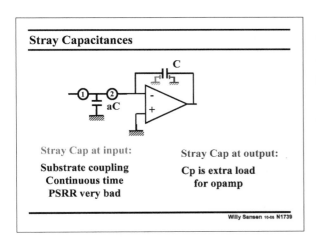

Stray Capacitances

Stray Cap at input:

Substrate coupling
Continuous time
PSRR very bad

Stray Cap at output:

Cp is extra load
for opamp

Willy Sansen 10-05 N1739

1739　每个电容的下极板到底部导体(衬底，⋯)都有一个寄生电容，对于电容 aC 下极板显然接地，寄生电容被短路。

但是对于电容 C，情况没有这么简单。如果下极板是连到运放的负输入端(绿色)，那么这个负结点很容易受衬底噪声影响，对 PSRR 不利。

另一种情况，下极板是连到运放的输出端(蓝色)，寄生电容增加到负载电容上，增加了功耗。但通常还是优先采用后一种方案。

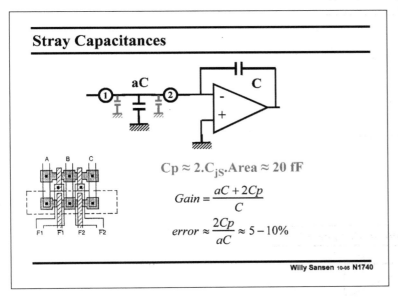

Stray Capacitances

$$Cp \approx 2 \cdot C_{jS} \cdot Area \approx 20 \text{ fF}$$

$$Gain = \frac{aC + 2Cp}{C}$$

$$error \approx \frac{2Cp}{aC} \approx 5 - 10\%$$

Willy Sansen 10-05 N1740

1740　另外，开关的源极和漏极的结电容也被加到电容 aC 上。

图中显示了开关 1 的源极结电容和开关 2 的漏极结电容(绿色)，它们一起很容易就能产生 5%～10%的误差。

注意到源极结电容和 C_{GS} 的值是一个相同的数量级，对于最小栅长 L 的晶体管，大约是 kW(k≈2fF/μm)。对于一个 W≈5μm 的晶体管，源极结电容约为 10fF。

如下面所示，一个更好的选择方案是让电容 aC 浮动。

1741　现在电容 aC 就是浮动的，这需要两个以上的开关，但是比率 a 对寄生的结电容不敏感了。

两个状态中的功能相似，在 Φ1 状态电容 aC 充电到输入电压，在 Φ2 状态电容 aC 放电到 0 迫使电荷流向电容 C。

Stray Insensitive SC integrator

$$A_v = \frac{C_1}{C_2} = a$$

Willy Sansen 10-05 N1741

现在讨论所有的四个开关的寄生结电容怎么引入的。如果它们没有作用效果，则增益 A_v 精确地等于 a。

可以先在 Φ1 状态闭合开关，然后在 Φ2 状态闭合开关，来更好地阐述这个 SC 积分器。

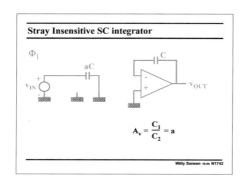

1742 注意在 Φ1 状态中,左边那个电容 aC 被正向充电,它右边为负。在 Φ2 状态中,它被接到一个反相放大器上,因此形成一个同相积分器。

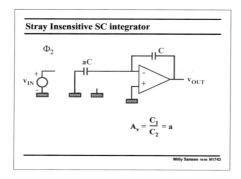

1743 在 Φ2 状态中,aC 上的电压被加到反相放大器上,产生电压增益 a。

假定这个运放的增益足够高并且没有失调,则电容 aC 将充分放电。

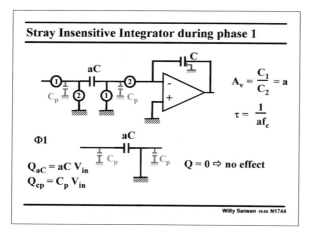

1744 现在看看所有的四个开关的寄生结电容是如何引入的。

上面画出了整个积分器,并且画出了寄生电容 C_p。

给出了时钟 Φ1 的状态,运放被断开了,因此图中现在省略了运放。

aC 左边的寄生电容 C_p 由前级的输出来驱动。这是个低阻抗点,很容易地为该寄生电容充电,并且不影响 aC 的电压。所以它不影响电荷 Q_{aC}。

aC 右边的寄生电容器 C_p 被接地,因此它也不影响电荷 Q_{aC}。

寄生电容不影响电容 aC 的充电,因此 aC 可以比较小而不影响精度,典型值是 $0.2 \sim 0.25 \text{pF}$。

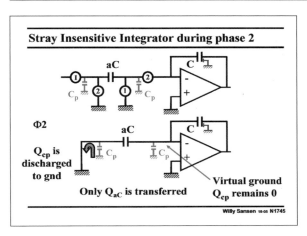

Stray Insensitive Integrator during phase 2

Φ2

Q_{cp} is
discharged
to gnd

Only Q_{aC} is transferred

Virtual ground
Q_{cp} remains 0

Willy Sansen 10-05 N1745

1745 上面继续画出了整个积分器,现在给出了时钟 Φ2 的状态。

aC 左边的寄生电容被接地,它在 Φ1 中所充的电全部放到地,结果它不影响其他电容的电荷。

aC 右边的寄生电容 C_p 被接到运放的反相输入端,由于并联反馈,这是个低阻抗点,被称为"虚地",结果它也不影响其他电容的电荷,当然这只有在运放的增益足够大时才如此。

因此,寄生电容对电容 aC 或 C 的充电没有丝毫影响,只有电荷 Q_{aC} 被传输了。这样电容可以选得比较小而不影响精度,用这种方式,可以节省功耗。

Switched-Capacitor Filters

- **Introduction : principle**
- **Technology:**
  - **MOS capacitors**
  - **MOST switches**
- **SC Integrator**
  - **SC integrator : Exact transfer function**
  - **Stray insensitive integrator**
  - Basic SC-integrator building blocks
- **SC Filters : LC ladder / bi-quadratic section**
- **Opamp requirements**
  - **Charge transfer accuracy**
  - **Noise**
- **Switched-current filters**

McCreary, JSSC Dec 75, 371-379
Gregorian, IEEE Proc. Aug 83, 941-986

Willy Sansen 10-05 N1746

1746 既然已经知道了如何构造开关电容积分器,下面再研究更加复杂的滤波器结构。

首先从简单的低通滤波器开始。

1747 首先研究这个积分器中的一些变量。

图中的输出端也与开关相连,这些开关实际上是下一级的输入开关,它们决定了哪个开关导通时输出是有效的。显然反相器的延迟受这些开关的影响。

Loss-less Integrators

$$H(z) = \frac{C_1}{C_2} \frac{z^{-1}}{1 - z^{-1}}$$

$$H(z) = \frac{C_1}{C_2} \frac{z^{-1/2}}{1 - z^{-1}}$$

$$H(z) = -\frac{C_1}{C_2} \frac{z^{-1/2}}{1 - z^{-1}}$$

$$H(z) = -\frac{C_1}{C_2} \frac{1}{1 - z^{-1}}$$

Willy Sansen 10-05 N1747

本幻灯片中所有积分器的反馈环上都只有一个电容。这就是为什么它们被称为"低损耗"的原因。积分器的反馈环上不带电阻,电阻会阻尼积分能力。

前面已经讨论过了上面的积分器在 Φ1 状态的输出,它的同相增益为 C_1/C_2,延迟为半个时钟周期。

但是,在 Φ2 状态时输出端采样,还要加上另外半个时钟延迟。增益还是 C_1/C_2,但延迟为一个完整的时钟周期。

在下面的积分器中,输入端的两个

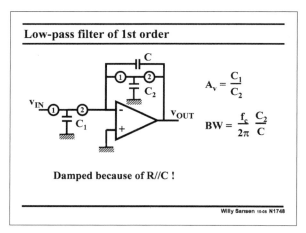

开关已经互换了。在 $\Phi2$ 状态时,那就是众所周知的反相放大器结构。增益为 C_1/C_2,而延迟为零。在 $\Phi1$ 状态时获得输出,再加上半个时钟周期的延迟。

1748　伴随电容 C_2 的开关电阻加在了积分电容 C 的两端,会阻尼积分。这形成了一个一阶低通滤波器。

在低频时是同相增益,值为 C_1/C_2。滤波器的极点频率(或者带宽)是时钟频率 f_c 的一个因子,与比率 C_1/C_2 相关。

用这种方法可以构造许多滤波器。

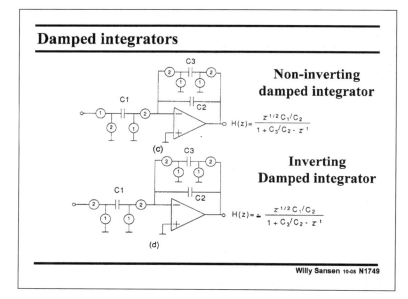

1749　本幻灯片中给出了另外两个例子。

二者都是一阶低通滤波器,有相同的增益和截止频率,但是由于开关的排列不同,上面那个是反相的。后面我们将讨论更多复杂的滤波器结构。

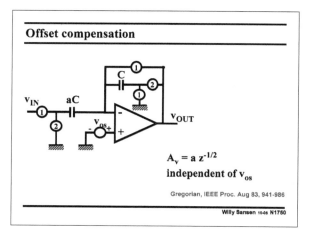

1750　因为输入信号是在下一个时钟状态中被存储和放大的,因此也可以在下一个状态中存储和消除失调电压。用这种方式,就可以抵消运放的失调了。

图中就是一种抵消电路的实例。

如果失调电压 v_{os} 为零,那么很显然增益误差精确地为零。如果存在一个失调电压 v_{os},我们希望测量出这个失调电压放大到输出端为多少。

因此要应用电荷守恒定律。

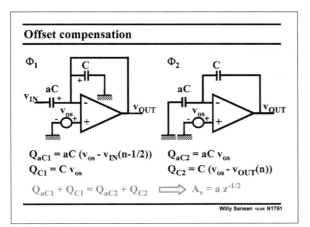

Offset compensation

$Q_{aC1} = aC (v_{os} - v_{IN}(n-1/2))$
$Q_{C1} = C v_{os}$

$Q_{aC2} = aC v_{os}$
$Q_{C2} = C (v_{os} - v_{OUT}(n))$

$Q_{aC1} + Q_{C1} = Q_{aC2} + Q_{C2} \Rightarrow A_v = a z^{-1/2}$

Willy Sansen 10-05 N1751

Switched-Capacitor Filters

- *Introduction : principle*
- **Technology:**
  - **MOS capacitors**
  - **MOST switches**
- **SC Integrator**
  - **SC integrator : Exact transfer function**
  - **Stray insensitive integrator**
  - **Basic SC-integrator building blocks**
- *SC Filters : LC ladder / bi-quadratic section*
- **Opamp requirements**
  - **Charge transfer accuracy**
  - **Noise**
- **Switched-current filters**

Gregorian, Temes, Analog MOS Integrated Circuits for Signal Processing, Wiley, 1986
Laker, Sansen, Design of Analog Integrated Circuits and Systems, McGrawHill, 1994
Johns, Martin, Analog Integrated Circuit Design, Wiley 1997

Willy Sansen 10-05 N1752

4th Order SC low-pass ladder filter

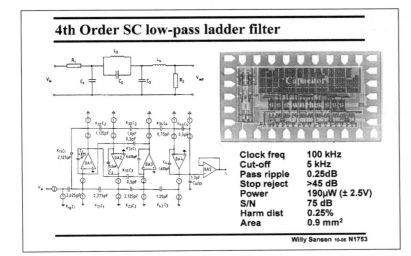

Clock freq	100 kHz
Cut-off	5 kHz
Pass ripple	0.25dB
Stop reject	>45 dB
Power	190μW (± 2.5V)
S/N	75 dB
Harm dist	0.25%
Area	0.9 mm²

Willy Sansen 10-05 N1753

1751 同样的电路画了两次,一次处于Φ1状态(左边),另一次处于Φ2状态(右边)。

在两个状态中,两个电容 aC 和 C 都会被充电,总电荷量的方程表明失调电压 v_{os} 全部抵消了。确实一直会出现这种情况,结果失调电压相互抵消了。

这种技术也被用来抵消 MOST 放大器的 1/f 噪声。在很低的频率上,1/f 噪声与失调电压相似。现在只要花费一点热噪声的代价就可以抵消 1/f 噪声。

1752 也可以构造出更复杂的滤波器结构。

它们基本上可以分为梯形滤波器和二阶滤波器。

这里只给出少量实例,对于更多的研究内容,读者可以参考本幻灯片中的目录,其中最后一个是最新的。

1753 这张幻灯片中显示的是一个梯形滤波器的实例,本章开始已经介绍过。

梯形滤波器有下列优点:它对系数误差或者实际元件值的误差相对不灵敏,它们通常都是奇数阶的,当然偶数阶也是有可能的。

这个电路是单端的结构,现在更倾向于采用全差分电路,来抑制衬底噪声。

每个极点的功耗大约为 50μW,功耗低于 25μW 的电路也已经实现了。但是这只有在电路输入级和输出级都采用 AB 类运放时,才有可能实现。

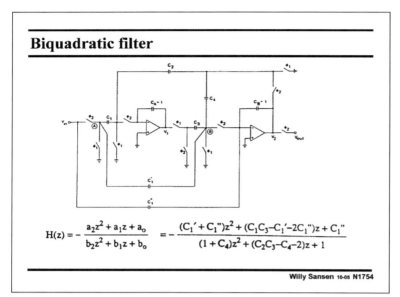

Biquadratic filter

$$H(z) = -\frac{a_2z^2 + a_1z + a_0}{b_2z^2 + b_1z + b_0} = -\frac{(C_1' + C_1'')z^2 + (C_1C_3 - C_1' - 2C_1'')z + C_1''}{(1 + C_4)z^2 + (C_2C_3 - C_4 - 2)z + 1}$$

Willy Sansen 10-05 N1754

1754　　另一种电路结构是双二阶滤波器。这是一个带有局部和全局反馈的二阶滤波器,如图所示,包括两个运放。

分子和分母的传递性质都是二阶的,有两个极点和两个零点。因此滤波器设计包括确定极点和零点的位置。读者可以参考 1752 号幻灯片上的参考文献。

要实现高阶的滤波器,可以将几个二阶滤波器级联。

最后,注意到表达式中的几个 C 都表示的是电容的比值,因此必须要选定一个单位电容的值,它通常在 0.25pF 左右。

现在,这样的滤波器通常采用全差分电路来抑制衬底噪声。

Switched-Capacitor Filters

* **Introduction : principle**
* **Technology:**
  * **MOS capacitors**
  * **MOST switches**
* **SC Integrator**
  * **SC integrator : Exact transfer function**
  * **Stray insensitive integrator**
  * **Basic SC-integrator building blocks**
* **SC Filters : LC ladder / bi-quadratic section**
* **Opamp requirements**
  * **Charge transfer accuracy**
  * **Noise**
* **Switched-current filters**

McCreary, JSSC Dec 75, 371-379
Gregorian, IEEE Proc. Aug 83, 941-986

Willy Sansen 10-05 N1755

1755　　最后,还要讨论一下用在这种开关电容滤波器中的运放的指标,毕竟这些运放消耗了大部分的功率。

运放需要保证全部的电荷都能从输入(采样)电容转移到输出(积分)电容,因此就需要运放有高的增益和低的失调。另外,运放必须要在尽可能短的时间内稳定到 0.05% 误差范围内的值,这样电路才能采用更高频率的时钟。

这就是我们要详细讨论的内容。

1756　　当把反馈加到一个增益为 GBW 的运放时,其闭环增益 A_{c0} 就等于反馈系数 α 的倒数,α 是 BW 和 GBW 之间的比率。

环路增益 T 等于开环增益 A_0 除以闭环增益 A_{c0},也等于 αA_0。

环路增益决定了低频时的精度或者静态精度。

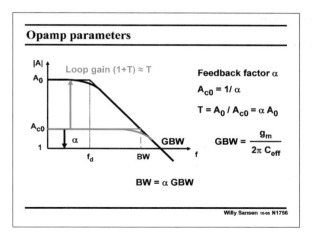

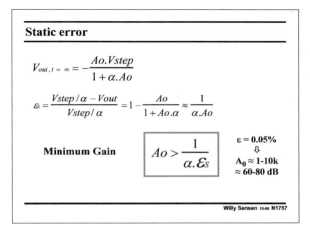

带宽决定了稳定时间。

例如，假定闭环增益为 5，相应的 $\alpha = 0.2$。若 $A_0 = 10^4$，则环路增益为 2000 或 66dB。如果 GBW = 1MHz，则 BW 为 0.2MHz，主极点 f_d 位于 100Hz 处。在这个频率点上，环路增益 T 开始下降，直到在 0.2MHz 处降为 1。

1757 对于幅度为 V_{step} 的阶跃输入，静态精度 ϵ_S 现在由环路增益的倒数或 αA_0 的倒数给出。

为了得到最小的静态精度 ϵ_S，需要得到一个增益 A_0 的最小的值。例如，为了得到 $\epsilon_S = 0.05\%$，需要环路增益为 2000。如果闭环增益为 5（$\alpha = 0.2$），则开环增益 A_0 必须大于 10^4。

考虑到不能精确地得到开环增益，安全系数必须在 3～5 之间，因此开环增益必须达到 3×10^4 或者 90dB。

1758 输出电容上电压的指数项在稳定到最终数值之前需要的时间是 t_s，它包括许多时间常数。如果偏离误差是 0.1%，大约需要 7 个时间常数的时间。这种偏离被称作动态误差 ϵ_D，动态误差的典型值还是 0.05%。

时间常数表达式为 $1/(2\pi BW)$，其中 BW 等于 αGBW。对于一个单级运放，GBW 是由负载电容决定的，如本幻灯片中所示。

稳定时间 t_s 的最大值为半个时钟周期，时钟周期即时钟频率 f_c 的倒数。

现在需要得到 GBW 的最小值。相应的时间常数必须足够小，这样才能在足够的动态精度的情况下，在半个时钟周期内稳定。

本幻灯片中给出了 GBW 的表达式。

例如，对于动态误差 ϵ_D 为 0.1%，$\ln(1/\epsilon_D)$ 是 7；但是对于动态误差 ϵ_D 为 0.05%，$\ln(1/\epsilon_D)$ 是 7.6。如果要使 $\alpha = 0.2$，则 GBW 必须约为 f_c 的 12 倍。如果 $\alpha = 1$，那么 GBW 为 f_c 的 2.4 倍才是足够的，因此这就是经验法则 GBW 必须是时钟频率 f_c 的 2～3 倍的原因。

Switched-Capacitor Filters

- **Introduction : principle**
- **Technology:**
  - **MOS capacitors**
  - **MOST switches**
- **SC Integrator**
  - **SC integrator : Exact transfer function**
  - **Stray insensitive integrator**
  - **Basic SC-integrator building blocks**
- **SC Filters : LC ladder / bi-quadratic section**
- **Opamp requirements**
  - **Charge transfer accuracy**
  - Noise
- **Switched-current filters**

McCreary, JSSC Dec 75, 371-379
Gregorian, IEEE Proc. Aug 83, 941-986

Willy Sansen 10-05 **N1759**

1759 除了关注静态和动态精度以外,还要关注噪声。

因为电路存在着开关状态,在低频部分噪声比较大,如下一张幻灯片所示。

kT/C versus kTR noise

Narrow-band noise >> noise density : $\overline{dv_{ni}^2} = 4kT\ R\ df$

Wide-band noise >> integrated noise : $\overline{v_{ni}^2} = \dfrac{kT}{C}$

$$\overline{v_{ni}^2} = \dfrac{kT}{C}\ \dfrac{GBW}{f_c/2}$$

Willy Sansen 10-05 **N1760**

1760 因为 GBW 通常都比时钟频率 f_c 大,所以噪声都集中于最低的频带部分。实际上,这是一种严重的混叠现象。

一个带有负载电容 C(或者一个两级运放的补偿电容)的运放,其总的积分噪声近似等于 kT/C(见第 4 章)。

在这张幻灯片中,总输入噪声电压功率被乘上了 GBW 与时钟频率的比值。如果 GBW 为 f_c 的 3 倍,这给噪声功率乘了一个 6 倍的系数或者是给噪声电压乘上了 2.5 倍的系数。

为了降低噪声,必须增大电容,而且还要尽量采用最小的 GBW。

Switched-Capacitor Filters

- **Introduction : principle**
- **Technology:**
  - **MOS capacitors**
  - **MOST switches**
- **SC Integrator**
  - **SC integrator : Exact transfer function**
  - **Stray insensitive integrator**
  - **Basic SC-integrator building blocks**
- **SC Filters : LC ladder / bi-quadratic section**
- **Opamp requirements**
  - **Charge transfer accuracy**
  - **Noise**
- **Switched-current filters**

McCreary, JSSC Dec 75, 371-379
Gregorian, IEEE Proc. Aug 83, 941-986

Willy Sansen 10-05 **N1761**

1761 既然已经讨论了开关电容技术,那么为了进行比较,下面研究开关电流电路,它们利用是电流量而不是电压量。

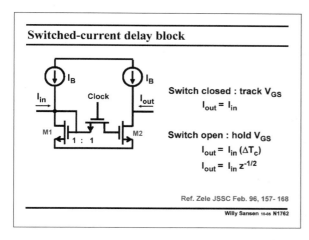

Switched-current delay block

Switch closed : track V_{GS}
$I_{out} = I_{in}$

Switch open : hold V_{GS}
$I_{out} = I_{in}(\Delta T_c)$
$I_{out} = I_{in}\,z^{-1/2}$

Ref. Zele JSSC Feb. 96, 157- 168

Willy Sansen 10-05 N1762

1762　确实如本幻灯片所示,给电流镜上加上一个开关,当开关闭合时,它的工作确实是一个电流镜。如果晶体管尺寸相同,则输出电流 I_{out} 等于输入电流 I_{in}。

但是当开关打开时,电容 C_{GS2} 保持了 M2 栅极的电压。结果,输出电流 I_{out} 继续存在,与输入端状态无关。

这种电路有存储效应,产生了半个时钟周期的延迟。因此,它可以用来作为滤波器,类似一个开关电容模块用作存储器和用来产生延迟。

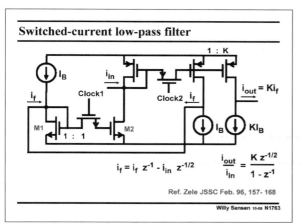

Switched-current low-pass filter

1 : K

$i_{out} = Ki_f$

Clock1　　　Clock2　i_f

M1　1 : 1　M2　　　I_B　KI_B

$i_f = i_f\,z^{-1} - i_{in}\,z^{-1/2}$

$$\dfrac{i_{out}}{i_{in}} = \dfrac{K\,z^{-1/2}}{1 - z^{-1}}$$

Ref. Zele JSSC Feb. 96, 157- 168

Willy Sansen 10-05 N1763

1763　在这张幻灯片中,两个开关电流镜加上反馈构成一个低通滤波器。

输出电流 i_{out} 是反馈电流 i_f 的 K 倍。

在时钟状态 2,反馈电流 i_f 是半个时钟周期前的输入电流和一个时钟周期前的反馈电流之和。

电流增益更容易得出,它的 z 域表达式和开关电容低通滤波器是一样的,增益为 K,延迟为半个周期。

它与开关电容滤波器的不同之处是它利用的是电流量而非电压量。其优点在于不额外采用电容,只利用了晶体管电容。这种类型的滤波器能够更好地与数字 CMOS 工艺兼容。

下面再给出一个例子。

1764　这个滤波器采用更少的晶体管来得到更多的功能,可以避免许多二阶效应。

谨慎地选择晶体管的尺寸比率能够实现相当复杂的滤波器特性。

实际的推理过程留给读者作为练习。

1765　有必要来比较一下开关电容滤波器和开关电流滤波器。

在开关电容滤波器

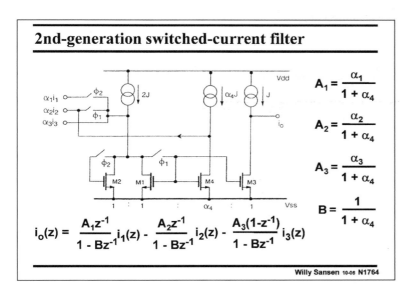

2nd-generation switched-current filter

$A_1 = \dfrac{\alpha_1}{1 + \alpha_4}$

$A_2 = \dfrac{\alpha_2}{1 + \alpha_4}$

$A_3 = \dfrac{\alpha_3}{1 + \alpha_4}$

$B = \dfrac{1}{1 + \alpha_4}$

$$i_o(z) = \dfrac{A_1 z^{-1}}{1 - Bz^{-1}}\,i_1(z) - \dfrac{A_2 z^{-1}}{1 - Bz^{-1}}\,i_2(z) - \dfrac{A_3(1 - z^{-1})}{1 - Bz^{-1}}\,i_3(z)$$

Willy Sansen 10-05 N1764

Comparison SC - SI

	SC	SI
Signal :	Voltage	Current
	Charge on linear C	Charge on MOST C_{GS}
	$Q = C\,V$	$Q = I\,t$
Accuracy :	Capacitor ratio	MOST area ratio
	0.2 %	2 %
Amps :	Opamps	Current mirrors
S/N+D	70 dB	50 dB

Willy Sansen 10-05 N1765

中,电荷被存储于电容上,因此信号是电压量。精确度依赖于两个电容之间全部的电荷转移,也依赖于两个电容之间的匹配。

不匹配时,如果没有充分的保护措施,时钟注入和电荷再分配会使动态范围限制到 70dB。

在开关电流滤波器中,由时钟周期决定的某一时间内流过电流,形成充电,因此信号是电流量,精确度依赖于晶体管尺寸的匹配。

不匹配时,如果没有充分的保护措施,时钟注入和电荷再分配会使动态范围限制到 50dB。

最主要的区别在于:在开关电流滤波器中,电荷转移相对不精确,因为晶体管之间的匹配比电容之间的匹配差。开关电流滤波器的主要优点在于:它们能达到更高的频率,因为它们不需要运放,只需要电流镜。

显然,这种比较只能是一阶的情况,全面的比较将会大费周折。

Switched-Capacitor Filters

- **Introduction : principle**
- **Technology:**
  - **MOS capacitors**
  - **MOS switches**
- **SC Integrator**
  - **SC integrator : Exact transfer function**
  - **Stray insensitive integrator**
  - **Basic SC-integrator building blocks**
- **SC Filters : LC ladder / bi-quadratic section**
- **Opamp requirements**
  - **Charge transfer accuracy**
  - **Noise**
- **Switched-current filters**

McCreary, JSSC Dec 75, 371-379
Gregorian, IEEE Proc. Aug 83, 941-986

Willy Sansen 10-05 N1766

在第 19 章末,将给出所有重要类型滤波器之间的比较。

1766 本章介绍了开关电容技术。仔细研究了电容、开关及构成这种滤波器所采用的运放。

也讨论了其局限性,如失配、时钟注入、电荷再分配和噪声。

最后,将其与开关电流滤波器做了简单的比较。

还有一些利用硅的滤波器类型,下面会介绍时序滤波器。

第 18 章　基本晶体管电路的失真

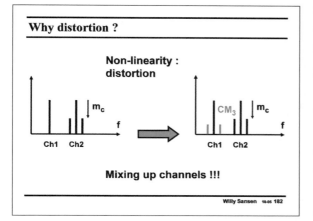

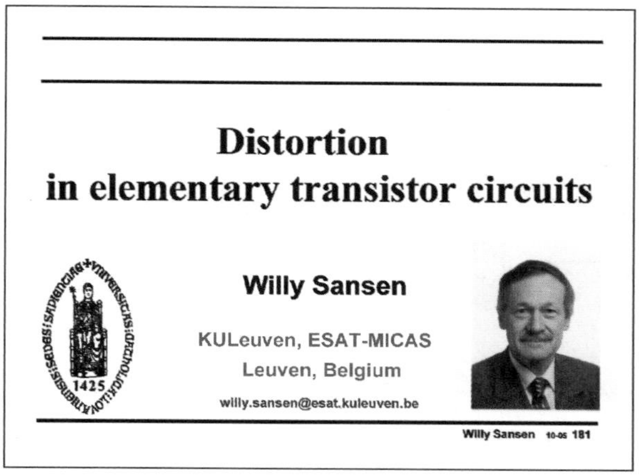

Distortion
in elementary transistor circuits
Willy Sansen
KULeuven, ESAT-MICAS
Leuven, Belgium
willy.sansen@esat.kuleuven.be
1425
Willy Sansen 10-05 181

181　失真已经成为一项重要的议题，随着信号电平的增大，失真也随之增大。

实际上，随着沟道长度的变短，电源电压也随之降低。因此，为了得到尽可能高的信号对噪声和失真的比率(SNDR)，信号电平就必须尽可能的大。

因此，现在所要知道的是，什么样的失真值与什么样的信号值相对应。

不幸的是，所有可以削弱信号频谱纯度的分量，都可以视为失真，而且每个月都会发现新的失真类型。但是我们集中讨论几种主要的失真源，而失真值用信号幅度的形式来描述。

Why distortion ?
Non-linearity :
distortion
m_c
f
Ch1
Ch2
CM_3
m_c
f
Ch1
Ch2
Mixing up channels !!!
Willy Sansen 10-05 182

182　对于要处理许多频道的通信系统而言，失真是极其重要的。

如图所示，两条信道分处两个相邻的频率，其中第二条信道包含有调制系数为 m_c 的调制信息。

失真将会导致调制信息从信道 2 传到信道 1 中，这一现象称作交调。我们希望能够计算出交调是如何作用于非线性系统的。

Table of contents
❑ Definitions : HD, IM, intercept point, ..
❑ Distortion in a MOST
▪ Single-ended amplifier
▪ Differential amplifier
❑ Distortion in a bipolar transistor
❑ Reduction of distortion by feedback
❑ Distortion in an opamp
❑ Other cases of distortion and guide lines
Willy Sansen 10-05 183

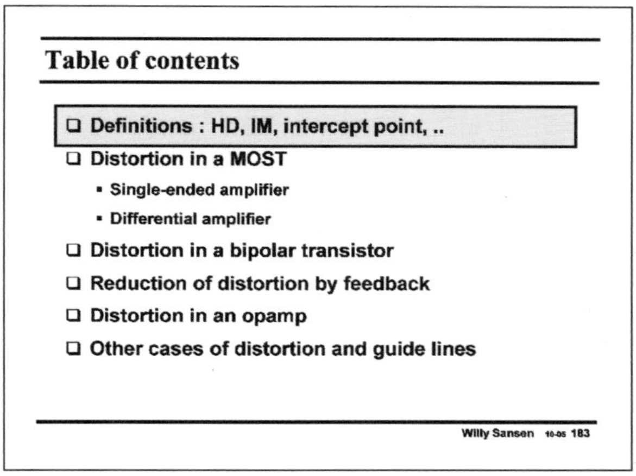

183　在进行计算前，先回顾一下在对失真的讨论中经常涉及的几个概念。

然后，将计算单端放大器和差分放大器中 MOST 所产生的失真。对双极型晶体管重复使用这一分析过程。

降低失真的主要技术是反馈，我们将计算运用反馈时的失真。

最后将给出一些实例，说明如何

计算包括运算放大器在内的更加复杂电路的失真,两级和三级运算放大器都将被讨论。

最后会提及一些其他类型的失真,但是不进行深入讨论。

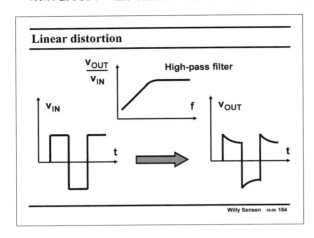

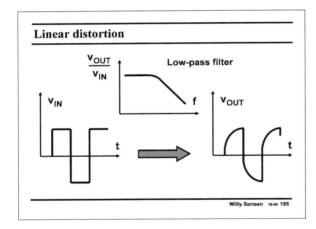

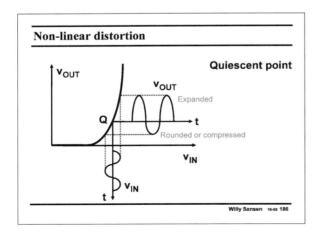

184　在这一章,将讨论非线性失真的效应,而不讨论线性失真的效应。

线性失真是滤波作用的结果,一个表现出一定滤波作用的理想线性系统,将使信号的时域波形发生变化。例如,一个高通滤波器会使一个方波的边沿变得更加陡峭,因为这些边沿代表了更高的频率,输出的波形因此产生尖峰。这与输入的波形是不同的,已经发生了失真,这就是线性失真,它发生于所有的滤波器中。

185　类似的效应在低通滤波器中同样可见。任何低通滤波器都会消除方波的陡峭边沿,因为这些边沿代表了更高的频率。输出的波形因此变得圆滑了,与输入的波形不同,发生了失真,这种类型的线性失真发生于所有的滤波器中。

对于线性失真不进行更深入的讨论。

186　另一方面,如本幻灯片所示,非线性失真与线性失真不同,它是由非线性的传输曲线所产生的。在这个放大器中,对于输入电压而言,输出电压是非线性的。

这个放大器被偏置于一个特定的静态工作点 Q。一个正弦波经过此放大器,将产生一个底部被压缩,而顶部被拉伸了的失真的输出波形。

输入电压的幅度越大,输出电压的失真也就越大,因为更大的输入电压涵盖了传输曲线中 Q 点周围更大的部分。

失真值通常都随输入信号幅度的增加而增加。

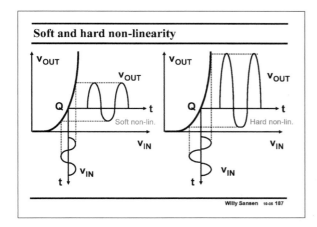

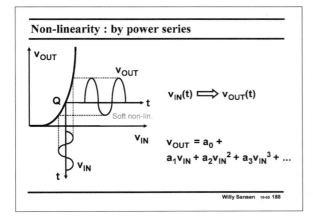

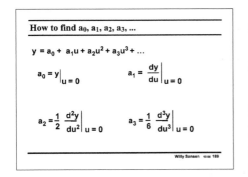

187　当输入电压变得过大时,输出电压顶部将被削平,这被称作硬性非线性。

在这一点处,失真通常都很大,比如说大于 10%。如此大的失真很少有应用背景,所以,我们把讨论集中在低值的失真上,视具体应用情况而定,就是从 0.1%（－60dB）到 0.001%（－100dB）这一范围内的失真。

因此,我们只关注软性非线性,它产生的是小幅失真。

188　如本幻灯片所示,这样的软性非线性可以由幂级数来描述。

系数 a_0 给出了在静态工作点 Q 处的直流输出电压。系数 a_1 给出了小信号增益,也就是传输曲线在 Q 点处的斜率。系数 a_2 给出了二阶非线性。系数 a_4, a_6 等代表了偶数阶非线性,它们逐渐变小。同样地,三阶系数 a_3 代表了更高阶的奇数非线性,如 a_5, a_7 系数等。

189　对于任何非线性传输曲线,系数 a_0, a_1, a_2, $a_3 \cdots$ 可以很容易地通过求导获得。

系数 a_0 就是直流分量,当小信号输入 u 为 0 时,将得到该直流分量。

系数 a_1 显然是输出信号对输入信号 u 的一阶导数。

其他系数可以如本幻灯片所示那样一一求得,在求导过程中所出现的系数需要进行一些修正。以 a_3 为例,显然传输曲线必须足够平滑。一些 MOST 的传输曲线在转折点处并没有那么平滑,从而妨碍了对系数 a_3 的计算。

1810　如果非线性已经由幂级数来描述,就可以很容易地计算出谐波失真了。

对于一个具有幅度 U 以及频率 ω 的输入信号 u,利用一点三角学的知识,就可以得出在 2ω 和 3ω 处的分量。

2ω 处的分量与 ω 处的基波分量之比被定义为二次谐波失真。由于在通常情况下,系数 a_3 和 a_1 相比可以忽略不计,所以在 ω 处的基波分量大约就是 $a_1 U$。

注意到二次谐波失真 HD_2 与基波的幅度 U 呈正比,因此将输入电压加倍会导致二阶谐波失真加倍。

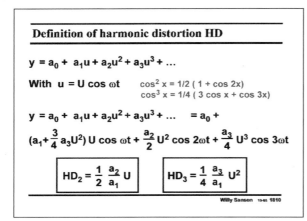

三次谐波失真也可以用同样的方法定义。

3ω 处的分量与 ω 处的基波分量之比就是所谓的三次谐波失真。注意三次谐波失真 HD_3 与基波幅度 U 的平方呈正比,因此双倍的输入电压将使三次谐波失真变为原来的四倍。

1811　如本幻灯片所示,在对数坐标下,可以很容易地通过作图表现出这些关系。对于 HD_2 和 HD_3 而言,它们分别对应于斜率为 1dB/dB 和 2dB/dB 的直线。

显然,这只对较低程度的失真有效。对于较大的输入信号,曲线由于较大程度的失真而变得平坦,因此我们从不将输入信号提高得这样大。

对于小的输入信号,它们将被噪声所"淹没",显然,在那个区域的曲线斜率将无法识别。

由上述很容易得出,度量失真的唯一方法就是找出与输入信号的幅度线性相关的区域(在对数-对数坐标下),并检查斜率是否正确。二次谐波失真

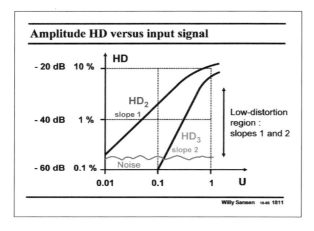

必须有 1dB/dB 的斜率,而三次谐波失真必须有 2dB/dB 的斜率。

1812　一些测试仪器只能测量总谐波失真 THD,这是所有失真率的均方根值(或有效值)。用这种方法,显然无法辨认出不同失真所对应的斜率。

但是,确定输入电压在不同区间内的斜率通常是可行的。

例如,当测量一个扩散电阻的总谐波失真时,若电阻两端的电压较小,则总谐波失真中 HD_2 所占的比重较大,若电阻两端电压较高,则 HD_3 居主导地位。因此,实际上还是可以很清楚地通过斜

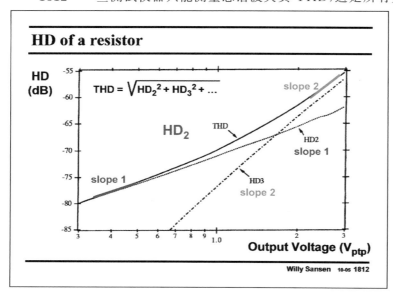

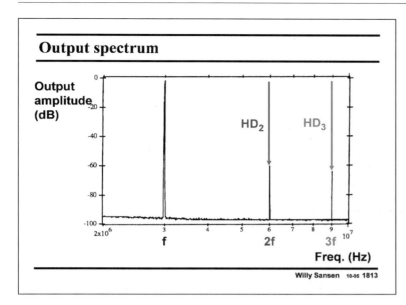

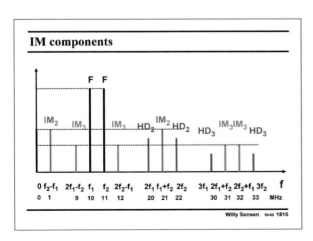

率识别出这两种失真。

1813　也可以用一个频谱分析仪来测量失真。在这张幻灯片中给出了一个基波频率为 30MHz 的实例,二次谐波在 60MHz 处,三次谐波在 90MHz 处。

注意,所给的分量并不是 HD_2 和 HD_3 的比率。将基波分量提高 1dB 将使二次谐波提高 2dB,三次谐波提高 3dB。

1814　另一种描述失真的方法是使用互调失真。

为此将使用两个正弦波,在本例中,它们具有相同的幅度 U,频率分别为 ω_1 和 ω_2。这在占用相邻两个信道频率的通信系统中是十分常见的。而在高保真(HiFi)系统中,使用的频率则分别为 50Hz 和 4kHz,而且在幅度上相差极大的两个正弦波。

如果这两个基波频率作用于采用幂级数描述的非线性系统,那么它们将产生所有的互调分量。

将 u 的表达式带入公式中,就会产生系数为 a_2 的二阶互调分量以及系数为 a_3 的三阶互调分量。

IM_2 则是处于 $\omega_1 \pm \omega_2$ 处的两个分量与基波分量之比。类似地,IM_3 则是处于 $2\omega_1 \pm \omega_2$ 和 $\omega_1 \pm 2\omega_2$ 处的四个分量与基波分量之比。

为了知道所有这些分量在频率轴的哪个位置处出现,下文中给出图示。

注意到,IM 和 HD 之间有一个非常简单的关系,例如 IM_3 比 HD_3 高大约 10dB。

1815　为了显示出所有这些互调分量在频率轴的哪个位置处出现,此处给出一个基波频率分别为 10MHz 和 11MHz 的简单例子。

二者分别具有 20MHz 和 22MHz 的二次谐波以及 30MHz 和 33MHz 的三次谐波,在图中以绿色表示。

二阶互调分量则为 1MHz 和 21MHz。很显然二阶失真产生了在低频处的互调分量,这对于像高保真(HiFi)放大器一样的系统来说是极其重要的。

三阶互调分量出现在四个频率处,即 9MHz、12MHz、31MHz 和 32MHz。在 9MHz 和 12MHz 处的三阶互调量尤其重要,因为它们出现在相邻的信道中。而且,由于它们出现在与基波相同的窄频内,所以它们同样可以很容易地被频谱分析仪测量出来。

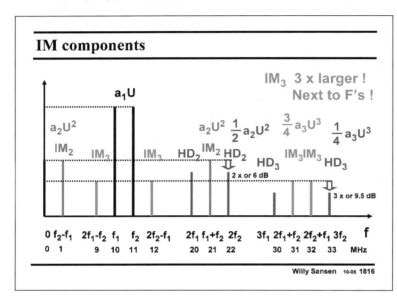

1816 有几个理由必须关注 IM_3。

首先,IM_3 比 HD_3 大 10dB。其次,它所产生的分量紧邻所要测量的基波。最后,正如将要看到的一样,由于在差分系统中二阶失真被抵消了,所以 IM_3 也就成为了差分系统中唯一重要的一项。

1817 在这张幻灯片中显示了这样的一个频谱实例。

两个分别为 10.695MHz 和 10.705MHz 的频率作用于这个中频滤波器,则可以在中频两侧等距离处如 10.685MHz 和 10.715MHz 处得到 IM_3 分量。

另一个失真分量与此无关,由其他机制产生。

注意到,我们假设这两个 IM_3 分量是相等的,但是总可能存在细小差别。

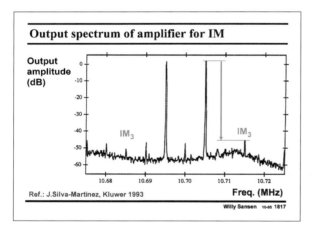

1818 此外还有其他的一些测量 IM_3 的方法,其中的一些方法显示在本幻灯片中。一个带有输入电压 V_{in} 的差分放大器给出了一个由幂级数表示且具有系数 a_1、a_3 的非线性的输出 V_{out},根据差分的特性其中 $a_2=0$。

这些分量都以对数刻度画在以输入电压幅度为 X 轴(对数值)的图中。基波分量自身具有 1dB/dB 的斜率,而三阶互调分量具有 3dB/dB 的斜率,两者之比为 IM_3,IM_3 的最大值在 IM_3 分量的电平与噪声电平相等时获得,这也是可能得到的最大动态范围,也就

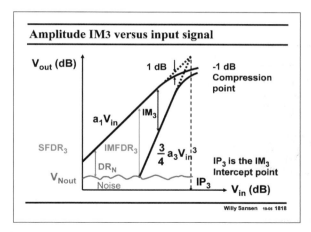

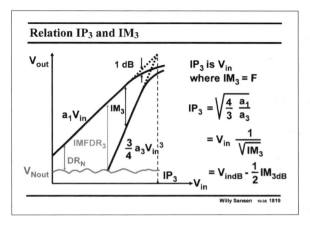

是所谓的三阶互调自由动态范围 $IMFDR_3$，显然它对应着一个特定的输入电压值。

任何的噪声动态范围都要比 $IMFDR_3$ 小。

基波分量与三次分量外推得到的交点处的输入电压称为三阶互调截点 IP_3。当基波分量的输出电平被压缩 1dB 时，其所对应的输入电平被称为 $-1dB$ 压缩点。显然，它们都与 IM_3 的表达式有关，下面的论述将表明这一点。

1819 当基波幅度 a_1V_{in} 与 IM_3 相等时，就得到了 IP_3，可以很容易地由幂级数求出它的值。显然，它由系数 a_3 和 a_1 决定，如同 IM_3 一样。

现在，无论用绝对值还是 dB，IP_3 和 IM_3 的关系都显而易见了。

例如，若系数 $a_3 = 0.01$，$a_1 = 0.5$，$0.15V_{RMS}$ 输入电压（$-16.5dB$）时，$IM_3 = 3.4 \times 10^{-4}$ 即 $-69.4dB$，则 $IP_3 = 8.16V$ 即 $18.2dB$。注意到，由于是以 $1V$ 作为参考电压，因此所有的 dB 事实上都是 dBV。在诸如通信系统一类的高频系统中，通常并不以 $1V$ 为参考电压，这类系统通常将阻抗为 50Ω 时对应于功率为 $1mW$ 的电压值作为参考电压。这里给出这个参考电压的值，即 $0.05\ V^2$ 的平方根或 $0.2236V_{RMS}$。所以对应于上述系统，本幻灯片所示实例中的 dBV 值将加上 13dB（即 $20 \times \log(0.2236)$），则输入电压可相应地为 $-3.5dBm$，IM_3 为 $-56.4dBm$，IP_3 为 $31.2dBm$。

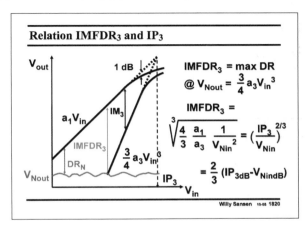

1820 也可以很容易地得出最大动态范围 $IMFDR_3$，它是当输入信号增大时，输出端的 IM_3 分量与输出端的噪声电平 V_{Nout} 相等时，所对应的 IM_3 比值。

由于 $IMFDR_3$ 同样取决于系数 a_3，所以它也可以由 IP_3 来表示。

例如，对于与上张幻灯片中相同的数值，通过计算可以得到 $IMFDR_3 = 48.8dB$（当噪声电平为 $-42dBm$ 时）。

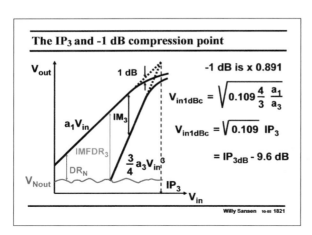

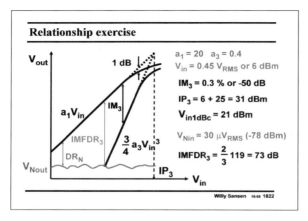

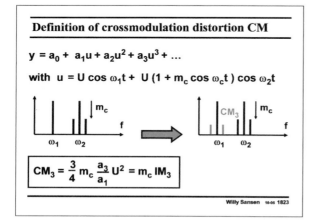

1821　另一种表征 IM_3 失真的方法是 $-1dB$ 压缩点 V_{in1dBc}。它定义为，在不包括 IM_3 的情况下，输出电平幅度减小 $1dB$ 时所对应的输入电压。这个 $1dB$ 点很容易测量，但是由于该点并不容易被识别，所以该点不太精确。

与 IM_3 以及 IP_3 一样，$-1dB$ 压缩点也以 a_1/a_3 之比的形式给出。

由于 $1dB$ 的衰减对应于一个约为 0.9 的系数，所以就可以很容易地得出 V_{in1dBc} 的表达式了。

注意到，V_{in1dBc} 通常比以 dB 表示的 IP_3 小 $10dB$ 左右。

1822　此外，再考虑一个具有较大的增益的差分放大器实例。它的增益值为 20 即 $26dB$。如果其三阶系数为 0.4，输入电压为 $0.45V_{RMS}$，那么就可以对所有表征三阶失真的值，即 IM_3、IP_3 和 V_{in1dBc} 进行重新计算。

如果已给定输入噪声电平（输出噪声除以增益），那么也同样可以求出 $IMFDR_3$。

1823　研究 IM_3 的另一个优点是，它也给出了三阶交调量 CM_3。因为交调量描述了究竟有多少调制信息从一个载波传递到了它的相邻载波，所以它是我们真正所要研究的问题。

将一个调制指数为 m_c 的调幅波的表达式代入与前文相同的幂级数中，就会发现 CM_3 是 IM_3 和调制指数 m_c 的简单乘积，对于其他调制系统，在某种程度上这也是正确的。

现在已有足够的理由来关注 IM_3，并将 IM_3 视为三阶失真最重要的指标。

Table of contents

Willy Sansen 10-05 1824

1824　现在来找出 MOST 及双极型晶体管会产生什么样的三阶失真。鉴于双极型晶体管有着最陡峭的传输曲线和由此而产生的最高的 g_m/I_{CE} 之比,它也将产生最大的失真。

另一方面,由于 MOST 只具有平方率特性,所以它产生的失真将少得多。因此大多数接收机的输入端采用 MOST,以及采用诸如砷化镓等特殊工艺。

Distortion in a single-MOST amplifier

$$i_{DS} = K (v_{GS} - V_T)^2 \qquad K = K' \frac{W}{L}$$

$$I_{DS} + i_{ds} = K (V_{GS} + v_{gs} - V_T)^2$$

I_{DS} **is the DC component**
i_{DS} **is the DC + ac component**
i_{ds} **is the ac component**
I_{ds} **is the amplitude of the ac component**

Willy Sansen 10-05 1826

1825　MOST 的电流仍然可以用其最简单的平方率关系来描述。

将一个具有幅度值 V_{gs} 的小信号 v_{gs} 叠加在直流偏置电压 V_{GS} 上,将产生一个叠加在直流电流 I_{DS} 上的小信号电流 i_{ds}。

注意到,必须以正确的方式书写电压和电流,以便阐明哪些分量是确实需要的。

下文将给出与此有关的图解。

DC and ac components

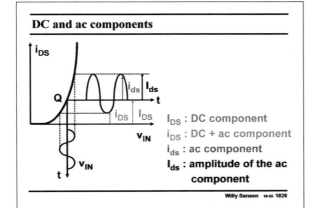

I_{DS} : DC component
i_{DS} : DC + ac component
i_{ds} : ac component
I_{ds} : amplitude of the ac component

Willy Sansen 10-05 1826

1826　直流分量通常用大写字母表示,因此 I_{DS} 就是流过晶体管的直流电流。

小信号的瞬时值或交流分量由 i_{ds} 表示,它的幅度为 I_{ds}。

最后,总的直流与交流用 i_{DS} 表示。这些标记被用在通用的模型和网络表达式中。

Distortion in a single-MOST amplifier

$$I_{DS} = K (V_{GS} - V_T)^2 \qquad K = K' \frac{W}{L}$$

$$I_{DS} + i_{ds} = K (V_{GS} + v_{gs} - V_T)^2$$

$$i_{ds} = K (V_{GS} + v_{gs} - V_T)^2 - K (V_{GS} - V_T)^2$$

$$i_{ds} = 2K (V_{GS} - V_T) v_{gs} + K v_{gs}^2$$

Willy Sansen 10-05 1827

Coefficients a_1, a_2, a_3 by comparison

$$i_{ds} = 2K (V_{GS} - V_T) v_{gs} + K v_{gs}^2$$

$$or \quad i_{ds} = g_1 v_{gs} + g_2 v_{gs}^2 + g_3 v_{gs}^3 + ...$$

$$g_1 = 2K (V_{GS} - V_T)$$
$$g_2 = K \qquad\qquad K = K' \frac{W}{L}$$
$$g_3 = 0$$

$$IM_2 = \frac{g_2}{g_1} V_{gs} = \frac{V_{gs}}{2(V_{GS}-V_T)} \qquad \& \quad IM_3 = 0$$

Willy Sansen 10-05 1828

Normalized current swing

$$i_{ds} = 2K (V_{GS} - V_T) v_{gs} + K v_{gs}^2 \qquad i_{DS} = K (v_{GS} - V_T)^2$$

$$or \quad y = a_1 u + a_2 u^2 + a_3 u^3 + ..$$

$$y = \frac{i_{ds}}{I_{DS}} = \frac{2 v_{gs}}{V_{GS} - V_T} + \frac{1}{4} \left(\frac{2 v_{gs}}{V_{GS} - V_T} \right)^2$$

$$y = \frac{I_{ds}}{I_{DS}} = u + \frac{1}{4} u^2 \qquad U = \frac{v_{gs}}{(V_{GS} - V_T)/2}$$

y is the relative current swing !

Willy Sansen 10-05 1829

1827 从总电流表达式 i_{DS} 或 $I_{DS} + i_{ds}$ 中减去直流分量 I_{DS}，就可以得到交流分量 i_{ds}。同样，将 i_{ds} 以输入电压 v_{gs} 的幂级数形式展开也很简单。

不存在三阶系数并不令人惊讶。实际上，从平方率关系中是不能得到三阶分量的。这里没有 IM_3，只有 IM_2！

1828 现在就可以很容易地定义幂级数中的系数 g 了。

首先是 g_1，显然它是 MOST 的跨导。

其次是 g_2，它代表了二阶失真，用 IM_2 描述，它与输入电压的峰值 V_{gs} 与 $V_{GS} - V_T$ 的比率呈正比。

如果要求低失真，则 $V_{GS} - V_T$ 必须取一个较大的值。

因为不存在 IM_3，这是单端 MOST 放大器的显著优点。当然，这仅在 MOST 的电流可以用简单的平方率关系来精确定义的情况下才成立。目前，这只是在 $V_{GS} - V_T$ 略大于 0.2V 时才成立。

1829 一个更通用的方法是用相对电流摆幅 U 来描述失真，而不是用电流 I_{ds} 或输入电压 V_{gs}。相对电流摆幅被定义为交流电流峰值 I_{ds} 与直流电流 I_{DS} 之比。

下面将看到，一旦已知了相对电流摆幅，就可以很容易地计算出失真。此外，还发现任何可以减小相对电流摆幅的技术（如反馈），都可以用于减小失真。

相对电流摆幅的幂级数用 y 表示，它的一阶分量用 u 表示，峰值用 U 表示，而 U 显然同样可以用 V_{gs} 和 $V_{GS} - V_T$ 的比率给出。

因此选择一个大的 $V_{GS} - V_T$ 值可以减小相对电流摆幅，并从而减小 IM_2 失真。

Numerical example

The peak value of V_{gs} is $V_{gsp} = 100$ mV

(then $V_{gsRMS} = 100 /\sqrt{2} = 71$ mV$_{RMS}$)

if $V_{GS}-V_T = 0.5$ V then $V_{gsp}/[\ 2(V_{GS}-V_T)] = 0.1$

gives $IM_2 = 10\ \%$ ($HD_2 = 5\ \%$)   & $IM_3 = 0$

The relative current swing $U = 0.1/0.25 = 0.4$!

Willy Sansen　10-05 1830

More coefficients a_1, a_2, a_3 ...

In general

$$i_{ds} = g_m v_{gs} + K_{2gm} v_{gs}^2 + K_{3gm} v_{gs}^3 +$$
$$g_o v_{ds} + K_{2go} v_{ds}^2 + K_{3go} v_{ds}^3 +$$
$$g_{mb} v_{bs} + K_{2gmb} v_{bs}^2 + K_{3gmb} v_{bs}^3 +$$
$$K_{2gm\&gmb} v_{gs} v_{bs} + K_{3,2gm\&gmb} v_{gs}^2 v_{bs}$$
$$+ K_{3,gm\&2gmb} v_{gs} v_{bs}^2 +$$
$$\cdots\cdots +$$
$$K_{3gm\&gmb\&go} v_{gs} v_{ds} v_{bs}$$

Willy Sansen　10-05 1831

Distortion of a MOST diode

$$i_{DS} = K (v_{DS} - V_T)^2$$

$$y = \frac{i_{ds}}{I_{DS}} = \frac{2\,v_{ds}}{V_{DS} - V_T} + \frac{1}{4}\left(\frac{2\,v_{ds}}{V_{DS} - V_T}\right)^2$$

$$y = \frac{I_{ds}}{I_{DS}} = u + \frac{1}{4}u^2 \qquad U = \frac{v_{ds}}{(V_{DS} - V_T)/2}$$

Same as for a MOST transistor amplifier !

Willy Sansen　10-05 1832

1830　本幻灯片给出了一个实例。

当相对电流摆幅达到 40% 时，与之对应的 IM_2 是相当高的，大约是 10%。在 $V_{GS} - V_T = 0.5$ V，输入电压为 71 mV$_{RMS}$ 时，得到这个 IM_2 的值。

1831　一个 MOST 含有许多的失真分量，但至今只有 K_{2gm} 被讨论过。一般而言，产生 IM_3 的 K_{3gm} 不为零。虽然发现漏端或者体端的交流电压也会产生失真以及许多互调分量，它们中的大多数都不太重要。但是对于深亚微米晶体管，因为其输出电导变得很小，从而导致表达式中 K_{2g0} 和 K_{3g0} 变得越来越重要。

也许 MOST 的所有失真成分从来就没有被全部提取出来过。在其所有的三个工作区间：强反型区、弱反型区和速率饱和区，确实没有被全部提取出来过。

我们将重点关注在最原始的（或者是最简单的）的幂级数中与 K 或 $K'W/L$ 相对应的系数 K_{2gm}。

1832　漏极与栅极相连的 MOST 称为二极管连接方式的 MOST，它的非线性与普通的 MOST 一样。当把 MOST 平方率表达式中的 v_{GS} 用 v_{DS} 替换时，这一点是很清楚的。

此外二极管连接方式的 MOST 的相对电流摆幅以及 IM_2 也与普通 MOST 相同。

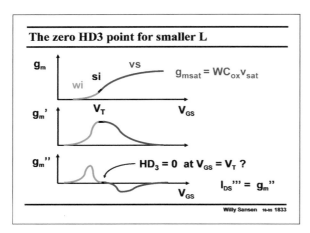

1833　对于深亚微米或者纳米CMOS,强反型区域会变得非常小,在该区域中的曲线呈现反向。弱反型区的曲线是呈指数上升的,但是由于速度饱和区的曲线变平坦了,会给出一个向下的曲率。

这样,跨导的二阶导数会过零点,这也是 HD$_3$ 和 IM$_3$ 为零的点。这是在 V$_{GS}$ 值刚刚大于阈值电压 V$_T$ 时产生的,在一些参数提取程序中会认为该点即为 V$_T$ 点!

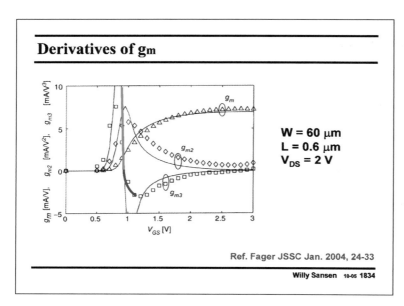

1834　实际上,该 HD$_3$ 为零的点非常灵敏,V$_{GS}$－V$_T$ 或者晶体管尺寸的任何一些变化都会使 HD$_3$ 显著地增加。

本幻灯片中的一些实验曲线显示了这些特点,从弱反型区(红色)到速度饱和区(蓝色)的交叉点几乎不可见,在该点保持 V$_{GS}$－V$_T$ 的偏差是非常困难的。

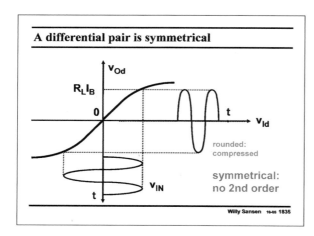

1835　当两个 MOST 连接成差分对的形式时,会出现第 3 章介绍的限幅传输特性,输入的正弦波因此会出现圆角或者被压缩。

假如不存在失调,正弦波两边出现的圆角是相同的。DC 输出电压并不改变而且 IM$_2$ 为零,只要正弦波两边出现的圆角相同,就会保持对称性,IM$_2$ 就不存在。

但是,圆角的结果是产生了三阶失真。

Distortion in MOST differential pair

$$y = \frac{i_{Od}}{I_B} = \frac{v_{Id}}{V_{GS}-V_T} \sqrt{1 - \frac{1}{4}\left(\frac{v_{Id}}{V_{GS}-V_T}\right)^2}$$

v_{Id} is the differential input voltage
i_{Od} is the differential output current ($g_m v_{Id}$) or
　twice the circular current $g_m v_{Id}/2$
I_B is the total DC current in the pair

Note that $g_m = \dfrac{I_B}{V_{GS}-V_T} = K' \dfrac{W}{L}(V_{GS}-V_T)$

Willy Sansen 10-05 1836

Distortion in MOST differential amplifier

$$y = \frac{i_{Od}}{I_B} = \frac{v_{Id}}{V_{GS}-V_T}\sqrt{1 - \frac{1}{4}\left(\frac{v_{Id}}{V_{GS}-V_T}\right)^2}$$

$$\sqrt{1-x} \approx 1 - \frac{x}{2}$$

$$y = \frac{i_{Od}}{I_B} = U\sqrt{1 - \frac{1}{4}U^2} \approx U - \frac{1}{8}U^3$$

$$IM_2 = 0 \quad \boxed{IM_3 = \frac{3}{32}U^2} \quad U = \frac{v_{Id}}{V_{GS}-V_T}$$

U is the relative current swing

$$IP_3 = 4\sqrt{\frac{2}{3}}(V_{GS}-V_T) \approx 3.3(V_{GS}-V_T)$$

Willy Sansen 10-05 1837

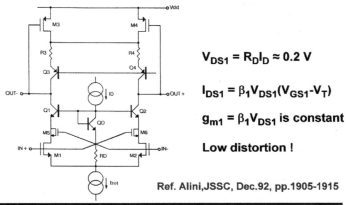

Distortion in linear region

$V_{DS1} = R_D I_D \approx 0.2\ V$

$I_{DS1} = \beta_1 V_{DS1}(V_{GS1}-V_T)$

$g_{m1} = \beta_1 V_{DS1}$ is constant

Low distortion !

Ref. Alini, JSSC, Dec.92, pp.1905-1915

Willy Sansen 10-05 1838

1836　在第 3 章已经推导出 MOST 差分对的相对电流摆幅,这里再次给出。

必须要注意到两倍的因子。

如果输入电压比较小,输出电流是线性的。带有相对输入电压平方的平方根项非常重要,它使得传输曲线在两个方向上变得平缓。

1837　如果相对输入电压比较小,其平方根项可以按幂级数展开,只有第一项被保留。

相对电流摆幅 y 的幂级数也变得非常简单,系数 $a_1 = 1$,$a_3 = 1/8$,显然 IM_2 为零,IM_3 仅仅是相对电流摆幅峰值 U 的平方的十分之一。

同样,对于 $V_{GS} - V_T$ 较大的情况,相对电流摆幅很小,同样 IM_3 也很小。

IP_3 显然与 $V_{GS} - V_T$ 呈比例,如果 $V_{GS} - V_T$ 为 0.5V,就可以得到 IP_3 为 1.65V 或者 17.4dBm。

1838　将 MOST 偏置在线性区可以减小差分对的三阶失真。

为此,输入 MOST 的 V_{DS} 值必须保持在 100mV～200mV,这可以通过恒电流源得到。假如 $V_{GS1} = V_{GS2} = V_{GSD}$,则输入晶体管 M1,M2 有相同的 V_{DS}。结果 g_{m1} 和 g_{m2} 的绝对值比在饱和区的值小,但是更稳定。

而且,改变电流源 I_D 的值可以使得 g_m-C 滤波器的输入跨导改变(详见第 19 章)。

晶体管 M5 和 M6 是短路的,它们用来补偿输入电容 C_{GS1} 和 C_{GS2} 处的极点。

Table of contents

Willy Sansen 10-05 1839

1839 因为双极型晶体管的电流-电压特性曲线非常陡峭,所以它的失真很高。

现在计算单端和差分对形式的双极型晶体管放大器的一些失真特性。

Distortion in a bipolar transistor amplifier

$$I_{CE} = I_S \exp(\frac{V_{BE}}{kT_e/q})$$

$$I_{CE} + i_{ce} = I_S \exp(\frac{V_{BE} + v_{be}}{kT_e/q})$$

$$1 + y = \exp(\frac{v_{be}}{kT_e/q})$$

$$\approx \exp(u) = 1 + u + \frac{u^2}{2} + \frac{u^3}{6} + \dots \quad \text{if } u \ll 1$$

I_{CE} DC component
i_{CE} DC + ac component
i_{ce} ac component
I_{ce} amplitude of the ac component

Willy Sansen 10-05 1840

1840 双极型晶体管的特性是指数形式。给直流的基极发射极电压 V_{BE} 再添加一个交流电压 v_{be} 分量,就产生了直流集电极电流 I_{CE} 再加一个交流信号 i_{ce},相对的集电极电流摆幅可以用 y 来表示,y 是由这两个电流简单相除得到的。

在假定输入信号摆幅 V_{be} 相对 kT_e/q 较小时,指数表达式可以按幂级数展开。

Distortion in a bipolar transistor amplifier

$$y \approx u + \frac{u^2}{2} + \frac{u^3}{6} + \dots \qquad U = \frac{V_{be}}{kT_e/q}$$

is the non-linear equation

y is the relative current swing !

$a_1 = 1$
$a_2 = 1/2$
$a_3 = 1/6$

$$IM_2 = \frac{a_2}{a_1} U = \frac{1}{2} \frac{V_{be}}{kT_e/q}$$

$$IM_3 = \frac{3}{4} \frac{a_3}{a_1} U^2 = \frac{1}{8}(\frac{V_{be}}{kT_e/q})^2$$

Willy Sansen 10-05 1841

1841 本幻灯片给出了幂级数的系数。

可以很容易地得到失真成分 IM_2 和 IM_3。

显然双极型晶体管产生了奇数阶和偶数阶的失真,它们失真的值也比较大。

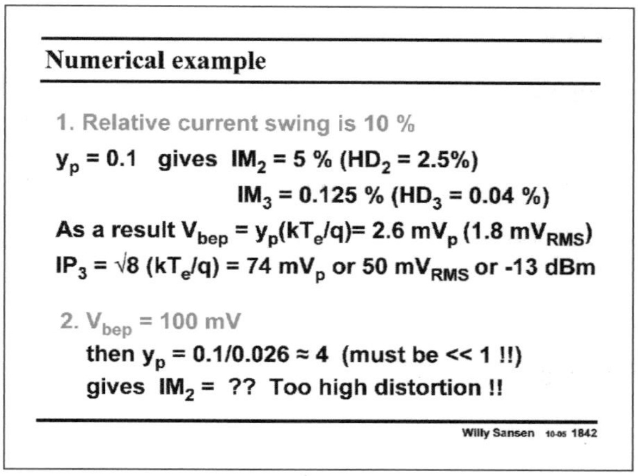

Numerical example

1. Relative current swing is 10 %

$y_p = 0.1$　gives　$IM_2 = 5\%$ ($HD_2 = 2.5\%$)

$IM_3 = 0.125\%$ ($HD_3 = 0.04\%$)

As a result $V_{bep} = y_p(kT_e/q) = 2.6\ mV_p$ ($1.8\ mV_{RMS}$)

$IP_3 = \sqrt{8}\ (kT_e/q) = 74\ mV_p$ or $50\ mV_{RMS}$ or $-13\ dBm$

2. $V_{bep} = 100\ mV$

then $y_p = 0.1/0.026 \approx 4$　(must be << 1 !!)

gives　$IM_2 = ??$　Too high distortion !!

Willy Sansen　10-05　1842

Distortion in a diode

$$i_D = I_S \exp\left(\frac{v_D}{kT_e/q}\right) \qquad y \approx u + \frac{u^2}{2} + \frac{u^3}{6} + \ldots$$

$$y = \frac{I_d}{I_D} = u + \frac{u^2}{2} + \frac{u^3}{6} \qquad U = \frac{V_d}{kT_e/q}$$

Same as for a Bipolar transistor amplifier !

Willy Sansen　10-05　1843

Distortion in bipolar differential amplifier

$$y = \frac{i_{Od}}{I_B} = \tanh \frac{V_{ld}}{2kT_e/q} \qquad \tanh x = \frac{e^x - e^{-x}}{e^x + e^{-x}}$$

$$\approx x - \frac{1}{3}x^3$$

$$y = \frac{i_{Od}}{I_B} \approx U - \frac{1}{3}U^3 \qquad U = \frac{V_{ld}}{2kT_e/q}$$

U is the relative current swing

$$IM_2 = 0 \qquad \boxed{IM_3 = \frac{1}{4}U^2} \qquad IP_3 = 4\ kT_e/q$$

Willy Sansen　10-05　1844

1842　例如,假定相对电流摆幅最大取 10%,则产生的 IM_3 为 0.125%,现在输入信号最大只需要 $1.8\ mV_{RMS}$。

IP_3 非常小,只有 $50\ mV_{RMS}$ 或者 $-13\ dBm$。

对于一个峰值电压为 100mV 的输入电压,双极型晶体管过驱动。此时,不能采用幂级数,只能采用贝赛尔 (Bessel) 函数,该论题在此不进行进一步的研究。

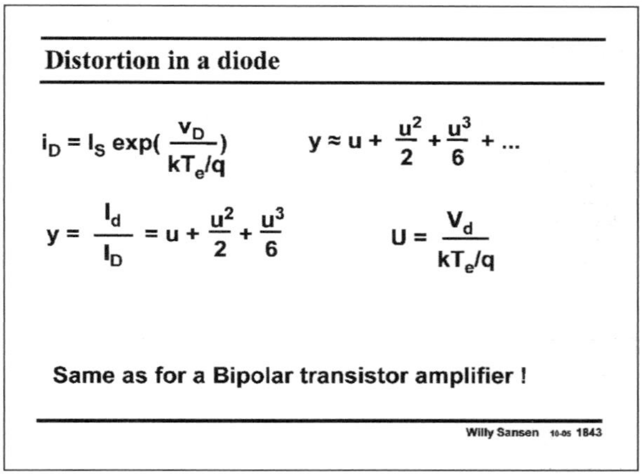

1843　假如双极型晶体管连接成二极管的形式,这时它实际上成为了基极-发射极二极管,可以预期到同样数量的失真。

假如在双极型电流镜的输入端使用了这样的二极管,电流镜中间点处的失真是非常大的。

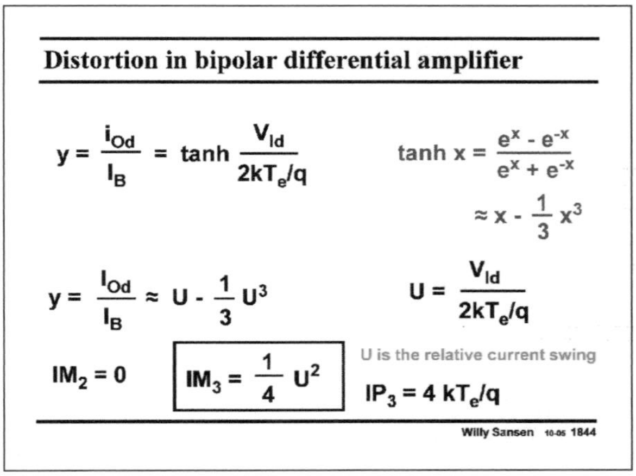

1844　当双极型晶体管连接成差分对的时候,传输特性也包含了指数形式,就像在第 3 章中解释的一样,它们产生了双曲正切函数。

如果差分输入电压 v_{ld} 相对于 kT_e/q 较小,该函数能够近似为幂级数展开。

同样,如果不存在失配,二阶失真分量为零,三阶失真分量产生了图中的 IM_3,也给出了相应的 IP_3 分量。

记住,MOST 差分对的 IM_3 约为 U^2 的 1/10,而现在是 U^2 的 1/4。对于同样的相对电流摆幅,一个 MOST 差分对的 IM_3 是双极型晶体管差分对的 2.5 倍。而且,MOST 差分对相应的输入电压也比较大,MOST 差分对的输入电压除以的是 $V_{GS} - V_T$。

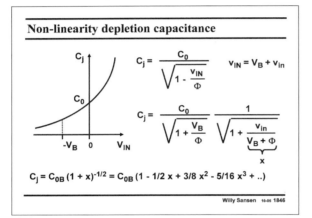

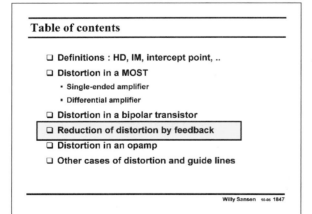

Table of contents

Willy Sansen 10-05 1847

1845 在结束这部分有关双极型晶体管的失真之前，此时来讨论电阻和电容的失真可能也是比较适宜的。

扩散电阻是非线性的，因为有一个耗尽层存在于电阻与衬底之间，电阻上的压降会使得耗尽层的厚度和电阻的传导率改变。电阻就表现为一个 J-FET，有一个高的夹断（或者阈值）电压。其有效的 $V_{GS}-V_T$ 非常大，失真相对较小但是不能被忽略。

多晶硅电阻和金属电阻因为没有耗尽层因而线性度较好。

电容的情况也是一样。

扩散电容是耗尽层电容，线性度非常差。而金属层-金属层的电容是非常线性的，多晶硅-多晶硅的电容也是非常线性的，本幻灯片给出了一些这样的值。

1846 本幻灯片显示了扩散电容的非线性特性。

电容两端的电压为零时，结电容 C_j 的值为 C_0，它是一个平方根特性的模型，如果偏置电压为 $-V_B$，结电容可以表示成一个直流因子和一个交流因子，后一个因子可以用幂级数展开，它的系数可以用来计算 IM_2 和 IM_3。

1847 减少失真最常见的技术是应用反馈。

反馈在两个方面减少了失真。首先，它减小了相对电流摆幅，其次，它将失真减少了反馈因子（或者环路增益）的倍数。

让我们研究反馈如何影响幂级数的系数，将计算实际的失真分量 IM_{2f} 和 IM_{3f}，下标 f 表示它们对于反馈系统是有效的。

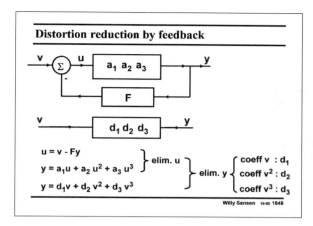

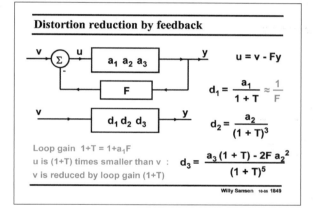

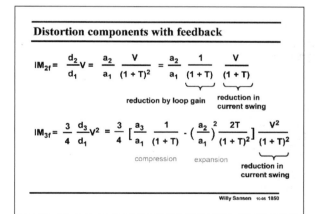

1848 反馈因子 F 被加在一个用系数 $a_1, a_2, a_3, \cdots$ 表征的非线性放大器上, 最后系统也可以用系数 $d_1, d_2, d_3, \cdots$ 来表征。问题是, 系数 d 和 a 之间有什么关系?

通过写网络等式, 首先消掉 u, 随后根据该结果和带系数 d 的幂级数来消掉 y, 得到了这些系数 d。结果在后面给出。

1849 与预期的情况相同, d_1 等于开环增益 a_1 除以环路增益 $1+T$(第 13 章中是 $1+LG$)。如一阶反馈理论所论述, 如果 T 较大, 闭环增益 d_1 大约等于 $1/F$(见第 13 章)。

带反馈的幂级数的二阶系数 d_2 等于 a_2 除以环路增益 T 的三次方。

带反馈的幂级数的三阶系数 d_3 等于 d_3 除以环路增益 T 的五次方, 当然 a_2 也包含在其中。

非线性放大器的二阶失真能够通过环路的多次循环产生三阶失真, 但是, 它的贡献与 a_3 是相反的符号。系数 a_3 产生的是压缩失真, 而系数 a_2 产生的是对正弦波的拉伸失真, 它们在一定量上抵消了系数 a 的值。

现在, 失真分量能够很容易地计算出来。

1850 通过采用系数 d, 可以很容易地计算出反馈系统的失真分量 IM_{2f} 和 IM_{3f}。

IM_{2f} 的分母上包括 T^2, 如果假定一个 T 是增益的减少, 则另一个 T 归为相对电流摆幅的减少, 这样我们看到 IM_{2f} 减少了 T 倍。一个经验的方法是我们要考虑反馈对电流摆幅的影响, 计算的是相对电流摆幅的失真。这样该级的失真就很容易计算出来, 由于环路增益 T 的原因, 失真减小为原来的 $1/T$。

同理可计算 IM_{3f}, 表达式中出现了与 a_3、a_2 相关的两项。如果 a_3 是主要项, 可以采用同样的经验方法, 一个简单的计算失真的方法就是考虑到反馈的影响, 计算相对电流摆幅的失真。这样就得到了失真, 它是除以了环路增益 T, 而不是 T^2。

如果 a_2 是主要项,结果同样正确。实际上分母中的 T^2 会和分子中的 T 相约去,分母中只剩下一个 T。显然,我们始终假定 T 大于 1,这样环路增益可以表示成 T,而不是 $1+T$。

Distortion components with feedback : examples

$$IM_{3f} = \frac{3}{4} \frac{d_3}{d_1} V^2 = \frac{3}{4} \left[\frac{a_3}{a_1} \frac{1}{(1+T)} - \left(\frac{a_2}{a_1}\right)^2 \frac{2T}{(1+T)^2} \right] \frac{V^2}{(1+T)^2}$$

For large T : $\dfrac{a_3 a_1 - 2 a_2^2}{a_1^2} \dfrac{1}{T} = \dfrac{a_3}{a_1}\left(1 - \dfrac{2 a_2^2}{a_1 a_3}\right)\dfrac{1}{T}$

MOST : $a_3 = 0$: a_2 dominant

Bipolar : $a_1 = 1$ $a_2 = 1/2$ $a_3 = 1/6$: a_2 dominant

Diff. pair : $a_2 = 0$: a_3 dominant

Willy Sansen   10-05 **1851**

1851 该幻灯片显示了对于较大的 T,方括号里的项可以改写。

哪一项是主要的取决于实际的晶体管的结构。下面给出三个例子。

在强反型区的 MOST 其 a_3 为零,这可以清楚地在本例中看出,它所有的三阶失真都归因于 a_2。给单晶体管 MOST 放大器提供反馈后,会产生三阶失真,而在没有反馈时该三阶失真是不会出现的。

本幻灯片给出了一个双极型单晶体管放大器的系数,a_2 代入括号中第二项产生的值为 3,显然后面一项是主要项。

在另一方面,差分对并不具有二阶失真,它的 a_2 是零。结果 IM_{2f} 为零,而 IM_{3f} 不为零,它显然是受开环放大器的三阶失真 a_3 的影响。

1852 一种最简单的带反馈的放大器是在发射极有串联电阻 R_E 的双极型单晶体管放大器,现在环路增益是 $g_m R_E$,假定该值大于 1,它也等于电阻 R_E 上的 DC 电压 V_{RE} 除以 kT_e/q。

把 a_2/a_1 的比值代入 IM_{2f} 得到本幻灯片中显示的表达式。与预料的结果相同,IM_{2f} 与相对电流摆幅 U 线性呈比例,再除以环路增益 $1+T$,如果 T 较大,就变为除以 T。

Emitter resistor to reduce distortion IM_{2f}

$$T = g_m R_E = \frac{V_{RE}}{kT_e/q} \qquad \frac{a_2}{a_1} = \frac{1}{2}$$

$$IM_{2f} = \frac{1}{2} \frac{1}{(1+T)^2} \frac{V_{in}}{kT_e/q} = \frac{1}{(1+T)} \frac{U}{2}$$

$$U = \frac{1}{(1+T)} \frac{V_{in}}{kT_e/q} \quad \text{is the relative current swing}$$

IM_{2f} decreases linearly with T for constant U !

Willy Sansen   10-05 **1852**

1853 把 a_2/a_1 和 a_3/a_1 的比值代入 IM_{3f} 得到本幻灯片中显示的表达式。

与预料的结果相同,IM_{3f} 与相对电流摆幅 U 的平方呈比例,再除以环增益 $1+T$,如果 T 较大,就变成除以 T,而不是除以 T^2!

Emitter resistor to reduce distortion IM_{3f}

$$IM_{3f} = \frac{1 - 2T}{(1+T)^2} \frac{U^2}{8} \qquad \frac{a_2}{a_1} = \frac{1}{2} \qquad \frac{a_3}{a_1} = \frac{1}{6}$$

$$U = \frac{1}{(1+T)} \frac{V_{in}}{kT_e/q} \quad \text{is the relative current swing}$$

Null for T = 0.5

IM_{3f} also decreases with T for constant U for large T !!

Willy Sansen   10-05 **1853**

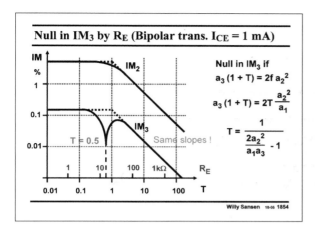

注意，T＝0.5 时 IM_{3f} 为零。但是如下张幻灯片所示，该零 IM_{3f} 处非常灵敏，应用起来并不容易。

1854　本幻灯片显示的是一个发射极电阻 R_E 不断增加的双极型晶体管放大器的分析结果。

DC 电流 I_{CE} 是常数，同样相对电流摆幅也是常数。这意味着输入电压直到 T＝1 时都是常数，然后输入电压随着 T 的增加而增加。

注意 T 的值大于 1 时，IM_{2f} 和 IM_{3f} 以相同的斜率－20dB/dec 减少。同样需要注意的是 IM_{3f} 在 T＝0.5 时为零，此处实际上非常灵敏。

1855　如果环路增益 T 较大，可以得到简化表达式。

用 $g_m R_E$ 代替 T 得到第二列表达式，用 DC 电流 I_{CE} 除以 kT_e/q 代替 g_m 得到最后一列表达式。

它们显示了 IM_{2fT}、IM_{3fT}、输入电压 V_{in}、DC 电流 I_{CE} 和电阻 R_E 之间的相互关系。如果 I_{CE}、输入电压 V_{in} 是常数，R_E 增大，引起相对电流摆幅的下降，就显著地减小了失真分量。

这是双极型晶体管的情况，下面研究源端带电阻 R_S 的 MOST 放大器。

1856　对于 MOST，三阶系数 a_3 为零，因此带反馈的三阶失真是受二阶系数 a_2 的影响的。

双极型晶体管与 MOST 另一个大的差别是 kT_e/q 必须被（V_{GS}－V_T）/2 代替，虽然（V_{GS}－V_T）/2 的值是一个可变的值，但是它总是比 kT_e/q 大。如果要产生小的失真，V_{GS}－V_T 的值必须选得比较小，因为它会增大 g_m，增大环路增益 T，这些增加的影响比 V_{GS}－V_T 减少的影响要重要得多。

如果 T 比较大，可以得到与双极型晶体管相似的结果。用 $g_m R_s$ 代替 T 也能得到类似双极型晶体管的表达式。

例如，MOST 的 IM_{3fT} 系数约为 1/10，但是双极型晶体管为 1/4，因此 MOST 的 IM_{3f}

系数比双极型晶体管的小 2.5 倍。但是假如选定 $V_{GS}-V_T=0.2V,(V_{GS}-V_T)/2=0.1V$，这比 $kT_e/q=0.26mV$ 小 4 倍。对于同样的 DC 电流、电阻，以及相同的输入电压，MOST 放大器的 IM_3 比双极型晶体管放大器的 IM_3 要恶化 4/2.5 倍（1.6 倍）。

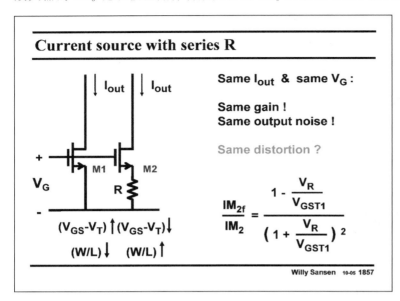

1857　提出了这样一个问题：为了产生小的失真，是采用一个大 $V_{GS}-V_T$ 的 MOST（如 MOST M1），还是采用一个小 $V_{GS}-V_T$ 的 MOST 和一个串联电阻 R（如 MOST M2）？V_{GS1} 和 V_{GS2} 的差值是电阻上的压降。

它们的栅极有相同的电压 V_G，直流电流也是相同的。

可以清楚地看到，对于三阶失真 IM_3，M1 的结构是最好的，因为没有产生任何的 IM_3，带反馈电阻 R 的 M2 结构产生了 IM_{3f}！

对于二阶失真 IM_2（表示是 M1 的）和 IM_{2f}（表示是 M2 的），必须计算出 IM_{2f}/IM_2 的比值，结果如本幻灯片所示。

它显示出，为得到差别，电阻上的压降 V_R 必须大于 $V_{GS1}-V_T$（或者 V_{GST1}），在这种情况下，失真反比于 V_R。

因此对于二阶失真最好使用尽可能大的电阻，而三阶失真情况相反。

1858　当源端的串联电阻显著增加时，例如采用一个理想的电流源 I_B，其输出电阻为无穷大，此时由 I_{DS}-V_{GS} 特征曲线非线性产生的失真为零。

在这种情况下，输出电导的非线性是主要的。这也可以如本幻灯片所示，通过相对电流摆幅 U 来描述。V_EL 是 MOST 的厄尔利（Early）电压，厄尔利电压越大，相对电流摆幅和失真越小。

发射极跟随器的情况同样。

源跟随器的体端和源端之间的电压默认为零，这只在体端连接到源端或 nMOST 在 p 阱中才有可能。但是在 CMOS 工艺中，通常存在的是 n 阱。通常，一个 nMOST 源极跟随器的体端通常是与地相连的，如下面所示，这就产生了很多的失真。

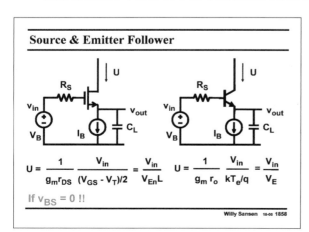

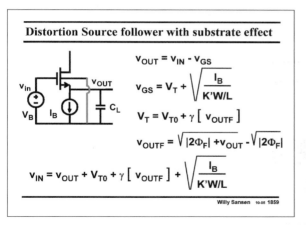

Distortion Source follower with substrate effect

$$v_{OUT} = v_{IN} - v_{GS}$$

$$v_{GS} = V_T + \sqrt{\dfrac{I_B}{K'W/L}}$$

$$V_T = V_{T0} + \gamma \left[v_{OUTF} \right]$$

$$v_{OUTF} = \sqrt{|2\Phi_F| + v_{OUT}} - \sqrt{|2\Phi_F|}$$

$$v_{IN} = v_{OUT} + V_{T0} + \gamma \left[v_{OUTF} \right] + \sqrt{\dfrac{I_B}{K'W/L}}$$

Willy Sansen　10-05　1859

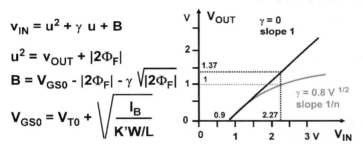

Distortion Source follower - Example

$$v_{IN} = u^2 + \gamma\, u + B$$

$$u^2 = v_{OUT} + |2\Phi_F|$$

$$B = V_{GS0} - |2\Phi_F| - \gamma \sqrt{|2\Phi_F|}$$

$$V_{GS0} = V_{T0} + \sqrt{\dfrac{I_B}{K'W/L}}$$

$V_{T0} = 0.6\ V$; $V_{GS0} = 0.9\ V$; $2\Phi_F = 0.7\ V$; $B = -0.47\ V$; $1/n = 0.73$

$a_1 = 0.765$; $a_2 = 0.02$; $a_3 = -0.0035$

$V_{INp} = 1\ V_p$; $HD_2 = 1.32\ \%$; $HD_3 = -0.114\ \%$

Willy Sansen　10-05　1860

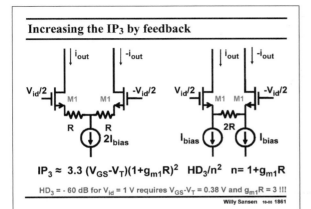

Increasing the IP$_3$ by feedback

$$IP_3 \approx 3.3\,(V_{GS}-V_T)(1+g_{m1}R)^2 \quad HD_3/n^2 \quad n= 1+g_{m1}R$$

$HD_3 = -60\ dB$ for $V_{id} = 1\ V$ requires $V_{GS}-V_T = 0.38\ V$ and $g_{m1}R = 3$!!!

Willy Sansen　10-05　1861

1859　实际上，当体端连接到地时，就会激活寄生的 JFET（见第 1 章），跟随器的增益会小于 1。

在这种情况下，阈值电压 V_T 通过参数 γ 与输出电压相关，如第 1 章所示，γ 反映了体效应的影响。现在可以很容易地推导出输入电压和输出电压的关系，显然是一个非线性的关系。

1860　本幻灯片显示了这种非线性关系。如果输入电压和输出电压较大，曲线斜率变小，实际上斜率变成 $1/n$，其中 n 包含了 g（见第 1 章）。

这种非线性关系产生了幂级数，其系数由晶体管参数的特定值来确定。

显然，如果源极跟随器不能嵌入一个单独的阱，在考虑失真时，就不能采用这种源极跟随器。

1861　源端插入串联电阻是为了增加差分对的输入范围。在理论上，这本来可以通过增加 $V_{GS} - V_T$ 得到，假如还不够，就必须插入串联电阻。

现在 IM$_3$ 减少了或者 IP$_3$ 增加了。

实际上，对于相同的原理，有两种可能的实现方式，它们的小信号性能几乎是相同的。实际上，只有一个 2R 电阻的电路（右边的图）有一个优点，就是无须匹配两个单独的电阻，但是，偏置电流源 I_{bias} 的输出电容会限制电路的高频性能，左边的电路却没有这样的问题。

无论如何，主要的差别是在左边的电路中，DC 偏置电流 I_{bias} 流经了电阻 R，右边电路的电阻却没有 DC 电流流过。如果电阻 R 比较大和电源电压比较低，右边的电路较好。

　　如果差分放大器有大的输入范围,因而有低的失真,可称为跨导单元,它广泛使用在下章讨论的连续滤波器中。

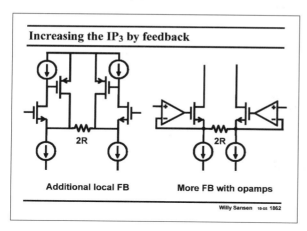

1862　因为电源电压的限制,不能使用非常大值的电阻 R。如本幻灯片所示,就需要增加额外的反馈。

　　这类电路的目的均是增加环路增益,来减少失真。如左边电路所示,可以通过在反馈环中增加一个或两个晶体管来实现。或者如右边电路所示,通过增加一个完整的运算放大器来实现。

　　在后一个实例中,低频时的环路增益非常高,结果差分输入电压加在电阻 2R 上,产生了非常线性的电压,来实现到电流的转换。

　　如果要实现高频的跨导单元,首选左边的电路,因为它的环路增益在高频时比较高。

1863　跨导单元也可以通过抵消技术,而不是局部反馈来抑制失真。本幻灯片给出了一个经常使用的例子。它实际上是著名的双极型吉尔伯特(Gilbert)乘法器的 MOST 版本(JSSC Dec. 68,365-373)。但是,本例是不对称的结构。

　　通过晶体管 M1,M2 组成了两个差分对,第二个差分对有较小的 g_m,而且是交叉耦合的。

　　这种交叉耦合使得 IM_3 减少到零,但是也减少了信号本身的幅度。

　　实际上有两个设计参数,即两个偏置电流 I_B 的比率 α 和两个 $V_{GS} - V_T$ 的比率 v。IM_3 为零时,它们之间存在一个简单的关系式。

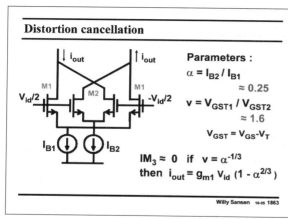

　　例如,如果 $\alpha = 0.25$,比率 v 一定等于 1.6(例如取 $V_{GS} - V_T = 0.2$ 和 0.32V)。

　　显然,永远不可能实现理想的抵消,因为失配永远存在。

1864　本幻灯片给出了差分输出电流和 IM_3 的表达式。

　　显然,IM_3 像通常一样与相对电流摆幅 U 相关,但也与两个设计参数

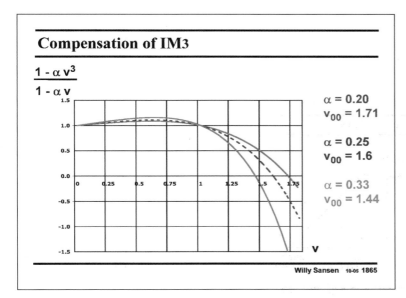

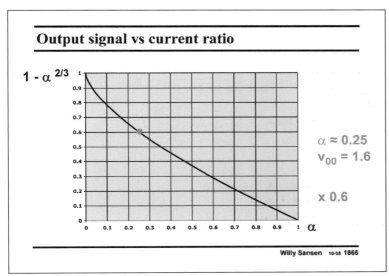

α 和 v 相关,α 和 v 的附加因子分析见下张幻灯片。如果 $v = \alpha^{-1/3}$,则 IM_3 为零,但是此时也使得信号本身的幅度减少。因此要采取一个折中的方案。

例如,如果 α＝0.25,比率 v 一定等于 1.6(例如取 $V_{GS} - V_T = 0.2$ 和 0.32V)。在这种情况下,增益减少了 $\alpha^{2/3}$ 或者 12%,这是合理的。

1865 这部分描绘了 α 和 v 不同组合时的曲线。

可以看出,当 α 较小,v 较大时,曲线穿越零点时更平缓,但是这限制了 $V_{GS} - V_T$ 的取值范围,同样也限制了 的取值。

所以,折中的取值为 α＝0.25,v＝1.6,这使 $V_{GS} - V_T$ 得到合理的取值 0.2V 和 0.32V。

如下图所示,此时增益减少了 $\alpha^{2/3}$ 或 40%。

1866 由图中曲线可以看出,交叉耦合导致信号幅度减小。

α 越大,信号幅度越小,这是不要选择太小的 α 值的另一个原因。

如图所示,如果 α＝0.25,输出信号幅度减少了 $\alpha^{2/3}$ 或 40%。

1867 现在,我们知道采用反馈的方法会在多大程度上减小失真,放大器经常也采用反馈,例如运算放大器。如果要获得大的输出摆幅,经常采用两级密勒放大器。

首先要先得出每一级放大器的信号

电压的幅度。先得出低频处的值,然后得出在所有的频率直到 GBW 处的值。

显然在高频时,电压增益较小,要增加输入电压。这会带来两个效应:一是每一级的失真会增加;二是用来减少失真的环路增益也会减小,这样在高频时失真就会显著地增加。

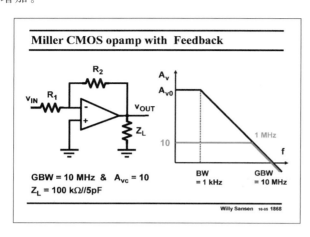

1868 例如,一个运算放大器 GBW 为 10MHz,闭环增益为 10,因此带宽为 1MHz。

加上了一个主要由电容组成的负载,因此输出晶体管流过了电流。频率越高,电流越大,导致失真越大。

下面我们来研究,运放中频率相关的增益模块是如何影响失真的。

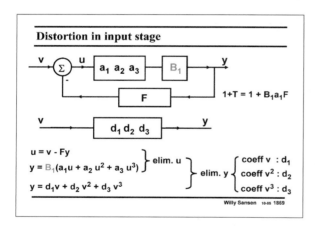

1869 假定一个运放由两级组成,假设只有第一级是非线性的,第二级的增益固定为 B_1。

利用前面的方法可以很容易得到幂级数的系数 d。

1870 很容易得出 IM_2 与 IM_3 失真分量,发现它们与单级放大器的相同。唯一不同之处是环路增益增大了 $1+T$,两级的增益出现在环路增益中。

因为环路增益增加了,失真减小了。

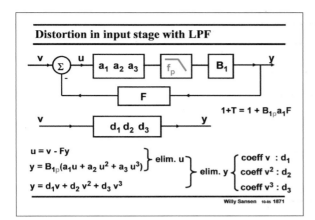

1871 当两级之间插入一个低通滤波器后，结果就不同了，它较好地模仿了两级放大器的性能。补偿电容对第一级来说起到了低通滤波器的作用。

低通滤波器的极点频率为 f_p，与增益模块 B_1 结合起来记作 B_{1p}，这表示低通滤波器的低频增益为 B_1。

采用与前面相似的分析方法可以得到幂级数的系数 d。

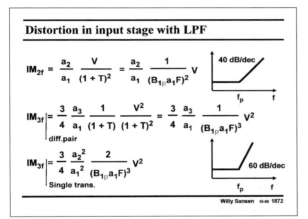

1872 IM_2 与 IM_3 失真分量都包含了低通滤波器的特性，但是是反向的。实际上，反馈回路中的低通滤波器特性最后产生了高通滤波器的特性，这被用在所有的 Σ-Δ 调制器中，起噪声整形的作用（见第 21 章）。

在 IM_3 中，频率大于 f_p 时，曲线斜率为 60dB/10 倍频，非常陡峭。注意到曲线是在 f_p 频率点时开始上升的，没有受到环路增益的影响。

与第一级产生失真的因素相关，出现了不同的系数 a。对于差分对来说，显然输入级的三阶失真是主要的成分。

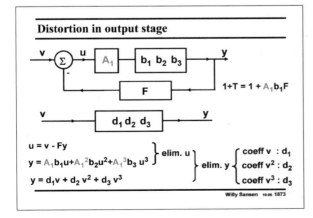

1873 现在保持输入级为线性，输入级保持固定的增益 A_1，而假定第二级为非线性，系数为 b。

采用与前面相似的分析方法，可以得到系数 d。注意到由于前面存在增益模块 A_1，非线性放大器有一个相当大的输入电压。

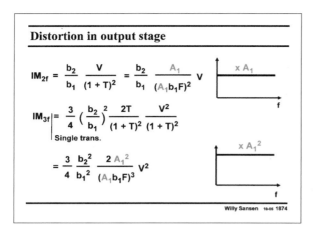

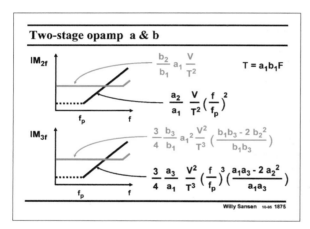

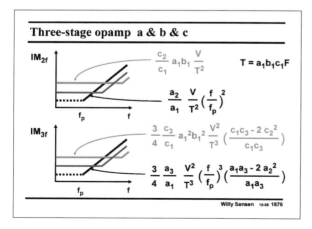

1874 可以很容易地得出失真分量 IM_2 与 IM_3。

与前面结果最大的不同是,第一级的增益 A_1 也出现在分子中,甚至在 IM_3 中 A_1 是平方项。这并不是不可预料的,因为输入信号经过增益 A_1 模块放大后,然后再加到系数为 b 的非线性放大器上。

1875 当两级放大器都是非线性的,中间是低通滤波器时,失真项分量如图所示。

第一级的贡献带有系数 a(黑色),而第二级的贡献带有系数 b(红色)。

显然,在低频处,输出级的失真是主要的,因为由于增益 a_1 的作用,输出级的输入电压变得相当高。

但是,在高频处,输入级的失真又起了主要作用,因为它在放大器的主极点频率 f_p 处开始增大。

现在如果假定一个密勒运放,具有差分输入级($a_2 = 0$)和单端输出级,那么至少在低频时,所有的 IM_2 都是由输出晶体管的非线性产生的。这在高频时同样成立,因为一个差分对不产生二阶失真,实际上,有些其他的失真源开始起主要作用,输出晶体管的输出电导开始起作用了。

在低频时,IM_3 同样由输出级的非线性产生的。在高频时,输入级的非线性起主要作用。

1876 三级放大器也可以得到相似的结果("Distortion in Single-, Two-and Three-stage amplifiers", Hernes, etal, TCAS-1, May 2005, 846-856, "Distortion analysis of Miller-compensated three-stage amplifiers", Cannizzaro, etal, TCAS-1, 2005)。

　　第一级的贡献带有系数 a(黑色),输出级的贡献带有系数 c(红色),中间第二级的贡献带有系数 b(绿色)。

　　显然可以看出,在低频时输出级的失真起主要作用。因为由于增益 a_1 与 b_1 的作用,输出级有相当大的输入电压。

　　在高频时,输入级的失真起主要作用,中间的第二级的影响一直可以被忽略,这是由于在补偿方案中,最低的非主极点频率比第二级的非主极点频率要低。

　　显然可以看出,一些不重要的非线性被忽略了,其中最主要的一个是输出晶体管的输出电导。

　　最后,从这些表达式中可以得出一个简单的规则。如果相对电流摆幅可以计算出来,那么失真就可以一直被计算出来,因此,我们需要知道每一级的输入电压,由相对电流摆幅得出失真项,这个值必须要除以在那个频率下的环路增益。下面举一个例子来说明这个问题。

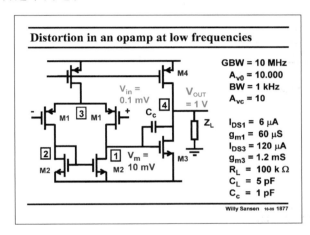

1877　一个两级密勒运放的 GBW 为 10MHz,闭环增益为 10,则带宽为 1MHz,所有的增益及晶体管参数列在图上。每一级的低频增益为 100,信号输出电压为 1V 时,很容易计算出输入电压及两级之间的电压。

　　主要的失真源在哪里?

　　很容易计算出,输出级的输入电压为 10mV,而输入级的输入电压仅为 0.1mV,由计算可以清楚地得到上述结果。

　　但是在较高的频率处,因为开环增益下降了,输入信号要放大到 1V,因此输入信号要增大。两级之间的信号电压还难以确定。

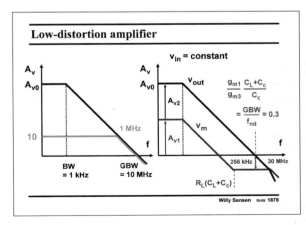

1878　左图是开环和闭环增益的波特图,它显示了随着频率的增加,一个小的输入电压会产生多大的输出电压。

　　右图中还显示了中间点处的电压。表明在低频时,第一级的增益减小,后面加上了一个低通滤波器,低通滤波器的极点等于运放的主极点。输出级的增益是常数。

　　上述的分析结果适用于运放在时间常数为 $R_L(C_L+C_c)$ 的频率以下,从该频率点开始,第二级的增益也开始下降,因此失真增大。而且,环路增益变得很小,失真急剧变大。

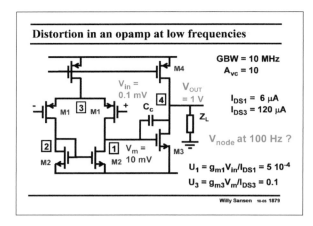

1879 在低频处,如 100Hz 时,很容易计算出输入级与输出级的输入信号电压。

输入级的相对电流摆幅现在仅为 0.05%,而输出级的相对电流摆幅是 10%,显然输出级晶体管产生许多的二阶失真,下面进行说明。

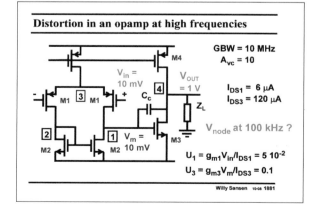

1880 相对电流摆幅为 10% 时,IM_2 失真可计算出为 1.5%,它在低频时要除以环路增益。从波特图上可以看出,环路增益为 1000。这样得出的 IM_{2f} 为 0.0025%,可以忽略。

首先,产生了一个较小的失真,其次,在低频时环路增益相当大。

1881 另一方面,在频率为 100kHz 时,该频率对放大器来说还不是一个能够将输入级的增益减小到 1 的高频,输出级的增益仍然大约为 100。

输入级及中间点处的信号电压如图所示。显然,输入级的失真更大了,而输出级的失真同 100Hz 频率时的失真相同。

输入级的相对电流摆幅增大了 100 倍,达到了 0.05,仍然很小,对失真没有太大的影响。

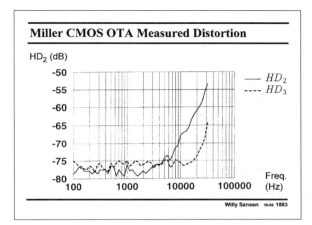

Distortion in an opamp at high frequencies

Distortion generation by nonlinear output stage :

$$U_3 = g_{m3}V_m/I_{DS3} = 0.1$$

$$IM_2 = U_3/4 = 0.25 \; 0.1 = 2.5 \%$$

Distortion generation by nonlinear input stage :

$$U_1 = g_{m1}V_m/I_{DS1} = 0.05$$

$$IM_3 = U_1^2/10 = 0.0025/10 = 0.025 \% \quad \text{Negligible !}$$

Distortion reduction by feedback :

$$T = 10 \quad IM_{2f} = 2.5 \%/100 = 0.25 \%$$

Willy Sansen   10-05 1882

1882 第二级的 IM_2 项失真与前面提及的一样。

差分输入级的三阶失真仍然可以被忽略。在更高的频率处,可能会使得第一级的失真成为主要因素。

但是在这个高频下环路增益仅为 10,因此 IM_{2f} 变大,达到 0.25%,远远大于低频时的 0.0025%,这是因为环路增益减小。

频率更高时,环路增益更小,另外每一级的输入信号都变得更大,使得失真也急剧变大。

下面给出实验结果。

1883 这是 GBW 为 1MHz 的两级运放的实验结果。

显然,二阶失真更显著,它是由输出级产生的,它的斜率接近于预期的 40dB/10 倍频。

在较高的频率时,也可以见到三阶失真,但是它不是主要的分量,它的斜率更大。

在频率低于 7 kHz 时,失真被噪声所淹没,此时没有可靠的方法来计算失真。

Miller CMOS OTA Measured Distortion

HD_2 (dB)

—— HD_2
---- HD_3

Willy Sansen   10-05 1883

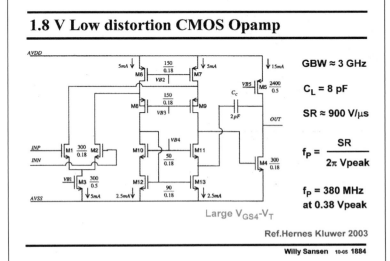

1.8 V Low distortion CMOS Opamp

GBW ≈ 3 GHz

C_L = 8 pF

SR ≈ 900 V/µs

$$f_P = \frac{SR}{2\pi \; Vpeak}$$

f_P = 380 MHz
at 0.38 Vpeak

Large V_{GS4}-V_T

Ref.Hernes Kluwer 2003

Willy Sansen   10-05 1884

1884 如图所示为一个低失真的二级运放。第一级是常见的折叠式共源共栅级,随后的第二级为了得到较大的输出摆幅没有采用共源共栅管。

为了使中频时的失真较小,增益带宽必须尽可能地大。

为了避免转换速率引入失真,必须使正弦波穿越零点的斜率小于转换速率。在峰值输出电压为 0.38V 时,满足这一条件的频率为 380MHz。

显然这样的放大器消耗大量的功率,如每个输入晶体管为 2.5mA,输出晶体管为 15mA,当电源电压为 1.8V 时,总电流为 25mA。得到的品质因数仅为 1MHzpF/mA。

但是如下所示,这时的失真却很小。

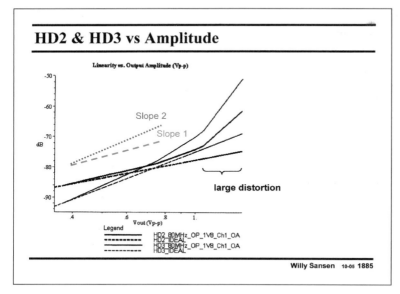

1885 失真分量 HD_2 与 HD_3 被画在对数-对数坐标上来验证斜率。它们本身的斜率也同样画在上面。

显然,至少对 HD_2 来说,在整个输入幅度的范围内,斜率都是正确的。

对 HD_3,斜率在小于 $0.8V_{ptp}$ 时是正确的,当超过 $0.8V_{ptp}$ 时略微增加,超过 $1.2V_{ptp}$ 时,斜率陡然增大,进入了硬非线性区,这可能是由于共源共栅管脱离了强反型区造成的。

也给出了较高频率 (80MHz)时的曲线,与频率相关的曲线如下所示。

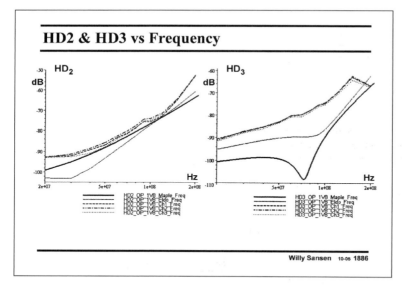

1886 与频率相关的实验结果如图所示,曲线在输出摆幅为 $0.75V_{ptp}$ 下绘制。标记 Ch1、Ch2 与 Ch3 表示不同的样本情况。

采用 Maple 与 Eldo 仿真得到的结果也标在图上做比较。Maple 仿真是符号仿真,它只计算幂级数的前三项。Eldo 仿真利用傅里叶变换进行瞬态电路仿真。在输出级 HD_2 对失真影响较大,在频率增加时,因为环路增益减小,使得 HD_2 增大。在较低频率时,由于其他失真源的引入,HD_2 可以忽略。

HD_3 的仿真结果与测量结果有很大的差异。在低频时,HD_3 由输出级产生,而在高频时,输入级的失真成为 HD_3 的主要分量。输入级与输出级的 HD_3 有不同的极性。二者的抵消点在 Maple 图中很明显,而在 Eldo 图和实验数据图中则不明显。

同时,也给出了许多其他的失真源,其中输出晶体管的输出电导失真是主要的一个失真源。

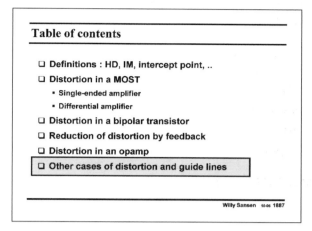

1887 当输入正弦波时,任何与理想正弦波的输出偏差都可以归为失真,这样会包括许多其他的失真源,其中的一些列在这里。这些失真的增加永远不会停止,每一项新的应用都可能会产生新的失真。

1888 转换速率太小时,可能会阻碍正弦波在高频斜率处的传输,此斜率即正弦波穿越零点时的斜率。当转换速率太小时,输出变为三角波,使 HD_3 过大(大于 10%),显然这应当避免。

一个作为开关的 MOST 产生的失真与它的电阻一样取决于 V_{GS},V_{GS} 是栅极驱动电压和源极输出信号电压之差。在低电源电压(<1.8V)时,这个效应尤其有害,更多的内容在第 21 章介绍。

在高频时,不能再利用幂级数与相位复矢量来校正频率相关的相应,幂级数必须被渥尔特拉(Volterra)级数代替,因为该级数只能应用于简单的电路,因此很少被用到。

在第 19 章讨论的时序滤波器中,采用了更多的技术用来抵消失真,可以得到足够的匹配,第 19 章会给出一些例子。

最后,介绍一些减少失真的简单指导。

1889 因为失真正比于电压与电流的摆幅,实现低失真的第一个简单的方法就是让这两个摆幅都减小。

应用反馈总是可以减小失真,原因是反馈减小了信号的摆幅,更重要的是反馈将失真分量除以了环路增益的倍数。

最后,将电路换成全差分结构会避免二阶失真,显然这会使功耗与输入噪声变大。但是信号噪声失真比(SNDR)将会增大。失配会产生二阶失真,但是它常常比三阶失真要小。

Distortion components

Distortion comp.	IM_2 $\times U_p$	IM_3 $\times U_p^2$	$U_p = \dfrac{V_{ip}}{V_{ref}}$ $V_{ref} =$
Bipolar	1/2	1/8	kT_e/q
MOST	1/4	0	$(V_{GS}-V_T)/2$
Bip. diff.pair	0	1/4	$2kT_e/q$
MOST diff.pair	0	3/32	$(V_{GS}-V_T)$

Willy Sansen 10-05 1890

1890 作为最后的总结,列出了所有基本电路的失真分量。首先是没有反馈的,其次是带有反馈的,它们在前面已经推导过了。

以 MOST 的二阶失真为例,它的 IM_2 为 U_p 的 $1/4$,U_p 是输入电压峰值 V_{ip} 与 $(V_{GS}-V_T)/2$ 的比值。它的 IM_3 为 U_p^2 的 $1/10$,这里的 U_p 是输入电压峰值 V_{ip} 与 $(V_{GS}-V_T)$ 的比值。

Distortion components with Feedback (T > 5)

Distortion comp.	IM_2 $\times U_p$	$-IM_3$ $\times U_p^2$	$U_p = \dfrac{V_{ip}}{V_{ref}}$ $V_{ref} =$
Bipolar	1/2T	1/4T	$kT_e/q \times T$
MOST	1/4T	3/32T	$(V_{GS}-V_T)/2 \times T$
Bip. diff.pair	0	1/4T	$2kT_e/q \times T$
MOST diff.pair	0	3/32T	$(V_{GS}-V_T) \times T$

Willy Sansen 10-05 1891

1891 带反馈的失真同样做成与上面相似的表格,这里环路增益为 T。

例如,单 MOST 放大器的 IM_3 为 U_p^2 的 $1/10$,这里的 UP 是输入电压峰值 V_{ip} 与 $(V_{GS}-V_T)/2$ 的比值再除以 T^3,其中 T^2 归因于电流摆幅(通过 U_p)的减小,剩下的一个 T 是由环路增益的减小而引起的。

References

P.Wambacq, W.Sansen : Distortion analysis of analog Integrated
Circuits, Kluwer Ac. Publ. 1998

W.Sansen : "Distortion in elementary transistor circuits"
IEEE Trans. CAS II Vol 46, No 3, March 1999, pp.315-324

J. Silva-Martinez, etal : High-performance CMOS continuous-time
filters, Kluwer Ac. Publ. 1993

B. Hernes, T. Saether : Design criteria for low-distortion in
feedback opamp circuits, Kluwer Ac. Publ. 2003

G. Palumbo, S. Pennisi : Feedback amplifiers, Kluwer Ac. Publ. 2002

Willy Sansen 10-05 1892

1892 列出了关于失真的通用参考文献,它们都有各自的观点。

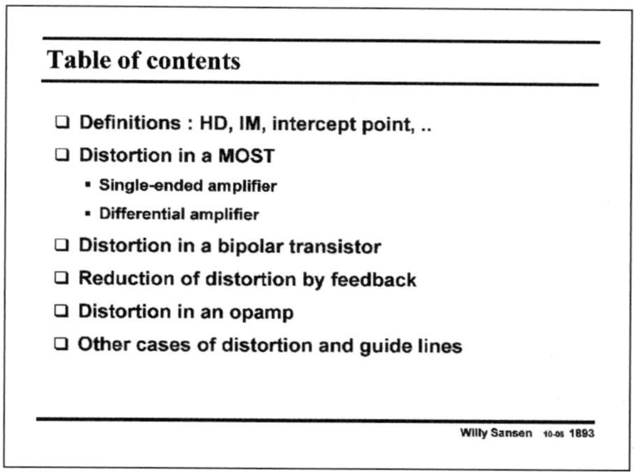

Table of contents

Willy Sansen 10-05 1893

1893 本章介绍了由晶体管的弱非线性带来的失真。首先给出了失真的定义,然后计算了单端或者差分结构的 MOST 与双极型晶体管的失真。

重点关注了反馈所带来的失真的减小。最后,给出了一些指导和一些综述表格来推算各种放大器的失真值。

第 19 章 时序滤波器

191 滤波器中很重要的一类是时序滤波器,它不采用切换开关,主要应用于高频和很多其他的方面。

时序滤波器存在的主要问题是失真,因此把本章安排在失真一章的后面。

本章首先讨论了几种类型的滤波器,主要关注低失真的跨导电路。

在进行采样之前,需要采用抗混叠滤波器以限制信号带宽,这就需要一个前置滤波器,这个滤波器必须是时序滤波器。

高频滤波器通常也是时序滤波器。在数据采样滤波器中,时钟频率必须高于信号的最高频率,此时就需要非常高的时钟频率,因此会消耗太多的功率。

Continuous-time filters

Willy Sansen

KULeuven, ESAT-MICAS
Leuven, Belgium

willy.sansen@esat.kuleuven.be

Willy Sansen 10-05 191

在通信系统中(CDMA,UWB 等),信道带宽达到了 5.7MHz 甚至 10MHz,这就需要采用很多的高频滤波器来分隔这些信道。

最后,当功耗急剧下降时高频滤波器就变为低频滤波器。在便携式电子应用中,时序滤波器即使在低频时也起着非常重要的作用(如传感器接口,等等)。

192 但是,时序滤波器存在着很多问题。它的特征频率不是很精确,这就很难实现需要特征频率精确匹配的高阶滤波器,因此就需要增加调节电路,同时电路的功耗也增加了。

同样,线性度也存在问题,滤波器通常会施加很大的输入电压,为了使其失真减少到 −60dB 以下,就需要用到反馈技术和抵消技术。

对于低电源电压应用尤其如此,因为信号摆幅已经不能更小,所以减

Applications and problems

- Applications
  - Anti-aliasing filters
  - Video and HF filters : hard-disk drives
  - Channel select filters
  - Low-power filters
- Problems:
  - Tuning for high precision: mismatch < 5 %
  - Distortion : THD < -60 dB
  - Low power supply voltages
  - High quality factors : Q > 50 ?

Willy Sansen 10-05 192

小失真就变得更加重要。

把这些问题(尤其是失配和失真问题)都集中到一起,就意味着很难实现高品质因数的滤波器。

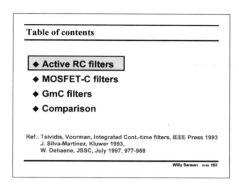

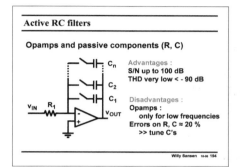

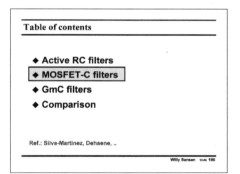

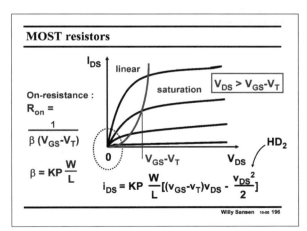

193 通过采用 RC 滤波器或 MOSFET-C 滤波器提供了一些可能的解决方案,由于 Gm-C 滤波器能达到极高的频率,所以它将得到更多的关注。

在本章最后,对不同频率区域内可以预期的动态范围进行了比较。

194 有源 RC 滤波器就是在反馈环路上带有电阻和电容的运算放大器。

如果采用了低噪声运放,就能达到很高的信噪比,可以施加大的输入信号而只有很小的失真,信号噪声失真(SNDR)比也会相当高。事实上这些滤波器可以有最高的信号噪声失真比,不过该值和功耗相关。

显然,仅仅在环路增益高的频段上这才是正确的,这些 OTA-RC 滤波器不适合用于高频。

另一个缺点是采用了无源元件,而无源元件的绝对精度比较低,它的绝对误差可能高达 $15\%\sim20\%$,因此需要对滤波器部分进行调谐。

但是在 OTA-RC 滤波器中没有可调元件,唯一的方法是使用电阻或电容阵列,如本幻灯片所示。使用 8bit 二进制电容阵列可以使绝对误差减少至 0.4%。

195 当电阻由 MOST 器件代替时就变得可调了,晶体管工作在线性区(小的 V_{DS}),可以用导通电阻来表征(第 1 章)。

改变栅电压就改变了它们的导通电阻值,从而就可以调节 RC 滤波器的时间常数。

196 这个导通电阻值与栅电压呈反比。

当 V_{DS} 很小时,晶体管具有很好的线性,但是信号摆幅较大时,就不再可能保持线性,并且出现失真。

对于较大的 V_{DS} 值,在 $I_{DS}-V_{GS}$ 的特性曲线中必须包含 V_{DS2} 这一项,这就导致了二阶失真。

避免这种失真的最简单的方法是采用差分结构。

同时还有很多的可能结构。

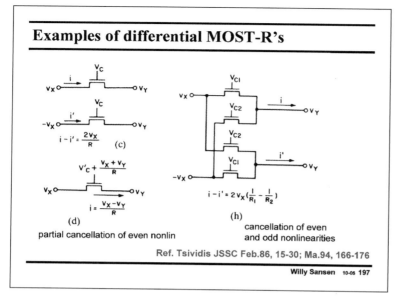

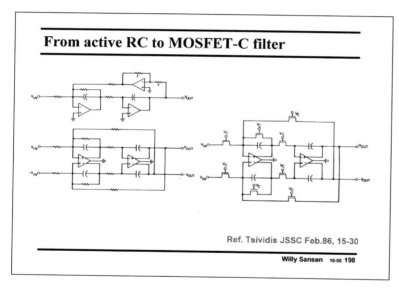

197　本幻灯片中显示了几个 MOST 电阻的例子。

如图（c）所示，差分结构可以抵消偶次失真。

注意，必须要把体端连到源极，这需要额外的阱，如果不能获得阱，就会产生附加的失真。

通过加入不同尺寸，且由不同控制电压 V_{c2} 驱动的抵消作用的晶体管（如图（h）所示），也可以抵消奇次非线性失真，这是最常用的结构。

但是这种结构会产生较高的节点电容，在高频的时候，采用双晶体管结构（c 图）会更好一点。

198　左上图给出了一个二阶滤波器的例子，它包含了两个电容和三个运放，但是它是一个单端结构。

在它的下面是以差分结构实现的相同的滤波器，可以省掉一个运放，因为该运放只是用以提供反相信号，差分电路中总是同时存在正反两个相位，对一个二阶滤波器使用两个运放就足够了。

但是，这种结构中运放是全差分的，因此它们需要共模反馈（见第 8 章），这会消耗更多的功率。

右图显示了使用 MOSFET-C 实现的相同的滤波器，所有的电阻都用 MOSFET 代替，所有的栅极都一起连到控制电压 V_c，这样就可以调节电阻值并因此可以调节滤波器的频率。如果要实现宽的频率调谐范围，就需要大的电压调谐范围，但这在低电源电压供电时并不容易实现。

而且，MOSFET 的工作频率范围有限，下面进行解释。

Large R_{ON} values at high frequencies

For low-frequency low-pass filter with f-3dB

$$f_{-3dB} = \frac{1}{2\pi R_{on} C} \approx \frac{KP \ W/L \ (V_{GS}-V_T)}{2\pi \ C}$$

For f$_{-3dB}$ = 4 kHz; KP= 60 μA/V^2; V$_{GS}$-V$_T$ = 1 V; W = 2 μm; C = 10 pF
R$_{on}$ = 4 MΩ. For matching W = 2 μm: L ≈ 500 μm ! The area is 10^{-5} cm^2

For C$_{ox}$ = 5.10^{-7} F/cm^2 (0.35 μm); C$_{GS}$ = 5 pF;
High-frequency limit at ≈ 8 kHz or f$_T$ ≈ 8 kHz !!!!!!

Willy Sansen　10-05　199

199 实现低频滤波器需要大的导通电阻 R_{on},例如一个工作在 4 kHz 的滤波器,需要兆欧量级的导通电阻。

为了达到最小尺寸的匹配,栅宽 W 不能比一两微米小太多,因此沟道长度变得非常长,使得 f_T 很小。MOST 电阻就变成了高频特性不可预测的传输线。

LC ladder filter

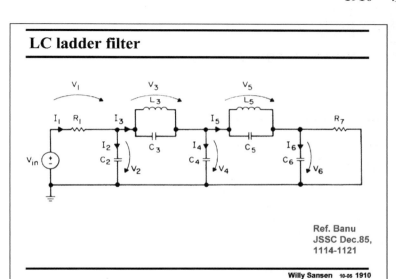

Ref. Banu
JSSC Dec.85,
1114-1121

Willy Sansen　10-05　1910

1910 以这个 LC 梯形滤波器为例,它对 L 和 C 的误差很不敏感。除信号源电阻 R_1 和负载电阻 R_7 外,其他五个支路也可以识别出来。

每个节点通过电容接地,因此它是一个低通滤波器。

如下所示,每个支路由一个带有反馈元件的运放表示,首先要把这个电路变成差分结构。

Fifth-order low-pass filter

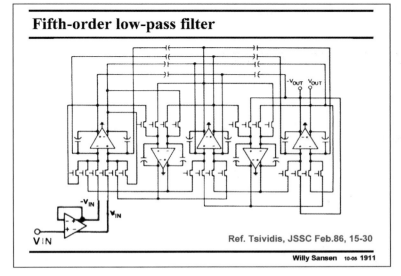

Ref. Tsividis, JSSC Feb.86, 15-30

Willy Sansen　10-05　1911

1911 左图显示了一个类似的五阶梯形滤波器。

这是一个能抵消偶次失真的全差分滤波器,所有的电容值固定,而所有的 MOST 电阻可以通过改变栅极控制电压来调节。

第六个运放实现单端输入变为双端差分输出的功能。

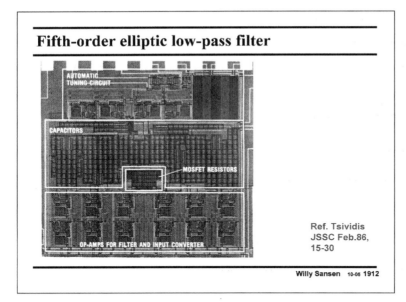

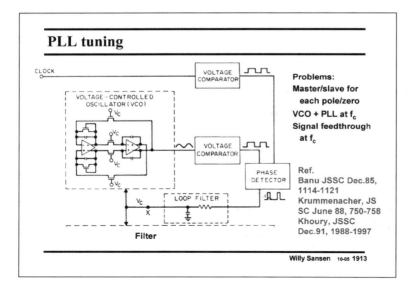

1912 在芯片版图的下部很容易看到这六个运放。

因为要达到更好的匹配,电容阵列占据了很大的版图面积,而 MOST 电阻所占面积很小。

调谐电路占了大部分面积,下面对它进行介绍。

1913 调谐电路是一个锁相环,它产生了滤波器控制电压 V_c,作为反馈环路的输出。

这个环路包括一个产生频率(相位)的 VCO,它产生的频率(相位)在鉴相器中与时钟的参考频率(相位)进行比较。鉴相器实际上是一个乘法器,它的输出包括两个输入频率的和频与差频,和频是一个高频分量,被低通环路滤波器滤除。差频是慢变信号,被反馈到 VCO,这实际上就是控制信号 V_c。

为了能更好地匹配,VCO 采用和滤波器相同的运放,并且电容和 MOST 电阻也都与滤波器中相应的器件同一数量级。控制电压使得 VCO 输出一个被外部的时钟频率锁定的输出频率 f_c。结果,滤波器的频率也被外部时钟锁定,这个外部时钟通常是由一个高精度晶体振荡器产生的(见第 22 章),滤波器的频率可被认为具有近似的高精度。

这样一个调谐电路主要的缺点是需要很多辅助电路,而且 VCO 的频率 f_c 与滤波器的频率在同一个范围,因而很难避免 VCO 的频率泄漏到信号通路。其他的一些调谐电路稍后进行讨论。

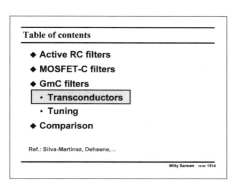

1914 有源 RC 滤波器和 MOSFET-C 滤波器都使用运算放大器。这意味着只有在低频时环路增益才足够大,以保证获得高精度性能。

对于高频滤波器,运算放大器简化到可能的最简单结构。它们仅由差分对组成,可以对其应用某些线性化技术,它们称为跨导器或者 Gm 单元。这样的滤波器就称为 GmC 滤波器,它们能以合理的品质因数达到可能的最高滤波器频率。

首先讨论一些跨导器结构,然后再介绍其他调谐电路。

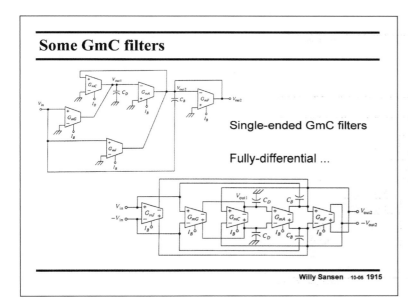

Some GmC filters

Single-ended GmC filters

Fully-differential ...

Willy Sansen   10-05 1915

1915 GmC 滤波器由 Gm 单元组成,这个单元也就是一些线性差分对和电容。左图显示了一个二阶的滤波器,它是一个单端电路。

为了抵消偶次谐波,优先选择如右图所示的差分结构。由于输出电路增加了一倍,它们消耗了更多的功率。而且,需要共模反馈电路来设置共模信号或者平均的输出(和输入)电平,这也消耗了更多的功率。

现在对其进行更深入的研究。

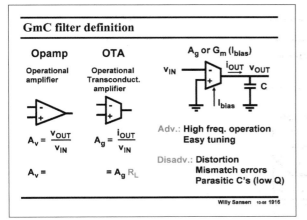

GmC filter definition

Opamp	OTA	A_g or G_m (I_{bias})
Operational amplifier	Operational Transconduct. amplifier	

$$A_v = \frac{v_{OUT}}{v_{IN}} \qquad A_g = \frac{i_{OUT}}{v_{IN}}$$

$$A_v = \qquad = A_g R_L$$

Adv.: High freq. operation
Easy tuning

Disadv.: Distortion
Mismatch errors
Parasitic C's (low Q)

Willy Sansen   10-05 1916

1916 与运放不同的是,Gm 单元不包括低输出电阻的输出级,Gm 单元输出电流正比于输入电压。与运放相比它只是多了一个输出电阻 R_L。

Gm 单元相当大的一个优点是它的跨导 Gm 直接依赖于偏置电流 I_{bias},如果 MOST 工作在强反型区,Gm 正比于电流平方根。但是,如果工作在弱反型区,或者采用双极型晶体管,则 Gm 正比于电流。

调谐电路相对简单,就因为其简单性,这些电路才能工作到很高的频率。

缺点也是相同的,仍然是失真和失配。而且,每一个结点有一个对地的寄生电容,限制了其高频性能。

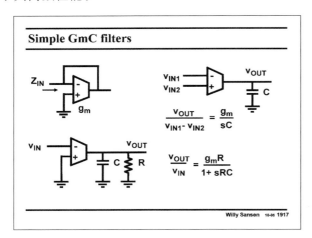

1917 这张幻灯片显示了几个带有 Gm 单元的简单滤波器结构。

输出反馈到负输入端就把 Gm 单元变成了一个值为 $1/g_m$ 的电阻。

将 Gm 单元开环应用时,就产生了一个由输出负载电容决定的极点,这实际上是个积分器。

如果用并联 RC 电路作为负载,那么就得到了一个增益为 $g_m R$ 的电压放大器以及一个时间常数为 RC 的极点。

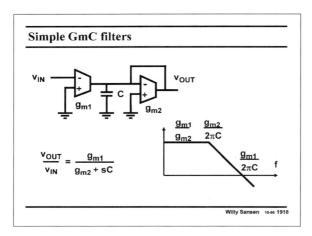

1918 Gm 单元或跨导器也可以用作负载,这时电压增益是两个跨导的比值,极点由 g_{m2} 和中间节点的电容 C 决定。

显然 GBW 由 g_{m1} 和中间节点的电容 C 决定。

同样的结构用差分实现会更好,如下一张幻灯片所示。

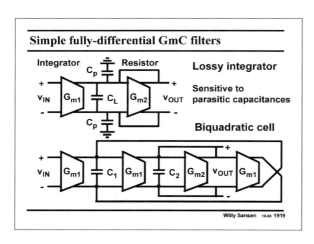

1919 这张幻灯片显示的是差分结构的电压放大器。其增益是两个跨导的比值,极点由 g_{m2} 和中间节点的电容 C_L 决定。

为了确保极点频率的精确性,相比于负载电容 C_L,寄生电容 C_p 必须可以忽略,这限制了 C_L 的最小值和极点频率的上限。

下图显示的是一个更复杂的滤波器结构,这是一个双四元二阶滤波器,这是指其传递函数的分子分母都是二次的。为了实现这一点,需要采用两个电容和四个跨导器。

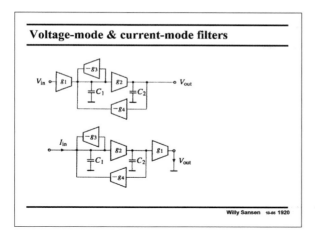

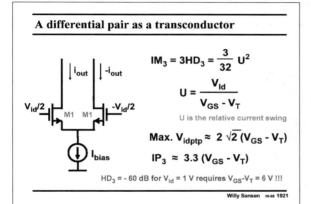

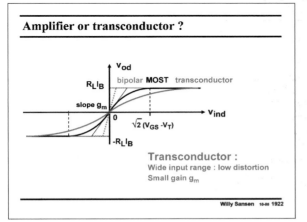

1920　这种滤波器通常由输入电压驱动,但是这不是必须的。

以本幻灯片中的二阶 GmC 滤波器为例,把输入端的跨导器 g_1 移到输出端,它们有相同形式的传递函数,只不过传递函数变成了电流比 I_{out}/I_{in} 而不是电压比 V_{out}/V_{in}。

电压 GmC 滤波器很容易转换成电流 GmC 滤波器。但是以后会看到电流模滤波器的 SNR 通常比电压模的 SNR 低(约低 20dB),因此电压模滤波器更常用。

现在来研究一些重要的跨导电路。

1921　最简单的跨导器显然是差分对,它的 Gm 就是 MOST 的跨导。

但是其失真很大,其 IM_3 正比于相对电流摆幅的平方,如果 $V_{GS}-V_T$ 值很大,IM_3 就可以减小。但是为了使幅度为 1V 的输入信号达到较低的失真,$V_{GS}-V_T$ 的取值就要非常大。

因此需要增加反馈或者其他技巧来进行补救。

1922　为了再一次说明放大器和跨导器的区别,图中绘出了几个放大器和跨导器的传输曲线。

放大器增益高,输入范围小,双极型晶体管就是很好的例子。

跨导器增益低,但输入范围大,$V_{GS}-V_T$ 值很大的 MOST 放大器和带有发射极电阻的双极型晶体管放大器都是很好的例子。

真正的跨导器有非常大的输入范围,通过使用线性技术如局部反馈和交叉耦合技术可以扩展跨导器的输入范围。下面来研究这些技术。

1923 有源 RC 滤波器和 MOSFET-C 滤波器都采用运算放大器。这意味着只有在低频时环路增益才足够大,以保证得到高精度性能。

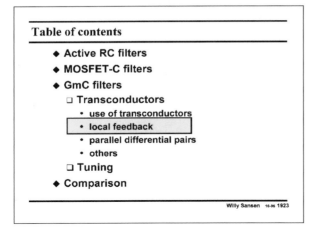

对于高频滤波器,运算放大器简化到可能的最简配置,它们仅由差分对组成,可以对其应用某些线性化技术。它们称为跨导器或 Gm 单元,这样的滤波器就称为 GmC 滤波器,它们能以合理的品质因数达到最高滤波器频率。

首先讨论一些跨导器结构,然后再介绍其他的调谐电路。

1924 显然,局部反馈是一种可以扩大输入范围或者减小失真的技术(见前面章节)。

本幻灯片中显示了两个实际电路,它们 AC 特性相同但 DC 特性不同。左边的电路 DC 电流流过串联电阻 R,右边的电路则没有。因此左边的电路需要更多的直流压降,在电源电压较低时,这种结构要避免。

另一个区别是左边的电路中两个电阻 R 必须匹配良好,同样右边电路的两个电流源也要有很好的匹配。电阻匹配和电流源匹配哪一种更容易,取决于使用的面积。

还有一个区别是左边电流源的输出电容连接在共模节点上,而在右边电路中电流源的输出电容会限制它的高频性能,需要在 2R 的两端跨接一个小电容补偿高频性能。

两个电路减小失真的量相同,如果需要进一步地减小失真,就需要更大的环路增益,如下一张幻灯片所示。

1925 反馈环路的环路增益越大,失真就越小,输入范围就越大。

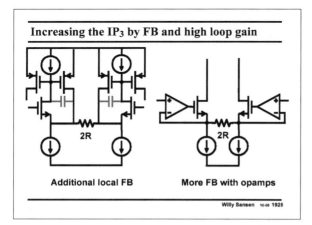

如左图所示,只需增加一两个晶体管就能实现局部反馈。输入晶体管不可能有 AC 电流,因为在漏极和源极都有 DC 电流源,所以只有 pMOST 流过 AC 电流,这个 AC 电流由输入差分电压决定,输入差分电压几

乎不经衰减通过晶体管加到 2R 上，输出电流镜像输出。

如果在反馈回路中插入完整的运算放大器来代替单一的晶体管，那么电压到电流的转换就更加精确。环路增益就包括了运算放大器的开环增益，失真就会非常小。

不过，这仅仅在低频时才正确，因为随着频率的升高，运放的开环增益迅速下降。在高频情况下，会优先考虑左边的电路。

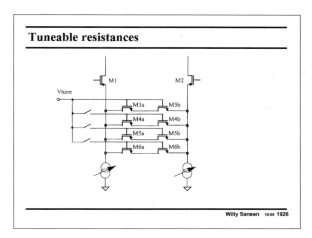

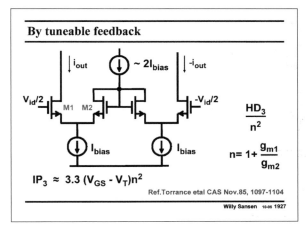

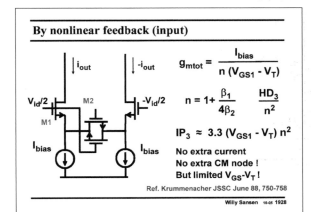

1926　前面介绍的跨导器都有一个缺点，就是不能调谐，它们的电压到电流的转换由电阻控制。

如果用 MOST 来代替电阻，它的调节能力就会极大增强。用 MOST 阵列效果更佳，这个阵列可以通过控制开关的通断进行粗调，然后通过改变电压 V_{tune} 进而改变 MOST 导通电阻来进行微调。

1927　如本幻灯片所示，MOST 除了用作电阻还可以用来作二极管。

小信号时，输入晶体管 M1 源极之间的总电阻由 2R 变为 $2/g_{m2}$。这个值可以通过改变流过连接成二极管形式的 MOST M2 的 DC 电流 $2I_{bias}$ 进行调节。

显然，偏置电流 I_{bias} 比较小时，电阻值较大，失真减小，增益也变小了，这是输入信号幅度较大的情况。

衰减因子 n 仅取决于 g_m 的比值，因此也就取决于电流的比值。

IP3 也相应地增加。

实际上，这个电路大约在 20 世纪 60 年代双极型晶体管时代就存在了，它常用于一些接收电路的自动增益控制。

1928　本幻灯片显示了 MOST 用作电阻实现跨导器的更好方法，具有的优点就是不额外消耗电流，也不额外增加共模节点。

衰减因子 n 由 nMOST 的尺寸比率 β_1/β_2 决定，n 不仅出现在总跨导 g_{mtot} 中，而且还出现在 IP_3 的表达式中。

β_1/β_2 最优比值某种程度上取决于所选择的 $V_{GS1} - V_T$ 数值。例如，对于

$0.27V$ 的 $V_{GS1}-V_T$,最优 β_1/β_2 约为 6。输出电流限制在偏置电流 I_{bias} 80% 以内时,跨导 g_{mtot} 是一个常数(变化量在 1% 以下)。

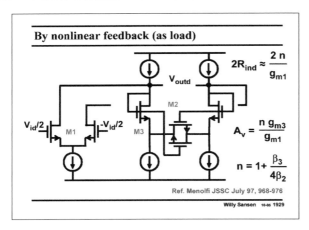

1929 在把接成二极管形式的晶体管作为负载的差分对或跨导器中,也可以采用同样的线性化技术。通过线性晶体管 M2 的应用,晶体管 M3 也可以线性化。

同样,晶体管尺寸的比值决定了衰减因子 n,同时也减小了失真,增大了连接成二极管形式的 M3 管源极之间的差分电阻 $2R_{ind}$。

从差分输入 v_{id} 到差分输出 v_{outd} 的总电压增益 A_v 也随因子 n 增加。

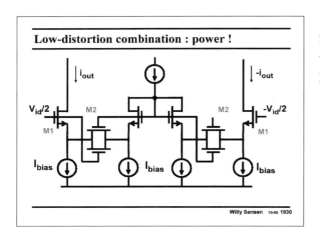

1930 本幻灯片显示了结合前面介绍的两种技术而产生的电路。它结合了二者的优点和缺点,功耗大大增加,同时输入范围也随之增加。

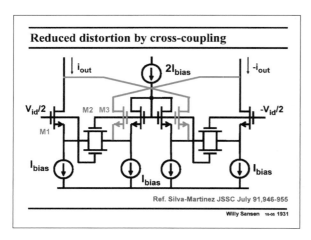

1931 在有关前两个技术的电路上方也可以增加交叉耦合。如本章稍后所显示,交叉耦合已经成为减小失真的常用技术,是以输出信号幅度的减小为代价。

结合这三种技术可以使电路在不采用运算放大器的情况下,输入电压范围最大化。

因为存在一定量的失真,高频性能可能会比前述的 Krummenacher 电路差,但是输入范围较大,如下所示。

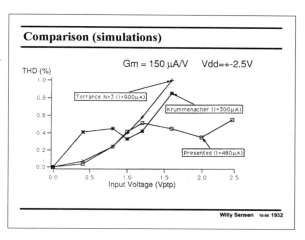

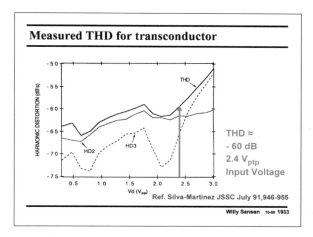

1932　本幻灯片中给出了输入范围的差别。

Torrance 电路的曲线因为反馈电阻变得平坦,这个电阻由二极管连接形式的晶体管构成。Krummenacher 电路约在 $1V_{ptp}$ 处实现失真抵消,在这之后与 Torrance 曲线一样快速增加。

但是 Silva 电路集中了它们的优点。当输入电压比较低时,它与 Torrance 曲线一样。当输入电压比较高时,它同时采用 Krummenacher 技术和抵消技术进行失真抵消。它的输入范围相当大,达到了 $2.5V_{ptp}$。

1933　由测量结果可知,对于大约 $2.4V_{ptp}$ 的输入电压,能够达到的 HD_3 约为 0.1%。

对于更大的输入电压,失真急剧增大,表明器件达到了高失真区域,不能再采用幂级数来预测失真值。

1934　在反馈环路中插入一个完整的运算放大器可以达到最低的失真。固定电阻 R/2 用来实现电压到电流的转换,在更高的频率下,引入一个并联小电容增强这种转换。这种做法非常必要,因为运算放大器的增益在高频时降低了。

通过改变负载电阻 M1 和 M2 的控制电压 VC1 和 VC2,可以使跨导调谐成为可能。

这种跨导器实际上是折叠式共源共栅结构,输出信号取自于调节式共源共栅放大器的漏端。

利用这种跨导器,制作一个七阶全差分切比雪夫滤波器,这是频率在 $165\sim505$kHz 范围内可调的带通滤波器。IM3

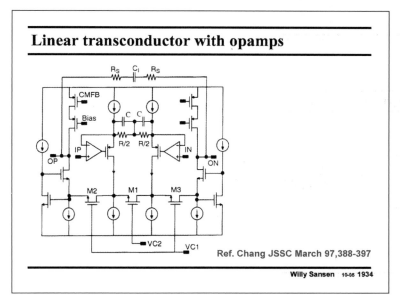

低于 -72dB(300kHz 处) 增加到低于 61dB(600kHz 处)。在 4V_{ptp} 输入电压,对于 0.1% IM_3,最大动态范围是 75dB。

只有在反馈回路中引入运算放大器才能实现如此大的输入电压范围。

这是采用 $0.7\mu\text{m}$ CMOS 工艺实现的。

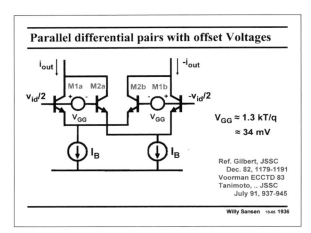

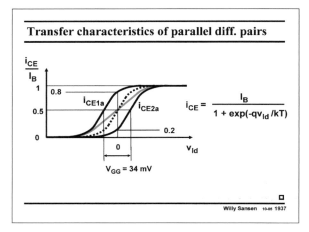

1935 有源 RC 滤波器和 MOSFET-C 滤波器都采用运算放大器。这意味着只有在低频时,环路增益才足够大,以保证高精度性能。

对于高频滤波器,运算放大器简化到可能的最简单结构,它们仅由差分对组成,可以对其应用某些线性化技术。现在来讨论采用并联差分对的几个跨导器结构。

1936 如本幻灯片所示,差分对也可以采用并联方式,而不是引入局部串联电阻的反馈方式。两种方式的目的相同,也就是在更大的输入范围内减小失真。

本幻灯片中给出了一个早期的双极型晶体管电路的示例。两个差分对并联接入,具有相同的偏置电流 I_B。如下一张幻灯片所示,引入了偏移电压 V_{GG} 以在输入电压坐标轴上来移动第二个差分对的传输特性。注意,输出电流是晶体管 M1a 和 M2a 电流之和。因为偏移电压 V_{GG} 的原因,后一个晶体管 M2a 的电流远小于 M1a 的电流。在一个更宽的输入电压范围内,总电流有一个较小的斜率。偏移电压约为 34mV 时,可以得到最佳结果(参考 Tanimoto 电路)。

下面会更详细地对此进行解释。

1937 本幻灯片中用表达式给出了未加偏移的差分对转移特性,并且在图中用虚线表示。

输入电压 v_{id} 为零时,输出集电极电流是偏置电流 I_B 的一半。输入电压较大时,集电极电流持续增大直至等于偏置电流 I_B。

这条曲线已在第 3 章中得出了。

如果引入偏移电压 V_{GG}，则整个曲线沿输入电压坐标轴恰好移动 V_{GG}。结果通过晶体管 M_{1a} 的电流从 50% 增加至大约 80%，并且流经晶体管 M_{2a} 的电流从 50% 减少至 20%，平均值仍然是 50%。但是，如图中红线所示，转移特性延伸到一个更宽的输入电压范围。

跨导是电流相对于输入电压曲线的斜率，在输入电压为零附近跨导减小。如果两个差分对都是并联接入，跨导几乎要减小 36%。但是在相同的失真条件下，输入电压范围从单个差分对的 $26\mathrm{mV_{ptp}}$ 上升到了 $78\mathrm{mV_{ptp}}$，输入电压范围增大到三倍！

引入这些偏移电压并不容易，可以通过电阻和 DC 电流源来引入偏移电压（参考 Gilbert 电路）。一个较简单的方法是采用不同尺寸的晶体管，如下一张幻灯片所示。

1938 现在的目标是在两个双极型晶体管之间实现约 $34\mathrm{mV}$ 的偏移电压，这两个双极型晶体管具有相等的电流。

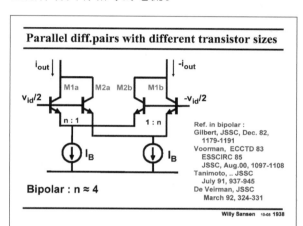

从电流 I_{CE} 对 V_{BE} 的指数表达式中可以看出，I_S 或者器件尺寸的比值需要约为 3.7，为简单起见，比值常常采用 4。本幻灯片中给出了相应的电路。

这个电路已经被许多作者采用过，同样 MOST 形式的电路也被应用了很长时间。下面在介绍几个双极型电路后，再介绍 MOST 电路。

同样可以采用不同的偏置电流 I_B 来产生不同的因子 n，在详细介绍 MOST 等效电路时，会讨论这种方法。

1939 多个差分对电路可以应用同样的原理。为了增大输入范围，并联放置了四个差分对，在该例中，可以获得大约 $160\mathrm{mV_{ptp}}$ 的输入范围，而这个值大约是单个差动对在相同失真条件下的 10 倍（跨导有 0.8% 的变化）。

在具有相同的总电流情况下，跨导减少到单个差动对的 35% 左右。

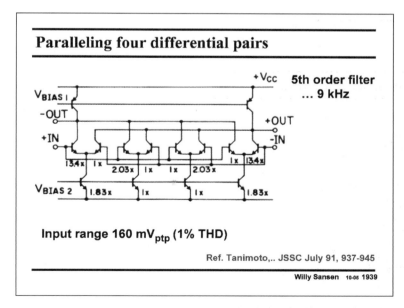

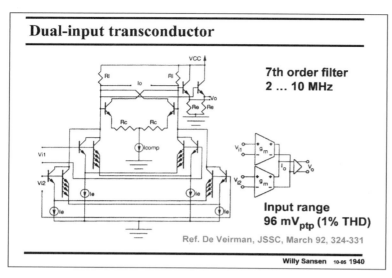

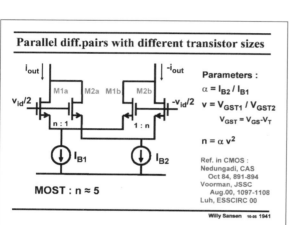

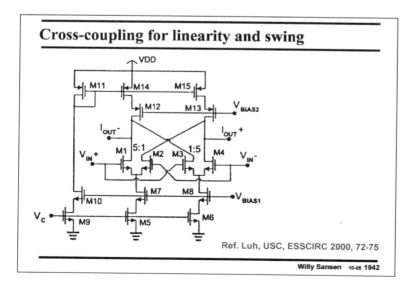

1940　对于两个并联的跨导器使用了同样的输入结构,如本幻灯片所示。在相等的偏置电流 I_e 条件下,再次选择衰减因子 n＝4。

在相同的总电流情况下,最终的跨导与单个差分对相比小 36％,输入动态范围增大了 3 倍。

为了提高增益,在输出端引入一个负阻来抵消输出电阻,这个负阻约为 $-2R_e$(见第 3 章)。

1941　如本幻灯片所示,很容易通过 MOST 来实现同样的电路。不过,n 的最优值取决于 MOST 的平方律特性,其中也采用了不同的偏置电流 I_B,电流 I_B 的比率为 α。

对于 MOST,衰减因子 n 一般为 5。如本幻灯片所示,必须相应地选择偏置电流和 $V_{GS}-V_T$ 的数值。偏置电流相同($α＝1$)时,$V_{GS}-V_T$ 的比值约为 2.24。晶体管 M1 和内部器件 M2 的 $V_{GS}-V_T$ 的数值可以分别取 0.2V 和 0.48V。

1942　本幻灯片中给出了这样一个实例。其中因子 n 的值取为 5,并且采用了相等的偏置电流。

1943　注意,前面介绍的所有跨导器输出端的连接方式都与乘法器不同。

在从 20 世纪 60 年代开始普遍应用的双极型工艺的乘法器中,采用相同的偏置电流 I_{B1} 和 I_{B2},并且所有的晶体管具有

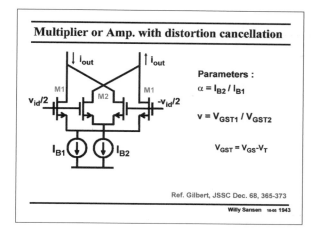

Multiplier or Amp. with distortion cancellation

Parameters :

$\alpha = I_{B2} / I_{B1}$

$v = V_{GST1} / V_{GST2}$

$V_{GST} = V_{GS} - V_T$

Ref. Gilbert, JSSC Dec. 68, 365-373

Willy Sansen 10-05 1943

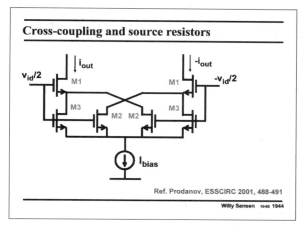

Cross-coupling and source resistors

Ref. Prodanov, ESSCIRC 2001, 488-491

Willy Sansen 10-05 1944

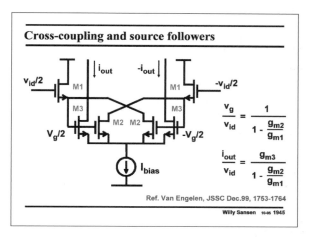

Cross-coupling and source followers

$$\frac{v_g}{v_{id}} = \frac{1}{1 - \dfrac{g_{m2}}{g_{m1}}}$$

$$\frac{i_{out}}{v_{id}} = \frac{g_{m3}}{1 - \dfrac{g_{m2}}{g_{m1}}}$$

Ref. Van Engelen, JSSC Dec.99, 1753-1764

Willy Sansen 10-05 1945

相同的尺寸（或 $V_{GS} - V_T$）。所以，即使输入电压 v_{id} 不为零，差分输出电流也总是为零。

只有偏置电流有差别时，差分输入电压 v_{id} 才能使电路产生输出。

如前面章节所示，可以采用类似的结构来抵消三次谐波失真，当两个参数 α 和 v 满足某种特定关系时，可以抵消 IM_3。

1944 前面章节介绍的跨导器全都采用两个（或者更多的）差分对来增大输入电压范围。将输出端漏极交叉耦合可以使总输出电流线性化，这将使跨导在更宽的输入范围内保持恒定。

交叉耦合同样可以用于单个差分对来改善输入范围。第一个例子采用 MOST M3 作为输入晶体管 M1 的串联电阻，这些 MOST M3 驱动一个可增大输入电压范围的交叉耦合对。

另一个例子在下一张幻灯片中给出。

1945 在这个跨导器中，采用了交叉耦合，同时在输入端也采用了源极跟随器。晶体管 M2 产生的负阻 $-1/g_{m2}$ 与输入端源极跟随器 M1 的正输出电阻 $1/g_{m1}$ 相减，这样在晶体管 M2/M3 的栅极可以获得增益，这个增益由 v_g/v_{id} 之比确定。

因为 M2 和 M3 的 V_{GS} 相同，跨导 g_{m3}/g_{m2} 之比与其 W/L 之比相同。因此信号的输出电流由 g_{m3} 来确定，再乘以相同的增益因子。

因为两个 V_{GS} 是串联接入，这个跨导器具有很高的增益，同时高度线性。并且，因为只增加了一个节点，即输入源极跟随器的输出端，因此具有极好的高频性能。记住，源极跟随器的输出电阻一般为 $1/g_m$，比较低。

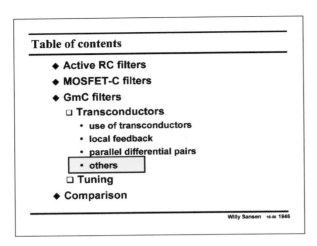

1946 并非所有的跨导器都是利用反馈或者交叉耦合,其他一些的跨导器利用了 CMOS 反相放大器的内在线性关系。这种做法的优点在于不会引入更多的节点,它们具有很好的高频性能。

下面将给出一些实例。

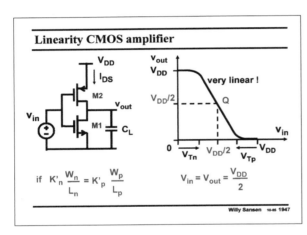

1947 回顾第 3 章可知,CMOS 反相放大器在静态工作点 Q 附近具有非常好的线性。在这个区域中,两个晶体管都工作于饱和区并且表现出同样的平方律关系,非线性互相抵消了。

这样输入电压范围就等于电源电压 V_{DD} 减去两个阈值电压 V_{Tn} 和 V_{Tp},该值可能很大。线性输出电压范围是电源电压 V_{DD} 减去两个阈值电压 V_{DSsatn}(接近于 $V_{GS} - V_T$)和 V_{DSsatp}。

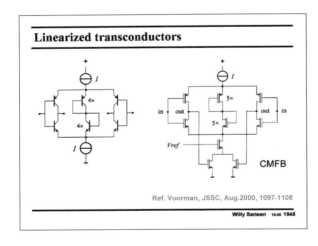

1948 本幻灯片中采用两个这样的反相放大器进行差分工作。图中分别显示了用双极型晶体管和 CMOS 晶体管构成的两种电路,电路通过电流 I 来调谐。

在双极型晶体管构成的电路中(左图),流过中间二极管的共模电流是其他任何反相器支路的电流的 4 倍。这是一个差分电路,其中任何一个反相器中电流的变化都会引起另一个反相器中电流相反方向的变化。

右图中 CMOS 工艺实现的电路与双极型的情形相类似,采用 CMFB 来避免因上下电流源 I 的失配而产生的共模偏移。

在两种实现电路中,因为只有四个输入晶体管产生噪声,所以等效输入噪声非常低。

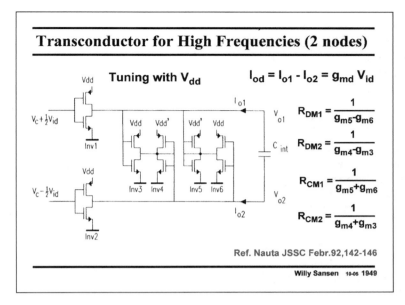

如果所有的 g_m 值都一样,那么这个差分阻性负载会相当大,从而能提供一个相当大的差分增益。这同样适用于下方的反相器 Inv2 的阻性负载 R_{DM2}。

另一方面,相对于地的平均共模输出电阻 R_{CM1} 很小,实际上,R_{CM1} 等于 Inv5 和 Inv6 的跨导之和的倒数。这同样适用于 R_{CM2}。

这种跨导器的优点在于差分增益很高,可以通过改变电源电压 V_{dd} 调节增益大小。但是,由于共模输出电阻小,所以共模增益很低。输出节点上的寄生电容不太重要。并且,这个电路只有一个输入节点和一个输出节点,它具有很好的甚高频性能。

1949 本幻灯片所示的跨导器中采用了类似的 CMOS 反相器。这是一个伪差分实现方式,因为当其中一个反相器的电流变化时,并不会引起另一个反相器中电流的相反方向的变化,它们必须以差分形式驱动。

对于上方的反相器 Inv1,差分阻性负载 R_{DM1} 是 Inv5 的两个接成二极管形式的 MOST 以及另一个反相器 Inv2 通过反相器 Inv6 所产生的输出。

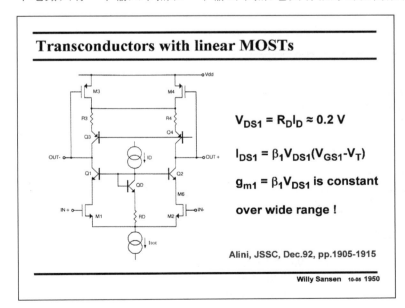

置(或者调节)电流 I_D 在电阻 R_D 两端产生一个恒定的电压 $R_D I_D$,这个电压将相同的压降施加在输入 MOST 上,因为所有三个双极型晶体管 Q1、Q2 和 QD 具有相似的 V_{BE} 值。

1950 减小差分对的失真和增加输入范围的另一种方法是将输入晶体管偏置于线性区,如本幻灯片所示。

为达到这样的目的,输入 MOST 上的端电压 V_{DS1} 必须保持恒定,其典型值为 0.2V。

跨导 g_m 也同样保持恒定,通过改变 V_{DS1} 或电流 I_D 可以调节跨导的大小。

实际上保持 V_{DS1} 恒定的电路十分简单。偏

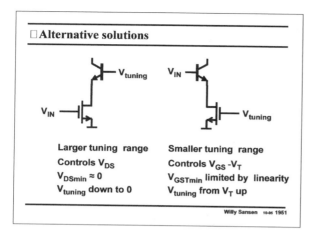

□**Alternative solutions**

Larger tuning range	Smaller tuning range
Controls V_{DS}	Controls $V_{GS} - V_T$
$V_{DSmin} \approx 0$	V_{GSTmin} limited by linearity
V_{tuning} down to 0	V_{tuning} from V_T up

Willy Sansen 10-05 1951

电路主要的缺点在于 MOST 在线性区表现出的跨导值较低,通过源极串联电阻形成的反馈也会减小跨导。并不能明显地看出哪种方法可以更有效地减小失真或增大输入电压范围。

1951 实际上,对两种可供选择的方案进行比较可以获得更深入的认识。

左图中描绘了前面介绍的跨导器中输入级的一端,一个工作于线性区的 MOST 用作输入器件,以避免失真,而这是以减小跨导为代价的。跨导的调节是通过改变输入 MOST 的 V_{DS} 实现的。

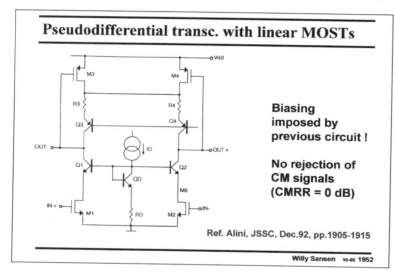

Pseudodifferential transc. with linear MOSTs

Biasing imposed by previous circuit !

No rejection of CM signals (CMRR = 0 dB)

Ref. Alini, JSSC, Dec.92, pp.1905-1915

Willy Sansen 10-05 1952

右图中输入器件构成了双极型放大器,放大器带有射极串联电阻以减小失真增加输入电压范围。跨导的调节是通过改变射极串联电阻的值实现的。

哪种方法可以更好地减小失真或者扩大输入电压范围并不很明显。

左边的电路具有更大的调谐范围。

1952 本幻灯片中给出了采用伪差分对实现的相同跨导器,电流源被省略了,所以电源电压的最小值可以减小 V_{DSsat} 或者 0.2V 左右。

但是,电路的缺点在于电路必须以差分方式来驱动。并且,在这个电路中平均(或共模)输入电压决定了电路的 DC 电流,共模偏置电压按照前面介绍的电路来施加,在此并未示出。

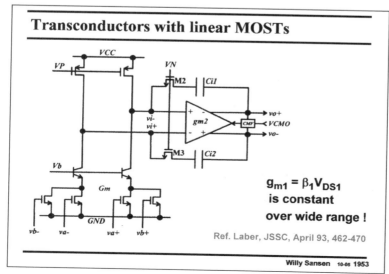

Transconductors with linear MOSTs

$g_{m1} = \beta_1 V_{DS1}$ is constant over wide range !

Ref. Laber, JSSC, April 93, 462-470

Willy Sansen 10-05 1953

1953 本幻灯片中显示的是在输入端利用

工作于线性区的 MOST 构成跨导器的另一个例子,它也具有一个伪差分对输入。

共源共栅管的偏置电压 V_b 足够小,以保证所有的输入器件工作于线性区。

工作于线性区的 MOST 也被用作跨接在差分运放两端的反馈电阻,可以通过电压 VN 调节电阻值。

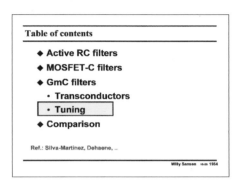

1954 所有前面介绍的跨导器都可以通过改变偏置电流或电压进行调节,跨导值可以进行调节,这样就可以精确地确定跨导器的时间常数,这是实现高阶滤波器的唯一方法。下面对这样的电路进行讨论。

1955 滤波器是由许多跨导器以串联或者反馈的方式排列在电路中构成的。在跨导器的开始部分给出的由四个跨导器构成的一个双二阶滤波器是一个很好的例子。

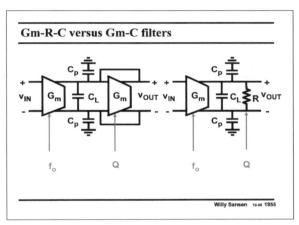

Gm-R-C versus Gm-C filters

Willy Sansen 10-05 1955

这种滤波器的特征频率由 Gm/C 之比确定。为了能匹配这些频率,必须得到 Gm 的精确值。实际上已经可以得到精确的电容比值(见 15 章),这个比值必须在若干 Gm 单元的负载电容 C_L 之间实现。寄生电容 C_p 会降低这些比值的精度,但是可以通过调节 Gm 的值对此进行补偿。

加入与滤波器中使用的 Gm 单元相匹配的另一个 Gm 单元就可以获得这样的精度,这个附加的 Gm 单元通过调谐电路调节到一个参考点。这样的电路下面将会介绍。

但是,除了特征频率 f_o,有时品质因数 Q 也需要调谐。这可以通过两种方法实现,或者是调谐二极管连接单元的 Gm(左边),或者是插入一个可调阻尼电阻 R(右边)。

后一种方法称为 Gm-RC 滤波器,电阻 R 必须有很高的电阻值,并且具有较宽的调谐范围。

1956 为了便于说明,图中画出了一个反馈

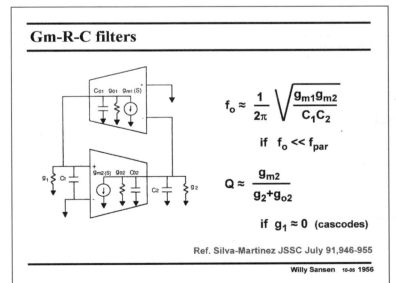

Gm-R-C filters

$$f_o \approx \frac{1}{2\pi} \sqrt{\frac{g_{m1}g_{m2}}{C_1 C_2}}$$

if $f_o \ll f_{par}$

$$Q \approx \frac{g_{m2}}{g_2 + g_{o2}}$$

if $g_1 \approx 0$ (cascodes)

Ref. Silva-Martinez JSSC July 91,946-955

Willy Sansen 10-05 1956

环路中仅有两个 Gm 单元的滤波器。

显然,如果不计入寄生电容,谐振频率 f_o 取决于 g_m 和电容。

同样如图所示,Q 值取决于电导的比值。

对于一组给定的小电容 C_1 和 C_2,频率 f_o 可以通过调节 g_{m1} 和 g_{m2} 来调谐,品质因数 Q 可以通过调节输出电导 g_2 和 g_{o2} 调谐。尤其是前者 g_2 可以调节,因为它是通过独立可调电阻 R 来实现的,如下所示。

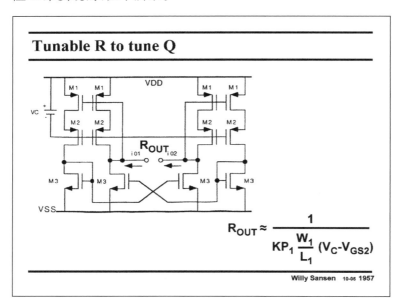

1957　本幻灯片中给出的是这样一个可调电阻 R 的例子。

输出电阻 R_{OUT} 是一个浮动(或者差分)的电阻。R_{OUT} 相当大,因为从输出端看进去,是晶体管 M1 和 M2 构成的共源共栅组合,另外还带有到 M1 栅极的反馈。向上(看到)的电阻约为 $1/g_{m1}$,但是晶体管 M1 处于线性区,所以它们的 g_{m1} 为 $KP_1 W_1/L_1 V_{DSsat1}$。

电阻可通过控制电压 V_C 进行调节。实际上,V_{DSsat1} 就是 $V_C - V_{GS2}$,V_C 越小,输出电阻 R_{OUT} 越大。如果晶体管 M1 和 M2 进入弱反型区,可以获得相当高的 R_{OUT}。

向下看到的是一个输出电导较小的电流镜的输出端。

现在来关注调谐电路。

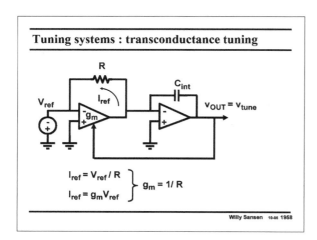

1958　为了把跨导 g_m 调至外部电阻 R 的值,可以使用本幻灯片中所示电路。

跨导器在反馈环路中采用了电阻 R,跨导器由基准电压或者偏置电压 V_{ref} 驱动。跨导器后面是一个积分器,积分器输出的是调谐电压,用来调节这个跨导器和所有与积分器相连的跨导单元的 g_m。

积分器具有足够的增益以保证其输入电压总为零,结果跨导 g_m 被调谐,使其等于 $1/R$。

但是,电阻并不容易获得。如下面所示,也可以采用开关电容来获得电阻。

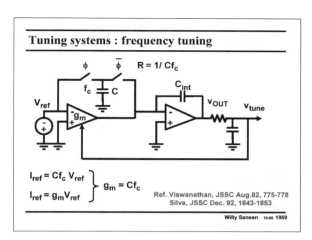

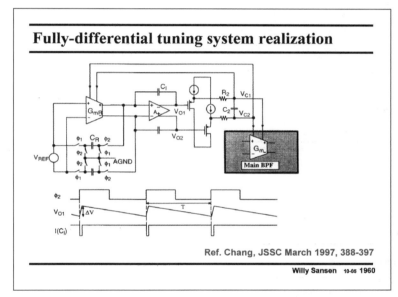

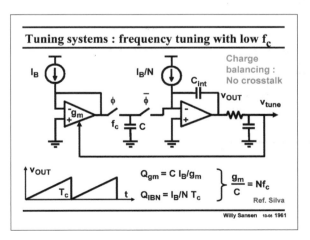

1959　开关电容构成的电阻 R 的阻值为 $1/Cf_c$，其中 f_c 为时钟频率。所以，调节跨导 g_m 使其等于 Cf_c。换言之，时间常数 g_m/C 精确地锁定至时钟频率，而时钟频率的精度可以非常高（例如晶体振荡器）。

显然，为了能够将滤波器频率和时钟频率进一步隔开，必须引入一定的缩放比例。不过，所要求的精度已经达到了。

同时注意，在输出端加了一个低通滤波器以抑制来自时钟发生器的纹波。

1960　本幻灯片中给出了一个这种调谐系统的例子。需要调谐的 Gm 单元是 G_{mR}，它要与带通滤波器中其他所有的 Gm 单元相匹配。

带有电容 C_R 的开关电容电阻比前面幻灯片中给出的更好，因为它对寄生电容不太敏感。

每个单元都是差分的，使得电路对地线和电源线的波动都不敏感。

这个系统采用 1.5MHz 的时钟频率，在 150～800kHz 频率范围内调谐滤波器频率。但是这些频率依然十分接近。实际上，电容 C_R 必须接近于 BPF 中使用的电容以便更好地匹配。

下面介绍把时钟频率与滤波器频率隔开的技术。

1961　与滤波器频率相比，为了降低时钟频率可以采用本幻灯片中所示电路。

电路中采用了两个电流比值为 N 的 DC 电流源。第一个电流源在电容 C 两端产生电压 I_B/g_m。在下一个时钟相位，

电流 I_B/N 将电容 C 放电至零。在稳定状态下,第一个时钟相位充入的电荷必须等于在第二个相位放掉的电荷。电荷平衡通过积分器来实现。

所以,时间常数 g_m/C 精确地锁定到时钟频率 f_c,但相差一个因子 N。

这个系统的主要优点在于振荡器时钟频率能够设置到与滤波器频率相隔较远处,这样就不会发生时钟泄漏。振荡器的频率泄漏也是 PLL 调谐中的一个问题,电荷平衡因此成为一种较好的调谐技术。

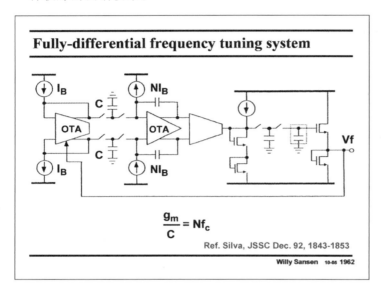

1962 本幻灯片中给出了这种调谐系统的一个实用方案。这是一种差分方式,以便较好地抑制衬底噪声。输出端低通滤波器中的电阻也是通过开关电容实现的。

这个系统用于约 10.7MHz 的带通滤波器,其中 $N=148$,这样时钟频率仅为 450kHz,这确实与实际的滤波器频率相差很远。

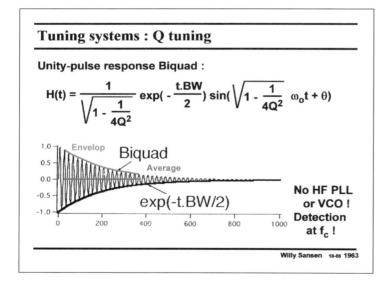

1963 Q 值的调谐比较复杂,因此并不常用。

正如前面所解释的,可以通过调节与滤波器负载电容 C_L 并联的电阻实现 Q 值的调谐。

但是,问题在于如何测量 Q 值。为此,通过两个 Gm 单元实现了一个欠阻尼二阶系统。对于较低的 Q 值,它的响应曲线是振荡的。本幻灯片中同时给出了随时间变化的表达式和响应曲线。

可以通过测量包络和平均输出信号的差来检测振荡特性。测量时必须采用两个不同的时间常数,一个给出平均值,一个取出包络。

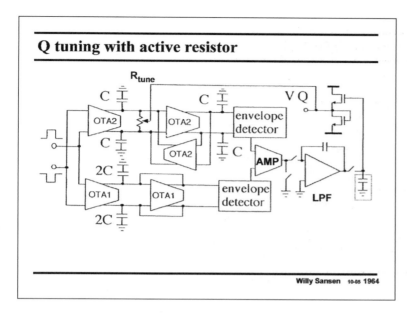

1964 在这种实现方式中,有两条通道通向差分放大器 AMP 和输出端的低通滤波器 LPF。

位于图上部的一条由于低 Q 值而表现出振荡特性。位于图下部的一条具有接近于 1 的 Q 值,得出一个平坦的响应。这个差值放大后通过一个低通滤波器反馈回可调电阻 R_{tune}。

Comparison of 10.7 MHz filters			
	SC	**OTA-C**	**Gm-RC**
f_c (BW = 250 kHz)	10.7 MHz	12.5 MHz	10.7 MHz
Order filter	6	4	4
Vin @ IM3= 1%	0.24 V_{RMS}	0.32 V_{RMS}	0.71 V_{RMS}
DR @ IM3= 1%	34 dB	51 dB	68 dB
Power (± V)	500 mW(± 5)	360 mW(± 6)	220 mW(± 2.5)
Chip area	2 mm^2	7.8 mm^2	6 mm^2

Willy Sansen   10-05 1965

1965 为了比较,列出了同一种应用的三种实现方式。它们的目标都是用作 FM 系统的 IF 滤波器,中心频率是 10.7MHz,带宽约为 250kHz。第一种通过开关电容技术实现,第二种采用 RC 元件通过运放实现,第三种采用 Gm 单元如差分对、电容和可调电阻实现。

显然,前两种实现方式遇到的问题是在如此高的频率上没有足够大的增益。

因此,失真增大了而动态范围减小了。这在 SC 实现方式中尤其明显,在这种方式中,由于时钟注入和电荷再分配对 DR 造成了影响。

而且,Gm-RC 实现方式的功耗较小,因为在高频时简单差分对比完整运算放大器的性能更好。

总之,Gm-C 和 Gm-RC 滤波器是在 10MHz 频率上的最佳选择。

更详细的比较在本章末给出。

1966 作为频率和 Q 值调谐的最后一个例子,讨论了一个 7 阶滤波器。这个滤波器由三个双四元部分和一个一阶部分组成。双四元滤波器如本幻灯片所示,它的目的是在高频处(这里是 50MHz)有精确的频率和相位特性。

为了尽可能地提高寄生极点频率,电路中不加入任何电容,结点电容 C 包含了所有寄生电容之和。为了确保在两个节点上电容 C 相同,引入了两个虚拟 g_m 单元。现在,从每个结点上看都有三个输入电容(分别属于单元 g_{m1},g_{m2} 及 g_{m3})和三个输出电容(同样属于单元 g_{m1},g_{m2} 及 g_{m3})。

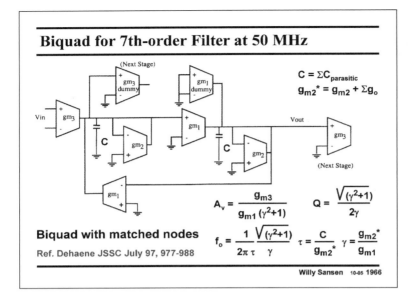

为提高高频性能,g_m 单元由带有局部 CMFB 的全差分对组成。为了降低失真,它们具有较大的 $V_{GS} - V_T$ 值(0.5V)。

很容易获得增益 A_v、特征频率 f_o 和 Q 值的表达式,注意到 g_{m2}^* 也包括输出电导。

Q 值可以通过调谐因子 γ 来调节,γ 是两个跨导的比值,频率 f_o 可以通过时间常数 τ 来调谐。

γ 和时间常数 τ 这两个参数需要一个调谐系统,这将在下面进行讨论。

1967 这个调谐系统具有两个输入 V_{ref} 和 kV_{ref}。由于比值 k 是根据电阻比来设定(图中未显示),所以很精确。它的输出是跨导器 g_{m1} 的控制电流,这也用于所有其他滤波器的跨导器。

当所有开关 $\overline{\Phi_1}$ 闭合时,OTA_dif1 的输入电压 $V_{n+,n-}$ 为 $2V_{ref}g_{m1}/g_{m2}^*$,这实际上就是 $2V_{ref}/\gamma$,OTA_dif2 的输入电压是 $2kV_{ref}$。由于 OTA_

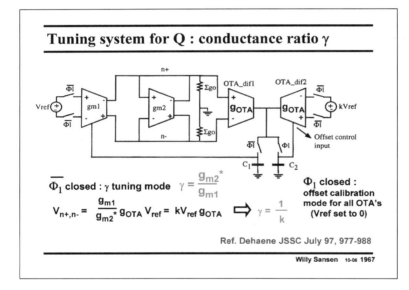

dif1 和 OTA_dif2 有相同的增益 g_{OTA},这两个输入电压就经过了相同倍数的放大,二者之差被放大并存储于电容 C_1 上,这使得反馈环路闭合并调节 g_{m1} 使得二者之差为零。结果,参数 γ 等于 1/k,它由给定的 k 值精确地设定。

为了进一步提高精度,引入了一个失调校准环路。为此,开关 $\overline{\Phi_1}$ 打开,开关 Φ_1 闭合。失调误差电压存储于 C_2 上并在其他时钟相位时减掉。

1968 本幻灯片中给出了调谐时间常数的系统。

实际上,它并不调节单个时间常数的绝对值而是调节时间常数的比值。实际上,对于更高阶滤波器,特征频率的比值一定比单个时间常数的绝对值更精确。

时间常数 τ_1 和 τ_2 之比会锁定到 γ 值之比乘以一个常数 k12,γ 值之比已由前面幻灯片

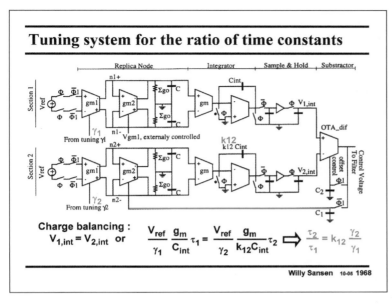

位于图中上方的第一个单元 g_{m1} 的输入电压是 $V_{n1+,n1-}$，实际上就是 $2V_{ref}/\gamma_1$，这个电压在时间 τ_1 内积分，结果输入电压 $V_{1,int}$ 等于本幻灯片中给出的表达式。对位于图中下方的单元，可以用同样的方式导出电压 $V_{2,int}$。由反馈环路产生的这两个等式表明，时间常数之比确实保持恒定。

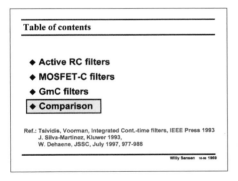

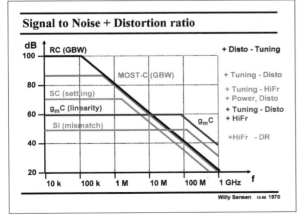

所示的电路调节，常数 k12 是两个积分电容之比。

再一次采用带有电容 C_1 的电荷平衡反馈电路，以使差分放大器 OTA_dif 的输入为 0。同样，采用电容 C_2 的失调校准环路也被加到电路中。

OTA-dif 输入端的两个电压通过两个匹配电路提供，它们都由 V_{ref} 驱动，但带有不同的积分电容，位于上方的积分电容是 C_{int} 而位于下方的积分电容是 $k_{12}C_{int}$。

不考虑调谐电路，这个 CMOS 实现方式的总功耗很低，而且不需要加入外部微调电路。

1969 至此已经介绍了几种类型的滤波器，就有必要根据动态范围和频率性能对其作一个比较。也可以将功耗作为第三个比较依据，不过这个工作留给读者。

1970 该图以动态范围 DR 随频率变化为依据，在不同类型滤波器之间进行了一个一阶比较。

对于每种类型，概略地绘出了 DR 随频率变化的特性，主要的优缺点列于图右。

低频时，反馈环路中带有 RC 元件的运算放大器可以提供最高的动态范围，功耗更高时，甚至可以达到 100dB 以上的动态范围。因为环路增益高，所以失真很低。然而在较高频段，环路增益减小，失真增大。在相当低的频率上，DR 就已经开始减小了。而且，调谐也是个问题。

当用 MOST 电阻取代普通电阻时，调谐就容易了，但失真变大了，DR

仍能高达 80dB。

因为时钟注入和电荷再分配问题,开关电容滤波器很难提供高于 70dB 的动态范围。在较高频段,如果需要在较短时间内达到稳定时,动态范围就更差了,但调谐能力变好了。

Gm-C 滤波器由于失真其动态范围很难高于 60dB。但它们可以达到最高的频段,因为它采用了最简单的电路结构。它们可以用专用电路调谐。

最后,开关电流滤波器几乎可以得到与 Gm-C 一样的 DR 和高频特性,但是这两个值都比较低。

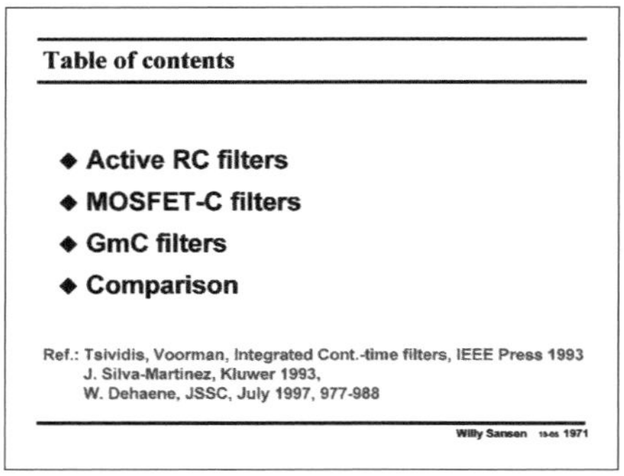

1971 本章讨论了时序滤波器,特别关注了 Gm-C 滤波器,因为它具有适当的高频性能。

但是在低频区,OTA-RC 滤波器提供了最大的动态范围。其他类型滤波器性能介于两者之间,开关电容滤波器也同样介于两者之间。

Gm-C 滤波器的最大不足之处在于需要调谐电路,而这将带来更大的失真。但是,在动态范围高达约 60dB 的情况下,它们在高频时的功耗更低。

Table of contents

◆ **Active RC filters**
◆ **MOSFET-C filters**
◆ **GmC filters**
◆ **Comparison**

Ref.: Tsividis, Voorman, Integrated Cont.-time filters, IEEE Press 1993
J. Silva-Martinez, Kluwer 1993,
W. Dehaene, JSSC, July 1997, 977-988

Willy Sansen 19-05 1971

第 20 章　CMOS ADC 与 DAC 原理

201　模拟电路重要的一种电路类型就是模数和数模转换器，它们用来实现模拟信号和数字信号间的相互转换。

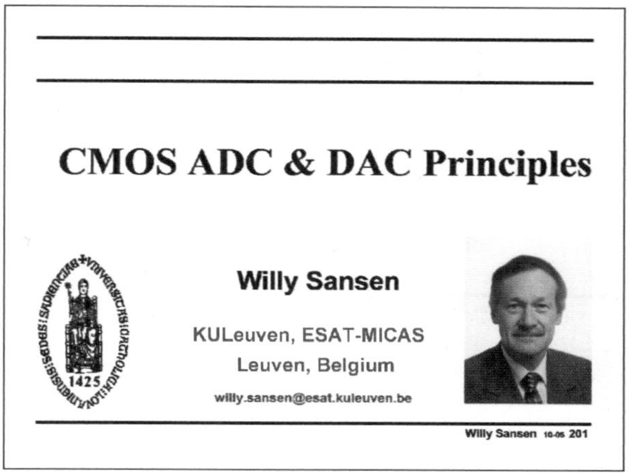

CMOS ADC & DAC Principles
Willy Sansen
KULeuven, ESAT-MICAS
Leuven, Belgium
willy.sansen@esat.kuleuven.be
1425
Willy Sansen 10-05 201

由于分辨率和速度不同，转换器种类繁多，可以根据分辨率和速度对转换器进行分类。

本章仅介绍奈奎斯特转换器，其输入信号频率可以达到时钟频率的一半，而且每一个抽样都可以被最大精度地量化。在过采样转换器中，输入信号频率远低于时钟频率，由于反馈环路中采用平均法，所以精度提高了，这些将在第 21 章讨论。

但是，首先要介绍几个定义。

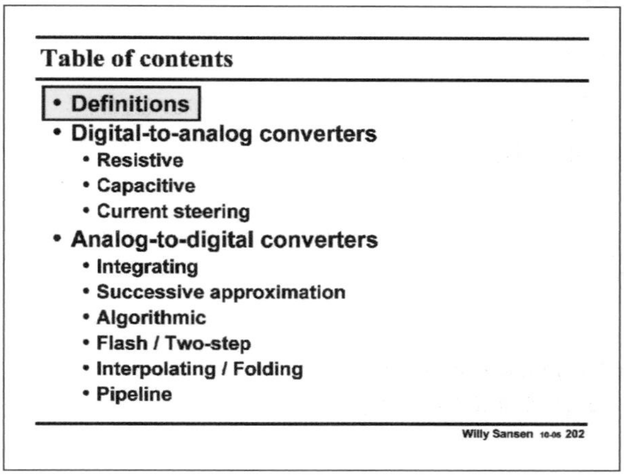

Table of contents
• Definitions
• Digital-to-analog converters
• Resistive
• Capacitive
• Current steering
• Analog-to-digital converters
• Integrating
• Successive approximation
• Algorithmic
• Flash / Two-step
• Interpolating / Folding
• Pipeline
Willy Sansen 10-05 202

202　了解了几个定义之后，先研究 DAC。DAC 的最大限制是由不匹配引起的，包括晶体管间的不匹配和诸如电阻、电容等无源器件间的不匹配。

接着讨论 AD 转换器，还会介绍那些比较重要的 ADC 的原理，并且引入实例，其中主要研究速度和分辨率的限制问题。

203　ADC 将连续的输入电压转换成一系列离散的阶梯电压，并用数字编码来表示，因此输入电压就被量化了。

在该图中，从 0 到参考电压 V_{ref} 间的所有电压都对应于一个 3 位的编码。理想情况下，每个阶梯应该等高等宽。但是实际中，常常会出现不规则的偶然因素，这些不理想的因素会用诸如 INL 和 DNL 等来描述，这些将在后面进一步说明。

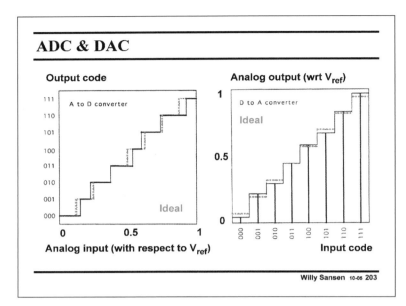

而 DAC 则是将数字编码转换为实际电压。图中所示为一个 3 位的数字输入编码，输出电压是参考电压 V_{ref} 的部分值。同样在理想情况下，每一级台阶都应该是等高的，但实际中的一些非理想因素却很难避免。

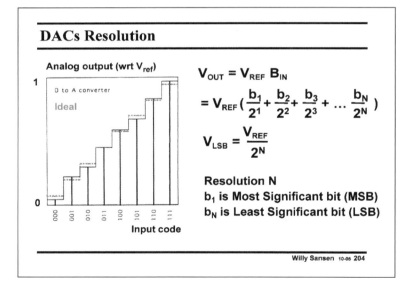

204　阶梯数被称为分辨率。

模拟输出电压取决于编码每位上的值是 1 还是 0。例如，对于编码为 110，参考电压为 0.6V 的情况，输出电压为 $0.6 \times (2^{-1} + 2^{-2})$ 即 0.45V。对于分辨率为 N 的系统，最小步长 V_{LSB} 等于参考电压除以 2^N。例如对于 8 位转换器，分辨率为 1/256 或 0.4%，或者说相对于 0.6V 参考电位，分辨率是 2.3mV。误差一定比分辨率小。

系数 1/2 是影响最大的一位，而系数 $1/2^N$ 是影响最小的一位。

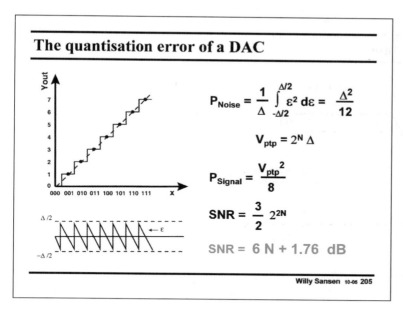

205 令实际输入电压和量化电压的误差为 ε，它是一个峰峰值为 Δ 的尖锐的锯齿波。

可以通过计算很容易地得到它的 RMS 值，为 $\Delta^2/12$，它被称为量化噪声，因为很小。

显然如果分辨率 N 变大，则量化噪声会减小。

可以很容易计算出信噪比 SNR 是 3/2 乘以 2^{2N}。显然分辨率越高，SNR 越大。

一个重要的经验规则是对于一个分辨率为 N 的系统，SNR 就约为 6N＋2。若分辨率为 8 位，SNR 约为 50dB。每增加 1 位，SNR 增加 6dB。

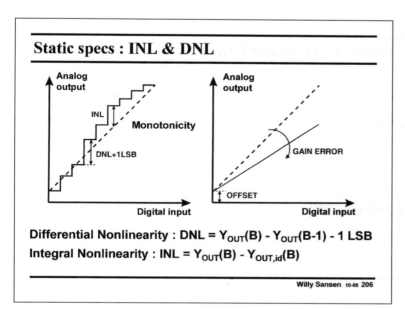

206 DA 转换器的非理想因素可以用一些指标来衡量，如 DNL 和 INL。

DNL 是最大步长减去 1LSB，它是与理想间距的最大偏差。

INL 是与平均斜率直线的最大偏差。

如果斜率有误，就存在着增益误差。这个斜率的直线必定经过原点，否则就会出现失调误差。

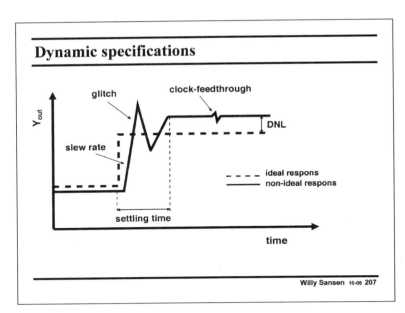

207 由某一位（bit）的变化就会引起输出电压的即时变化，但变换可能不是即时的。

电压的这个变化可能要经历一段有限的上升时间或者一定的转换速率 SR，而且可能会出现一个称为短时脉冲波形干扰的过冲。它的能量（该短时脉冲波形干扰的积分）一定小于一个 LSB 的能量。

达到最终值（例如在 0.1% 之内）所需的时间称为稳定时间。由于引入时钟的原因，也可能出现时钟馈通现象。

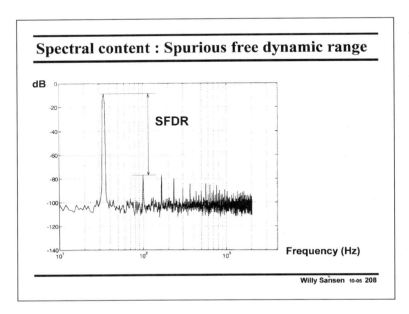

208 在频域中，DAC 的模拟输出电压可能含有一系列的谐波。

输出信号中的基波与最大谐波的比率称为无失真动态范围（SFDR），最大谐波通常是二次谐波，但是对于全差分系统，却最有可能是三次谐波。

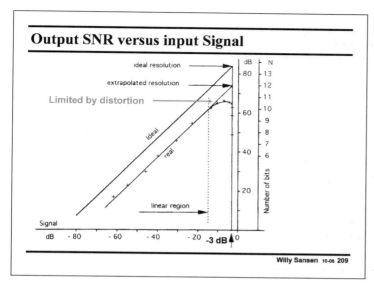

209　对于某一个确定的分辨率,量化噪声及其他噪声大约是常数。SNR 随着输入电压的增大而增大,当输入信号达到最大幅度,SNR 也就达到最大值。

如图所示,后面的大输入信号的 SNR 被失真所限制。在该例中,SNR 的最大值理论上是 74dB,相当于 12 位。但是由于失真,实际只有 66dB,对应 10.6 位。SNDR(信号对噪声谐波的失真比)仅为 66dB。

理想值总要高一些,一个经验规律是,从理论到实际(测试的)大约要损失 1 位。

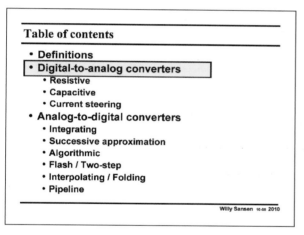

2010　既然已经介绍了所有的定义,下面讨论 DAC 最常用的一些原理。有三个常用的原理,其中电流控制最常用。

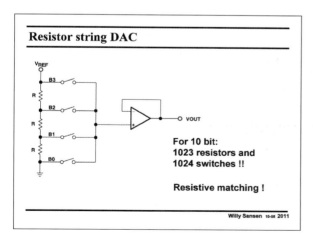

2011　图示为最简单的 DAC 电路。

它采用了一串相等的电阻,进而可以获得参考电压 V_{ref} 的任何比例的部分值,具体输出的比例值取决于通向输出缓冲的开关 B。

显然,这种类型的 DAC 为了获得高分辨率需要很多电阻,而且电阻 R 之间的匹配问题限制了其分辨率为 6～8 位。

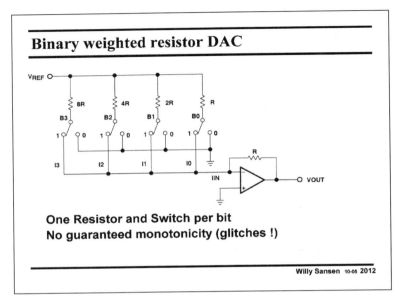

2012　如果采用二进制加权电阻,则需要的电阻就会少很多,电路中增加的是电流量而不是电压量。

显然,匹配又是一个很重要的因素。因为需要很宽范围的电阻值,这就构成了一个问题:对于一个 8 位的转换器,最大电阻值是最小电阻值的 256 倍。

左图中的排列将弥补这个缺点。

最主要的缺点是该转换器易于产生短时脉冲波形干扰。下面研究一下从 (B0B1B2B3＝)0111～1000 的转变。一开始流入放大器的电流为 $1/8＋1/4＋1/2＝0.875$ 倍的 v_{REF}/R,后来的电流值等于 v_{REF}/R。实际上这是从 0.875～1 所期望的平稳转换。

但是如果失配使得 0.875 比 1 的电流更高,转换曲线不再是单调的,就发生了短时脉冲波形干扰。

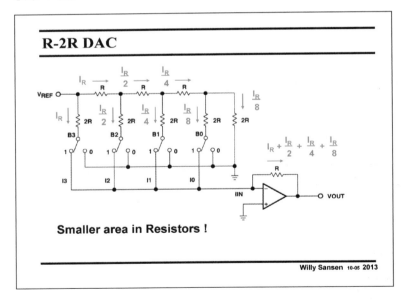

2013　在这个 DAC 中只有两种大小的电阻 R 和 2R。实际上,如果将 2R 电阻变成两个电阻串联,所有的电阻都是相同的大小。最大的方便是容易实现电阻之间的匹配(见第 15 章),进而很容易实现了 10 位的分辨率。另外,电阻的总面积也小了很多!

为了分析 4 位转换器是怎样工作的,标出流过所有支路的电流。

流过最左边电阻 2R 和开关 B3 的电流是 I_R,实际上等于 $v_{REF}/2R$。该电流由开关 B3 控制,流向放大器或地。

流过最左边(水平方向上)电阻 R 的电流也是 I_R,实际上,该 I_R 通过开关 B2 流过另一个电阻 2R,同时又流过另一个(水平)电阻 R,这样就又等效了一个电阻 R。因此,每个(水平的)电阻 R 的右边都等效于一个电阻 R。

在电阻串的末端,两个最右边的电阻 2R 并联,对于最右边(水平的)电阻提供电阻 R。在所有节点,向右都有一个等效电阻 R 到地。

当所有开关置于 1111(如图所示),则所有电流直接流入放大器并经过反馈电阻 R 流向输出端。如果一个开关置于 0 位置,则它的电流流向地,对输出电压无贡献。

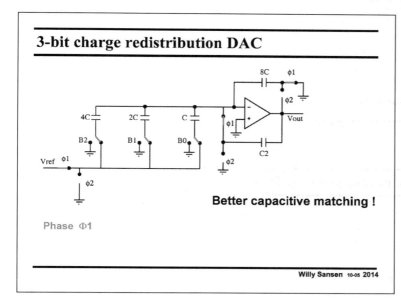

2014　但是用电容比用晶体管更容易匹配。用电阻阵列可以很容易的得到 10 位分辨率,用匹配的电容阵列可以得到 12 位的分辨率(见第 15 章)。

图示为一个利用电容获得 3 位精度的例子,大电容 4C 由 4 个电容 C 组成(见第 15 章)。

通过电荷再分配,输出电压是参考电压 V_{ref} 的二进制部分值之和。

在时钟相位 φ_1 时(如图),所有用作二进制的电容都由 V_{ref} 充电。

输出保持为前一时钟相位所获得的电压。

在时钟相位 φ_2,当开关与地相接时,电容的电荷转移到输出电容 8C 上。

这样输出电压就取决于这些电容上转移电荷的多少。

注意,这个电路会遇到和开关电容滤波器相同的问题,它们能容易地实现 70dB,即大约 12 位的动态范围,但是不能再高于此值了。

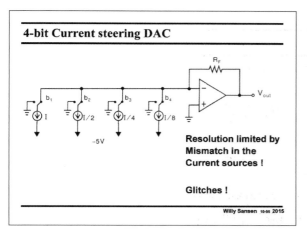

2015　也能像图示那样直接接入二进制的电流。

由二进制编码来决定哪个电流接入放大器的输入端。

当然,现在二进制电流源的失配也将有一定的影响,理论上电流源与电容一样存在着不匹配,因此分辨率会受到限制。

另外,在转换到高位时会发生短时脉冲波形干扰,因为这也是由失配所引起的,所以必须认真布局版图。

但是采用温度计编码而不是二进制编码时,可以避免短时脉冲波形干扰。

The Binary and thermometer codes

Decimal	Binary			Thermometer Code						
	b_1	b_2	b_3	d_1	d_2	d_3	d_4	d_5	d_6	d_7
0	0	0	0	0	0	0	0	0	0	0
1	0	0	1	0	0	0	0	0	0	1
2	0	1	0	0	0	0	0	0	1	1
3	0	1	1	0	0	0	0	1	1	1
4	1	0	0	0	0	0	1	1	1	1
5	1	0	1	0	0	1	1	1	1	1
6	1	1	0	0	1	1	1	1	1	1
7	1	1	1	1	1	1	1	1	1	1

Monotonicity guaranteed !

Willy Sansen 10-05 2016

2016 这个表格显示出了二者的区别。二进制编码每一次变到下一个值,温度计编码中的下一位就从 0 变到 1,它满足了单调性,因而短时脉冲波形干扰也就被避免了。

但是付出的代价是增加了许多数字变量。对于 8 个数值,二进制编码仅需要 3 位而温度计编码则需要 7 位。

2017 在电流控制 DAC 中,温度计编码应用在行和列中,这将实现很好的单调性。

Thermometer-code Current steering DAC

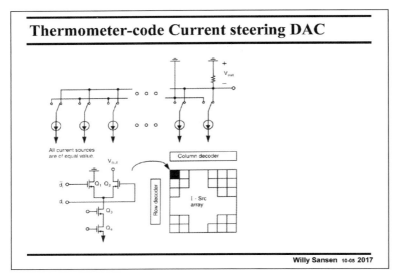

Willy Sansen 10-05 2017

当行和列交接处的控制值为高时,电流被输送到输出端。这些电流被加到带有电阻反馈环路的放大器输入端。同时,也可以如图那样使用简单电阻,这特别适用于 50Ω 电阻的高频系统中。

开关也如图所示,它由一个差分对组成,其电流源传输的是二进制电流,这些晶体管 Q_4 之间的匹配是怎样改进的将在下图说明。

差分对的晶体管 Q_1 和 Q_2 由数字控制信号驱动,它们的开或者关决定了电流是流向地还是流向输出端。

注意,共源共栅管 Q_3 使得模拟电流源(晶体管 Q_4)和数字开关 Q_1 和 Q_2 更好地隔离。

2018 下面更详细地讨论电流源的匹配。

在二进制执行过程中,每位直接控制一个电流源,它的值是下一位所

Binary, unary, segmented DAC

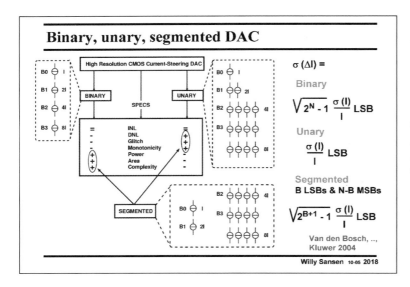

Willy Sansen 10-05 2018

对应电流源的两倍,而在一元执行方法中,每位控制几个单位电流源。

比较这两种结构的性能可以看出二进制结构有较大的 DNL 和短时脉冲波形干扰能量误差,但是由于这种结构不需要温度计解码(像一元执行方法一样),因而具有较低的功率和面积。

分段结构可以结合这两种结构的优点。这里 LSB 用于二进制方法中,而 MSB 用于一元方法中。

总之,可以说在 CMOS 中实现高更新率和高线性度的最好结构是分段电流控制结构。

在一元执行过程中,DNL 约为 $\sigma(I)/I$,其中 $\sigma(I)$ 是一元电流源上的标准偏差。但是,在二进制执行过程中,在半满刻度转换时,2^{N-1} 个电流源被关闭,因此 DNL 误差更大。对于分段结构,DNL 误差介于两者之间。

那么标准偏差 $\sigma(I)/I$ 的值究竟需要是多少呢?

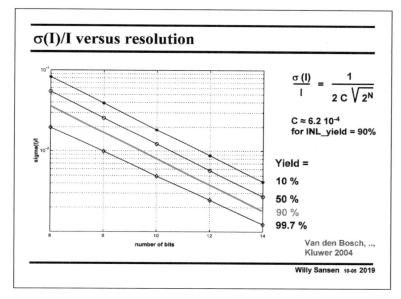

2019　标准偏差 $\sigma(I)/I$ 可以用一个相当复杂的函数,根据 INL 收益(yield)来预测,已显示在图中。

对于 90% 的 INL 收益,给出了常数 C 的值,图中也给出了一个简单的表达式。

它表明对于 10 位的分辨率,如果 90% 的 INL 收益是必须的,那么标准偏差 $\sigma(I)/I$ 就需要达到 0.8%。其他的对应值也容易得到。

在当今 CMOS 工艺中很容易得到 0.8% 的标准偏差 $\sigma(I)/I$,这些数据有助于得出电流源中晶体管的尺寸。

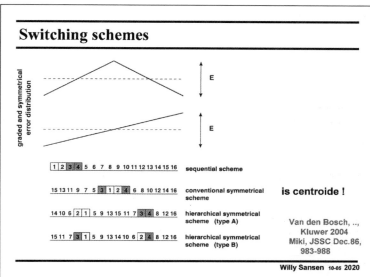

2020　尺寸只是改进匹配的技术之一,其他版图技术已经在第 15 章中讨论过。例如,共中心版图是改进匹配的最重要方法。

如图所示,是一个电流源的开关方案。

总体上,误差分布可

以用线性斜率或对称斜率 E 来建模,或者两者结合。一个线性斜率是由例如氧化层厚度的不同或者接地线厚度误差等因素引起的。另一方面,一个对称斜率可能是由温度或者封装应力引起的。

　　开关方案表明了数字码是如何转换成十进制值(或者温度计码)的。

　　已经相互比较了几种方案。

　　在时序开关方案中(第一种),给定的一行电流源从左到右依次开启,它对 INL 的影响在下图中给出。显然,这种方案由于线性误差和对称误差的积累,产生了很大的非线性误差。

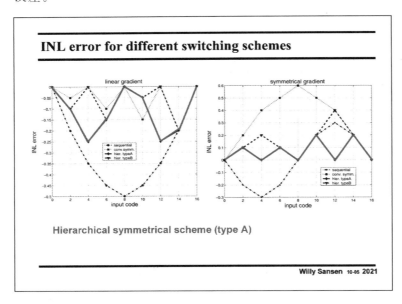

2021 在传统对称开关方案中,电流源围绕中心以对称的方法导通。线性斜率误差在每两个数字输入增量处(左边)抵消,但对称斜率产生的误差将会积累,如右图所示。

　　在分层对称开关结构中,电流源行被四等分,第一部分和第三部分电流源导通。图中的方案 A 和 B 都是可行的。在方案 A 中,电流源 1 所产生的对称误差被电流源 2 抵消,电源对(1,2)产生的斜率误差被电流源对(3,4)抵消。在方案 B 中,线性斜率误差在电流源电平处抵消,而对称误差在电流源对电平处抵消。

　　因此,在方案 A 中,斜率误差和对称误差的分布对 INL 误差的贡献相等;而在方案 B 中,对称误差所产生的 INL 误差是斜率误差所产生的 INL 误差的两倍。

　　因此,分层对称方案 A 更好。

　　显然,这种试探法不能得到最优结果。优化算法如 Q^2 随机工作开关方案已经可以实现 14 位转换器(Van Der Plas,JSSC Dec. 1999,1708—1718)。

2022 采用同种工艺制造的同一个 D/A 转换器,由于工艺的变化前后两次得到的指标不一定相同,最重要的是弄清电路指标和所用工艺匹配性能之间的准确关系。

　　对于一个电流控制 D/A 转换器,INL 主要取决于电流源的匹配性能。表示工艺相对于 DAC 指标关系的最适合的参数是 INL 产出(yield)。INL 产出定义为 INL 比 1/2 LSB 小的 D/A 转换器的个数与 D/A 转换器总数的比值。

随机变量可以用期望值为 0 的普通分布和相对标准偏差 $\sigma(I)/I$ 来建模。对这种统计关系已经进行了分析研究,最终导出了一个准确公式来直接表达 D/A 转换器的 INL 产出、分辨率和相对单位电流标准偏差之间的关系。

注意到,电流源的栅区面积反比于相对单位电流标准偏差。为了得到高的 INL 收益率需要小的标准偏差,这就意味着要增大电流源的面积。

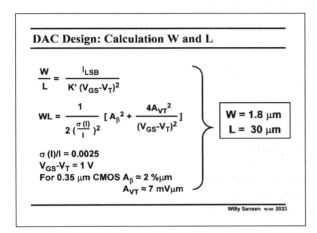

为了得到 12 位的精度,相对单位电流标准偏差需要达到 0.25%。

2023　用所给公式,很容易求得电流源大小。对于在双端(同轴)电缆上一个峰峰值为 1V 的输出电压,设计出一个 20mA 的最大电流 I_{FS}。这个电流等式就是右边第一个等式。

从前面带有相对单位电流标准偏差和过驱动电压的图中复制了失配等式,结果计算出单位电流源晶体管的宽度为 $1.8\mu m$,长度为 $30\mu m$。

2024　本例讨论一种高速的 10 位电流控制 DAC 的实现方案。

在高频情况下,必须关注 DAC 的动态性能,它受到若干种效应的影响,如:

—定时误差

—数字控制信号的电容馈通

—电流源晶体管漏极电压的不稳定

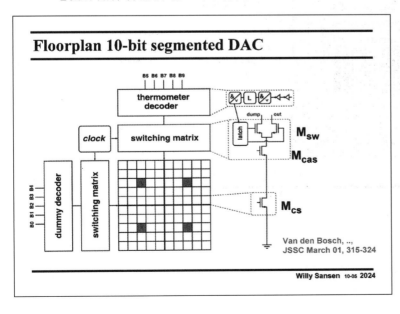

如果电流源的输出阻抗过低,后面的影响将会是主要的因素。毫无疑问,晶体管 M_{sw} 在进行开和关切换时会引起电流源晶体管 M_{cs} 的漏极电压不断变化,这样导致有效分辨率下降。

这种情况将在下一图中显示。

注意到这种实现方式包含了 5 位二元和 5 位一元的子 DAC。对于最高 5 位有效位,输入的位流被转换成 32 位温度计码输出。对于 5 位二进制 LSB 的处理,输出数字信号和输入信号相同。但是,加入了一个伪解码器减少 MSB 解码器和二进制 LSB 位之间的潜在问题。

2025　图示在 25Ω 的负载时,为了获得某一确定的分辨率所需要的输出阻抗。当分辨率为 10 位时,输出阻抗至少为 6.4MΩ。当分辨率为 12 位时,输出阻抗必须为 100MΩ!

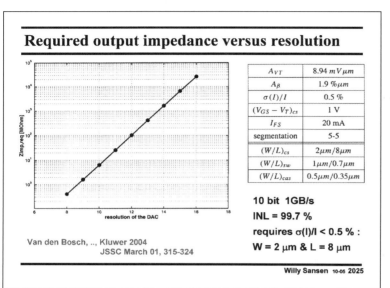

Required output impedance versus resolution

A_{VT}	$8.94\,mV\mu m$
A_β	$1.9\,\%\mu m$
$\sigma(I)/I$	$0.5\,\%$
$(V_{GS}-V_T)_{cs}$	$1\,V$
I_{FS}	$20\,mA$
segmentation	$5\text{-}5$
$(W/L)_{cs}$	$2\mu m/8\mu m$
$(W/L)_{sw}$	$1\mu m/0.7\mu m$
$(W/L)_{cas}$	$0.5\mu m/0.35\mu m$

10 bit 1GB/s
INL = 99.7 %
requires $\sigma(I)/I < 0.5\ \%$:
W = 2 μm & L = 8 μm

Van den Bosch, .., Kluwer 2004
JSSC March 01, 315-324

Willy Sansen 10-05 2025

显然,唯一能达到这样高输出阻抗的办法是在晶体管开关对和电流源之间插入一个共源共栅管 M_{casc}。对 M_{casc} 特性的一个主要要求是它的输出电容应该尽可能地小,这也就意味着漏区面积应该尽可能地小。在电源许可的条件下,它的宽长比(W/L)应该比较小(2~3 倍),而它的 $V_{GS} - V_T$ 比较大,高达 1V。

为了使 INL 的收益率达到 99.7%,电流源的匹配误差应该至少小于 0.5%,电流源晶体管 M_{cs} 的尺寸就很容易计算出来了。在 $0.35\mu m$ 的 CMOS 工艺中,共源共栅晶体管的尺寸已经做得尽可能地小。

2026　这种实现方式的版图如图所示,许多区域采用手工布局以便把尺寸降到最小,前面提及的伪解码器也是同样。

最终,按上述要求设计的 DAC 的动态性能非常令人满意,如下一张幻灯片所示。

10-bit 1 GS/s Nyquist Current steering CMOS DAC

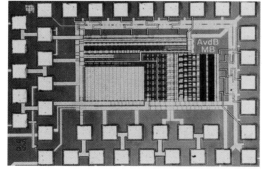

Current steering DAC
10-bit
1 GS/s
0.35 μm CMOS
110 mW

Van den Bosch, .., JSSC, March 01, 315-324

Willy Sansen 10-05 2026

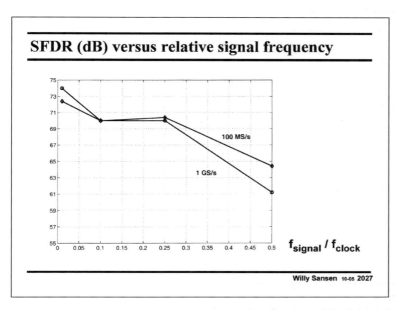

2027　本图列出了一个单音频谱图。

在低频下，有效分辨率可达 74dB，即 11.7 位。

对于 1GHz 的时钟频率，本图中对应的最高信号频率为 500MHz。在信号频率高达 250MHz 时，分辨率仍可达 70dB，约 11.3 位。

在最高频率上，SFDR 达 61dB，约 10 位。这时，模拟部分消耗 60mW 的功率，数字部分消耗 62mW 的功率，所有这些功耗均由 1.9V 电源电压提供。以上功耗是对于 20mA 的最大电流而言的，当最大电流为 16mA 时，功耗随之降为 110mW。

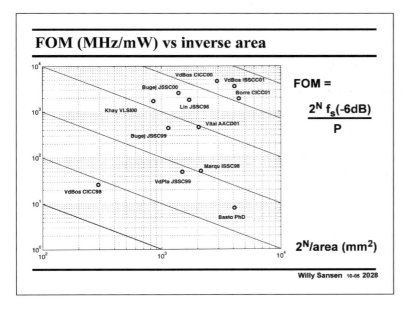

2028　为了进行对比，引入了一个优值 FOM。

FOM 的表达式中包括了分辨率、在此分辨率上的最高信号频率以及功耗等参数。

因为该图相对于面积的倒数作图，因此主要强调了转换器的高频性能。

2029 既然 DAC 的最重要的原理已经讨论了,现在来研究 ADC。

我们同样要讨论 ADC 最重要的原理,首先根据分辨率和速度将它们进行比较。

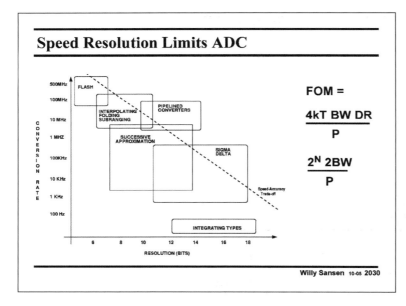

2030 快闪式 ADC 的速度当然是最快的,相应地积分型 ADC 速度最慢,但是后者的分辨率却可以很高。

Σ-Δ(也称过采样)转换器同样可达到很高的分辨率,其他类型的 ADC 由于受器件匹配的限制,分辨率被限制在 12～14 位。

利用了许多优值 FOM 来进行性能对比,图中所示的 FOM 主要用于过采样 ADC,有时公式中不用 DR 而是用最大 SNR 代入。

除了图中所示的 FOM 之外,也经常采用每次转换所需要的能量或 P/f_s。例如,一个低功耗逐次逼近型 ADC(Scott,JSSC July 2003,1123-1129)在 100kHz 的取样频率(或者 2 倍带宽)时功耗为 $3.1\mu W$,相当于每次取样消耗 31p 焦耳的能量。但是,这时的分辨率只有 4.5 位。

一个更常用的优值 FOM 同样包括了 P/f_s(或者 $P/2BW$),但也包括了动态范围 2^N。对于 4.5 位,2^N 为 22.6,这样的一次转换将消耗超过 1.4pJ 的能量。低功耗 ADC 目前能达到的指标是一次转换消耗的能量不到 1pJ。

下面将从积分型 ADC 开始分析。

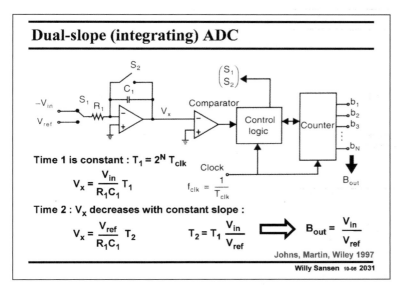

2031　积分型（或称双斜坡型）ADC 能达到很高的分辨率是因为它不存在匹配误差的问题，因为同样的元件被积分器先后采用了两次。

积分型 ADC 完成一次转换需要两个时间周期 T_1 和 T_2。第一个时间周期是定值，而第二个时间周期取决于输入信号。

在第一段 T_1 中，输入电压 $-V_{in}$ 在确定的 T_1 时间内，以时间常数 $R_1 C_1$ 进行积分。其中 $T_1 = 2^N T_{clk}$（T_{clk} 为一个时钟周期），积分后输出电压将达到 V_x，如下一张幻灯片所示。

在第二段 T_2 中，输入电压 V_{ref} 在 T_2 时间内，以同样的时间常数 $R_1 C_1$ 进行积分，输出电压再次为零。

一个计数器用来测量时间 T_1 和 T_2，它在 T_1 时间内加法计数而在 T_2 内减法计数。

如本幻灯片与下一张幻灯片所示，T_1 和 T_2 之间存在一个简单的关系，于是这个计数器产生了一个等效的数字量 B_{out}。

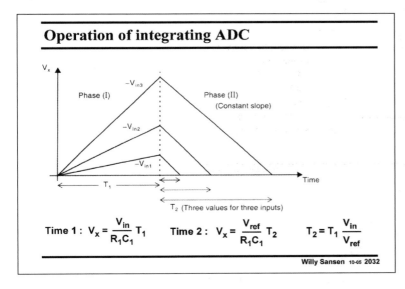

2032　计数器在 T_1 时间内加法计数而在 T_2 时间内减法计数。在第一段时间 T_1 内，V_x 对 T 的直线斜率取决于输入电压 V_{in}。而在第二段时间 T_2 内，这个斜率为一定值，所以时间 T_2 持续的长短取决于输入电压 V_{in}。

如本幻灯片所示，T_1、T_2 之间存在简单而又非常线性的关系。

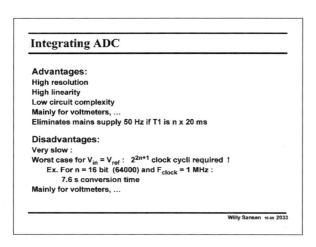

2033 这样的积分型(或双斜坡型)ADC 有很多优点。

首先,这种 ADC 的最终转换结果与电阻 R_1 电容 C_1 的实际大小无关。其次,只要运放有足够大的增益,它也不会影响结果的精度。另外,这种 ADC 的线性度和分辨率可以达到很高的水平。

最后,这种 ADC 的构成电路很简单,只采用了运算放大器,RC 时间常数电路和一些开关。

但是,这种转换器的速度很慢。对于一个大的输入电压,如 $V_{in} = V_{ref}$,那么计数器需要加法计数超过 2^N 个时钟周期,减法计数也要同样长的时间。因此,这种 ADC 的转换时间是相当长的。

对于对速度要求不高的数字电压表来说,这种 ADC 是一种非常好的解决方案。特别地,如果 50Hz(美国是 60Hz)的工频干扰信号与时钟同步,那么这种干扰由于正负半周完全对称,可以被这种 ADC 所消除,对输出结果没有影响。

但是,在示波器的输入端,对 ADC 速度的要求较高,对分辨率的要求却不是很高。

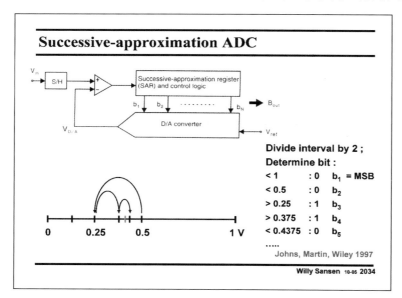

2034 在这种应用中,常采用逐次逼近型(SAR)ADC。

在输入端包含了一个取样-保持电路,来保证转换期间输入电压的稳定。

取样-保持电路后紧随一个比较器,它通过逐次逼近产生数字信号的有效位。如图所示,这些有效位被反馈回一个 DAC 来闭合环路,使逐次逼近寄存器将输入电压与下一个二进制值进行比较。

假设输入电压是 0.4V(参考电压是 1V)。

在第一次的比较中,0.4V 低于 1V,因此产生了最高有效位"0"。然后比较区间被 2 除,输入电压与 0.5V 相比较,这次又产生了"0"。

比较区间再一次一分为 2,这次输入电压与 0.25V 相比较。这次产生了"1"。更进一步地,"1"被用来作为控制信号,将下一次的比较值从 0.25V 选为 0.375V,而不是 0.125V。

这样的比较程序继续 N 次,就可得 N 位的数字信号输出。

这种逐次逼近 ADC 完成一次转换只需要 N 个时钟周期,因此要比积分型 ADC 快得多。但是,它对比较器的失调较为敏感。

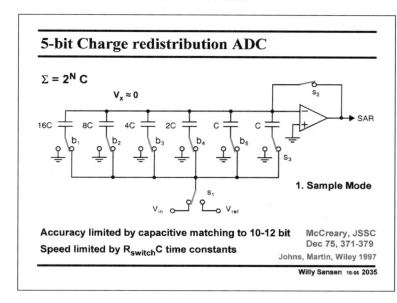

2035　如图所示,作为 ADC,电荷再分配式 ADC 经常被采用。

它包含一个运放以及一个二进制加权电容阵列。在这个例子中,一个 5 位的电容阵列被用来进行 5 位的 AD 转换。

转换包含 3 个相位过程,分别为取样期、保持期、逐次比较期。

如图所示的过程被重复 3 次,每次都要重新调整各开关的闭合。

在取样期,所有电容的下方极板都连接到输入电压 V_{in},而所有电容的上方极板都与运放的"虚地"相连。因此,所有电容电压均被充至 V_{in}。

显然,运放的输入电压 V_x 及输出电压均为零。

注意,这种 ADC 的构成十分简单,只包含一个单运放(比较器)、一个电容阵列以及一些逻辑门。所用电容总数只有 2^N 个,它的功耗可以做得非常低,特别是在处理低频的情况下(Scott,JSSC July 2003,1123-1129)。

由于采用了电容阵列,这种 ADC 的分辨率受到了电容匹配的限制,只能达到 10～12 位,取决于电容尺寸的大小(见第 15 章)。另外,正如其他开关电容系统一样,它的速度受到运放的速度及开关的 RC 时间常数所限(见第 17 章)。

2036　在保持期,运算放大器的反馈环路断开。因此,运放的输入端电压 V_x 可以取任何值。此后,所有与电容下极板所连的开关全部与"地"相连,使运放输入电压 V_x 变为 $-V_{in}$。

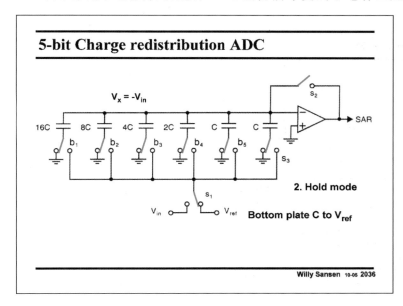

与此同时，开关 S_1 由原来的 V_{in} 端转为 V_{ref} 端。

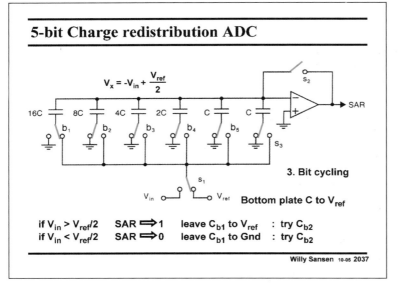

2037 现在开始进行逐次逼近运算。

每一位的产生都是循环了一个相似的比较过程，目的是找出输入电压在二进制刻度中的位置。我们从 MSB（最高有效位）开始，将最大容量的电容 16C 的下极板与参考电压相连（如图所示），由于剩余电容的总容量为 8C＋4C＋2C＋C＋C，与 16C 相等，因此只有一半的参考电压 V_{ref} 被加到了 $-V_{in}$ 上，运放的输入电压 V_x 如图所示。

如果 V_{in} 比 $V_{ref}/2$ 大，那么 V_x 将为负值，在这种情况下，SAR 寄存器储存一位"1"，开关 b_1 的位置如图所示，保持不变。

但是如果 V_{in} 比 $V_{ref}/2$ 小，那么 V_x 将为正值，在这种情况下，SAR 寄存器储存一位"0"，开关 b_1 切换回来，电容 16C 的下极板再次与"地"相连。

开关 b_2 经历同样的过程，电容 8C 的下极板与 V_{ref} 相连，因此 V_x 上要再加上一个 $V_{ref}/4$，再进行比较。

整个过程持续到所有的电容均经历上述过程，得到数字信号的所有位为止。

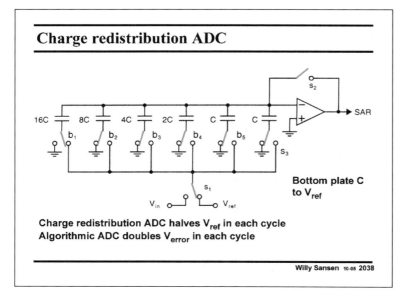

2038 注意，这种电荷再分配式 ADC 中，输入电压 V_{in} 与一系列逐渐变小的 V_{ref} 的部分值即 $V_{ref}/2N$ 相比较。

这种运算可以一直进行下去，直到 $V_{ref}/2N$ 变得比运放的失调电压还要小，或者比最小电容 C 的失配误差还要小。

以上情况将这种 ADC 的分辨率限制在 10～12 位。

另外，在每个周期中

可以采用另一种方案,即先得到输入电压与 $V_{ref}/2N$ 的差值,再将其放大 2 倍进行一次新的比较,这就是所谓的运算 ADC。

运算 ADC 相关的细节在下图中讨论。

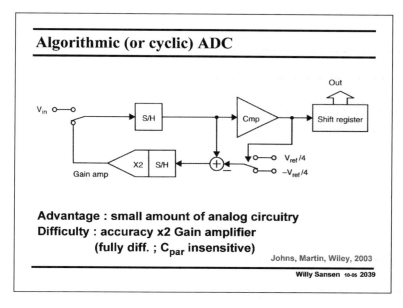

2039　运算 ADC 的电路可以更为简单。

同样地,这种 ADC 包含了一个取样-保持电路,另外还包括一个精确乘 2 放大器,它被用来放大输入电压 V_{in} 与部分参考电压 $V_{ref}/4$ 的差值。

一个寄存器用来记录连续比较产生的"0"或"1"。

因为在每轮比较中,这个电压的差值都会被放大 2 倍,因此也就不需要二进制加权电容阵列或一系列 V_{ref} 的部分值。

但是,我们假设乘 2 放大器出现了误差,但是误差比最低有效位要小,在讨论流水式 ADC 时将列举一些这样的例子。

通常,为了提高精度,这种 ADC 采用全微分方式去实现。

2040　最快的 ADC 无疑是快闪式 ADC,如图所示。原因就在于它是并行处理输入电压的,转换过程只需要一个时钟周期。而前面介绍的 ADC 都是串行处理输入电压的,因此它们相对于并行比较 ADC 速度都较慢。

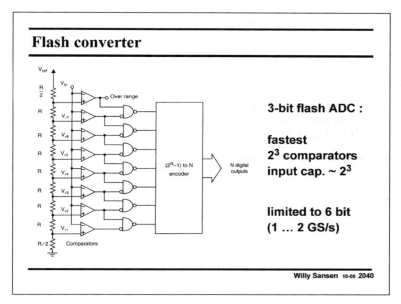

这种 ADC 采用了许多输入电压比较器,将输入电压与参考电压 V_{ref} 的温度计码的部分值进行比较,各比较器的输出产生一个温度码,它被后续的解码器转换成二进制码。

比较器后面的温度码-二进制码解码器由"与非"门组成,除了在两输入端不相同的情况下输出"1"外,其他情况输出都是"0",比如在温度码由"0"转为"1"处,输出为"1"。

这种 ADC 的一个主

要的缺点就是需要大量的比较器。对于一个 6 位的快闪式 ADC 来说,它需要 2^6 即 64 个比较器,因此这种比较器的分辨率十分有限。

另外,所有的比较器对于输入电压都是并联的,呈现出十分大的输入电容,这就需要足够大的功率来驱动这种转换器。

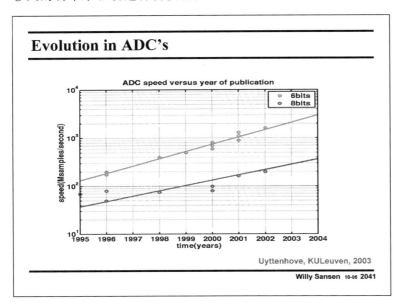

2041 为了了解快闪式 ADC 已经达到的水平,这里给出了发表在 JSSC 上的关于快闪式 ADC 的发展曲线图。

由于深亚微米级 CMOS 工艺的发展,无论 6 位或 8 位的 ADC,都表现出速度增长的趋势。

采用外推法可以预见,到 2008 年,8 位的快闪式 ADC 的速度大约可达 1GS/s,6 位的快闪式 ADC 的速度可达 12GS/s。发展速度确实非常惊人!

2042 为了减少快闪式 ADC 中比较器的数量,可以采用两个较低分辨率的快闪式 ADC 来组成一个高分辨率的 ADC。

这种方法称为子范围法或两步法 ADC,图中列举了一个 8 位转换器的例子。

两个 4 位的快闪式 ADC 用来代替一个单 8 位的 ADC。比较器的数目由 256 降至 16×2 即 32 个,另外再加一个 ADC。这样功耗变得更低,输入电

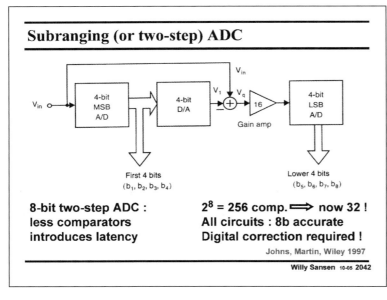

容也将更小。事实上,只有 16 个输入电容并联在输入端。

它的工作过程如下:第一个 4 位快闪式 ADC 产生出 4 位最高有效位 MSB,再将这 4 位最高有效位通过一个 4 位 DAC 转变成模拟输出,则量化误差可以通过求取输入电压 V_{in} 与上述 4 位 ADC 的输出的差值来获得,这个差值被放大 16 倍后再输入到第二个 4 位 ADC,以便其产生出低 4 位的有效位。

这种两步 ADC 较之于单个的快闪式 ADC 来说转换一次需要更多的时钟周期,它的延时更长。而且,两个 4 位的 ADC 都必须具有 8 位的精度。可以用数字纠错技术来减小这个问题带来的误差。

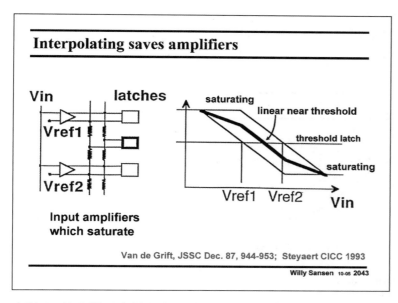

Interpolating saves amplifiers

Input amplifiers which saturate

Van de Grift, JSSC Dec. 87, 944-953; Steyaert CICC 1993

Willy Sansen 10-05 2043

2043 可以采用内插与折叠技术进一步减少输入比较器的数量,首先讨论内插技术。

内插式 ADC 对输入模拟信号进行预处理。这类 ADC 在输入端接有放大器,这些放大器在锁存器的阈值附近是线性的,但在远离锁存器阈值电压的两端是饱和的。在线性区,放大器的放大倍数的典型值是 10。只要交点的位置精确,实际的增益值并不十分重要,

实际上,放大器具有低的失调才是非常重要的。

图上部放大器的传输特性在 Vref1 处与锁存器的阈值电压相交。因为它的第二个输入端与 Vref1 相连,锁存器在 Vref1 处改变状态。图下部的放大器与此相同,它的传输特性在 Vref2 处与锁存器的阈值电压相交,因为它的第二个输入端与 Vref2 相连,锁存器在 Vref2 处改变状态。

放大器的输出电压由 4 个相同的电阻分压输出。对于图示中间的锁存器来说,放大器的传输特性就是上述两个传输特性的平均值,也就是图示中间的那条加粗线。它在 Vref1 与 Vref2 的均值电压处与锁存器的阈值电压相交,因此中间的那个锁存器在 Vref1 与 Vref2 的均值电压处改变其状态。

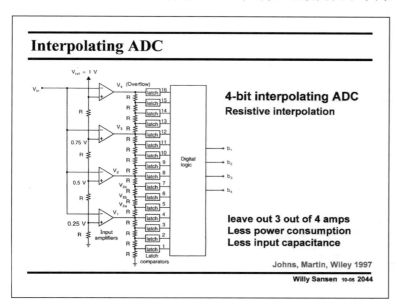

Interpolating ADC

4-bit interpolating ADC
Resistive interpolation

Digital logic

leave out 3 out of 4 amps
Less power consumption
Less input capacitance

Johns, Martin, Wiley 1997

Willy Sansen 10-05 2044

最后可以看到,此电路需要 3 个锁存器,可以检测 3 段电平,而只有 2 个输入放大器,这就是内插的结果。

2044 这张图列举了一个更为完善的例子。

同样地,线性放大器被用在输入端,它也具有

两端饱和的特性。

　　放大器的输出端接有一系列电阻,用来为锁存器产生阈值电压。这些阈值电压均在参考电压之间,分别为 0V、0.25V、0.5V、0.75V 和 1V。由于插入了 4 个电阻,这种 ADC 与同位数的快闪式 ADC 相比节省了 3/4 数量的放大器。

　　这样做的结果是可以显著地减少功耗,特别是可以减少输入电容。

　　实际的原理将在下面讨论。

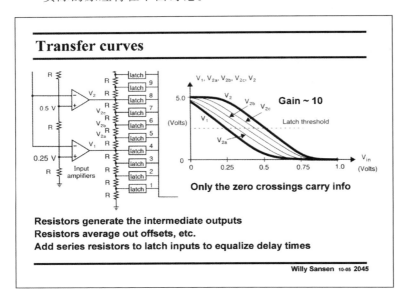

2045　在此重复给出前面 ADC 的下部分电路与传输特性曲线。

　　底部的放大器(输出为 V_1)的传输特性曲线与锁存器阈值交于 0.25V,因为它的同相输入端与 0.25V 相连,于是锁存器 4 在 0.25V 时改变其状态。另一个放大器与此同理,它的输出电压为 V_2,它的传输特性曲线与锁存器阈值交于 0.5V,因为它的同相输入与 0.5V 相连,所以锁存器 8 在 0.5V 时改变其状态。

　　每个放大器的输出被 4 个等值电阻平均分压。对于锁存器 5、6 和 7 来说,传输特性曲线在 $V_1 = 0.25V$ 与 $V_2 = 0.5V$ 之间等距地与锁存器的阈值电压相交,分别为 $V_{2a} = 0.3125V$、$V_{2b} = 0.375V$ 及 $V_{2c} = 0.4375V$。利用这种方式,在没有使用前置放大器的前提下产生了 3 个新的基准电压。

　　在高频情况下,直接与前置放大器相连的锁存器如 4、8…,被较低的输出阻抗所驱动,因此,它们运行速度较快。而处在中间位置的锁存器如 2、6…,在它们的输入端有较大的串联电阻,因此,它们运行速度较慢。基于上述原因,应在锁存器 1、3、4、5、7、8 的输入端加上串联电阻来使得各输入延时相等。

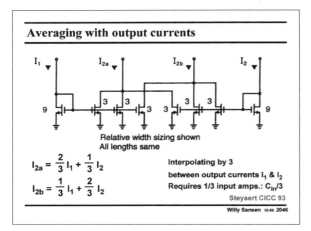

2046　在这之前,都是采用电阻来均分前置放大器的输出电压,但是也可以用电容或者电流源来实现这一功能。

　　这张图列举了一个采用电流源来均分输出电压的简单例子。

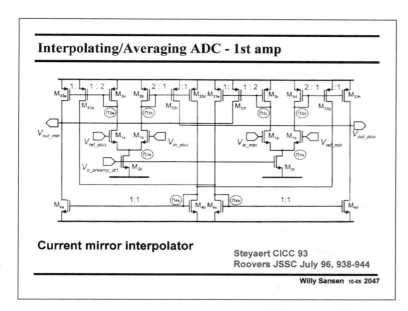

Interpolating/Averaging ADC - 1st amp

Current mirror interpolator

Steyaert CICC 93
Roovers JSSC July 96, 938-944

Willy Sansen 10-05 2047

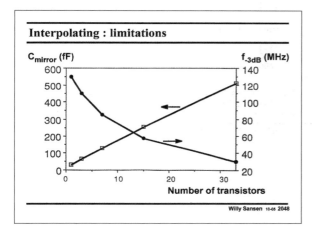

Interpolating : limitations

Willy Sansen 10-05 2048

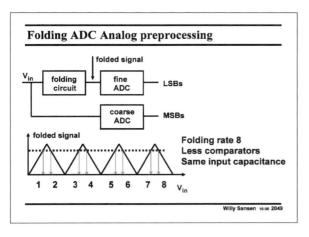

Folding ADC Analog preprocessing

Willy Sansen 10-05 2049

输出电流 I_1 与 I_2 均被内插分为 3 部分,事实上,当产生电流 I_{2a} 与 I_{2b} 的时候(如图中给出的),已经实现完美的内插。

最后,得到的结果就是:输入放大器的数量变为同位数快闪式 ADC 的 $1/3$,输入电容也变为 $1/3$。

2047 这张图给出了一个更详细的通过电流源实现内插的例子。

显然,如果内插数增加,连接在每个电流镜节点上的晶体管数量也要增加,这就降低了 ADC 的工作速度,如下文所示。

2048 增加内插数能节省更多的放大器,可以降低输入电容,但却增加了电流镜内部节点上的电容 C_{mirror}。因此降低了内插式 ADC 所能工作的最高频率。

这张图给出了以 $0.5\mu m$ CMOS 工艺实现的内插式 ADC 的内节点电容与 f_{-3dB} 的关系。

因此必须进行折中。

2049 内插法可以减少输入放大器的数量和输入电容,但是锁存器的数量与快闪式 ADC 相比没有变化。折叠法可用来减少锁存器的数量。大多数情况下,内插法与折叠法同时使用,这样既可减少输入放大器的数量又可减少锁存器的数量,这就可以十分显著地降低功耗。

这张图列举了折叠法的原理。

这里同样采用了输入放大器,但却与内插式 ADC 不同,它将输入信号折叠成一系列不同电压或者不同区域。在这个例子中,有 8 个折叠区域,因此折叠率就是 8。折叠电路的输出电压对于 8 个

不同的输入电压 V_{in} 是相同的。

一个单独的 MSB ADC 被用来确定输入 V_{in} 在 8 个折叠区的实际位置。在此例中,这是一个 3 位的 ADC。

最低有效位由一个高精度 ADC 决定,它对于 8 个折叠区域来说是一样的。但是这种方法中大量地使用了比较器。

在后面将会看到折叠电路由许多差分对组成,差分对的数量与折叠率是相同的。因此,输入电容并没有减少!因此通常情况下要加入内插来降低输入电容。

下文中将给出一个 4 位折叠式 ADC 更详细的例子。

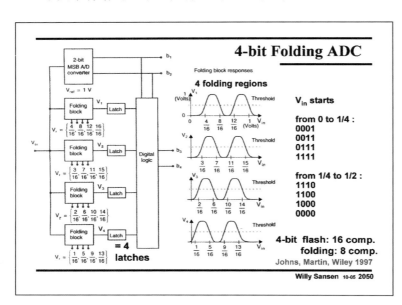

2050　在该例中有 4 个折叠区域。因此,采用一个 2 位 MSB ADC 来确定输入电压在 4 个折叠电压中的位置。

本电路中需要 4 个折叠电路,每一个后面接有一个锁存器。因此,它只需要 4 个锁存器,而不是 4 位快闪式 ADC 所需要的 16 个。

给出了每个折叠电路的传输特性,它们的输出电压分别为 V_1、V_2、V_3 和 V_4。它们的特性基本相同,只是被移动了 $V_{in}/4$。

2 位最低有效位的产生过程如下:如果输入电压 V_{in} 从零开始增加,电压 V_4 第一个引起其所对应的锁存器状态的改变(在 1/16V),将锁存器状态从“0000”变为“0001”。在 2/16V,V_3 同样引起锁存器状态的改变,从“0001”变为“0011”。以这种方式,产生了一组温度码直至第一个折叠区域结束得到“1111”。

当 V_{in} 继续增加超过 4/16V,电压 V_4 又第一个引起其所对应的锁存器状态的改变(在 5/16V),它将锁存器的状态从“1111”变为“1110”。在 6/16V,V_3 又同样引起锁存器的状态变化,从“1110”变为“1100”。最后,又产生了一组温度码,不过与上面得到的那组顺序相反。

当 V_{in} 超过了 9/16V,产生了与 V_{in} 超过 1/16V 时一样的温度码,如“0001”等。因此,就产生了同样的最低有效位。

2051　通常通过并联一系列差分对来实现折叠单元,它们中一部分的输出端也是并联的。

这里列举了一个折叠率为 4,采用双极型工艺的折叠单元。

所有的 4 个差分对都并联在输入端,相应的输出端并行相连。4 个等间隔的参考源连接到输入端,它们设定了差分对传输特性上的转折点,因此进一步确定了 4 个折叠区域。

注意到从输入端看进去 4 个差分对是并联的,这正是折叠法不能降低输入电容的原因。

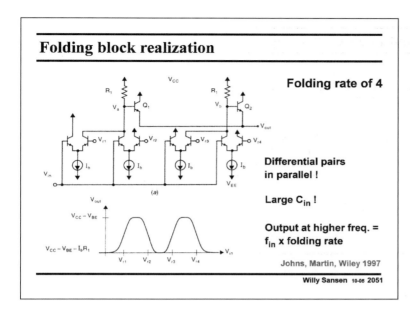

同样注意到折叠单元的输出电压频率高于输入电压的频率,最高工作频率就由此来决定。

最后,可以很容易地用与本图相似的电路实现 2 位 MSB ADC,采用参考电压 4/16V、8/16V、12/16V 和 16/16V,2 位 MSBs 可以从第二个差分对的输出端也即本图中 V_{out} 的输出端得到。

每个折叠单元都有与折叠率相同数量的差分单元并联在输入端,因此输入电容与快闪式 ADC 是相同的。

2052 减少输入电容的唯一途径是加入内插。

如左图所示,在前面的 4 位折叠式 ADC 中进行了内插数为 2 的改进,产生了新的 ADC。

用这种方法,可以用双极型工艺实现输入信号高达 150MHz 的 8 位 ADC,而功耗只有 0.8W(Van Valburg)。这种 ADC 采用 4 个折叠单元,每个单元的折叠率为 8,采用 4 个内插电阻。由

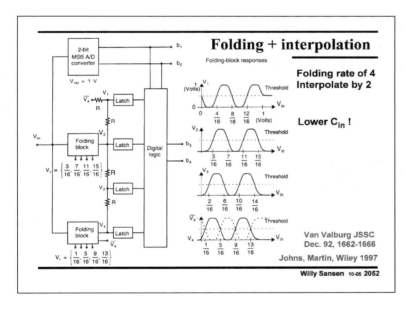

于采用 1V 的基准电压,过零间隔为 1/256V。

2053 流水式 ADC 是由多个 ADC 流水线式工作,每级提供 n_k 位,单级电路如上图所示(上图)。与前面相似,它是一个运算转换 ADC。

在取样-保持之后,输入信号被转换成 n_k 位。量化误差(或称剩余电压)是将数字信号通过一个 DAC 转化后求得其与输入电压本身的差值得到的。然后这个差值被放大 2^{nk} 倍后进入下一流水线。

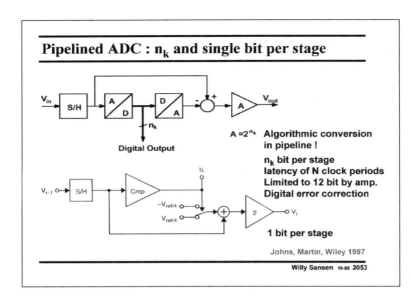

一个单比特流水式ADC的级数和位数一样多,每级只做1位的转换,从最高有效位开始。其单级电路如图所示(图中下部)。这里的ADC是一个比较器,DAC仅仅是一个采样基准电压的开关,放大器的放大倍数是2。

显然,这种ADC的最大的薄弱环节在于放大器,但是如下文所示,因为可以很容易地实现精确的2倍放大器,所以这种ADC很受青睐。

但是这种ADC的分辨率通常被限制在12位左右,数字纠错技术可以将分辨率扩展为15位。

为了提高ADC的速度,第一级在完成前一取样值的转换后立即开始下一取样值的转换,如下图所示,这也同样适用于其他的流水线。

2054 如前面所示,现在图中出现的转换级被称为数值近似(digital approximator)DAPRX。因此,它的转换从取样-保持开始,直到放大器结束。

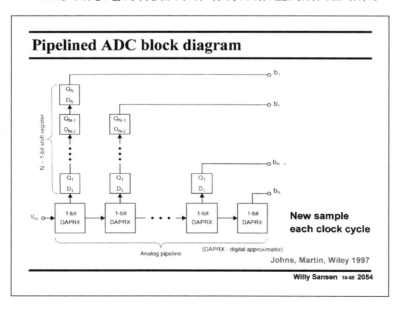

每个取样周期中,一个新的取样值被送入这种ADC。它仍要N个取样周期才能完成一次转换,因此延时为N,但是它的处理速度却是每个时钟周期一个取样值。

它们通常在小面积、低功耗、有限分辨率情形下使用,在50MS/s下典型值为12位。

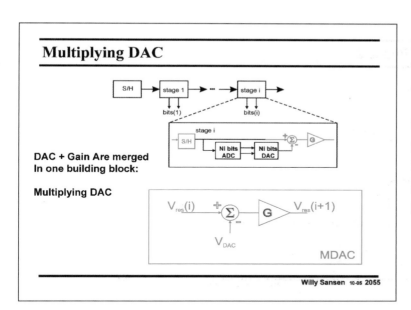

2055 实现 ADC/DAC 和 2 倍增益（每级 1 位）的一种有效方法是使用乘法 DAC。

在乘以 2 后，DAC 的输出电压必须从前一级的余数中减去，所有这些功能可以很容易地采用后面介绍的开关电容电路精确地实现。

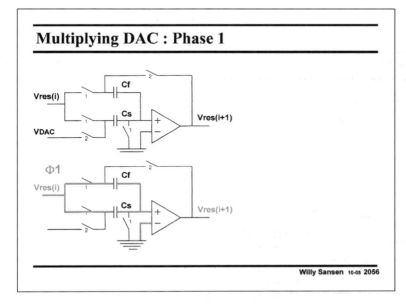

2056 图中画出了两个相同的电路，它们处于两种不同的状态：状态 1（红色），状态 2（蓝色）。采用了两个电容 Cf 和 Cs 以及一些开关，开关在状态 1 或状态 2 时开启或者闭合。

在状态 1 中，当所有的开关都闭合时，两个电容处于并联状态，它们负责采样输入电压 Vres(i)，Vres(i) 是前一过程的输出。

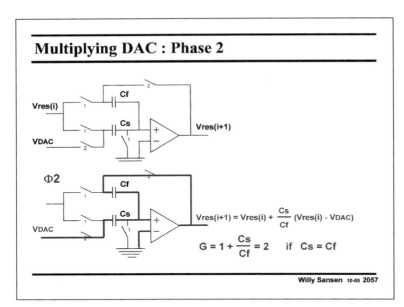

2057 在状态 2 中，接入了电容形成增益为 Cs/Cf 的反相放大器。输出电压 Vres(i＋1)等于存储在 Cf 中的初始电压 Vres(i)，加上放大器放大 Cs/Cf 倍后的部分电压即电压差 Vres(i)-VDAC 的 Cs/Cf 倍。

当 Cf＝Cs 时，增益为 2。输出电压就等于 Vres(i)被放大了两倍然后再减去 VDAC 的差值。

因为很容易使两个等值的电容相匹配，所以精度可以做得很高。为了更好地匹配，电容需要做得尽可能地大。

如后面所述，其他的一些因素将限制电容的尺寸。

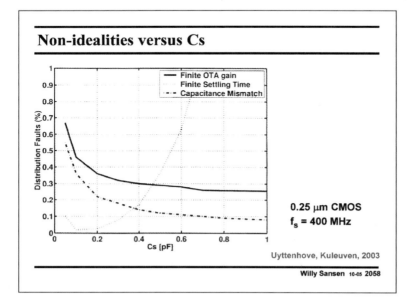

2058 当电容做得越大时，匹配程度就越高，而且一定程度上消除了有限增益所带来的误差。但是，大电容使建立时间变长。

所以必须要进行折中。以 0.25μm CMOS 工艺的高速流水式转换器为例，采样频率是 400MHz，增益模块的跨导为 20mS，这里电容值选为 0.4pF。

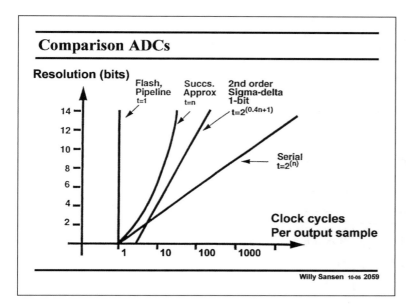

Comparison ADCs

Resolution (bits)

Flash, Pipeline t=1
Succs. Approx t=n
2nd order Sigma-delta 1-bit t=$2^{(0.4n+1)}$

Serial t=$2^{(n)}$

Clock cycles Per output sample

Willy Sansen 10-05 2059

2059　计算执行一次转换所需要的时钟周期数是一种较好的比较 ADC 的方法,这里不考虑功耗。

显然图中仅有两种 ADC 只需要一个时钟周期,它们无疑速度最快,分别是快闪式转换器和流水式转换器。后者不一定速度非常快,因为在连续操作中,一个周期只能获得一个字节。而且它们的转换能力与分辨率无关。

那些转换能力与分辨率相关的转换器情况并不相同,速度最差的是串行转换器,它在下个转换开始之前,每个电压值都被转换到所有的位上。

其他的转换器介于两者之间(如逐次逼近型转换器、Σ-Δ 转换器),因为它们的功率非常低,所以能在速度和分辨率之间较好地折中。

2060　实际上速度和分辨率都是和功耗相关的,它们在一些 CMOS 工艺中甚至有确定的关系。

如果将分辨率和精度相联系,而精度由匹配或误差来决定,那么由第 15 章关于失调的内容可知,误差反比于 MOST 的栅面积 WL。

另一方面,MOST 的栅宽 W 与电流或功耗呈正比,而沟道长度 L 与速度呈反比。所以,对于某一确定的 CMOS 工艺,速度乘以精度再除以功耗后为常数。

在计算这个常数之前,首先要清楚它意味着什么。如果该公式正确,那么实现高速 ADC 就需要更大的功率,同样实现高分辨率也意味着需要更大的功率。

2061　让我们计算该常数的值以便有真实的数据来预测分辨率、速度和功

Impact of device mismatch on resolution/power

Two transistors :　$\sigma^2(\text{Error}) \sim \dfrac{1}{WL}$　　$\boxed{\sigma_{VT} = \dfrac{A_{VT}}{\sqrt{WL}}}$

(Accuracy)$^2 \sim$ WL

By design : increasing W increases I_{DS} and Power
decreasing L increases the speed

$$\dfrac{\text{Speed x (Accuracy)}}{\text{Power}} = \text{Technol. constant}$$

Ref. Kinget, ..."Analog VLSI .."
pp 67, Kluwer 1997.

Willy Sansen 10-05 2060

Power and mismatch/noise

Accuracy　　　　$1/\sigma^2(V_{os}) \sim$ Area / A_{VT}
Dynamic range　　DR = $V_{sRMS} / (3\,\sigma(V_{os}))$
Capacitance　　　C $\sim$ C$_{ox}$ Area
Power　　　　　P = 8 f C V_{sRMS}^2

Mismatch : P = 24 $C_{ox}\,A_{VT}^2$ f DR^2

Noise :　　P = 8 kT f DR^2

Willy Sansen 10-05 2061

率之间的关系。

如果将阈值电压 V_T 的失配作为精度降低的主要原因,则 A_{VT} 给出了误差和栅面积的关系(见第 15 章)。

动态范围表示为信号功率与误差的比值,而误差取决于失配。

功耗取决于速度和需要充电的电容,电容的值同样取决于其面积的大小。

最后,功耗可以表示成前面所述所有参量的形式。

在进一步研究之前,这里再次将噪声作为误差来得出功耗的表达式。

噪声作为误差和以失配作为误差的表达式都已经给出了。

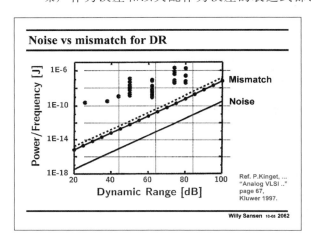

2062　图示为 ADC 在某一特定频率下,功耗相对于动态范围的变化情况。

最下面的一条线将噪声作为误差源,其他两条曲线分别是在 $0.7\mu m$ 和 $0.5\mu m$ CMOS 工艺中将失配当作误差源的情况。

图上部的小圆点反映了 JSSC 中有关 ADC 的特性。

显然,在确定的动态范围和频率下,对于功耗的粗略估计与实际情况相差很远。

同样很容易看出,图中失配曲线比噪声曲线更接近实际情况,这意味着采用失配作为误差源比采用噪声作为误差源更接近实际情况。

如果要在某一分辨率和速度下实现一种 ADC,可以利用这些曲线事先估计出该 ADC 的功耗。

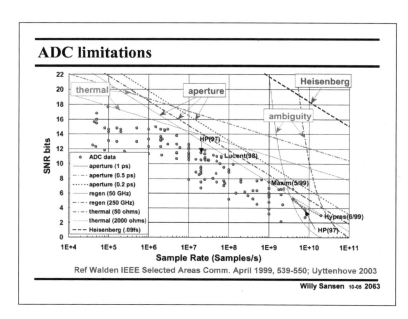

2063　用另一种方法可以看到在设法消除功耗-分辨率-速度限制时所遇到的物理限制,这张图给出了更为通用的曲线。

从图中可以看出,在信号频率比较低时,热噪声限制了所能获得的信噪比(红色),两条曲线中下面的一条对应于 $2k\Omega$ 的电阻。

但是在较高的频率下,采样得到的信号有不同程度的误差(蓝色),这主要是时钟信号的抖动引起的,三条曲线中最下面一条对应时钟信号的抖动为 1ps。

References

- D. Johns & K. Martin, "Analog Integrated Circuit Design", Wiley 1997
- P. Jespers, "Integrated Converters", Oxford Univ. Press, 2001
- B. Razavi, "Principles of Data Conversion System Design", IEEE Press 1995
- K. Uyttenhove, "High-speed CMOS Analog-to-digital converters", PhD KULeuven, 2003
- A. Van den Bosch, ... "High-resolution high-speed CMOS current-steering Digital-to-Analog Converters, Kluwer Ac. Press 2004.
- R. Van de Plassche, "Integrated Analog-to-digital and Digital-to-Analog converters", Kluwer Ac. Press, 1994

Willy Sansen 16-05 2064

Table of contents

- Definitions
- Digital-to-analog converters
  - Resistive
  - Capacitive
  - Current steering
- Analog-to-digital converters
  - Integrating
  - Successive approximation
  - Algorithmic
  - Flash / Two-step
  - Interpolating / Folding
  - Pipeline

Willy Sansen 16-05 2065

在更高的频率下,呈现出其他不确定的因素(绿色),它们源于比较器再生开关效应的不确定性,左边的曲线对应 50GHz 的时钟频率。

在最高频率处出现了海森堡测不准效应(黑色),这仍然是最新的研究成果。

所有已实现的例子(红点)与物理限制还有相当的一段距离,但是在噪声曲线和红点之间,仍需要添加一条失配曲线。

2064　这张图列出了本章所引用的参考文献,大部分图都出自第一篇参考文献,所有的参考文献都或多或少地被引用到了。

最通用的概述部分由最后一篇参考文献给出。

2065　本章简要介绍了几种不同类型的 DAC 和奈奎斯特 ADC,主要讨论了它们的工作原理,同时介绍了几种主要的折中方法。

下面介绍过采样 ADC,重点研究其低功耗实现。

第 21 章 低功耗 Σ-ΔAD 转换器

211 低电压并不总是意味着低功耗,因为尽管电源电压降低了,但是为了保证同样的或者更好的动态范围所附加的额外信号处理模块,可能会产生更多的功耗。

Σ-Δ(或者 Δ-Σ)ADC 是一个很好的例子,它们的电源电压一般低至 0.6V 甚至 0.5V,所以它

们能够很好地嵌入 65nm 甚至 45nm CMOS 工艺。这些转换器面临的一个问题是,它们需要维持与 1.8V 或者更高电源电压的 ADC 一样的动态范围。

采用低电源电压时,经常假定所有的电路技术都是为降低功耗而设计的。这一章将解释哪些电路技术能够在非常低的电源电压情况下实现低功耗的 Δ-ΣADC。

当纳米 CMOS 工艺成为主流工艺时,这些电路技术中有相当一部分变得非常重要。

212 本章开始将介绍一些 Δ-Σ 转换器的基本特性,但不作深入讨论。如果读者有兴趣,可以参考 Northsworthy(Wiley),Schreier(Wiley)和 Johns-Martin(Wiley)等人的著作。

大多数低功耗 Δ-Σ 转换器使用开关电容滤波器来进行噪声整形。在低电压情况下,开关将会成为一个难题,将首先讨论这个问题。

除了采用上述开关外,运算放大器本身也可以作为开关。如今许多低电压 Δ-Σ 转换器使用这一技术,这一设计思想将在后面实例中加以说明。

在本章的最后,将讨论一些最新的低电压 Δ-Σ 转换器,有些在输入端使用串联电阻,有些使用全前馈电路。我们将基于一个通用的优值(FOM)来对这些技术进行讨论和比较。

213 Δ-Σ 转换器采用比所需要的频率高得多的频率对输入模拟信号进行采样。根据奈奎斯特定律,最小采样频率是输入信号最大频率的两倍。例如,在低质量的语音系统中,信号的带宽限制在 3.4kHz,则最小的采样频率为 6.8kHz。又如心电图(ECG)的频率范围限制在 150Hz,也就是说,它的最小采样频率为 300Hz。

但在 Δ-Σ 转换器中,需要更高的采样频率。根据应用场合的不同,实际采样频率可以是奈奎斯特采样频率的 20~1000 倍。实际采样频率和最小奈奎斯特采样频率的比值称为过采样率(OSR)。这是在 Δ-Σ 转换器设计中的第一个设计参数。信号的过采样率越高,噪

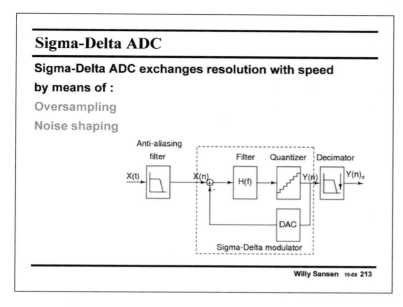

Sigma-Delta ADC

Sigma-Delta ADC exchanges resolution with speed by means of :

Oversampling

Noise shaping

声对信号信息的影响就越小,所以信噪比(SNR)也随着过采样率(OSR)的提高而提高。ADC 的分辨率也将随着过采样率(OSR)的提高而提高。

所以,高过采样率可以获得高分辨率,Δ-ΣADC 转换器以速度换取分辨率。

为了有效地获得高信噪比,噪声必须被滤除。这要通过噪声整形来达到,可以用一个滤波器 H(f)来实现。

Δ-Σ 转换器由一个反馈环路、一个滤波器和一个用于 ADC 的量化器组成。反馈环路通过一个 DAC 闭环。为了保证输入信号在带宽内,需要一个预滤器(抗混叠滤波器)。后级滤波器(降采样滤波器)用来使采样率降到刚好满足奈奎斯特采样率。

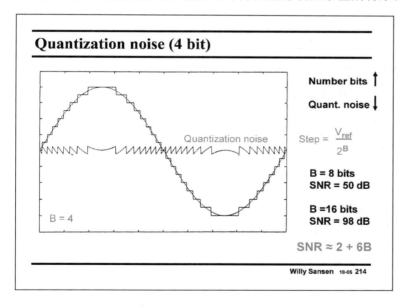

Quantization noise (4 bit)

Quantization noise

Number bits ↑

Quant. noise ↓

$Step = \dfrac{V_{ref}}{2^B}$

B = 8 bits
SNR = 50 dB

B = 16 bits
SNR = 98 dB

$SNR \approx 2 + 6B$

B = 4

214 这种 ADC 的最大误差是量化噪声。量化噪声本质上不是噪声而是原始模拟信号与被有限位量化后的模拟信号之差。

这张幻灯片给出了一个例子。原始信号是用点表示的正弦波,经过 4 位(16 步)采样量化后得到的模拟信号用实线表示。两信号之差值在中间。它的振幅较小,振幅由量化位数来决定,此外它还包含了许多不同的频率分量,因此被称为噪声。它是量化噪声,决定着转换器的信噪比,因而也决定着分辨率。

信号量化阶梯值(所能处理的最小电压值)的大小等于参考电压除以 2^B,B 是量化的位数;比如 8 位就对应着 256,对于 1V 的参考电压,量化阶梯值的大小为 4mV,这只比失配或失调稍稍大一点。因此需要附加的技术来提高信噪比(SNR),噪声整形就是这样的技术,为了达到这样的目的,在反馈环路中包含了噪声整形滤波器。这将在下一张幻灯片中讨论。

当量化位数为 8 位时,阶数 256 对应的信噪比是 48dB,更精确的值要高出 2dB,也就是 50dB。对于 16 位来说,信噪比大约为 98dB,实际中将更大。这些应用在诸如音频 CD 和其他一些比较有限的场合。

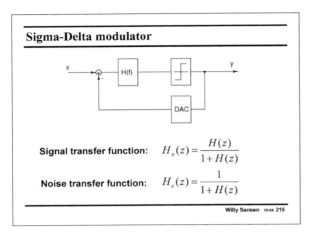

215　实现 Δ-Σ 反馈环路所必需的组成部分是噪声滤波器 H(f)、量化编码器和 DAC。

对于一位转换器来说,量化编码器仅仅是一个比较器,DAC 的输入电压在两个直流参考电压间切换。

对于多位转换器而言,量化编码器是一个名副其实的 ADC,比如全并行或其他类型的 ADC,具体采用何种 ADC 由所需要的速度决定。此时的 DAC 也同样是多位 DAC。在这里线性度是一个主要的衡量参数。位数越高,所能获得的分辨率越高,设计 Δ-Σ 转换器的第二个参数就是:量化位数。

许多 Δ-Σ 转换器采用一位转换器即比较器,这时在直流参考电压间切换是很容易实现的。对于一位转换器来说,匹配不是问题。

可以清楚地看到,对于输入信号 x,图中给出了传输函数,如果 H(z) 幅度较大,增益接近于 1。

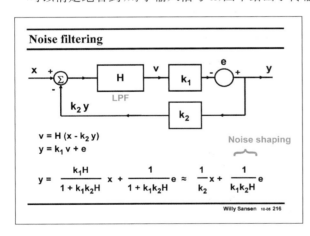

对于噪声信号,例如反馈环路中量化编码器(比较器)产生的噪声,传输函数有很大的不同,如果 H(z) 幅度很大,量化噪声将有很大程度地衰减,同样信噪比也显著地上升。

下面介绍带有低通滤波器的一个简单例子。

216　这张幻灯片给出了一个可能最简单的带有噪声滤波器 H 的反馈环路,它的增益是 k_1,量化噪声或误差信号以 e 表示,反馈环路通过了一个增益为 k_2 的模块。

从网络关系方程中可以看出,输入信号 x 的增益和误差信号 e 的增益相差很大。

当环路增益 $1+k_1 k_2 H$ 较大时,输入信号的增益是 $1/k_2$,而对噪声信号(量化噪声)的增益却很小,后面一项实际上起着噪声整形的作用。

如果滤波器 H 采用一阶低通滤波器,下面将对此阐述得非常清楚。

217　当 H 采用截止频率为 f_m、以 -20dB/10 倍频衰减的一阶低通滤波器时,从输出信号 y 的表达式中可以看出,噪声信号对 y 的贡献呈现一个反向的特性。在频率比 f_m 低时,它的贡献较低;当频率比 f_m 高时,它以 20dB/10 倍频的速度递增,从而将噪声推到了高频段。

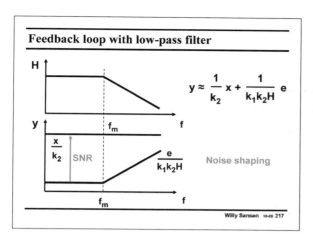

在频率较低时，SNR 是 x/k_2 和 $e/k_1 k_2 H$ 的比值，SNR 与 k_1 呈正比，k_1 是反馈环路中正向支路的增益，该增益越大，SNR 越高。

同样，滤波器的阶数越高，f_m 以外噪声特性的斜率越大。高阶滤波器允许高的 k_1 值，因此采用高阶滤波器可以获得高的 SNR。

因此，滤波器的阶数就成了 Δ-Σ 转换器的第三个设计参数，另外两个参数是采样率和量化位数。

218 通常，我们使用 3 阶或 4 阶滤波器，一阶 Δ-Σ 转换器很少被采用，因为此时在输出信号的频谱中会有很难被去除的成分。

二阶 Δ-Σ 转换器很容易实现，因为只涉及二阶滤波器，不会产生任何稳定性问题，但噪声整形能力却很有限。

使用最广泛的是 3 阶和 4 阶转换器（见本幻灯片），由于稳定性的问题，阶数很难做得更高。

本幻灯片给出了利用单环反馈实现 4 阶滤波器的例子，虽然有一定的风险，但却是实际可行的。它能够较好地应用于即将介绍的多级（Mash）或级联结构中。

219 4 阶 Mash（或级联）结构有 4 个滤波部分，达到 4 阶噪声整形。其中只有两个在单环反馈中使用，很容易保证稳定性。

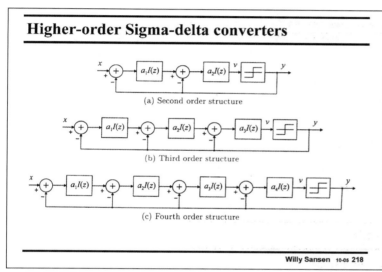

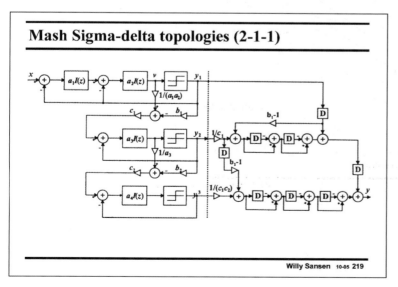

但是它有 3 个输出端口,送入所谓的噪声消除电路。也就是说,3 个输出端口必须有合适的增益和延时以便消除噪声。匹配是一个很重要的问题,但是许多已经实现的电路证明,匹配的问题比较容易解决。

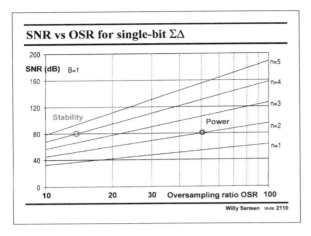

2110　信噪比的大小由本幻灯片所给出的三个参数来决定,该幻灯片是基于一位量化位数给出的。

图中给出了信噪比和过采样率,以及噪声滤波器的阶数的关系。可以看出,过采样率越高,噪声滤波器阶数越高,信噪比就越高。

因此,既可以通过提高过采样率也可以通过提高噪声滤波器的阶数来提高信噪比,例如,要获得 80dB 的信噪比(对应 13 位量化位数),既可以用过采样率仅为 14、噪声滤波器为 4 阶来实现,也可以使过采样率为 50,而仅用 2 阶噪声滤波器来实现。那么哪一个会更好呢?

4 阶噪声滤波器要求采用 MASH 结构,它要求更苛刻的匹配条件。而高的过采样率要求采用高速的运算放大器,意味着高的功耗。

这是一个折中的过程,对于高速的 Δ-Σ 转换器来说,采取低的过采样率会更好一些,因为考虑到稳定性和匹配的条件。对于低功耗的 Δ-Σ 转换器,考虑到同样的问题,同样应该采取低的过采样率。

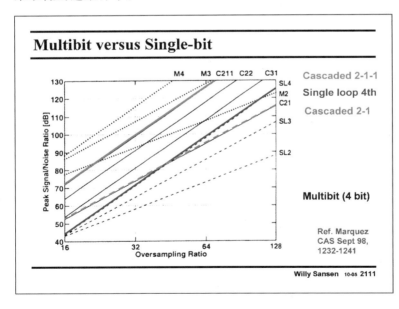

2111　增加量化的位数可以提高最大信噪比。

在这张图中,M 代表多位。

—M4 代表 4 位量化位数。

—C211 表示采用 2-1-1Mash 或级联结构的 4 阶噪声滤波器,注意到 2-2Mash 结构信噪比比较低。

—SL4 表示 4 阶单环拓扑结构。

显然,迄今为止 4 位 4 阶噪声整形是最好的方案。

同样 3 阶噪声整形提供较低的信噪比,2-1Mash 结构(C21)以及 3 阶单环拓扑结构(SL3)都是同样的情况。

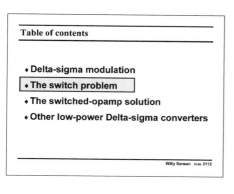

因此可以得出结论,多位 Δ-Σ 转换器可以在低过采样率条件下提供高的信噪比。但是如果需要避免匹配带来的问题,在 2-1-1Mash 结构中使用 1 位 4 阶噪声整形也是很值得采用的。

2112 现在已经知道了哪种拓扑结构是最理想的,下面是如何实现这些结构。

大多数噪声整形滤波器都是采用开关电容的方式实现,但是当电源电压较低时,很难实现开关电容。

下面对开关电容进行讨论。

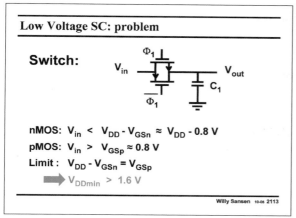

Low Voltage SC: problem

Switch:

nMOS: $V_{in} < V_{DD} - V_{GSn} \approx V_{DD} - 0.8\ V$
pMOS: $V_{in} > V_{GSp} \approx 0.8\ V$
Limit : $V_{DD} - V_{GSn} = V_{GSp}$
➡ $V_{DDmin} > 1.6\ V$

Willy Sansen 10-05 2113

2113 随着沟道长度的减小,电源电压也在减小,$0.25\mu m$ 沟道长度对应的电源电压是 $2.5V$,$0.18\mu m$ CMOS 对应的电源电压是 $1.8V$,90nm COMS 对应的电源电压约为 $1.2V$,现在有的工艺的电源电压已经低于1V。

当电源电压为 1V 时,MOST 开关已经很难开启。

如本幻灯片所示,假定采用传输门来实现开关,将一个 nMOST 和一个 pMOST 并联,nMOST 的栅极由正电压(电源电压)驱动,同时,pMOST 的栅极由负电压或地电平来驱动。

当输入电压为 0V 时,nMOST 上的驱动电压就为电源电压 V_{DD},即 $V_{GSn} = V_{DD}$,这足以使晶体管导通,从而有很低的导通电阻。

假定阈值电压 V_T 为 $0.6V$,$V_{GS} - V_T$ 最少是 $0.2V$ 才能良好地导通,所以最小的 V_{GS} 应为 $0.8V$,所以输入电压最大值为 $V_{DD} - 0.8V$。当输入电压更高时,nMOST 将不能再导通。

对于 pMOST 也同样如此,输入电压最小值为 $0.8V$,当输入电压更低时,pMOST 将不能再导通。

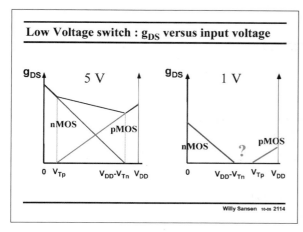

Low Voltage switch : g_{DS} versus input voltage

Willy Sansen 10-05 2114

这就决定了电源电压的最小值 V_{DDmin},它是两个晶体管的 V_{GS} 之和,在该例中,V_{DDmin} 为 $1.6V$。

2114 这张幻灯片给出了输出跨导(电阻的倒数)随输入电压从 0V 到电源电压变化的情况。

在两种情况中,nMOST 都是在低输入电压时导通,pMOST 都是在高输入电压时导通。当电源电压很高时(例如 5V)时,有一个很大的中间区,此时 nMOST 和 pMOST 都导通,产生的导通电阻很小。

　　但是当电源电压很低(1V),输入电压为中间值时,两晶体管都不导通。所以,在低电源电压的情况下,并联的 nMOST 和 pMOST 开关并不能保证其在所有的输入电压范围内都导通。

　　那么怎样解决这个问题呢?

　　注意到图中,V_{GS} 已经被 V_T 代替,这样就必须考虑 V_{GS} 所能达到的最小值。晶体管工作在弱反型区时可能还会引起泄漏电流,但是该泄漏电流被忽略了。

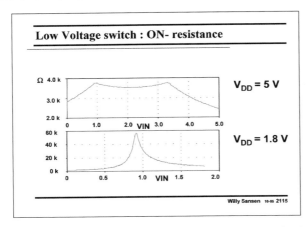

2115　输出电阻的情况同样,图中给出了输入电压从 0V 到电源电压 V_{DD} 变化时,输出电阻的变化情况。

　　图中给出的值对应的是比较旧的 CMOS 工艺,V_T 值比较高(0.9V),W/L 为 5。

　　显然,当电源电压为 5V 时,有一个很大的中间区域,此时两个晶体管都导通。但是当电源电压降到两个 V_T 之和或者本例中的 1.8V 时,这个区域就消失了。

　　结果,当电源电压低于两个 V_T 之和(在本例中为 1.8V)时,这种 nMOST/pMOST 并联传输门将不能使用。在现代的工艺中,V_T 为 0.35V,这样两个 V_T 之和为 0.7V,虽然比 1V 电源电压要低,但此时该条件并不显得很重要了。

Low Voltage SC: solutions

- **Low V_T techology**
  - special technology : cost
  - switch-off leakage
- **On-Chip voltage multipliers**
  - poor power efficiency
  - applicability in submicron technologies ?
- **Switched Opamp**　Ref.Crols, ESSCIRC 93, JSSC Aug.94

Willy Sansen 10-05 2116

2116　那么,在电源电压比阈值电压 V_T 之和低时,怎样使开关正常工作呢?

　　首先要求工艺上的改变,通常 V_T 的选择是为了使数字部分性能最优化,这意味着现在可以选择两种不同的氧化层厚度。较薄的氧化层提供低的 V_T 值和高速度,较厚的氧化层引起高 V_T 值和低的泄漏电流(栅极电流),后者是低功耗的。

　　现在高速的工艺只需要低的 V_T 值,这对传输门开关来讲是理想的,它可以在任何输入电压的情况下起开关作用。但是此时泄漏电流过高,以至于开关很难断开。

　　另一个解决的方法是使用电压乘法器,它们可以提供比电源电压 V_{DD} 高的直流输出电压,这些高电压可以被用来驱动开关管的栅极。

　　这种乘法器的主要问题在于它的功率效率比较低,另外,它可能引起薄栅氧层的稳定性问题。

　　另一种改进方法是不使用这些传输门开关,而是用前述的运算放大器作为开关,它被称为开关运算放大器。

现在更详细地讨论这三种改进方法。

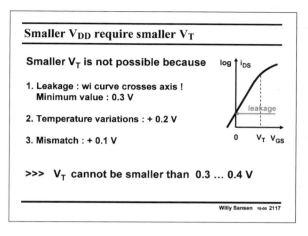

2117　第一种改进方法是降低 V_T 值,低电源电压要求低的 V_T 值,这种方法有何局限呢?

低 V_T 值引起 i_{DS}-v_{GS} 曲线中弱反型区部分的曲线穿过 $V_{GS}=0V$ 的轴。换言之,即使 V_{GS} 为 0,仍然有电流流过,称为泄漏电流。也就是说所有的数字门在断开的情况下仍然能够传导电流。

降低 V_T 值还会引起附加的功耗,最小的 V_T 值大约 0.3V(参考 Rabaey)。

但是大多数芯片工作在高温下,芯片温度比室内温度高 100℃ 是正常的。由于阈值电压 V_T 随温度以 2mV/℃ 下降,工作温度时的 V_T 可能比室温下的低 0.2V。在弱反型区中泄漏电流随 V_{GS} 成指数关系变化,几乎是每增加 100mV,电流增大 10 倍。在芯片温度较高时,泄漏电流可能增加到 2 倍。V_T 的选择必须考虑这些因素,V_T 值不能选得过低,现在一般选择 0.3～0.4V。

最后,失配引起 V_T 的很大变化,实际的 V_T 值可能比期望值要小很多。同样,泄漏电流随 V_{GS} 成指数关系的变化决定了 V_T 值不能选得太小!

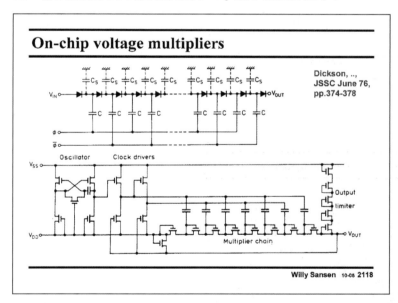

2118　电压乘法器用来产生比电源电压 V_{DD} 高得多的直流电压,这样的高电压用来驱动 nMOST 开关的栅极。由于只是驱动栅极,所以需要的电流很小,这种实现方法的附加功耗很小。

电压乘法器由多级二极管和电容组成,二极管可用 MOST 来代替,它们由一个振荡器来驱动。

级数越高,输出电压就越大。电容越大,输出功率就越大。功率效率无疑是最重要的参数,这已经根据原始的参考电路进行了多次改进。

因此重点关注该电路。

2119　实际的功率效率 η 可以表示成一个包含等效电阻 R_{eq} 的表达式,同样也可用输出电流来表示。

这个损耗电阻 R_{eq} 与级数 n 呈正比,但是与时钟频率 f 和电容 C 呈反比。在这个表达

Voltage multipliers : power efficiency

$$P_{loss} \approx R_{eq}\, I_{out}^2$$

$$P_{VDD} \approx I_{out}\, V_{DD} \qquad \eta \approx 1 - \frac{R_{eq}\, I_{out}}{V_{DD}} \approx 50\,\%$$

$$R_{eq} \approx \frac{n}{fC}\ \frac{1}{\tan\,(2f\,R_{on,sw}C)}$$

Willy Sansen　10-05　2119

式中还存在一个包含开关电阻的非线性因子,开关电阻对整个数值的数量级影响不大。

那么可以得出如下的结论,如果能使用尽量少的级数,同时又具有最高的时钟频率及最大的电容,那么电压乘法器就能输出最高效率的电压。

遗憾的是,上述情况会在衬底中注入最大的脉冲干扰,与敏感的模拟电路部分相耦合就可以预见到这种情况,这将会在第 24 章中详细地讨论。

2120　电压乘法器又存在一些缺点。

它们能产生比电源电压更高的电压,必须小心使其产生的电压不要高于薄栅氧化层的最高电压。

Drawbacks of voltage multipliers

- **High voltage technology:**
  - In deep submicron : $V_{DD} < 1.8$ V in 0.18 μm CMOS
  - Oxide cannot take more !! 800 V/μm or 0.8 V/nm
- **Requires high-speed clock drivers**
- **Injection in substrate : coupling to Analog**
- **Low power-efficiency**

Willy Sansen　10-05　2120

氧化层的击穿电压约为 0.8V/nm,0.18μm CMOS 工艺的氧化层厚度约为栅长的 1/50,大概是 3.6nm,因此氧化层会在 2.9V 电压下击穿。0.18μm CMOS 工艺的标准电源电压为 1.8V,电源电压远没有达到击穿电压。

但是,一旦增加了电压乘法器,必须小心设计以避免输出电压过于接近击穿电压。否则,就会出现可靠性的问题。

90nm CMOS 工艺的氧化层厚度为 1.8nm,相应的击穿电压为 1.5V,电源的电压是 1.3V,所以不能使用电压乘法器。

电压乘法器的另一个缺点就是需要时钟驱动电路来驱动所有的电容。时钟驱动电路产生额外的功耗,给衬底引入大的脉冲干扰,此时衬底噪声和耦合很难避免。

2121　本图给出一个有趣的电压乘法器实例,该乘法器是根据前面的原理来设计的。

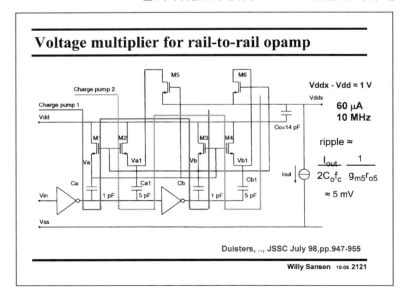

Willy Sansen　10-05　2121

它可以产生一个比电源电压高 1V 的输出电压,这提高的电压可用来实现只有一对输入晶体管的轨到轨输入放大器(见第 11 章),因此失真可以做到小于−80dB。

该电路虽然只有两级,但是有一个相当高的 10MHz 的时钟频率。选择的电容相当小,直流电源的纹波已通过大电容 C。减小了。同时由于晶体管 M5 的电压增益,对于 60μA 的输出电流,电容 C。能将纹波减少到仅为 5mV。这是很有必要的,因为电压乘法器不仅要用来栅级驱动,还要提供直流电源给差分输入对。

电压乘法器工作的电源电压为 1.8～3.3V,该电压乘法器已经采用 0.5μm CMOS 工艺实现了。

如需要了解更多的细节,读者可以参考相关的资料。

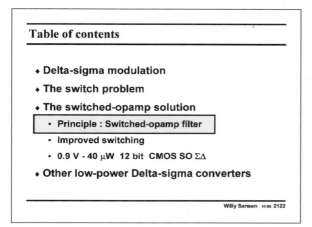

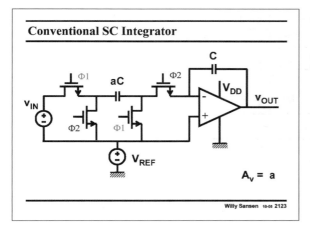

2122　如果由于电源电压比较低,使得开关不可用时,整个运算放大器可以用作开关,这就是所谓的开关运算放大器的方法。

下面进行讨论。

首先阐述一下原理,然后介绍一些实际的例子。

2123　在传统的开关电容积分器中,当 Φ1 为高时,电容 aC 充电到输入电压 v_{IN},两个被 Φ1 驱动的 MOST 导通而另外两个晶体管截止。

当 Φ2 为高时,电荷 aCv_{IN} 转移到电容 C。结果输出电压将输入电压放大了,增益是 a。

当采用单电源电压 V_{DD} 时,可能必须增加直流参考电压 V_{REF},以确保运算放大器的正负输入电压不超过共模输入范围。参考电压的值视运算放大器的类型而定,它的一个典型值是 0.2V。

当电源电压较小时,积分器的主要问题是输入开关。确实,假设输入电压为 0.5V,电源电压(和时钟)为 1V(V_{REF} = 0.2V),那么相位变高时,除了输入晶体管外,所有 MOST 开关的 V_{GS} 获得了 0.8V 的电压,而输入晶体管 V_{GS} 仅为 0.3V,根本就没有导通! 这就是问题所在。

2124　一种解决的方案就是接入前面的运算放大器,这显然只在几个开关电容积分器串联时才有效。

以方框中的积分器为例。它的输入开关在相位 Φ2 时接到前级的运算放大器,整个运放的接入与断开由时钟 Φ2 决定。

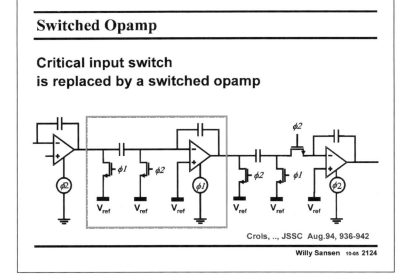

Switched Opamp

**Critical input switch
is replaced by a switched opamp**

Crols, .., JSSC Aug.94, 936-942

Willy Sansen 10-05 2124

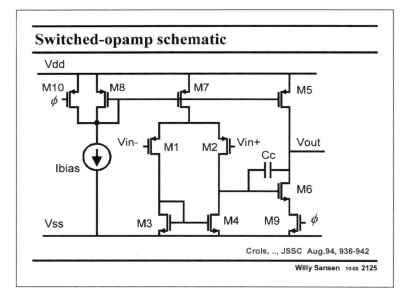

Switched-opamp schematic

Crols, .., JSSC Aug.94, 936-942

Willy Sansen 10-05 2125

同样,为了能给下一级的积分器提供输入电压,方框中的运算放大器的接入与断开由时钟 Φ1 决定。

图中最后的运算放大器由时钟 Φ2 来接入与断开。

与实现一个低电源(或时钟)电压下的输入开关相比,实现一个低电源电压的运算放大器要容易得多。简单地说就是开关一个运算放大器,下面进行讨论。

剩下的唯一问题正是第一个输入开关,在输入端,为了到最大的输入电压必须进行折中。另一个可供选择的解决方案将在本章后面进行讨论。

2125 第一个开关运算放大器显示在本幻灯片中。

这是一个两级密勒运算放大器,加入了两个开关,如 nMOST M9 和 pMOST M10。

当时钟 Φ 为高时,M10 截止,M9 导通,运算放大器正常工作。

但是当时钟 Φ 为低时,M10 导通,将晶体管 M8、M7 和 M5 的栅极接到电源电压,因此所有这些晶体管都截止。

同样,M9 也截止,两级运算放大器断开。运算放大器接入与断开的速度由环路反馈增益决定。如果运算放大器的增益为 a,那么它的带宽为 GBW/a。相应的输出电压的时间常数同样是整个运算放大器接入与断开的时间常数。

如下所示。

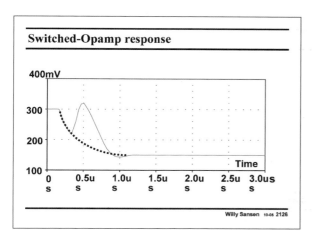

Switched-Opamp response

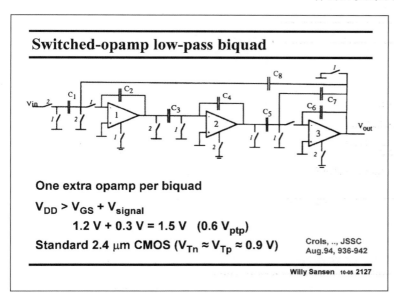

Switched-opamp low-pass biquad

One extra opamp per biquad

$V_{DD} > V_{GS} + V_{signal}$

1.2 V + 0.3 V = 1.5 V   (0.6 V_{ptp})

Standard 2.4 μm CMOS ($V_{Tn} \approx V_{Tp} \approx 0.9$ V)

Crols, .., JSSC
Aug.94, 936-942

Willy Sansen   10-05 2127

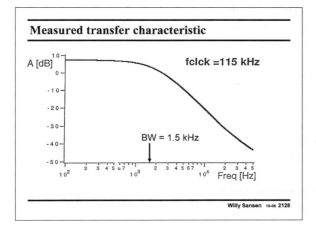

Measured transfer characteristic

2126 这是前面开关运算放大器在断开时的输出电压,预期的指数函数输出由图中的点线所示。确实,时间常数是 1 除以运算放大器带宽与 2π 的乘积。

然而,在 $0.5\mu s$ 时,出现了一个大尖峰,这是补偿电容 C_C 放电的结果,最好将这个电容串联一个开关以避免其充放电,这会将在后面阐述。

2127 本幻灯片中显示了一个使用这种技术的双二阶低通滤波器。

每个运算放大器根据下一级采样电容的开关来开启,增加了一个额外的开关运算放大器来提供相位 2 的反馈。该方案的最小电源电压是 1.5V。在旧的 CMOS 工艺中,V_T 是 0.9V,V_{GS} 是 1.2V(如果 $V_{GS} - V_T \approx 0.3V$)。如果输入电压为 $0.6V_{ptp}$,则最小电源电压约为 1.5V。

存在的主要问题是相位 2 上的输入开关,因为它把输入范围限定在 $V_{DD} - V_T$ 或者 0.6V。

2128 低通滤波器的特性与预期的一样,从带宽频率(1.5kHz)到时钟频率 115kHz 的一半处(57.5kHz),这条线滚降的斜率是 $-40dB/$十倍频。

在低频处,增益是 2dB 或 6dB。

下面观察它的噪声和失真。

2129 输入噪声主要是 kT/C 噪声,这是开关电容滤波器的典型情况,因此输入噪声相当高。

如果输入信号变得太大以至于输入开关不能再完全导通,这时失真就增大了很多。

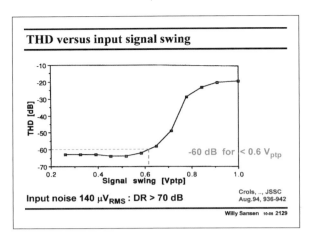

当输入幅度为 $0.6V_{ptp}$ 左右时,动态范围接近 70dB,这是开关电容滤波器的典型值。

现在还未发现开关运算放大器的其他缺点。

电源电压为 1.5V 时,总功耗是 $110\mu W$(采用 $2.4\mu m$ CMOS 工艺),功耗相当低。确实,开关运算放大器的一个额外优点就是运算放大器 50% 的时间是不工作的,所以功耗也减半,这是一个相当重要的优点。

假设输出端采用一个 AB 类放大器,如后面所示,将会消耗更多的功耗。

2130 在前面讨论的开关运算放大器方法中,输入开关仍然是一个问题,所以现在需要改进输入开关。

而且,运算放大器的开关会产生无法接受的瞬态问题,下面将讨论可能的补救措施。

2131 第一个补救措施就是使所有的结构全差分,一个全差分的运算放大器如图所示。

这是一个两级密勒运算放大器,它的第一级是折叠式共源-共栅放大器,第二级需要提供轨到轨输出摆幅,放大器增益相当高,该例中是 75dB。

对于 1pF 的负载,带宽约为 30MHz,功耗仅仅为 $80\mu W$,它的 FOM 的确很高。

运算放大器通过四个开关(蓝色)来实现导通和截止,由晶体管 M11 来控制输出级的导通和截止,输入级将保持导通,这有助于改善建立时间。

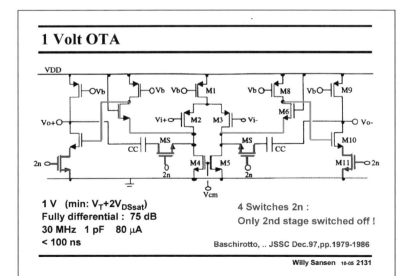

更为重要的是,补偿电容CC有一个串联的开关MS。所以不管开关导通与否,CC两端的电压是不变的,这种方法较好地改善了稳定时间。

最小的电源电压 V_{DD} 的值仅仅为 $V_{GS}+V_{DSsat}$ 或 V_T+2V_{DSsat}。如果 V_T 为 0.6V,很容易得到 1V 的 V_{DD}(假定 $V_{GS}-V_T=0.2V$)。

注意到输入电压接近于地电位,所以总电源电压 V_{DD} 用于提供输入开关的 V_{GS}。

但是,对于最大的输出摆幅,平均的输出电压约为 0.5V,因此在输入和输出之间需要一个电平位移。

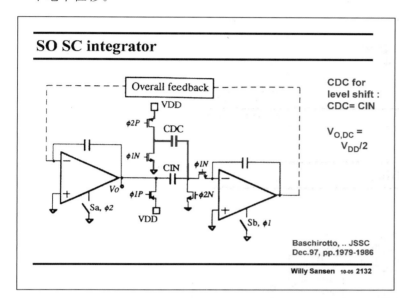

2132　这样的一个电平位移可以通过增加电容 CDC 来实现,该电容与电容 CIN 取值一样。现在直流输出电压 V_O 是电源电压 V_{DD} 的一半。

后面对此进行了详细的解释,后面对该电路重复画了两次,一次工作在相位 Φ1 状态,另一次工作在相位 Φ2 状态。

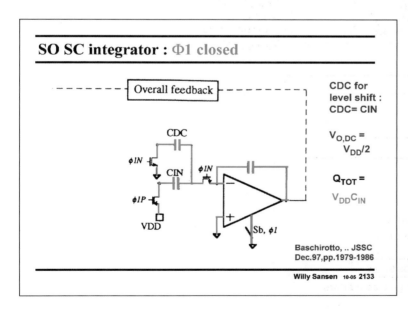

2133　在相位 Φ1 状态,第一个运算放大器被关断,因此不需要考虑。电容 C_{DC} 在运算放大器的负输入端的虚地和地之间,它不带电荷。

电容 C_{IN} 在电源电压 V_{DD} 和虚地之间,输入端的所有电荷都加在 C_{IN} 上。

2134　在相位 Φ2 状态,第二个运算放大器被关断,因此不需要考虑。现在电容 C_{DC} 在电源电压 V_{DD} 和地之间。

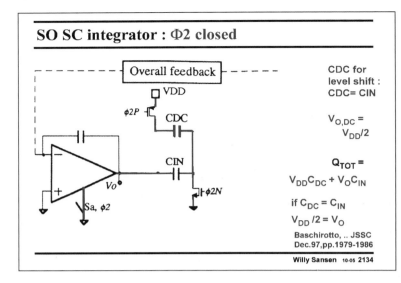

这时电容 C_{IN} 的电荷值为 $V_O C_{IN}$，因此总电荷如图中所示。如果电容 C_{DC} 和 C_{IN} 的值一样，直流输出电压 V_O 是电源电压的一半。

这样就设置了输入和输出的共模电压。所有的开关都以全部的电源电压来提供它们的 VGS，输入开关也是如此。

2135 同样，在共模反馈电路中需要类似的电平移位。

此外，在第一个运算放大器的输出与共模反馈运放的输入之间增加了电容 C_{CM} 来提供 $0.5V$ 的电平移位。通过电容 C_P 和 C_M（见第 8 章）对输出进行采样和相加来抵消差分的输出信号，共模反馈放大器有一个 pMOST 输入差分对以至于它的输入共模电压可以接近于地电位。

电容 C_{FF} 与 C_P 和 C_M 并联，为共模反馈增益特性提供零点，这样可以在不增加功耗前提下（见第 8 章）提高共模反馈的速度。

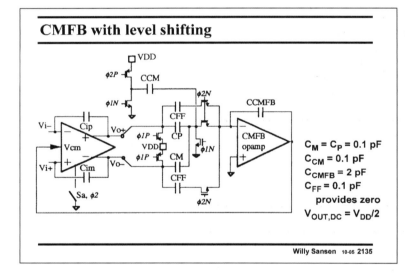

使用这些电路来构造一个二阶的带宽为 450kHz 的滤波器（时钟频率 1.8MHz）。它在 1V 电源电压时，功耗仅为 $160\mu A$（V_T Ys 为 $0.65V$，$0.5\mu m$ CMOS 工艺），峰值的信噪比为 58dB。最大的输入电压为 $1.6V_{ptp}$，这是一个很高的值。

2136 当使用 AB 类放大器作为输出级时，甚至可以达到更低的功耗。

此外，采用了一些其他的设计技巧

来降低功耗。

该设计例子中集中了这些技巧。

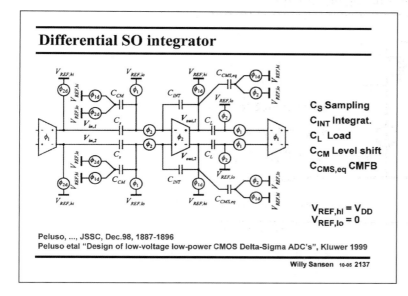

Differential SO integrator

C_S Sampling
C_{INT} Integrat.
C_L Load
C_{CM} Level shift
$C_{CMS,eq}$ CMFB

$V_{REF,hl} = V_{DD}$
$V_{REF,lo} = 0$

Peluso, ..., JSSC, Dec.98, 1887-1896
Peluso etal "Design of low-voltage low-power CMOS Delta-Sigma ADC's", Kluwer 1999

Willy Sansen　10-05 2137

2137　图中显示了开关运放积分器。

它是全差分结构,通过电容 $C_{CMS,eq}$ 来实现共模反馈,图中没有显示出共模反馈电路。

各个电容的功能也非常清楚。

同样需要采用直流电平位移,因为平均输出电压是电源电压的一半,而平均输入电压接近于地电位。电平位移仍然通过电容 C_{CM} 来实现。

注意,开关必须是如图这样的,以保证运放的输出是 V_{DD},对开关晶体管的结不形成正向偏置。

2138　三阶 Σ-Δ 转换器的示意图。选择单环拓扑结构,因为它比 2-1 级联结构消耗更少的功率。此外,对每级的增益要求也可以降低。

可通过 MATLAB 仿真来得到系数,需要小心优化所有积分器的输出摆幅。如果输入摆幅为 0.2V,输出摆幅分别是 0.36V、0.5V 和 0.5V。

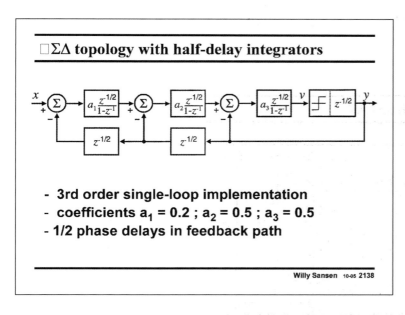

ΣΔ topology with half-delay integrators

- **3rd order single-loop implementation**
- **coefficients $a_1 = 0.2$; $a_2 = 0.5$; $a_3 = 0.5$**
- **1/2 phase delays in feedback path**

Willy Sansen　10-05 2138

为了避免再使用一个另外的运放来对时钟正确地定时,引入了半延迟,它们是数字的,功耗很小。

2139　如图所示,运放采用了一个 AB 类放大器,优先选用 AB 类放大器因为它降低了静态电流。

其中晶体管 M1 和 M2 构成输入管,还有一个低电压电流源 M2、M3 和 M4。M2 形成源极跟随器,因为它的电流恒等于 I_{B1},这由 M2 和 M3 的反馈环路得到了保证。因此,V_{GS2} 也是一个恒量。输入电压 V_{in2} 无衰减地传输到 M2 的源极。

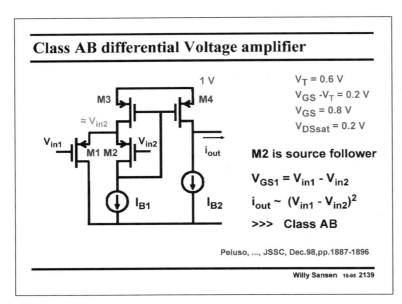

因此输入晶体管 M1 的 V_{GS} 为差分输入电压 $V_{in1} - V_{in2}$，该电压通过 M1 转换成电流信号。在这个放大器中，只有一个晶体管 M1 把差分输入电压转换成电流，此外，这个晶体管提供了 AB 类放大器的特性。

电流信号流入 M3，通过 M4 镜像输出。如下面的全部电路所示，也可以在晶体管 M1 的漏极得到输出。

最后，这个放大器在低于 1V 的电源电压下工作，它仅需要合理地设置 V_{GS} 和 V_{DSsat}。如果 V_T 和 V_{DSsat} 分别为 0.6V 和 0.2V，那么最小的电源电压是 1V。然而，一旦 V_T 能取到 0.3V，那么最小的电源电压可以低到 0.7V。该值确实相当低！

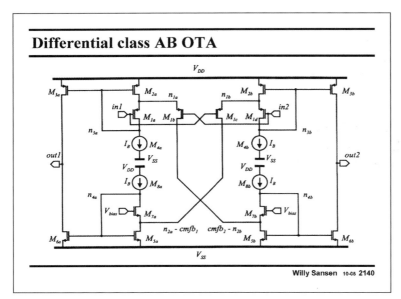

2140　在全部的电路图中，可以清楚地看到差分结构。

输入 pMOST M_{1b} 和 M_{1c} 将输入电压转换成电流。现在流过 M_{1b} 的电流，不但通过镜像电流 M_{2a} 和 M_{3a}，而且通过镜像电流 M_{5b} 和 M_{6b} 反馈到输出端。因此获得了一个差分输出电流。

当电流流入 M_{5a} 和 M_{5b} 的漏极时，实现了共模反馈。

可以通过切断电源线来实现运算放大器的导通和断开，它能保证一个非常快的恢复时间。

2141 在图中可以清楚地看到 AB 类放大器的特性，它们给出了差分输入电压下的差分输出电流情况，也显示了 AB 类放大器的特性曲线图。

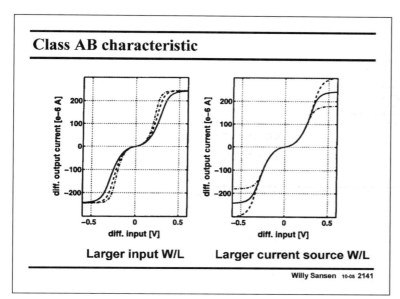

偏置电流 I_B 只有 $1\mu A$ 的数量级，电流镜中的 W/L 比约为 120，现在可以得到相应大的输出电流。

在第一张图中，根据输入晶体管 M_{1b} 和 M_{1c} 的尺寸不同得到了几条曲线，输入晶体管尺寸越大，曲线越陡峭。

在另一张图中，改变的量是偏置电流 I_B，因此最大输出电流随之变化。

这两个参数可以改变 AB 类放大器特性曲线的形状。

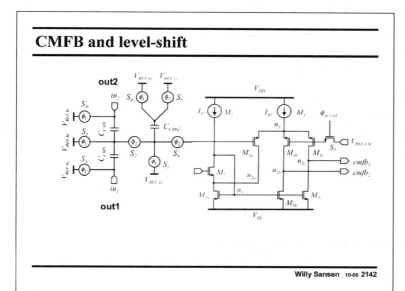

2142 因为这是一个全差分放大器，所以应该采用共模反馈。

通过两个采样电容 C_{CMS} 抵消相加点的差分信号，再反馈到一个差分放大器。因为闭合反馈环路需要两个不同的电流，所以差分放大器的一边的电路被加倍了。

为了实现半电源电压的移位，增加了一个电容 C_{CMS2}，尺寸大小与电容 C_{CMS} 一样。

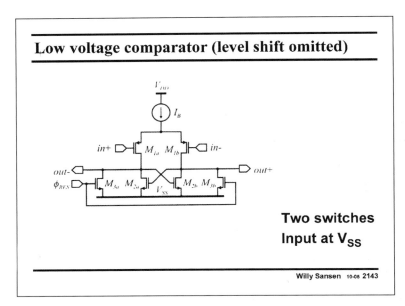

2143　本幻灯片显示了单比特转换的比较器。

比较器由晶体管 M1 构成差分输入,加上由晶体管 M2 构成的负阻(因为是正反馈)。足够高的增益起到了再生作用,在电路的一边产生了一个逻辑 1 电平,在另一边生一个逻辑 0 电平,电流约为 6μA。

在这样一个比较器中,通常会在输入晶体管 M1 的漏极加个开关。在加上输入电压之前,开关是闭合导通的。一旦开关截止,根据输入信号的不同极性,再生作用就会在输出端产生一个逻辑 1 或者逻辑 0 电平。

但是因为电源电压比较低,不可能实现这样的开关,该功能由两个开关管 M3 来实现,当它们截止时,产生再生作用。

注意到平均输入电压也接近于零。

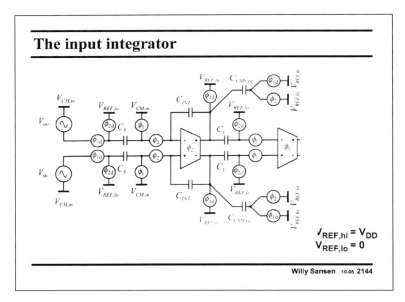

$V_{REF,hi} = V_{DD}$
$V_{REF,lo} = 0$

2144　因为输入积分器没有一个能够开关的前置运算放大器,现在输入信号的幅度就由输入开关来限制了。

在这个电路中,电源电压是 0.9V。输入开关的最小驱动电压是 0.65V,仅仅比阈值电压略大。结果,最大的差分输入电压约为 500mV_{ptp}。

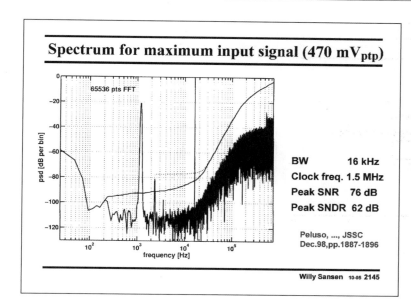

Spectrum for maximum input signal (470 mV$_{ptp}$)

65536 pts FFT

psd [dB per bin]

BW　　　　16 kHz
Clock freq. 1.5 MHz
Peak SNR　76 dB
Peak SNDR 62 dB

Peluso, ..., JSSC
Dec.98,pp.1887-1896

Willy Sansen　10-05 2145

SNDR versus input signal level

measured @ 900mV

o : SNR
x : SNDR

[dB]

Vin/Vref [dB]

Peak SNR = 76 dB
DR = 77 dB
SNDR = 62 dB

Willy Sansen　10-05 2146

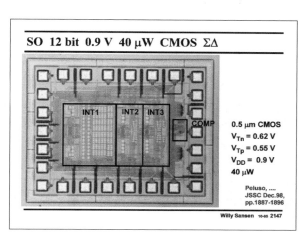

SO 12 bit 0.9 V 40 μW CMOS $\Sigma\Delta$

INT1　INT2　INT3　COMP

0.5 μm CMOS
V_{Tn} = 0.62 V
V_{Tp} = 0.55 V
V_{DD} = 0.9 V
40 μW

Peluso, ...
JSSC Dec.98,
pp.1887-1896

Willy Sansen　10-05 2147

2145　图中显示了最大输入信号的输出频谱。

在图中,可以看到低频段的噪声相当低,同样可以看到积分噪声。如果输入信号为 1kHz,信噪比约为 76dB。

但是失真是明显的。因为测试采用了单端输入驱动,存在二阶失真。SNDR(信号噪声失真比)仅仅为 62dB。

带宽是 16kHz,相应的 OSR 为 48。

2146　电源电压为 0.9V 时,给出了 SNR 与 SNDR 对输入信号的曲线。

可以清楚地看到在高端呈现了失真,SNDR 限定在比最大 SNR 小 14dB。

2147　图中显示了该电路的显微照片。第一个积分器使用大电容(4pF)来减少热噪声 kT/C。这就意味着,第一个积分器的热噪声与量化噪声相等。在其他级,采样电容仅仅为 0.6pF,单位电容取 0.2pF。

通过把运算放大器的电流降到最小,功耗降到了最低。第一级的电流(33μA)比其他级的电流(6μA)要大。共模反馈放大器的电流消耗与差分放大器的一样。

它们的 GBW 仅仅是时钟频率的 2～3 倍,GBW 都是 4MHz,时钟频率为 1.5MHz。

必须记住,在开关运算放大器方法中,电流消耗减半了。

结果,在该解决方案和 16kHz 的带宽条件下,所消耗的功耗是很低的。本章结尾的对比表将会对此进行说明。

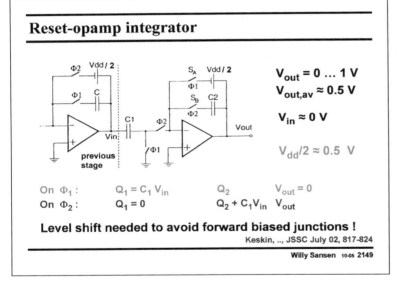

2148 存在着一些其他的低电压 Σ-Δ 转换器,它们都存在串联开关的问题,特别是输入开关的问题。

它们都在低于 1V 的电源电压下工作。

下面讨论其工作原理,然后讨论它们的优缺点。

首先讨论单位增益复位原理。

Reset-opamp integrator

$V_{out} = 0 \ldots 1\,V$

$V_{out,av} \approx 0.5\,V$

$V_{in} \approx 0\,V$

$V_{dd}/2 \approx 0.5\,V$

On Φ_1: $\quad Q_1 = C_1 V_{in} \qquad Q_2 \qquad V_{out} = 0$

On Φ_2: $\quad Q_1 = 0 \qquad\qquad Q_2 + C_1 V_{in} \quad V_{out}$

Level shift needed to avoid forward biased junctions !

Keskin, .., JSSC July 02, 817-824

Willy Sansen 10-05 2149

2149 在这个原理中,运算放大器通常复位为零。这样,即使是在小的电源电压下,输入开关也一直有最大的 V_{GS}。

为了能更好地理解这个原理,忽略电平位移 $V_{dd}/2$。同样,由前级积分器提供的电压称为 V_{in}。

在相位 1 状态(红),电容 C_1 上的电荷是 Q_1,等于 $C_1 V_{in}$。输出信号电压 V_{out} 是零,因为这个运算放大器连接成单位增益结构(除了一个 DC 电平位移)。

在相位 2 状态(蓝),电荷 $C_1 V_{in}$ 传输到电容 C_2。这个电容上的电荷改变了 $C_1 V_{in}$,所以输出电压 V_{out} 改变了 $V_{in} C_1 / C_2$。

在这个相位期间,前面的运算放大器此刻复位为零,因为它连接成单位增益结构(除了一个 DC 电平位移)。

每个运算放大器在一个相位时没有输出电压,在其他相位时有输出电压。对于需要传输高信号电平的开关不存在问题,开关有着很低的驱动电压 V_{GS}。

但是缺点就是在每一个新的时钟相位,输出电压将会在一个大范围内摆动。因此,转换速率(SR)必须相当高,这将会使得运算放大器需要更多的功耗。

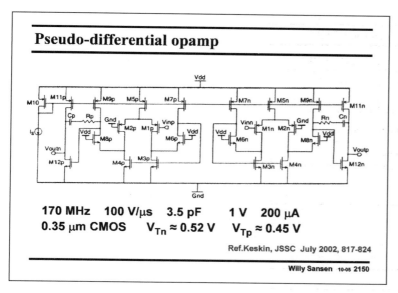

Pseudo-differential opamp

170 MHz   100 V/µs   3.5 pF   1 V   200 µA
0.35 µm CMOS $V_{Tn} \approx 0.52$ V $V_{Tp} \approx 0.45$ V

Ref.Keskin, JSSC July 2002, 817-824

Willy Sansen   10-05 2150

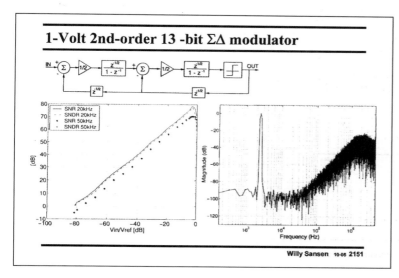

1-Volt 2nd-order 13-bit ΣΔ modulator

Willy Sansen   10-05 2151

Table of contents

- ◆ Delta-sigma modulation
- ◆ The switch problem
- ◆ The switched-opamp solution
- ◆ Other low-power Delta-sigma converters
  - · Unity-gain-reset
  - · Optimized input switching
  - · Switched input resistor
  - · Full feedforward

Willy Sansen   10-05 2152

2150 这张幻灯片显示了运算放大器的结构。

这是一个伪差分放大器，它包含了两个相同的但是独立的放大器，采用两级用来获得高增益及大的输出摆幅。

在 10MHz 的时钟频率下，GBW 和 SR 相当高，功耗比较低。

注意，在输出和输入之间需要 DC 电平位移。对于最大的输出摆幅，平均输出电压是 0.5V（电源电压为 1V），而平均输入电压接近于零。可以采用一些开关和一个额外的电容来实现这样的电平位移，这些在前面已经说明。

2151 图示为采用了积分器的一个 2 阶 Σ-Δ 调制器，校准时钟为半延时。

输入采样电容为 2pF，20kHz 信号带宽时最大信噪比为 78dB（时钟频率为 10MHz），电源电压为 1V，总功耗为 5.6mW。

输入信号为 50kHz 时，信噪比将降低 8dB。

注意，它的失真非常小，是以运放较大的电流为代价的。

2152 下面讨论另一种低电压低功耗的 Σ-Δ 调制器。

它已经进行了功耗优化，采用 90nm CMOS 工艺实现，采用了一个带有 AB 类输出级的低功耗运放。

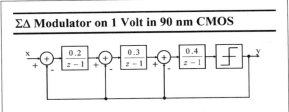

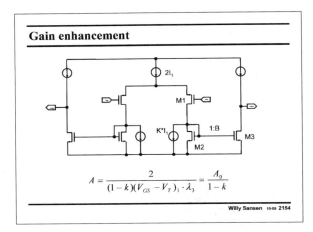

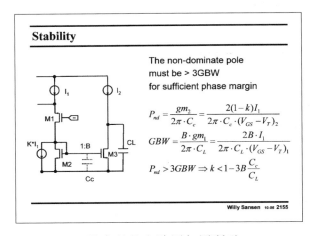

2153　低功耗设计更倾向于采用单环结构,因为它对电路的不理想状态如运放的低增益,开关电阻和电容的不匹配等情况较不敏感。

为了达到 20kHz 的信号带宽,采用 4MHz 的时钟,过采样率为 100。

系数要使得所有的积分器可以获得相同的输出摆幅,输入电压为 −3dB 时,它约为参考电压(0.6V)的 80%。

需要的最小增益仅为 30dB 左右,下面讨论的低电压运放很容易实现这一要求。

2154　运放采用了对称的 OTA 结构。

为了增加增益,采用了电流缺乏技术(见第 7 章)。在这样低的电源电压下,共源共栅的输出电压裕度就非常小了。

电流缺乏技术的原理是,一个直流电流源分流了负载晶体管 M2 的大部分直流电流,结果使场效应管的交流电阻增大,从而使增益变大。其中采用了一个大的比例因子 B。

这个 Σ-Δ 转换器的第一个放大器 k 的取值为 0.8,B 的取值为 10。

实际上,k 值表示了输入晶体管 M1 有多少部分的电流被直流电流源分流。在弱反型区,场效应管 M2 的小信号电阻 $1/g_{m2}$ 增大的倍数为 $1-k$,增益 A 也增大了同样的倍数。

2155　必须要注意不能过分增大小信号电阻 $1/g_{m2}$ 的值,因为实际上,在这个节点形成了一个非主极点 p_{nd}。

这个 p_{nd} 极点必须保持在 3GBW 以外,以保证足够的相位裕度。结果决定了 k 值的上限。

2156　运放完整的电路图如图所示。

电流缺乏技术的对称性 OTA 构成了两级放大器中的第一级,输出级要求达到轨到轨的输出摆幅,它是一个 AB 类放大器。

这是一个非常简单的 AB 类放大器,主要目的为了提高转换速率,而不引起太多的失真。

节点 Bp 是一个固定的偏置点,它决定了 AB 类的工作点。CMFB 是一个单独的 CMFB 放大器的输出,由开关电容来实现。

用于第一个积分器的负载电容值为 6pF,GBW 为 57MHz,而电流仅为 80μA。

增益约为 50dB,远远大于 30dB。

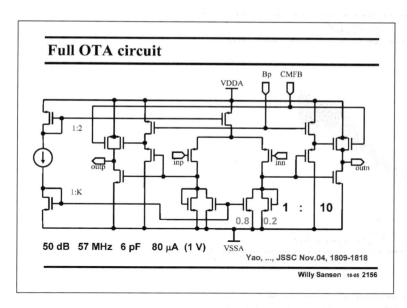

Full OTA circuit

1:2
outp
1:K
inp
inn
outn
VDDA
Bp　CMFB
1 : 10
0.8　0.2
VSSA

50 dB　57 MHz　6 pF　80 μA (1 V)　　　Yao, ..., JSSC Nov.04, 1809-1818

Willy Sansen　10-05　2156

2157　图示为完整的 Σ-Δ 调制器电路图。第一个积分器因为设计的采样电容值为 6pF,所以工作电流占了总电流的绝大部分。而其他两个积分器采用了 0.4pF 的电容,所以它们的功耗小很多。所有的共模输出电压为 0.5V,而输入电压是 0.2V。

所有的开关均以传输门的形式实现,尽管电源电压比较低,而对所有开关而言 V_{GS} 已经足够

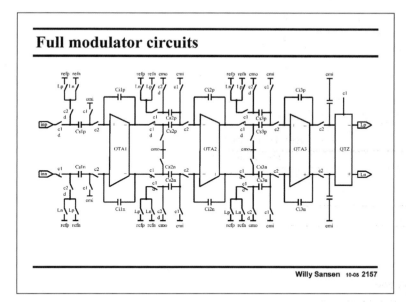

Full modulator circuits

OTA1　OTA2　OTA3　QTZ

Willy Sansen　10-05　2157

了。实际上,阈值电压约为 0.3V。

采用了 1.7fF/mm² 的垂直金属电容,没有采用水平电容。

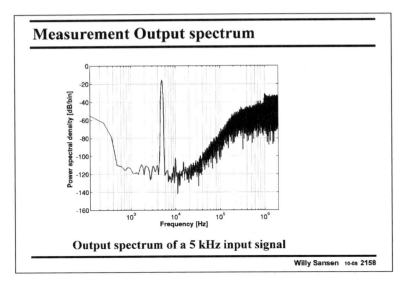

Measurement Output spectrum

Output spectrum of a 5 kHz input signal

Willy Sansen 10-05 2158

2158　图示为一个输入信号为 5kHz 的输出频谱。

最高 SNR 可达 85dB，而最高 SNDR 为 81dB。

在 1V 工作电压下，模拟部分的工作电流为 130μA，数字部分为 10μA。

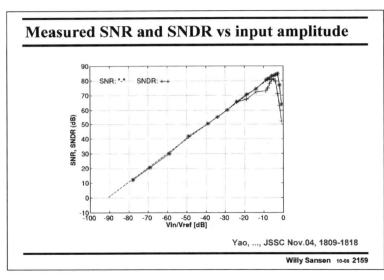

Measured SNR and SNDR vs input amplitude

Yao, ..., JSSC Nov.04, 1809-1818

Willy Sansen 10-05 2159

2159　图示为最高 SDR 和最高 SNDR 的值。

各自的数值分别为 85dB 和 81dB。

参考电压为 0.6V。

Table of contents

- ◆ **Delta-sigma modulation**
- ◆ **The switch problem**
- ◆ **The switched-opamp solution**
- ◆ **Other low-power Delta-sigma converters**
  - • **Unity-gain-reset**
  - • **Optimized input switching**
  - • **Switched input resistor**
  - • **Full feedforward**

Willy Sansen 10-05 2160

2160　将继续讨论其他的低功耗 Σ-Δ 转换，它们同样采用输入开关以提高 SNDR。

在这个例子中，在输入端采用了一个串联的电阻代替输入开关。

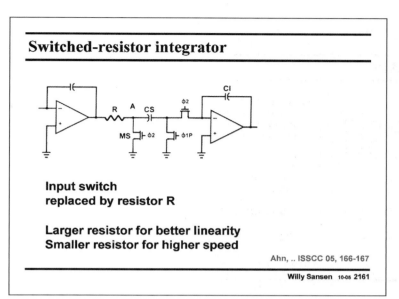

2161　图中所示的开关电容积分器,输入开关被电阻 R 取代。在 Φ1P 相位期间,采样电容 C_S 充电到第一个运放的输出电压,在 Φ2 期间电荷传递到积分电容 C_I。

电阻 R 的使用有几大优点。首先,它避免了使用一个开关,因为在低的电源电压下,开关很难驱动。

其次,开关 Φ1P 的导通电阻可以做得非常小,从而得到相当高的线性度。

缺点是引入了时间常数 RC_S,使得它在高频应用中受到限制,因此这是一个低频的解决方案。

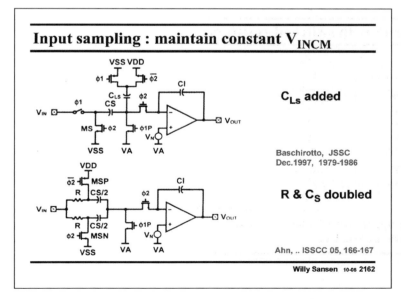

2162　因为电源电压比较低,所以在开关过程中要保持共模输入电压不变有点困难,为抑制共模输入电压的变化,存在几种解决方案。

在图上面的解决方案中,在电源线上增加了一个电容 C_{Ls},如前面所述,它起了直流电平位移的作用。

在图下面的解决方案中,各增加了输入电阻 R 和采样电容 C_S,抵消共模输入电压,使 KT/C 噪声减小。

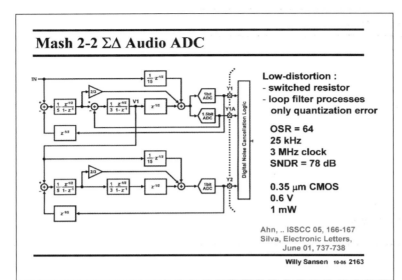

2163　Σ-Δ 转换器本身是一个四阶 MASH 2-2 转换器，在第一个二阶环中，环形滤波器仅仅处理量化误差，信号的幅度很小，因此失真很小。结果第二级中不再含有信号，所以在二者的连接处就不需要额外的减法器。

从系数看显然前馈引起的量化噪声仅存在于反馈环中。

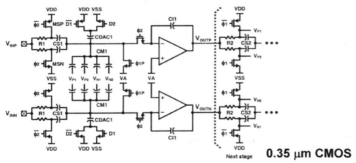

2164　具体电路如图所示。

很容易找到开关输入电阻，全部采用差分结构，通过电容 CM1 实现 CMFB 作用。

Φ1P 期间信号经采样后送入电容 C_{S1}，Φ2 期间，将每个电容的下极板和 V_{DD} 或 V_{SS} 连接，使电荷传递给积分电容 C_{I1}。

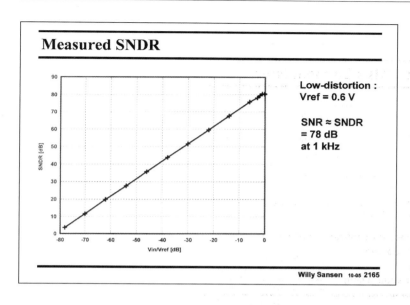

2165 测得的 SNDR 如图所示，SNR 的值基本相同，因为在对应的参考电压下，失真非常小。这表示电源电压和参考电压都是 0.6V。在输入电压是 $0.6V_{ptp}$ 时，将获得 78dB 的 SNR，这是相当理想的值。

最大信号带宽约为 24kHz，采用 $0.35\mu m$ CMOS 实现，电源电压为 0.6V 时，功耗仅为 1mW。

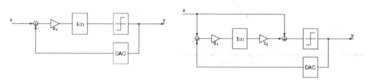

2166 前馈的主要优点是反馈环路只处理量化噪声，结果输入摆幅可以增大并且不产生失真。这也是本章下一个和最后一个 Σ-Δ 调制器的情况。

Full Feedforward Topology

Convent. Sigma-Delta topology

$$H_x(z) = \frac{a_1 I}{1 + a_1 I}$$

$$H_e(z) = \frac{1}{1 + a_1 I}$$

Full feedforward topology

$$H_x(z) = 1$$

$$H_e(z) = \frac{1}{1 + a_1 c_1 I}$$

Silva, Electronic Letters, June 01, 737-738

Willy Sansen 10-05 2167

2167 全前馈表示输入信号直接送到量化器，结果噪声传递函数 $H_e(z)$ 与传统拓扑结构中的一样，但是信号传递函数 $H_x(z)$ 为单位 1。这表明在全前馈拓扑中失真非常小。

实际上，信号直接进入到量化器而没有通过环路滤波积分器。这些滤波器仅仅处理量化误差，这些量化误差的幅度比信号要小得多，这样失真将更小，过载电平将提高，所以动态范围也变大。

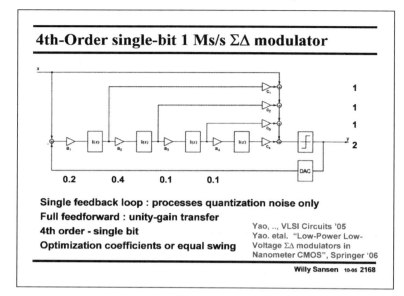

2168　一个全前馈的 4 阶单比特 Σ-Δ 转换器如图所示。需要确定 8 个增益系数,通过优化信噪比和均衡积分器的输出摆幅来确定。可以通过行为级仿真来进行,这是许多可能的解决方案之一。

记住信号增益是单位 1,并且环路滤波器只处理量化噪声,如下面所示显著地减小了失真。

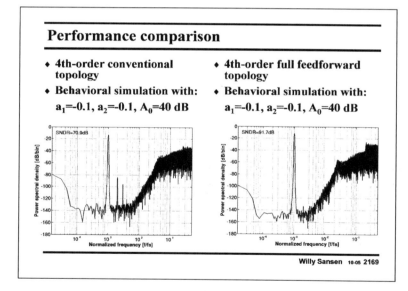

2169　首先,增益可以从 60dB 下降到 30dB,即使采用 1V 电源电压的纳米 CMOS 工艺也很容易得到这样的增益。其次,失真的影响很小。

每一个运放的增益可用公式 $A = A_0(1 + a_1 v_o + a_2 v_o^2)$ 表示,其中 a_1 表示 2 阶非线性,a_2 表示 3 阶非线性。

图中所示,对于相同的运放非线性,全前馈显著地减少了输出失真。仅仅采用了 40dB 的中等增益,该 40dB 的增益在传统的 Σ-Δ 转换器中是不够的,但是对于全前馈来说已经足够了。

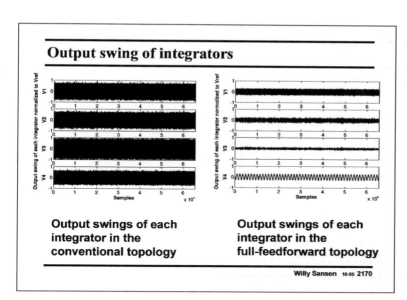

2170　这也从测试四个积分器输出信号的摆幅得到证实。

在传统的拓扑结构中,信号摆幅在每一个输出节点都很大。在全前馈拓扑中信号摆幅非常小,因为它们主要包含量化误差,因此由运放产生的失真将非常小。

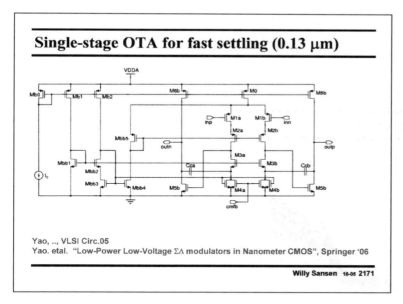

2171　用于全前馈拓扑中的运放可以具有较小的增益,30dB 已经足够了。

运放电路图如图所示。

这是传统的两级运放,套筒式共源共栅输入,对稳定时间进行了优化,同时采用了一个开关电容 CMFB。

第一级的 GBW 大约为 200MHz。在 1V 电源电压时,电流为 4mA,负载电容约为 3pF。

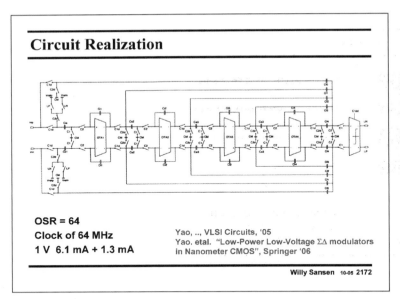

2172　4 阶 Σ-Δ 转换器的电路图如图所示。

可以很清楚地看到这四级电路,所有的开关都以传输门的形式实现。因为阈值电压仅有 0.35V 左右(在该 0.13μm CMOS 工艺中),所以不再需要时钟驱动电路。

用了 5 层的分层结构来实现电容,因此容值可以达到 0.35fF/μm²。

时钟为 64MHz,调制器模拟部分电流为 6.1mA,数字部分电流为 1.3mA,其中包括了输出缓冲器。参考电压为 0.8V,电源电压为 1V,过采样率为 64,最大信号带宽为 0.5MHz。

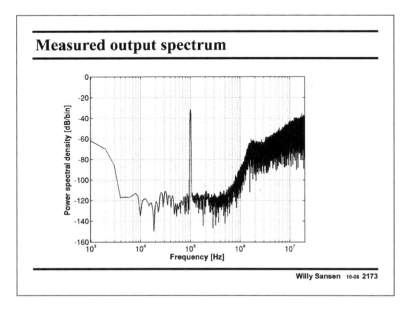

2173　输出频谱为输入 100kHz 正弦信号的响应,最高信噪比可达 86dB。

最大信号带宽为 500kHz。

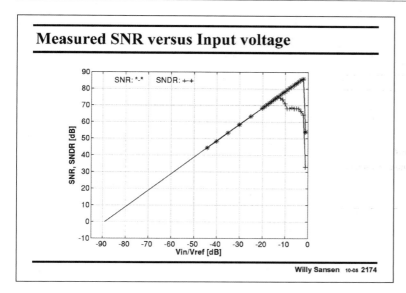

2174 最高 SNR 为 86dB,但是最高 SNDR 下降到大约 75dB。这是由于前馈开关需要处理全部输入信号的摆幅而产生了失真,这点必须进一步地改善。

2175 为了给出结论,制作了一个表格进行比较。其中采用了 Rabii 使用过的优值 FOM(JSSC June 97,783-796)。

对低功耗的 Σ-Δ 转换器进行了比较,名称的后面给出了发表的年份(JSSC 或者 ISSCC 中)。类型表明为了达到 1V 的电源电压,采用了何种技术。

SwR 表示开关电阻,SO 表示开关运放,LV 表示减小的阈值电压,VM 表示电压倍增电路。

同时列出了电源电压,然后是动态范围,带宽和功耗。

图示为 1V 或者更低的电源电压时,Yao04,Peluso98 和 Dessouky01 方案最好。

另一方面,电源电压最低的为 Ahn05(0.6V)和 Sauerbrey02 (0.7V),它们经常被用于阈值电压绝对值减小的情况。

在第 2 个目录中,对一系列高速的 Σ-Δ 转换器进行了比较,显然只有一部分可以工作在 1V 或者更低的电源电压,它们的 FOM 普遍较高。这表明了需要采取折中使电源电压为 1V 或者更低。

2176 又给出了仅仅以电源电压作为比较

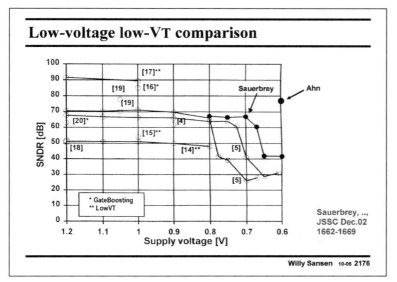

依据的图。

同样,最低的电源电压为 Ahn05(0.6V)和 Sauerbrey02(0.7V)这两种。在图中也标注了所采用的两种技术,分别是增益提高技术和降低阈值电压的技术。

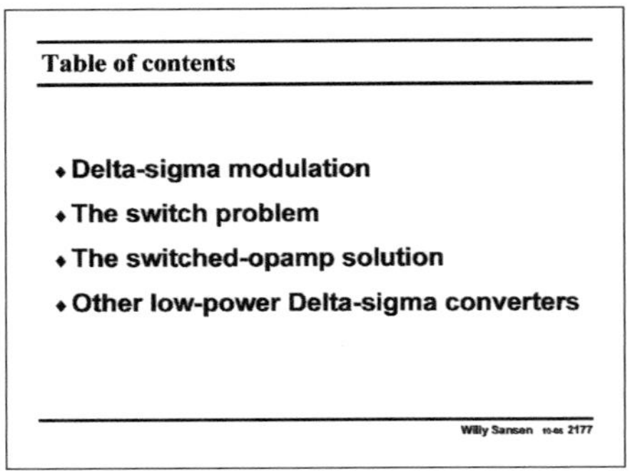

2177　本章综述了 Σ-Δ 转换器中能够降低电源电压和功耗的各种技术。

低电压工作的主要问题就是输入采样开关和失真增加的问题,这些缺陷可以采用开关运算放大器和一系列巧妙的电路技术来弥补。

已经根据一个通用的 FOM 值对它们进行了讨论和比较。

Table of contents

♦ Delta-sigma modulation
♦ The switch problem
♦ The switched-opamp solution
♦ Other low-power Delta-sigma converters

Willy Sansen 10-66 2177

第 22 章　晶体振荡器设计

Design of crystal oscillators

Willy Sansen

KULeuven, ESAT-MICAS
Leuven, Belgium

willy.sansen@esat.kuleuven.be

Willy Sansen 10-05 221

The Barkhausen criterion

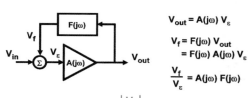

$V_{out} = A(j\omega) \, V_\varepsilon$

$V_f = F(j\omega) \, V_{out}$
$\quad = F(j\omega) \, A(j\omega) \, V_\varepsilon$

$\dfrac{V_f}{V_\varepsilon} = A(j\omega) \, F(j\omega)$

Oscillation if $V_{in} = 0$ or if $\left| \dfrac{V_f}{V_\varepsilon} \right| = |A(j\omega)| \; |F(j\omega)| \geq 1.0$
Positive FB !

$\left\{ \dfrac{V_f}{V_\varepsilon} \right\} = \Phi_A + \Phi_F = 0°$

Ref. Barkhausen, Hirzel, Leipzig, 1935

Willy Sansen 10-05 223

221　频率参考必须要采用振荡器,微处理器需要时钟,时序电路也需要时钟。

用晶体作参考时精度最高,很容易达到 0.1％的精度,因此本章以晶体振荡器作为开始。下面说明一个构成晶体振荡器只需要一个晶体管。

222　在设计振荡器以前,先复习一下振荡条件,然后再研究晶体的电子模型,可以用它来设计最小功耗的单晶体管振荡器。

MOST 和双极型晶体管都可以用来实现这种类型的振荡器。

最后,可以用该振荡原理来实现其他类型的振荡器,如 VCO 等。

223　振荡器是一种反馈放大器,反馈信号恰恰是放大器为了维持振荡所需要的,振荡器的输入现在为 0。

这就是巴克豪森(Barkhausen)判据。

放大器的增益 A(jω)是频率的函数,反馈模块的衰减为 F(jω),也是频率的函数。环路增益 F(jω) A(jω)必须足够大,使得反馈信号 v_f 等于所需的信号 v_ε。

因此环路增益的幅度必须稍稍大于 1,相位等于 0。

这就表明如果 F(jω)是衰减的,A(jω)就必须是放大器。也表明如果 A(jω)是容性的,F(jω)就必须是感性的。我们见到的所有放大器都含有电容,因此就要为 F(jω)寻找一个电感。

显然这两个条件是 A(jω)和 F(jω)的复数性质所决定的,复数总是成对出现的。

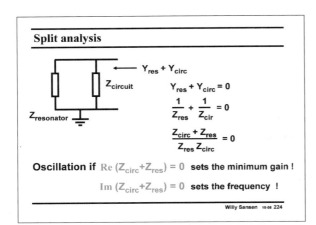

Split analysis

$Y_{res} + Y_{circ}$

$Z_{circuit}$

$Z_{resonator}$

$Y_{res} + Y_{circ} = 0$

$$\frac{1}{Z_{res}} + \frac{1}{Z_{cir}} = 0$$

$$\frac{Z_{circ} + Z_{res}}{Z_{res} \, Z_{circ}} = 0$$

Oscillation if Re $(Z_{circ}+Z_{res}) = 0$ **sets the minimum gain !**

Im $(Z_{circ}+Z_{res}) = 0$ **sets the frequency !**

Willy Sansen 10-05 224

Crystal as resonator

quartz

$f_s = \dfrac{1.66}{d}$ f_s in MHz if d in mm

$C_p = A \dfrac{\varepsilon_0 \varepsilon_r}{d}$ $\varepsilon_r \approx 4.5$

L_s C_s R_s (series)

C_p (package, parallel)

$\omega_s^2 = \dfrac{1}{L_s C_s}$ $f_s = \dfrac{1}{2\pi \sqrt{L_s C_s}}$

$L_s \omega_s = \dfrac{1}{C_s \omega_s}$ $Q \omega_s = \dfrac{1}{R_s C_s}$

$Q = \dfrac{1}{R_s} \sqrt{\dfrac{L_s}{C_s}}$ $R_s = \dfrac{1}{Q \, C_s \omega_s}$

Willy Sansen 10-05 226

224 负阻分析法得到巴克豪森判据的另一种写法。

放大器由阻抗 $Z_{circuit}$ 来表示,而反馈部分由谐振阻抗来表示。当电路保持振荡时,不需要外部电流,它的总输入导纳为 0,阻抗的和也必须为 0。现在可以由图中的两个表达式来描述巴克豪森判据。现在采用了实部和虚部的形式而不是振幅和相位的形式,显然如本章后面的附录所示,两种形式是相关的。可以看出,第一个表达式确定了所需的最小增益,第二个表达式确定了振荡频率。

225 既然已经得到了振荡条件,下面寻找电感和容性放大器来构成环路,它们能一起构成振荡器。

采用的第一个电感是嵌入在晶体中的。

226 晶体包括一块平板压电电阻材料,它的厚度为 d,这种材料允许机械能和电能的转化,例如石英、ZnO 和一些氮化物材料。加上一些机械压力在上面,在其中就会产生电压,反过来也一样。

这种能量交换在某一特殊的频率上效率最高,该频率点称为谐振频率 f_s,这个频率与石英的厚度呈反比。通常制作的频率为 $100\mathrm{kHz}$ 到 $40 \sim 50\mathrm{MHz}$,对于更高的频率,石英就会变得太薄而易碎。

谐振频率附近晶体的电子模型是串联的 LRC 电路,它的谐振频率为 f_s。串联电阻 R_s 起了衰减作用,因此品质因数 Q 有限。本幻灯片给出了所有相关的表达式。

在谐振点,电感和电容的阻抗相等。实际上,串联 RLC 电路在谐振点就只剩下了 R_s,而电感 L_s 和电容 C_s 相互抵消了。

在这个表示晶体电能-机械能转换的串联的 RLC 电路中,应该加入平板电容 C_p。它是连接晶体的两块平板之间的电容,它具有石英的介电常数(比空气大 4.5 倍),它也包括了封装电容和焊接电容。

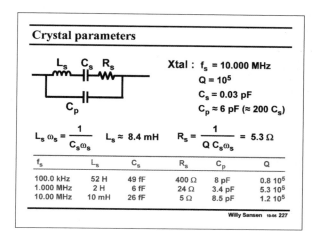

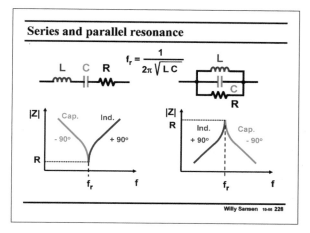

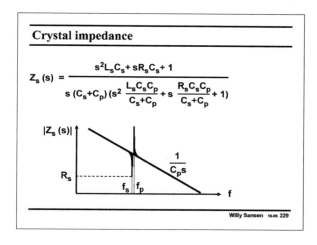

227　例如，一个 10.00MHz 的晶体可以用电感 10mH，电容 26fF 和 5Ω 阻尼电阻构成的串联 RLC 来近似。注意到电感特别大而电容非常小，按经验规则 C_s 约为封装电容 C_p 的 $1/200$ 到 $1/250$，平板和封装电容的数量级为 pF，串联电容 C_s 在 fF 数量级。

电阻很小是因为品质因数 Q 很大，为 $10e^5$！

很明显封装电容 C_p 和 L_s 组成并联谐振电路，我们同时有了串联和并联的谐振电路！

下面将要尝试去构成一个振荡器，它的串联谐振频率 f_s 是晶体的内部频率，与封装和焊接无关。

228　这张幻灯片讲了什么是串联和并联谐振。

两个谐振频率 f_r 都有相同的表达式，但是阻抗-频率曲线却不同。

串联谐振电路在谐振点有个明显的零点。在谐振点处，阻抗减少为电阻 R，晶体是纯阻性的。当频率低于 f_r 时，电容的阻抗增加并决定了电流，阻抗呈现容性，相位为 $-90°$；当频率高于 f_r 时，阻抗呈现感性，相位为 $90°$。

并联谐振电路在谐振频率上有尖峰，在谐振点处，阻抗最大值为电阻 R，晶体再次呈现纯阻性。当频率低于 f_r 时，电感的阻抗减少因此决定了电流，阻抗为感性，相位为 $90°$；当频率高于 f_r 时，阻抗变成容性，相位为 $-90°$，这与串联谐振电路完全相反。

229　现在回到晶体，画出它的阻抗-频率图，图中清楚地表示为一个三阶表达式。

通常，阻抗表现为封装电容 C_p 的阻抗，随着频率的增加而减少。

在谐振频率点附近，注意到零点和尖峰靠得很近，零点在前面，表示串联谐振，谐振频率为 f_s；反之，尖峰表示并联谐振。

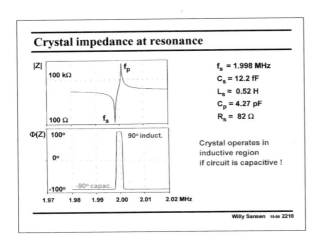

2210 现在谐振频率很容易辨别,小的是串联谐振频率 f_s,这些值是按给定的晶体计算的。

上图表示幅度,下图表示相位。正如上文所述,晶体在串联谐振频率 f_s 的左面和并联谐振频率 f_p 的右面,表现为电容。晶体在两个谐振频率的中间表现为电感。因为品质因数很高,所以转变很陡峭。现在我们知道了晶体从串联谐振频率 f_s 到并联谐振频率 f_p,表现为电感。

可以用这个电感和一个容性放大器组成振荡器。我们希望振荡器频率尽可能接近串联谐振频率 f_s,因为它与晶体内部机电工作的频率很接近,而且它对很难预计的封装和焊接电容的依赖最小。

然而将会看到振荡器的频率等于串联谐振频率是不可能的,这会产生无限大的电流!只能在允许的范围内无限接近于 f_s,这取决于我们可以采用多大的电流。这是唯一自由的设计选择!

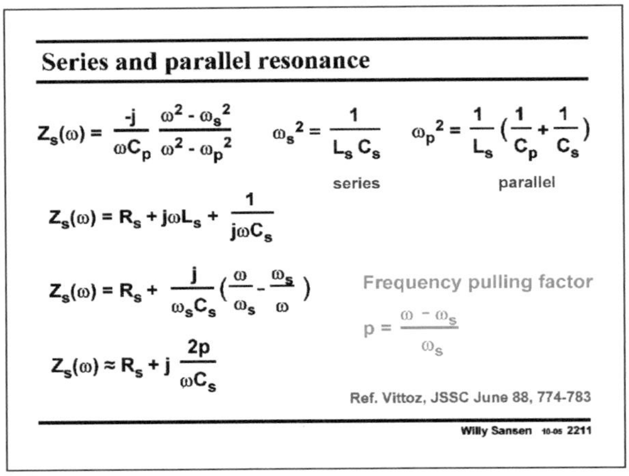

2211 本幻灯片给出了串联谐振频率 f_s 和并联谐振频率 f_p 的准确表达式。串联的如图中所述,另一方面,并联谐振频率 f_p 取决于两个串联电容,并联谐振频率通常大于串联谐振频率。如果 C_p 是 C_s 的 200 倍,那么 ω_p^2 大概比 ω_s^2 大了 0.5%,也就是说 ω_p 比 ω_s 大了 0.25%。

串联 RLC 电路的阻抗可以如图表示出来,在介绍完牵引因子 p 后,将重新改写阻抗的表达式。

牵引因子 p 是一个无量纲参数,它表示实际工作频率远离串联谐振频率 f_s 的程度。

引入 p 与 f_s 两个参数,就得出了串联 RLC 电路另外一种阻抗表达式,它表示为电阻 R_s 与一个电感的串联。这个电感越大,偏离串联谐振点越远,可以用这个简单的模型去研究振荡器的振荡条件。

2212 以前通常以为串联或者并联谐振是指电路结构方面,现在发现这是错的!

串联与并联谐振实际上只与振荡频率点有关。

对于 0 或者非常小的牵引因子 p,振荡点趋向于 f_s,在这种情况下,显然为串联振荡器。对于比较大的 p,振荡点趋向于 f_p,我们称之为并联谐振器。虽然对决定振荡频率来说,C_s 比 C_p 重要 200 倍。

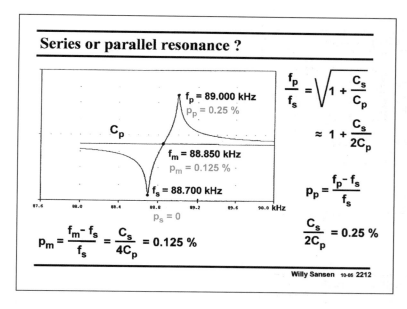

中间的交点 f_m 在串联和并联谐振点的中间。既然在 f_p 点的牵引因子 p 为 0.25%，那么在中间点 f_m 处的 p 约为 0.125%。现在我们知道为了使振荡器有良好的稳定性和预测性，p 的值应小于 0.1%。

2213 现在对容性单晶体管放大器和感性晶体的组合结构来应用振荡条件。

主要问题是采用哪个电路元件来有效地降低牵引因子 p。显然一个晶体管能够提供足够的增益来解决这个问题，如果是差分工作就需要两个晶体管。如果一个晶体管能做到的，那么用更多的晶体管也可以做到。现在出现了许多晶体管振荡器，但是单晶体管振荡器只有一个。

2214 图中给出了电路图。晶体连接在漏极和栅极之间提供增益，偏置部分被省略了。

这个基本的单晶体管振荡器衍生出了三种不同的振荡电路结构，每种结构取决于接地点的不同，输出端也因为接地点的不同而有所变化。

在皮尔斯(Pierce)振荡器中，源极接地，晶体管连接成放大器。在共振的时候，晶体表现为一个小的电阻。漏极和栅极的电压几乎相等，所以输出可以由漏极或者栅极得到。

在科尔皮兹(Colpitts)振荡器中，栅极接地，晶体也接地。它是晶体连接到漏极的单端振荡器，晶体管更像源极跟随器，输出端只能在源极。实际上，漏极只有很小的信号，因为它通过晶体接地，而晶体表现为一个小电阻。

在第三个桑托斯(Santos)振荡器中，漏极接地，它是一个晶体连接到栅极的单端振荡器。晶体管更像一个共源共栅管，输出端只能在源极。栅极通过晶体接地，晶体表现为一个小电阻。输出电流可在漏极和地之间插入电流镜引出。

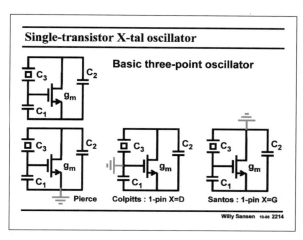

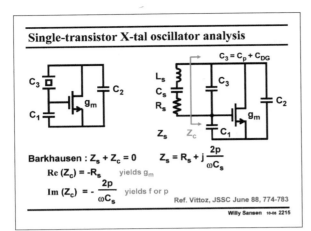

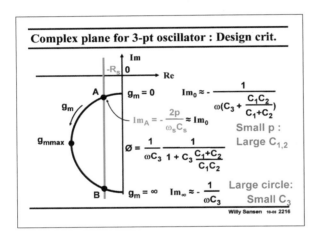

2215　将这种分析方法应用于三种组态。

为此封装电容 C_p 包含于 C_3 中，晶体管电容 C_{GS} 包含于 C_1 中，总的输出电容为 C_2。

为了保持振荡，g_m 的值应为多少呢？

我们一方面对晶体，另一方面对包含三个电容的电路进行分析。巴克豪森准则要求所有的阻抗之和为 0，实部和虚部都是 0。既然晶体阻抗的实部为 R_s，则电路必须表现为一个负阻，使 $Re(Z_c)$ 等于 $-R_s$，由此得到 g_m 的最小值。

晶体的虚部也必须与电路的虚部 $Im(Z_c)$ 的负值相等。由于晶体表现为一个电感，电路必须相当于一个电容。由这些表达式将得出振荡频率或者牵引因子 p。

2216　为了避免解复杂的方程，我们用图解法。

电路呈现的阻抗 Z_c 画在极坐标系中，它是一个从虚轴 g_m 等于 0 点开始，到虚轴 g_m 等于无穷大点结束的半圆（见本章附录极坐标图），并且半圆与 $-R_s$ 相交，第一个巴克豪森振荡条件满足了。实际上在点 A，电路表现出的负阻为 $-R_s$，补偿了晶体中的损耗电阻 R_s，以确保振荡可以进行。

而且第二个巴克豪森振荡条件告诉我们在点 A，从虚数部分可以得出牵引因子和实际的频率。这个虚数部分与 g_m 等于 0 的虚数部分很接近，后者是各电容的组合，所以很容易就能算出来（见附录极坐标图）。

根据一个准确设定的交叉点 A 可以得到稳定的振荡，圆圈必须要大一点，这就要求电容 C_3 要小。

为了获得较小的牵引因子 p，我们需要较大的电容 C_1 和 C_2，这两个电容通常相等。但是大的 $C_{1,2}$ 电容需要大的电流，因此需要折中。

2217　现在举一个数值的例子，增加了交点 A 处的牵引因子 p_A 和跨导 g_{mA} 这两个参数。

电容 C_3 越小越好，但它不能小于晶体封装电容。

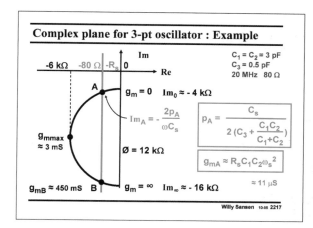

圆的直径为 $12\text{k}\Omega$, $g_m = 0$ 点的虚部为 $-4\text{k}\Omega$。由于 R_s 很小,所以 A 点离虚轴很近。

在点 A,跨导 g_{mA} 为 $11\mu S$,它沿半圆增加到无穷大。显然跨导正比于损耗电阻 R_s、电容 C_1($=C_2$)的平方和串联谐振频率。因此实现 GHz 的振荡器需要很大的电流!

牵引因子 p_A 约等于 C_s/C_1,当 g_{mA} 增加的时候,C_1 变大,此时 p_A 才能变小。C_1($=C_2$)是唯一要做的设计选择,它同时设定了牵引因子和电流消耗。

2218 这种振荡器将会有怎样的振幅?注意,当栅极和漏极是通过小电阻 R_s 连在一起的,栅极和漏极的振幅相等(以源极作为参考)。

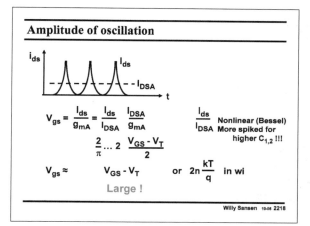

栅极电压通过跨导与漏极电流相关。把元件的直流和交流部分相分离就会得到一个表达式,表达式中包含电流峰值与均值之比 I_{ds}/I_{DSA} 和 $V_{GS} - V_T$。

这个比值与晶体管的过驱动程度相关。对于大的过驱动或者大的振荡幅度,电流是非线性的,比值就相当大。

晶体管要按照大的 $V_{GS} - V_T$ 来设计。这对于双极型电路是一个问题,除非接入发射极电阻。当然,工作在弱反型区只产生小信号电压。

2219 上升时间常数由电感和负阻来决定,最小时间常数由 g_{mmax} 点的最大电阻 $\text{Re}(Z_c)$ 来决定,该电阻等于半圆的半径。

代入电感得到表达式,表明启动时间常数约有 400 个周期,我们假设最小电容 C_3 等于封装电容,C_3 约等于 200 倍的 C_s。

Power dissipation

In MOST : $\quad g_{mA} \approx \omega_s^2 R_s C_1 C_2 \approx R_s (C_1 \omega_s)^2$

$\qquad\qquad I_{DSA} \approx g_{mA} \dfrac{V_{GS} - V_T}{2} \quad \approx 2\,\mu A \implies 6\,\mu W$

In X-tal : $\quad I_c = \dfrac{V_{gs}}{Z_{C1}} = |V_{gs}|\,C_1 \omega_s \approx |V_{GS} - V_T|\,C_1 \omega_s$

$\qquad\qquad P_c = \dfrac{R_s I_c^2}{2} = \dfrac{R_s}{2}|V_{GS} - V_T|^2\,(C_1 \omega_s)^2$

$\qquad\qquad\quad = |V_{GS} - V_T|^2\,\dfrac{g_{mA}}{2} \qquad\qquad \approx 0.2\,\mu W$

Willy Sansen 16-05 2220

Design procedure for X-tal oscillators - 1

X-tal : f_s f_p R_s C_p (or f_s Q C_s C_p) $\quad (Q = 1/\omega_s C_s R_s)$

1. Take : $C_3 > C_p$ $\quad$ but as small as possible

Pulling factor $p = \dfrac{1}{2}\,\dfrac{C_s}{C_3 + \dfrac{C_1 C_2}{C_1 + C_2}} \approx \dfrac{1}{2}\,\dfrac{C_s}{C_L}$ $\qquad C_L = \dfrac{C_1}{2} = \dfrac{C_2}{2}$

If $p < \dfrac{C_s}{4C_p}$ $\quad$ it is a series oscillator (best !)

If $p >$ $\qquad$ it is a parallel oscillator (not stable !)

Choose C_L large ($> C_3$), subject to power dissipation !

Willy Sansen 16-05 2221

Design procedure for X-tal oscillators - 2

2. Calculate $\quad g_{mA} \approx R_s C_L^2 \omega_s^2 \qquad (\approx \dfrac{\omega_s}{C_s Q} C_L C_L)$

and take $\quad g_{mStart} \approx 10\,g_{mA}$

3. Choose $V_{GS} - V_T$, which gives the amplitude V_{gs}

and current $\quad I_{DS} = \dfrac{g_m(V_{GS} - V_T)}{2}$ $\quad$ and $\quad \dfrac{W}{L}$

and power $\quad P = (V_{GS} - V_T)^2\,\dfrac{g_m}{2}$

4. Verify that biasing $R_B > 1/\,(R_s C_3^2 \omega_s^2)$

Willy Sansen 16-05 2222

为了达到静态状态（5％以内），需要 3 倍的时间常数或 1200 个周期，因此晶体振荡器的启动很慢。也就是说晶体振荡器的品质因数很高。

2220 晶体管和晶体中的功耗在很大程度上取决于选择的电容的值。

对于量级为 pF 的电容 C_1，电流很小，功耗也很小，发热可以忽略不计。

只有为了接近于串联谐振频率点，选择的 C_1 比较大时，电流随着电容的平方而增长，功耗也增长得很快。

2221 通过以上的讨论，可以很容易地得出一个设计步骤。

晶振有两个固有的谐振频率，串联电阻和封装电容都很容易测量到。首先，尽可能地把电容 C_3 选小，显然它的值不能比封装电容 C_p 小。

为了减少牵引因子，同时也为了避免消耗太多的功耗，因此折中取 $2C_L = C_1 = C_2$。

2222 因此很容易计算出所需要的跨导。

取大约十倍于 A 点的跨导值作为初始值。

$V_{GS} - V_T$ 的大小将决定晶体管自身的电流及其输出幅度的大小，因此会选一个较大的 $V_{GS} - V_T$ 值。

最后，如果想要通过一个电阻 R_B 来连接偏置电压和振荡器的栅极，那么，我们必须能保证这个电阻所造成的电压幅度的额外衰减可以忽略，电阻的取值必须非常大，这是由 Vittoz 提出的（见幻灯片 15）。

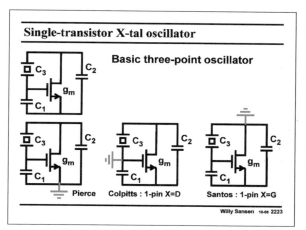

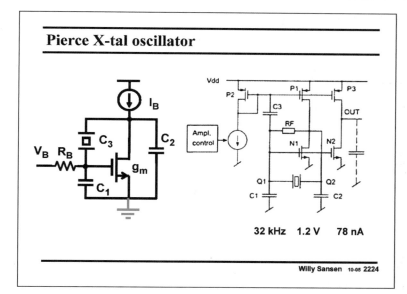

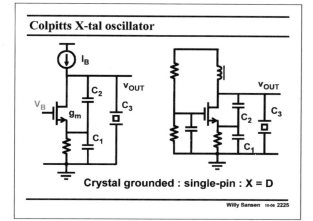

2223 现在考虑振荡器的三种接地方式是如何实现的，同时也关注一下偏置电压。

首先研究简单的分立实现的方式。

2224 皮尔斯（Pierce）振荡器主要由一个电流源 I_B 和一个栅偏置电阻 R_B 来实现偏置。

电流源较好地保证了电路与电源线的分离。否则，当振荡器在其频率振荡时，会在所有与其连接的电源线上造成脉冲干扰。

采用 CMOS 晶体管的电路实现方式如右图所示。晶振接在漏极和栅极之间，这样的连接方式就构成了皮尔斯振荡器，图中也给出电容的连接方式。

电流源 I_B 由外部电路提供，它由一个自动增益控制系统来控制。这个系统能够测量输出信号，调节直流电流，使得振荡器工作在 A 点。

由于输出信号是通过镜像放大器的晶体管而获得的，因此，输出端的负载不会影响振荡器的工作情况。

可以注意一下电容 C_3，事实上，它和电容 C_1 并联，在某种程度上可以使输出电流变得平滑。

2225 典型的科尔皮兹（Colpitts）振荡器如图所示，它是晶振连接在漏极形成的单端振荡器。

该振荡器由电流源 I_B 来实现偏置，从而实现对电源线的隔离。

该振荡器的分立等效电路如右图所示，电流源被"扼流圈"或大的电感所代替，电容仍在其原来的位置。

和很多已经发表的情况一样,在漏极获得输出电压。但是,这并不是最好的输出方式。因为在谐振时,晶体可以被看作是一个小电阻,所以信号在漏极的摆幅相当小。

一种更理想的方式是将输出点放在电容 C_1, C_2 之间的源极或发射极。

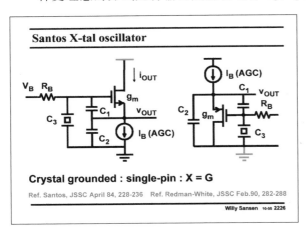

2226 第三类振荡器如图所示,这种集成振荡器常被近来的一些参考文献所引用。

它也是将晶振连接在栅极所形成的单端振荡器。

但是在这里,源极被用作输出端,用作晶体管偏置的电流源是自动增益控制系统的一部分,此内容将在下文详述。

也可以通过将电流源接到漏极来得到输出。因为漏极接地,所以这种方式能在不影响振荡器的情况下,有效地获得输出信号。

显然后两种振荡器都属于单端振荡器,这意味着晶振要接地。所以,与皮尔斯振荡器相比,后两种方式的晶振并联了更大的寄生电容。因此,尽管皮尔斯振荡器的晶振需要双端口,仍然比较普及。

2227 现在来观察一些完整的振荡器电路,外接电路主要用来提供 AGC 和缓冲输出信号。

2228 在实际应用中,皮尔斯振荡器的实现方式如图所示。

晶体管 M_1 用来作为实际的振荡放大器,电容 C_1, C_2 如图所示,耦合电容 C_C 用来分离直流和交流,晶振的左端用来作为输出端。

晶体管 M_2 作为 AGC 系统的一部分,用来设定电流,下面将对此详细描述。

原来的偏置电阻 R_B 在这里被晶体管 M_6 代替,它工作在 V_{DS} 为零的状态,因此它的阻抗虽然不精确,但数值非常高。通过在 M_6 的栅极连接两个二极管,可以实现上述状态。M_6 的源极和漏极都比电源电压低一个 V_{GS}。

数字结果显示为了把功耗降到最低,所有电容都非常小,所有的晶体管都工作在弱反型区。

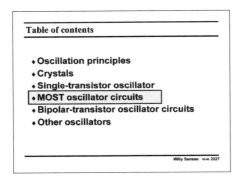

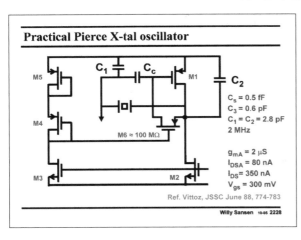

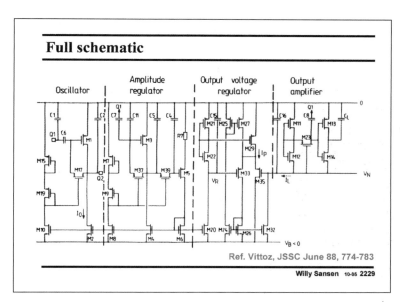

Full schematic

Ref. Vittoz, JSSC June 88, 774-783

Willy Sansen 10-05 2229

2229 现在可以观察到 AGC 电路,它也被称为幅度稳压器。

在图中,振荡器的输出端处于晶振左端的位置,被连接到 AGC 电路的 Q_1 输入端,中间还串联一个耦合电容 C_7。同时振荡器的输出端还被连接到输出放大器的 Q_1 输入端,传送给一系列反相器。

在幅度稳压器中,输入 Q_1 管驱动晶体管 M_3 的栅极,在这里 M_3 的功能有点像整流器。当 MOST 过载时,它的平均电流就会增加,通过这个电流可以来测量输入电压的幅度。

如图所示,整流器后面连接了由电容 C_4,C_5 和晶体管 M_{39} 组成的低通滤波器,后面的晶体管可以被看作是一个大电阻,因为它的 V_{DS} 为零。

利用电阻 R_7 使加在晶体管 M_5 上的电压被转换为电流,这个电流通过电流镜 M_6-M_2 被反馈给振荡器晶体管 M_1。

AGC 环路工作情况如下,当没有激励信号时,M_5 的栅电压相当低,会有一个大电流流过 M_1。当振荡器开始工作时,越来越多的电流会流过 M_3,从而,使 M_5 的栅电压增高。结果,一段时间后,M_3,M_1 上的电流开始减少。为了能够达到均衡,AGC 电路维持了振荡器工作所需要的最小电流,这个电流与点 A 的相一致。

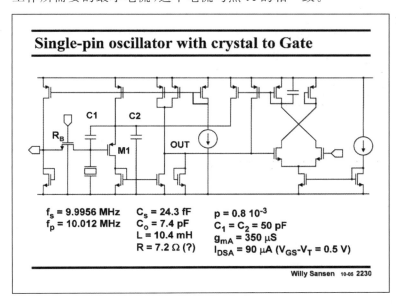

Single-pin oscillator with crystal to Gate

f_s = 9.9956 MHz　C_S = 24.3 fF　p = 0.8 10^{-3}
f_p = 10.012 MHz　C_O = 7.4 pF　C_1 = C_2 = 50 pF
　　　　　　　　　L = 10.4 mH　g_{mA} = 350 μS
　　　　　　　　　R = 7.2 Ω (?)　I_{DSA} = 90 μA (V_{GS}-V_T = 0.5 V)

Willy Sansen 10-05 2230

2230 第三种振荡器的另一种实现方式如图所示。它是一个单端的振荡器,晶振被接到栅极上。

输出电流可以在晶体管 M_1 的漏极测到,其输出级是一个宽带放大器。

AGC 放大器在输出端口的右边,用一个差分对作整流器,还连接一个作为低通滤波器的电容。输出电流现在被送到振荡器晶体管 M_1 上。

为了方便研究这个电路,有关数值已经标在图上。

2231　　可以由一个单管放大器,或者一些组合的晶体管来产生负阻。下面给出一个 CMOS 工艺的例子,更多关于双极型工艺的内容,将在下面讨论。

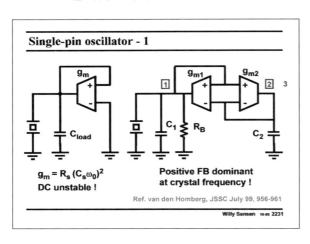

一般来说,正反馈会产生负阻。在左图的例子中,由正反馈产生的负阻必须足够大,这样才能抵消晶振中产生的正电阻,以维持振荡器的工作。显然,最小的跨导与前面的一样。但是电路的直流工作点是不稳定的,一个更好的实现方式如右图所示。

在除晶体频率附近以外的所有频率处,g_{m2} 产生的负反馈和 g_{m1} 产生的正反馈相比,占有明显的优势,因此电路是稳定的。在晶体提供大的阻抗的频率处,那么正反馈会占据优势,从而维持了振荡。

如果电路设计为 $g_{m1}/C_1 = g_{m2}/C_2$ 且 $g_{m1} = g_{m2}$,那么也可由本幻灯片中的表达式求出跨导。

2232　　在上述原理下,电路的实现如图所示。两个 g_m 模块分别对应着差分对 M_1/M_2 的两个输入 MOST,电容 C_1 和 C_2 通过 MOST 来实现。

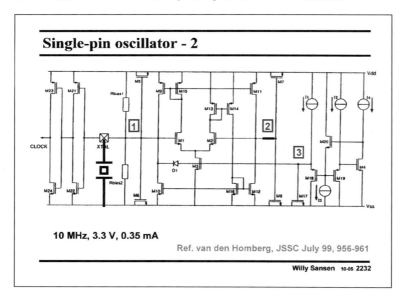

AGC 的工作如下,如果在 1 点的信号振幅很小,那么二极管 D_1 一直被反向偏置。

如果振幅变大,那么二极管在其正弦波的负峰点被正向偏置。这个门限由点 3 的参考电压来设置。

由于二极管 D_1 的正向偏置,点 3 的电压也会跟着下降,晶体管 M_3 的电流随之减小,跨导 g_{m1} 和 g_{m2} 也减小。

晶体管 M_3 的电容减小了点 3 处的电压扰动。

根据点 3 处的电压,通过上述方式,达到了振荡均衡的目的。

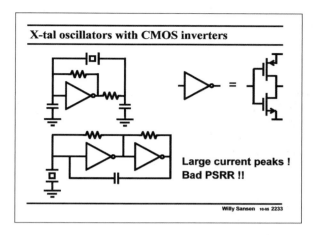

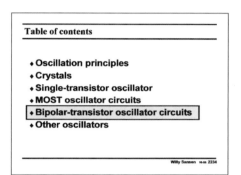

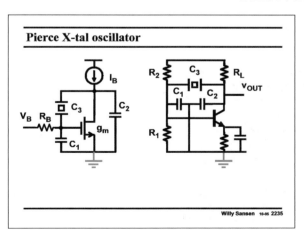

2233 当然在这里也可以将 CMOS 反相器作为放大器来实现晶体振荡器,在本幻灯片中给出了一些类似的例子。在这种情况下,由于增益常常会太大,所以通常使用电阻来减小增益。此外,电阻也被串联在输出端以限制输出电流的幅值。否则,电压源会在电路中引起较大的电流脉冲干扰,从而导致电源线上产生较大的电压脉冲干扰,这些干扰会传输到连接在同一个电源的所有电路上,使得电源抑制比(PSRR)很低。

此外,增益的设置不是很精确,晶体管经常处于过载的状态。因此,不管使用多么高品质因数的晶振,振荡频率还是不精确。

2234 也可以使用双极型晶体管来很容易地实现晶体振荡器。事实上,最古老的晶体振荡器就是由 PCB 板上的分立的双极型器件来实现的,它们通常由单晶体管构成,该晶体管带有固定偏置,而不是带有 AGC 电路。

2235 最好用电流源 I_B 和栅偏置电阻 R_B 来偏置皮尔斯振荡器。

电流源能够把电路从总电源线中隔离出来。

如右图所示为分立元件的实现方式。它使用了双极型晶体管,晶振接在集电极和基极之间,构成了皮尔斯(Pierce)振荡器,电容如图所示。

电流源被大电阻 R_L 所代替,发射极串接电阻实现电路的热稳定,电阻上的并联电容用来消除该电阻引起的增益的减小。

电阻 R_1 和 R_2 提供基极偏置。

很清楚这个电路无法准确地偏置在坐标图的 A 点上。通过固定偏置在一个远远大于 g_{mA} 的跨导处,来保证电路振荡。结果功耗永远不能达到最小,振荡频率也不是很精确。

2236 科尔皮兹(Colpitts)振荡器如图所示,它是一个晶振连接在集电极的单端振荡器。

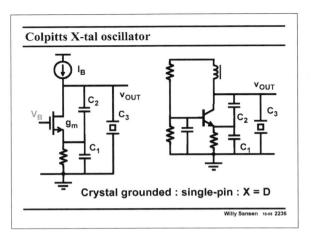

采用双极型晶体管实现的分立元件等效电路如右图所示，电流源被一个扼流圈或者一个大电感所代替，电容的位置也如预期所示。

与许多的已发表的文献一样，输出电压取自集电极。但是，这并不是输出电压的最佳位置，因为，在晶体发生谐振时，晶体只不过是一个小电阻。因而集电极的信号很小。

较好的电压输出节点是在电容 C_1 和 C_2 之间的发射极。

基极交流接地，否则，等效跨导将会由于基极电阻而减小。

哈特莱（Heartley）振荡器类似于科尔皮兹振荡器，电容 C_1 和 C_2 被电感所代替，晶体工作在电容区。在这种情况下，晶振的工作频率范围很宽，因为晶体表现为容性的范围较宽。

2237 振荡器的第三种的类型也属于单端振荡器，但是不同的是，晶体被连接到基极上。

输出端在发射极上，晶体管由电流源偏置，该电流源属于自动增益控制系统。

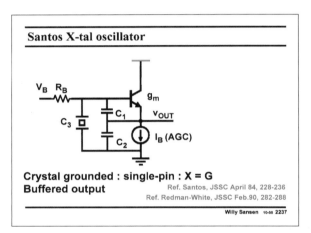

同样也可以把电流源插入集电极来得到输出。因为集电极被接地，所以，这种方式可以在不影响振荡器自身反馈的情况下，有效地获得输出。

2238 同样类型振荡器的另一个例子如图所示。它使用了高速 SiGe 双极型晶体管，其 f_T 高达 200GHz。因此，振荡器的振荡频率也非常高，接近 100GHz！

除了晶体外，还使用

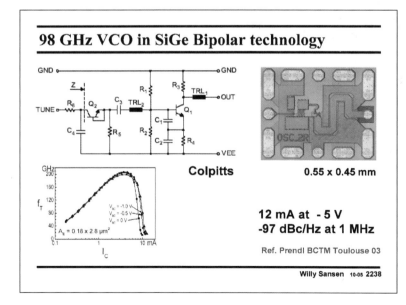

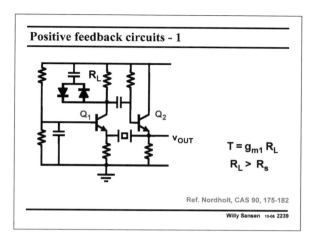

了串联 LC 谐振电路,其中电容由几个电容串联而成,其中晶体管 Q_2 中的电容可由外部直流电压调节。

输出端仍然在集电极,从而不影响在基极-发射极的振荡。

2239 采用双极型工艺可以实现许多振荡器。它们都采用了几个晶体管,都是通过正反馈来实现负阻。

在本图的电路中,晶体管 Q_1 是一个共发共基管,从而在其集电极实现电压增益。晶体管 Q_2 是一个射极跟随器,它通过晶体的小的串联电阻 R_S 提供电流。因此,这个电路的环路增益是 $g_{m1}R_L$。

只要电阻 $R_L > R_s$,那么振荡器就可以起振,这是该振荡器的一个非常好的特点。信号的幅度受负载电阻 R_L 上的两个二极管的限制。

图中的三个电容对电路都起到了(去)耦合的作用,它们的容值很大,在振荡器的振荡频率上,其阻抗可以忽略。

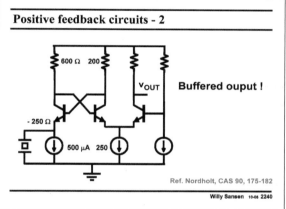

2240 另一个双极型晶体振荡器如图所示。它也属于单端振荡器,显然也是正反馈的。实际上,交叉耦合的晶体管对提供了一个值为 $-2/g_m$ 的负阻,这个负阻用来补偿晶体的串联电阻。

输出由电路自身的共发共基管缓冲输出。

偏置是固定的,幅度由交叉耦合晶体管对的基极-射极二极管限制。

2241 在该高频振荡器中也采用交叉耦合。这是一个高频振荡器,因为它的双极型晶体管的 f_T 只有 400MHz。

晶体被一个并联 LC 电路代替,振荡器的频率可以近似为这个并联 LC 电路的谐振频率。

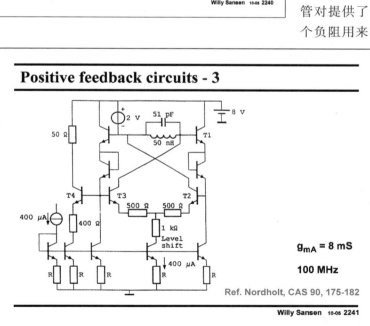

交叉耦合用来产生一个负阻，来补偿这个 LC 电路的并联电阻。射极跟随器和二极管用来增加输出幅度。此外，还在发射极插入一个 500Ω 的电阻来增强信号的幅度，它们的 $g_m R_E$ 系数为 4。这也是双极型晶体管相应于 MOST 增加 $V_{GS}-V_T$ 值的对应方法。

输入电路的偏置是固定的，它必须要求有一个可以确保安全工作的裕量。

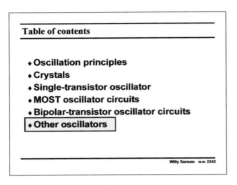

Willy Sansen 10-05 2242

2242 最后，补充一些其他的振荡器电路。

它们不一定是晶体振荡器，也可以是其他类型的，此外，它们常常也采用更多的晶体管。

对于这些振荡器，以前讨论的准则也是适用的。

2243 这个振荡器也使用了 LC 并联谐振腔来确定振荡频率。电感是平面螺旋电感，电容是二极管电容。因此，可以通过改变控制电压 V_c 调谐其频率，因此它们被称为 VCO，VCO 调谐范围必须足够大，从而来补偿电感的变化（20%）。

例如，一个有三匝线圈、版图中空的、长 10mm 的电感，它的感值约为 10nH，并联一个 1pF 的二极管电容时，它的振荡频率约为 1.6GHz。假设其具有 10Ω 线圈电阻（Q＝10），那么其 g_{mA} 最小约为 1mS。如果 $V_{GS}-V_T$ 为 0.5V，那么流过晶体管的电流约为 0.25mA。

显然就很容易实现 GHz 级别的振荡器了，但是，要达到更高或者更低的频率是个问题。

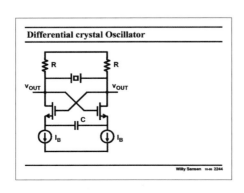

Voltage Controlled Oscillator

$$\omega_s = \frac{1}{\sqrt{LC_D}}$$

$$g_{mA} \approx R_L (C_D \omega_s)^2$$

$$dv_{out}^2 \{\Delta\omega\} = 4kTR_L\left(1+\frac{4}{3}\right)\left(\frac{\omega_s}{\Delta\omega}\right)^2 df$$

Ref. Craninckx, ACD Kluwer 96, 383-400 ; JSSC May 97, 736-744

Willy Sansen 10-05 2243

这类 VCO 的一个重要的指标就是相位噪声。主要由晶体管和线圈串联电阻 R_L 的热噪声转换到振荡频率的边带造成的。由于 R_L 与跨导 g_{mA} 相连，所以它是相位噪声表达式中的主要参数。事实上，表达式中 4/3 系数对应的项就是由晶体管的 g_m 得来的。

根据经验，在偏离载波频率 100kHz 的地方的相位噪声为 $-100\mathrm{dBc/Hz}$，此例中，100kHz 处约为 $-120\mathrm{dBc/Hz}$。

2244 单管皮尔斯振荡器的差分形式如这张幻灯片所示。

对于低频，电容 C 的阻抗非常大因而难以起振。对于高频，C 近似于短路，产生一个负阻反馈提供给晶体。

电阻的阻值需要足够高以防止振荡的衰减，

Differential crystal Oscillator

Willy Sansen 10-05 2244

如果用电流源代替负载电阻,效果会更好。

偏置电流源 I_B 最好由测量输出电压的 AGC 环路来驱动,否则电流可能会被设置得过高导致输出频率出现较大失调或失真。

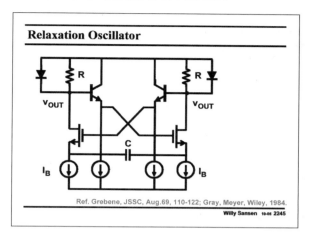

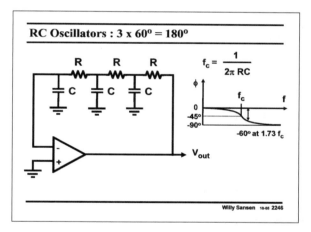

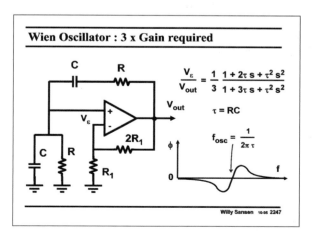

2245 如果电路不采用晶体,就构成了张弛振荡器。振荡频率由电流 I_B,电容 C 和限制电压(这里是双极型晶体管的 V_{BE})来确定。实际上,这个频率值等于 $I_B/(4CV_{BE})$。输出为方波,但是在时间设置电容 C 上的波形是三角波。

毫无疑问,这样得到的输出频率不是很精确,且十分容易受温度的影响。

已经有许多这样的张弛振荡器被设计出来了,这里介绍的是最简单的一种。

这种电路的主要优点是可以通过调节电流源电流 I_B 来调谐输出频率。不过,调谐范围受到射极跟随器的基极电流的限制。用 MOST 源极跟随器代替可以使电流即调谐范围扩大达到 80 倍以上!

2246 很容易用运放来构成低频振荡器,这张幻灯片给出了一个例子。

如果没有电容,电路形成负反馈因而无法起振。但是,在频率 f_c 上,RC 电路产生足够的相移把负反馈转化为正反馈,巴克豪森很好地证明了在这个频率点上环路可以得到足够的增益,电路可以在大约 $1.7f_c$ 的频率点上振荡。

图中没有画出限幅器,可以在输出端加入两个二极管来限制输出摆幅。

2247 本幻灯片给出了一个著名的带有运放的振荡器电路,称为维恩(Wien)桥式振荡器。它由一个运放以及一个串联和一个并联 RC 电路构成的反馈环路组成。两个附加的电阻 $3R_1$ 和 R_1 确保电压增益大约为 3。

从环路增益的表达式可以清楚地看出,电路在 f_{osc} 的频率点起振,而 1/3 的幅度衰减可以由 3 倍的电压增益来补偿,另外在该频率点的环路相移为 0。

同样没有画出限幅电路,可以在输出端加入两个二极管来限制输出摆幅。

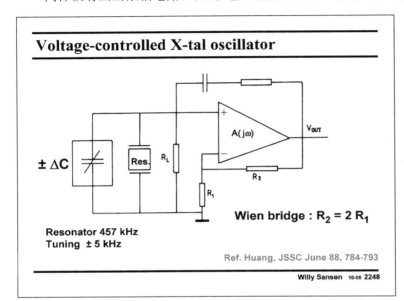

2248　维恩桥式振荡器可用来构成压控晶体振荡器。

通常晶振用来获得一个高精度的固定频率,而 VCO 则与之相反,是在 20%～30% 的范围内来调整频率,显然二者是一个矛盾。

但是有的时候,特别是用作定时的时候,我们需要将晶振频率设置到一个精确的频率值,该频率值与固定频率稍有不同。

在本例中,使用了一个谐振腔将振荡频率精确地设置在 460 000kHz。该谐振腔和晶振差不多但是品质因数 Q 较低。谐振腔只有 457kHz,那么如何解决这个问题呢?

由于谐振腔是维恩桥的一部分,于是解决办法是在谐振腔两端并联一个电容来失谐。相比串联电路,并联电路更容易起振。现在,改变并联电容可以方便地改变振荡频率。

为了能够实现频率的双向调谐,我们可以增加一个可正可负的电容 DC,而且,要能够通过一个电压或电流来调节该电容的值。

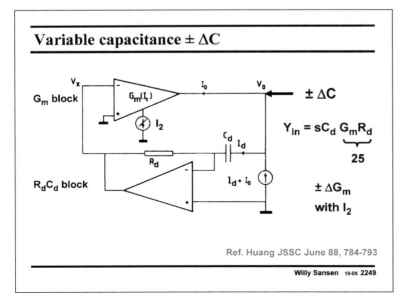

2249　如何实现一个可以用电压或电流来控制的电容呢?

可以利用密勒(Miller)效应,这张幻灯片提供了一个可供选择的电路。将一个由 R_d 和 C_d 组成的差分器插入包含可变 G_m 模块的反馈环路。输入导纳很容易计算出来,即为电容 C_d 乘以 $G_m R_d$,在本例中,$G_m R_d$ 的值约为 25。如果 C_d 为 4pF,则电容的变化量 ΔC 约为 100pF。

Gm block to generate ± ΔGm

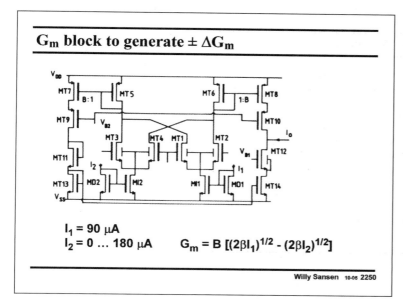

$I_1 = 90\ \mu A$
$I_2 = 0 \dots 180\ \mu A$ $G_m = B\ [(2\beta I_1)^{1/2} - (2\beta I_2)^{1/2}]$

Willy Sansen 10-05 2250

$R_d C_d$ block as differentiator

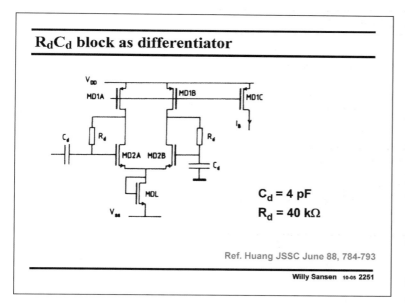

$C_d = 4\ pF$
$R_d = 40\ k\Omega$

Ref. Huang JSSC June 88, 784-793

Willy Sansen 10-05 2251

如果 G_m 可正可负,那么就可以实现电容可正可负。

电流源 I_2 可以用来控制跨导 G_m 从正变到 0,再从 0 变到负。

2250 为了实现跨导 G_m 的值可正可负,采用了对称性运放,运放的输入级晶体管数目加倍了。

而且,两对输入管是交叉耦合的。当两对输入管具有相同的偏置电流时,没有任何输出,输出电流相互抵消。如果其中一个电流,比如说通过 MI1 的 I_1,比通过 MI2 的另一个电流 I_2 要大,那么差分对 MT1/MT2 将提供一个较大的输出电流 I_o 给电路。

反之,如果 I_2 比 I_1 要大,输出电流将改变符号。从而如图所示,就可以固定 I_1,改变 I_2 来得到正的和负的输出电流。

2251 差分器做成差分形式,它只不过是一个增加了电阻 R_d 和电容 C_d 的伪差分对。如果 R_d 和 C_d 的值如本幻灯片所示,时间常数约为 160ns,比晶振的周期 348ns 要小,但是运放本身的时间常数是不能忽略的,因此电路图要复杂一点。

2252 本章讨论了振荡器的设计。

首先详细讨论了晶体振荡器,然后讨论 VCO 和维恩(Wien)桥式振荡器,所有振荡器的原理都遵循了巴克豪森(Barkhausen)准则。

References X-tal oscillators -1

2253

A.Abidi, "Low-noise oscillators, PLL's and synthesizers", in R. van de Plassche, W.Sansen, H. Huijsing, "Analog Circuit Design", Kluwer Academic Publishers, 1997.

J. Craninckx, M. Steyaert, "Low-phase-noise gigahertz voltage-controlled oscillators in CMOS", in H. Huijsing, R. van de Plassche, W.Sansen, "Analog Circuit Design", Kluwer Academic Publishers, 1996, pp. 383-400.

Q.T. Huang, W. Sansen, M. Steyaert, P.Van Peteghem, "Design and implementation of a CMOS VCXO for FM stereo decoders", IEEE Journal Solid-State Circuits Vol. 23, No.3, June 1988, pp. 784-793.

E. Nordholt, C. Boon, "Single-pin crystal oscillators" IEEE Trans. Circuits. Syst. Vol.37, No.2, Feb.1990, pp.175-182.

D. Pederson, K.Mayaram, "Analog integrated circuits for communications"", Kluwer Academic Publishers, 1991.

Willy Sansen 10-05 2253

References X-tal oscillators - 2

2254

W. Redman-White, R. Dunn, R. Lucas, P. Smithers, "A radiation hard AGC stabilised SOS crystal oscillator", IEEE Journal Solid-State Circuits Vol. 25, No.1, Feb. 1990, pp. 282-288.

J. Santos, R. Meyer, "A one pin crystal oscillator for VLSI circuits", IEEE Journal Solid-State Circuits Vol. 19, No.2, April 1984, pp. 228-236.

M. Soyer, "Design considerations for high-frequency crystal oscillators", IEEE Journal Solid-State Circuits Vol. 26, No.9, June 1991, pp. 889-893.

E. Vittoz, M. Degrauwe, S. Bitz, "High-performance crystal oscillator circuits: Theory and application", IEEE Journal Solid-State Circuits Vol. 23, No.3, June 1988, pp. 774-783.

V. von Kaenel, E. Vittoz, D. Aebischer, " Crystal oscillators", in H. Huijsing, R. van de Plassche, W.Sansen, "Analog Circuit Design", Kluwer Academic Publishers, 1996, pp. 369-382.

Willy Sansen 10-05 2254

2255 复平面是表示复数的一种方法。总之,复数只是复平面上的一个点而不是一条直线上的点。一个复数总是包含两个数值部分,可以表示成幅度和相位或者表示成实部和虚部的形式。

包含了电容或电感的阻抗也是复数,可以用波特(Bode)图来表示该阻抗与频率的关系,一张波特图用来表示幅度关系,另一张表示相位关系。

也可以在复平面中来表示该阻抗。这种图在电子学中称为极坐标,在生物化学中称为科尔-科尔(Cole-Cole)图。图中的曲线可以用频率或者其他的参数来标注。

Appendix: Polar diagrams

Willy Sansen

willy.sansen@esat.kuleuven.be

Willy Sansen 10-05 2255

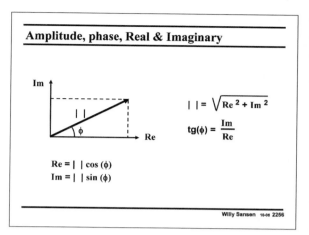

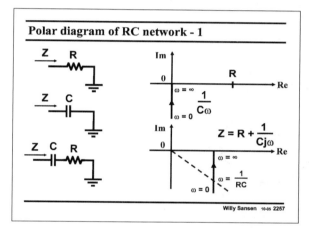

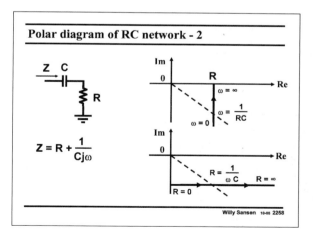

2256 为了提醒读者,一方面给出了幅度和相位的关系,另一方面给出了实部和虚部的关系。

复数都位于复平面上,但是我们需要知道两个数值才能精确地定位这个复数。

可以选择用幅度/相位的方式或者是实部/虚部的方式!

比如,复数(4,3)的实部是4,虚部是3。它的幅度是5,相位是0.64rad或者说37°。

2257 一个简单的电阻只是位于复平面实轴上的一个点。

一个简单的电容位于复平面的虚轴的负半轴,根据具体的频率来确定点的位置。如果频率为0,位于负半轴的无穷远处;如果频率为无穷大,位于负轴的零点。

一个电阻R和一个电容C的串联也是一条直线,沿实轴右移R个单位,当角频率为1/RC时,点的轨迹位于实轴正半轴和虚轴负半轴夹角45°的地方。

2258 也可以用R为参数画图,得到不同的轨迹。

在频率点1/RC处得到了与上图相同的交点,但是变成了经过该点的一条水平线。如果电阻为0,点位于虚轴上,如果电阻为无穷大则轨迹趋于无穷远处。

2259 如果电阻和电容并联,阻抗的轨迹是复平面上的一个半圆。

上面的图以频率作为参数。频率为0,电容的阻抗为无穷大,相应的部分在图上消失。此时阻抗仅仅是一个电阻R。

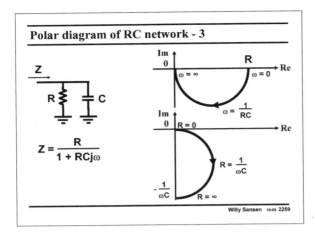

在频率无穷大时,阻抗为 0,位于原点。角频率为 1/RC 时,轨迹位于虚轴负半轴和实轴正半轴夹角 45°的地方,或者说位于半圆的底部。

下面的图以电阻 R 作为参数,得到一个不同的半圆。两个半圆通过同一个点,该点位于 RCω＝1 处。电阻 R 为 0 时,轨迹位于原点。电阻 R 为无穷大时,相当于只有一个电容,轨迹位于虚轴的负半轴上。

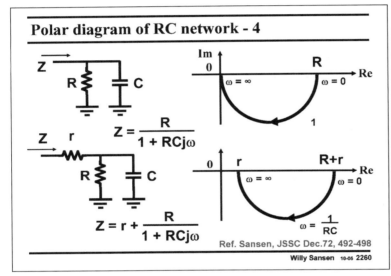

2260 在 R、C 并联电路上增加一个串联电阻 r 导致半圆右移 r 个单位,至少以频率作为参数时是这样。

这是一个非常著名的极坐标图,因为它与双极型单晶体管放大器的输入阻抗类似,它也被称为圆图。

根据频率测量输入阻抗,根据所得的数据画出圆轨迹。根据轨迹图可以推导出 R、r 和 1/RC 的值。

2261 相似地,在 R、C_1 并联电路上增加一个串联电容 C_2 导致半圆沿虚轴移动 C_2 个单位,至少以电阻作为参数时是这样的。

电阻 R 为 0 时,只有剩下了一个电容 C_2。电阻 R 为无穷大时,变成了两个电容串联。

根据频率测量输入阻抗,可以根据所得的数据画出圆的轨迹。根据轨迹图可以推导出 R、C_1、C_2 的值。

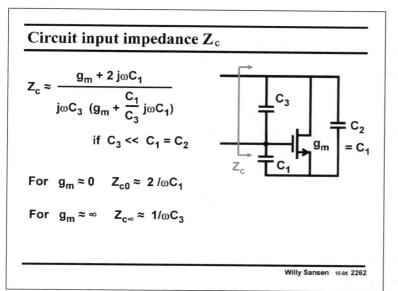

2262 现在的问题是,如果以 g_m 作为参数,输入阻抗 Z_c 的轨迹是怎样的?

这张幻灯片上给出了一个容易计算的估算表达式。当跨导为 0 或无穷大时的输入阻抗值也是容易计算的。

相应的极坐标图在下一张幻灯片上给出。

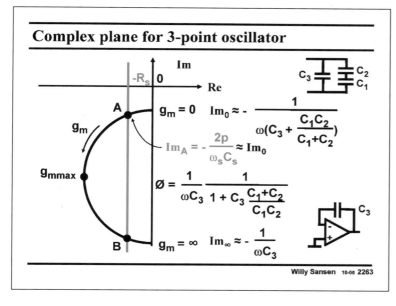

2263 以 g_m 为参数,阻抗 Z_c 的极坐标图也是一个半圆。但是它位于虚轴的左侧,因为实部为负数。

当 g_m 为 0 时,得到三个电容的组合电路。随着 g_m 的增加,轨迹将沿着半圆移动直至再次与虚轴相交(此时 g_m 为无穷大),当 g_m 为无穷大时,相当于只有 C_3 一个电容。

可以很容易地由两个极限情况来确定半圆的直径。

当电路用在振荡器中时,只有一个点,如 A 点是重要的,在该点,负的实部等于电阻 R_s,该点的虚部 Im_A 产生牵引因子 p。在 g_m 为 0 的点处,其相应的虚部约等于 p。实际上,表示负常数 $-R_s$ 的直线将比图中描绘的更要接近虚轴,因此点 A 几乎位于虚轴上!

2264 为了找出 A 点的跨导 g_{mA} 的准确值,令 Z_c 的实部等于 R_s。

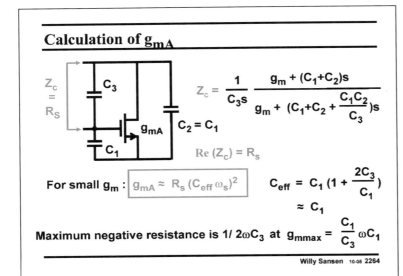

如果 R_1($=R_2$)的值较小,跨导 g_{mA} 也会很小,可以按照本幻灯片所示的公式进行估计,这个公式也是计算任何单晶体管放大器所需跨导的基本表达式,同时也说明了为什么 R_F 振荡器需要很大的电流!

通过 Z_c 的表达式,也可以推出 g_{mmax} 的表达式。这个值位于半圆的最左边的点处,即实部的负值最大的地方。

第 23 章　低噪声放大器

231　低噪声放大器(LNA)是接收机的第一个放大器,它们的工作频率必定与高频载波相同。对于 GSM、CDMA 等系统来说,它们所用频率都超过 1GHz,目前已达到了 5GHz。车载电子系统中,频率甚至超过了几十 GHz。

另外,此类放大器必须能够处理接近噪声电平的很微弱的信号,同时也能处理接近发送天线的很高电平的信号。噪声和失真同等重要。

最后,接收天线常通过传输线连接到放大器,常用的传输线特征阻抗是 50Ω。

尽管晶体管个数较少,此类放大器设计还是有很多折中考虑。实际上,在通常情况下,的确只使用几个 MOST。

在本章中将会讨论这些折中因素,并给出设计方程和设计准则,这些方程和准则的精确性也会得到检验。

232　本幻灯片中给出了一个接收机的例子。

LNA 是第一个放大器,它是一个射频放大器,混频器紧随其后。混频器的作用是把调制信号变换到低频,经过一些滤波处理,调制信号转换为数字形式,送入数字信号处理器处理。

混频器需要一个本地振荡器,这个本地振荡器通常源自锁相环(PLL)。在该反馈环路中,VCO 产生一个频率,这个频率通过一个除 N 除法器之后与外部参考频率 Fref 锁定。

显然 LNA 和天线之间会相互作用。这就是为何天线输出和 LNA 输入必须呈现共同的特征阻抗,以避免信号的反射。接下来将对此进行讨论。

233　LNA 最重要的两个特性就是噪声性能和阻抗匹配约束。

因此首先对它们进行讨论。

LNA 的线性度需要给予一定的重视,因为输入信号可大可小。

然后比较一下最为常用的结构,其一是输入端仅有一个单级放大器(共源结构),其二则

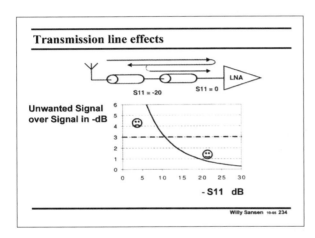

本幻灯片中给出了这样一个 LNA 的例子,LNA 是高输入阻抗(例如采用的是 MOST),而天线阻抗为 50Ω,其 s_{11} 是 -20dB。显然,反射更多出现在 LNA 输入端,较少出现在天线终端。

是有一个共源共栅管(共栅结构)。

MOST 在高频段会显示出非准静态特性,我们必须研究何时这个效应会显得很重要。

最后,还应讨论了许多的配置,包括静电放电保护元件。

234 电压波沿传输线传播时,如果终端阻抗和传输线特征阻抗不等,会在终端被部分反射。如果终端理想,这种反射或者说不希望的信号便为零。参数 s_{11} 给出了反射信号相比于输入信号的数值。反射信号为零时,其值为负无限大。

负无限大只在 LNA 的输入阻抗恰好等于传输线的特征阻抗(往往等于 50Ω)的情况下成立。

即使阻抗的偏差比较微小,也会出现反射,并且 s_{11} 也不再是负无限大。例如,如果反射信号相对于信号 1 是 -3dB,则 s_{11} 约为 -10dB。

对于 LNA,s_{11} 的值如果达到 -10dB 就可以接受,不过负得越多越好。

这种阻抗匹配显然适用于天线。

235 如果传输线的终端负载电阻值与它的特征阻抗相等,就形成一个二等分分压器。

如本幻灯片中所示,值为 v_s 的电压源其内阻为 R,它与负载 αR 通过一段传输线进行匹配,负载对电压源呈现的电阻值为 αR。

对于理想匹配来说,负载等于源电阻,α＝1。通常情况下,负载电阻会存在某种程度失配,或者大于 1 或者小于 1。

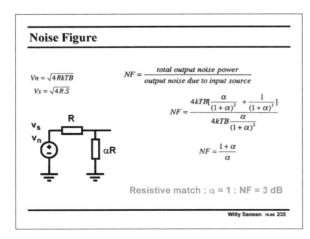

在这种情况下,噪声系数如何?

在输出端,信号功率 S_{out} 以及噪声功率 N_{out} 很容易计算。

噪声系数定义为输出端积分噪声功率与仅由源电阻引起的噪声功率的比值(见第 4 章),它的表达式见于本幻灯片中。

对于理想阻抗匹配,α 为 1 且噪声系数是 2 或 3dB。

如下文介绍,这是阻性终端时的典型值。

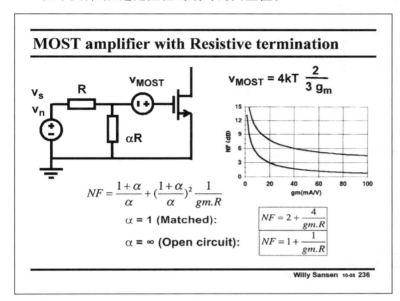

236　如果 LNA 仅采用单个晶体管,且增加一个值为 αR 的电阻作为适配终端,则显然仅剩唯一的设计参数,即跨导 g_m。实际上,在两种情况下给定了噪声系数,带理想匹配(α=1)的情况和无 R 的情况。

为避免反射需要进行匹配(α=1),但是噪声系数仍然较高。如果没有匹配电阻(α=0),则噪声系数会更高。

两种情形下 NF 随跨导 g_m 变化的曲线都在图中绘出。

从图中可以看出,偏离匹配条件会导致更高的噪声系数。

237　设计 LNA 并不仅仅考虑输入阻抗匹配和噪声特性。

对于大输入信号而言,会出现失真,因此这一点需要详细讨论。

设计中必须考虑采取一些折中。为了对这些折中有更好的认识,需要对其他所有重要指标给予足够的重视。

因此,需要仔细研究接收机的原理框图,一个接收机和发射机合在一起就构成了收发机。

下面就给出了这个原理框图。

238　如本幻灯片所示,一个收发机包括一个接收机和一个发射机。

很多原因表明输入阻抗匹配对于接收机的 LNA 来说非常重要。第一,必须避免出现在信道(声表面波)滤波器和 LNA 之间的传输线上的信号反射。第二,LNA 必须为信道滤波提供正确的负载阻抗。

LNA 的输入阻抗必须尽可能接近于源电阻 R_s,也就是 50Ω。这就是所谓的阻抗匹配。

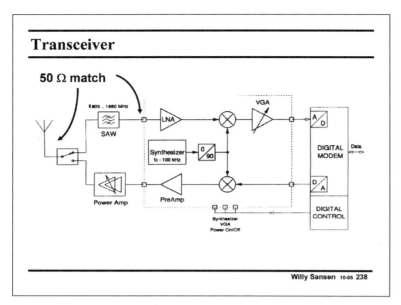

正常情况下,采用零中频或者是低中频体系结构。无论何种情况,LNA 都必须具有足够的增益来避免混频器的噪声出现在天线上。典型情况下,需有 12～16dB 的增益。

其次,等效输入噪声必须尽量小。总之,LNA 是接收机第一个有源放大模块。尽力获得最小的噪声系数称为噪声匹配,它与阻抗匹配无关。实际上,噪声须在阻抗匹配约束下尽可能地减小。

LNA 的后级是混频器。50Ω 传输线是否采用取决于 LNA 和混频器的距离,如果它们彼此紧靠,就不必采用传输线,在 LNA 中就可采用较高的输出阻抗。

239 现在举例说明一个 DCS-1800 接收机,它工作在 1.8GHz 的载波频率上。

本幻灯片中给出了若干敏感度和噪声系数的值。记住 1dBm 指的是 50Ω 电阻上的 1mW,它相当于 224mV 均方根电压。输入信噪比 9dB 时指定的灵敏度约为－100dBm,输入噪声必须为－109dBm。

带宽为 200kHz,噪声系数为 12dB。如果信道滤波器 3dB 损耗计算在内,9dB 的噪声系数是必要的。

下面讨论一下关于失真的情况。

Minimum NF and IIP3 for DCS-1800	
Sensitivity	-100 dBm
SNR	9 dB
Input noise	-109 dBm
kT =	-174 dBm
Bandwidth (200 kHz)	+ 53 dB
NF : -109 - (-174+53) =	12 dB
Attenuating blocking filter : 3 dB	NF < 9 dB
+ 3 dB Sensitivity	-97 dBm
SNR (-49 dBm sine)	9 dB
IIP3 = -49 + (-49- (-106/2)) =	-20.5 dBm
With attenuating blocking filter : 3 dB	IIP3 < -23.5 dBm

Willy Sansen 10-05 239

失真对于避免毗邻信道的干扰是很关键的,特别是要避免互调失真和交调失真。在第18 章中它们均通过 3 阶互调截点(IIP3)参数来描述。

最小输入信号要比灵敏度所指定的高 3dB。对于－49dBm 的高输入信号来说,SNR 必须仍然要达到 9dB。

对失真的要求导致了 IIP3 需要达到－20.5dBm。

再次,把前级中的信道滤波器衰减计算在内,需要再减去 3dB,导致 IIP3 需要达到－23.5dBm 即可。

通常,MOST 放大器可以很容易地满足以上情况,这取决于 $V_{GS} - V_T$ 的选择。

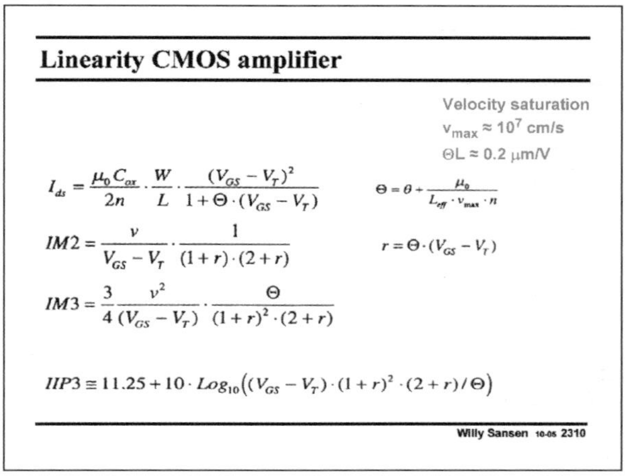

Linearity CMOS amplifier

Velocity saturation
$v_{max} \approx 10^7$ cm/s
$\Theta L \approx 0.2 \ \mu m/V$

$$I_{ds} = \frac{\mu_0 C_{ox}}{2n} \cdot \frac{W}{L} \cdot \frac{(V_{GS} - V_T)^2}{1 + \Theta \cdot (V_{GS} - V_T)} \qquad \Theta = \theta + \frac{\mu_0}{L_{eff} \cdot v_{max} \cdot n}$$

$$IM2 = \frac{v}{V_{GS} - V_T} \cdot \frac{1}{(1+r) \cdot (2+r)} \qquad r = \Theta \cdot (V_{GS} - V_T)$$

$$IM3 = \frac{3}{4} \frac{v^2}{(V_{GS} - V_T)} \cdot \frac{\Theta}{(1+r)^2 \cdot (2+r)}$$

$$IIP3 \cong 11.25 + 10 \cdot Log_{10}\left((V_{GS} - V_T) \cdot (1+r)^2 \cdot (2+r)/\Theta\right)$$

Willy Sansen 10-05 2310

2310 必须给出 $V_{GS} - V_T$ 较高情况下 MOST 电流 I_{DS} 的表达式。这意味着需要引入拟合参数来对 I_{DS}-V_{GS} 特性的线性进行建模,这主要是由于载流子速度饱和的结果。

这一表达式的二阶和三阶导数可导出 IM2 和 IM3 的互调表达式,由后者容易得到 IIP3。

IIP3 在很大程度上取决于 $V_{GS} - V_T$ 的选择,如下所示。

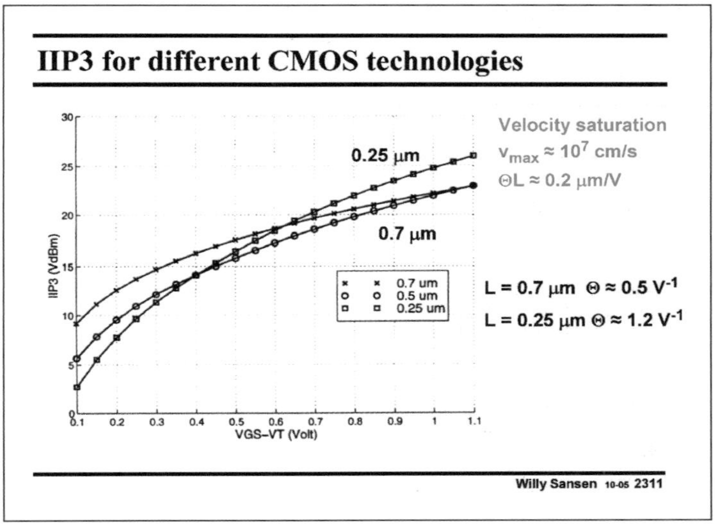

IIP3 for different CMOS technologies

Velocity saturation
$v_{max} \approx 10^7$ cm/s
$\Theta L \approx 0.2 \ \mu m/V$

0.25 μm

0.7 μm

×—× 0.7 um
○—○ 0.5 um
□—□ 0.25 um

L = 0.7 μm $\Theta \approx 0.5$ V^{-1}
L = 0.25 μm $\Theta \approx 1.2$ V^{-1}

Willy Sansen 10-05 2311

2311 不同的 CMOS 工艺中,IIP3 随 $V_{GS} - V_T$ 变化曲线如图所示。

显然 $V_{GS} - V_T$ 越大,IIP3 越高,但是它是以非线性的方式增加的。

当 $V_{GS} - V_T$ 值为 0.5V 时,容易获得 15dBm 的 IIP3,并且这一值与工艺无关。

当 $V_{GS} - V_T$ 值为 0.2V 时,早期的 CMOS 工艺反而得出最佳的 IIP3 特性。这是由于深亚微米工艺中,速度饱和(参数)效应更强的结果。

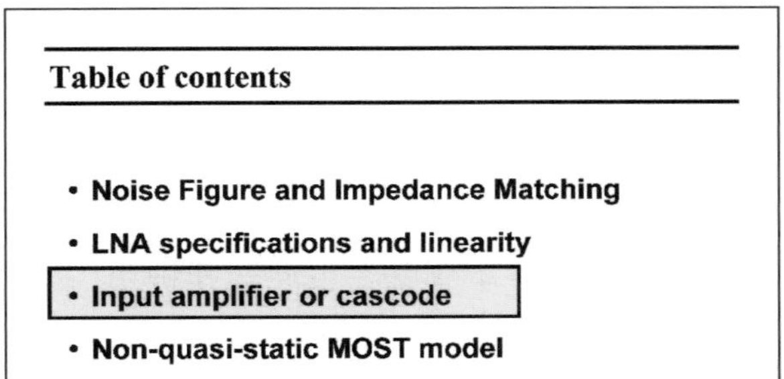

Table of contents

Willy Sansen 10-05 2312

2312 已经引入了输入阻抗匹配、噪声系数和三阶互调截点的概念,它们都需要根据不同的电路结构来导出。

在高频处,只有简单的电路可以使用。因此单晶体管放大器比较常用,然后是共源共栅放大器。首先对这两种电路进行讨论。

2313 本幻灯片给出了单 MOST 放大器电路。

引入了一个串联电感进行调谐以抵消输入电容 C_{GS} 的影响,电感的选择是使工作频率 ω_{in} 满足表达式 1。这是第

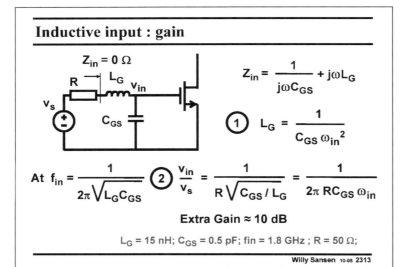

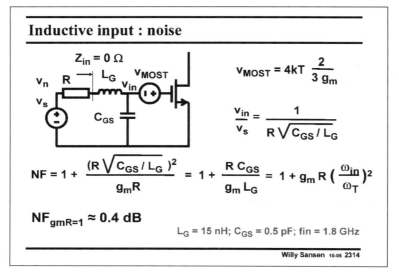

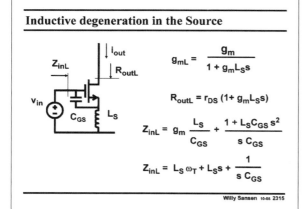

一个设计方程。

在频率 f_{in} 处,容易算出栅电压 v_{in} 和信号电压 v_s 之比,如本幻灯片中所示。

显然,如果输入电容 C_{GS} 足够小(对于给定的标准 R),或者引入的电感 L_G 足够大,就能够获得一定程度的增益。这是第二个设计方程。

注意,输入电容 C_{GS} 被有效地抵消,以使输入阻抗 Z_{in} 为理想的 0。

2314　仍然在本幻灯片中给出了单 MOST 放大器,另外还加入了它的等效输入噪声电压源 v_{MOST}。

此时噪声系数易于计算,它可以用涉及的参数重新表出。

最后一个表达式表明要获得低噪声系数,MOST 的特征频率 f_T 必须做得很高。这就意味着,首先必须选择 MOST,然后选择相应的电感 L_G。要获得高的 f_T,沟道长度必须尽可能地小,而且其 $V_{GS} - V_T$ 需要比较高(见第 1 章)。

噪声系数就是由此选择确定,这是第三个设计方程。不必再给出其他更多独立的设计参数。

2315　电感也可以如本幻灯片中所示加在源级。

这会导致跨导减少和输出电阻增加。

输入阻抗表现为 $L_s \omega_T$ 的实部和虚部部分。如下所示,实部可以用来调整

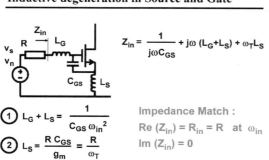

Inductive degeneration in Source and Gate

$$Z_{in} = \frac{1}{j\omega C_{GS}} + j\omega (L_G + L_S) + \omega_T L_S$$

① $L_G + L_S = \dfrac{1}{C_{GS}\,\omega_{in}^2}$

② $L_S = \dfrac{R\,C_{GS}}{g_m} = \dfrac{R}{\omega_T}$

Impedance Match :
$Re\,(Z_{in}) = R_{in} = R$　at　ω_{in}
$Im\,(Z_{in}) = 0$

Willy Sansen　10-05　2316

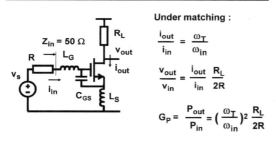

Inductive degeneration : gain

$Z_{in} = 50\ \Omega$

Under matching :

$$\frac{i_{out}}{i_{in}} = \frac{\omega_T}{\omega_{in}}$$

$$\frac{v_{out}}{v_{in}} = \frac{i_{out}}{i_{in}}\,\frac{R_L}{2R}$$

$$G_P = \frac{P_{out}}{P_{in}} = \left(\frac{\omega_T}{\omega_{in}}\right)^2 \frac{R_L}{2R}$$

Willy Sansen　10-05　2317

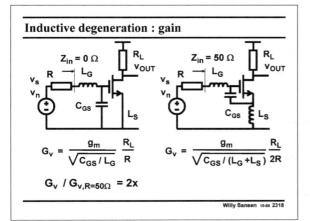

Inductive degeneration : gain

$Z_{in} = 0\ \Omega$

$Z_{in} = 50\ \Omega$

$$G_v = \frac{g_m}{\sqrt{C_{GS}/L_G}}\,\frac{R_L}{R}$$

$$G_v = \frac{g_m}{\sqrt{C_{GS}/(L_G+L_S)}}\,\frac{R_L}{2R}$$

$$G_v / G_{v,R=50\Omega} = 2x$$

Willy Sansen　10-05　2318

输入阻抗以匹配源电阻 R（常常是 50Ω）。

2316　把输入阻抗匹配到源电阻 R（常为 50Ω）不是采用一个电阻来实现的，因为这会使得噪声系数恶化。常常是采用两个电感来实现，一个 L_S 在源级，另一个 L_G 在栅极。后者 L_G 常常是键合线（bonding wire）。

它们都可以被用来调整抵消输入电容 C_{GS}，方程 1 中有说明。抵消仅仅出现在工作频率 f_{in}（$=\omega_{in}/2\pi$）附近。

在这种情形下，输入阻抗是纯电阻，而且等于 $\omega_T L_S$，$\omega_T L_S$ 等于 R。这就是设计方程 2。

对于给定的晶体管（给定 C_{GS} 和 ω_T，ω_T 也就是 $g_m/2\pi C_{GS}$）以及频率 f_{in} 下，L_S 和 L_G 就确定了。

那么增益和噪声系数的值是多少？

2317　很容易计算出几种增益。晶体管模型只包含 g_m 和 C_{GS}，输出电阻 r_{DS} 常常比 R_L 大很多，因而可以忽略 r_{DS}。

在这种情况下，注意到两个匹配条件，就很容易计算出电流增益，同时电压增益也很容易得出。

功率增益是二者的乘积，它包括 ω_T 的平方项。必须选用高 ω_T 值的晶体管，这就意味着它的沟道长度 L 必须尽量小，而且它的 $V_{GS}-V_T$ 要比较高（见第 1 章）。

2318　注意，在源极是否加入电感 L_S，电压增益 G_v 是不同的。

没有源极电感（左图）时，输入阻抗为零，输入阻抗和天线不匹配。

有源极电感（右图）时，输入阻抗就是纯电阻且等于 R（或 50Ω）。结果，输入端电压需要除以 2，导致电压增益（与前者相比）有一个小于 1/2 的倍数。

Inductive degeneration : Noise Figure

$$NF = 1 + \frac{dv_{in}^2}{dv_R^2} = 1 + \frac{R\,C_{GS}}{g_m(L_G + L_S)}$$

$$dv_{in}^2 = 4kT\,\frac{2/3}{g_m}\,df \approx 4kT\,\frac{1}{g_m}\,df$$

$$dv_R^2 = 4kT\,R\,df$$

$$NF = 1 + g_m R \left(\frac{\omega_{in}}{\omega_T}\right)^2$$

Willy Sansen 10-05 2319

Inductive degeneration : IIP3 vs IDS

$$IIP3 \approx 11.25 + 20\log_{10}\left(\underbrace{\sqrt{\frac{Vgst(2+r)^2(1+r)}{\Theta}}\frac{1+\Theta Vgst}{Vgst^2}}_{\approx Cst}.\omega_{in}\frac{100}{\mu_0}I_D L^2\right)$$

$$IIP3 \approx Cst + 20\log_{10}\left(\frac{\omega_{in} I_D L^2}{\mu_0}\right)$$

r = Θ V_gst = Θ (V_GS - V_T)

Willy Sansen 10-05 2320

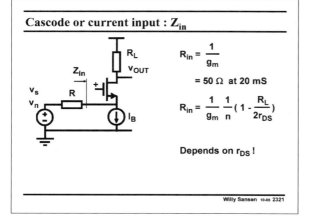

Cascode or current input : Z_in

$$R_{in} = \frac{1}{g_m}$$

$$= 50\ \Omega\ \text{at}\ 20\ \text{mS}$$

$$R_{in} = \frac{1}{g_m}\frac{1}{n}\left(1 - \frac{R_L}{2r_{DS}}\right)$$

Depends on r_DS !

Willy Sansen 10-05 2321

2319　在第 4 章中定义了噪声系数 NF。

本幻灯片中给出了输入晶体管的等效输入噪声。2/3 的系数被忽略掉了,因为考虑到 MOST 很可能工作于接近速度饱和的区域,在这个区域热噪声可能比较大。在某种程度上降低漏源电压有助于避免速度饱和。

负载电阻 R_L 的噪声被忽略了。

在这两个匹配条件下,可以如本幻灯片所示重新写出 NF 的表达式。

值得注意的是,较大的 ω_T 而不是较大的 g_m 可以使 NF 减小。因此,参数 ω_T 显然成为晶体管占主导性的参数。

同时注意,在较低频率处 NF 相当低,且 NF 随着频率的增加而增加。在感兴趣的最高频率处,噪声系数 NF 可能就不那么有吸引力了。

2320　三阶互调截点可以使用第 1 章中的简单模型计算,其中使用了拟合参数 θ(或 Θ)。

由于要进行两次求导,表达式需要经过相当多的推算。

图中画出了 IIP3 随晶体管电流 I_{DS} 和 $V_{GS} - V_T$ 变化的曲线。值得注意的是,对于 IIP3,$V_{GS} - V_T$ 的值根本不重要,唯一重要的参数是直流电流 I_{DS}。I_{DS} 越大,IIP3 越高。

2321　也可以采用共源共栅结构而不是单管放大器。其优点在于直到很高的频率处,输入阻抗都可以保持为纯电阻并且可以由电流来设定。实际上,输入阻抗等于跨导的倒数。

但是,更进一步的观察揭示出,输入

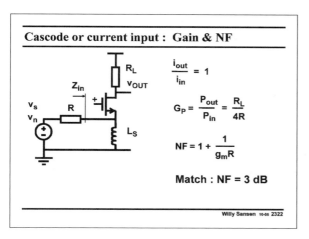

阻抗的表达式会出现几个其他的参数。例如参数 $n(\approx 1 + g_{mB}/g_m)$ 和输出电阻 r_{DS}。

这些参数降低了输入电阻的精度。

2322 如果 LNA 是匹配的,也就是说,$R \approx 1/g_m$,那么容易发现,电流增益为 1,电压增益和功率增益在本幻灯片中给出。它表明负载电阻 R_L 比 R 大很多(高达几十倍)。

同时,噪声系数也易于求得。本幻灯片中给出了噪声系数,其中假定了增益足够大,从而可以忽略源自 R_L 的噪声。

注意,由噪声系数表达式可知,在匹配的条件下,NF 可为 2 或 3dB,此值相当高,但是与频率无关。

如下所示,在很高的频率处,此种结构的 NF 甚至好于单管放大器结构。

此种结构的线性度总是好于单管放大器结构,因为共栅级实际上是电流驱动。

2323 为了便于比较,在 $0.13\mu m$ 标准 CMOS 工艺中,在三种不同的电流条件下,给出噪声系数随频率变化的曲线。

此外,本幻灯片中也给出了 FOM 的曲线。

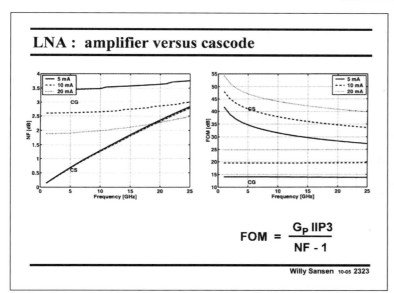

图中显示出放大器(共源级)结构其 NF 特性随频率增加而恶化,对于共源共栅结构来说并非如此。其源共栅结构的电流为 20mA 时,从 18GHz 频率点开始,其噪声系数性能优于单管放大器。该频率点几乎是特征频率 f_T 的一半,不过也许并非如此有用。

单管放大器的 FOM 一直比共源共栅结构的高。

2324 随着 LNA 的工作频率增大到很高,甚至达到特征频率的一半时,会出现一些其他的现象。除分布电容外(都是对衬底的电容,如同平板之间的电容),MOST沟道也开始表现出分布特性。

　　下面就对此进行讨论。

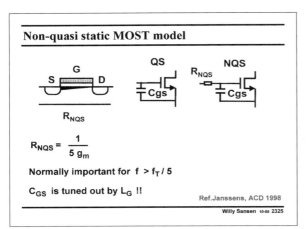

2325　在 MOST 经典准静态模型中,假定栅电压的任何变化都会立刻引起沟道电荷同时变化。但实际上,总会有所延时。要改变沟道或是反型层的电荷,需要从源极和漏极吸取载流子,这需要时间。

　　为了建立这种时延效应的一阶模型,在栅极增加了一个低通滤波器。这个低通滤波器通过增加一个电阻 R_{NQS} 来实现,该电阻与输入电容 C_{GS} 构成低通滤波器。

　　电阻 R_{NQS} 的值必须约为 $1/5g_m$(见 Tsividis 1987,第 1 章)。

　　显然,这个效应对于很高的频率(高于 $1/5f_T$)时很重要。不过,对于 LNA 和 VCO,工作频率达到 $1/3f_T$,这个效应才比较重要。如果精确计算比较重要时,这个效应就必须考虑在内。

　　同时,如果晶体管的栅极串入一个电感,那么该电阻的效应就更显得重要。

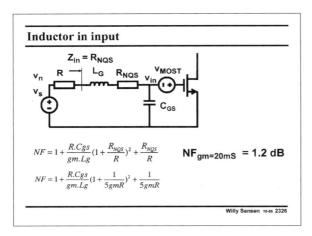

2326　如本幻灯片中所示,这个附加的栅极串联电阻 R_{NQS} 恶化了 NF。附加电阻的值取为 $1/5g_m$。

　　这是一个单 MOST 放大器,仅有一个栅极电感。

　　噪声系数表达式中必须增加几项,最重要的一项就是那个平方项。

　　注意,输入阻抗不再是零,而是等于电阻 R_{NQS} 的值。

2327　当采用两个电感时,NQS电阻的加入会影响匹配方程。第一个方程(幻灯片的右上方)是关于抵消电容 C_{GS} 的,与前述一致。

　　但是第二个方程包括了 R_{NQS},这样求得的 L_S 值就要稍微小一点。

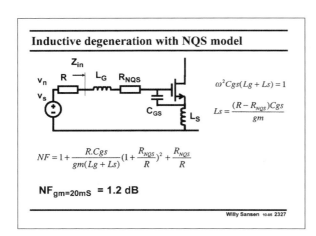

Noise matching

$$NF = 1 + \frac{R.Cgs}{gm.(Lg + Ls)}(1 + \frac{1}{5gmR})^2 + \frac{1}{5gmR}$$

Optimum　　$R = \frac{1}{5gm}\sqrt{1 + \frac{5.(Lg + Ls)gm^2}{Cgs}} = 80\Omega$

NF ≈ 1 dB　(g$_m$ = 20 mS)

$L_G + L_S$ = 15 nH; C_{GS} = 0.5 pF; f = 1.8 GHz

Willy Sansen 10-05 2328

Noise matching (Optimum design)

$$NF = 1 + \frac{R.Cgs}{gm.(Lg + Ls)}(1 + \frac{1}{5gmR})^2 + \frac{1}{5gmR}$$

Opt.　$Cgs = \frac{5.(Lg + Ls)gm^2}{(5.Rgm)^2 - 1}$

$$NF = 1 + \frac{5gmR.}{(5gmR)^2 - 1}(1 + \frac{1}{5gmR})^2 + \frac{1}{5gmR}$$

$$NF \approx 1 + \frac{2}{5gmR}$$

g$_m$R > 1

Lower NF requires more power !

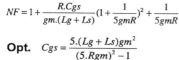

Willy Sansen 10-05 2329

Gain vs Rin for optimal NF

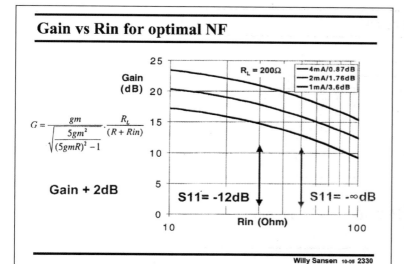

$$G = \frac{gm}{\sqrt{\frac{5gm^2}{(5gmR)^2 - 1}}} \cdot \frac{R_L}{(R + Rin)}$$

Gain + 2dB

Willy Sansen 10-05 2330

噪声系数特性会因为栅极串联电阻 R_{NQS} 的存在而变得更差。在最简单的近似表达式中,电阻 R_{NQS} 仅需要简单地加到源电阻 R 上,但最重要的附加项是那个平方项。

2328 考虑到 R_{NQS} 后,可以进一步优化 LNA。首先,用 $1/5g_m$ 替换 R_{NQS},然后再找到 R 的最优值,它是 g_m 的函数。

R 的值要略微高于 50Ω,但是 NF 比前面的低。

2329 进一步的优化表明,晶体管的尺寸也必须做合适的修改,这会得出不同的 C_{GS}。

NF 的表达式已经变得非常简单,这是可能的最小值。

显然,如果要得到更小的 NF,只能假定可以有更大的 g_m,而这会消耗更多的功率。

本幻灯片给出了 NF 与 g_m 的表达式曲线。

跨导越大,NF 越小。

若要求 1dB 的噪声系数,需要的跨导约为 33mS。

2330 这一 NF 优化说明了需要采取的折中。

对于恒定负载电阻 R_L,给出了不同的电流情况下的增益,同时导致了对理想输入匹配的偏离。

对于 50Ω 输入电阻,s_{11} 为 0,那么增益就会随着电流而增加。

然而如果输入电阻取值略小,s_{11} 增加到 -12dB,但是会多给出 2dB 的增益。

如果一些适当的反射(-12dB 的 s_{11})是允许

的,显然这就很有益处。

2331 既然已经给出对于非准静态效应的低噪声放大器的设计方程,下面就关注一些具体实现。

显然结构上的区别很小。但是由于频率的不同,晶体管尺寸以及电流却会有非常大的变化。同时,加入的电感尺寸也会有很大的不同。

2332 从一个非常简单的 LNA 开始综述。采用了一个共源共栅管来增强输出和输入之间的隔离,这在需要避免信号从后级模块(通常是一个混频器)泄漏到 LNA 输入端时尤其有必要。

为了避免来自共源共栅管的噪声,需要减小它的直流电流。一个 pMOST 的电流源向输入晶体管提供了部分直流电流,通过这种方式,可以在一定程度上减小负载器件所产生的噪声。

在输入端,键合线如图所示,它被用来抵消输入 MOST 电容和键合焊盘电容的影响。

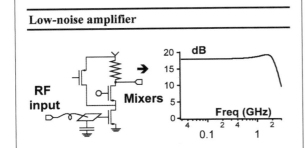

Low-noise amplifier

RF input → Mixers

dB / Freq (GHz)

Broad-Band Topology : multi-mode possible

Willy Sansen 10-05 2332

2333 这个 LNA 由两个相同的单元级联而成。

输入晶体管 M1 和 M2 作为通常的 CMOS 反向放大器连接起来,它们都能增加跨导,nMOST 中的电流在 pMOST 中被复用。

但是,CMOS 反向放大器的偏置电流很大程度上取决于电源电压,这个问题通过由晶体管 M3-M7 组成的偏置单元得以解决。这个单元提供直流反馈,这样对于第一个 LNA,直流输出电压等于 V_{B1}。交流工作时,这个直流电压通过两个去耦电容 C_B 和 C_X 去除。

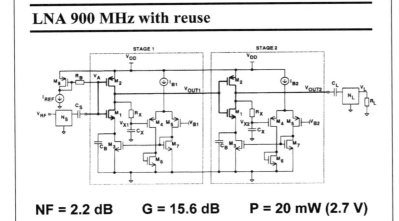

LNA 900 MHz with reuse

NF = 2.2 dB　　**G = 15.6 dB**　　**P = 20 mW (2.7 V)**

Karanicolas, JSSC Dec 96, 1939-1944

Willy Sansen 10-05 2333

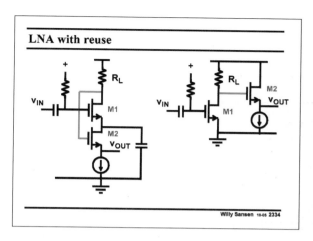

在输入端,提供了一个匹配网络 N_S。

2334 可以通过另一种方式来实现电流复用。

假如需要两级放大器或者一个放大器后再加源极跟随器,就需要重复运用两次电流,如右图所示。

但是,一组精心设计的电容可以将电流限制在一个通路上,如左图所示。

在晶体管 M1 的源极可以"看到"信号地,它的输出耦合到位于 M1 下面的源极跟随器。同样的技术在后面的 LNA 中使用了三次。

2335 在这个 LNA 中,三个输入 nMOST M11-M13 并联放置以增加跨导,而它们共享相同的直流电流。输出端则是两两并联放置,并连接到第二级的晶体管 M21-M22 上。第二级应用同样的方法,它的两个输出端也是并联放置并连接到第三级放大器的晶体管 M31,第三级放大器通过共源共栅管 M4 提供输出电压。

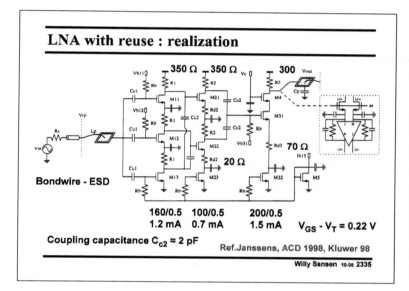

由两个电流镜 M5 和 M13 以及 M23 和 M32 提供直流偏置。

晶体管的尺寸,电流以及电阻在这张幻灯片中全部给出,在下张幻灯片中给出指标结果。

2336 实际增益是 14.8dB,这是相对较高的增益。对于这个功耗而言,噪声系数相当合理。

电路版图显示去耦合电容占据了相当大的面积。因为该 LNA 是单端输入的,这样就很容易从地线和电源线中获取噪声,所以在电源线上加一个去耦合电容是必须的。

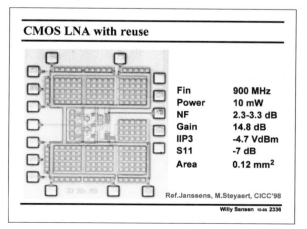

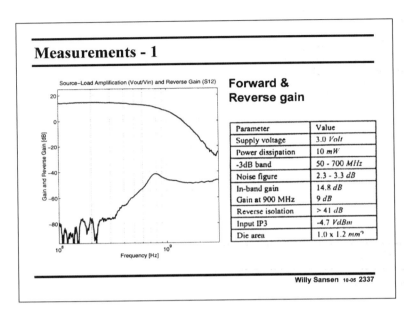

2337 测试结果显示增益和反向隔离度相当好。

带宽比预期值低，上限频率是 700MHz，而不是 900MHz。

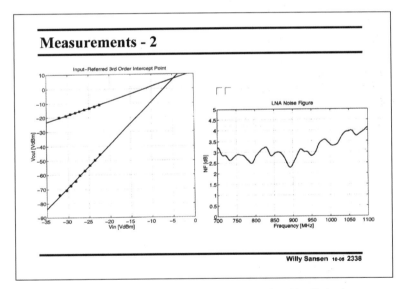

2338 IIP3（输入三阶互调点）和噪声系数如图所示。

为得出 IIP3，测得增益和三阶互调失真。当输入信号约为 － 4.7dBm 时，外推的曲线相交。这是一个 $V_{GS} － V_T$ 只有 0.22V 的 MOST 输入的正常值。

噪声系数曲线并不那么平坦，但直到 900MHz 也未高于 3dB。

在该 LNA 设计中，并未考虑 ESD 保护的问题，下面将给出一个更好的方法。

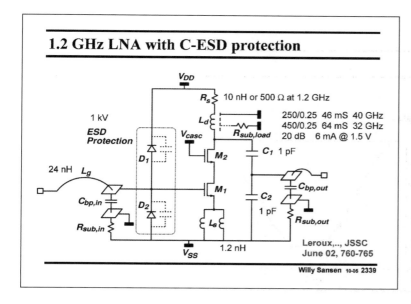

2339　该 LNA 的输入输出均匹配到 50Ω，电源电压是 $1.5V$。在输入端，是一个采用电感源极负反馈来进行输入匹配的放大器，源极电感 L_s 由两根并联键合线来实现。它也采用了一个共源共栅晶体管。

在输入端，L_g 是一个输入键合线，用作输入谐振电感。在 L_g 的右边是一个精心设计的输入键合焊盘，将进一步介绍。基本上，它仅由顶层金属层组成，底层金属层用来使之与衬底屏蔽并提高它的 Q 值。它的后面是用于 ESD 保护的二极管，位于上方的二极管在对应于 V_{DD} 的正脉冲到来的时候传导 ESD 电荷，位于下方的二极管在对应于地的负脉冲到来时工作。

输出的特点在于负载电感 L_d 及其串联电阻 R_s。该电感在芯片上实现，并且在其下方有一个栅条形地屏蔽以使之与衬底屏蔽。通过输出端由 C_1 和 C_2 组成的电容分压器，可以实现 50Ω 的输出。输出键合焊盘也参与了匹配，因为它恰好与 C_2 并联。同时，该键合焊盘与衬底相屏蔽，因为衬底会降低反向隔离度。此外，它也确保了一个固定的且已知的焊盘电容值。

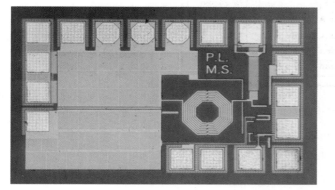

2340　这是该 LNA 的显微照片。

输入端和输出端很容易辨认。

保护二极管和晶体管也同样可见。

最后，同样可以找到负载电感、C_1 和 C_2 构成的电容分压器。

左边的大块区域是去耦电容。

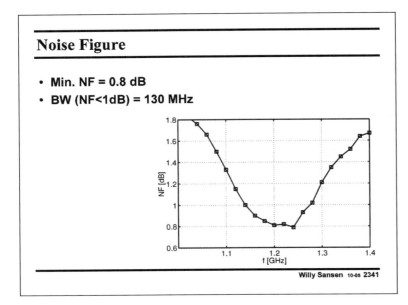

2341 该 LNA 的噪声系数通过噪声系数分析仪测得。测试在其标称的 9mW 工作状态下(电源电压 1.5V)完成。

该 LNA 噪声系数在工作频率下达到最小值 0.79dB。在工作频率附近,噪声系数保持在 1dB 以下的带宽约为 130MHz,保持在 2dB 以下的带宽超过 400MHz。

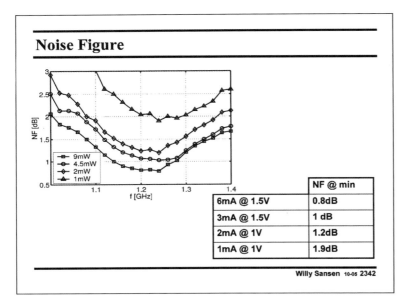

2342 更进一步的噪声系数测试在不同功耗的工作状态下完成。最下面的曲线正是上一张幻灯片上给出的曲线,紧靠着它上面的曲线是将偏置电流减小到 3mA 后测得的,该曲线的噪声系数最小达到 1dB。再上面的一条曲线是在电源电压 1V,偏置电流为 2mA 时测得的,该噪声系数最小值为 1.2dB。最上面一条曲线是在电源电压 1V,偏置电流为 1mA

时测得的,也就是说,功耗仅为 1mW,它的最小噪声系数为 1.9dB。

然而需要注意的是后三次测试中无法满足输入匹配条件。

Linearity performance

- **Input IP3 = -10.8 dBm**
- **Input 1dBCp = -24 dBm**

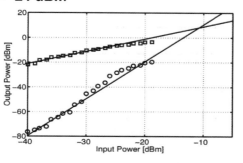

Willy Sansen 10-05 2343

Performance summary

Parameter	Specification	Measurement
Supply voltage	1.5 *Volt*	1.5 *Volt*
Power dissipation	10 *mW*	9 *mW*
Noise figure	1 *dB*	0.79 *dB*
Power gain @ 1.23 GHz	Max.	20 *dB*
S11 at 1.23 GHz	-10 *dB*	-11 *dB*
S22 at 1.23 GHz	-10 *dB*	-11 *dB*
Reverse isolation	30 *dB*	31 *dB*
Input IP3	-20 *dBm*	-10.8 *dBm*
HBM ESD-protection	0.5 *kV*	0.6 *kV* / -1.4 *kV*
Die area	-	0.6 x 1.1 *mm²*

Willy Sansen 10-05 2344

Performance comparison

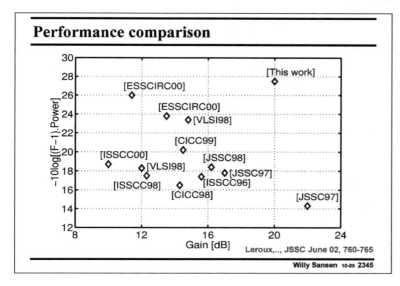

Leroux,.., JSSC June 02, 760-765

Willy Sansen 10-05 2345

2343 最后测试了 LNA 的线性度。基波信号输出功率和三阶互调随输入功率变化的曲线在图中画出,线性回归显示其输入参考 IP3 为 -10.8dBm。虽然线性度并不总是那么重要,但这个数值对于 GSM 这样对线性度有严格要求的系统来说也已经足够了。

测得 -1dB 压缩点为 -24dBm。

2344 本幻灯片中汇总比较了 LNA 的指标和实际测得的性能。

电源电压是 1.5V。功耗是 9mW,低于指标要求的 10mW。测得噪声系数为 0.79dB,比指标规定的 1dB 要低。功率增益经优化,测得为 20dB。输入和输出反射是 -11dB。在网络分析仪整个频谱上反向隔离度都大于 31dB。输入 IP3 为 -10.8dBm,这远远超出指标要求。

最后一项测试是针对 ESD 保护等级进行的 HBM 测试。规定要求是 0.5kV。测试结果显示 LNA 输入端能承受 -1.4kV $\sim$ 0.6kV 的脉冲,同样超过了规定要求。

芯片面积是 0.6×1.1mm^2。

2345 在这张图中,汇总了其他已发表的 CMOS LNA 的优值对功率增益的图。优值的定义是 $-10\log[(F-1)P]$,其中 F 是噪声系数,P 是功率。优值高意味着该

LNA 在低噪声和低功耗方面做得很好。

　　因此图中显示了三个主要的性能参数。具有低噪声系数,低功耗以及高功率增益的电路应该位于图的右上角。大多数具有低噪声和/或低功耗的 LNA 同时具有低的功率增益,反之亦然。但是最后实现的该 LNA 在这三方面的性能上做得都很成功。

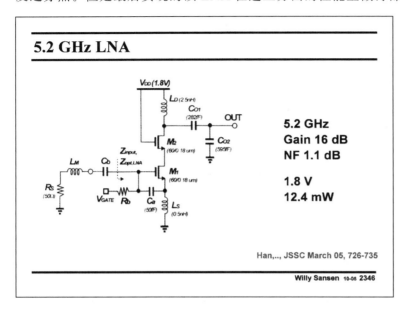

2346　在更高频率上,LNA 的设计流程与在低频段的设计是很相似的,只是电感要更小以适应更高的频率。

　　本幻灯片中给出了一个工作在 5GHz 的 LNA 设计实例。

　　这是个传统的单端共源共栅放大器,同样使用了两个电感,其中源极电感值只有 0.5nH。

　　增加了一个输出匹配网络以获得 50Ω 输出阻抗。

　　噪声系数相当低。

2347　本幻灯片中给出了一个令人感兴趣的电路技术原理图,该技术可以减少由输入 MOST M1 产生的噪声。

　　与大多数放大器一样,该放大器从输入到输出将信号反相。但是,输入晶体管 M1 的噪声电流 $I_{n,1}$ 产生的电压却不会反相。把图示的两个输出信号按照适当的比例相加,将抵消噪声电流 $I_{n,1}$ 对输出端的影响。

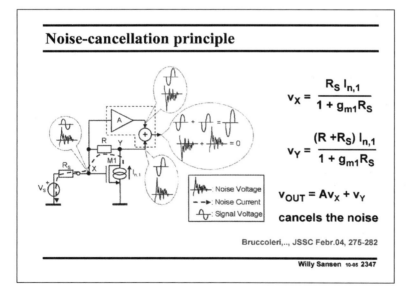

本幻灯片中给出了适当的表达式。
完整的电路在下一张图中给出。

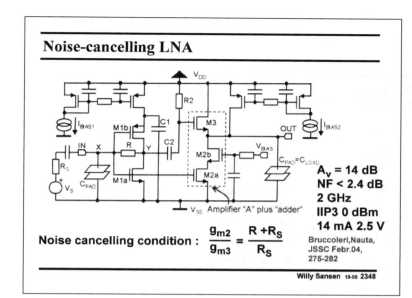

2348 噪声抵消受限于本幻灯片中给出的条件。求和或者相加放大器由晶体管 M2a、M2b、M3 组成。不需要消耗很多额外的功耗，就能实现非常低的噪声系数。

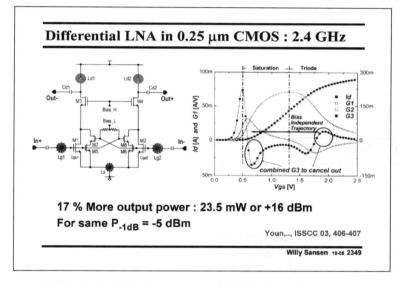

2349 这张幻灯片中给出了一个差分的 LNA。它的优点是对来自衬底和电源线的脉冲干扰和噪声的抗干扰性强。但是，它需要消耗两倍的直流电流。

它由两个共源共栅放大器组成，并在其上加上四个晶体管 M5-M8 来抑制三阶失真。结果−1dB 增益压缩点在−5dBm，这意味着其 IIP3 约为 5dBm，这个值相当大。

失真抵消方案如下。

对于单个 MOST，右图中给出它的电流以及前三阶导数。三阶导数 G3 在 V_{GS} 约为 0.7V 处有个负峰值，在 1.8V 处还有个正峰值。

加上另外一个晶体管组合 M5-M7，使其仅在 0.7V 处有正峰值。把它的电流加到前面晶体管的电流上可以（部分）抵消三阶失真。

显然噪声抵消技术总是受限于不匹配，完全抵消总是很难实现的。但是将 IIP3 提高到 5dBm 通常已经足够了，该例就是这样的情况。

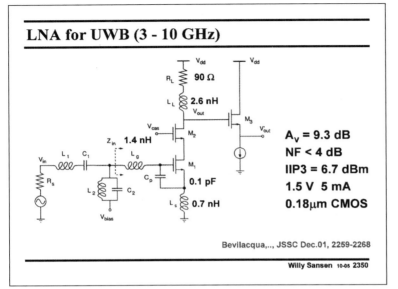

LNA for UWB (3 - 10 GHz)

R_L 90 Ω
L_L 2.6 nH
V_{out}
V_{cas} M_2
z_{in} 1.4 nH
L_g
V_{in} L_1 C_1 M_1
R_s C_p
L_2 C_2 0.1 pF
L_s 0.7 nH
V_{bias}
V_{dd} M_3 V_{out}

A_V = 9.3 dB
NF < 4 dB
IIP3 = 6.7 dBm
1.5 V 5 mA
0.18μm CMOS

Bevilacqua,.., JSSC Dec.01, 2259-2268

Willy Sansen 10-05 2350

2350 一个用于超宽带接收机的宽带 LNA 如本幻灯片所示。

频率从 3GHz 扩展到 10GHz。它已经采用一个非常稳定的 $0.18\mu m$ CMOS 工艺实现了，增益相当低。

将一个 $0.1pF$ 电容 C_p 加到 C_{GS1} 上以便可以通过电感 L_g 和 L_s 更加精确的抵消输入电容。

增加并联的 L_2C_2 网络以便在不影响输入阻抗匹配的情形下扩展频率响应。

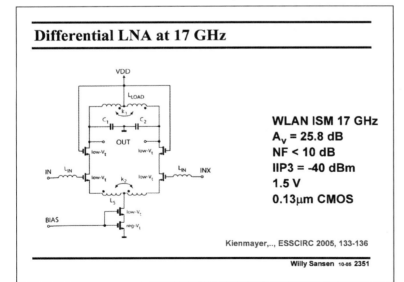

Differential LNA at 17 GHz

VDD
L_{LOAD}
k_1
C_1 C_2
OUT
low-V_t low-V_t
IN L_{IN} low-V_t k_2 low-V_t L_{IN} INX
L_S
BIAS low-V_t
reg-V_t

WLAN ISM 17 GHz
A_V = 25.8 dB
NF < 10 dB
IIP3 = -40 dBm
1.5 V
0.13μm CMOS

Kienmayer,.., ESSCIRC 2005, 133-136

Willy Sansen 10-05 2351

2351 本幻灯片中给出了一个用于 WLAN ISM 频段接收机的差分 LNA。

差分结构的优点在于它能更好地抑制衬底噪声。

输入天线后面必须接一个对称-不对称变换器（balun）。它是一个 RF 螺旋形变换器，将单端输入转变成对称输出。

该电路是常用的共源共栅结构。

增益非常高，所以 IIP3 相当低。

Differential LNA at 5 GHz

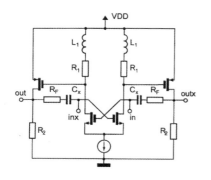

UWB 3 - 5 GHz
A_v = 25.8 dB
NF < 3.6 dB
IIP3 = -22.7 dBm
1.5 V 45 mW
HBM ESD 1.5 kV

Salerno,.., ESSCIRC 2005, 219-222

Willy Sansen 10-05 2352

Table of contents

- Noise Figure and Impedance Matching
- LNA specifications and linearity
- Input amplifier or cascode
- Non-quasi-static MOST model
- More realizations
- **Inductive ESD protection**

Willy Sansen 10-05 2353

ESD protection : Human Body model

- CMOS requires ESD protection
- Protection network deteriorates RF performance
- Standards for testing : Human Body Model
  　　　　　　　　　　　Transmission Line Pulse ...

- Human Body Model :

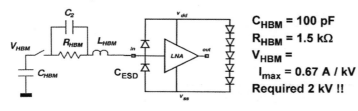

C_{HBM} = 100 pF
R_{HBM} = 1.5 kΩ
V_{HBM} =
I_{max} = 0.67 A / kV
Required 2 kV !!

Willy Sansen 10-05 2354

2352　本幻灯片给出了另一个工作到 5GHz 的 UWB(超宽带)LNA。

因为它是差分的,所以其对衬底耦合的敏感度非常小。它由带电阻反馈的两级增益级组成。

结果其线性度在整个频带都得到了改进。

它的增益非常高,所以 IIP3 相当低。不过我们提供了一个减小增益的模式,这样会得出一个较好的 IIP3。

注意,其中包含了 ESD 保护,输入能承受 1.5kV。因此我们关注 ESD 保护网络对 LNA 性能的影响。

2353　LNA 通常是接收机的第一个有源模块。

因为 LNA 直接通过键合线连到输入焊盘上,它会从外界感受到静电放电电压。

这些电压相当高(kV),可以轻易地击穿输入晶体管的栅极,因此需要一个保护装置。

通常该保护装置由连接到栅极的串联电阻和并联到地的二极管组成,这就为过压构成了一个低阻通路。这一点将在下面详细讨论。

2354　ESD 保护网络可以用多种方法来测试。最简单的 ESD 来源的模型大概是人体模型,它模拟了一个人对一个管脚放电。它由一个可以充电到高达千伏的电容 C_{HBM},通过其放电的小电阻 R_{HBM}(大约 1500Ω)以及接到输入焊盘的键合线电感 L_{HBM} 组成,另外还有一个小的寄生电容 C_2。

因此保护二极管连

到了电源和地,它应该能分流大电流以避免栅极的高电压。在该例中,二极管应该能传导 $0.67\mathrm{A/kV}$ 的过压,二极管占了很大的面积,在 LNA 输入端形成了一个相当大的电容。

在栅极电感 L_{HBM} 的后面,ESD 保护二极管增加了到地的电容,这就使 C_{GS} 的抵消在一定程度上受到影响,结果导致 R 值更小和晶体管尺寸更大。

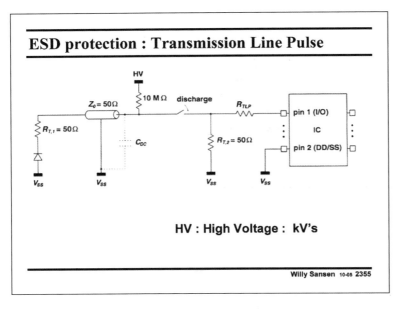

这些电容同样能够抵消掉,但是它通常是优先考虑的,以保持输入匹配网络尽可能地简单。

2355 一个 HBM 模拟了一个人体。另一个着重于输入保护的方法是把传输线($Z_0 = 50\Omega$)充电到非常高的电压,并通过一个连接到输入管脚的大电阻 R_{TLP} 放电。

加上电阻 $R_{T,1}$ 和 $R_{T,2}$ 以避免在两端的反射。左端的二极管用来避免在充电时对地的泄漏。

通常采用下面的测试程序。

高压测试在两个管脚间进行(这里是管脚 1 和管脚 2)。首先测试两管脚间的泄漏电流,然后要对它采用高电压放电,并再次测量泄漏电流。放电电压逐步上升直到泄漏电流超过正常值。一个这样的 TLP 测试实例将在本章的最后给出。

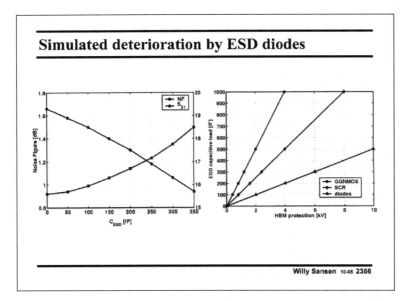

2356 为便于说明,图中示出了 ESD 电容对一个 1.6GHz LNA(采用 $0.25\mu m$ CMOS 工艺实现)的噪声系数的影响。电流是 6mA,输入 C_{GS} 大约是 0.15pF。

当 C_{ESD} 增加到 0.35pF 时,噪声系数从 0.9dB 上升到了 1.5dB,功率增益从 19.3dB 下降到了 15.7dB。

如第二张图中所示,该 ESD 能给 LNA 提供较好的保护。

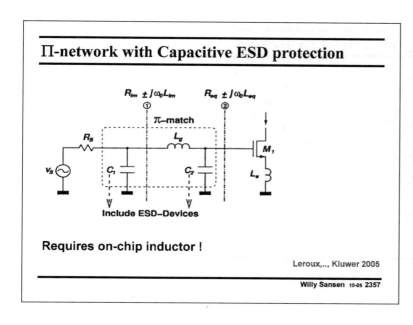

2357　如果采用容性保护装置,最好将它们接成 π 型网络,如本幻灯片中所示。在其间再加上一个电感 L_g 在某种程度上能强化保护性能,实际上该电感太小了以致不能在 ESD 频段上起到作用,它确实在 RF 频段上能起到输入阻抗匹配的作用。

同样地,任何 MOST 栅极到地之间的寄生电容都可以被归为 ESD 装置的电容 C_2 中,在高频 LNA 设计过程中,必须

考虑后一个电容 C_2。

这样一个 π 型网络的设计并不容易,因为可以有更多的设计自由度。不过,主要的考虑是使 C_1 尽可能地小。

当电感 L_g 上有串联电阻(典型值 $2\Omega/nH$)时,噪声系数将有一定程度的减小。

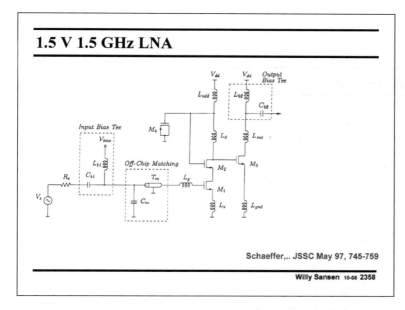

2358　在这张幻灯片中显示了一个 π 型网络的实例。

ESD 保护的电容 C_m 也是匹配网络的一部分,它连同输入电容 M1 构成了 π 型网络。

这个 LNA 是一个单端共源共栅放大器,其第二级放大级提供了一个 50Ω 的输出电阻。

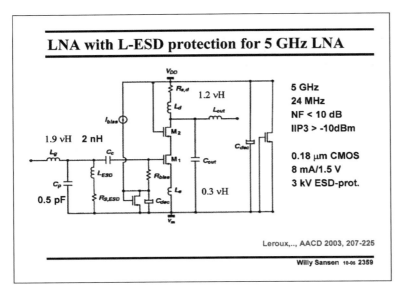

2359 作为 ESD 保护,也可以使用电感而不是电容,如本幻灯片所示。

采用电感 L_{ESD} 来把低频 ESD 电流短路到地,同时电感也和寄生电容 C_p 构成并联谐振网络,这样其对 RF 电压来说就是不可见的。

显然,ESD 电感也有串联电阻 $R_{S,ESD}$,显然应该使这个电阻最小。

电容 C_C 是 RF 电压的耦合电容,低频的 ESD 信号有一个到地的低通滤波器通路,高频 RF 信号有一个连接到栅极的高通滤波器通路。

这种保护的优点在于,对于一个容性保护必须增加一个电感以抵消保护元件的寄生电容,而对于一个感性保护无须增加任何器件。保护电感可以用来抵消存在的寄生电容。

感性保护下噪声性能也更优,因为无须增加串联到输入栅极的电阻。

电感 L_{ESD} 是 2nH;它由五个排成一列的二极管实现,仅有 3Ω 的串联电阻。它大约占 $130\mu m^2$ 的面积,该电感形成一个与 C_p 并联的 $1k\Omega$ 电阻,该阻值足够高,不会影响噪声性能。

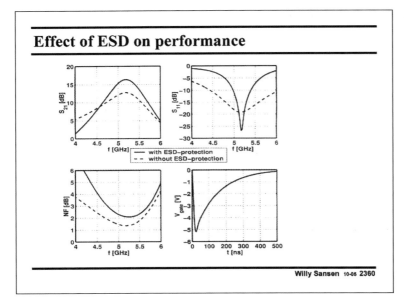

2360 如本幻灯片所示,增加的 ESD 保护在相当程度上改变了电路特性。

在 5GHz 中心频率附近,增益(s_{21})增加了,但是噪声系数也增加了。除了一个特殊的频点,输入阻抗(s_{11})对 50Ω 的偏离较小,显然该频点取决于调谐元件的值。

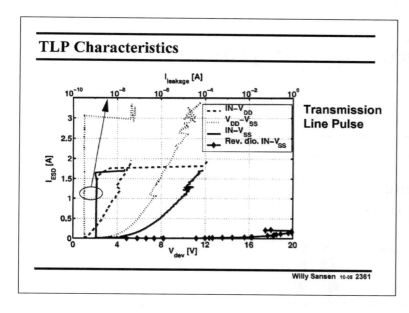

2361 这张幻灯片中给出了对保护网络进行的 TLP 测试结果。

在流过大 ESD 电流前后的泄漏电流如图所示,这由四个管脚的组合来完成。

从输入端流向正电源(V_{DD})以及流向地(V_{SS})的容许电流都非常大。10V 的输入电压可以达到 1A 的对地电流。这与高达 3kV 的静电放电电压相一致。

2362 本章讨论了工作在高频(RF)的低噪声放大器(LNA)。

在输入(以及输出)阻抗匹配约束下,对 LNA 进行了优化以达到低噪声和低失真的要求。

推导了阻抗匹配和噪声匹配的基本表达式。比较了两种主要的结构,结果表明放大器输入结构总比共源共栅输入结构的性能更好。

在高频段,有时要考虑 MOST 的非准静态特性,这在工作频率大于 MOST 的 $f_T/3$ 时肯定是需要的。

对多种 LNA 的实现方式进行了评论,它们都有相似的电路结构,但在速度、噪声和失真方面采取了不同的折中。

最后,重点关注了 ESD 保护。确实,LNA 是接收机的第一级有源模块,它受到闪电和其他静电放电的约束。必须增加二极管和 MOST 之类的保护器件,这会导致在更多功耗和/或更多噪声的方向上采取折中方案。

第 24 章　模-数混合集成电路的耦合效应

Coupling effects in Mixed analog-digital ICs

Willy Sansen

KULeuven, ESAT-MICAS
Leuven, Belgium

willy.sansen@esat.kuleuven.be

Willy Sansen 10-05 241

241　如今大多数集成电路都把数字模块和模拟模块实现在同一衬底上。处理器中包括各种 ADC 和 DAC,RF 模块也被增加到数字处理器中,另外还有更多模-数混合的例子。

两种类型的电路之间会出现耦合,因为数字模块常常会在电源线和地线上产生脉冲干扰,模拟放大器则对此干扰比较敏感。

为了避免这些高性能的模拟功能块在动态范围上的恶化,必须将耦合最小化。

本章将讨论这个问题。首先,将几种耦合来源进行分类,对版图技术进行讨论以减小耦合。也会关注电源抑制比,以及对特定的放大器模块如何估计 PSRR。

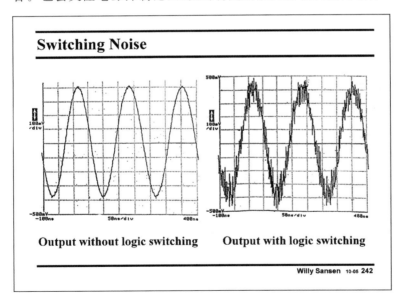

Switching Noise

Output without logic switching　Output with logic switching

Willy Sansen 10-05 242

242　当一个正弦波进行高频谱纯度分析时,耦合现象最为清晰可见。在同一个衬底上的逻辑功能的切换信号会在信号波形上感应产生高频噪声,这就是耦合的结果,它使信噪比(SNR)显著恶化。现代混合信号电路中必须避免这一现象。

243　关于耦合,需要研究三个现象。

第一个现象是噪声的产生。数字电路通常需要有一个时钟,它们会通过电源线产生电流脉冲干扰,从而导致在电源线和地线上产生电压脉冲干扰。

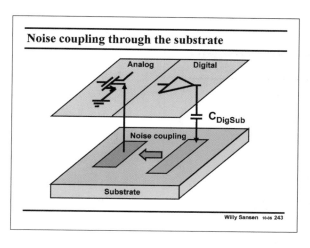

因为每个输出和衬底之间都有一个电容 C_{DigSub}，所以这些脉冲干扰就被注入衬底上。它们有很宽的频谱，这也就是它们被称为噪声的原因。

第二个现象是噪声传输，噪声传输到存在着模拟电路的其他衬底部分。这显然取决于衬底的种类，取决于是否存在外延层等因素。

第三个现象是这些噪声被灵敏的模拟电路拾取。每一个晶体管都把衬底作为一个输入，它将衬底噪声转变为漏极电流，结果信噪比受到衬底噪声的严重影响。与之有关的最重要指标是 PSSR，即电源抑制比。

所有的模拟电路最好都设计成全差分结构以尽可能地抑制衬底噪声。但是，失配会妨碍这种抑制功能，进而限制了混合信号电路能够达到的 SNR。

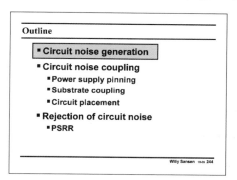

244 首先关注一下噪声在衬底中的产生。

然后是噪声在衬底上的传输，或者说通过衬底耦合到模拟部件中。

最后是噪声被模拟电路所拾取。

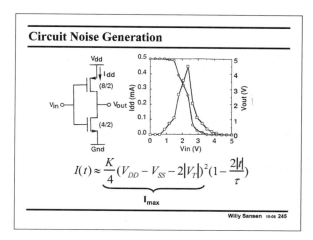

245 任何数字门都会在其输出端产生逻辑 0 到逻辑 1 的跳变，或反之。这种跳变将在衬底和地之间产生电流脉冲干扰。例如，在一个简单的 CMOS 反相器中，很容易描述电流脉冲干扰，如本幻灯片所示。

脉冲干扰的幅度显然取决于使用的晶体管尺寸。因为处理器中有成百上千的数字门，所以总电流可能相当大，并且有很宽的频谱。

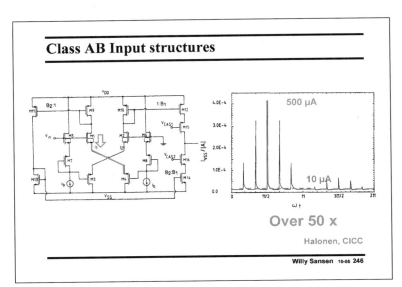

246 但是,模拟电路也会产生电流脉冲干扰。例如 AB 类放大级在工作时会产生比静态时大很多的电流。本幻灯片中是一个 AB 类输入级的例子。如果输入电压比较高,可能会使电流变得非常大,当通过电源正极监测电流时,就可以看到大的电流脉冲干扰,几乎是静态时的 50 倍。

显然,这个放大器用于开关电容滤波器。在每个时钟周期,运放被大信号驱动,导致电流脉冲干扰的产生。

现在可以在下述两方面采取一个重要的折中方法。一方面,AB 类电路可以使得静态功耗显著地减少,但是另一方面,它们又会产生削弱 SNR 的电流脉冲干扰。

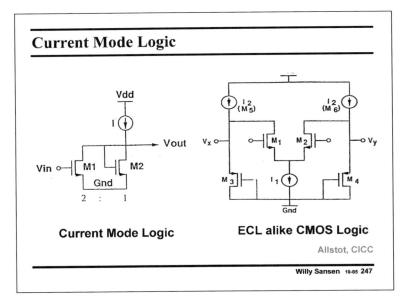

247 是否所有的数字门电路都会产生电流脉冲干扰?回答是否定的。电流脉冲干扰在 CMOS 逻辑电路中较为典型。在零输出状态或 1 输出状态时没有电流消耗,仅在状态跳变时才会消耗电流,这就是 CMOS 逻辑电路的优点,静态功耗很低,但是静态功耗随着频率的上升而增加。

有许多其他类型的逻辑器件连续地消耗电流,基于双极型工艺的 ECL 或者基于 CMOS 工艺的电流模逻辑(见本幻灯片)就是典型的例子。因为连续地消耗电流,功耗很大,但是优点是电流脉冲干扰很少。

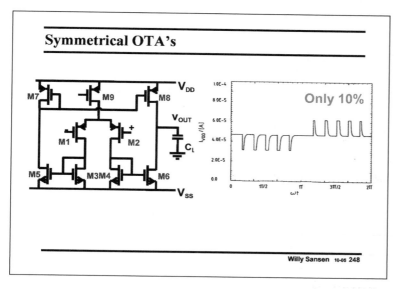

248 即使是 A 类放大器也会产生电流脉冲干扰,本幻灯片中是一个 A 类对称 OTA 的例子。

当它用于开关电容滤波器时,会在每一个时钟周期中出现电流脉冲干扰。事实上,对负载电容 C_L 的快速充电,会产生一个从电源正极通过 M8 到 C_L 的电流脉冲干扰。

同样,对负载电容 C_L 的放电,会产生一个通过 M6 对地的电流脉冲干扰吗?

这些脉冲干扰没有 AB 类电路中那么大,但它们并非不可见。

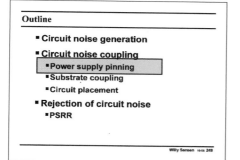

249 已经知道,数字和模拟电路都会产生大量的电流脉冲干扰。现在必须研究出如何防止这些干扰流向存在有模拟电路的其他衬底部分,因为无论什么信号到达这些模拟电路的栅极或其下方的衬底都会被模拟电路检测到。

管脚的分布也起到很重要的作用,将先讨论它。

通过衬底的纵向传输是另外一个重要的因素。

最后,可以使用版图技术来减小耦合。

2410 芯片封装的管脚一般来说通过键合线连到焊盘上。这些焊盘通过金属线连接到有源电路上。键合线和长金属线,无论是在芯片上还是封装中都会存在一些电阻,尤其存在着电感。在高频(或者时钟)时,这些电感会表现出高欧姆值的阻抗。事实上,

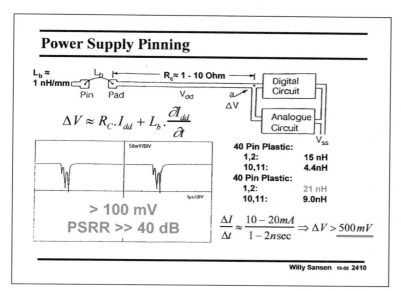

高速的时钟上升时间很短,因此会产生很大的阻抗,沿着这个焊盘和连线上的电压降 ΔV 会很大。

键合线电感约为 1nH/mm。它取决于连接到哪一个管脚,一个 40 管脚、塑料封装的芯片,连接到片上有源电路的电感可能达到 21nH。一个 20mA 幅度,上升时间为 2ns 的时钟电流脉冲干扰会产生 210mV 的电压降。与逻辑电平相关,这个压降可能会达到 500mV。

这个电压降是由流向数字电路的电流造成的,在数字和模拟电路模块的电源线上都会出现该压降。结果是模拟电路的电源抑制比(PSRR)会受到严重影响,大概不会超过 40dB。

2411 键合线也会导致地线反射(ground bounce)和电源线反射(supply line bounce),如本幻灯片所示。

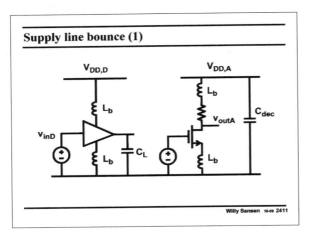

一个输入电压为 v_{inD},电源电压为 $V_{DD,D}$ 的数字门电路紧靠一个模拟放大器,这个模拟放大器有一定偏置电流、电源电压为 $V_{DD,A}$。后者的电源线有一个去耦电容 C_{dec},以抑制噪声和纹波。

所有到电源的连线都包含键合线,我们检测模拟放大器在数字信号 v_{inD} 激励下的输出电压 v_{outA},两个电路之间唯一的耦合来自地线,因为两者是共地的。

下面将要得出的结论是:在模拟放大器的输出端能观察到数字门电路的输出跳变。

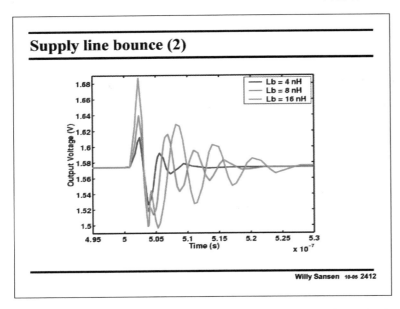

2412 在数字门上的逻辑跳变的确会导致模拟输出信号的摆动,摆动幅度主要取决于键合线电感的大小,电感越大,摆幅越大。

必须缩短键合线,或者用倒装键合来代替,后面将进行讲述。

在 2004 年 7 月 JSSC 杂志的 1119～1130 页,Badaroglu 给出了关于地线反射更详细的分析。

2413　对于管脚布局最好的方法当然是避免共用电源引线或地线。本幻灯片中最上面的方案是最好的一个,当然它需要多用一个管脚。

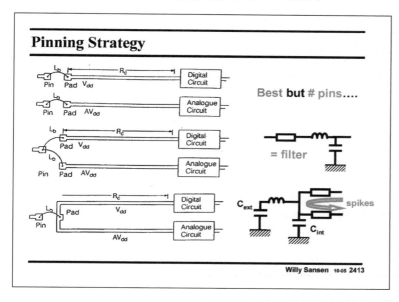

另外两个方案差一些。每个焊盘和地之间有一个电容,而且还串联了一个电感,这是键合线的模型。

现在很清楚的是,这两种方案都是在两个电源之间形成一个滤波器,中间一个方案又要比最下面的好。

最下面的连接方案中,管脚本身和所有与其相连的外部去耦电容都因为键合线电感而与电源引线相隔离。显然这是所有可能的方案中最差的一个。

2414　如果传感器前置放大器后接一个DSP模块,则键合线再次起到重要的作用。输入和输出模块实际上都是模拟的。核心模块是DSP,其前级是ADC,后级是DAC,它们都是片上的。而传感器和输出都是片外的。

如何连接电源引线和地线呢?

衬底与模拟地相隔

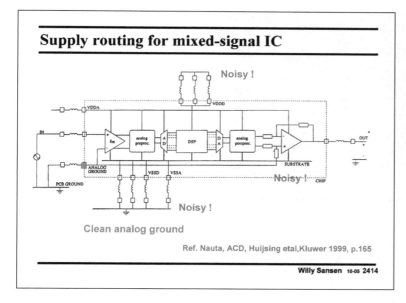

开,这些模拟地仅仅留给片上输入和输出放大器,并且连到片外传感器的地。

衬底单独取出来,与外部的地线相连,在这个到“地”的连接中,使用了许多相互平行的并联键合线,因为这个到“地”的连接是模拟电路和数字模块共用的。因此采用了两个单独的管脚 VSSA 和 VSSD。

电源电压也是通过两个单独的管脚 VDDA 和 VDDD 连入的,同样,数字电源管脚使用了多根键合线。

已经采取了所有的必要措施以避免耦合。对于耦合,最敏感的连接点是输入放大器的模拟地,由于没有使用差分传感器,该点会拾取来自衬底或者外部 PCB 板地线的噪声,所以我们总是倾向于采用差分传感器。

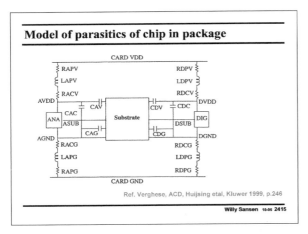

2415 对模拟和数字模块之间的耦合进行建模并不总是很容易的。如本幻灯片所示,可能要用一个电阻电容网络。但是,要得到这些网络元件的真实值可并不容易。

模拟和数字模块都通过电容耦合到公共衬底,这可以用电阻电容网络来建模。模拟和数字模块都有各自独立的管脚来连接电源引线和地线,它们都包括电感以及串联的小电阻。

外部的电源引线和地线位于最上方和最下方。

这个方法适用于足够小以致不必进一步细分的模拟和数字模块,如果模块需要进一步细分,模拟时间就会大大增加。

2416 在这个例子中,我们尝试得出合理的管脚数。

最大的管脚数是 9,这显然难以接受。某些管脚可以组合使用,以减少数目。下面加以分析解释。

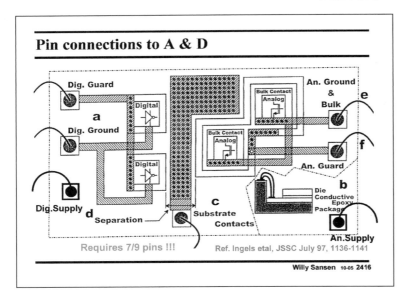

9 个管脚中可以分出 4 个用于模拟部分,4 个用于数字部分,1 个用于中间屏蔽。这个屏蔽是一块有一定宽度的金属板,以便把模拟和数字模块尽可能远地隔开。它还应当尽量地深,因而可连到下方的深扩散区。

4 个模拟管脚安排如下:

电源正极引线,地线,衬底,保护环。

有时,衬底可以和电源的某一极(正极或地)相连。不过,这并不总是可取的,原因稍后说明。保护环是包围最敏感的模拟放大器的扩散区,它们用来吸收来自数字部分的横向传播噪声,当然它们并不能拾取多少垂直方向上的噪声,这点在后面会更加详细地讨论。

数字模块也可以有 4 个管脚,尽管实际上只用到两个:电源正极引线和地线。

Rules for pin connections

- The analog and the digital power supply are separated
- The analog ground and the power supply are connected to the outside world with multiple bondwires
- The respective power supplies' bondpads are placed closely to each other to prevent ground loops
- Integrated decoupling capacitors are provided for both the analog and the digital power supplies
- All biasing voltages are internally decoupled to the correct power supply
- The optical input is differential with a dedicated ground bondwire
- The input bondwire is far from the noisy output and power supplies
- A large substrate contact provides a good connection with the heavily doped bulk
- All analog transistors are closely surrounded by substrate contacts that are biased with the analog ground
- All digital transistors are closely surrounded by a guard-ring that is biased with a dedicated clean voltage
- The analog and the digital circuits are separated by a distance that corresponds to approximately 4 times the epi-layer thickness
- A supplemental guard-ring biased with a dedicated voltage is provided between the analog and the digital subcircuits.

Willy Sansen 10-05 2417

2417　结合上述一些有关管脚的有用建议,这里重新列出这些结论,在此不再赘述。

引脚连接的规则

- 模拟和数字的电源各自分开。
- 模拟电路的地和电源与外部相连时使用多根键合线。
- 应将各自的电源键合焊盘相互靠近放置以避免构成接地环路。

- 模拟和数字电源都应该使用集成去耦电容。
- 所有的偏置电压经内部去耦,与正确的电源产生连接。
- 光输入用带专用接地键合线的差分输入。
- 输入键合线必须远离含有噪声的输出端以及电源。
- 大面积衬底接触可以提供与重掺杂衬底的良好连接。
- 所有的模拟晶体管用衬底接触区域紧密包围,这些衬底接触区域连到模拟地。
- 所有的数字晶体管用保护环紧密包围,这个保护环用一个"纯净的"电压专门偏置。
- 模拟和数字电路应该隔开一定的距离,这个距离大概是 4 倍的外延层厚度。
- 在模拟和数字子电路之间增加一个由专门电压偏置的保护环。

2418　本幻灯片中给出另一种减小噪声技术的总结。

减小噪声技术

■ 在噪声源端产生的

Noise reduction techniques

- ■ At noise sources side
  - ■ Reduce substrate noise generated by the cells, Switching activity reduction techniques
  - ■ Switching activity spreading techniques
- ■ At noise receiver part
  - ■ Design techniques (fully differential design, etc …)
  - ■ Layout techniques (fully differential implem. …)
  - ■ Separate, and multiple, supply bonding pads
  - ■ Guard ring close to the transistors
  - ■ Buried layers under the transistors
  - ■ On chip decoupling capacitances

Willy Sansen 10-05 2418

- 减小由各个单元产生的衬底噪声,开关效应减少技术;
- 开关效应传输技术。
  - ■ 在噪声接收端产生的
    - 电路设计技术(全差分结构等);
    - 版图技术(全差分实现);
    - 各自分开的、多个电源键合焊盘;
    - 保护环紧靠晶体管;
    - 晶体管下方的掩埋层;
    - 片上去耦电容。

也作了一些尝试以减小噪声的产

生。数字开关效应传输有助于减小噪声产生的频谱分量。

在模拟接收机端,注意到掩埋层可以用来屏蔽晶体管,以阻止来自垂直方向的噪声,这确实是一个非常有效的技术,但是掩埋层并不总是存在的。

通常,去耦电容需要占用相当多的芯片面积,它们是些局部连接的小电容,在高频时可以提供到"地"的低阻抗。

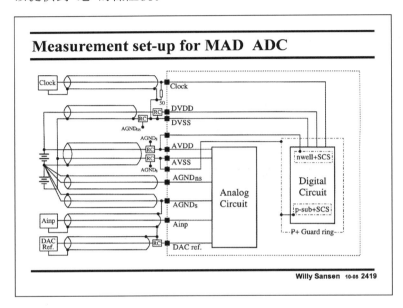

2419 实际上,适用于印制电路板(PCB)的避免噪声耦合的技术同样适用于硅芯片。

因此给出一个同时包含数字和模拟模块的印制电路板的例子,它被连接到装置的几个部分。

显然所有的电源引线都各自分开,而且所有连接电缆的屏蔽层都单独与外部的地相连接。衬底或者 PCB 板的地平面也分别与外部地相连接。

2420 片上去耦合并不总是能够起作用。

本幻灯片中给出了一个例子,其中去耦合弊大于利。

采用了一个单独的数字门,当加入逻辑 1 时,进行切换。它由一个负载电容来构成负载。它的电源引线通过键合线电感相连接,电源电压在门的端口处测量。

如果没有去耦电容,在电源引线上会检测到

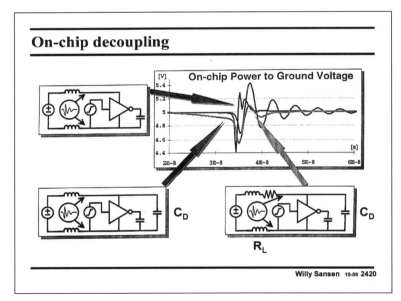

高频振荡。门端口处跨接的去耦电容 C_D 会和键合线电感形成振荡,它的振荡频率比前面的低,但是幅度更高。

串联一个电阻 R_L 可以阻止振荡,但会引起电源引线上产生直流压降。

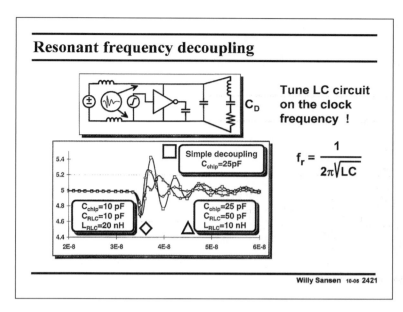

Resonant frequency decoupling

Tune LC circuit on the clock frequency !

$$f_r = \frac{1}{2\pi\sqrt{LC}}$$

Simple decoupling $C_{chip}=25pF$

$C_{chip}=10\ pF$
$C_{RLC}=10\ pF$
$L_{RLC}=20\ nH$

$C_{chip}=25\ pF$
$C_{RLC}=50\ pF$
$L_{RLC}=10\ nH$

Willy Sansen 10-05 2421

2421　一个更好的方法是在去耦电容 C_D 两端跨接一个 RLC 串连谐振电路。

RLC 串联谐振电路在谐振频率 f_r 处提供了一个阻抗零点,因此它是阻止在这个频率上振荡的理想电路。

如果该谐振频率可以调谐到去耦电容和键合线电感的振荡频率上,那么这个衰减可以使振荡停止。

如果振荡出现在时钟频率上,那么很容易将 RLC 谐振电路调谐到这个时钟频率上,它并不像听起来那么严重。本幻灯片中已给出一些典型的值。

2422　既然对如何处理键合线电感已经有了更好的认识,让我们看看衬底起了怎样的作用。

显然,噪声从数字部分传给模拟部分的主要途径是衬底。

2423　本幻灯片中显示了几种可能使用的衬底。

上面的衬底有外延层,下面的则没有。

通常,外延层掺杂浓度相当低(有一个高电阻率)以便设置 MOST 特性。但衬底的掺杂浓度高(有一个低电阻率)以使电流流过时压降较低。结果,电流从注入极至接收极以垂直方向到达 P＋扩散区,同时鉴于衬底的低电阻率,不用考虑注入极到接收极的距离因素。

一个问题是,在外延层水平方向的电流不存在的条件下,注入极到漏极的距离能有多近? 答案是两个扩散区之间的距离大约大于外延层厚度的四倍时,可以认为外延层中不存在水平方向的电流。

Outline

- Circuit noise generation
- Circuit noise coupling
  - Power supply pinning
  - Substrate coupling
  - Circuit placement
- Rejection of circuit noise
  - PSRR

Willy Sansen 10-05 2422

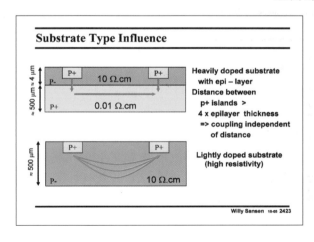

Substrate Type Influence

≈ 500 μm ≈ 4 μm

P＋　　10 Ω.cm　　P＋

P-

P＋　　0.01 Ω.cm

Heavily doped substrate with epi – layer

Distance between p+ islands >
4 x epilayer thickness
=> coupling independent of distance

≈ 500 μm

P＋　　　　　　P＋

P-　　10 Ω.cm

Lightly doped substrate (high resistivity)

Willy Sansen 10-05 2423

如果没有外延层时,整个衬底的掺杂浓度就较低。结果是电流从左边 P＋岛(注入极)进入衬底,并在右边 P＋岛(即接收极)再次被收集。于是水平方向和垂直方向的电流都存在于 P+ 区周围。

此时距离的作用是：距离越大，两个岛间的电阻越大。

2424 这个实验更详细地研究了注入极（右侧）和接收极（左侧）间距离的影响。

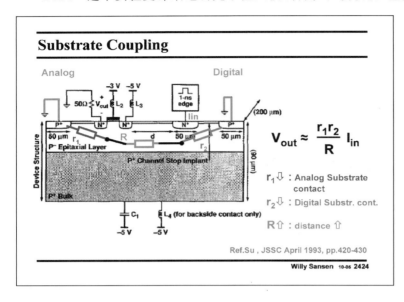

一个电流短脉冲注入到 N+ 岛，并会产生至两个 P+ 区接地点处的电流，分别是右边的数字接地和左边很远处的模拟接地。左面加入了一个 nMOST 晶体管，它被偏置为一个带 50Ω 源极电阻的源极跟随器，对其源极测量输出电压。

左边 P+ 岛连接到模拟"地"，它实际上是模拟部分的衬底接触区，这里也是 nMOST 源极跟随器所在的地方。衬底接触区和 nMOST 源极之间的横向电阻由 r_1 表示，它的值必须比较小。

类似地，数字注入极和相应的衬底接触区之间的横向电阻由 r_2 表示，它的值同样也必须比较小。

模拟 nMOST 和数字注入极之间横向电阻由 R 表示，R 越大越好。

如本幻灯片中所示，确实在 nMOST 源极跟随器的源极感应到了电压 V_{out}，这个电压由输入电流 I_{in} 引起。这个电流主要流向数字地，并在数字 P+ 区下方的外延层产生电压 $r_2 I_{in}$，这个电压会通过一个由 R 和 r_1 构成的电位分压器在输出端感应到。

2425 本幻灯片中给出了输出电压 V_{out} 随注入极和接收极之间的距离变化的关系曲线。

没有外延层时，在轻掺杂衬底上的电流流过了一个很大的电阻，结果输出电压很大，而且反比于距离。

当衬底上加一个低掺杂外延层时，结果是一样的。事实上，电流仍然

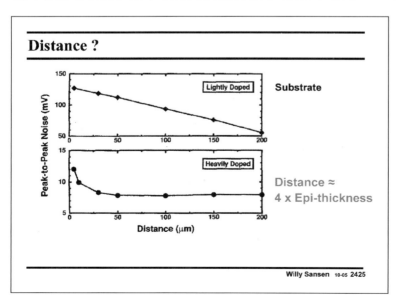

会流过一个很大的且正比于距离的电阻。

当仅仅使用重掺杂衬底时,所有的电流直接流向衬底并沿着衬底流向其他区域,距离就不再重要了,而且由于衬底电阻很小,输出电压会很小。

只有当两个区之间的距离小于外延层厚度的 3～4 倍时,才有一些电流通过外延层。此时电阻比较大,输出电压也相应比较大。

一个设计者必须知道特定 CMOS 工艺下所使用的衬底种类。

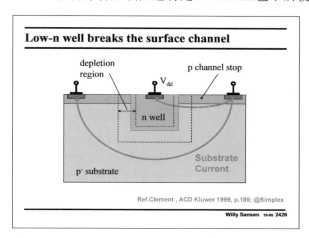

2426 如果没有外延层,那么减少耦合唯一剩下的补救方法就是延长距离。

这也并不完全正确,也可以使用第三维。

本幻灯片中给出了一个例子,在注入极(右边)和接受极之间,加入一个连接到电源电压上的深扩散区(如 n 阱),结果形成了一个宽的耗尽区。

这个 n 阱扩散区以及它的耗尽区起到了隔离注入极和接收极的作用。

通过这个方法,从注入极到接收极的电流通路变得更长,电阻变得更大,耦合变得更微弱。

2427 记住,所有这些接触区都需要独立的管脚。

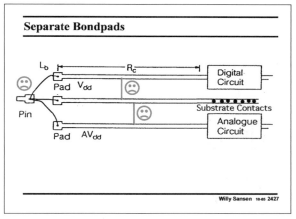

例如,一个数字模块的电源引线(或者地线)和模拟模块的电源引线(或地线)平行走线,产生了容性耦合。

上方覆盖金属的深扩散区加在两者之间会显著降低耦合,更好的办法是将三根键合线引向不同的管脚。

2428 可以通过注入极和接收极之间的深沟隔离获得更好的隔离。这张幻灯片的例子中,在左右两边区域中,刻蚀了一个深沟。而且,两边区域都有掩埋层,它可以理想地屏蔽垂直方向上的电流。

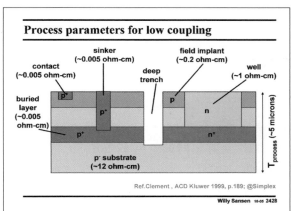

在右边的 n 阱中放置 pMOST 器件,而在左边区域放置 nMOST 器件。两者之间的隔离接近完美,因为深槽切断了大部分硅。

使用两块不同的芯片当然更好了,但这需要更昂贵的封装。

2429 保护环对于屏蔽水平方向的电流非常理想,本幻灯片说明了这一点。

保护环是高度掺杂的环形扩散区,环绕敏感的晶体管或者放大级,与其下方的材料同等掺杂。如本幻灯片所示,在 P 外延层中,保护环是浅 P + 扩散。

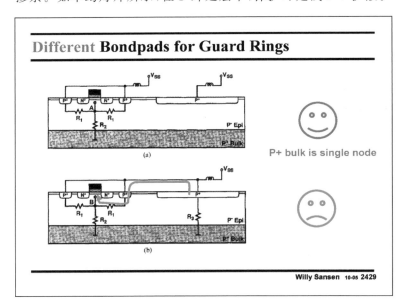

加保护环的目的是为了拾取外延层水平方向和沿表面流出的电流。

衬底接触区(右边)通常是单独的,并且连接到单独的管脚,如图(a)所示。

如果为了省掉一个管脚而把衬底接触区和保护环接触区连到一起,如图(b)所示,来自衬底接触区的电流可以通过保护环接触区重新进入硅衬底,并到达晶体管,这种情况最好避免。

2430 两条平行线在水平方向上的耦合是纯容性的。不过,这只是针对非导电性衬底而言的。

图中显示了有一定距离的两个平行导体之间的耦合,在 1GHz 时,这样的隔离约有 60dB,它是纯容性的,显然会按 20dB/dec 减少。仅仅在有理想隔离的 SOI 衬底上,才是上述情况。

实际上,可以算出这个电容。如本幻灯片所示,对于两个 A 区域,间隔距离 D 远大于区域 A

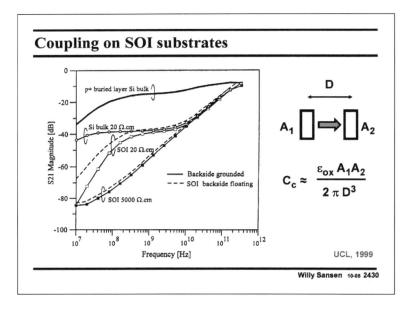

的尺寸。假设介质是纯二氧化硅。

这些曲线显示出,如果掺杂浓度增大,隔离会变得更加阻性。对于特别掺杂的 SOI(约 $20\Omega cm$),在 200MHz～10GHz 时,耦合是阻性的,这对有相同低电阻率($20\Omega cm$)的体硅同样适用。令人感兴趣的 SOI 在这个频段还没有显示出优势。

体硅的隔离就比较糟了,对于超过 100MHz 的频段,它的隔离性能非常差,耦合呈电阻性,如前面所示,可以用电阻来建模。

在很低的频段,隔离度会很大。这时,它主要受限于反偏二极管(漏极-衬底等)的泄漏电流。

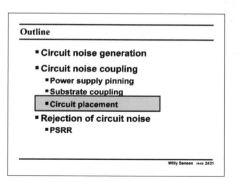

2431 既然知道在衬底上需要怎样的隔离,现在考虑怎样对衬底上的传输进行建模,以及可以总结出怎样的版图规则。这主要基于对带有噪声源并结合敏感的前置放大器的较大衬底进行模拟,有时也可利用实验数据。

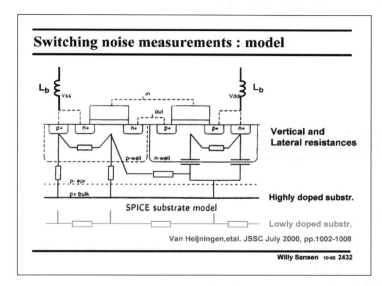

2432 对所有的衬底电阻和电容进行建模是一项很乏味的实验工作,但这却是在仿真中获得准确数据的唯一途径。采用这种方法,可以估算出键合线电感的影响,本幻灯片给出了一个例子。

这是一个用 n 阱CMOS 工艺制作的 CMOS 反相器的剖面图。实际上,这是一个双阱 CMOS 工艺,因为在 p 衬底上它也同时提供了 p 阱以制作 nMOST。

所以这两种情况都要予以考虑,即高注入掺杂的衬底,它可以看成等电位面;而低掺杂的衬底则可用水平方向电阻或是阻抗来建模。

p 阱中的 nMOST 有一个 p + 衬底接触区,通过键合线 L_b 将源极连接到地。所以 nMOST 的沟道区域与其衬底接触区域之间存在水平方向的电阻或阻抗。另外,还有两个电阻或阻抗分别将沟道区域和衬底接触区域与衬底相连接。

同样,pMOST 的沟道区域和衬底接触区域之间也有一个水平方向的电阻或阻抗。而且,衬底上的 n 阱耗尽区要用两个单独的电容来模拟。另外,在这两个晶体管之间的区域也需要一个水平方向的电阻或阻抗来模拟。

所有的这些电阻或阻抗都是分布式的,对其建模并不容易。

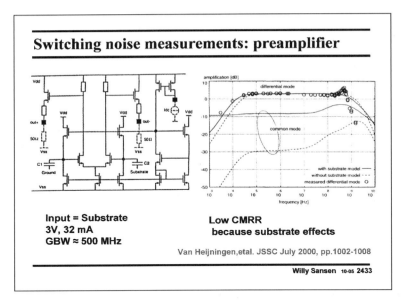

2433 为了测量出衬底噪声,就需要如图所示的宽带放大器。它是一个单级差分放大器加源极跟随器输出。它的共摸抑制比(CMRR)受到了不均匀衬底阻抗的限制,但它却能提供500MHz的GBW。

测量外部地与衬底间的电位差,二者之间是容性耦合的,输出电压包括了衬底在水平和竖直方向阻抗重新分布后所产生的全部噪声,如前所述。

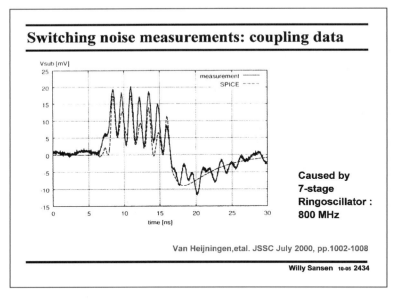

2434 输出电压如图所示,噪声是由环行振荡器产生的,它可以在开通和关断之间切换,它的频率是800MHz。

显然可以看到,在模拟电路的 MOST 的衬底区存在 800MHz 的频率,它可视作加在 MOST 背栅极上的输入信号。

并且,该图也反映了水平和垂直方向上的电阻或阻抗的模型是有效的,测量结果与 SPICE 分析结果的差别也不大。

总之,建立分布式的水平和垂直阻抗模型是很有必要的,这样就能通过仿真来预测耦合情况。

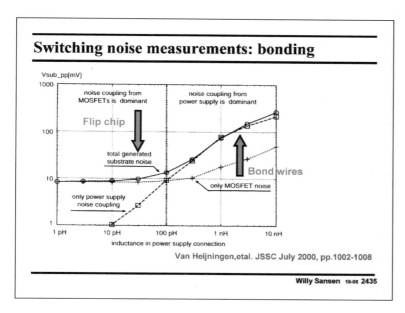

2435　从相同的数据中,可以从中提取出键合线的影响来做进一步的分析。

噪声在衬底上产生,并通过衬底耦合到模拟 CMOS 反相器上。如果键合线呈大电感,那么噪声电流将不会流出衬底接触区。因此,模拟电路下方衬底中的噪声电平比较高。

幻灯片中噪声反映出了衬底上得到的电压与键合线电感之间的关系。只有倒装键合才能获得很小的电感,这时电源引线和地保持零阻抗。剩下的就是到 MOST 源极和漏极的直接耦合了。

转折点似乎约为 0.1nH,这约相当于 0.1mm 长的键合线,键合线长度很短,也是不切实际的。

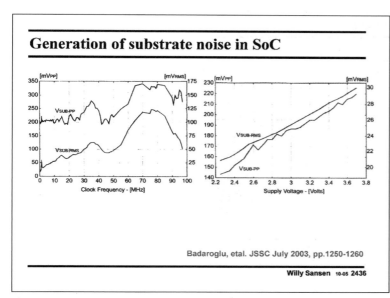

2436　在前面的例子中,是用一个 7 级的环行振荡器作为噪声源,仅仅采用单级 CMOS 反相放大器作为接收端。这里可以扩展到更大的一个范围:把有 220-K 个门电路的通讯芯片作为噪声源,WLAN 调制解调器作为接收端,键合线电感有 6nH。

在左图中,峰峰值和 RMS 噪声都显示出来了,通过仿真也能发现 75MHz 附近出现了最大峰值。对于所有的寄生电容和电阻,都引入了精确值。

噪声与电源电压之间存在相当线性的关系。这是在衬底中电流注入增加的结果,电流注入会随电源电压线性增加。

同时也发现,输入/输出缓冲器和数字门电路一样产生了大量的噪声。

2437 在这张幻灯片中,采用了另外一种衬底模型来仿真在更为复杂电路中的噪声耦合。图中显示了 CMOS 反相器以及它的衬底接触区。它产生了大量的电流注入衬底,而衬底用电阻栅格来建模。

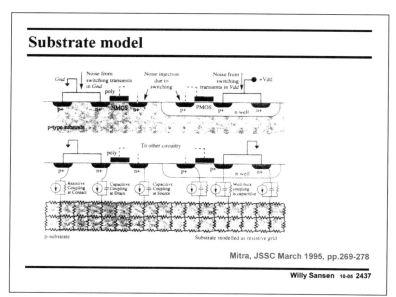

噪声电流有不同的来源,比如电源线开关瞬间,输出漏极的瞬时切换等等。这些都可以用各自独立的输入电流源来表示。这些电流源或者与电阻并联(在没有 PN 结时),或与电容并联(有 PN 结时)。

要发现电路中哪些节点有较高的噪声耦合,哪些耦合相对较小,则需要长时间的仿真。

下面给出实例。

2438 显然,仿真需要的时间非常依赖于栅格的分辨率,模拟时间随节点的增多而高阶增长。因此,只能分析处理部分的电路,这取决于所用的计算机性能。

图中给出了一个在其周围分布了 3 个噪声源(左下图)的放大器的等噪声曲线(噪声等高线),显然,这些噪声源产生了很多噪声,甚至在放大器所在的版图中央(A 点)也是如此。但是,增加一个保护环(右下图)后,能把噪声等高线压

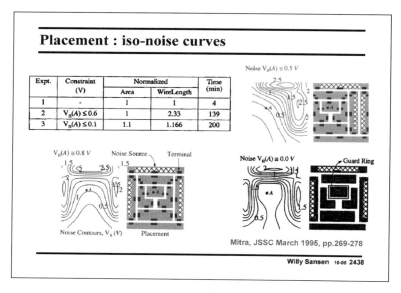

缩在噪声源附近,使得中心区域(A 点)的几乎没有噪声。另一方面,如果所有的噪声源都在右方及上方(右上图),噪声等值线就会不对称。

这样的仿真显示,获得关于噪声耦合的定量数据是有可能的。然而,由于要取决于计算机的性能,这样的仿真通常仅限于局部的小块电路。

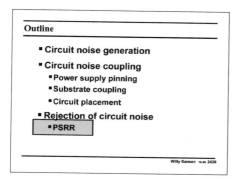

2439　即使所有努力都失败了，即使数字或 AB 类电路仍会产生很多噪声，即使数字或是模拟电路中衬底不能有效隔离，我们仍然能尝试使得模拟电路对于衬底或电源的噪声不那么敏感。

这个指标称为电源抑制比（PSRR）。我们将看到单端放大器的 PSRR 不会太好，因此对于所有的混合信号电路都应该做成全差分结构，这样却会使功耗显著增加（不止一倍）。

对于全差分电路来说，失配成为主要的限制因素，这同样也是 CMRR 所面临的问题。事实上，PSRR 表示对电源引线噪声的抑制与 CMRR 表示对地噪声抑制的含义是相同的。因此，定义 PSRR 就很容易了。

2440　该波特图显示了放大器增益 A_v 和差分输入的关系。低频时，增益很高（A_{v0}），但直到单位增益带宽处（GBW），都以 -20dB/dec 的速度下降。

图中也表示出放大器电源电压为 v_{DD} 时的增益 A_{DD} 的曲线。在低频段，该增益 A_{DD0} 很小，并且到了高频段也没什么变化，这是由于在高频时，电容耦合效应阻止了输出电压降得很低，输出就变成了由几个电容比值决定的恒定值，通常这些电容是负载电容 C_L 和一些寄生耦合电容 C_n。如果 C_L 为 2pF，C_n 是 0.1pF，则相应的比率约为 20 倍或者 26dB。

因此，PSRR 就可以定义为对应于差分输入的增益 A_v 和对应于电源电压的增益 A_{DD} 的比值。在低频时，它的值较大，高频则较小。在单位增益带宽 GBW 处，增益 A_v 为 1，PSRR 就等于增益 A_{DD} 的倒数。这是在高频下衡量 PSRR 的有效方法。

对于本幻灯片中的例子，PSRR 在 GBW 处为 26dB。

在该频率处，PSRR 较小，因为它是负载电容和一些寄生耦合电容的比值。

2441　哪些分量在 PSRR 中起了重要的作用？

本幻灯片中给出的例子是一个电流放大器，晶体管 M1，M2 的栅极阻抗较低，这就意味着在高频时 PSRR 很大吗？

在低频时，所有的电容都可以忽略。此时，输出电阻已决定了电流镜

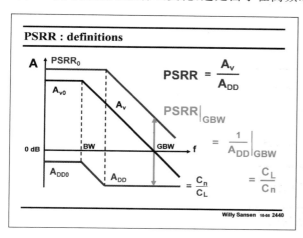

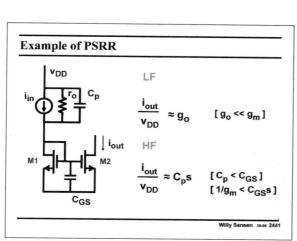

的电流,因此输出电流不大。在高频时,寄生耦合电容 C_p 取代了 r_o 的作用,电流镜电流随频率增加,输出电流也随之变大。电流镜的增益直到频率 f_T 或 $g_m/2\pi C_{GS}$ 处都保持恒定,这个频率显然超出了我们所关心的频率范围。

注意,电容 C_p 是在电源正极引线与输入管的输出端之间的耦合电容,它一般都要比晶体管本身的输出电容大很多。

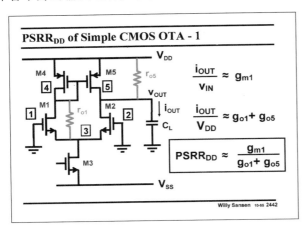

2442 让我们来看看这张幻灯片中显示的一个简单的跨导运算放大器(OTA)的 $PSRR_{DD}$。详细的分析可以证明,最关键的参数是 r_{o1} 和 r_{o5}。事实上,在电源 V_{DD} 正极上由小信号引起的电流通过 M4,通过 r_{o1},再流过 M2 到达输出端,通过 r_{o5} 的电流却可以直接到达输出端。

该增益模块的 $PSRR_{DD}$ 就是本幻灯片中两个增益的比值,这与小信号电压增益的表达式很相似。低频时的值同样很大,因为它包括了信号通路中晶体管的 $g_m r_o$ 项。

$PSRR_{DD}$ 在高频时下降。

2443 然而高频下的 $PSRR_{DD}$ 更为重要,因为芯片上的数字模块中更加可能在高频时钟信号下工作。这些频率的干扰信号恰恰是模拟电路中所要抑制的。在高频时,耦合主要通过 C_{n4} 和 C_{n5DD}。第一个电容 C_{n4} 是节点 4 到地的电容,电容 C_{n5DD} 是节点 5(在输出处)与电源 V_{DD} 引线间的电容,同样这个电容比晶体管 M5 的输出电容 C_{DS} 大很多,它是由电源引线与放大器输出端耦合构成的。

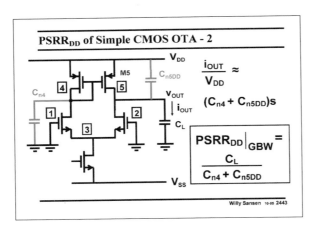

对于高频下的 $PSRR_{DD}$,g_{m1} 来自输入器件,但在单位增益带宽处,C_L 取代了 g_{m1}(如本幻灯片所示)。同期望的一样,$PSRR_{DD}$ 在 GBW 处不大,因为它是小电容的比值。比如,在 1/10 GBW 处,$PSRR_{DD}$ 大了 20dB。注意,只有当 C_{n4} 和 C_{n5DD} 都很小时,$PSRR_{DD}$ 才有可能很大。

2444 对应于另一个电源电压的 $PSRR_{SS}$ 却显然不同。

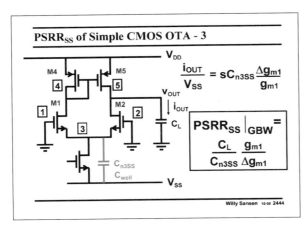

PSRR$_{SS}$ 由共源节点处耦合电容 C$_{n3DD}$ 引起。对于理想匹配的晶体管对 M1,M2 和 M4,M5,没有这样的电流流过输出负载电容 C$_L$。但如果 M1,M2 出现失配,将产生这样的电流流过输出负载。

PSRR$_{SS}$ 是电容的比值再乘上一个匹配系数,这将比电源正极引线上的 PSRR$_{DD}$ 大很多。

另一方面,耦合电容可能相当大,因为要加上 p 阱和衬底之间的电容 C$_{well}$。两个输入器件都是在 p 阱中,因此它的面积比较大,因而电容 C$_{well}$ 也较大。注意:目前使用的主要是 n 阱 CMOS 工艺,结构就会相反,输入器件就变成 pMOST。

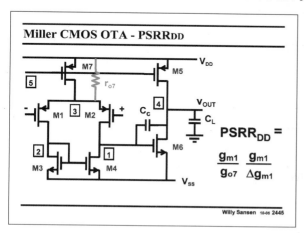

2445　这个情况在二阶密勒运算跨导放大器 OTA 中更为复杂。毕竟,因为当信号加在电源电压正极引线时,无法确定通过第一级的电流是增加到第二级还是从第二级减去。

详细的计算表明,低频时,流过第一级电流源 M7 的输出电阻 r$_{o7}$ 上的电流是主要的,假设存在如前面所说的那种失配,这个电流将只对第一级的输出电压有影响。

很容易得出低频下的 PSRR$_{DD}$,因为它包含两个因子,比较大。

2446　高频时,情况又非常不一样。

首先,电容的作用超过了电阻,但同时 r$_{o5}$ 依然存在于计算式中。计算表明在 GBW 处,PSRR$_{DD}$ 包含了 3 项。

其中有 2 项只是与两个主耦合电容相关。对于第一级的 C$_{n3DD}$,容易看出它起到了与 r$_{o7}$ 完全相同的作用,第一级的失配就产生了。而且,C$_{n3DD}$ 很大,因为它包含了输入晶体管的阱到衬底之间的电容。

电容 C$_{n4DD}$ 是输出与电源引线之间的直接耦合电容。

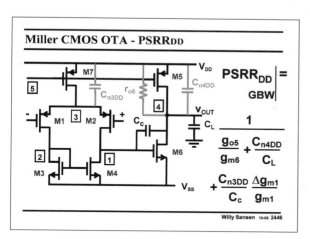

公式的第一项 g$_{o5}$/g$_{m6}$ 不太好理解,因为实际上它是电源到输出端的电阻分压,高频时,由 r$_{o5}$ 和 M6 提供的电阻 1/g$_{m6}$ 共同组成。

不太可能估计出三项中哪一项是主导因素。可能是第一项或者第二项,因为这两项仅仅涉及一个因子,最后一项则涉及两个因子。

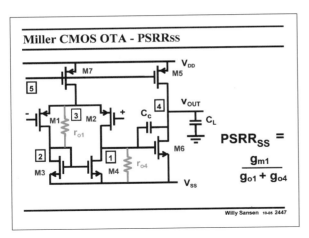

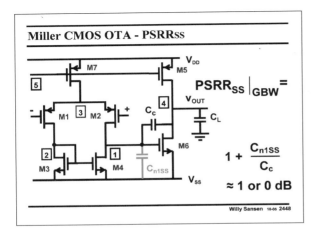

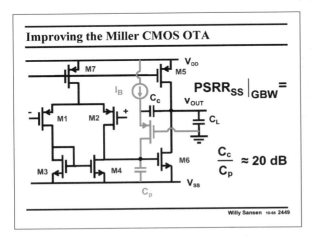

2447 在负电源电压上的 $PSRR_{SS}$ 并不涉及匹配问题。事实上，低频时，它源自流过 r_{o1} 和 r_{o4} 的电流。通过电阻 r_{o1} 的电流流过 M3（以及输入器件 M1 和 M2）。因此，镜像到 M4，以电流的形式注入节点 1。在这里，它将与来自输入晶体管 M1 和 M2 的信号电流以同样的方式放大到输出端。

通过 r_{o4} 的电流同样以电流的形式注入节点 1，它要加到前面的输出电流上。

2448 高频状态下，情况同样变得更为复杂。电路图中增加了主极点电容，它们是电源引线与节点 1，即输入级的输出端之间的耦合电容。

然而，$PSRR_{SS}$ 的计算表明电容并不那么重要，$PSRR_{SS}$ 始终为 0dB。这意味着任何在负电压连线上的信号都会无衰减地到达输出端。

显然，这证明了单端运放不能用于处理混合模拟信号。

0dB 是如何来的呢？高频时，晶体管 M6 可看成电阻为 $1/g_{m6}$ 的小电阻，因此负电源连线几乎被短路到输出端，从而由负电源连线到输出的衰减为 0。

2449 改善 $PSRR_{SS}$ 的一个方法就是增加一个单向补偿电容 C_c，毕竟就是这个电容把 M6 变成一个电阻。

增加一个共源共栅管的方法常用于去除正的零点（见第 5 章），使得 $PSRR_{SS}$ 从 0dB 增大为电容的比值，如同其他放大器的情形。在 GBW 处，大约可以期望有 20dB 的改善，下面就介绍实际计算。

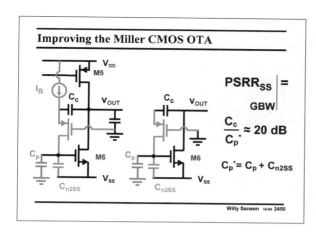

2450　本幻灯片中的是简化电路图,右边的图则更为简化。

　　从负电源连线到输出端之间的增益计算表明,在晶体管 M6 输入节点的寄生电容起了主要作用。它与补偿电容 C_C 的比值决定了 $PSRR_{SS}$ 的大小。正是因此,我们希望 C_C 能大些。然而要切记的是 C_C 也决定了 GBW、稳定性和积分噪声,在 C_C 的选择上考虑了很多折中。

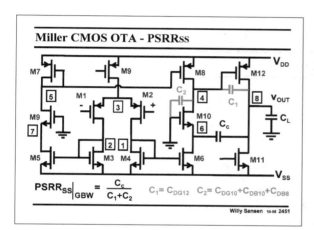

2451　这一张幻灯片中显示了另一个两级密勒放大器。它使用对称性 OTA 作为第一级,同时也使用了共源共栅结构。因此,要有一个补偿电容跨接到共源共栅管 M10。

　　结果 $PSRR_{SS}$ 也得到改善,本幻灯片中给出了实际的计算公式。它是一个包括了很多寄生电容的比值,虽然大于 0dB,但并不会大很多。

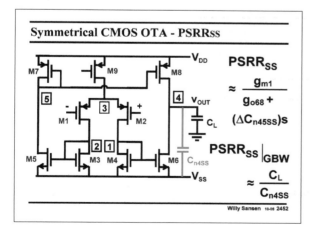

2452　这张幻灯片显示了对称性 OTA 本身的 $PSRR_{SS}$,它主要由失配决定。

　　低频时,主要由节点 5 的电阻决定。

　　而高频时(在 GBW 处),它则由电源连线分别到节点 4,节点 5 的耦合电容的差值来决定。因为节点 4 是输出节点,而节点 5 不是,耦合电容 C_{n4SS} 极有可能大于另一边的 C_{n5SS}。因此 $PSRR_{SS}$ 的简化计算式就是 C_L 与这个耦合电容 C_{n4SS} 的比值,可以预期到有 20dB 大小。

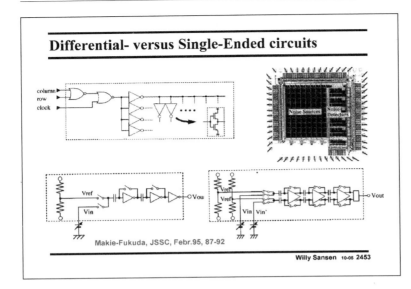

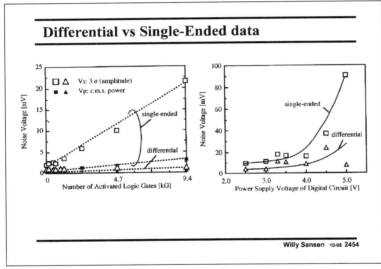

Conclusions

- **Reduce circuit noise generation**
  - **Use linear circuits**
  - **Current mode logic**
  - **Avoid class AB amplifiers**
- **Reduce substrate coupling**
  - **Use different power supplies for A, D, G and S**
  - **Reduce drain areas**
  - **Guard rings close to A with dedicated pin : high-R substr.**
  - **Buried layers under A : low-R substrate**
  - **Use decoupling capacitances on A**
  - **Create distance : high-R substrate**
- **Improve PSRR by use of differential circuits : matching !!**

Willy Sansen 10-05 2455

2453 PSRR 的实验数据不易得到，这张幻灯片中给出了一个例子。

就开关电容放大器而言，在单端以及差分两种情况下，PSRR 都进行了测量，它们用作接收机。

噪声源由许多逻辑门和反相器组成，如上图所示。逻辑门数量的多少可由开关控制。

2454 噪声电压在模拟放大器输出端测量。

结果表明，对于数字噪声，单端放大器比差分放大器更为敏感。

增加电源电压，将增大逻辑门的电流，同时传输到模拟电路中的脉冲干扰电流也会增加，这一点在右图中可以清楚地看到。甚至在差分情形中，电路拾取的噪声也同样显著地增加，这可能由衬底接触区的失配引起。

许多失配源常常被忽略。例如，对于一个全差分运放的输入级，良好匹配不仅要求完全对称的版图，而且周围分布的器件也要相同。如，输入晶体管的衬底接触区必须有相同的尺寸，并且到对称轴距离相等。如果不是这样，就会产生不同的衬底电阻以及不同的体效应。

2455 作为总结，本幻灯片中再次重复了几项用来避免数字噪声耦合进入模拟电路的措施。其中多数已在前面介绍过了，这里不再赘述。

只有全差分电路能应用于混合信号

系统。而且,布版图时要特别注意对称性问题。

结论

- 减小电路噪声的产生
  - 使用线性电路;
  - 电流模逻辑;
  - 避免使用 AB 类放大器。
- 减小衬底耦合
  - 对于 A,D,G 和 S 使用不同的电源;
  - 减小漏极面积;
  - 使用专门的管脚和紧靠保护环:对于高 R 衬底;
  - 在 A 区下方加入掩埋层:对于低 R 衬底;
  - 在 A 区上使用去耦电容;
  - 增加距离:高 R 衬底。
- 通过使用全差分电路改善 PSRR:匹配!!

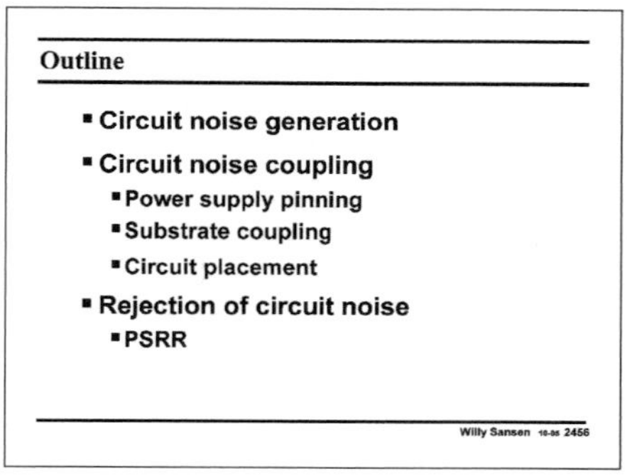

Outline

- Circuit noise generation
- Circuit noise coupling
  - Power supply pinning
  - Substrate coupling
  - Circuit placement
- Rejection of circuit noise
  - PSRR

Willy Sansen 10-05 2456

2456 本章概述了数字和模拟模块之间产生耦合的可能机理,这些机理都已经被明确了。

同时,为了改善电路的隔离效果,也介绍了一些设计中需要考虑的问题,其中一些与所用的工艺有关,而其他一些则取决于设计。

失配似乎又一次成为设计中的主要瓶颈。

这并不令人惊讶,因为失配也已成为很多其他指标的瓶颈,因此它是每一个模拟设计者所主要关注的问题之一。

主 题 索 引

下面的数字对应于幻灯片的序号而不是页码，每一个幻灯片在右下角都有一个数字。例如幻灯片1523表示的是第15章的第23张幻灯片；幻灯片024表示的是第2章的第4张幻灯片；幻灯片113表示的是第11章的第3张幻灯片。

图 书 资 源 支 持

感谢您一直以来对清华大学出版社图书的支持和爱护。为了配合本书的使用，本书提供配套的资源，有需求的读者请扫描下方的"书圈"微信公众号二维码，在图书专区下载，也可以拨打电话或发送电子邮件咨询。

如果您在使用本书的过程中遇到了什么问题，或者有相关图书出版计划，也请您发邮件告诉我们，以便我们更好地为您服务。

我们的联系方式：

教学资源·教学样书·新书信息

地　　址：北京市海淀区双清路学研大厦 A 座 701

邮　　编：100084

电　　话：010-83470236　010-83470237

资源下载：http://www.tup.com.cn

客服邮箱：tupjsj@vip.163.com

QQ：2301891038（请写明您的单位和姓名）

人工智能科学与技术
人工智能|电子通信|自动控制

资料下载·样书申请

书圈

用微信扫一扫右边的二维码,即可关注清华大学出版社公众号。